KB155043

제2판

첨단 교통안전공학

Advanced Transportation Safety Engineering

오영태 · 강동수 지음

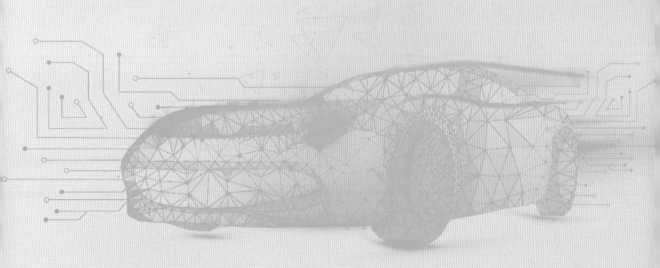

청문각

2018년은 교통안전에 관한 매우 의미 있는 한 해였습니다. 교통사고 사망자수가 영동고속도로가 개통되던 1975년 수준인 3천 명대로 떨어졌기 때문입니다. 물론 같은 3,800명이라 해도, 자동차 보유대수가 그 때보다 110배 늘어났으니 자동차 1만대당 사망자수는 110분의 1로 줄어든 셈입니다. 교통단속을 강화한 영향도 크지만, 무엇보다 최근에 큰 폭으로 줄어드는 배경에는 ADAS 등 첨단안전장치 도입이 확대되면서 능동형 교통안전기술이 점차 정착되고, 이에 따른 제도와 정책도 동반하여 바뀌고 있기 때문입니다.

이 책도 초판을 출간한 지 1년밖에 되지 않았지만 급속하게 바뀌고 있는 교통환경을 반영하지 않을 수 없었습니다. 이번 2판에서는 초판 때 담지 못한 교통안전시설을 별도의 장으로 엮음으로써 사람·차량·시설이라는 교통안전의 3요소를 골고루 배분했고, 교통사고 비용은 중요도나 무게감으로 봤을 때 교통사고조사의 한 부분으로 축소하여 전체적으로 균형을 맞췄습니다.

인용된 데이터, 제도나 정책도 가장 최신의 것으로 정비했습니다. 특히 이 책의 핵심이라 할 수 있는 제8장의 4차 산업혁명과 교통안전을 대폭 보완했습니다. 자율주행차는 2018년 11월 국정현안점검조정회의에서 확정한 자율주행차분야 선제적 규제혁파 로드맵을 반영하여, 우리나라 자율주행차 발전을 위한 일정한 방향과 가이드라인을 제시함으로써 교통부문에서 무엇을 준비하고 대비할 지를 가늠케 했습니다. 교통빅데이터는 실제 운수회사에서 활용사례를, 4D 시뮬레이터와 교통안전교육에는 관련 연구부문을 추가했습니다. 드론이 항공영역이긴 해도 최근 교통분야에 다양하게 활용되면서 드론택배 등으로 어떻게 발전하고 있는지에 대한 시장분석과 추세도 포함했습니다.

2018년 6월 이 책은 교육부와 학술원에서 평가하는 올해의 우수 학술도서로 선정이 되었고, 영광스럽게도 교통부문에서는 유일했습니다. 그 덕분인지 전공도서임에도 학교뿐만 아니라 공공기관과 기업 등에서 이 책에 대한 수요가 많았습니다. 그만큼 첨단 교통안전에 대한 독자의 관심과 욕구가 크다는 의미이고, 그럴수록 변화하는 가장 최신의 교통안전 기술과 정보를 담아내야 하는 책임감이 생깁니다. 하지만 여전히 별로 중요하지도 필요하지도 않은 내용을 차마 버리지 못한 것도 있다는 점을 고백하지 않을 수 없습니다. 또한 시간에 쫓겨 정리하다보니 일부 미진한 부분도 보입니다. 앞으로도 이 점은 계속하여 수정·보완해 나갈 것을 독자여러분께 약속드립니다.

2019년 1월
저 자 씀

교통안전공학은 다 아시는 바와 같이 교통공학을 기반으로 발전되어왔고 심리학·행정학 등 인문사회과학이 융합된 종합학문이라고 할 수 있습니다. 이제 교통안전공학은 대학의 정규 교과목이 될 정도로 그 구성이 정형화되어 있기는 하지만 여전히 교통공학의 한 분야로 예속되어 있었다고 해도 과언이 아닙니다. 대학에서 후학들을 양성하면서 교통안전공학을 학문적으로 정립하고 싶었지만 기회가 없었습니다.

그러던 중 제가 공공기관의 기관장으로 복무할 기회가 있었는데, 예상한 것과 달리 한국교통안전공단은 정부의 교통안전정책을 개발하고 지원하며 현장에서 이를 집행하는 기관으로 업무의 내용과 범위가 무척 방대하다는 사실을 알게 되었습니다. 한국교통안전공단에 소속된 자동차안전연구원만 하더라도 실험시설과 장비를 갖추고 자동차의 성능시험과 결함조사 등을 수행하면서 대내외적으로도 자동차안전에 대한 확고한 이미지를 구축하고 있었습니다. 그런데 정작 교통안전정책의 개발과 지원업무를 수행하는 연구조직이 따로 없는 등 일부 업무는 체계화되지 못하거나 학교에서 배운 이론이 현장에서 전혀 먹히지 않는다는 것도 확인했습니다.

이러한 한계를 극복하고자 이사장 취임 후 교통안전연구개발원을 설립하고, 교통공학 박사를 대거 채용하여 연구현장에 배치하였습니다. 특히 교통빅데이터센터를 두어 4차 산업혁명의 대두에 따른 교통빅데이터의 관리, 연계, 융합업무를 전담하게 했으며, 정부의 각종 조사·평가업무를 대행하고 교통안전 R&D와 정책개발 업무도 강화했습니다.

교통안전 전문지식이 필요한 현장 업무를 수행하는 직원들을 보면서 전문양성 과정을 만들기도 했지만 여전히 한계는 있었고, 그래서 실무와 바로 직결되는 이론서의 필요성을 느끼게 된 것입니다. 그리하여 20년 이상을 한국교통안전공단과 국토교통부에서 교통안전 정책개발과 법제업무에 전념해 온 강동수 원장과 공동저자로 새로운 형태의 교통안전공학을 집필하게 되었습니다. 교통안전공학은 심리학, 정책학, 경제학, 법학, 경제학과 경영학이 뒷받침되지 않고는 설명할 수 없기 때문에 강동수 원장은 인문사회과학 또는 비공학적 분야와 사업용 안전관리 분야를 담당하였고, 저는 전통적인 교통공학 중심의 조사나 평가 등 공학이론 분야를 정리하여 한 권의 책으로 엮어냈습니다.

이 책은 기존의 교통안전공학과는 몇 가지 측면에서 다른 특징이 있습니다.

첫째, 이 책은 교통공학과나 도시공학과 대학생과 대학원생만을 대상으로 하고 있지 않습니다. 지금까지 기반시설의 건설을 중심으로 양적 성장에 집중해 온 정부의 정책에서는 후순위에 밀려나 있었지만, 앞으로 교통안전 분야는 가장 중요한 업무의 하나로 부각될 것입니다. 현재 교통안전업무를 담당하는 공무원, 공공기관, 도로관리자, 운수업체 담당자 등은 교통안전의 체계에 대하여 충분한 지식을 얻을 기회도 많지 않았습니다. 가까운 미래에 교통안전의 업무 범위가 확대되고 중요성이 증대되면, 전공자가 아님에도 업무를 수행하는 담당자에게 교통안전을 이해하고, 효과적으로 대응하기 위한 지침서가 필요하게 될 것은 자명합니다. 따라서 교통안전을 공부하고 있는 학생뿐만 아니라, 중앙부처나 지자체의 공무원, 경찰공무원과 군인, 공공기관 임직원, 운수업체의 교통안전담당자, 도로관리자 등도 현업에서 활용할 수 있도록 구성했습니다.

둘째, 기존의 교통안전공학 서적들에 비해 콘텐츠를 폭 넓게 다루고 있습니다. 교통공학이 원래 토목공학에서 분리되었기 때문에 교통안전공학 또한 도로시설 중심으로 설명할 수밖에 없지만, 이 책은 교통사고의 주요 요인이라 할 수 있는 인적요인과 차량요인 등에도 많은 지면을 할애하였습니다. 기존의 교통안전공학 이론서에서는 다루고 있지 않은 법제도에 기반을 둔 사업용자동차의 안전관리, 자동차 인증 및 검사제도의 내용도 포함되어 있습니다. 특히 전통적인 입장에서 자동차와 교통은 별개의 영역이라고 인식되어 왔습니다. 국토교통부의 법제도만 보더라도 자동차안전은 「자동차관리법」, 교통안전은 「교통안전법」에 규정되어야 한다는 인식이 그것입니다. 그러나 최근의 트렌드는 자동차를 분리하고는 교통안전을 설명할 수 없습니다. 운행기록장치 설치와 첨단안전장치의 도입으로 운행단계에서는 「교통안전법」에도 규정할 수 있도록 하는 추세입니다. 앞으로 커넥티드카(Connected Car)가 등장하게 되면 그 경계는 더욱 허물어지게 될 것이기 때문에 자동차관련 내용도 의미있게 다루었습니다.

셋째, 4차 산업혁명의 대두에 따른 교통안전의 미래 모습을 중점적으로 다루고 있습니다. 4차 산업혁명이라고 하면 아주 먼 미래의 일이라고 인식하지만, 이미 그 기술들은 우리의 삶에 가까이 와 있습니다. 자율주행차가 본격적으로 운행되려면 아직 많은 시간이 소요되겠지만, 이미 우리나라는 「교통안전법」을 통해 미국 도로교통안전국(NHTSA)이 언급한 자율주행차 5단계 중 2단계라 할 수 있는 첨단안전장치(ADAS) 장착을 의무화하고 있고, 1단계인 첨단안전보조장치에 대해서는 한국교통안전공단이 중점사업으로 지원하고 있습니다. 교통 빅데이터와 4D 시뮬레이터 역시 정부와 한국교통안전공단이 주요사업으로 추진하는 교통안전 미래사업으로서 일부는 실생활에 적용되고 있습니다. 이러한 분야는 점차 교통안전의 핵심사업으로 자리매김할 날이 얼마 남지 않았기 때문에 중요하게 다루었습니다.

넷째, 기존에 교통안전공학과는 가능한 중복이 안 되도록 했으며, 중복이 된다 하더라도 그 내용을 최소화하고 새롭게 등장하거나 실무에서 많이 적용되거나 중요하다고 생각되는 내용을 중점적으로 설명했습니다. 운수 안전관리는 실무적으로 운송사업자와 차량, 운전자라는 세 가지 부문이 모두 다뤄져야 전체 모습을 볼 수 있듯이 별도의 장으로 다루었습니다.

이 책에서 언급한 일부 기술은 이제 막 도입되거나 시작되어 체계가 확립되지 않은 경우도 있고, 적용사례가 충분치 않은 경우도 있습니다. 시간이 지나면서 바뀌는 제도나 기술, 사고통계 등 보고서 성격의 내용은 추후 바로 잡을 것입니다. 또한 책을 펴냄에 있어 그 분량을 독자에게 알맞게 정한다는 것이 얼마나 어려운가를 새삼 느끼고 있습니다. 체계적이고 간결한 내용을 지향하는 것이 마땅하지만 다루어야 할 내용이 많은 경우에는 자연히 그 한계에 부딪힐 수밖에 없습니다. 이점에 관해서는 앞으로 독자 여러분의 고견을 경청하면서 조정해 나갈 생각입니다.

이 책이 나오기 전까지 한국교통안전공단의 전문 인력들이 각자 자신의 전공이나 관심분야별로 많은 도움을 주셨습니다. 유수재 부연구위원, 김현진 책임연구원, 박수정 선임연구원을 비롯하여 김기용, 김주영, 최새로나, 장유림, 이진수, 강희찬, 서상언, 임준범, 심상우, 김태헌 박사 등 교통안전연구개발원의 연구진들에게 감사드립니다. 특히 처음부터 끝까지 체계적이고 심도있는 검독을 해주신 아주대학교 윤일수 교수님께 고마운 마음을 전합니다.

2018년 1월
저자 씀

제 1 장

교통안전의 이해

교통안전 개요

1.1 **교통안전 개념**

1.1.1 교통안전의 정의

교통안전(traffic safety)은 교통공학의 한 분야로 교통사고 발생 빈도와 발생에 따른 피해를 줄이기 위한 방법과 제도 등을 포괄한다. 교통안전 증대를 위한 구체적인 방법은 3E[1] 또는 4E로 구분하는데 공학(Engineering), 제도 및 단속(Enforcement), 교육(Education)을 3E로 안전강화차량(Enhanced safety vehicle)을 포함할 경우 4E로 설명한다. 각 구체적인 방법을 정리하면 아래와 같다.

❶ 공학(Engineering)

교통안전을 증진시키기 위한 노력 중 가장 효과적이며 사후처리가 아닌 예방과 관련된 사항으로, 가장 중요하게 다루어야 하는 분야이다. 공학에는 기반시설의 설계 및 구조가 포함되며 기반시설 위에 운행하는 차량의 설계와 관리 그리고 차량의 흐름을 단독 또는 그룹으로 조정하는 교통운영, 그리고 운전자 및 보행자와 관련된 인간공학 등이 포함된다. 과거에는 도로설계, 교통시스템 등 교통에 특화된 기술부분에 국한되는 것으로 여겨졌으나, 최근에는 교통수단 및 인간행태와 관련된 분야와의 융합도 매우 중요하게 여겨진다.

❷ 제도 및 단속(Enforcement)

제도와 단속은 교통수단과 사람이 안전하게 통행할 수 있도록 구성원 간의 약속을 정하고 이를 어겨 타인에게 피해가 발생할 소지가 있을 경우 이를 통제하는 것을 말한다. 제도와 단속은 함께 이루어질 경우 효과가 발휘된다. 면허시험과 관련 단속은 부

---

1   대판교통과학연구회, 『교통안전학』, 동화기술, 2007, 22~23쪽

적절한 운전자의 통행을 제어하는 역할을 하며, 자동차등록제도와 이와 관련된 단속은 부적절한 차량의 운행을 막아 교통안전을 증대시키는 역할을 한다.

❸ 홍보 및 교육(Education)

교통안전에 관한 홍보와 교육은 교통안전 의식을 제고하고, 운전 등 통행 행태를 변화시켜 안전성을 높이는 방안이다. 각종 공학적 대응이 활발하게 이루어지고 있는 시점에서 교통안전에 관한 홍보와 교육은 그 중요성이 더욱 높아지고 있다. 교통시설이나 차량 등 공학적인 측면은 한 번의 개선으로 지속적인 효과를 누릴 수 있으나, 교육과 홍보는 지속적이고 반복적으로 이루어져야 함은 물론이고 시대흐름과 인식변화에 맞게 항상 변화해야 한다.

교통안전 홍보와 교육은 제도 및 단속과 함께 시행하면 더욱 효과적이다. 제도가 마련되더라도 제도에 대한 홍보와 교육이 없을 경우 효과는 떨어지며, 단속에 대한 홍보와 교육은 실제 단속 대상자가 되어야 단속의 위험성을 알게 되는 것이 아니라 단속이 있을 수 있으므로 위험한 행동을 삼가게 하는 효과를 발휘할 수 있다.

❹ 안전강화차량(Enhanced safety vehicle)

안전강화차량은 교통수단의 안전기술과 관련된 것으로 최근 들어 중요하게 다루어지고 있으며, 사고를 예방하고 사고발생 시 피해를 줄여 사회적 비용을 감소시키는 데 중요한 역할을 하고 있다. 가장 보편화 되어 있는 기존의 자동차 안전장치는 안전벨트와 에어백으로 볼 수 있는데, 이 장치가 교통사고 피해를 감소시키는 데 크게 기여했다.

그 다음 단계는 교통사고를 사전에 방지하는 첨단안전장치(ADAS; Advanced Driver Assistance System)가 지속적으로 개발되었는데, 대표적으로 자동긴급제동장치(AEBS;

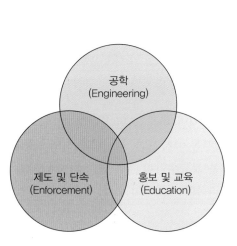

그림 1.1.1 교통공학의 방법론1 (3E)

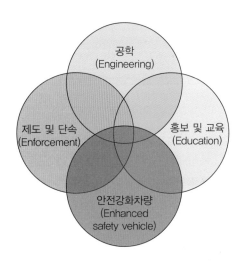

그림 1.1.2 교통공학의 방법론2 (4E)

Autonomous Emergency Braking System), 전방충돌경고장치(FCW; Forward Collision Warning), 지능형순항제어장치(ASCC; Advanced Smart Cruise Control), 차로이탈경고장치(LDWS; Lane Departure Warning System)를 들 수 있다. 앞에 언급된 첨단안전장치는 대부분 차량의 움직임에 기반한 안전장치인데, 최근에는 운전자의 생체정보를 활용하여 졸음을 방지하는 시스템을 개발하는 등 첨단안전장치의 정보수집 범위와 활용분야가 비약적으로 확대되고 있다.[2]

1.1.2 교통안전의 위상 변화

교통공학은 상당히 다양한 분야의 학문이 융복합된 학문이다. 교통공학은 크게 교통계획(Transportation Planning)과 교통공학(Transportation Engineering)으로 구분하며, 세부적으로 구분할 때는 교통계획, 교통운영(Transportation Management), 도로교통(Road Transport), 교통경제(Transportation Economics), 교통물류(Transport Logistics), 교통안전(Traffic Safety), 교통환경(Transportation Environment), 대중교통 (Public Transportation), 지능형 교통체계(Intelligent Transport System) 등으로 나눌 수 있다.[3]

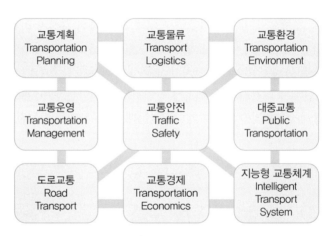

그림 1.1.3 교통공학의 분류

교통안전은 교통공학의 세부 분야 중 하나지만 다른 모든 분야와 연관되어 있다. 특히 최근 4차 산업혁명과 관련된 자율주행자동차나, 드론, 하이퍼루프(hyperloop) 등 기존의 교통수단과 전혀 다른 차원의 새로운 교통수단이 등장하고 있는데, 새로 도입되는 수단들은 더욱 빠르고 창의적이며 편리하다는 특징이 있다. 무엇보다 안전이 가

---

2 제9장 제1절 첨단안전장치에서 상술(詳述)한다.

3 학문명백과, 『교통공학[Transportation Engineering]』, 형성출판사, 2004

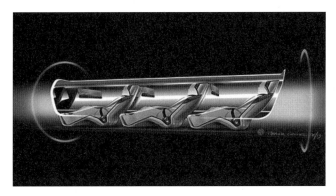

그림 1.1.4 하이퍼루프 개념도

장 우선 되어야 한다는 인식이 자리잡고 있어 교통안전에 대한 위상은 지속적으로 높아지고 그 적용범위도 넓어지고 있다.

1.2 교통안전과 교통체계

1.2.1 교통체계

❶ 「국가통합교통체계효율화법」에 따른 교통과 교통체계

- "교통"이란 사람 또는 화물을 한 장소에서 다른 장소로 이동하기 위한 행위, 활동, 기능 또는 과정 등을 말한다.
- "교통체계"란 사람 또는 화물의 운송과 관련된 활동을 효과적으로 수행하기 위하여 서로 유기적으로 연계된 교통수단, 교통시설 및 교통운영과 이와 관련된 산업 및 제도를 말한다.
- "국가기간교통망"이란 국가기간교통시설(國家基幹交通施設)이 서로 유기적인 기능을 발휘할 수 있도록 하고 이를 이용하는 교통수단이 신속·안전·편리하게 운행할 수 있도록 하기 위하여 체계적으로 구성한 교통망을 말한다.

❷ 「교통안전법」에 따른 주체

- "지정행정기관"이라 함은 교통수단·교통시설 또는 교통체계의 운행·운항·설치 또는 운영 등에 관하여 지도·감독을 행하거나 관련 법령·제도를 관장하는 「정부조직법」에 의한 중앙행정기관을 말한다.
- "교통행정기관"이라 함은 법령에 의하여 교통수단·교통시설 또는 교통체계의 운행·운항·설치 또는 운영 등에 관하여 교통사업자에 대한 지도·감독을 행하는 지정

행정기관의 장, 특별시장·광역시장·도지사·특별자치도지사("시·도지사"라 한다) 또는 시장·군수·구청장(자치구의 구청장)을 말한다.

❸ 「도로법」에 따른 도로망과 도로관리청

- "국가도로망"이란 고속국도와 일반국도, 지방도 등이 상호 유기적인 기능을 발휘할 수 있도록 체계적으로 구성한 도로망을 말한다.
- "국가간선도로망"이란 전국적인 도로망의 근간이 되는 노선으로서 고속국도와 일반국도를 말한다.
- "도로관리청"이란 도로에 관한 계획, 건설, 관리의 주체가 되는 기관으로서 도로의 구분에 따라 다음 어느 하나에 해당하는 기관을 말한다.
  - 국토교통부장관
  - 특별시장·광역시장·특별자치시장·도지사·특별자치도지사·시장·군수 또는 자치구의 구청장("행정청"이라 한다)

1.2.2 교통사업자와 운송사업

❶ 「교통안전법」에 따른 교통사업자

- "교통사업자"란 교통수단·교통시설 또는 교통체계를 운행·운항·설치·관리 또는 운영 등을 하는 자를 말한다.
- "교통수단운영자"란 여객자동차운수사업자, 화물자동차운수사업자, 철도사업자, 항공운송사업자, 해운업자 등 교통수단을 이용하여 운송 관련 사업을 영위하는 자를 말한다.
- "교통시설설치·관리자"란 교통시설을 설치·관리 또는 운영하는 자를 말한다.

❷ 「여객자동차 운수사업법」에 따른 운송사업

(1) 노선 여객자동차운송사업

- 시내버스운송사업: 주로 특별시·광역시·특별자치시 또는 시(제주특별자치도 설치 및 국제자유도시 조성을 위한 특별법에 따른 행정시를 포함)의 단일 행정구역에서 운행계통을 정하고 여객을 운송하는 사업. 이 경우 시내버스는 광역급행형·직행좌석형·좌석형 및 일반형 등으로 그 운행형태를 구분한다.
- 농어촌버스운송사업: 주로 군(광역시의 군은 제외)의 단일 행정구역에서 운행계통을 정하고 여객을 운송하는 사업. 이 경우 농어촌버스는 직행좌석형·좌석형 및 일반형 등으로 그 운행형태를 구분한다.
- 마을버스운송사업: 주로 시·군·구의 단일 행정구역에서 기점·종점의 특수성이나 사

용되는 자동차의 특수성 등으로 인하여 다른 노선 여객자동차운송사업자가 운행하기 어려운 구간을 대상으로 운행계통을 정하고 여객을 운송하는 사업

- 시외버스운송사업: 운행계통을 정하고 여객을 운송하는 사업으로서 상기의 사업에 속하지 아니하는 사업. 이 경우 시외버스는 고속형·직행형 및 일반형 등으로 그 운행형태를 구분한다.

(2) 구역 여객자동차운송사업

- 전세버스운송사업: 운행계통을 정하지 아니하고 전국을 사업구역으로 정하여 1개의 운송계약에 따라 국토교통부령으로 정하는 자동차를 사용하여 여객을 운송하는 사업. 다만, 다음 어느 하나에 해당하는 기관 또는 시설 등의 장과 1개의 운송계약(운임의 수령주체와 관계없이 개별 탑승자로부터 현금이나 회수권 또는 카드결제 등의 방식으로 운임을 받는 경우는 제외)에 따라 그 소속원(산업단지 관리기관의 경우에는 해당 산업단지 입주기업체의 소속원을 말한다)만의 통근·통학목적으로 자동차를 운행하는 경우에는 운행계통을 정하지 아니한 것으로 본다.
  - 정부기관·지방자치단체와 그 출연기관·연구기관 등 공법인
  - 회사, 「초·중등교육법」에 따른 학교, 「고등교육법」에 따른 학교, 「유아교육법」에 따른 유치원, 「영유아보육법」에 따른 어린이집, 「학원의 설립·운영 및 과외교습에 관한 법률」에 따른 학교교과 교습학원 또는 「체육시설의 설치·이용에 관한 법률」에 따른 체육시설(「유통산업발전법」에 따른 대규모점포에 부설된 체육시설은 제외)
  - 「산업집적활성화 및 공장설립에 관한 법률」에 따른 산업단지 중 국토교통부장관 또는 특별시장·광역시장·특별자치시장·도지사·특별자치도지사(이하 "시·도지사"라 한다)가 정하여 고시하는 산업단지의 관리기관
- 특수여객자동차운송사업: 운행계통을 정하지 아니하고 전국을 사업구역으로 하여 1개의 운송계약에 따라 특수한 자동차를 사용하여 장례에 참여하는 자와 시체(유골을 포함)를 운송하는 사업
- 일반택시운송사업: 운행계통을 정하지 아니하고 국토교통부령으로 정하는 사업구역에서 1개의 운송계약에 따라 여객을 운송하는 사업. 이 경우 일반택시는 경형·소형·중형·대형·모범형 및 고급형 등으로 구분한다.
- 개인택시운송사업: 운행계통을 정하지 아니하고 사업구역에서 1개의 운송계약에 따라 국토교통부령으로 정하는 자동차 1대를 사업자가 직접 운전(사업자의 질병 등 사유가 있는 경우는 제외)하여 여객을 운송하는 사업. 이 경우 개인택시는 경형·소형·중형·대형·모범형 및 고급형 등으로 구분한다.

❸ 「화물자동차 운수사업법」에 따른 운송사업

- 일반화물자동차운송사업: 일정 대수 이상의 화물자동차를 사용하여 화물을 운송하는 사업
- 개별화물자동차운송사업: 화물자동차 1대를 사용하여 화물을 운송하는 사업
- 용달화물자동차운송사업: 소형 화물자동차를 사용하여 화물을 운송하는 사업

1.2.3 교통시설

❶ 「국가통합교통체계효율화법」에 따른 교통시설

- "교통시설"이란 교통수단의 운행에 필요한 도로·철도·공항·항만·터미널 등의 시설과 그 시설에 부속되어 교통수단의 원활한 운행을 보조하는 시설 또는 공작물을 말한다.
- "공공교통시설"이란 공공기관 또는 「사회기반시설에 대한 민간투자법」에 따른 사업시행자가 개발·운영 또는 관리하는 교통시설을 말한다.
- "국가기간교통시설"이란 지역 간 간선교통 기능을 수행하는 다음 각 목의 어느 하나에 해당하는 교통시설을 말한다.
  - 「도로법」에 따른 고속국도 및 일반국도
  - 「철도건설법」에 따른 고속철도, 광역철도 및 일반철도
  - 「공항시설법」 제2조제3호에 따른 공항
  - 「항만법」 제2조제2호에 따른 무역항
  - 그밖에 대통령령으로 정하는 교통시설

❷ 「도로법」(도로의 구조·시설 기준에 관한 규칙)에 따른 교통시설

- "도로"란 차도, 보도(步道), 자전거도로, 측도(側道), 터널, 교량, 육교, 궤도, 옹벽·배수로·길도랑·지하통로 및 무넘기 시설, 도선장 및 도선의 교통을 위하여 수면에 설치한 시설 등으로 구성된 것으로서 고속국도(고속국도의 지선 포함), 일반국도(일반국도의 지선 포함), 특별시도, 광역시도, 지방도, 시도, 군도, 구도를 말하며, 도로의 부속물을 포함한다.
- "도로의 부속물"이란 도로관리청이 도로의 편리한 이용과 안전 및 원활한 도로교통의 확보, 그밖에 도로의 관리를 위하여 설치하는 다음 각 목의 어느 하나에 해당하는 시설 또는 공작물을 말한다.
  - 주차장, 버스정류시설, 휴게시설 등 도로이용 지원시설
  - 시선유도표지, 중앙분리대, 과속방지시설 등 도로안전시설
  - 통행료 징수시설, 도로관제시설, 도로관리사업소 등 도로관리시설

- 도로표지 및 교통량 측정시설 등 교통관리시설
- 낙석방지시설, 제설시설, 식수대 등 도로에서의 재해 예방 및 구조 활동, 도로환경의 개선·유지 등을 위한 도로부대시설
- 그밖에 도로의 기능 유지 등을 위한 시설로서 대통령령으로 정하는 시설

- "국가도로망"이란 고속국도와 일반국도, 지방도 등이 상호 유기적인 기능을 발휘할 수 있도록 체계적으로 구성한 도로망을 말한다(「도로법」제2조).
- "고속도로"란 「도로법」에 따른 고속국도로서 중앙분리대에 의하여 양방향이 분리되고 입체교차를 원칙으로 하는 도로를 말한다.
- "일반도로"란 「도로법」에 따른 도로(고속도로는 제외)로서 그 기능에 따라 주간선도로(主幹線道路), 보조간선도로, 집산도로(集散道路) 및 국지도로(局地道路)로 구분되는 도로를 말한다.

표 1.1.1 일반도로의 종류

일반도로	도로의 종류
주간선도로	일반국도, 특별시도, 광역시도
보조간선도로	일반국도, 특별시도, 광역시도, 지방도, 시도
집산도로	지방도, 시도, 군도, 구도
국지도로	군도, 구도

- "자동차전용도로"란 간선도로로서 「도로법」 제48조에 따라 지정된 도로를 말한다.

❸ 「도로교통법」에 따른 교통시설

- "도로"란 다음 각 목에 해당하는 곳을 말한다.
  - 「도로법」에 따른 도로
  - 「유료도로법」에 따른 유료도로
  - 「농어촌도로 정비법」에 따른 농어촌도로
  - 「그밖의 현실적으로 불특정 다수의 사람 또는 차마(車馬)가 통행할 수 있도록 공개된 장소로서 안전하고 원활한 교통을 확보할 필요가 있는 장소
- "자동차전용도로"란 자동차만 다닐 수 있도록 설치된 도로를 말한다.
- "고속도로"란 자동차의 고속 운행에만 사용하기 위하여 지정된 도로를 말한다.
- "자전거도로"란 안전표지, 위험방지용 울타리나 그와 비슷한 인공구조물로 경계를 표시하여 자전거가 통행할 수 있도록 설치된 「자전거 이용활성화에 관한 법률」의 자전거 전용도로, 자전거·보행자 겸용도로, 자전거 전용차로, 자전거 우선도로를 말한다.
- "교통안전시설"이란 도로상에서의 교통사고를 예방하고 원활한 교통소통을 확보하기 위한 교통경찰 규제의 주요 물적수단으로서 「도로교통법」에 규정되어 있는

교통신호기 및 안전표지(노면표지 포함)를 말한다.

❹ 「교통안전법」에 따른 교통시설

"교통시설"이라 함은 도로·철도·궤도·항만·어항·수로·공항·비행장 등 교통수단의 운행·운항 또는 항행에 필요한 시설과 그 시설에 부속되어 사람의 이동 또는 교통수단의 원활하고 안전한 운행·운항 또는 항행을 보조하는 교통안전표지·교통관제시설·항행안전시설 등의 시설 또는 공작물을 말한다.

1.2.4 교통수단

❶ 「교통안전법」에 따른 교통수단

"교통수단"이라 함은 사람이 이동하거나 화물을 운송하는 데 이용되는 것으로서 다음 각 목의 어느 하나에 해당하는 운송수단을 말한다.
- 「도로교통법」에 의한 차마, 「철도산업발전 기본법」에 의한 철도차량(도시철도를 포함한다) 또는 「궤도운송법」에 따른 궤도에 의하여 교통용으로 사용되는 용구 등 육상교통용으로 사용되는 모든 운송수단(이하 "차량"이라 한다)
- 「해사안전법」에 의한 선박 등 수상 또는 수중의 항행에 사용되는 모든 운송수단
- 「항공안전법」에 의한 항공기 등 항공교통에 사용되는 모든 운송수단

❷ 「자동차관리법」에 따른 자동차

자동차는 「자동차관리법 시행규칙」 제2조에 따라 승용자동차, 승합자동차, 화물자동차, 특수자동차 및 이륜자동차로 다음과 같이 구분한다.
- 승용자동차: 10인 이하를 운송하기에 적합하게 제작된 자동차
- 승합자동차: 11인 이상을 운송하기에 적합하게 제작된 자동차. 다만, 다음 어느 하나에 해당하는 자동차는 승차인원에 관계없이 이를 승합자동차로 본다.
  - 내부의 특수한 설비로 인하여 승차인원이 10인 이하로 된 자동차
  - 〈표 1.1.2〉와 〈표 1.1.3〉의 경형자동차로서 승차인원이 10인 이하인 전방조종자동차
  - 캠핑용자동차 또는 캠핑용트레일러
- 화물자동차: 화물을 운송하기에 적합한 화물적재공간을 갖추고, 화물적재공간의 총 적재화물의 무게가 운전자를 제외한 승객이 승차공간에 모두 탑승했을 때의 승객의 무게보다 많은 자동차
- 특수자동차: 다른 자동차를 견인하거나 구난작업 또는 특수한 작업을 수행하기에 적합하게 제작된 자동차로서 승용자동차·승합자동차 또는 화물자동차가 아닌 자동차

표 1.1.2 자동차 종별 규모별 세부기준

종류	경형	소형	중형	대형
승용자동차	배기량이 1,000 cc 미만으로서 길이 3.6미터·너비 1.6미터·높이 2.0미터 이하인 것	배기량이 1,600 cc 미만으로서 길이 4.7미터·너비 1.7미터·높이 2.0미터 이하인 것	배기량이 1,600 cc 이상 2,000 cc 미만이거나 길이·너비·높이 중 어느 하나라도 소형을 초과하는 것	배기량이 2,000 cc 이상이거나, 길이·너비·높이 모두 소형을 초과하는 것
승합자동차	배기량이 1,000 cc 미만으로서 길이 3.6미터·너비 1.6미터·높이 2.0미터 이하인 것	승차정원이 15인 이하인 것으로서 길이 4.7미터·너비 1.7미터·높이 2.0미터 이하인 것	승차정원이 16인 이상 35인 이하이거나, 길이·너비·높이 중 어느 나라도 소형을 초과하여 길이가 9미터 미만인 것	승차정원이 36인 이상이거나, 길이·너비·높이 모두가 소형을 초과하여 길이가 9미터 이상인 것
화물자동차	배기량이 1,000 cc 미만으로서 길이 3.6미터·너비 1.6미터·높이 2.0미터 이하인 것	최대적재량이 1톤 이하인 것으로서 총중량이 3.5톤 이하인 것	최대적재량이 1톤 초과 5톤 미만이거나, 총중량이 3.5톤 초과 10톤 미만인 것	최대적재량이 5톤 이상이거나, 총중량이 10톤 이상인 것
특수자동차	배기량이 1,000 cc 미만으로서 길이 3.6미터·너비1.6미터·높이 2.0미터 이하인 것	총중량이 3.5톤 이하인 것	총중량이 3.5톤 초과 10톤 미만인 것	총중량이 10톤 이상인 것
이륜자동차	배기량이 50 cc 미만(최고정격출력 4킬로와트 이하)인 것	배기량이 100 cc 이하(최고정격출력 11킬로와트 이하)인 것으로 최대적재량(기타형에만 해당한다)이 60킬로그램 이하인 것	배기량이 100 cc 초과 260 cc 이하(최고정격출력 11킬로와트 초과 15킬로와트 이하)인 것으로 최대적재량이 60킬로그램 초과 100킬로그램 이하인 것	배기량이 260 cc(최고정격출력 15킬로와트)를 초과하는 것

- 이륜자동차: 총배기량 또는 정격출력의 크기와 관계없이 1인 또는 2인의 사람을 운송하기에 적합하게 제작된 이륜의 자동차 및 그와 유사한 구조로 되어 있는 자동차

❸ 「도로교통법」에 따른 차마

- "차마(車馬)"란 차와 우마(牛馬)를 말한다.
  - 차: 자동차, 건설기계, 원동기장치자전거, 자전거와 사람 또는 가축의 힘이나 그 밖의 동력(動力)으로 도로에서 운전되는 것. 다만, 철길이나 가설(架設)된 선을 이용하여 운전되는 것, 유모차와 보행보조용 의자차는 제외한다.
  - 우마: 교통이나 운수(運輸)에 사용되는 가축을 말한다.
- "자동차"란 철길이나 가설된 선을 이용하지 아니하고 원동기를 사용하여 운전되는

표 1.1.3 자동차 종별 유형별 세부기준

종류	유형별	세부기준
승용 자동차	일반형	2개 내지 4개의 문이 있고, 전후 2열 또는 3열의 좌석을 구비한 유선형인 것
	승용겸화물형	차실 안에 화물을 적재하도록 장치된 것
	다목적형	후레임형이거나 4륜구동장치 또는 차동제한장치를 갖추는 등 험로운행이 용이한 구조로 설계된 자동차로서 일반형 및 승용겸화물형이 아닌 것
	기타형	위 어느 형에도 속하지 아니하는 승용자동차인 것
승합 자동차	일반형	주목적이 여객운송용인 것
	특수형	특정한 용도(장의·헌혈·구급·보도·캠핑 등)를 가진 것
화물 자동차	일반형	보통의 화물운송용인 것
	덤프형	적재함을 원동기의 힘으로 기울여 적재물을 중력에 의하여 쉽게 미끄러뜨리는 구조의 화물운송용인 것
	밴형	지붕구조의 덮개가 있는 화물운송용인 것
	특수용도형	특정한 용도를 위하여 특수한 구조로 하거나, 기구를 장치한 것으로서 위 어느 형에도 속하지 아니하는 화물운송용인 것
특수 자동차	견인형	피견인차의 견인을 전용으로 하는 구조인 것
	구난형	고장·사고 등으로 운행이 곤란한 자동차를 구난·견인 할 수 있는 구조인 것
	특수작업형	위 어느 형에도 속하지 아니하는 특수작업용인 것
이륜 자동차	일반형	자전거로부터 진화한 구조로서 사람 또는 소량의 화물을 운송하기 위한 것
	특수형	경주·오락 또는 운전을 즐기기 위한 경쾌한 구조인 것
	기타형	3륜 이상인 것으로서 최대적재량이 100 kg 이하인 것

차(견인되는 자동차도 자동차의 일부로 본다)로서 다음 각 목의 차를 말한다.
- 「자동차관리법」에 따른 자동차(승용자동차, 승합자동차, 화물자동차, 특수자동차, 이륜자동차)
- 「건설기계관리법」 제26조제1항 단서(덤프트럭 등 7종)에 따른 건설기계
- "원동기장치자전거"란 다음 각 목의 어느 하나에 해당하는 차를 말한다.
  - 「자동차관리법」에 따른 이륜자동차 가운데 배기량 125 cc 이하의 이륜자동차
  - 배기량 50 cc 미만(전기를 동력으로 하는 경우에는 정격출력 0.59 kW 미만)의 원동기를 단 차
- "어린이 통학버스"란 다음 시설 가운데 어린이(13세 미만)를 교육 대상으로 하는 시설에서 어린이의 통학 등에 이용되는 자동차와 「여객자동차 운수사업법」에 따른 여객자동차운송사업의 한정면허를 받아 어린이를 여객대상으로 하여 운행되는 운송사업용 자동차를 말한다.
  - 「유아교육법」에 따른 유치원, 「초·중등교육법」에 따른 초등학교 및 특수학교

- 「영유아보육법」에 따른 어린이집
- 「학원의 설립·운영 및 과외교습에 관한 법률」에 따라 설립된 학원
- 「체육시설의 설치·이용에 관한 법률」에 따라 설립된 체육시설

교통안전 수준

2.1 교통안전 지표

국가 간 교통수준을 평가하기 위해서는 주로 교통사고 사망자 수를 비교하게 된다. 교통사고 사망자 수가 중요하기도 하지만 사망자는 거의 모든 국가에서 같은 기준으로 산출하고 있기 때문이다. 과거에는 교통사고 사망에 대한 정의가 국가마다 달랐기 때문에 사망자 수를 상호 비교하기가 어려웠으나, 유엔(UN; United Nations)에서 단일 기준을 제시하고 회원국이 이를 따르면서 국가 간 비교가 가능해졌다. 유엔에서 권고하고 있는 교통사고 사망에 대한 기준은 교통사고 발생 후 30일 이내에 사망한 경우를 말한다. 교통안전 수준을 평가하는 대표적 지표로는 인구 10만 명당 사망자 수, 자동차 10만 대당 사망자 수, 주행거리 10억 km당 사망자 수가 있다.

2.1.1 차량 10만 대당 사망자 수

등록한 차량 보유대수 중 이륜차, 건설기계 등을 제외한 자동차 10만 대당 사망자 수를 주요 지표로 사용한다. 〈그림 1.2.1〉을 보면 미국, 독일, 일본, 영국은 1990년대에 20명 수준이었으나, 2015년에는 독일, 일본, 영국은 7명 이하로 줄었다. 20년 사이 35% 이하로 감소하였다. 다만 미국은 다른 선진국에 비해 여전히 높은 수치를 보이고 있다.

우리나라는 1990년대까지 90명 이상으로 수치가 매우 높았는데 이는 다른 선진국에 비해 5배에 가까운 수준이었다. 이후 감소폭이 매우 커서 20명 수준까지 내려왔으나, 아직 선진국에 비해 2배 이상으로 높다.

2.1.2 인구 10만 명당 교통사고 사망자 수

차량 보유대수가 급격히 증가하고 있는 동남아 국가들이 주로 사용하고 있는 지표

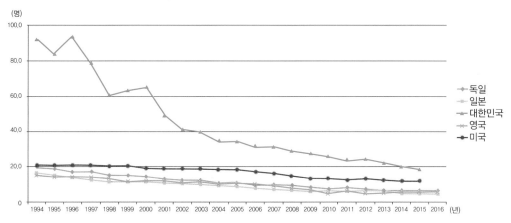

그림 1.2.1 차량 10만 대당 사망자 수 변화

자료: OECD Statistics, 2017

다. 동남아 국가 대부분이 인구 안정세를 보이고 있지만 자동차 보유대수는 폭발적으로 증가하고 있어 차량 10만 대당 사망자 수를 국가 간 비교지표로 사용하기 어렵기 때문에 이 지표를 활용한다.

〈그림 1.2.2〉는 주요 선진국과 우리나라의 인구 10만 명당 사망자 수를 비교한 것이다. 독일 일본, 영국, 미국 등은 90년대에 5~15명 수준이었으나, 2015년에 독일, 일본, 영국은 5명 이하로 줄었다. 20년 사이 절반 이하로 감소했음을 알 수 있다. 다만 미국은 다른 선진국에 비해 지속적으로 높은 수치를 보이고 있다.

우리나라는 90년대까지 20명 이상으로 수치가 매우 높았는데 이는 영국보다 4배 높은 수준이었다. 이후 지속적으로 감소하여 2013년 이후로는 미국보다 낮은 수치이지만 영국, 독일, 일본에 비교하면 여전히 두 배 가까이 높다.

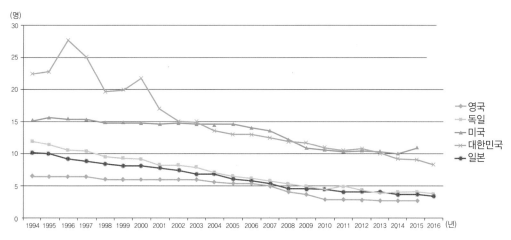

그림 1.2.2 인구 10만 명당 사망자 수 변화

자료: OECD Statistics, 2017

2.1.3 주행거리 10억 km당 사망자 수

　대개 국가 간의 교통안전 수준은 자동차 10만 대당 교통사고 사망자 수를 산출하여 비교하고 있다. 2015년 OECD 회원국 평균이 11.3명인데, 우리는 19.5명으로 아직까지 선진국과는 큰 격차가 있다. 1970년 자동차 10만 대당 사망자 수는 2,370명이다. 지난 45년 동안 무려 122배나 사고를 줄인 셈이다. 그러나 인구 10만 명당 사망자 수는 크게 줄지 않았다. 따라서 긴 시차를 두고 이 두 지표로 비교하는 것은 의미가 없다. 가장 바람직한 노출지표(exposure index)는 주행거리 10억 km당 사망자 수라고 할 수 있다. 2015년 주행거리 10억 km당 사망자 수는 13.8명으로 최근 5년간 해마다 6.5%씩 감소하고 있다. 자동차검사정보를 기반으로 주행거리를 산출하는 우리와 달리 이를 산출하는 대부분의 국가가 샘플조사를 시행하고 있어, 아직까지 국가 간 사고율로 비교하기에는 무리가 있다.[4]

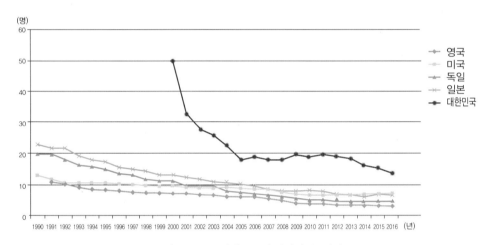

그림 1.2.3 10억대–km당 사망자 수 변화

자료: 도로교통공단, OECD 회원국 교통사고 비교, 2017

표 1.2.1 OECD 국가 간의 교통안전지표 비교

순위	국가명	연도	10만 명당 사망자	국가명	연도	10만 대당 사망자	국가명	연도	10억 대·km당 사망자
1	노르웨이	2015	2.3	노르웨이	2015	3.0	노르웨이	2016	3.0
2	몰타	2015	2.5	몰타	2015	3.2	스위스	2016	3.2
3	스웨덴	2015	2.6	스위스	2015	4.2	스웨덴	2016	3.3
4	영국	2015	2.8	스웨덴	2015	4.3	영국	2016	3.4
5	멕시코	2015	2.8	영국	2015	4.8	아일랜드	2016	3.8
6	스위스	2015	3.1	스페인	2015	5.1	덴마크	2016	3.9
7	덴마크	2015	3.1	일본	2015	5.4	독일	2016	4.2
8	아일랜드	2015	3.5	아이슬란드	2015	5.6	네덜란드	2016	4.7

(계속)

4　강동수, "교통사고 사망통계의 불편한 진실", 교통신문, 2016.12.8

표 1.2.1 OECD 국가 간의 교통안전지표 비교

순위	국가명	연도	10만 명당 사망자	국가명	연도	10만 대당 사망자	국가명	연도	10억 대·km당 사망자
9	스페인	2015	3.6	덴마크	2015	5.9	아이슬란드	2016	4.9
10	네덜란드	2015	3.7	핀란드	2015	6.1	캐나다	2016	5.1
11	이스라엘	2015	3.8	네덜란드	2015	6.1	오스트리아	2016	5.1
12	일본	2015	3.8	독일	2015	6.2	필란드	2016	5.1
13	독일	2015	4.2	아일랜드	2015	6.3	호주	2016	5.2
14	에스토니아	2015	4.6	이탈리아	2015	6.6	프랑스	2016	5.8
15	아이슬란드	2015	4.8	호주	2015	6.7	이스라엘	2016	5.9
16	핀란드	2015	4.9	오스트리아	2015	7.4	일본	2016	6.4
17	호주	2015	5.1	캐나다	2015	7.8	슬로베니아	2016	7.0
18	캐나다	2015	5.2	프랑스	2015	8.1	뉴질랜드	2016	7.2
19	프랑스	2015	5.2	룩셈브루크	2015	8.1	벨기에	2016	7.3
20	오스트리아	2015	5.5	그리스	2015	8.3	미국	2016	7.3
21	이탈리아	2015	5.6	슬로베니아	2015	8.6	체코	2016	11.5
22	슬로바키아	2015	5.7	뉴질랜드	2015	9.1	한국	2016	13.8
23	포르투갈	2015	5.7	멕시코	2015	10.0			
24	슬로베니아	2015	5.8	벨기에	2015	10.2			
25	룩셈브루크	2015	6.3	포르투갈	2015	10.3			
26	벨기에	2015	6.5	이스라엘	2015	10.4			
27	헝가리	2015	6.5	폴란드	2015	11.2			
28	뉴질랜드	2015	6.9	체코	2015	11.4			
29	체코	2015	7.0	미국	2015	12.5			
30	마케도니아	2015	7.1	슬로바키아	2015	12.6			
31	그리스	2015	7.3	리투아니아	2015	15.6			
32	폴란드	2015	7.7	헝가리	2015	16.6			
33	몬테네그로	2015	8.2	불가리아	2015	18.5			
34	크로아티아	2015	8.3	한국	2015	19.5			
35	리투아니아	2015	8.3	크로아티아	2015	20.2			
36	몰도바	2015	8.4	라트비아	2015	23.7			
37	세르비아	2015	8.5	세르비아	2015	27.9			
38	한국	2015	9.1	루마니아	2015	30.5			
39	아제르바이잔	2015	9.3	터키	2015	42.4			
40	알바니아	2015	9.4						
41	라트비아	2015	9.5						
42	루마니아	2015	9.6						
43	터키	2015	9.6						
44	불가리아	2015	9.9						
45	미국	2015	10.9						
46	인도	2015	11.2						
47	알마니아	2015	11.9						
48	러시아	2015	16.0						
49	조지아	2015	16.2						

자료: OECD, *Road Safety Annual Report*, 2017

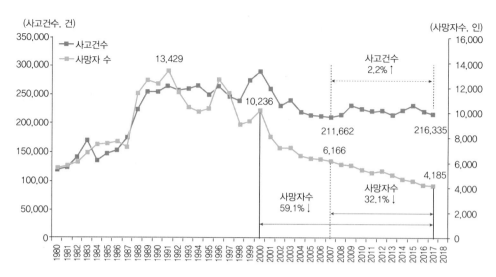

그림 1.2.4 도로부문 교통사고 및 사망자 수 발생 추세

국내 교통사고 발생 추이

2.2.1 교통사고 발생 경향

구분	발생			사망			부상		
	발생 (건)	인구 10만 명당	자동차 1만 대당	사망자 (명)	인구 10 만 명당	자동차 1만 대당	부상자 (명)	인구 10만 명당	자동차 1만 대당
2008	215,822	444.0	105.9	5,870	12.1	2.9	338,962	697.4	166.3
2009	231,990	475.9	111.4	5,838	12.0	2.8	361,875	742.4	173.7
2010	226,878	464.2	105.8	5,505	11.3	2.6	352,458	721.1	164.3
2011	221,711	452.6	101.2	5,229	10.7	2.4	341,391	696.9	155.8
2012	223,656	447.3	99.0	5,392	10.8	2.4	344,565	689.1	152.5
2013	215,354	428.8	93.0	5,092	10.1	2.2	328,711	654.6	142
2014	223,552	433.3	93.7	4,762	9.4	2.0	337,497	669.3	141.5
2015	232,035	458.4	98.4	4,621	9.1	2.0	350,400	692.3	148.6
2016	220,917	434.9	86.4	4,292	8.5	1.7	331,720	653.0	129.7
2017	216,335	420.5	82.2	4,185	8.1	1.6	322,829	627.5	122.6
합 계	2,228,250	-	-	50,786	-	-	3,410,408	-	-
연평균	0.03%	△0.6%	△2.78%	△3.69%	△4.36%	△6.39%	△0.54%	△1.17%	△3.33%

표 1.2.2 전체 교통사고 발생 추세

자료: 도로교통공단, 교통사고통계분석시스템(TAAS)

우리나라는 1980년대 경제성장 및 가계소득 증대에 따른 자동차 보유대수와 사망자 수가 해마다 급증하였다. 1991년 13,429명의 교통사고 사망자가 발생하기까지는 사고건수, 사망자 수, 부상자 수가 모두 증가했을 뿐만 아니라, 자동차 보급대수도 급격히 증가하였으나 이에 대응하는 교통안전 시책은 시행되지 못했다.

1992년에는 '교통사고 줄이기 운동'이 전개되면서 전년 대비 사망자 수를 1,789명이나 줄인 해였다. 1997년에서 1998년까지는 IMF경제위기로 인해 교통량이 대폭 감소하였으며, 1999년에 속도규제 완화, 지정차로제 폐지, 경제위기 해소 등으로 사고가 다시 증가하였다. 그러나 2001년[5] 이후는 우리나라도 사고 발생건수와 사망자 수 감소추세가 둔화하는 단계로 진입하였다. 2017년에는 4,185명의 사망자 수가 발생하여 1977년 수준(4,097명)에 이르렀다.

2.2.2 교통사고 사망자 발생 추이

최근 5년간(12년~16년) 교통안전 취약부문을 도출하면, 도시부와 지방부 공통적으로 보행자, 자동차, 이륜차 이용자에 사망자 발생량이 집중하는 것으로 나타났다. 도시부에서는 보행자 부문이, 지방부에서는 자동차 부문이 더 취약한 것으로 분석되었다.

도로이용자 및 연령별 분석결과에 따르면 전반적으로 고령이용자의 사망자 발생률

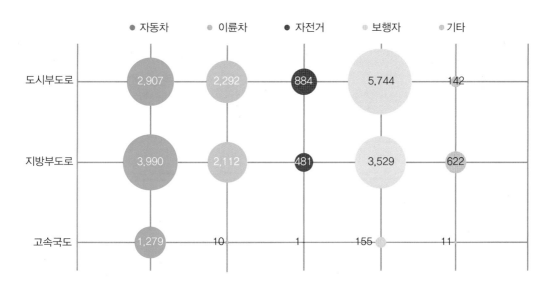

그림 1.2.5 도로부문 도로이용자별 교통사고 사망자 발생량 분석

자료: 국토교통부, 제8차 국가교통안전기본계획, 2016

---

5 2001년에는 260,579건의 교통사고가 발생하여 8,097명이 사망하였다.

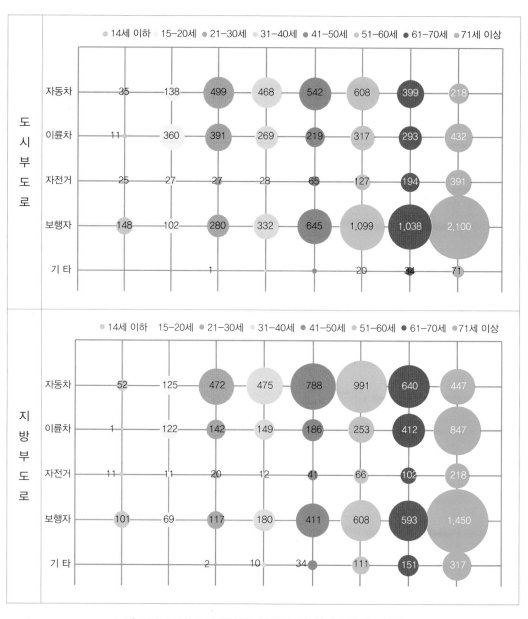

그림 1.2.6 도로부문 도로이용자 및 연령별 사망자 발생량 분석

자료: 국토교통부, 제8차 국가교통안전기본계획, 2016

이 높게 형성되었으며, 지방부의 경우 이륜차, 자전거가 고령자의 주된 교통이동수단
으로 활용되고 있어 사망자 발생률이 높다. 또한 도시부 이륜차 사망자의 경우 배달직
에 종사하는 젊은 연령층이 많다. 특히 70대 이상의 보행자 사고가 많으며, 연령대가
높아질수록 보행자 사고 발생률이 높아지는 것으로 나타났다.

03

교통안전 위험요인

3.1 교통사고의 발생요인

교통사고의 발생요인은 직접적 요소로서의 원인과 간접적 요소로서의 원인으로 크게 나뉜다. 교통사고는 시간과 장소의 상황에 따라 여러 가지가 복합적으로 작용하여 발생하고 있다. 운전자, 차량 및 도로환경 요인은 교통사고와 직접적으로 관련되므로 직접적인 요인으로 보며, 간접적으로 작용하는 요인으로는 사회, 경제, 문화 등과 같은 구조적 요인이 있다.

교통사고의 요인을 인적요인, 차량요인, 도로시설 및 환경요인 등으로 분류하며, 세부적인 내용은 아래 그림과 같다.

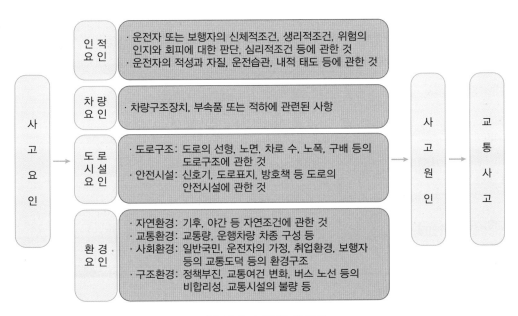

그림 1.3.1 교통사고의 요인

교통의 구성요소인 사람, 차량, 도로·환경 등이 불안전한 상태에 놓여 있을 때 직접 요인을 유발하여 교통사고를 일으킨다. 따라서 교통사고의 근원으로 작용하는 불안전 한 조건과 상태를 제거해야 한다. 대개는 간접요인에서 출발하여 직접요인까지 연쇄 반응으로 연결되어 교통사고를 일으킨다.

이와 관련하여 Bird(1974)는 교통사고에 직접적으로 기여한 원인과 간접적으로 작 용하고 있는 요인을 교통사고 유발의 근접 정도에 따라 직접원인, 중간원인, 간접원인 으로 분류하였다. 사고발생 연쇄과정을 기초원인 → 2차원인 → 1차원인 → 사고 → 재 해로 연결되는 연쇄과정을 설명하면서 하나의 원인을 제거하면 사고의 발생을 방지할 수 있다고 주장하였다.[6] 그리고 과거의 고전적인 도미노 이론과는 달리, 직접원인을 제 거한다 하더라도 간접원인이 남아있는 한 같은 직접원인이 재발하는 것을 방지할 수 없다고 주장하였다. 이와 유사하게 Sumer(2003)는 아래 그림과 같이 교통사고에 대한 모델을 크게 잠재요인과 직접요인으로 나누어서 제시하였으며, 실제 교통사고에 대한 예방은 잠재요인과 직접요인을 얼마나 잘 관리하느냐에 달려있다고 할 수 있다.[7]

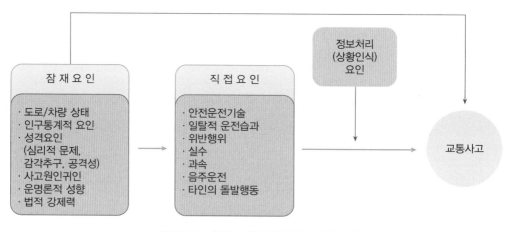

그림 1.3.2 교통사고의 잠재요인 및 직접요인

3.2 인적요인

운전자와 보행자는 교통시스템의 운영과 교통안전의 성패에 있어서 가장 중요한 영향을 미친다. 실제로 전체 교통사고의 90% 이상이 운전자 또는 보행자의 실수로 인

---

6 Bird F.E., "Updated domino seguence of accident causation theory", *Management guide to loss control*, Division of International Loss control Institute

7 Sumer, "Personality and behavioral predictors of traffic accidents: testing a contextual mediated model", *Accident Analysis & Prevention, 2003*, pp.949~964

해 발생하고 있다. 교통사고를 예방하려면 운전자와 보행자의 정보에 대한 인지반응 과정, 시각과 청각 등 신체적 특성, 운전경력, 지능, 교육수준, 기술, 주의력, 성격, 그리고 위기상황에 대한 대처능력과 같은 심리적 요소에 대한 이해가 필요하다.

3.2.1 운전자의 상황인식

복잡한 도로에서 안전한 운전을 하기 위해서는 시시각각으로 변하는 운전상황 변화를 인식하고 적절한 대응 행동에 대해 계획하는 의사결정이 매우 중요하다. 이러한 의사결정의 질을 결정짓는 가장 중요한 요인으로서 상황인식(situation awareness)이 필요하다. 상황인식이란 "환경으로부터 오는 정보를 지각하고 이에 대한 이해를 바탕으로 미래를 예측하는 것"을 의미하며, 기본적으로 지각, 이해, 예측이라는 세 개의 단계를 거친다.

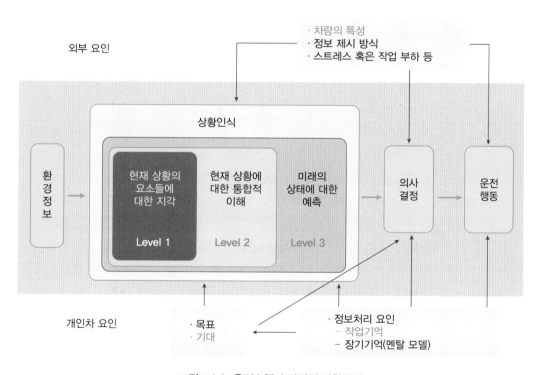

그림 1.3.3 운전수행과 관련된 상황인식

상황인식의 세 단계를 운전 환경에 적용하여 설명하면 운전자들은 자신이 진행하고자 하는 경로를 유지하면서 이와 동시에 자신이나 다른 차량들의 위치 및 속도 변화, 도로 여건, 그리고 자신이 운전하고 있는 차량의 상태 등에 대해 계속적으로 주의를 기울이고 정보를 수집한다. 그리고 상황에 대한 통합적인 이해와 판단을 하여야 하며, 더 나아가 가까운 미래에 상황이 어떻게 변화할 것인지 미리 예측할 수 있어야 한다는 것을 의미한다. Ward(2000)와 Mattews(2001) 등에 따르면 방향을 조작하고 적절히 브레이크에 반응하는 자동차 운전 과제는 주로 첫 번째 수준(Level 1)인 지각 단계의 상황인식에 의해 영향을 받는다. 또한 적절한 차로 위치를 비교하고 판단함으로써 안전하게 자동차를 주행하기 위해서는 첫 번째 수준과 두 번째 수준(Level 2)의 상황인식이 매우 중요하게 요구되며, 세 번째 수준(Level 3)의 상황인식은 주행 코스나 교통 흐름 혹은 패턴의 변화를 감지해야 하는 주행 상황에서 반드시 필요하다. 따라서 상황인식의 부족이나 실패는 교통사고의 직접적인 원인이 될 수 있다.[8]

Jones와 Endsley(1995)의 연구에 따르면, 일반적으로 상황인식의 세 수준 중 오류가 가장 많이 발생하는 수준은 첫 번째 수준(지각 단계)이며, 여기에 영향을 미치는 요인들에는 작업부하나 피로, 스트레스, 기기 인터페이스상의 문제, 자동화 등의 외부 요인이 있을 수 있다. 주의 자원의 적절한 분배나 간섭, 부주의 등과 같은 주의(attention)와 관련된 조작자의 내부 요인도 상황인식에 영향을 끼칠 수 있다.[9]

3.2.2 운전자의 성격

운전자의 성격은 과속, 법규위반과 같은 위험한 운전행동에 직접적인 영향을 미치는 중요한 요소이다. 특히 분노와 적대감은 많은 문헌에서 중요한 요인으로 언급되는 것으로, 분노나 적대감이 높을수록 공격적이고 위험한 운전습관을 보인다. Schwebel 외(2006)의 연구에 따르면, 자극추구성향이 교통법규 위반을 가장 잘 예측하는 요인으로 나타났으며, 분노와 적대감 또한 위험한 운전습관을 유의미하게 예측하는 것으로 나타났다.[10] 즉, 자극추구성향과 분노·적대감 수준이 높을수록 위험한 운전습관을 나타낸 반면, 꼼꼼할수록 안전한 운전습관을 가진 경향이 있었다. Gulliver와 Begg(2007)의 연구에서는 여성 운전자들의 경우, 성격 변인이 위험한 운전습관이나 교통사고를 유의미하게 예측하지 못했으나 남성 운전자들의 경우 분노와 적대감이 높을수록, 전통주의적 사고방식이 약할수록, 사회로부터 소외감 혹은 거리감을 더 많이 느낄수록 교통사고 빈도가 높고 교통법규를 위반하는 경향이 높은 것으로 나타났다.[11] 이러한 연구결과는 분노 적대감뿐만 아니라 사회에 대한 개인의 태도도 교통사고에서 중요한

---

8   David Kaber, "The effect of driver cognitive abilities and distractions on situation awareness and performance under hazard conditions", *Transportation Research Part F.*, 2016, p.2

9   Endsley and Jones, *Situation Awareness In Aviation Systems*, 1995, p.267

10 Schwebel, D. C., Severson, J., Ball, K. K., & Rizzo, M., "Individual difference factors in risky driving: The roles of anger/ hostility, conscientiousness and sensation-seeking", *Accident Analysis & Prevention 38*, 2006, pp.801~810

11 Gulliver, P. & Begg, D., "Personality factors as predictors of persistent risky driving behavior and crash involvement among young adults", *Injury Prevention 13*, 2007, pp.376~381

표 1.3.1 운전행동에 영향을 미치는 인성요인

요인	특징	사고와의 관련성	관련 연구
분노 /적대감	화를 얼마나 자주, 얼마나 강도 높게 내는지 정도	교통신호 위반, 공격적이고 위험한 운전, 충돌사고	• Gulliver & Begg (2007) • Schwebel, Severson, Ball, & Rizzo (2006)
법규위반 /반사회성	사회적 규칙을 무시하거나 준수하지 않으려는 태도	교통법규를 위반, 타인에게 적대적인 운전 행동	• Machin & Sankey (2007) • Gulliver & Begg (2007)
우울 및 불안	무기력하고 비판적인 태도 걱정이 많고, 감정의 기복이 심하며 불안정한 정서	위험한 운전행동, 상황변화에 대한 대처능력이 낮고, 우유부단한 운전행동이 많으며 돌발상황에 잘 대처하지 못함	• Hansen (1988) • Shahar (2009) • Oltedal & Rundmo (2006)
충동성	자신의 생각이나 행동을 얼마나 통제할 수 있는지 정도	음주운전, 안전벨트 미착용, 공격적인 운전, 높은 사고율, 교통신호에 둔감	• Taubman-Ben-Ari, Mikulincer, & Gillath (2004) • Dahlen, Martin, Ragan, & Kuhlman (2005)
자극추구 성향	새롭고 다양한, 복잡하거나 강렬한 자극을 추구하는 정도	음주운전, 제한속도 초과, 다른 차와 경주하기, 추월이 금지된 구역에서 추월하기	• Oltedal & Rundmo (2006) • Machin & Sankey (2007) • Schwebel, Severson, Ball, & Rizzo (2006)
Type-A 행동패턴[13]	경쟁적이고 시간에 쫓기며, 참을성이 없음	공격적인 운전	• Miles & Johnson (2003) • Lajunen Parker (2001)
스트레스	일상생활에서 피로를 많이 느끼고 주의집중이 어려운 상태	수면부족, 집중력 저하 등으로 인해 산만하고 부주의한 운전행동을 보이며 위험한 운전행동 증가	• Westerman & Haigney (2000) • FMCSA Tech brief (2004)
내향/외향	내향성과 외향성	외향적일수록 사고위험이 더 높은 경향	• Taubman-Ben-Ari, Mikulincer & Gillath (2004) • Hansen (1988)

변인임을 보여준다.[12]

최근 연구들은 분노·불안·우울·충동성 등 개인 성격요인과 더불어 개인적, 상황적 스트레스가 안전운전과 매우 밀접한 관계가 있음을 보여준다. 예컨대, Westerman과 Haigney(2000)의 연구에 따르면 상황적 요인과 운전을 싫어하는 정도, 긴장을 유발하는 환경 등 스트레스를 유발하는 요인이 위험한 운전습관과 유의미한 관계를 보여

---

12 박용욱, "직업운전자의 자극추구성향이 직무소진에 미치는 영향: A형 운전행동 패턴과 일의 의미의 조절된 매개효과", 한국심리학회지:문화 및 사회문제, 2016, 21쪽

13 성마르고 조급하며 경쟁하는 것을 추구하는 형태의 운전행동 패턴으로서 대표적인 위험 운전행동을 의미한다. 다혈질적이고 경쟁적인 성격특성을 말하기도 한다.

주고 있다.[14] 또한 사업용 운전자들 중 위험군 운전자들에 대한 미국 연방운수안전청 (FMCSA; Federal Motor Carrier Safety Administration) 보고서에 따르면 결혼생활, 삶에 대한 만족도, 행복감, 수면시간 등 생활 스트레스 요인이 위험군 운전자들을 잘 예측하는 변인으로 나타났다. 이는 교통사고 예방을 위해서는 단순히 운전이라는 행동에 집중하여 교육하는 것뿐만 아니라 운전자의 생활 전반에 걸쳐 접근하고 개입할 필요가 있음을 보여준다.[15]

그밖에도 교통사고와 관련성이 높은 변인으로 언급되는 성격 요인이 아래에 제시되어 있다.

3.2.3 운전자의 '운전'작업

운전은 차량조작과 차량제어로 구성된다. 사람이 이동할 때는 언제, 어디로, 어떤 경로를 통해서 어떤 수단을 이용할 것인가가 결정된다. 따라서 '운전'도 차량조작이라는 간단한 상황에서부터 차량조작에 수반되는 제반 행위가 필요하다.

운전 도중에는 물체와 현상에 대한 모니터링과 물체를 피하기 위한 행동이 동시에 수행되어야 하지만 실질적으로 인간은 운전도중 주의를 한 곳에만 집중(single-channel mind) 시킬 수 있으므로 동시에 여러 행위를 수행(multi-tasking)하는 능력을 가지지 못한다. 또한 운전자는 운전 중 거의 대부분의 정보를 시각을 통해 얻게 되며 운전자의 행동으로 결정된다. 이때 운전자는 위험을 회피하기 위해서는 우선적으로 그 위험을 인지하여야 한다. 이동하는 차량 내에서 운전자는 전면에 부채꼴 모양의 정보입수구역(committed zone)을 형성한다. 이러한 정보입수구역은 속도(또는 차량속도에 따른 통계적 변수), 가속력, 회전반경, 포장상태 그리고 정지거리 등에 의해 결정된다.[16] 〈그림 1.3.4〉에서 보는 바와 같이 차량 전면에 형성되는 정보입수구역은 3개 범위로 나누어져 있다.

운전자는 '운전기대(expectancy)'를 통해서 행동방향에 대한 예측과 방어운전 등을 수행한다. 운전기대는 '이전의 경험에 근거하여 교통상황을 미리 예측하는 행위'로 정의할 수 있다. 운전기대의 대표적인 예로서 운전자는 이전의 경험대로 신호등이 없는 교차로를 완전히 정지한 후 통과하지 않거나, 인적이 드문 시간대에 횡단보도에서 적색신호를 완전하게 지키지 않는 등의 상황을 들 수 있다.

---

14 Westermann, S. J. and Haigney, D., "Individual differences in driver stress, error and violation", *Personality and Individual Differences 29*, 2000, pp.981~998

15 박선영, 『사업용운전자 관리방안』, 교통안전공단, 2009, 10쪽

16 H.W., Hulbert, "Driver Information Systems", *Human Factors in Highway Traffic Safety Research*, T.W. Forbesed. New York, Wiley, 1972, p.111

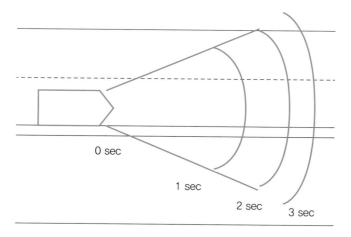

그림 1.3.4 정보입수구역

자료: H. W., Hulbert, *ibid*

실제로 Johansson과 Rumar[17]의 연구에서는 주행차량에 대한 청각의 반응시간 실험에서 50% 이상의 운전자가 0.66초 이상의 반응시간을 보였다. 가장 느린 운전자의 반응시간은 2.0초에 달했지만 운전기대에 따른 보정인자를 적용하여 비상시 운전자 반응시간에 대한 중앙값을 0.9초로 추정하였다. 또 다른 연구로 Hulbert와 Beers[18]는 긴장한 운전자의 5% 정도는 예상치 못한 상태에서 신호 교차로에 접근하였을 때, 적색신호를 인지하지 못하는 것으로 조사되었다. 이처럼 운전자의 기대를 이해하는 것은 교통류의 흐름을 안전하고 효율적으로 만드는 데 도움을 준다.

마찬가지로 교통시설을 설계할 때 간혹 동일한 시설물을 하나 이상의 지점에 설치하는 경우가 있다. 대표적인 예로 교차로의 신호등을 들 수 있다. 신호등은 운전자가 확인할 가능성이 높고, 교통사고의 발생률을 낮추는 역할을 하기 때문이다.

3.2.4 운전자의 신체적 특성

❶ 시각

시각은 인간에게 주위정보를 가장 많이 제공하는 기관이다. 교통시설을 설치할 때 이를 가장 많이 고려하고 있다. 특히 운전에서는 시각 예민성(visual acuity), 시야각

---

17 Johansson G, Rumar K., "Drivers' brake reaction times.", *The Journal of the Human Factors and Ergonomics Society*, Vol 13, Issue 1, 1971.2., p.2

18 H.W., Hulbert, S.F., and Beers, J., "Research Development of Changeable Messages for Freeway Traffic Control and Traffic Engineering", *Institute of Transportation and Traffic Engineering*, UCLA, 1971.8

(visual angle), 순응성, 색상인식 등이 중요하다. 이는 운전자가 전방을 보면서 물체를 인식하여 회피하여 운전할 수 있도록 행동하며, 전조등을 통하여 조명시설이 거의 없는 곳에서도 진로를 볼 수 있어야 한다. 마지막으로 운전자는 신호와 표지판의 색깔, 물체사이의 거리를 구분할 수 있어야 한다.

시각 예민성은 '운전자가 물체를 인지하는 예민함의 정도'를 말하며 시력이라고도 한다. 시력측정방법 중 하나는 안과에서 자주 사용하는 Snellen표[19]를 이용하는 것이다. 서로 다른 크기의 문자를 지정된 거리로부터 읽으면, 정상적인 사람은 20 ft 거리에서 1/3 inch 크기의 글자를 인식할 수 있으며, 이 사람의 예민성을 20/20으로 표시(이때 시력을 1.0으로 정의)한다. 시력이 나쁜 사람은 같은 크기의 글자라도 더 가까운 거리에서 확인된다. 시각 예민성은 거리에 비례하며 글자크기에 반비례한다. 또한 사물의 대비, 밝기, 조명수준, 관찰자와 물체 사이의 상대적 행동, 모양, 응시시간과 같은 요소들에 의해 영향을 받는다.

시각의 폭이 넓어지면 시각 예민성은 감소한다. 최대 예민성 또는 분명한 인지범위(clearest seeing)는 전체 시야 중 좁은 부분에서 이루어진다. 가장 분명한 시각(best vision)의 범위는 3° 정도의 원뿔모양이며 분명한 시각(clear vision)의 범위는 약 10° 정도이다. 시각의 최대 인식범위는 160° 정도까지이다. 10° 이상을 벗어나면 시각 예민성은 급속하게 저하되므로 교통시설을 설계할 때는 이 원뿔형 범위 내에서 설치되어야 한다.

시각 예민성은 주변 밝기, 대비, 모양, 움직임에 의해서도 영향을 받는다. 시야 밖의 물체를 볼 수 있는 능력을 '인지범위(visual angle)'라고 하며, 운전자의 인지범위는 120°~160° 사이에 있고, 속도가 높을수록 인지범위는 줄어든다.[20]

시각과 관련된 기타 특성으로 눈의 속도판단(초점)은 고속도로상에서 전후 충돌빈도와 관계가 있다. 일반적으로 한 물체에 초점을 맞추기 위해서는 0.2~0.25초의 시간이 필요하다. 또한 야간시계(night visibility)에서 교통사고율은 주간시계의 약 2배 이상인 것으로 알려져 있다. 야간 운전은 조도 외에도 피로, 졸음 등 다른 여러 가지 위험요소를 가지고 있다. 터널 내에서 명암반응을 살펴보면 어두운 곳에서 밝은 곳으로 이동할 때 눈은 약 3초의 적응시간이 필요하지만 밝은 곳에서 어두운 곳으로 이동할 때는 약 6초의 적응시간이 필요하므로 터널 설계 시에 이를 고려해야 한다.

운전자 눈높이는 경사진 도로에서 안전시거를 계산할 때 중요한 요소이다. 운전자의 눈높이는 도로 표면으로부터 약 4 ft(1.22 m)내에 있으며 수평시거는 방호울타리, 방호벽과 주차차량 등에 의해 정해진다. 차량의 평균 높이는 1930년대에 약 67 inch

---

19 1862년 네덜란드의 안과의사 헤르만 스넬렌이 고안한 시력표(Snellen 시력 = 시력측정거리(20 feet)/시표번호)를 말한다. https://en.wikipedia.org/wiki/Snellen_chart

20 https://en.wikipedia.org/wiki/Visual_angle

에서 1960년대는 55 inch로 낮아졌다. 따라서 운전자의 평균 눈높이도 59 inch에서 47.5 inch로 낮아졌다. 눈높이가 낮아진다는 것은 오르막에서 시거를 감소시키므로 AASHTO(American Association of State and Highway Transportation Officials)에서는 1961년에 오르막 꼭대기에서 수직곡선의 길이를 길게 설계하도록 권장하였다. 실제 운전자의 눈높이는 3.75 ft로 95% 운전자의 하한값으로 설정하였다. 차량의 높이가 낮아짐에 따라 교통안전시설물의 설치 높이도 지속적으로 고려되어야 한다.

마지막으로 물체의 색을 인지하지 못하는 색맹은 남자가 약 8%, 여자는 약 4% 정도이며, 적녹색맹이 많은 비중을 차지하고 있다. 표지판 모양과 교통신호 현시의 표준화는 색맹운전자에게 도움이 되기도 한다.

❷ 인지-반응

도로-차량-운전자가 상호작용하는 교통체계에서 운전자는 운전 중 지속적으로 정보를 수집하고 적절한 통제행동에 대한 결정을 내리며 이를 실행하면서 새로운 상황을 확인하고 반응한다. 이러한 일련의 과정을 '인지반응과정'이라고 한다. 외부자극에 대한 인간의 신체적 반응과정을 흔히 PIEV라는 아래의 4단계 과정으로 구분한다.[21]

- 자각(Perception): 외부자극을 느끼는 단계
- 식별(Identification): 외부자극을 이해하는 단계
- 판단(Emotion): 식별된 자극에 대한 적절한 행동(정지, 추월, 감속, 경적, 회피)을 결정하는 단계
- 행동(Volition): 판단된 행동을 실행에 옮겨 차량의 작동이 시작되기 직전 단계

위에서 언급한 4단계 PIEV 과정에 소요되는 시간을 '인지반응시간'이라고 하며, 실제 행동이 일어나기 직전까지의 과정이다.

실험에 의하면 인지반응시간은 0.2~1.5초 정도이나, 이 시간은 피실험자가 실험실에서 예상되는 자극에 대하여 측정된 값이고, 실제 운행 중에 발생하는 인지반응시간은 이보다 긴 0.5~4.0초 사잇값이다. AASHTO는 안전정지시거를 계산할 때는 2.5초, 교차로 시거를 계산할 때는 2.0초를 사용할 것을 권장하고 있다.[22]

인지반응시간은 운전자와 보행자가 '교통사고'에 대하여 얼마나 빠르고 안전하게 반응하는가를 측정하는 중요한 지표가 된다. 이러한 인지반응시간은 신체적 특성, 운전경력, 지능, 주의력 등 사람에 따라 다르며, 이 시간이 길어지면 운전자와 보행자가 사고위험에 노출될 가능성이 높다는 것을 말한다.

〈그림 1.3.5〉는 운전자의 제동동작 직전까지의 인지-반응시간에 관한 Johansson과

21 도철웅, 『교통공학원론(상) 제2개정판』, 청문각, 2004, 40쪽

22 American Association of State and Highway Transportation Officials, "AASHTO green book", *A Policy on Geometric Design of Highways and Streets*, 6th Edition, 2011.11

Rumar의 조사결과를 나타낸 것이다. 운전자의 반응시간은 사람마다 다양한 편차를 가지고 있으므로 안전을 확보하기 위해서 85~95% 범위를 기준으로 교통시설을 설계한다. 운전자의 반응은 나이, 신체특성, 음주 또는 마약복용, 피로, 졸음 등과 상관이 있다.[23] 교통공학적으로 잘 설계된 시설은 운전자에게 자극을 최소화하고, 운전에 필요한 행위만을 하도록 하는 것이지만 복잡한 교통상황에서는 이러한 규칙이 잘 지켜지지 않는다.

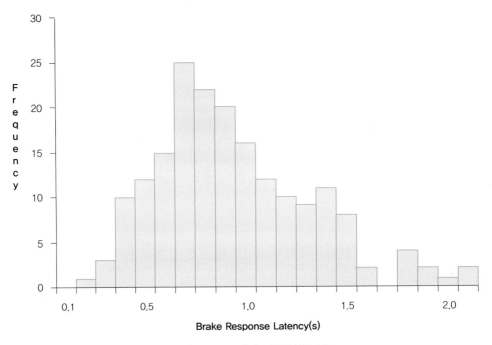

그림 1.3.5 브레이크 반응시간 분포

자료: The Effects of In-Vehicle and Infrastructure-Based Collision Warnings at Signalized Intersections, FHWA-HRT-09-049, 2009.12

❸ 연령 및 성별

일반적으로 나이가 많아지면 신체적 능력은 퇴화한다. 〈표 1.3.2〉에서 30세 이후 시각능력은 매년 0.5%씩 감퇴하며, 브레이크 반응시간은 25세에서 65세까지 매년 15%씩 증가하는 것으로 나타났다. 고령운전자는 차량 전조등이나 다른 불빛으로부터 눈부심을 극복하는 데 더 많은 어려움을 겪는다.[24]

---

23 Johansson G, Rumar K., "Drivers' brake reaction times.", *The Journal of the Human Factors and Ergonomics Society*, Vol 13, Issue 1, 1971.2., p.2

24 Sivak, M., Post, D. V., Olson, P. L. and Donohue, R. J. "Automobile rear lights: Effects of the number, mounting height, and lateral position on reaction times of following drivers", *Perceptual and Motor Skills*, 1981b, 52, p.799

표 1.3.2 운전자 연령별 시각능력 및 브레이크 반응시간

연령	시각능력(%)	평균반응시간(초)
15~19	95	0.438
20~24	101	0.437
25~29	101	0.447
30~34	96	0.446
35~39	95	0.457
40~44	96	0.463
45~49	92	0.475
50~54	84	0.476
55~59	84	0.481
60~64	79	0.497
65~69	79	0.522
70~74	78	-
75~79	78	-

자료: Johansson G, Rumar K., "Drivers' brake reaction times.", *The Journal of the Human Factors and Ergonomics Society*, Vol.13 Issue 1, 1971. 2, p.2

❹ 운전능력

운전자의 인지반응시간, 시각·청각·촉각 등 육체적 능력은 운전능력과 관련이 높지만 운전태도와 운전성향도 이에 못지않게 중요하다. 우수한 육체적 능력을 지닌 젊은 운전자가 사고를 많이 내고 있다는 사실에서도 알 수 있다. 돌발상황 발생 시 운전자가 얼마나 잘 대처할 수 있는지도 운전능력 중 중요한 사항이다. 운행 중 속도선택 능력과 집중력에 따른 운전성향에 관해서는 심리학에서도 관심사항이다.

❺ 음주운전

술에 취한 상태에서 자동차를 운전하는 행위는 판단력 장애, 반응시간의 지연, 반응의 부적합 및 주의력과 감각 능력을 떨어뜨리므로 교통사고를 발생케 할 위험성이 높다.[25]

운전자는 혈중 알코올 농도가 높아짐에 따라 사고로 이어질 가능성도 높아진다. 혈중 알코올 농도가 0.05% 상태에서는 음주를 하지 않았을 때보다 사고확률이 2배, 만취상태인 0.1% 상태에서는 6배, 0.15% 상태에서는 사고확률이 무려 25배로 증가한다. 즉, 소주 2잔 반 정도를 마시고 운전을 하면 술을 마시지 않고 운전을 했을 때보다 사고 발생률이 약 2배로 증가된다는 것이다. 그뿐만 아니라 대뇌의 흥분수준 저하로 졸

---

[25] 신용식, 『음주운전으로 인한 교통안전사고의 특성분석과 예방대책에 관한 연구』, 충북대학교, 2010, 2쪽

음이 오기 쉬워 대형사고로 이어질 수 있다.[26]

알코올이 사람의 행동에 가장 처음으로 미치는 영향은 판단역의 장애다. 위험한 상황에 직면했을 경우 순간적인 판단이 늦어져 적절하게 대처하지 못하게 된다. 음주를 하면 주위의 만류에도 불구하고 이 정도의 술로는 괜찮다며 굳이 운전을 하는가 하면, 자기의 운전기술을 자랑하고 싶은 충동을 갖는 등 자기능력을 과대평가한다. 또한 운동기능이 활발해져 운전대, 브레이크를 급작스럽게 조작하는 위험한 행동을 하게 되고, 작업순서도 될 수 있는 한 생략하려 하기 때문에 더욱 위험하다.[27]

그리고 정상적인 사람도 야간에는 눈의 기능이 20~30% 저하되는데, 음주 후에는 더욱 심하게 저하되고 시야가 좁아져 보행자나 옆 자동차 등 주변의 위험물을 보지 못할 수 있을 뿐 아니라, 음주로 인한 반대방향의 전조등 불빛에 의해 좁아졌던 눈동자가 빨리 정상으로 돌아오지 않아 차량 간의 정면충돌발생 위험이 있다.

❻ 졸음운전

졸음운전은 만성적인 피로, 수면부족, 장시간의 운전 등 운전자 심신의 내적상태에 의해 유발되는 피로형 졸음운전과 도로환경이나 운전조작의 단조로움 속에서 유발되는 단조감형 졸음으로 구분할 수 있다. 피로형 졸음운전은 심신의 기능과 대뇌의 기능이 저하되면서 피로가 축적되어 인지지연, 판단 및 조작의 착오빈도가 늘어나 졸음으로 연결되는 경우가 많다. 단조감형 졸음운전은 고속도로와 같이 선형의 변화와 운전조작의 변화가 적어 긴장감이 둔화되고 주의력이 떨어지면서 최면상태를 유발시키게 된다.

3.3 차량요인

3.3.1 차량 규격과 중량

승용차, 버스, 화물차, 오토바이 등 교통수단은 크기나 무게가 다양하기 때문에 교통사고가 발생하게 되면 사고의 심각도가 달라진다. 물리학의 운동에너지 법칙을 적용할 때, 차량 충돌 시 그 충격량은 중량에 비례하므로, 차량 중량이 큰 화물차 사고 등의 경우 승용차 사고보다 사고 심각도가 높게 나타난다.[28]

우리나라의 차로 폭은 3.5 m 이내이며, 통과높이는 4.5 m 이상 사용되고 있기 때문에 차량의 규격은 이보다 작은 값을 갖도록 규정하고 있다. 차량의 규격과 중량은 도

---

26 위의 책, 3쪽

27 위의 책, 4쪽

28 최새로나 등, "기상 및 교통조건이 고속도로 화물차 사고 심각도에 미치는 영향분석", 대한토목학회 제33권 제3호, 2013, 1105~1113쪽

로설계나 기하구조, 포장상태, 고속도로 진출입 구간 등에 영향을 미치고 잘못된 도로 구조는 사고와 직결되기 때문에 이를 고려한 설계가 필요하다. 「도로의 구조·시설에 관한 규칙」(국토교통부령)에서 이를 규정하고 있다.

3.3.2 주행저항과 가·감속

차량이 움직이는 힘은 연료가 엔진으로 전달되어 발생하는 출력이 내부기관으로 이동하여 발생한다. 이때 외부에서 차량에 가해지는 힘을 외부저항이라고 하며 구름저항(rolling resistance), 공기저항(air resistance), 경사저항(grade resistance), 곡선저항(curve resistance) 등이 있다.[29]

❶ **구름저항**

구름저항(rolling resistance)은 구르는 타이어와 노면 간에 접지조건에 따라 발생하는 저항으로서 노면상태와 차량의 무게에 좌우된다. 차량의 무게를 W(kg)라 할 때, 승용차, 아스팔트 또는 콘크리트의 양호한 노면상태를 기준으로 $R_r = 0.013$ W(kg)의 관계를 갖는다.

❷ **공기저항**

공기저항(air resistance)은 차량 진행로의 공기효과 및 차량주변의 공기마찰력, 차량 후미의 진공효과에 의한 저항으로서 차량의 전부단면적(前部斷面積)과 주행속도에 좌우된다. 차량의 전부단면적을 A(m^2), 속도를 V(kph)라 할 때, $R_a = 0.0011 \, AV^2$(kg)이다. 이 식은 공기저항계수가 비교적 적은 최근의 승용차에 관한 식이므로 제작연도가 오래된 차량이나 버스와 화물차인 경우는 이보다 더 큰 값을 갖는다.

❸ **경사저항**

경사저항(grade resistance)은 차량무게가 경사로 아랫방향으로 작용하는 분력으로서 차량 무게와 경사크기에 좌우된다. 경사의 크기를 s(%)라 할 때, $R_g = 0.01$ Ws(kg)의 관계를 갖는다.

❹ **곡선저항**

곡선저항(curve resistance)은 곡선구간을 돌 때, 앞바퀴를 안쪽으로 끄는 힘으로서 차종, 곡선반경, 속도에 좌우된다. 곡선저항 R_c는 〈표 1.3.3〉과 같다.

다음으로 차량의 가속은 차량의 무게와 엔진 출력, 저항력에 따라 달라진다. 즉, 가속은 차량을 움직이는 힘에서 외부저항을 뺀 구동력에 비례하고 차량무게에는 반비례

29 도철웅, 앞의 책, 26쪽

표 1.3.3 곡선반경 및 속도에 따른 곡선저항 값

곡선반경(m)	속도(kph)	곡선저항(kg)
345	80	18
345	95	36
170	50	18
170	65	54
170	80	108

자료: 도철웅, 앞의 책, 28쪽

한다. 이를 수식으로 나타내면 다음과 같다.

$$F = R + \frac{W \times \alpha}{g}$$

여기서, F: 구동바퀴에 전달되는 구동력(kg), 가속은 +, 감속은 −값을 가진다.

　　　R: 주행저항(kg)

　　　W: 차량의 무게(kg)

　　　α: 감·가속도(m/s^2), 가속은 +, 감속은 −값을 가진다.

　　　g: 중력가속도(9.8 m/s^2)

위 식에서 감·가속도 α는 구동력 F에 비례하고, 차량무게 W에 반비례한다.

승용차의 구동력(또는 제동력)은 트럭이나 버스보다 크며 도로 위에서 승용차, 버스, 트럭이 함께 주행할 때 이러한 감·가속도의 차이는 교통사고와 연결될 수 있다. 주행 중인 승용차의 정상적인 감·가속도는 속도에 따라 달라지며 〈표 1.3.4〉와 같다.

　　주행 중인 차량이 가속페달을 떼는 순간부터 감속은 시작되며, 브레이크를 밟으면 차량의 감속력은 커진다. 이때 최대감속도는 최소정지거리를 얻기 위해 사용되기도

표 1.3.4 승용차의 정상적인 감 · 가속도

속도변화	가속도(m/s^2)	감속도(m/s^2)
0~30	1.53	2.08
30~40	0.56	0.86
40~50	0.39	1.39
50~60	0.28	1.39
60~70	0.22	1.39
70~80	0.22	1.39

자료: ITE, *Transportation and Traffic Engineering Handbook*, 1982

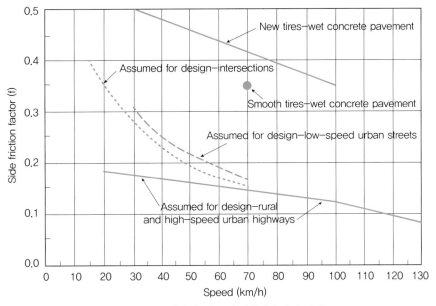

그림 1.3.6 미끄럼비와 제동 시 마찰계수와의 관계

자료: AASHTO, *A policy on geometric design of highways and streets*, 2011

한다. 일정한 속도로 주행하고 있는 차량을 정지시키기 위해서는 아래 식에서 제동력 F와 감속도 α가 음(-)의 값을 가지므로, 이를 다시 쓰면 다음과 같다.

$$F = R + \frac{W \times \alpha}{g}$$

만일 어떤 차량이 주행속도 v(m/s)에서 감속을 시작한다면, 바로 멈추지 않고 속도가 0이 되는 t초까지 계속해서 움직이게 된다. 최소정지거리를 얻기 위해 최대감속도를 발생하면 타이어와 노면마찰에 의해 열이 발생하면서 도로에 검은 색의 바퀴자국을 남기게 되는데, 이를 스키드마크(skid-mark)라고 한다.

스키드마크의 길이는 차에 제동을 건 순간 차가 가지고 있던 운동에너지가 차가 멈출 때까지 노면에 대해 한 일의 양과 같다. 결국 스키드마크의 길이는 자동차의 운동에너지와 직접적인 관련이 있고 자동차의 운동에너지는 차의 속력과 관련이 있다. 이와 같이 최대마찰계수는 속도, 타이어상태, 포장상태, 노면상태에 따라 달라진다.

일반적으로 노면이 젖은 상태에서 새 타이어의 최대마찰계수는 0.5(30 km/h 기준)에서 0.35(100 km/h 기준) 정도의 값을 갖는다. 그러나 동일한 조건에서 마모된 타이어의 최대마찰계수는 70 km/h일 때 0.35로 낮아진다. 또한 낮은 속도의 도시부 도로 설계 마찰계수는 0.3에서 0.17까지의 범위에 있고, 지방부 또는 높은 설계속도를 가진 도시부 구간은 0.18에서 0.08까지의 마찰계수를 가져야한다.

3.3.3 회전(내륜차, 외륜차, 원심력)

차량은 조향장치(핸들)를 통해 바퀴에 회전력을 전달하게 된다. 차량이 회전하게 되면 바퀴는 후륜 차축 연장선 안쪽의 중심점에서 원을 그리게 되는데, 이때 앞바퀴와 뒷바퀴의 회전반경에 차이가 발생하게 되며 이 반경 차이를 내륜차(內輪差)라고 한다. 내륜차는 축간거리가 길수록, 회전각이 클수록 커진다. 내륜차에 의한 사고는 후면주차 상태의 차량을 운전하여 차를 빠져나올 때, 회전방향에 주차된 차량의 앞범퍼를 충격하거나 모서리 각이 90도인 교차로를 우회전할 때 뒷바퀴가 경계석과 충돌하는 경우 또는 서있는 보행자를 차량의 후면으로 치거나 뒷바퀴가 발등을 밟는 사고 등이 있다. 내륜차의 발생 원리를 Ackerman의 조향원리로 설명하면 〈그림 1.3.7〉과 같다.

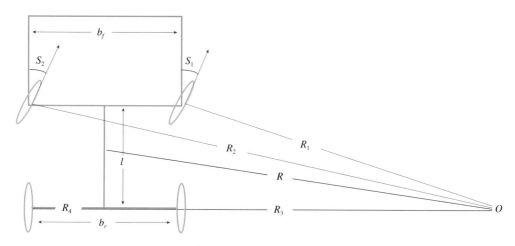

그림 1.3.7 Ackerman의 조향원리

선회중심 O는 뒷차축의 연장선에 있고, 앞바퀴는 안쪽으로 기울고 축연장선은 뒷축연장선상의 선회중심 O와 일치하며, 앞바퀴의 우측 조향각, 좌측 조향각을 조정하면 선회반경 R로 회전할 수 있다. 전후 4개 바퀴의 선회반경을 R_1, R_2, R_3, R_4라 하면,

$$R_1 = \frac{l}{\sin S_1} \quad R_2 = \frac{l}{\sin S_2} \quad R_3 = R_1 \cos S_1 - \frac{b_r - b_f}{2} \quad R_4 = R_2 \cos S_2 - \frac{b_r - b_f}{2} \text{ 이다.}$$

여기서, l은 축간거리, b_r, b_f는 전후륜의 윤간거리이다.

따라서 $R_2 \cos S_2 - R_1 \cos S_1 = b_f$이므로, $\cot S_2 - \cot S_1 = \frac{l}{b_f}$이며, $b_r \fallingdotseq b_f$이므로,

$$\Delta R = R_1 - R_3 = R_1(1 - \cos S_1) = \frac{l}{\sin S_1}(1 - \cos S_1) = \frac{l}{\sin S_1}(1 - \sqrt{1 - \sin^2 S_1})$$

$$\text{즉, } \Delta R = R_1(1 - \sqrt{1 - l^2/R_1^2})$$

위의 식에 의해서 선회반경 R과 내륜차 ΔR의 관계를 도식화하면 〈그림 1.3.8〉과 같다.

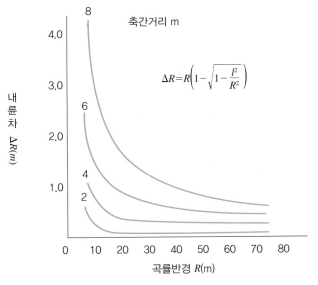

$$\Delta R = R\left(1 - \sqrt{1 - \frac{l^2}{R^2}}\right)$$

축간거리 m

내륜차 $\Delta R(m)$

곡률반경 $R(m)$

그림 1.3.8 곡률반경과 내륜차와의 관계

자료: 도로교통안전이야기 홈페이지, http://safetyroad.tistory.com/

외륜차(外輪差)는 내륜차와 반대로 회전구역에서 차량을 뒤로 후진할 때 생기는 현상으로 차량의 앞바퀴는 뒷바퀴보다 바깥쪽으로 통과하게 된다. 이때 앞·뒤 바퀴의 타이어 궤적 차이를 외륜차라고 한다. 외륜차에 의한 사고는 후면주차를 위해 후진할 때 차량의 앞부분(조수석)이 다른 차량이나 물체, 보행자와 충돌하는 사고가 있다.

차량이 회전할 때 발생하는 힘은 구심력과 원심력이 있다. 원심력은 원운동을 하고 있는 물체에 나타나는 관성력으로 구심력과 크기가 같고 방향은 반대이며, 원의 중심에서 멀어지려는 방향으로 작용하는데 타이어와 노면의 마찰력에 의해 제어된다. 하지만 고속으로 회전하는 경우 원심력이 커져서 마찰력이 제어하지 못하게 되면 차량은 회전바깥으로 벗어나게 되며, 이때 타이어에 의한 요마크(yaw-mark)를 생성하게 된다.

요마크는 스키드마크와 달리 브레이크 조작이 아닌 핸들 조작으로 발생한다. 즉, 요마크는 회전을 위한 핸들 조작 시 원심력을 이기지 못해 바퀴가 구르면서 횡방향으로 미끄러져 발생하는 타이어 흔적이다. 따라서 요마크가 발생하지 않기 위해서는 원심력보다 타이어와 노면 간의 마찰력이 커야 하므로, $m\frac{V^2}{R} = \mu mg$(여기서, R: 곡선반경, V: 회전속도, μ: 횡방향 마찰계수, m: 질량, g: 중력가속도)이며, 선회속도 V는 $\sqrt{\mu gR}$이 된다. 마찬가지로 편구배가 있는 곡선구간에서 노면에 수직으로 작용하는 힘이 $mg\cos\theta + m\frac{V^2}{R}\sin\theta$이고, 차를 바깥쪽으로 끄는 힘은 $m\frac{V^2}{R}\cos\theta - mg\sin\theta$이므로 $m\frac{V^2}{R}\cos\theta - mg\sin\theta < \mu(mg\cos\theta + m\frac{V^2}{R}\sin\theta)$이 되고, $V = \sqrt{gR\frac{\mu + \tan\theta}{1 - \mu\tan\theta}}$가 된다.

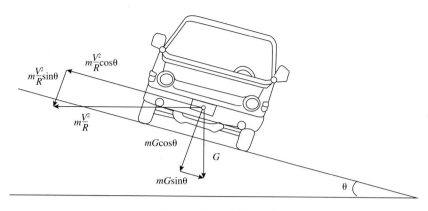

그림 1.3.9 회전 시 힘의 작용

자료: 도로교통안전이야기 홈페이지, http://safetyroad.tistory.com

3.4 ## 도로환경요인

3.4.1 도로시설요인

교통안전 위험요인으로서 도로시설요인은 주로 인적요인 또는 차량요인과 결합하여 사고를 발생시킨다. 도로시설요인은 잘못된 교통시설이 운전자와 차량에 영향을 미친다는 점에서 도로시설요인은 교통사고 발생에 매우 중요한 인자라고 볼 수 있다. 도로의 평면선형은 곡선과 직선으로 구성되는데, 일반적으로 직선부가 곡선부보다 사고가 많이 발생한다. 직선부에서는 과속에 의한 사고, 곡선부에서는 도로이탈에 의한 차량단독사고가 많이 일어난다. 도로구조와 관련된 사고는 곡선부에서 집중적으로 발생하며 특히 곡선반경이 작은 경우에 사고가 많이 발생한다.

평면곡선반경에 대한 선행연구 결과를 살펴보면, Krebs와 Kloeckner[30], Lamm과 Choueiri[31]는 평면곡선반경과 교통사고율은 반비례 관계에 있다고 했다. 평면곡선반경이 200 m 미만인 도로가 평면곡선반경 400 m 정도의 도로에 비해 교통사고율은 2배 이상 높다고 한다. 또한 Spacek은 평면곡선반경 350 m 미만의 경우가 평면곡선반경 400 m를 초과하는 경우에 비해 약 5배 정도 사고율이 높다고 발표했으며 평면곡선반경 200 m에서 350 m 사이에서 사고율이 급격한 변화를 보인다고 했다.[32]

30 Krebs, H.G. and Kloeckner, J.H., "Investigation of the Effects of Highway and Traffic Conditions Outside Built-Up Areas on Accident Rates.", *Forschung Strassenbau und Strassenverkehrstechnik*, 1977, p.223

31 Lamm, R., Choueiri, E.M., "Rural Roads Speed Inconsistencies Design Methods", *Research Report for the State University of New York. Research Foundation, Parts I and II, Albany, N.Y., U.A*, 1987, p.225

32 Spacek, "Superelevation Rates in Tangents and Curves", *ETH Zurich, Institute for Traffic Planning, Highway and Railroad Construction, Research Report 22/79 of the Swiss Association of Road Specialists,* Zurich, Switzerland, 1987, p.795

도로의 종단구배와 사고율 간의 관계를 살펴보면, 일반적으로 종단구배가 클수록 교통사고가 많이 발생하는 경향이 있다. 오르막 구간에서 대형자동차는 오르막 경사크기에 따라 주행속도의 차이가 크게 변화하게 되고, 이러한 주행속도 저하는 승용차의 정상 주행을 방해하여 앞지르기 방해 등의 행위를 유발하여 교통사고의 요인이 된다. 차로 폭은 주행속도나 운전자의 쾌적성에 영향을 미치기 때문에 교통안전측면에서 설계기준 자동차를 수용할 수 있도록 충분하게 제공되어야 한다. 일반적으로 차로 폭이 넓을수록 교통사고는 줄어드는 것으로 알려져 있지만, 차로 폭이 과다하게 넓을 경우 과속에 의한 교통사고가 발생될 수 있다고 알려져 있다.

차로 폭은 차선의 중심선에서 인접한 차선의 중심선까지로 하며, 도로유형, 설계속도 등에 따라 〈표 1.3.5〉에서 제시한 폭 이상으로 설치한다. 단, 회전차로의 폭과 설계속도가 40 km/h 이하인 도시지역에서의 차로 폭은 2.75 m 이상으로 할 수 있으며, 버스전용차로의 폭은 3.25 m 이상으로 한다.

표 1.3.5 도로형태에 따른 최소 차로 폭 기준

도로의 구분			차로의 최소 폭(m)		
			지방지역	도시지역	소형차도로
고속도로			3.50	3.50	3.25
일반도로	설계속도 (km/h)	80 이상	3.50	3.25	3.25
		70 이상	3.25	3.25	3.00
		60 이상	3.25	3.00	3.00
		60 미만	3.00	3.00	3.00

자료: 「도로의 구조·시설 기준에 관한 규칙」 제10조제3항

3.4.2 환경요인

환경요인은 주로 도로상에서 차량 주행 시 영향을 미칠 수 있는 기상상태 및 교통조건이 교통안전에 위험요인으로 작용한다. 강우, 강설, 안개 및 강풍 등은 도로의 노면마찰력을 저하시키거나 운전자의 시인성을 감소시킨다. 따라서 이상기상(Adverse weather conditions) 조건을 위험요인으로 볼 수 있다. 「도로교통법 시행규칙」 제19조제2항과 「고속국도법 시행령」 제5조제2항에서는 운전자가 기상악화로 인해 최고속도의 20% 또는 50% 감소하여 주행해야 하거나 도로 운영자가 긴급 통행제한을 실시할 수 있는 기준을 〈표 1.3.6〉과 같이 명시하고 있다.

지정체가 발생한 교통상황에서는 차량이 가다서다를 반복하는 "Stop-and-go" 행태가 나타나며, 이때 차량의 잦은 가·감속으로 후미추돌 사고가 발생할 가능성이 높

표 1.3.6 기상조건에 따른 속도제한 및 통행제한 관련 규정	
근거	내용
도로교통법 시행규칙 제19조제2항	비·안개·눈 등으로 인한 악천후 시에는 제1항에 불구하고 다음 각 호의 기준에 의하여 감속운행하여야 한다. 1. 최고속도의 100분의 20을 줄인 속도로 운행하여야 하는 경우 　가. 비가 내려 노면이 젖어있는 경우 　나. 눈이 20밀리미터 미만 쌓인 경우 2. 최고속도의 100분의 50을 줄인 속도로 운행하여야 하는 경우 　가. 폭우·폭설·안개 등으로 가시거리가 100미터 이내인 경우 　나. 노면이 얼어붙은 경우 　다. 눈이 20밀리미터 이상 쌓인 경우
고속국도법 시행령 제5조제2항	고속국도에서 긴급 통행제한을 실시할 수 있는 기준은 다음 각 호와 같다. 1. 특정 지점의 노면 적설량이 10 cm 이상인 경우 2. 특정 지점의 시간당 평균 적설량이 3 cm 이상인 상태가 6시간 이상 지속되는 경우 3. 교량에서의 10분간 평균 풍속이 초당 25 m/s 이상인 경우(복층형 교량의 경우에는 상부교량에서의 10분간 평균 풍속이 초당 20 m/s 이상인 경우를 포함한다) 4. 그밖에 천재지변 또는 다중추돌, 위험물 누출을 동반한 대형교통사고 등으로 인하여 특정 지점의 교통이 마비되어 교통의 혼잡이나 정체가 현저하게 증가하거나 자동차의 통행상 위험이 현저하게 증가하는 경우

다. 또한 고속도로의 진출입로, 톨게이트의 합류지점과 같이 차량 간 분류 및 합류(weaving)가 일어나는 구간에서는 차로변경 상충이 발생할 개연성이 높다. 따라서 기상상태 및 교통조건은 교통사고 발생에 직접적인 영향을 미치지는 않으나 운전자가 상황에 맞는 안전속도로 주행하지 않을 경우 교통사고가 발생할 가능성을 증가시키게 된다. 국외에서는 교통안전성 향상을 위하여 시정거리가 감소하는 경우, 또는 서비스 수준 D 이하의 교통상황 등에서 제한속도를 일시적으로 감소시키는 가변제한속도를 적용함으로써 차량의 속도를 안전속도로 유도하고 혼잡구간에 보다 서서히 접근하도록 하는 교통운영 전략을 적용하고 있다.

그외에도 환경요인으로는 운전자의 가정문제, 취업환경, 보행자의 교통도덕 등 교통문화 수준이나 교통안전정책이 제대로 작동되지 않거나, 교통여건이 변화되면서 의미가 없어지는 경우뿐만 아니라 버스 노선의 비합리성, 교통시설의 불량 등도 여기에 해당한다.

제2장

교통사고 조사

교통사고조사 개요

1.1 교통사고조사의 실시근거와 방법

1.1.1 교통사고조사에 관한 법규정

「도로교통법」 제54조에 따르면 교통사고가 난 경우에는 그 차의 운전자나 그밖의 승무원은 즉시 정차하여 사상자를 구호하는 등 필요한 조치를 하고 피해자에게 인적 사항(성명·전화번호·주소 등)을 제공해야 한다. 그 다음 경찰공무원이 현장에 있다면 그 경찰공무원에게, 경찰공무원이 현장에 없다면 가장 가까운 국가경찰관서(지구대, 파출소 및 출장소를 포함)에 ① 사고가 일어난 곳, ② 사상자 수 및 부상 정도, ③ 손괴한 물건 및 손괴 정도, ④ 그밖의 조치사항 등을 지체 없이 신고해야 한다. 다만, 차만 손괴된 것이 분명하고 도로에서의 위험방지와 원활한 소통을 위하여 필요한 조치를 한 경우에는 신고의무가 발생하지 않는다. 이때 신고를 받은 국가경찰관서의 경찰공무원은 부상자의 구호와 그밖의 교통위험 방지를 위하여 필요하다고 인정하면 경찰공무원(자치경찰공무원은 제외)이 현장에 도착할 때까지 신고한 운전자 등에게 현장에서 대기할 것을 명할 수 있다. 또한 경찰공무원은 교통사고를 낸 차의 운전자 등에 대하여 그 현장에서 부상자의 구호와 교통안전을 위하여 필요한 지시를 명할 수 있으며, 긴급자동차나 부상자를 운반 중인 차 및 우편물자동차 등의 운전자는 긴급한 경우에는 동승자로 하여금 필요한 조치와 신고를 하게하고 운전을 계속할 수 있다.

1.1.2 교통사고조사 목적과 내용

교통사고가 발생했을 때 당해 사건을 조사할 수 있는 주체는 국가경찰공무원이며[1],

---

1   제주 자치경찰공무원은 교통사고조사권한이 없다.

교통사고의 신속한 처리와 명확한 사고원인 규명을 위해 조사가 실시된다.[2] 교통사고를 조사하는 목적은 크게 다섯 가지로 구분할 수 있는데, 부상자의 구호 및 사체의 처리, 사고확대방지와 교통소통의 회복, 사고방지 대책을 위한 정확한 원인조사, 형사책임의 규명, 그밖의 사고와 관련된 자료의 수집 등이 이에 해당된다.[3]

「도로교통법 시행령」 제32조에 따라 경찰공무원이 조사해야 하는 내용은 ① 교통사고 발생 일시 및 장소, ② 교통사고 피해 상황, ③ 교통사고 관련자, 차량등록 및 보험가입 여부, ④ 운전면허의 유효 여부, 술에 취하거나 약물을 투여한 상태에서의 운전 여부 및 부상자에 대한 구호조치 등 필요한 조치의 이행 여부, ⑤ 운전자의 과실 유무, ⑥ 교통사고 현장 상황, ⑦ 그밖에 차량 또는 교통안전시설의 결함 등 교통사고 유발 요인 및 교통안전법 제55조에 따라 설치된 운행기록장치 등 증거의 수집 등과 관련하여 필요한 사항이다. 다만, ①부터 ④까지의 사항에 대한 조사 결과 사람이 죽거나 다치지 아니한 교통사고로서 「교통사고처리 특례법」 제3조제2항 또는 제4조제1항에 따라 공소(公訴)를 제기할 수 없는 경우에는 ⑤부터 ⑦까지의 사항에 대한 조사를 생략할 수 있다.

1.1.3 사고 발생과정의 구분 조사

교통사고 발생의 정확한 원인을 규명하기 위해서는 사고 발생과정을 구분하여 조사할 필요가 있다. 구분조사 방법에는 두 가지가 있다. 첫 번째는 3단계 구분조사법이다. 이 조사법은 "사고 전", "사고 당시", "사고 후" 진행과정으로 구분하여 조사한다. 사고 전은 점선, 사고 당시나 사고 후는 실선으로 표시한다. 사고 전을 확인하지 않으면 사고원인을 결정하는 데 있어 모순이 발생한다.

두 번째는 7단계 구분 조사법으로 "인지가능", "발견지점", "예방지점", "인지지점", "회피지점", "접촉지점", "정지지점"으로 진행과정을 구분하여 조사하는 방법이다. 7단계 조사법은 위 3단계 조사법의 "사고 전"인 "인지가능"부터 "회피지점"까지를 세부적으로 구분한 것이다. 이러한 7단계 조사법은 중대교통사고가 발생했을 경우에 활용하고 있다.[4]

1.2 교통사고조사 절차

교통사고 처리절차를 살펴보면, 교통사고 신고, 신병인계, 담당자배정 및 현장출동,

---

2   여기서는 경찰청 훈령 「교통사고조사규칙」(2011. 1. 20. 제정, 2016. 12. 21. 개정)을 중심으로 정리했다.
3   「교통사고조사규칙」 제7조
4   경찰청 등, 「교통사고조사교본」, 대성당, 1996. 11, 67쪽

사고원인 및 피해 조사, 사고에 대한 조치 순으로 이루어진다. 현장출동부터 사고원인 및 피해 조사까지의 교통사고 처리절차는 〈그림 2.1.1〉과 같다.

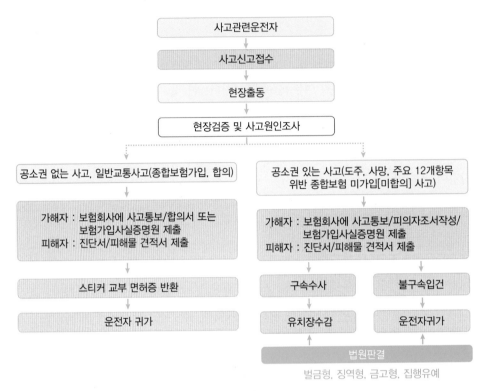

그림 2.1.1 교통사고 처리절차

1.2.1 교통사고조사 준비 및 초동조치

국가경찰공무원은 교통사고를 인지하거나 신고를 접수받으면 소방서 등 구호기관에 통보하여 구급차 출동 등 사상자 구호활동이 이루어지도록 하고 신속히 현장에 출동해야 한다. 교통사고 신고 접수 시 상황판단, 출동경찰관 소요인원 판단 및 사고조사 보조 등을 위하여 신고자로부터 사고일시 및 장소, 피해정도 및 내용, 신고자의 성명, 연락처 및 사고 목격 여부, 신고자가 사고 당사자인 경우 사고차량 번호 및 차종 등을 확인하여 기록한다.

사고현장에 출동 후 현장에서는 수신호 또는 고장자동차 표지 설치 등 2차 사고 예방을 위한 안전조치를 취하고, 필요 시 사상자에 대한 응급 구호조치를 시행한다. 사상자의 인적사항·피해정도를 파악하고, 사상자가 차량 밖에 넘어져 있는 경우 넘어져 있는 위치를 표시하고, 사상자 후송병원을 기록한다. 사고차량 최종 정지지점을 표시하고, 현장 유류품·타이어 흔적 등 증거를 수집하고 사진을 촬영한다. 사망·의식 불명인 사람이 있는 경우 보호자 등에게 통보하고 사고 당사자 및 목격자 연락처를 확보한다.

1.2.2 사고현장에서의 조사 절차

❶ 사고현장 보존조치

교통조사관은 교통사고 발생 원인 및 사고에 대한 책임소재를 규명하는 데 필요한 증거를 수집하기 위하여 사고현장을 보존한다. 이때 교통 통제는 사고현장 보존을 위하여 필요한 최소 범위 내에서 이루어져야 하며, 일방통행의 조치를 취하는 경우에는 "교통사고조사 중" 표지판, 적색 경광등 등을 설치하여 다른 차의 운전자가 사고 현장임을 쉽게 알 수 있도록 조치해야 한다. 사고차량의 상태와 정지지점을 표시한 후 현장을 촬영하여 사후에도 현장상황이 확인되도록 사고현장을 보존해야 하며, 사고현장을 변경할 필요가 있는 때에는 사진촬영 이외에 현장약도를 작성하여 사후 조사에 지장이 없도록 해야 한다.

스키드마크·요마크 등 타이어흔적, 혈흔, 유리 또는 페인트 조각, 유류품 등 멸실의 우려가 있는 증거자료는 사진촬영 및 채취하여 보존해야 하며, 현장의 신호기, 표지판, 전주, 가로수, 그밖의 재물 등의 파손상태는 사진촬영 등 보존 조치를 해야 한다.

❷ 목격자 확보 및 조사

사고현장에 목격자가 있는 경우 성명·주소, 연락할 전화번호 등을 확인하고 현장조사에 협조해 줄 것을 요청해야 하며, 목격자의 목격 위치, 가해차량의 사고 전·후 진행경로, 속도, 경음기 사용여부, 충돌상황, 피해상황, 피해자 구호여부 등을 조사해야 한다. 피해자에 대해서는 피해자 또는 피해차량의 사고 전·후 진행경로, 자세, 휴대품, 차량 상태, 보행자인 경우 넘어져 있는 상태·방향, 피해상황 등을 조사하여야 하며, 목격자가 가해자나 피해자와 관계가 있는지도 조사해야 한다.

❸ 현장에서 조사할 사항

사고현장에서 반드시 조사해야 할 내용은 사고발생 연도, 월, 일시 및 위치·방향, 맑음·흐림·비·눈·안개·바람·어둠 등 기상상황과 다음 항목이 해당된다.

• 도로의 폭 및 유효폭
• 보·차도 구분여부, 횡단보도·중앙선·정지선 유무와 그 폭
• 도로 포장여부, 자갈·건조·습기·적설·결빙·요철 등 노면상황
• 도로의 파괴부분, 공사여부, 노상 방치물, 노변 장애물 등 도로의 위험요소

- 도로의 직선·곡선 여부 및 경사도, 도로 양측의 상태 등
- 교차점의 유무와 그 상황, 좌우의 시야, 교차 각도
- 신호기, 도로표지의 유무와 그 위치, 종류
- 제한속도, 교통량, 주·정차 규제여부
- 야간사고의 경우 조명의 유무, 어둠의 정도
- 혈흔, 유류품, 스키드마크·요마크, 물건의 손괴상태 등 사고를 추정할 수 있는 증거의 유무

❹ 사고지점 확정

교통사고 발생 원인을 명확히 규명하기 위하여 사고현장에서 사고와 관계있는 지점의 위치를 표시하고, 다음 사항을 가해자, 피해자, 목격자, 그밖의 입회인의 설명 및 증거자료 등을 종합하여 조사한다.

가해자에 대해서는 가해차량의 진로, 가해자가 피해자를 발견할 수 있는 지점과 발견한 지점, 양자의 위치관계, 가해자의 사전 경음기 취명, 서행, 방향전환 등 위험예방조치를 취한 지점, 가해자가 사고발생의 위험을 느낀 때와 당시 양자의 위치관계 및 가해자가 사고방지의 비상조치를 취한 지점과 위치관계, 사고(충돌·추돌·접촉·전도·전복·추락) 지점과 가해자·피해자의 넘어진 지점과 방향, 가해차량의 진로, 목격자의 위치, 스키드마크·요마크 등 타이어 마찰흔적 등을 조사한다.

1.2.3 사고 피해상황 등의 조사

❶ 가해차량 조사

가해차량을 조사할 때에는 차량의 소속 및 등록번호, 명칭 및 연식·형식·용도·사용의 정도, 승차정원·적재량·차량의 제원·적재상태, 운전석의 위치, 전방 시야상태, 제동장치, 조향장치, 경음기, 전조등 그밖의 자동차의 점검, 고장의 유무와 정도, 충돌부위, 최초의 파손부위 및 손상의 유무와 그 정도, 운행기록이 저장된 영상기록장치의 유무 및 그 내용, 차체에 엷게 묻은 먼지나 흙이 닦였거나 탈락한 경우 등 사고로 인하여 발생한 특별한 현상의 유무 등을 조사한다.

❷ 피해상황 조사

피해상황을 조사할 때에는 피해자의 신체 상해여부 및 그 정도와 원인, 피해자의 착의상태 및 소지품 파손상황, 피해자에게 가해차량의 도료 등이 묻었는지 여부, 가해·피해 차량의 충돌부위 파손상태와 정도 및 고장유무, 피해자가 사망한 경우 사체의 모양·위치, 팔과 다리 및 머리의 방향, 그밖의 물건의 손상상태를 조사한다.

❶ 현장도면 작성

 교통사고 현장도면을 작성할 때에는 사실 인정에 중요하다고 인정되는 부분은 정밀하게, 그렇지 않은 부분은 비교적 간단명료하게 작성한다. 「도로교통법 시행규칙」의 교통사고보고서(2) 서식을 이용하여 도면을 작성하는 때에는 400분의 1의 축적으로 작성하는 것을 원칙으로 하고, 상황에 따라 축적비율을 조정하되 반드시 축적비율 및 방위를 표시하여야 한다. 조사에 필요한 경우에는 평면도뿐 아니라 입체도를 작성할 수 있다. 이 경우에도 반드시 방위를 표시하여야 한다. 거리를 측정하거나 지점을 확정하는 경우에는 각각 지점의 명칭을 붙여 특정지어야 한다. 각각의 지점을 표시하는 부호는 다음 각 호를 준용하는 등 통일을 기하여야 한다.

- 가해자의 진로상의 지점(1. 2. 3.)
- 피해자의 진로상의 지점(가. 나. 다.)
- 그밖의 물건, 인물의 지점

 도로의 광협, 자동차의 대소, 거리의 장단 등을 표시하는 때에는 그 비율에 따라 축적을 표시하여야 한다. 교통사고의 발생지점과 사고차량의 정차지점을 표시하는 때에는 사고발생 지점을 도면의 중앙에 배치하고 가해차량의 진행방향이 위로 향하도록 하여 이동지점을 점선으로 표시하고 정차지점은 실선으로 표시한다.

❷ 사진촬영

 사고현장을 보존하고 사고원인 조사에 활용하기 위하여 현장의 모양 및 최초 충돌 지점, 유류품, 차량의 손상 상태, 피해상황, 전방 좌우에 대한 시야, 차량의 모양, 스키드마크·요마크, 혈액, 도장 및 유리 파편, 자동차부속품 등을 반드시 사진 촬영한다.

 사고현장은 대상물이 넓게 흩어져 있는 경우가 많으므로 파노라마식 촬영을 하여야 하며, 사고현장에 대한 사진촬영을 할 때에는 사고지점 등 좁은 범위에 그치지 말고 주변의 지리적 상황, 교통안전시설, 좌·우의 시야상황, 그밖의 특정물을 포함하여 다각적으로 촬영한다. 사진촬영을 할 때에는 목적물의 방향과 남은 흔적 등에 주의하고, 반드시 그 크기를 파악할 수 있도록 한다. 현장검증조서에 첨부하는 사진은 촬영의 위치, 방향을 도면에 명시한다.

1.2.5 증거물 압수·감정

 사고현장의 유류품은 사고원인을 밝히는 증거자료이므로 수집·보관하여야 한다.

이 경우 압수가 필요한 경우에는 형사소송절차에 따라야 한다. 유류품은 분실, 파손, 변질되지 않도록 유의하여 보관해야 하며, 유류품으로 가해차량을 특정하기 위해서는 피해자의 신체, 착의에 나타난 차량의 형적 등에 대해서 전문가의 감정을 받아 두어야 한다. 사고현장에서 증거가 될 물건을 발견하여 압수할 때에는 그 물건이 어느 장소에서 어떤 상태로 존재하였는가를 사진 촬영해야 한다. 이 경우 입회인을 둬야 한다.

1.2.6 사고당사자 조사

❶ 피해자 조사

목격자 조사 및 현장조사를 마치는 즉시 피해자에 대하여 피해자의 신분 및 특수한 사정이 있는지 유무, 심신장애의 유무, 이동경로, 보행자세, 자전거 승차 여부 및 방향, 충돌 전 가해차량의 진행을 인식하였는지 여부와 인식하였다면 인식한 위치 및 가해차량과의 위치관계, 넘어진 지점, 방향 및 상황, 상해의 부분과 그 정도, 가해자에 대한 처벌희망 여부, 그밖의 음주 또는 약물복용 여부, 질병유무와 고민 등 정신상태, 사고 직전의 행태 등 참고사항을 조사한다.

❷ 가해자 조사

현장조사, 목격자 조사, 가해차량 조사, 피해자 조사를 마친 후 가해자에 대하여 운전자의 신분, 가족관계, 자산 및 수입, 운전면허, 운전경력, 자동차보험 및 공제 가입여부, 범죄경력, 교통사고 전력, 교통법규위반, 행정처분의 유무, 사고발생 전의 근무 또는 취업상황, 사고당시의 심리상태, 질병, 피로, 졸음, 음주, 약물중독 등 사고당시의 신체상태, 사고당시 운전한 차량, 잡담, 장난, 흡연, 휴대전화 사용 또는 영상장치 시청 등 사고발생 직전의 상황, 도로형태, 주변상가 등 현장의 모양을 조사해아 한다.

또한 사고발생에 대해 진로, 속도, 피해자를 발견한 시기, 위치, 거동, 이에 대한 판단, 사고원인이 된 제3자의 행동, 경음기 취명 장소와 횟수, 피해자의 반응, 급제동, 감속한 속도 등 사고방지 노력 여부, 위험을 인식하였을 때의 사고차량 및 피해자의 위치, 상호 간의 거리, 급정차 및 방향전환 등 비상조치를 취할 때의 사고차량과 피해자의 위치, 상호 간의 거리, 충돌지점, 충돌부분 및 충돌상황, 정차지점·방향 및 차량피해상황, 피해자가 넘어진 지점, 방향, 자세, 피해자 구호, 경찰관서에 신고 유무 등 사고발생 후 운전자의 조치, 운전자가 사고를 인식하지 못한 경우 상당한 주의를 기울였다면 인식할 수 있었는지의 여부 및 인식할 수 있었는데 인식하지 못한 사유, 주의의무의 내용과 이를 태만히 한 이유 등에 대해 조사해야 한다.

1.2.7 실황조사서의 작성

교통사고를 접수한 경우에는 사고현장에 나가 조사하고 그 결과를 「도로교통법 시행규칙」에 의한 교통사고보고서에 기재해야 하며, 실황조사서를 작성할 때는 다음 각호의 사항에 유의하여 작성해야 한다. 실황조사서는 검찰, 법원에 제출되는 중요한 수사서류이므로 사고의 상황을 객관적으로 간명하게 작성해야 하며, 조사자의 주관적 판단이나 의견을 배제해야 한다. 가해자, 피해자, 목격자 그밖의 입회인의 진술, 설명의 기록은 사고발생 전·후의 상황을 명확하게 하기 위한 사실확인 범위로 한정해야 한다. 실황조사서는 "약", "비교적", "정도" 등 불확정 개념을 배제하고 명확한 용어를 사용하여 작성해야 한다.

1.3 노면흔적과 차량손상의 조사

교통사고 현장은 사고원인에 대한 실체적 진실을 밝힐 수 있는 다양한 증거자료가 널려있다. 교통사고조사자가 사고현장에서 노면에 나타난 여러 가지 흔적들을 찾아내어 정확하게 분석한다면 사고발생의 원인을 추정할 수 있다.[5]

1.3.1 타이어 흔적

❶ 스키드마크

스키드마크(skid mark)는 차량이 위험을 피하기 위해 급제동을 했을 때 타이어의 회전이 정지되어 노면에 미끄러지면서 생긴 마모 흔적 또는 활주흔을 말한다. 일반적으로 스키드마크는 직선형태이고 타이어 트레드(tire tread) 마크가 직선으로 나타난다. 그러나 다음과 같이 나타나는 스키드마크도 있다.

- 스킵(skip) 스키드마크
  스키드마크가 반복적으로 끊겨져 있거나, 좁아졌다 넓어졌다를 반복하면서 생긴 흔적으로 끊어진 사이의 거리는 보통 1 m 이내이다.
- 갭(gap) 스키드마크
  브레이크가 도중에 풀렸다가 다시 제동될 때 한 세트의 스키드마크에서 중간부분(통상 3 m 이내)이 끊어진 경우이다.
- 충돌 스크럽(collision scrub)
  차량이 심하게 충돌할 때 차량의 손괴된 부품이 타이어를 꽉 눌러 그 회전을 방해

---

5 백승엽, 『교통경찰실무론』, 도서출판 홍범, 1999, 158쪽

■ 도로교통법 시행규칙 [별지 제21호서식] <개정 2015.6.30.>

(1쪽 앞쪽)

교 통 사 고 보 고 서 (1)
(실황조사서)

수사접수번호 : 제 호 (. .)

교통 -

수신: 발신 : 경찰서장

일시		접수대장 번호: 제 □□□□□□ 호
위치	장소	
	특징	(도로명 및 사고장소 지명)
사고 유형	□ 차대사람 □ 차대차 □ 차량단독 □ 건널목 □ 차: 기타	
피해 상황	□ 물적피해 □ 인적피해 □ 3. 물적피해 + 인적피해 □ 피해없음 □ 본인피해	사고차량대수
	인적피해: 사망 명, 중상 명, 경상 명, 부상신고 명, 피해총액 천원	
	차량 외의 피해물건 소유자	성명: 주민등록번호: 차량 외의 피해 총액: 천원 / 주소: 전화:

사고관련차량 1									
차량 등록번호		차종		제작회사/차명		연식			
최근 검사일		최초 충돌부위		주요 파손부위					
소유자	주소			전화					
운전자	주소			전화		□ 대리운전자			
운전면허 번호				주민등록 번호					
직업		보호장구 착용		차량 피해액	천원				
승차 정원		승차 인원		보험 가입 상황					
사상자	성명	주소	주민등록 번호	성별	연령	직 업	상해 정도	입원 병원	
1									
2									
3									
4									

사고관련차량 2									
차량 등록번호		차종		제작회사/차명		연식			
최근 검사일		최초 충돌부위		주요 파손부위					
소유자	주소			전화					
운전자	주소			전화		□ 대리운전자			
운전면허 번호				주민등록 번호					
직업		보호장구 착용		차량 피해액	천원				
승차 정원		승차 인원		보험 가입 상황					
사상자	성 명	주소	주민등록 번호	성별	연령	직업	상해 정도	입원 병원	
1									
2									
3									
4									

(1쪽 뒤쪽)

현장 상황

기상 상태	노면 상태	신호기 운영	도로 종류	도로 형태
□맑음 □흐림 □비 □안개 □눈 □기타/불명	포장: □건조 □습기 □결빙 □적설 □기타 / 비포장: □건조 □습기 □결빙 □적설 □기타	신호기 있음: □점등 □점멸 □소등 □고장 / □신호기 없음	□일반국도 □지방도 □특별광역시도 □시도 □군도 □고속국도 □이면도로 □기타	단일로: □횡단보도상 □횡단보도부근 □터널안 □교량위 □기타 / 교차로: □교차로내 □교차로부근 / □건널목 □고가도로위 □지하도로내 □기타/불명

도로 선형	특정 도로	사고 차로	차도폭	현장 자료
커브/곡각 좌: □오르막 □내리막 □평지 / 우: □오르막 □내리막 □평지 / 직선: □오르막 □내리막 □평지 / □기타구역	□자동차전용도로 □버스전용차로 □중앙버스전용차로 □자전거전용도로 □가변차로 □하이패스차로 □일방통행도로 □어린이 보호구역 □노인 보호구역 □장애인 보호구역	□1차로 □2차로 □3차로 □4차로 □5차로 이상 □차로 구분 없음 □기타/불명	□3m 미만 □6m 미만 □9m 미만 □13m 미만 □20m 미만 □20m 이상 □기타	혈 흔 / 활주흔적 등 / #1차량: / #2차량: / 유류품 / 내 용: / 사진촬영 매

중앙분리시설	보차도분리시설	제한속도	사고 직전 속도	교통 장애
□노면표시 □방책(防柵) 등 □도로표지병 □화단처리 □기타 분리시설 □분리시설 없음	□노면표시 □연석(緣石) □가드레일 □펜스 □기타	km/h	#1차량 km/h / #2차량 km/h	□선행교통사고 □도로공사 □고장차량 □주/정차차량 □낙하물 □기타 장애요인 □장애 없음 □불명

음주운전 #1차량 □ #2차량 □	특수사고
□□음주운전 □□측정불능 □□정상운전 □□기타불명	□뺑소니 □역주행 □긴급자동차 □개문발차(開門發車) □급발진 □연쇄사고 □군용차 □차량화재 □신체장애인 □급성질환

해당사고와 직결된 상사자의 행동유형 1 □ 2 □	자동차 등	보행자	
	□□직진 중 □□앞지르기 중 □□좌우회전 중 □□진로변경 중 □□U턴 중 □□주/정차 중 □□출발 중 □□후진 중 □□기타	□□마주보고 통행 중(차도) □□육교부근 횡단 중 □□노상작업 중 □□등지고 통행 중(차도) □□기타 횡단 중 □□길가장자리구역 통 행중 □□횡단보도 횡단 중 □□놀이기구 사용 중 □□보도 통행 중 □□횡단보도 부근 횡단 중 □□기타 노상유희(路上遊戱) 중 □□기타	□ □ 기타

사고 유발 원인 1 □ 2 □	인적 유발요인	차량적 유발요인	도로 환경적 유발요인
	□□전방주시 태만 □□환경 요인에 의한 발견 지연 □□심리적 요인에 의한 판단 잘못 □□고의적 운전형태 □□차량 조작 잘못 □□심신 건강상태 불량 □□보행자 부주의 □□기타 인적 원인 있음 □□인적 원인 없음 □□기타/불명(不明)	□□제동장치 불량 □□조향장치 불량 □□엔진장치 불량 □□타이어 불량 □□등화장치 불량 □□불법 개조 □□과도한 선팅 □□적재물 안전조치 불량 □□기타 차량적 원인 있음 □□차량적 원인 없음 □□기타/불량	□□선형 불량(급커브, 급경사) □□야간 시계 불량 □□도로구조에 의한 시계 불량(선형, 형태 등) □□장애물에 의한 시계 불량 □□이상기후에 의한 시계 불량 □□노상장애물(공사, 사고, 정체, 주차·정차 차량, 방치물 등) □□노면 미끄러움(비, 결빙, 적설 등) □□기타 도로 환경적 원인 있음 □□도로 환경적 원인 없음 □□기타/불명(不明)

신고 상황	신고자 성명: 신고자 전화: / 접수 일시: 신고 접수자: 신고 방법:

(2쪽 앞쪽)

교 통 사 고 보 고 서 (2)
(실 황 조 사 서)

사고현장약도(축소비율 $\frac{1}{400}$)

방향표

발생 개요

(2쪽 뒤쪽)

조사자 의견

1. 「교통사고처리 특례법」 제3조 제2항 단서 각 호 또는 사망·도주에 해당하는지 여부 [ ]유 [ ]무	▣ 해당내용 :

2. 위반법규	차량	위반 법규 내용	조치불이행 여부
	1	도로교통법 제 조 위반	
	2	도로교통법 제 조 위반	
	3	도로교통법 제 조 위반	
	4	도로교통법 제 조 위반	

3. 공소권 없는 사고 통고처분 결과	차량	범칙금 통고서 번호	월일
	1	NO.	( )
	2		( )
	3		
	4		

년 월 일

경찰서 교통(경비)과 근무 계급 성명 ㊞

행정처리	차량	위반 내용	인적 피해	조치 결과	면허 벌점	차량 번호	처분 종별
	1	제 조	사망: 중상: 경상: 부상:				
	2						
	3						
	4						

사고 입력일	통계원표 입력자	결재	반 장	계 장	과 장	서 장

출력일: 년 월 일

그림 2.1.2 경찰의 교통사고보고서

하면서 지면에 큰 힘이 작용한다. 충돌 스크럽은 타이어와 노면 사이에 순간적으로 강한 마찰력이 발생하면서 나타나는 현상이다. 이는 최대 접촉시 바퀴의 위치를 의미하므로 충돌지점을 알 수 있는 매우 중요한 흔적이라 할 수 있다. 이러한 흔적은 충돌 방향에 따라 매우 다르게 나타나는데 동일 방향의 충돌에서는 약간 길게 직선인 경우가 많고 반대 방향의 충돌에서는 짧고 구부러진 모양이 되는 경우가 많다.[6]

❷ 그밖의 타이어 흔적

요마크(yaw mark)는 바퀴가 돌면서 다서 차축과 평행하게 옆으로 미끄러진 타이어의 마찰 흔적으로 간혹 "원심 스키드마크", "임계속도 스키드마크", "측면으로 미끄러진 흔적"이라고도 한다. 이 흔적은 차량이 충돌을 피하려고 하거나 급커브에 대비하지 못한 상태에서 나타나는 커브로 인해 무리하게 핸들을 조작할 때 발생한다.

가속스커프(acceleration scuff)는 정지된 차량에서 기어가 들어가 있는 채로 엔진이 고속으로 회전하다가 클러치 페달을 갑자기 놓음으로써 급가속 될 때 순간적으로 생기는 흔적이다. 이러한 흔적은 자갈길이나 진흙, 눈길에서 특히 잘 발생하며, 교차로나 단일로에서 급출발할 때에도 나타난다. 타이어에 새겨진 흔적(imprint)은 눈, 모래, 자갈, 진흙이나 잔디와 같이 느슨한 노면 위를 타이어가 미끄러짐 없이 굴러가면서 노면 상에 타이어 접지면의 무늬 모양을 그대로 새겨놓게 된다. 바람 빠진 타이어 흔적(flat-tire mark)은 타이어의 공기압이 지나치게 적거나 짐을 많이 실어 타이어가 지나치게 팽창되어 있는 상태에서 장시간 주행을 하거나 고속으로 주행 시 쉽게 뜨거워져 건조한 포장도로, 특히 역청 콘크리트 표면에 자주 나타난다.

1.3.2 노면손상 및 노면 잔존물

❶ 노면손상

- 노면에 긁힌 흔적(scratch)

    스크래치는 큰 압력 없이 미끄러진 금속물체에 의해 단단한 포장노면에 불규칙적으로 가볍고 좁게 나타나는 긁힌 자국으로 차량의 전복위치와 충돌 진행방향을 알 수 있다.

    스크레이프(scrape)는 넓은 구역에 걸쳐 나타난 줄무늬가 있는 여러 가지 스크래치 자국으로서 최대 접촉 지점을 파악하는 데 도움을 준다.

- 노면에 파인 자국(gauge mark)

    칩(chip)은 마치 호미로 노면을 판 것 같이 짧고 깊게 패인 자국으로 아스팔트 도로에서 잘 나타난다. 칩은 차량자체의 무게로는 발생하지 않고, 차량 충돌 시 충돌

6 위의 책, 158~159쪽

의 힘에 의해서 금속부분이 노면과 부딪힐 때 발생하므로 차량 간 최대 접촉 시 만들어진다. 촙(chop)은 마치 도끼로 노면을 깎아낸 것 같이 넓고 얕은 가우지마크로서 차량 간 최대 접촉 시 프레임이나 타이어림에 의해 생성된다. 그루브(grove)는 길고 좁은 홈자국으로 직선일 수도 있고 곡선일 수도 있다. 이것은 구동샤프트(drive shaft)나 다른 부품의 돌출한 너트나 못 등이 노면 위에 끌릴 때 생기는데, 최대 접촉지점을 벗어난 곳까지 계속된다.

❷ 잔존물

잔존물(debris)에는 교통사고 현장에 흩어져 있는 쓰레기, 액체물, 차량부품이나 개인소지품 등이 있다. 진흙, 흙먼지, 페인트, 눈, 자갈 등의 하체 잔존물은 차량의 휀더, 엔진, 몸체 그밖의 부분에 붙어 있다가 차량 충돌 시 잔존물이 묻어 있던 부분이 찌그러지거나 휘면서 떨어지거나 충격의 힘에 의해 흔들려서 비산된다.

냉각수, 오일, 배터리액, 연료와 기타 유체들은 충돌 후 용기 내에 누출될 수 있으며, 노면 위에 낙하된 모습에 따라 튀김(spatter), 고임(puddle), 흡수(soak in), 방울짐(dribble), 흘러내림(run off)이나 밟고 지나간 흔적(tracking)으로 나타난다.

차량에서 흘러나온 액체류와 달리 차량파편은 넓고 불규칙하게 흐트러지기 때문에 낙하 위치를 규명하는 데에는 그다지 중요하지 않으나 조각들이 깨지면서 계속 움직이기 때문에 차량의 진행방향과 속도를 결정하는 데 도움을 줄 수 있다.

❸ 노면의 흔적

노면의 흔적에는 고정물체에 나타난 흔적과 노면이탈 흔적이 있다. 가드레일, 전봇대, 가로수나 그밖의 고정물체들은 구부러지거나 부서진 파손 정도에 따라 그것과 충돌한 차량의 개략적인 속도를 제시해 줄 수도 있다. 특히 다리난간과 가드레일 등 도로변의 고정물체에 나타나 있는 긁힌 흔적들은 차량이 지나간 경로나 사고 원인규명에 도움을 준다.

차량은 추락할 때 이륙한 지점과 다시 착륙한 지점에 흔적을 남기고 떨어진 지점에서 멈추는 것이 아니라 일정거리를 다시 미끄러지면서 구른다. 이때 이륙지점과 착륙지점의 수평 이동거리와 수직거리에 의해 추락당시의 속도를 알 수 있다.

또한 차량은 1차 공중비행(flip)과 2차 공중비행 등의 과정을 거치면서 최종 정지하게 되는데 속도추정에는 1차 공중비행의 이·착륙 지점이 중요하다.

1.3.3 차량손상 조사

❶ 차량손상 부위 파악

차량손상에는 직접손상과 간접손상이 있다. 직접손상은 차량 일부분이 다른 차량이나 보행자, 고정물체 등과 직접 접촉 또는 충돌함으로써 생긴 손상이며, 차체의 긁힘, 찢어짐, 찌그러짐과 페인트의 벗겨짐 등으로 알 수 있다. 또한 충돌 시 급감속 또는 급가속으로 인하여 차량 내부의 부품이나 장치, 즉 전조등이나 의자 등이 관성의 힘으로 원래의 위치에서 떨어져 나가 파손되는 간접손상이 있다.

차량이 충돌을 하게 되면 강타한 흔적, 스친 흔적 또는 충돌로 문질러진 흔적을 남긴다. 이러한 사고차량의 손상부위 상태나 형상에 따라 충돌 시 자세, 방향(직선운동, 곡선운동, 핸들조작 여부) 및 회전여부 등을 추정할 수 있다. 차량내부의 파손상태는 충돌 후 탑승자의 운동방향, 사고당시 운전자, 안전벨트 착용여부도 추정할 수 있다. 전면 충돌 시 탑승자는 앞으로 이동하게 되고 후방 충돌 시 전면과 반대로 이동하게 되므로 차량내부의 손상상태를 점검함으로써 충돌직후 운전자와 동승자의 운동과정을 파악할 수 있다. 또한 사고당시 운전자가 누구였는가는 차량 충돌에 따른 충격 외력의 작용방향을 통해 탑승자의 운동방향, 차량내부의 손상상태, 탑승자의 신체손상부위, 탑승자 및 차량의 최종위치 등을 종합적으로 분석함으로써 규명할 수 있다. 안전벨트와 관련하여 머리나 안면부를 심하게 다친 사람이 하체나 다른 부위에 상처를 입지 않은 경우에는 안전벨트를 착용하지 않았을 개연성이 크다.

❷ 차량등(lamp) 조사

차량의 램프는 조명기능과 신호기능이 있다. 전조등이나 안개등과 같이 램프는 운전자가 대상물을 잘 볼 수 있도록 하는 부품이다. 또한 램프는 방향지시등, 후미등, 제동등과 같이 다른 차량이나 도로이용자에게 자신의 차량의 주행상태를 알리는 기능을 수행한다.

교통사고는 그 유형에 따라 사고당시 차량램프의 점등여부가 사고의 주원인이 되었을 가능성이 있다. 경우에 따라 램프의 상태는 중요한 증거자료가 될 수 있으므로 어떤 램프가 켜져 있었는지, 어떤 램프가 깨졌는지, 램프의 점등·소등 여부, 차량의 직접 충격부분이 램프에 미친 충격정도의 연관성을 세밀하게 조사할 필요가 있다.

램프의 필라멘트가 대기 중에 노출되면 급속하게 산화하여 코일부분이 검게 타게 되고 계속 전류가 공급되면 수 초 내에 코일뿐만 아니라 고리 지지대까지 산화현상이 일어나 당초의 은빛 광택이 오렌지빛 또는 무지개빛과 같은 색깔로 변하게 된다. 차량의 램프는 사고 충격으로 인하여 유리가 깨지거나 깨지지 않더라도 필라멘트가 어느 정도 손상된다. 이러한 필라멘트의 손상 정도에 의해 사고 당시 램프가 점등되었는지 여부를 판단할 수 있다.[7]

---

7 백승엽, 앞의 책, 159~163쪽

해외 교통사고조사 사례

해외 주요 교통선진국에서는 교통사고조사와 분석에 관한 전문기관을 운영하고 있으며, 국가기관 또는 특수법인 형태로 운영되고 있다. 해외 주요 나라의 교통사고조사 전문기관은 다음과 같다.

미국에서는 교통사고가 발생하면 경찰이 사고조사서(police accident report)를 먼저 작성하고 사고 심각도에 따라 경미한 사고는 GES(General Estimates System)에, 심각한 사고는 FARS(Fatality Analysis Reporting System)에 기록한다. GES는 미국 전역에 걸쳐 1~2주마다 60개 지점에 있는 400여개 경찰서에서 GES 자료수집가(NHTSA가 고용)에 의해 무작위로 추출된 경찰조사서 복사본이 수집된다.

미국은 교통사고조사 시 주나 지방 관할청에서 사용되는 충돌 데이터 변수를 누구나 이해할 수 있게 하기 위해 MMUCC(Mode Minimum Uniform Crash Criteria)에 이어 MMIRE(Model Minimum Inventory of Roadway Elements) 기준을 만들어 도로관리 목록 및 교통안전관리 목록을 표준화하여 사용하고 있다.[8]

반면, FARS는 미국 모든 교통사망사고 데이터를 포함한다. 미국 사망자분석보고 시스템은 차량 안전 기준과 도로의 안전성을 평가하여 교통안전대책을 마련하기 위한

표 2.1.1 해외 교통사고조사 전문기관

국가	사고조사 기관	비고
미국	National Center for Statistics and Analysis (NCSA)	중앙정부 소속기관
	National Transportation Safety Board (NTSB)	대통령 직속기관
일본	Institute for Traffic Accident Research and Data Analysis (ITARDA)	국가공안위원회 지정
	Japan Automobile Research Institute (JARI)	비영리 특수법인
	National Organization for Automotive Safety and Victim's Aid	
영국	Transportation Research Lab (TRL)	중앙정부 산하기관
	London Accident Analysis Unit (LAAU)	런던시 소속기관
독일	Fedel Goverment Road Research Institute (BASt)	중앙정부 소속기관
프랑스	Conucil National Security Road, Committee International Security Road	도로안전청 산하기관
	Institute National Research for Transportation and Road Safety (INRETS)	국가기관

8 Bastian J. Schroeder et al., "Manual of Transportation Engineering Studies 2nd Ed." *Institute of Transportation Engineers*, 2010, p.353

그림 2.1.3 미국 사망 교통사고조사 절차

목적으로 1975년부터 운영되었으며, 사고정보, 차량정보 및 인적특성에 관한 데이터를 수집한다. 미국 내 50개 주에서 발생한 교통사고 중 사망자가 발생한 사고 또는 사고 후 30일 이내에 사망자가 발생한 사고를 대상으로 하며, 사고유형 및 원인, 차량상태, 운전자상태, 사고발생전 차량 및 운전자 상태, 탑승자 상태의 총 5개 분야로 구분하여 조사를 실시한다. 이 중 사고 일반에 대한 조사서 예시는 〈그림 2.1.4〉와 같다.

데이터는 도로교통안전국에서 수집 및 관리하고 있으며, 방대한 데이터를 이용자의 수용에 맞게 출력이 가능하도록 하는 웹사이트[9]를 운영하고 있다. 사고(crashes) 항목에는 사고 발생시간, 사고 날짜, 사망자 수, 도로 유형, 과속여부, 작업구간 등 약 150개의 데이터 항목이 있으며, 사고특성, 차량특성, 인적특성별로 파악이 가능하다.[10]

미국은 FARS 외에도 교통사고와 관련된 데이터를 체계적으로 수집·관리하고 있다. 미국 연방도로관리청(FHWA; The Federal Highway Administration)은 고속도로

표 2.1.2 미국 FARS 교통사고조사 항목

구분	조사항목
교통사고 개요 (27개 이상 항목)	도로 종류, 충돌 형태, 교차로 형태, 도로상 사고위치, 공사장 유무, 조명조건, 대기조건, 신호형태, 신호작동 유무, 교통수단, 도로 형태 등
차량관련 (56개 이상 항목)	차량 종류, 차량소유인 형태, 차량점유율, 차량속도, 사고 초기 접촉점, 피해 정도, 운전자상태, 주행차로, 제한속도, 도로상태, 신호 형태 등
사람관련 (27개 이상 항목)	앉은 좌석위치, 보호장구 착용 여부, 에어백 작동유무, 사고시 사람 방출경로, 음주 여부, 알코올 섭취량, 약복용 여부, 사망날짜 등
기타항목 (32개 이상 항목)	스쿨존 여부, 충돌 타입(보행자 사고, 자전거 사고 등), 보행자 낙하 위치, 자전거 낙하 위치, 충돌그룹 위치 등

---

9 https://www-fans.nhtsa.dot.gov/Main/index.aspx

10 Bastian J. Schroeder et al., *op. cit.*, p.353

CODED BY:_____ INPUT BY: _____
DATE CODED:_____ DATE INPUT: _____
STATE CASE NO.:_____

2016 Fatality Analysis Reporting System
CRASH LEVEL

U.S. Department of Transportation
National Highway Traffic Safety Administration

STATE NUMBER (GSA CODES) (C1)	CONSECUTIVE NUMBER (C2)	** Number of Forms Submitted for Persons Not in Motor Vehicles (C3)	** Number of Vehicle Forms Submitted (C4)	** Number of Motor Vehicle Occupant Forms Submitted (C5)

COUNTY (C6)
Actual GSA Code Except for:
000-Not Applicable 998-Not Reported
997-Other 999-Unknown

CITY (C7)
Actual GSA Code Except for:
0000-Not Applicable 9898-Not Reported
9997-Other 9999-Unknown

CRASH DATE (C8)
Actual Month and Day
Month Day Year 2 0 1 6

CRASH TIME (C9)
Valid Military Time:
9999-Unknown

TRAFFICWAY IDENTIFIER (C10)
Actual Posted Number, Assigned Number, or Common Name
(If No Posted or Assigned Number) Except: Nine-Fill if Unknown

1
2

(NOTE: MDE allows for up to 30 alphanumeric characters per line)

ROUTE SIGNING (C11)
1-Interstate
2-U.S. Highway
3-State Highway
4-County Road
LOCAL STREET
5-Township
6-Municipality
7-Frontage Road
8-Other
9-Unknown

LAND USE / FUNCTIONAL SYSTEM (C12a/b)
(a)
Land Use (C12a)
1-Rural
2-Urban
6-Trafficway Not in State Inventory
8-Not Reported
9-Unknown

Functional System (C12b) (b)
01-Interstate
02-Principal Arterial-Other Freeways and Expressways
03-Principal Arterial-Other
04-Minor Arterial
05-Major Collector
06-Minor Collector
07-Local
96-Trafficway Not in State Inventory
98-Not Reported
99-Unknown

OWNERSHIP (C13)
(See Instruction Manual)

NATIONAL HIGHWAY SYSTEM (C14)
0-This section IS NOT on the NHS
1-This section IS ON the NHS
9-Unknown if this section is on the NHS

SPECIAL JURISDICTION (C15)
0-No Special Jurisdiction
1-National Park Service
2-Military
3-Indian Reservation
4-College/University Campus
5-Other Federal Properties
8-Other
9-Unknown

MILEPOINT (C16)
Actual to Nearest .1 Mile
Except: 0000.0-None 9999.8-Not Reported 9999.9-Unknown

GLOBAL POSITION (C17)
LATITUDE (See Instruction Manual)
Degrees Minutes Seconds
LONGITUDE (See Instruction Manual)
Degrees Minutes Seconds

** CRASH EVENTS (C18)
(Element Table Completed in MDE)

** FIRST HARMFUL EVENT (C19)
(Auto-Fill from CRASH EVENTS - C18)

MANNER OF COLLISION (C20)
00-Not a Collision with a Motor Vehicle In-Transport
01-Front-to-Rear
02-Front-to-Front
06 -Angle
07-Sideswipe-Same Direction
08-Sideswipe-Opposite Direction
09-Rear-to-Side
10-Rear-to-Rear
11-Other
98-Not Reported
99-Unknown

RELATION TO JUNCTION (C21a/b)
(a)
Within Interchange Area? (C21a)
0-No
1-Yes
8-Not Reported
9-Unknown

Specific Location (C21b)
01-Non-Junction
02-Intersection
03-Intersection-Related
05-Entrance/Exit Ramp Related

(b)
06-Railway Grade Crossing
07-Crossover Related
04-Driveway Access
08-Driveway Access Related
16-Shared-Use Path Crossing
17-Acceleration/Deceleration Lane
18-Through Roadway
19-Other Location Within Interchange Area
20-Entrance/Exit Ramp
98-Not Reported
99-Unknown

TYPE OF INTERSECTION (C22)
01-Not an Intersection
02-Four-Way Intersection
03-T-Intersection
04-Y-Intersection
05-Traffic Circle
06-Roundabout
07-Five Point, or More
10-L-Intersection
98-Not Reported
99-Unknown

RELATION TO TRAFFICWAY (C23)
01-On Roadway
02-On Shoulder
03-On Median
04-On Roadside
05-Outside Trafficway
06-Off Roadway - Location Unknown
07-In Parking Lane/Zone
08-Gore
10-Separator
11-Continuous Left-Turn Lane
98-Not Reported
99-Unknown

WORK ZONE (C24)
0-None
1-Construction
2-Maintenance
3-Utility
4-Work Zone, Type Unknown

LIGHT CONDITION (C25)
1-Daylight
2-Dark - Not Lighted
3-Dark - Lighted
6-Dark - Unknown Lighting
4-Dawn
5-Dusk
7-Other
8-Not Reported
9-Unknown

ATMOSPHERIC CONDITIONS (C26)
Condition 1
00-No Additional Atmospheric Conditions
01-Clear
10-Cloudy
02-Rain
03-Sleet or Hail
12-Freezing Rain or Drizzle
04-Snow
11-Blowing Snow
05-Fog, Smog, Smoke
06-Severe Crosswinds
07-Blowing Sand, Soil, Dirt
08-Other
98-Not Reported
99-Unknown
Condition 2

SCHOOL BUS RELATED (C27)
0-No
1-Yes

RAIL GRADE CROSSING IDENTIFIER (C28)
(See Instruction Manual)

NOTIFICATION TIME EMS (C29)
Military Time 8888-Not Applicable (Not Notified)
Except: 9998-Unknown if Notified
9999-Unknown EMS Notification Time

ARRIVAL TIME EMS (C30)
Military Time 8888-Not Applicable (Not Notified) 9998-Unknown if Arrived
Except: 9997-Officially Canceled 9999-Unknown EMS Scene Arrival Time

EMS TIME AT HOSPITAL (C31)
Military Time 8888-Not Applicable (Not Transported) 9998-Unknown if Transported
Except: 9996-Terminated Transport 9999-Unknown EMS
9997-Officially Canceled Hospital Arrival Time

RELATED FACTORS (C32)
(See Instruction Manual)

ADDITIONAL STATE INFORMATION
(See Instruction Manual)

HS Form 214 (Rev. December, 2015) O.M.B. No. 2127-0006 ** Mandatory Field 75114-M-34h

그림 2.1.4 미국 Fatality Analysis Reporting System 사고조사서

안전정보 시스템(Highway Information System)을 개발하여 경찰 보고서의 충돌 데이터와 교통, 도로 및 기타 파일등을 융합할 수 있도록 했다. SAFETYNET은 연방운수

안전청(FMCSA; Federal Motor Carrier Safety Administration)이 설계한 것으로, 충돌 데이터, 노상안전검사 기록 및 데이터, 운수업체 식별 정보 등을 관리하고 제공하고 있다.[11]

11 *Ibid*.

교통사고의 처리

2.1 교통사고 처리 개요

2.1.1 「교통사고처리 특례법」의 적용

교통사고가 발생하면 일반범죄와는 그 특성이 다르기 때문에 「교통사고처리 특례법」에 따라 경과실인 경우 처벌을 면제하고(공소권 없음) 중과실인 경우에만 처벌(대상 제한)하고 있다. 1981년 자동차보험의 가입을 유도하고 교통사고 운전자에 대한 처벌과 피해에 대한 처리절차를 간소화하기 위해 「교통사고처리 특례법」을 제정했다. 그러나 그 이면에는 정부나 업계의 주요 관심사인 자동차산업을 육성하고 활성화하기 위해 자동차 이용을 장려하고, 운전자가 교통사고 야기 시 엄한 처벌을 면할 수 있는 특별법이 필요했기 때문이다. 당시 추진 중이던 고위공무원의 자가운전 계획을 뒷받침하기 위해 신분상 불이익을 피할 수 있는 장치를 도입하기 위해 이 법을 제정했다는 견해도 있다.[12]

2.1.2 교통사고의 수와 사고유형

❶ 교통사고의 수

교통사고와 관련된 차가 2대 이하이고, 충돌, 추돌, 접촉 등 사고의 원인이 된 행위가 하나인 경우에는 1건의 사고로 처리한다. 또한 교통사고와 관련된 차가 3대 이상인 경우로 하나의 원인행위로 인하여 시간·장소적으로 밀접한 연속선상에서 발생한 경우 1건으로 처리하지만, 그 이외에는 여러 건(數件)으로 처리한다.[13]

---

12   강동수, "「교통사고처리 특례법」은 무죄인가", 교통신문, 2016. 1. 29
13   경찰청 훈령 「교통사고조사규칙」 제20조의2

❷ 교통사고의 유형

교통사고의 유형은 다음의 기준에 따라 정한다.

- 차대차 사고: 차와 다른 차가 충돌·추돌 또는 접촉한 사고
- 차대사람 사고: 차가 보행자를 충격한 사고
- 차량단독 사고: 운전자, 차, 도로상에 설치된 각종 시설물 또는 자연물이 원인이 되어 차가 스스로 전도·전복·추락·충격한 사고(차량단독 사고 후 그 충격 등으로 다른 차 또는 보행자를 충격한 경우 차량단독 사고로 처리)
- 건널목 사고: 철길건널목에서 차와 기차가 충돌한 사고교통사고의 유형[14]

❸ 당사자 순위의 결정

다음 기준에 따라 1건의 교통사고와 관련된 당사자의 순위를 결정한다. 해당 사건이 형사처벌 대상이 된다면 당사자 중 누군가는 형사 처벌을 받아야 하므로 당사자 순위 결정문제는 중요한 문제라 할 수 있다.

① 차대차 사고로서 당사자 간의 과실이 차이가 있는 경우 과실이 중한 당사자를 선순위로 지정
② 차대차 사고로서 당사자 간의 과실이 동일한 경우 피해가 경한 당사자를 선순위로 지정
③ 차대사람 사고는 운전자를 선순위로 지정
④ 동승자가 있는 차대차 사고는 제1호부터 제3호에 따라 당사자의 순위를 정한 후 선순위의 차에 동승한 자를 다음 순위로, 후 순위의 차에 동승한 자를 그 다음 순위로 지정
⑤ ①부터 ④ 이외의 당사자는 그 다음 순위로 지정[15]

2.2 사고유형별 처리 내용

교통피해 유형은 인적피해, 물적피해로 나눌 수 있으며, 교통사고 야기 후 조치 등 불이행에 대해서도 처벌한다. 사고유형별 처리 내용은 다음과 같다.

2.2.1 인적피해 교통사고

교통사고로 사람이 사망하거나 중상해[16]에 이르게 한 경우, 사람을 사상하고 도주한

---

14 「교통사고조사규칙」 제20조의3
15 「교통사고조사규칙」 제20조의4
16 교통사고에 중상해라는 개념은 2009년 2월 26일 헌법재판소의 위헌심판청구에서 중상해에 이르게 한 경우 공소를 제

표 2.2.1 인적피해 교통사고의 처리내용

구분		처벌 내용
피해자의 불벌의사 또는 종합보험 가입 여부 불문	• 뺑소니 인사사고 • 음주·약물에 의한 위험운전 치사상	• 특정 범죄 가중처벌 등에 관한 법률 적용 가중처벌
	• 사망사고 • 신호위반 등 12개 항목 위반 치상사고	• 교통사고처리특례법 제3조제1항 적용 형사입건
피해자의 불벌의사가 없을 때	중상해 사고	• 교통사고처리특례법 제4조제1항 적용 형사입건(종합보험 가입여부 불문)
	그 외 사고	• 종합보험 가입 : 교통사고처리특례법 제3조제2항 적용 - 공소권 없음(원인행위만 도로교통법 적용처리) • 종합보험 미가입 : 교통사고처리특례법 제4조제1항 적용 형사입건
피해자의 불벌의사가 있을 때	중상해 사고 및 그 외 사고	교통사고처리특례법 제3조제2항 적용 - 공소권 없음(원인행위만 도로교통법 적용처리)

경우를 제외한 치상사고가 발생했을 경우 중대법규위반 행위 12개 항목에 해당되면 피해자 의사와 상관없이 처벌을 하게 되지만, 그외 치상사고에 대해서 피해자가 처벌 받지 않기를 원할 경우에는 공소권 없음으로 처리되어 처벌받지 않는다. 또한 가해 차량이 인적, 물적 피해에 대하여 무한 보상을 보장하고 있는 자동차 종합보험이나, 영업용 차량 등의 공제 조합에 가입되어 있을 때에도 피해자와 합의가 성립된 것으로 간주하여 형사처벌을 면제 받는다.

2.2.2 물적피해 교통사고

인적피해 없이 물적피해만 발생했을 경우 피해자가 가해자에 대하여 처벌을 희망 하지 아니하는 의사표시를 하거나 가해 차량이 보험 또는 공제에 가입되어 있는 경우 에는 공소권 없음으로 처벌받지 않는다. 이 경우에는 현장출동 경찰관이 근무일지에 교통사고 발생 일시·장소 등을 기재 후 종결하게 된다. 다만, 사고 당사자가 사고 접수 를 원하는 경우에는 현장조사시스템에 입력할 수도 있다. 또한 교통경찰업무관리시스

기하지 못하도록 한 「교통사고처리 특례법」 규정은 헌법에 위반된다는 결정에 따라 등장했다. 헌재의 결정에 따라 즉 시 교특법 관련 규정은 효력을 상실했고 2011년 4월 12일 「교통사고처리 특례법」을 개정했다. 중상해는 "① 인간의 생명유지에 불가결한 뇌 또는 주요장기의 중대한 손상, ② 사지절단 등 신체 중요부분의 상실 또는 중대변형, ③ 시각, 청각, 언어, 생식기능 등 중요한 신체기능의 영구적 상실, ④ 사고후유증으로 인한 중증의 정신장애, ⑤ 하반신 마비 등 완치가능성이 없거나 희박한 중대 질병초래, ⑥ 그밖에 치료기간, 노동력상실률, 의학전문가의 의견 및 사회통념에 비추어 중대한 상해"를 의미한다.

표 2.2.2 물적피해 교통사고의 처리내용	
구분	**처벌 내용**
피해자의 불벌의사가 있을 때 (종합보험 가입, 합의성립)	「교통사고처리 특례법」 제3조제2항 적용 - 공소권 없음(원인행위만 「도로교통법」 적용처리)
피해자의 불벌의사가 없을 때 (종합보험 미가입, 합의불성립)	「도로교통법」 적용 형사입건

템(TCS)의 교통사고접수처리대장에 입력한 후 「도로교통법 시행규칙」의 "단순 물적 피해 교통사고조사보고서"를 작성하고 종결한다. 만약 피해자가 가해자에 대하여 처벌을 희망하지 아니하는 의사표시가 없거나 보험 등에 가입되지 않았다면 「도로교통법」 제151조를 적용하여 기소의견으로 송치한다. 다만, 피해액이 20만 원 미만인 경우에는 즉결심판을 청구하고 대장에 입력한 후 종결하게 된다.[17]

2.2.3 교통사고 후 조치 등 불이행

교통사고가 발생한 후 사고에 대한 사후조치 없이 도주함으로써 인적피해가 발생했을 경우 「특정범죄 가중처벌에 관한 법률」에 따라 뺑소니범으로 형사처벌을 받게 되고 물적피해(물피)만 있을 경우에는 「도로교통법」을 적용받게 된다. 교통사고를 야기한 후 사상자 구호 등 사후조치는 하였으나 경찰공무원이나 경찰관서에 신고하지 아니한 때에는 2.2.1.과 2.2.2. 및 「도로교통법」 제154조제4호의 규정[18]을 적용하여 처리한다. 다만, 도로에서의 위험방지와 원활한 소통을 위하여 필요한 조치를 한 경우에는 「도로교통법」 제154조제4호의 규정은 적용하지 아니한다.[19] 그렇다면 물피사고를 내고 신고하지 않고 도주했다면 「도로교통법」상 조치의무위반죄와 재물손괴죄가 문제될 수 있다. 다만, 운행 중인 차만 손괴된 것이 분명하고 도로에서의 위험방지와 원활한 소통을 위하여 필요한 조치를 한 경우에는 이 의무에서 제외되어 조치의무위반죄는 적용되지 않는다. 경찰공무원은 사소한 접촉사고까지 경찰행정력이 미치기는 어렵기 때문에 「도로교통법」상 운전자가 취해야 할 조치의 범위를 '2차 사고를 야기할 정도의 상태에 있을 때'로 하고 있다.[20] 또한 물피사고를 내더라도 교통사고 피해자 등에게 가

---

17 「교통사고조사규칙」 제20조제2항

18 교통사고 발생 시 조치상황 등을 신고하지 않은 사람은 30만 원 이하의 벌금이나 구류에 처하도록 되어있다. 실제로는 범칙금으로 대체한다.

19 「교통사고조사규칙」 제20조제4항

20 강동수, "주차테러, 물피도주를 막아야 한다", 교통신문, 2017. 1. 12 . 사람이 다치지 않고 차량만 손괴된 물피도주에 대한 법원의 입장은 무엇일까? 대법원은 교통사고로 인한 피해차량의 물적피해가 경미하고 파편이 도로에 비산되지 않더라도 가해차량이 즉시 정차하는 등 필요한 조치를 취하지 않은 채 그대로 도주하였다면 「도로교통법」 제54조제1항 위

표 2.2.3 교통사고 후 조치 불이행에 따른 처벌 내용

구분	처벌 내용
도주하였을 때 인적피해사고 (인적피해를 신고하지 않은 경우)	「특정범죄가중처벌 등에 관한 법률」 제5조의3 적용 형사입건
단순물적피해사고	「도로교통법」 적용 형사입건 (종합보험 가입 또는 합의 성립 시 공소권 없음)
신고하지 않았을 때 (물적피해사고)	「도로교통법」 적용 형사입건(범칙금 부과) (종합보험 가입 또는 합의 성립 시 공소권 없음)

해 운전자의 신원을 확인할 수 있는 인적사항을 제공하기만 하면 필요한 조치를 한 것으로 본다. 만약 이러한 조치마저 하지 않았을 경우에는 20만 원 이하의 벌금이나 구류, 즉 범칙금을 부과하고 있다.[21]

2.2.4 위험운전치사상죄의 적용

〈표 2.2.4〉의 「도로교통법」 제44조제1항의 규정을 위반하여 주취운전 중 인피사고를 일으킨 운전자에 대하여는 ① 가해자가 마신 술의 양, ② 사고발생 경위, 사고위치 및 피해정도 ③ 비정상적 주행 여부, 똑바로 걸을 수 있는지 여부, 말할 때 혀가 꼬였는지 여부, 횡설수설하는지 여부, 사고 상황을 기억하는지 여부 등 사고 전·후의 운전자 행

표 2.2.4 주취상태별 조치내용

구분	0.03 ~ 0.08% 미만	0.08 ~ 0.2% 미만	0.2% 이상
단순음주 시 형벌	1년 이하 징역 또는 500만 원 이하 벌금	1년 이상 2년 이하 징역 또는 500만 원 이상 1천만 원 이하 벌금	2년 이상 5년 이하 징역 또는 1천만 원 이상 2천만 원 이하 벌금
사고야기 시 형벌	형사입건 (5년 이하의 금고 또는 2,000만 원 이하의 벌금	중상피해 구속 (좌동)	경상피해 구속 (좌동)
행정처분	면허정지 100일	면허취소	면허취소

주: 2019년 6월 25일부터 적용된다.

반죄가 성립한다고 판시하였다(대법원 선고 2009도787). 그러나 교통상의 위험과 장해를 방지·제거하여 안전하고 원활한 교통을 확보하기 위한 조치를 취하여야 할 필요가 없는 경우에는 「도로교통법」상 도주죄가 성립하지 않는다고 판시하여(대법원 선고 2007도1405) 물피도주에 대한 대법원의 입장이 명확하지 않다.

21   2017년 6월부터 시행되고 있다.

태를 종합적으로 고려하여 「특정범죄 가중처벌 등에 관한 법률」 제5조의11의 규정[22]의 위험운전치사상죄를 적용한다.

2.3 교통사고의 처벌형량

앞서 살펴본 바와 같이 교통사고는 사고 유형별로 처리를 하게 되는데 치사 및 치상사고와 물적 피해사고에 따른 각각의 법정형은 〈표 2.2.5〉와 같다.

중대법규위반 12개 항목 이외의 행위로 자동차 운전 중 사람을 다치게 한 경우, 운전자가 업무상 필요한 주의를 게을리 하거나 중대한 과실로 다른 사람의 건조물 그밖의 재물을 손괴(물피사고)한 때에는 피해자와 합의를 하거나 가해 차량이 인적, 물적 피해에 대하여 무한 보상을 보장하고 있는 자동차 종합보험이나 사업용 자동차를 위한 공제 조합에 가입되었다면 형사처벌을 면제 받게 된다. 가해 차량이 특례 적용으로 형사 면책 사유가 될 때에는 비록 피해자가 가해자의 처벌을 원하더라도 형사 면책된다는 의미다. 합의 불이행으로 경찰, 검찰, 법원 등에 계류 중인 사건이라도 판결선고 전에 피해자와 합의가 이루어지면 즉시 검사의 공소권은 소멸되고 형사 사건은 종결된다. 다만, 「교통사고처리 특례법」상 형사처벌이 면제되는 경우라도 행정처분은 별도로 적용된다.

표 2.2.5 교통사고 발생 시 법정형

적용법률	사고유형			형량
「교통사고처리 특례법」	· 사망사고 · 중상해사고 · 중대법규 위반 치상사고			5년 이하 금고 또는 2천만 원 이하의 벌금
	물적피해 사고			2년 이하의 금고 또는 500만 원 이하의 벌금 → 합의 또는 보험가입 시 공소권 없음
「특정범죄 가중처벌 등에 관한 법률」	뺑소니 인사사고	사망		무기 또는 5년 이상의 징역
		상해		1년 이상 유기징역 또는 500만 원 이상 3천만 원 이하의 벌금
		유기	사망	사형, 무기 또는 5년 이상의 징역
			상해	3년 이상의 유기징역
	위험운전 치사상	사망		무기 또는 3년 이상의 유기징역
		상해		1년 이상 15년 이하의 징역 또는 1천만 원 이상 3천만 원 이하의 벌금

22 음주 또는 약물의 영향으로 정상적인 운전이 곤란한 상태에서 자동차(원동기장치자전거를 포함한다)를 운전하여 사람을 상해에 이르게 한 사람은 1년 이상 15년 이하의 징역 또는 1천만 원 이상 3천만 원 이하의 벌금에 처하고, 사망에 이르게 한 사람은 무기 또는 3년 이상의 유기징역에 처한다. 가칭 "윤창호법"이라 하며 2018년 12월 18일부터 적용되고 있다.

2.4 중대법규 위반 12개 항목

앞에서 설명한 것을 정리하면 교통사고로 인명피해를 야기했을 때 피해자와의 합의 또는 종합보험에 가입여부와 관계없이 피해자가 사망하거나 중상해 사고 또는 중대법규 위반 12개 항목을 위반한 치상사고의 경우에는 형사처벌을 받게 된다. 다만, 이러한 사상사고를 야기했을 때 피해자와 합의를 했다면 형사처벌을 감경받을 수 있는 사유에는 해당한다. 그런데 교통사고 처리에 있어 중대법규 위반 12개 항목 외에는 합의 또는 보험가입을 이유로 가해자를 면책하는 제도는 우리나라가 유일하다. 법적 측면에서 해양사고나 항공사고, 의료 및 건설 분야의 업무상 과실치상죄 등의 적용과 비교해 보더라도 형평성을 상실했을 뿐만 아니라 형사책임을 지게 되는 12개 항목의 구체적 타당성과 실체적 진실의 규명과 관련하여 논란이 많다. 과실인정 기준이 되는 주의의무 위반여부는 구체적 상황이나 주변 환경 등에 따라 달라질 수 있으나 법에서는 이를 획일적으로 규정하고 있다. 특별한 주의의무 위반행위가 12개 항목에 포함되는지가 형사처벌 여부를 결정지을 수 있기 때문에 증거 인멸이나 피해자에게 책임을 전가하는 경우도 있다. 12개 항목에 해당된다고 하더라도 법망을 빠져 나올 수 있는 가능성은 많다.[23]

「교통사고처리 특례법」상 중대법규 위반 12개 항목은 〈표 2.2.6〉과 같다.

표 2.2.6 중대법규 위반 12개 항목

중대법규 위반항목	
① 신호·지시위반	⑦ 무면허 운전
② 중앙선 침범	⑧ 주취 또는 약물복용 운전
③ 속도위반(20 km/h 초과)	⑨ 보도침범, 보도통행방법 위반
④ 앞지르기방법 또는 금지 위반	⑩ 승객추락방지 의무 위반
⑤ 철길 건널목 통과방법 위반	⑪ 어린이 보호구역 내 조치 의무 위반
⑥ 횡단보도보행자 보호의무 위반	⑫ 적재물 낙하 방지 의무 위반[24]

---

23 강동수, 앞의 논단

24 2016년 12월 2일부터 「교통사고처리 특례법」상 중대법규 위반 항목에 추가되었다.

03

교통사고 상충조사

3.1 교통상충의 개요

3.1.1 교통상충의 정의

교통상충은 1대 또는 2대 이상의 차량이나 도로이용자가 충돌을 방지하기 위하여 제동이나 엇갈림(weaving) 등의 행위를 할 때, 2대 또는 그 이상의 차량이나 도로이용자 간에 발생하는 상호행태를 말한다.[25] 상충은 주로 교통류 내에서 둘 또는 그 이상의 도로이용자들이 교차, 합류 또는 분류할 때 발생하며, 이러한 상황에서 브레이크 작동, 경음기 울림 또는 진로변경 등과 같은 운전자의 회피행동이 수반된다.[26]

일반적으로 상충(conflict)은 교차로에서 서로 다른 진행방향이 교차하는 상황을 말하지만, 개념적으로 상충의 의미는 차량과 차량 또는 차량과 보행자가 서로의 주행에 간섭(방해)이 되어 충돌을 회피하기 위한 행위로 정의하고 있다. 따라서 같은 방향 동일 차로에서 앞 차량이 서행함에 따라 뒷 차량이 감속하는 행위도 상충의 유형에 포함된다.[27]

3.1.2 교통상충조사 내용

교통상충은 교차로나 합류부 등에서 교통사고 가능성을 예측하는 데 사용한다. 일반적인 교통사고 분석의 경우 몇 년간 이력자료가 있어야 사고 원인을 파악할 수 있지만, 교통상충 분석은 적은 조사로 신속한 원인 파악이 가능하다는 장점이 있다. 또한,

---

25 Parker, M. R., and C. V. Zegeer, "Traffic Conflict Techniques for Safety and Operations: Observer' Manual", FHWA-IP-88-027, 1989, p.1

26 도철웅 등, 「교통안전공학」, 청문각, 2013, 223쪽

27 Bastian J. Schroeder et al., *op. cit.*, p.390

교통상충 분석은 교통사고 분석에 비해 보다 세밀한 정보를 제공한다. 하지만 교통상충 분석은 단순하지 않으며 적절하지 못한 분석을 수행할 경우 실제와 전혀 다른 정보를 제공할 수 있기 때문에 충분한 지식과 경험이 필요하다.

교통상충 분석은 상대적으로 적은 시간과 인력이 소요되며, 특별한 장비가 필요 없다. 숙련된 조사자가 교통흐름을 관측한 후에 상충이 발생하는 경우 조사지에 기록하는 방식으로 조사가 진행된다. 1개의 교차로 접근로의 경우 1 ~ 2명의 조사자가 몇 시간 소요되지 않고 교통상충을 조사할 수 있다.[28]

3.1.3 교통상충의 유형

차량이나 도로이용자가 서로 충돌을 피하기 위한 제동이나 엇갈림(weaving) 등의 행위는 교통상충이지만, 차량이나 도로이용자가 교통관제시설, 도로기하구조, 또는 기상조건에 따라서 반응하는 행위는 교통상충에 해당하지 않는다. 또 운전자가 적색신호등을 보고 정지하는 행위는 교통상충이라 보지 않지만 운전자가 녹색신호에서 주행중에 서행하는 앞 차량을 추돌하지 않기 위하여 정지를 했다면 교통상충에 해당한다. 따라서 조사자는 제동등, 타이어의 제동소음, 제동 시 발생하는 차량 앞부분의 아래쏠림(dip or dive) 등을 관측하여 교통상충의 발생여부를 조사해야 한다. 충돌사고나 충돌사고가 거의 발생할 뻔한 상황들도 교통상충에 포함한다.[29]

교통상충의 대상은 자동차, 보행자, 자전거 또는 그밖의 다양한 도로이용자를 모두 포함한다. 보행자의 수가 많은 교차로일수록 보행자와 차량의 상충률이 높게 나타날 수 있다. 연구자들은 〈그림 2.3.1〉, 〈그림 2.3.2〉에서 보는 바와 같이 14개의 기본 상충 유형을 정하고 있다. 도로의 교차지점, 합류·분류 지점 등과 같이 교차로가 아닌 지점에서는 교통상충의 유형이 명확히 정의되어 있지 않다. 비교차로 지점의 교통상충조사 시에는 사전관측이나 시범관측(파일럿 테스트) 등을 실시하여 조사자들이 어떠한 유형의 교통상충을 기록해야 하는지 시뮬레이션을 할 필요가 있다.

가장 대표적인 교통상충 유형인 직각충돌상충, 측면충돌상충, 후면충돌상충에 대해서는 상충 성립요건을 그래프로 표현할 수 있다.

첫 번째로, 직각충돌상충은 〈그림 2.3.3〉에서 B차량이 녹색신호를 받고 진행한 후 A차량이 B차량 앞을 통과함에 따라 B차량이 이에 대한 회피반응을 보였을 때 성립한다. 단, B차량이 녹색신호를 부여받은 후에 A차량의 일부가 정지선을 넘어 상충존(conflict zone) 내에 위치하더라도 교차로를 통과하지 않으면 이는 상충으로 간주하지 않는다.

28 Joseph E. Hummer, "Traffic Conflict Studies", *Manual of Transportation Engineering Studies*, Institute of Transportation Engineers; Prentice Hall, 1992, p.191; Bastian J. Schroeder et. al., *op. cit.*, pp. 390~393

29 Joseph E. Hummer, *Ibid.*, p.220

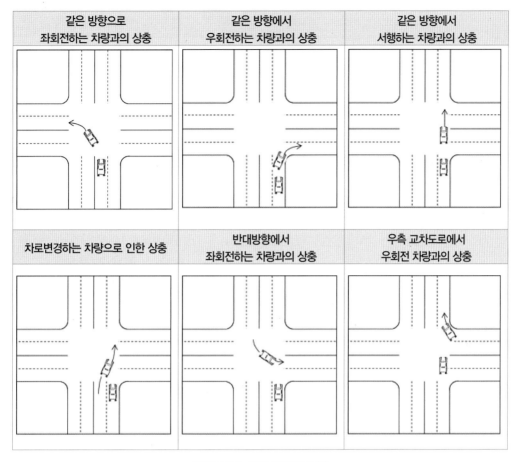

같은 방향으로 좌회전하는 차량과의 상충	같은 방향에서 우회전하는 차량과의 상충	같은 방향에서 서행하는 차량과의 상충
차로변경하는 차량으로 인한 상충	반대방향에서 좌회전하는 차량과의 상충	우측 교차도로에서 우회전 차량과의 상충

그림 2.3.1 상충 기본유형 (1)

두 번째로, 측면충돌상충은 후행차량의 주행속도에 따른 최소정지거리 내에 차선변경 차량이 진입할 때 후행차량의 회피반응을 상충으로 간주한다. 〈그림 2.3.4〉에서 A차량이 B차량의 최소정지거리 내에서 차선을 변경하는 경우 B차량은 A차량을 돌발적인 장애물(situation hazard)로 인식하여 제동반응을 하게 되는데, 이 경우에 측면충돌유형 상충으로 간주한다.

세 번째로, 후미충돌상충은 동일방향으로 짝을 이루어 진행하는 선행차량과 추종차량 간에 발생하며, 선행차량의 갑작스런 방향전환이나 서행 또는 급정거 등의 운행행태 변화에 대한 추종차량의 안전거리와 인지반응시간 등의 불충분 조건에 의해서 발생한다. 후미충돌상충의 측정기준은 선행차량과 추종차량의 정지거리가 같은 최소 차두거리(spacing)보다 짧은 거리에서 선행차량의 자극에 대해 추종차량이 회피행동을 보일 때 이를 상충으로 간주하게 된다.

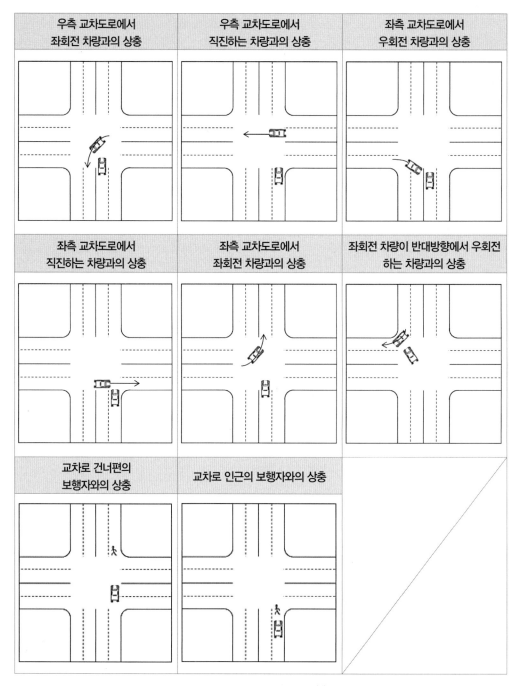

그림 2.3.2 상충 기본유형 (2)

자료: Glauz, W. D. and D. J. Migletz. "Application of Traffic Conflict Analysis at Intersections", *National Cooperative Highway Research Program Report 219*, Transportation Research Board, 1980, pp.221~224

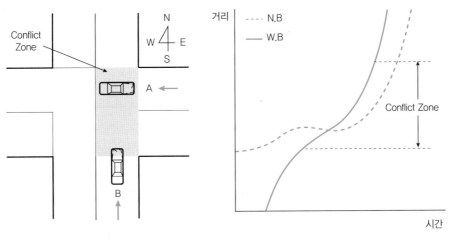

그림 2.3.3 직각충돌상충의 성립요건

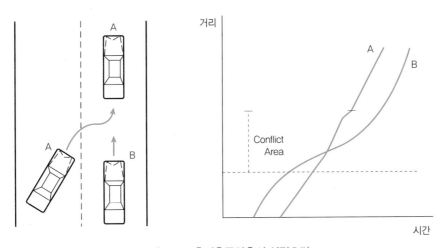

그림 2.3.4 측면충돌상충의 성립요건

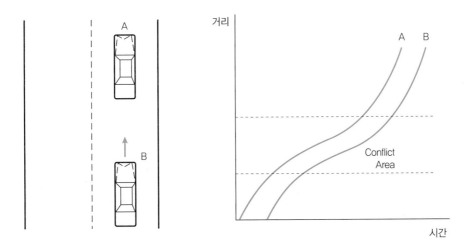

그림 2.3.5 후미충돌상충의 성립요건

3.2.1 상충조사 필요 표본의 크기

교통상충조사에서 필요한 표본의 크기는 분석 목적에 따른 상충률의 유형에 따라 정해진다. 상충은 보통 단위시간당 상충률과 차량당 상충률 유형으로 구분한다. 단위시간당 상충률은 교차로 간 비교에 편리하다는 장점을 가지고 있다. 〈표 2.3.1〉은 단위시간당 상충의 전형적인 유형들을 보여주고 있다. 교차로에서 안전 문제의 중대성을 판단하거나, 조치방안을 수립하는 목적을 가진 교통상충조사에서는 일반적으로 단위시간당 상충횟수(상충률) 자료가 요구된다. 단위시간당 상충률은 방향별 회전차량대수 자료를 필요로 하지 않다는 장점이 있다. 단위시간당 상충률은 단위시간당 상충횟수로 결정하는 반면 차량당 상충률은 관측된 각 차량이 상충에 연관되었는지의 여부를 비율로 결정한다. 차량당 상충횟수(상충률) 자료의 큰 장점은 조사시간이 상대적으로 짧아도 요구되는 정확성에 근접하는 자료를 수집할 수 있기 때문에 상충이 드물게 발생하는 지점에서 더 유리하게 작용한다.

상충률 산정방식이 결정된 후에는 필요한 표본 크기를 계산한다. 단위시간당 상충률 자료를 수집하는 경우에 관측할 단위시간의 수를 계산하는 데 (3-1)의 수식이 사용된다. 관측 단위시간이 1시간인 경우에는 몇 시간 동안의 관측이 필요한지를 계산하는 수식이다. 이 경우 이전 자료의 평균과 평균의 분산 자료가 필요하다.

$$NT = [(100 \times \frac{t}{PC})^2] \times \frac{var}{mean^2} \tag{3-1}$$

NT = 관측이 필요한 단위시간의 횟수

t = 신뢰수준 상관계수

PC = 상충수의 평균 산정에 대한 허용오차, 단위: 퍼센트 (평균시간당 상충수가 6인 경우 PC = 50을 사용한다면, 산정치의 정확도의 범위는 6 ± 50% × 6 또는 3에서 9 상충수가 된다.)

var = 예측되는 분산값

$mean$ = 예측되는 평균값

단위시간당 상충률 자료에 대하여 이전에 예측한 평균값을 모르고, 평균의 분산값만 알고 있을 경우에는 아래 수식을 사용할 수 있다.

$$NT = (\frac{t}{PQ})^2 \times var \tag{3-2}$$

NT, t, var 정의는 동일하고, PQ는 단위시간당 상충률의 평균값 예측의 허용오차다. 신뢰수준 90%이고 PQ가 7인 경우라면 실제 상충률은 90%의 단위시간 동안 7의 상

상충 유형	시간당 상충수		일당 상충수			
	평균	분산	평균	분산	퍼센타일 (Percentile)	
					90th	95th
일교통량이 25,000대/일 신호교차로						
동일방향좌회전	7.6	22	83	12,000	270	360
서행차량	61	34	670	24,000	870	940
차로변경	1.7	b	18	160	35	43
동일방향우회전	20	11	220	7,600	470	510
반대방향좌회전	2.0	1.2	22	380	48	60
모든 동일방향a	90	74	990	67,000	1,300	2,500
일교통량이 10,000~25,000대/일 신호교차로						
동일방향좌회전	12	22	130	10,000	270	340
서행차량	34	11	380	4,900	470	500
차로변경	0.7	b	8	53	17	22
동일방향우회전	11	12	120	2,400	190	220
반대방향좌회전	2.6	1.2	29	210	49	56
모든 동일방향	59	95	640	25,000	860	930
일교통량이 10,000~25,000대/일 비신호교차로						
동일방향좌회전	12	21	130	12,000	270	350
서행차량	14	5.2	150	5,900	260	290
차로변경	5.6	11	62	1,200	100	120
동일방향우회선	0.8	1.2	9	40	17	21
반대방향좌회전	0.8	1.1	9	99	21	29
모든 동일방향	29	77	320	29,000	540	640
직진 교차a	0.6	b	7	16	12	14
일교통량이 2,500~10,000대/일 비신호교차로						
동일방향좌회전	6.4	22	71	1,000	110	130
서행차량	9.3	5.5	100	9,600	220	300
차로변경	5.3	11	58	2,200	120	150
동일방향우회전	0.3	b	4	8	8	9
반대방향좌회전	0.5	1.1	6	12	10	12
모든 동일방향	21	77	230	18,000	410	490
직진 교차	1.1	b	12	75	24	29

표 2.3.1 4지 교차로에서 전형적인 상충률의 통계

주1) 시간당 평균 상충수가 0.5 이하의 기본 상충 유형은 표에 포함되지 않았으며, 통계자료는 미국 캔사스 시티 (Kansas City)의 4지 신호교차로와 비신호 교차로에서 수집된 자료로서, 낮 시간대 맑은 기상상태에서 수집됨.

2) a는 모든 동일 방향 유형은 동일 방향의 좌회전, 서행, 차로변경, 우회전 상충을 포함하며, 직진 교차 유형은 직진 차량의 우측 또는 좌측에서 진행하는 차량과의 교차 상충을 포함. b는 관련 해당 자료 없음.

자료: Joseph E. Hummer, *op. cit.*, p.228; Bastian J. Schroeder et al., *op. cit.*, p.398

표 2.3.2 신뢰수준에 따른 상관계수	
상관계수 t	신뢰수준(퍼센트)
1.28	80.0
1.50	86.6
1.64	90.0
1.96	95.0
2.00	95.5
2.50	98.8
2.58	99.0

자료: Joseph E. Hummer, *op. cit.*, p.227

충률에 해당하게 된다.[30]

3.2.2 현장조사 실시

상충을 조사하는 조사자는 관측하고자 하는 지점의 상류부에 위치한다. 조사자는 조사자의 위치와 관측 지점 사이에서 발생하는 상충을 유형별로 기록하며, 그외의 구간에서 발생한 상충은 무시한다. 조사자의 위치와 교차로 간의 거리 또는 조사자의 위치와 관측 지점 간의 거리는 조사의 목적, 자료의 유형, 가시거리, 차량의 주행속도 등에 따라 결정한다. 조사자는 주로 복잡한 도심에서 낮은 주행속도의 경우 교차로에서 30~100 m 거리에 위치한다. 한적한 교외지역에서 높은 주행속도로 주행하는 경우에는 100 m 이상의 거리에 위치한다. 같은 장소에서 여러 번에 걸쳐 상충률을 조사하는 경우에 조사자의 위치는 늘 일정해야 한다. 여러 장소를 비교하는 조사의 경우 각 장소에서의 조사자와 관측지점 간의 거리는 일관성을 가져야 한다. 조사자는 관측구간에 대한 시야를 확보하되, 차량들이 조사자를 볼 수 없는 장소에 위치한다. 일반적으로 조사자가 합법적인 장소에 주차된 차량 내에서 관측하는 것이 좋다. 합법적으로 주차할 만한 장소가 없다면 기둥, 나무, 구조물 등의 뒤쪽에서 조사한다.[31]

교통상충조사는 특별한 조건이 정해지지 않았다면 평일 맑은 기상상태에서 주로 오전 7시에서 오후 6시까지 수행한다. 여러 장소에서 비교할 목적으로 교통상충조사가 수행된다면 동일한 시간대에 조사를 실시한다. 또한 교통 지체가 발생된 시간 동안에 수집된 교통상충률은 유효하지 않기 때문에 반복적인 교통 정체가 발생하는 시간

30   Bastian J. Schroeder et al., *op. cit.*, p.399

31   Joseph E. Hummer, *op. cit.*, p.230

대는 피한다. 공사시간대나 비정상적인 교통 상황이 발생하는 시간대도 피한다. 조사 시간 동안 갑자기 비정상적인 교통상황(신호등 고장, 사고, 시설보수 등)이 발생한다면 조사자는 해당 시간과 내용을 기록하고 조사를 일시 중지한다. 비정상적인 상황이 해제되면 조사자는 즉시 조사를 재개해야 한다. 비정상적인 교통상황이 오랫동안 지속된다면 해당 일에 조사를 중지한다.

조사자는 교통상충조사 시간동안 높은 수준의 집중력을 유지해야 한다. 조사자에게 자주 휴식시간을 주어 집중력을 회복할 수 있도록 한다. 자료 기록, 기록지 교체 등의 작업 시 교통상충조사에 방해가 되지 않도록 한다. 30분간 교통상충조사 시 20~25분 간 조사를 실시하고 5~10분간 휴식을 가진다. 교통상충조사가 시작되기 전에 현장의 기하구조 및 조건에 대한 자료를 미리 기록해야 한다.[32]

〈그림 2.3.6〉과 〈그림 2.3.7〉은 교통상충 기록 양식의 예시다. 〈그림 2.3.6〉은 교차로 접근로에서의 기본 상충 유형 14개 중 12개의 상충 유형을 포함하고 있다. 두 개의 기본 보행자 상충 유형이 누락되어 있다. 조사자는 〈그림 2.3.7〉 양식에 각 관측기간 동안 기록한다. 각 상충이 관측될 때마다 조사자는 관측시각 위치, 상충 유형(actor), 행위(action)와 상충을 설명할 수 있는 부가적 내용을 기록한다. 분석자는 조사 목적에 맞춰서 상충 유형과 행위를 기록하는 코드를 만들어서 조사자에게 교육시킨다. 〈그림 2.3.7〉 양식을 사용하는 경우에는 계수기가 필요하지 않다. 조사자는 비정상적인 상황을 조사하는 경우에 적당한 유연성을 가지고 코드를 기록하며, 분석자는 이와 같은 경우에 자료 기입 방식을 상세하게 계획하고 조사자를 교육한다. 〈그림 2.3.7〉 양식은 조사자가 양식에 기입하는 시간이 많이 걸리므로, 상충수가 많은 관측구간에서는 상충을 기록하는 동안 발생하는 다른 상충을 놓칠 수가 있다.

〈그림 2.3.6〉과 〈그림 2.3.7〉 양식을 사용할 때 몇 가지 주의할 사항들이 있다. 첫째, 목적에 따라 수정된 양식의 적절성을 충분히 연습하고 시험한다. 둘째, 조사자는 양식의 상단 기록 내용을 반드시 기록해야 한다. 상단(header) 기록이 없는 양식의 자료는 사용할 수 없다. 조사자들이 양식의 상단 기록 내용(접근로의 방향 등)을 누락하는 경우가 종종 발생한다. 셋째, 각 양식에 자료 분석 시 중요한 단서가 되는 부가 설명을 기록할 칸을 포함해야 한다.[33]

3.2.3 자료 간소화

수집된 자료를 분석하기 위한 포맷으로 간소화하기 전에 기록지에 기록된 비정상적인 상황들에 대한 부가설명이나 코멘트를 확인한다. 기록된 부가설명 코멘트에 따

---

32 *Ibid.*, p.231

33 Joseph E. Hummer, *ibid.*, p.231; Bastian J. Schroeder et al., *ibid.*, pp.401~404

INTERSECTION TRAFFIC CONFLICTS SUMMARY

Location _____ Leg Number(s) _____

Date _____ Observer(s) _____ Length of Recording Period _____

Day _____

C = Conflict   SC = Secondary Conflict

Count Start Time (Military)	Time Period	Approch Volume	Left-Turn Same Direction		Right-Turn Same Direction		Slow Vehicle		Lane Change		Opposing Left-Turn		Right-Turn From-Right		Left-Turn From-Right		Through From-Right		Right-Turn From-Left		Left-Turn From-Left		Through From-Left	Right-Turn On-Red	All Same Direction		All Through Cross Traffic		Other
			C	SC	C	SC	C	SC	C	SC	C	SC	C	SC	C	SC	C	SC	C	SC	C	SC	C	SC	C	C	SC	C	SC	SC	

Total	
C + SC	
Daily Count	
Rate per 1,000 Ver	

그림 2.3.6 교차로 교통상충 기록지

자료: Bastian J. Schroeder et al., *op. cit.*, pp.402~403

ACTOR CODES		ACTOR CODES			Name:
					Date:
					Time Period:
					Intersection:
					Direction (leg with actor 1):
					Weather:
Time	Actor 1	Actor	Actor 2	Actor	Comments

그림 2.3.7 각 상충별 한 줄 기록 양식

자료: Joseph E. Hummer, *op. cit.*, p.233

라서 해당 시간대에 상충조사가 분석 목적에 유효하지 않은 경우 해당 기간의 자료를 분석에서 제외한다. 분석자는 부가설명을 기록한 조사자와 함께 기록지를 확인하며 자료의 차이를 명확히 구분한다.

교통상충 분석 자료는 각 상충 유형별로 총 상충수로 합계하여 간소화한다. 사용된 조사양식(기록지)이 〈그림 2.3.6〉 양식과 유사한 경우에는 각 칼럼의 합계를 내야 한다. 사용된 조사양식이 〈그림 2.3.7〉 양식과 유사하다면 상충 유형에 따른 줄(라인)수를 합계한다. 조사 규모가 아주 크지 않다면, 이 과정은 컴퓨터 프로그램 대신 분석자가 기록된 조사지를 하나하나 확인하면서 진행한다. 분석자가 일일이 조사지를 확인하는 과정에서 상충 유형별 정도에 대한 직관과 자료의 정확성에 대한 신뢰를 얻을 수 있다는 장점이 있다.

자료 간소화 과정에서 각 상충 유형별, 접근로별, 교차로별 총계를 집계한다. 엔지니어는 상충 집계 자료를 검토하여 타당한지를 확인한다. 집계 자료가 타당하지 않다면 그 타당하지 않은 이유를 고민하고 자료를 분석할 가치가 있는지 결정한다.[34]

---

34 Joseph E. Hummer, *op. cit.*, pp.233~235

단위시간당 상충률을 사용한다면, 분석자는 관측되지 않은 시간대에 상충률을 보정한다. 예컨대, 시간당 상충률을 사용하기로 결정한 경우 조사자가 20분간 관측하고 10분간 휴식하였다면 휴식기간 20분의 상충률을 관측된 40분 상충률을 근거로 보정한다. 이 경우 40분간 조사된 상충률에 1.5배를 곱하여 60분 상충률을 보정한다. 그러나 일부시간대에 관측된 상충률을 근거로 다른 시간대의 상충률을 보정할 수 없다. 즉, 12시부터 15시까지 30개의 상충이 관측된 것을 근거로 오전 7시부터 오후 6시까지 11시간 동안의 상충수를 110개로 보정할 수 없다.[35]

차량당 상충률이 수집되었다면 상충유형별 상충수와 적절한 회전방향별 교통량으로 합산한다. 이때 동일한 접근로에서 동일 방향에 해당하는 상충수끼리만 합산한다. 자료를 간소화한 후에 조사 목적에 따라 상충 자료를 분석한다. 많은 조사들에서 상충유형별 평균 상충률과 표준편차를 필요로 한다.[36]

3.3 교통상충 분석 사례

어떤 지자체의 5개 신호교차로 상충조사 결과를 바탕으로 교통상충조사 분석 및 개선방안을 마련하는 사례를 살펴보도록 하자. 실제 조사에서는 상충조사 외에 기하구조 조사, 교통량 조사, 대중교통 운행 여건, 신호운영 현황 등을 조사해야 하지만, 본 사례 분석에서는 상충조사를 중심으로 설명하고자 한다.

3.3.1 상충조사 결과

〈표 2.3.3〉은 5개 교차로에 대해 상충을 조사하여 정리한 자료이다. 앞서 설명한 14개 상충유형이 나타난 횟수를 교차로별로, 해당 상충으로 인해 발생할 수 있는 사고유형을 직각충돌, 측면충돌, 추돌, 보행자와의 충돌로 분류하였다.

5개 교차로의 상충을 분석한 결과 조사대상에 해당되는 모든 교차로에서 상충이 자주 발생하는 것으로 나타났으며 A교차로의 경우 100회의 상충이 발생하였고 C교차로의 경우 상충이 35회로 가장 작은 것으로 나타났다.

3.3.2 교차로별 사고 예측

〈표 2.3.4〉는 〈표 2.3.3〉의 내용을 사고유형별로 구분하여 정리하였다. 결국 대부분

---

35   *Ibid.*

36   *Ibid.*

표 2.3.3 교차로 상충조사 정리 결과

상충유형 \ 교차로	A	B	C	D	E	사고유형
① 우측 교차로 직진 차량과 상충	4	7	1	2	5	직각충돌
② 좌측 교차로 직진 차량과 상충	4	6	6	1	3	
③ 우측 교차로 좌회전 차량과의 상충	12	18	5	10	2	
④ 반대 방향에서 좌회전 차량과의 상충	4	5	3	15	5	
⑤ 좌측 교차로 우회전 차량과의 상충	-	-	-	1	-	
⑥ 좌측 교차로 좌회전 차량과의 상충	12	3	3	13	5	측면충돌
⑦ 우측 교차로 우회전 차량과의 상충	12	3	5	9	2	
⑧ 좌회전 차량이 반대 방향 우회전 차량과 상충	3	5	1	8	2	
⑨ 차로변경 차량과 상충	9	-	-	1	4	
⑩ 같은 방향 서행 차량과의 상충	20	4	3	1	8	추돌
⑪ 같은 방향으로 좌회전하는 차량과의 상충	9	8	2	1	4	
⑫ 같은 방향으로 우회전하는 차량과의 상충	11	8	6	3	5	
⑬ 교차로 인근의 보행자와의 상충	-	-	-	-	-	보행자 충돌
⑭ 교차로 건너편의 보행자와의 상충	-	-	-	1	-	
계	100	67	35	66	45	

의 교차로에서 직각충돌 가능성이 높은 것으로 나타났으며, 보행사고 발생 가능성은 D교차로에서만 2% 이내인 것으로 나타났을 뿐 다른 교차로에서는 위험성이 거의 없다는 것을 알 수 있다.

표 2.3.4 교차로의 유형별 사고 예측

구분	A	비율(%)	B	비율(%)	C	비율(%)	D	비율(%)	E	비율(%)
직각충돌	24	24.00	36	53.73	15	42.86	29	43.94	15	33.33
측면충돌	36	36.00	11	16.42	9	25.71	31	46.97	13	28.89
추돌	40	40.00	20	29.85	11	31.43	5	7.58	17	37.78
보행자 사고	0	0.00	0	0.00	0	0.00	1	1.52	0	0.00
계	100	100.00	67	100.00	35	100.00	66	100.00	45	100.00

3.3.3 개선방안 수립

이 사례에서는 도로여건이나 교통운영여건을 고려하지 않고 상충분석 내용만을 분석하였다. A교차로의 경우 추돌 위험이 매우 높은 것으로 나타났다. 특히 같은 방향 서행 차량과의 상충이 매우 높은 것으로 나타났는데, 그 이유는 접근교통량이 많고 경사가 심하기 때문이다.

B교차로는 직각충돌사고 위험이 상대적으로 높게 나타났으며, 특히 우측교차로 좌회전 차량과의 상충 위험이 높은 것으로 나타났다. 이 상충은 녹색신호가 끝난 후 아직 교차로를 빠져나가지 못한 차량들로 인해 발생하는 것으로 분석되며, 경사로 인해 시야가 확보되지 않아서 발생하는 경우로 파악했다. 이를 해결하기 위해서는 우측접근로의 교통량이 많다면 해당 좌회전 현시의 시간을 늘여주는 방안이다. 그렇지만 교통량이 문제가 아니라면, 해당 현시 후 전적색시간(all red time)을 길게 주어 교차로에 모든 차량이 빠져나간 후 다음 진입차량이 진입하도록 조치를 취해야 한다.

두 가지 사례에서 살펴본 바와 같이 문제가 되는 상충이 발견되면 해당 상충과 관련될 수 있는 기하구조, 신호운영, 대중교통 등 교통운영과 관련된 사항들에 대해 상세 분석이 필요하다. 상충분석에서 같은 현상이 발생하는 경우라도 그 원인은 전혀 다를 수 있으며 원인에 따라서 해결방안도 전혀 다르기 때문이다.

앞서 설명한 바와 같이 상충분석은 데이터가 매우 적게 수집되는 교통사고 분석에 비해 조사시간을 크게 줄일 수 있으며 자세한 정보를 얻을 수 있다. 반면, 적절하지 못한 분석을 수행할 경우 원인분석의 오류로 인해 실제와 전혀 다른 대안을 만들어낼 수 있으므로, 충분한 지식과 경험을 가진 사람이 분석을 수행해야 한다. 분석된 결과에 대해 많은 검토와 확인이 필요한 것이다.

교통사고 비용

4.1 교통사고 비용의 구성

교통수단의 특성에 따른 교통사고 비용산정은 방법론에서 일부 차이가 있을 수 있으나 큰 흐름은 유사하다고 할 수 있다. 도로 교통사고로 한정했을 때 교통사고란 '도로에서 교통수단에 의한 교통활동 중에 사람을 사상하거나 물건을 손상하여 각종 손실을 유발하는 것'[1]으로 정의된다. 교통사고의 정의를 바탕으로 '교통사고 비용'에 대한 정의를 내리면 '교통사고로 발생된 모든 경제적 손실을 부담주체와는 상관없이 화폐 가치로 환산한 것'을 의미한다. 일반적으로 교통사고는 인명피해, 물적피해, 정신적 피해 및 사회적 비용 등을 동반한다. 이러한 모든 경제적 손실은 이해 당사자의 사회·경제적 지위·특성 등에 따라 서로 다르게 가치화 될 수 있으나, 이를 평균적인 사회적 비용 개념으로 봐야 한다는 것이 지배적인 견해다.[2]

독일의 미칼스키(Michalski)와 일본의 오카노유키히데(岡野行秀)[3]는 사회경제적으로 최적 상태가 실현되지 못한 데에서 생긴 국민경제손실로, 이를 화폐적 가치로 환산한 것이 교통사고로 인한 사회적 비용이라 주장한다.[4] 경제적 손실은 부담주체가 개인인지 사회인지에 대하여 구분 없이 어떠한 행태로든지 사회주체가 부담하고 있는 비용이라 할 수 있다. 사상자의 의료비나 차량의 수리비 등은 해당 서비스를 제공한 자의 소득이 된다는 의미에서 손실비용과는 다른 의미를 가질 수 있으나 기회비용적 사고방식에 의한 사회적 비용이라고도 할 수 있다.[5]

교통사고로 인한 손실과 피해는 〈그림 2.4.1〉과 같이 부담주체에 대한 당사자의 직접 손실, 공공적 또는 공동적 지출, 제3자의 손실로 대별되지만 교통사고 비용은 크게

---

1 이수범·심재익, 『'97 교통사고 비용의 추이와 결정요인』, 교통개발연구원, 1997, 19쪽

2 심재익·유정복, 『'05 교통사고 비용 추정』, 교통개발연구원, 2007, 5쪽

3 岡野行秀, 『교통의 경제학』, 1984, 85쪽

4 Guido Calabresi, "The Costs of Accidents", *New Haven and London: Yale University Press*, 1977, p.198

5 장영채 외 10인, 『'07 도로교통 사고 비용의 추계와 평가』, 도로교통공단, 2008, 11쪽

두 가지로 구분될 수 있다. 첫 번째는 사고에 관여된 비용으로서 의료비용, 자동차 수리 비용, 행정비용 등을 포함한다. 두 번째는 사고희생자의 생산성 상실에 의한 생산손실과 자본재 손실, 사고로 발생한 정체에 따른 생산손실이 그것이다.

당사자의 직접손실은 의료비, 사상자의 소득상실, 간호비, 장례비, 정신적 피해 등 심리적 비용, 가해차량의 파손, 도로구조물·상품 등 재물의 손괴, 피해차량의 파손과 차량·재물파손의 간접손해 등을 들 수 있다. 공공적·공동적 지출로는 도로관리청의 사고처리 비용, 재판비용, 경찰관서 초동사고처리 비용 및 사고조사 비용, 119긴급구호 활동에 따른 구조·구급 비용과 보험기관 사고처리 비용이 있다.

이러한 손실을 교통사고의 사회적 비용으로 분류하면 인적피해 비용에 의료비, 사상자의 소득 상실, 간호비, 장례비, 정신적 피해 등 심리적 비용과 재판비용이, 물적피해 비용은 가해차량의 파손, 도로구조물·상품 등 재물의 손괴, 피해차량의 파손, 차량·재물파손의 간접손해, 도로관리 기관에서 사고처리 비용과 재판비용이 있다. 사회기관 비용은 경찰서에서 사고처리 비용과 보험기관의 사고처리 비용이 있으며, 사회·심리적 비용은 차량지정체로 인한 시간과 연료손실, 문병을 위한 시간·교통 비용과 정신적 피해 등 사회 심리적 손해가 있다. 객관적으로 계량화가 어려운 제3자의 손실은 교통사고 비용의 범주에 포함되지만 대부분 추계대상에서 제외하고 있다.[6]

그러나 최근에는 제3자의 손실을 계량화하여 포함하려는 경향이 있다. 교통사고로 인한 사망자에 대한 문상 비용은 인간이 교통사고가 아닌 다른 원인으로도 언젠가는 사망하기 때문에 제외되어야겠지만, 문병을 위한 소요시간은 국민경제활동의 생산 감소분으로 간주하여 시간 비용으로 추계하여 교통사고 비용에 포함할 수 있다.

4.1.1 의료비용

교통사고가 나면 피해자의 치료와 재활을 위한 의료비용이 발생한다. 다시 말하면 구급차 기사, 의사, 간호사 등의 수송·치료 비용과 구조 장치, 병상, 병원기기, 의약품 등의 사용 비용을 제공해야 한다. 만약 교통사고에 따른 사상을 피할 수 있다면 이와 같은 비용은 병자들의 치료 등과 같이 다른 목적으로 쓰일 수 있다.

의료재정의 확장을 평가하기 위하여 치료비와 병원비가 지표로 추정된다. 의료비에 포함되는 항목은 다음과 같이 구분될 수 있다.

- 사고지점의 치료
- 병원으로 후송 중 치료 및 운송
- 병원 치료

---

6 Ted R. Miller, Kenneth A. Reinert and Brook E. Whiting, "Alternative Approaches to Accident Cost Concepts", *Washington: Federal Highway Administration*, 1984, pp.2~8

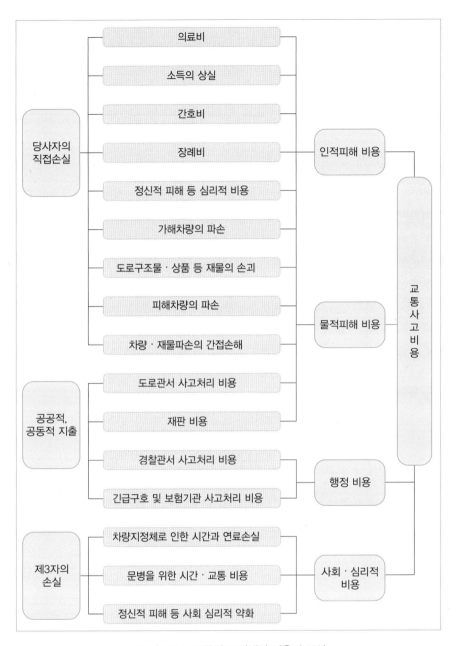

그림 2.4.1 교통사고 피해와 비용의 구성

- 병원 재활
- 치료 후 통원 치료
- 일반적 치료

위에서 제시한 각 항목의 비용은 대부분 부상의 정도에 달려 있다. 부상정도가 심할수록 비용도 높아진다. 독일의 Jager와 Lindenlaub이 연구한 부상등급기준(AIS, 5등급)[7]에 따르면 아주 심각한 부상의 경우는 상대적으로 의료비용이 적게 든다고 한다. 즉 사망사고의 경우 평균 의료비는 부상등급(AIS) 2등급보다 적게 나타나고 있다. 전체적인 교통사고에 의한 경제비용 고려 시 사망사고에 대한 의료비용이 차지하는 비율은 전체적으로 볼 때 크지 않기 때문에 고려할 필요가 없다는 논리다.[8]

4.1.2 교통사고 피해자의 생산손실

경제학자들 사이에서도 사망으로 인한 손실의 가치 추정에 대한 이론은 아직 정립이 되지 않았다. 예컨대, 피해자의 생산성이 그들의 사망에 따른 전체 순생산으로부터 필요한 것이냐는 것에 대해 합의를 보지 못했다. 그러나 현실적인 접근 방법으로는 사망으로 인한 생산손실에 의한 복지손실의 최소값을 추정하는 것이다. 최근에는 사망자의 장래 소비는 그들의 생산에서 제외되어야 한다는 견해도 있다.

각 개인의 사회복지에 대한 기여도는 그들의 평균생산으로 산출되고 있다. 경제적인 개념으로 볼 때 오직 시장성 측면의 보상만이 생산으로 인정되기 때문에 개인의 생산은 잠재가격으로 표시되며, 이 가격은 시장 노동가치에 의해 추정되고 있다. 그러므로 가정주부의 생산은 그 노력에 대한 시장가격이나 일하는 여성의 시장가격으로 산출된다.

교통사고 부상자에 대한 생산성 평가는 다음과 같은 몇 가지 측면에서 주의를 기울여야 한다.

❶ 예측된 생산성 증가율

연평균 생산성에 대한 현실적인 증가율이 적용되어야 한다. 일반적으로 2~3%의 장래생산성 증가율을 가정하고 예측하고 있으며, 단기적이거나 예측이 어려운 인플레이션은 고려되지 않는다. 최종적으로 피해 평가액은 할인율(discount rate)을 적용하여 기준연도 값으로 산정되어야 한다.

❷ 가정과 사회봉사의 손실

가정주부는 추가적인 생산손실, 즉 사회봉사와 같은 생산손실이 고려되어야 한다. 가정주부가 소득이 있는 피고용자인 경우 이와 같은 일은 추가적인 수입으로 고려되어야 한다.

---

7 Abbreviated Injury Scale. 표준간이상해도라고 하며 현재 우리나라에서는 사용하고 있지 않다.

8 Jager W., and K. H. Lindenlaub, "Nutzen/Kosten Untersuchungen Von Verkehrs Sicherheits-Massnahment", *Schriftenreihe der Forsch ungsvereigung Auto-mobilte chnik e.v.,* Nr. 5, Frankfurt, 1977, pp.5~12

❸ 장래생산의 할인율

장래생산은 사회적 할인율이 고려되어야 하며, 그것의 현재가치로 추정해야 한다. 이때 사회적 할인율을 어떤 식으로 결정해야 하는가는 경제학에서 논란의 대상이 되고 있다. 대부분의 사회적 시간 선택과 자본에 대한 기회 비용, 그들의 적절한 측정과 경제학적 평가에서 그들과 연관되는 수단 등의 개념에 관한 것이다. 그러나 현실적으로 정부가 사용하는 회수율(rate of return)이나 간편하게 정부에서 돈을 빌릴 때의 이자율을 기준으로 하고 있다.

미국 교통부(1976)[9]는 사회적 할인율을 7% 또는 10%로 가정하고 매년 생산성 증가율은 3%로 했다. Lawson(1978)[10]은 사회적 할인율을 10%(5~15%)로 하고 생산성 증가율은 2%를 적용하였다. 독일에서는 사회적 할인율이 장기간 생산성 증가율과 같아야 하거나 생존율에서부터 도출되어야 한다고 주장하고 있다. 이로 인하여 할인율을 약 3% 대로 낮추고 있다.[11] 프랑스에서는 할인율을 거시경제학적 측면에서 계산하여야 한다고 주장하고 있다. 이때 할인율 인플레이션은 이자율, 성장률 등과는 다르지만 이들과 연관성이 있어야 한다고 주장하고 있다. 참고로 프랑스의 7차 경제계획에서는 1976~1980년 사이에 할인율을 매년 10%로 사용하고 있다.

국내에서는 2000년 초기에는 5.5~7.5%의 할인율을 적용하였으나, 최근 경제 성장 둔화에 따라 4.5~5.5% 수준을 적용하고 있다.

❹ 시간의 화폐가치

삶에 있어 시간이 매우 중요한 요소라는 것을 고려할 때, 프랑스의 Duval(1979)은 교통사고 사망 시 손실기간에 나타나는 자본손실을 하나의 값으로 정하려는 시도를 했었다.[12] 시간-화폐와의 관계에 의한 사회경제학적 모델을 이용하여 시간의 절대적인 시간당 값을 결정하는 것으로 간단히 말하면 어떤 활동에서 쓰여진 시간의 절대적인 값은 고용계약으로부터 추론된다. 여기서 거시경제학적인 노동의 추가된 가치는 아래를 합한 값이라는 것이다.

- 그 활동에 투자된 시간의 절대적 가치
- 학교와 직업훈련에 투자된 시간에 대한 절대가치의 상환액
- 노동의 힘든 정도의 가치

9   U.S. Department of Transportation, "1975-Societal Costs of Motor/Vehicle Accident", Washington, D.C., 1976, p.5

10 Lawson, J.J., "The Costs of Road Accidents and their Applications in Economic Evaluation of Safety Programmes", *Annual Conference of the Roads and Transporation Association of Cabada*, 1978, 9, p.3

11 Jager W., and K. H. Lindenlaub, "Nutzen/Kosten Untersuchungen Von Verkehrs Sicherheits-Massnahment", *Schriftenreihe der Forsch ungsvereigung Auto-mobilte chnik e.v.*, Nr. 5, Frankfurt, 1977, p.8

12 Duval M., "Essai sur la valeur de la vie et la valeur du temps", *Organisme National de SécuritéRoutière*, Arcueil, 1979

수치로 나타낸 평가에서는 여러 가지 제도적인 제약이 모델에 고려되었는데 의무교육기간, 주의를 요하는 노동기간 등이 그것이다. 노동의 난이도는 보수를 얼마나 주는가 하는 것과 다른 한편으로는 생존율에 의하여 결정된다.

⑤ 생산과 사회복지손실

부상사고는 일시적 또는 영구적인 장애를 초래할 수 있다. 재활로 치료 가능한 일시적 장애의 경우 사회복지손실은 생산손실에 포함될 수 있다. 가정주부가 부상당할 경우에는 다른 대등한 직업의 생산성으로 추정된다. 미취업자의 사회복지손실은 재활비용에 따라 달라진다. 영구적 장애의 경우 사회복지손실은 직업적인 능력의 저하 정도로 추정될 수 있다. 직업적 장애는 부상의 정도에 따른다.[13] 부상등급기준(AIS)에 의한 부상 정도와 장애 기간과 이로 인한 생산과 복지손실의 관계에 대한 정확한 결정이 필요하다.[14]

4.1.3 물적피해 비용

교통사고로 인해 인적피해가 없다 하더라도 물적피해(이하 물피)로 인한 차량수리비 및 도로시설물 보수비 등은 발생한다. 이와 아울러 물피는 자본재가 상하거나 파손되었을 때 그들의 생산 서비스가 중단되므로 복지손실을 초래한다. 승용차가 파손되었을 때 그것을 사용하지 못하기 때문에 복지손실이 발생하는 것이다. 그러나 자동차 또는 관련 장비가 완전히 파손되었을 때 사회적 손실을 결정함에 있어 그 차량이 파손되었을 때 시장가격과 장래생산손실 비용을 이중으로 계산하면 안 된다.

물피사고의 비용추정 시 보험회사 자료가 사용될 수 있으며 보험금은 사회적 손실의 지표로 여겨질 수 있다. 보험회사는 일반적으로 대물사고만 보상하는 경우가 많다는 점과 보험가입자의 잘못으로 발생하더라도 보험금 한도 내에서 지불된다는 사실도 고려되어야 한다. 이와 함께 보험회사 자료와 경찰 자료 사이에는 많은 차이가 있다. 경찰청에서는 파악되지 않았지만 보험사에서는 보험금을 지급하는 경우가 많다. 더욱이 보험회사와 경찰청 어디에도 집계되지 않는 교통사고가 꽤 존재한다.

4.1.4 행정비용

교통사고가 일어나지 않았다면 다른 목적이나 이익을 위하여 사용될 수 있는 여러

13 U.S. Department of Transportation, "1975-Societal Costs of Motor/Vehicle Accident", Washington D.C., 1976, p.7

14 Jager W. and K. H. Lindenlaub, "Nutzen/Kosten Untersuchungen Von Verkehrs Sicherheits-Massnahment", *Schriftenreihe der Forsch ungsvereigung Auto-mobilte chnik e.v.*, Nr. 5, Frankfurt, 1977, p.9

가지 행정비용이 발생된다. 미국과 영국에서는 현실적으로 이러한 비용의 추정이 무척 어렵기 때문에 대개 개략적인 값들을 적용하고 있다. 그러나 행정처리에 소요되는 사회적 손실은 물피와 생산손실, 치료비에 비하면 매우 적은 편이다.

4.1.5 심리적 비용

심리적 비용이란 교통사고로 인한 정신적 고통에 대한 사회적 또는 도덕적 보상수준을 의미한다. 또한 고의 또는 과실과 같은 심리적 요인이나 기대가능성과 같은 규범적 요소를 포함하는 정신적 피해에 비용지불 의사 또는 비용수용 의사로 표현할 수 있다. 즉, 교통사고의 '심리적 비용'이란 교통사고로 인해 사고 당사자는 물론 가족들이 느끼는 정신적 고통, 슬픔이나 압박 정도를 비용으로 환산한 것을 말한다. 표출된 지불의사 또는 수용의사는 일종의 행동의도로 볼 수 있으며 미래의 가능한 행동을 예측하는 준거로 파악할 수 있다.[15]

심리적 비용은 시장여건이나 상황에 따라 여러 가지 의미로 정의될 수 있다. 지금까지 심리적 비용의 개념은 주로 소비자의 의사결정을 위한 주요 요인으로 간주되어 마케팅 분야에서 많이 사용되어 왔다. 소비자의 심리적 요인은 물품을 구매하는 과정에서 핵심적인 역할을 담당하고 있으며 오히려 물품의 구매 비용보다 정보탐색이나 의사결정단계에서 느끼는 갈등과 피로, 좌절 등의 심리적 비용이 물품의 구매의사에 더 많은 영향을 미친다고 한다.

Newman 외(1972)의 연구에 의하면 소비자가 물건을 구매할 때, 특히 자동차나 가구 등 고가의 물품을 구매할 때조차 소비자들은 주어진 정보를 모두 활용하지는 않는다.[16] 상당수의 소비자들은 여러 가게를 방문하거나 여러 개의 상품을 비교하여 물품을 구매하기보다는 하나의 가게나 상품을 보고 구매한다는 것이다. 이는 상당수의 소비자들이 여러 정보를 이용하여 물건을 구매하는 금전적 비용을 절약하기보다는 정보탐색 및 비교·선택 과정에서 발생하는 심리적 부담감,[17] 즉 심리적 비용을 더 중요하게 생각하기 때문인 것으로 이해된다. 교통 분야에서 도로설계 시 심리적 요인을 감안하려는 시도가 있었지만 아직까지는 활발하게 진행되고 있지는 않다. 교통사고가 발생하면 이에 대한 재산상의 손실을 보상할 때 사용되는 물리적 비용과 정신적 충격을 보상하기 위한 위자료 형태의 심리적 비용은 사용된다.

---

15 Ajzen, I., Driver, B. L., "Contingent Valuation Measurement: On the Nature and Meaning of Willingness to Pay.", *In Journal of Consumer Psychology (4)*, 1992, pp.297~316

16 Newman, Staelin Newman and Staelin, "The Shopping Matrix and Marketing Strategy", *Journal of Marketing Research*, 2. May 1972, pp.129~132

17 교통체증, 비협조적인 판매원, 비슷한 조건의 물품 선택을 위한 갈등, 피로 등이 그것이다.

교통사고의 비용추정에서 행정처리 비용(직접비용), 차량손실 비용(직접비용), 생산손실비용(간접비용), 의료비용(간접비용)은 기회비용의 의미에서 물리적 비용으로 간주된다. 반면 심신의 고통, 슬픔, 삶의 질 저하, 사회적 고립, 퇴출의 두려움, 간병, 가정 해체의 위협, 기계제품에 대한 공포, 정신적 후유증 등은 추상적인 의미의 심리적 비용으로 이해된다.

4.2 교통사고 비용의 추계

4.2.1 교통사고 비용 추계 접근 방법

교통사고로 인한 각종 손실을 화폐적 가치로 환산하는 교통사고 비용의 추계는 도로교통 분야 정책의 의사결정에 꼭 필요하다. 거시경제적 측면에서 도로교통사고로 인한 사회적 비용에 관한 정확한 지식과 정보를 활용한 교통사고 등 교통문제에 대한 접근이나 올바른 평가를 해야만 국가자원배분에 대한 규모나 투자 우선순위 등에 최적의 의사결정을 할 수 있기 때문이다.[18]

교통사고로 발생되는 각종피해와 손실을 비용으로 산정하는 것은 목적과 방법 또는 관련 학자와 관계기관에 따라 차이가 있다. 교통사고 사회적 비용을 추계하는데 있어 다양한 손실과 피해를 어떤 방법으로 화폐로 가치화할 것인가 하는 문제로부터 어떠한 비용을 포함해야하고 제외해야 하는가 하는 선택에 이르기까지 많은 논란이 있다.[19]

그러나 세계의 많은 국가들은 다양한 투자결정에 유용한 정보를 많이 갖기 위해 교통사고로 인한 각종피해를 화폐 가치로 평가하고 있다. 각국의 교통사고 사회적 비용 추계실태는 같은 국가 내에서도 지역과 기관별로 추계방법에 차이를 보이고 있다.[20]
교통사고 비용의 접근방법은 인적피해 비용을 어떻게 추계하느냐에 따라서 〈표 2.4.1〉과 같이 구별된다. 현재 세계 대부분의 국가는 〈표 2.4.1〉에서 보는 바와 같이 총생산손실계산법(The Gross Loss of ouput Approach)을 활용하여 교통사고 비용을 추계하고 있다. 미국, 영국 등을 비롯한 외국의 몇몇 추계기관에서는 정신적 피해비용을 지불의사가치(WTP; Willingness to Pay) 조사법에 의해 보완하여 사용하기도 한다.[21]

---

18 도로교통공단, 『'13 도로교통 사고 비용의 추계와 평가』, 2014, 11~12쪽

19 Robley Winfrey, "Economic Analysis for Highways, Scranton", *Washington DC: International Textbook Company*, 1969, p.367

20 이수범·박규영, 『교통사고 비용의 추이와 결정요인』, 교통개발연구원, 2000, 5~17쪽

21 Alan Loss, "Working Paper No. 3 for Provincial and County Roads Project Road Traffic Safety Study", *Seoul, Ministry of Home Affairs*, 1984, p.35

표 2.4.1 교통사고 비용 추계방법			
접근방법	추계방법	내용 및 특성	비고
인적 자본법 (Human Capital)	총생산손실계산법 (Gross Loss of output Approach)	미래의 노동소득상실분을 현재 가치로 추계, 비근로시간 가치 제외	일본, 호주, 오스트리아, 캐나다, 독일, 노르웨이, 포르투갈, 한국
	순생산손실계산법 (Net Loss of output Approach)	미래의 소득상실분에서 미래소비를 공제 후 추계, 무직자의 가치는 제외	네덜란드
교통사고 억제측면에서 접근	일반적 억제법 (General Deterrence Approach)	사상자를 대행한 활동을 시장가치화, 이상적이나 현실적용 곤란	
	특수한 억제법 (Specific Deterrence Approach)	교통사고 발생을 억제하거나 제한할 수 있는 모든 비용, 현실적용 시 많은 비용 소모	
사고위험 변화의 가치 계산방법	공공부문 평가법 (Implicit Public Sector Valuation Approach)	교통사고를 방지하거나 감소시키는 데 투자한 공공 부문 예산의 합계, 객관성 확보 곤란, 외부효과 무시	
	개인의 위험변화 가치평가법 (Value of Risk Change Approach)	개인들이 사고위험을 감소하기 위해 지불한 금액들의 총합·생명가치와 동등한 소비는 기대치	
기타	개인선호성 산출법 (Survey of Willingess to Pay Approach)	연령별, 계층별, 직업별 개인의 지불의사 조사, 객관성이 없음	미국, 영국, 뉴질랜드, 스웨덴
	보험요율산정법 (Life Insurance Approach)	사상자의 생명보험금을 중심으로 추계, 객관성 결여	
	법원판결에 의한 산출법 (Court Award Approach)	법원에서 판결한 보상액을 중심으로 추계, 객관성 결여	벨기에, 프랑스, 이탈리아

자료 1: Alan Loss, "Working Paper No. 3 for Provincial and County Roads Project Road Traffic Safety Study", Seoul, Ministry of Home Affairs, 1984, pp.35
2: Guido Calabresi, "The Costs of Accidents", London, Yale University press, 1977, pp.198–240

4.2.2 교통사고 비용 추계 방법의 분류

❶ 인적자본법

인적자본법(Human Capital Method)은 미래의 노동소득 상실분을 현재가치로 산정하는 방법으로 가장 많이 사용하는 방법 중 하나다. 이 방법은 다시 총생산손실계산법(Gross Lost output Approach)과 순생산손실계산법(Net Lost output Approach)으로 나눌 수 있다. 총생산손실계산법은 일본, 호주, 오스트리아, 캐나다, 독일, 노르웨이, 포르투갈 등에서 사용하며, 비근로시간을 제외한 미래의 노동소득 상실분을 현재가치로 추계하는 방법이다. 순생산손실계산법은 네덜란드에서 사용하고 있는데 미래의 소득 상실분에서 미래소비를 공제하고 계산하는 방법이다.

❷ 교통사고 억제 측면의 비용화 방법

이 방법은 교통사고 발생을 억제하기 위하여 필요한 비용 측면에서 산출하는 것으로 일반적 억제법(General Deterrence Approach)과 특수한 억제법(Specific Deterrence Approach)으로 나눌 수 있다. 일반적 억제법은 사상자를 대행한 활동을 시장 가치화하는 방법이지만 현실적으로 이를 시장 가치화하기에는 어려움이 많다. 특수한 억제법은 교통사고의 발생을 억제하거나 제한할 수 있는 모든 비용을 고려하는 방법이나 현실적으로 적용하기에는 너무 과다한 비용이 소요되는 문제점이 있다.

❸ 사고위험도의 변화에 의한 추계 방법

교통사고를 방지하거나 교통사고로 인한 피해의 감소를 위하여 투자되어야 하는 공공 부문의 예산 또는 개인이 지급한 금액 등을 이용하여 추정하는 방법으로 공공부문 평가법(Implicit Public Sector Valuation Approach)과 개인의 위험변화 가치평가법(Value of Risk Change Approach)이 있다.

공공부문 평가법은 교통사고 방지 및 피해정도 감소를 위하여 투자되는 공공부문 예산의 합계로 추정하는 방법이나 객관성을 확보하기가 곤란하고 외부 효과를 고려하지 못한다는 단점이 있다. 개인의 위험변화 가치평가법은 개인이 사고 위험을 감소하기 위하여 지불한 금액의 총합계로 추정하는 방법이다.

❹ 기타 추계 방법

앞에서 언급한 추계 방법 이외에 법원에서 판결한 보상액을 기준으로 교통사고 비용을 추계하는 법원판결에 의한 산출법(Court Award Approach)이 있다. 이 방법은 벨기에, 프랑스, 이탈리아 등에서 쓰고 있지만 객관성이 결여되어 있다는 단점이 있다. 또 다른 방법은 보험요율산정법(Life Insurance Approach)으로 사상자의 생명보험금을 중심으로 추계하는 방법이나 이 역시 객관성이 결여되어 있다는 문제점 때문에 널리 쓰이지 않고 있다. 개인 설문을 통해 개개인의 생명가치를 알아내어 추계하는 방법인 개인선호성 산출법(Willingness to Pay Approach)도 있다. 이 방법은 미국·영국·뉴질랜드·스웨덴 등 주로 선진국에서 쓰이고 있으나, 개인 편차가 심하게 나타나는 단점이 있다.

4.2.3 교통사고 비용 추계의 특징

❶ 총생산손실계산법

총생산손실계산법(Gross output of Human Capital Approach)에서 교통사고 사망자는 크게 두 가지의 비용으로 구분한다. 첫째는 현재 자원의 손실에 의한 비용이며, 둘째는 장래생산의 손실에 대한 비용이다. 전자는 자동차수리비용, 의료비용, 경찰 및 행정비용 등이 포함되며, 후자는 사망자의 장래생산의 손실비용이 해당된다.

일반적으로 장래생산의 손실비용은 평균임금을 이용하여 추정하며, 장래의 생산을 추정할 때에는 할인율을 적용해야 한다. 이 방법이 현실적으로 모든 개개인에게 다르게 적용되기는 어렵기 때문에 국가 평균생산이나 수입으로 계산하며, 자동차 수리비용, 의료비용, 경찰 및 행정비용 등을 합산하게 된다. 이 방법의 문제점은 교통사고로 인하여 피해자 주변사람들이 겪는 고통, 슬픔 등과 피해자를 간호하기 위하여 필요한 인력에 대한 비용산출을 고려하지 않았다는 점이다.

❷ 순생산손실계산법

순생산손실계산법(Net output Approach)이 총생산손실법과 다른 점은 피해자의 장래생산에서 장래소비를 감안했다는 것이다. 그러나 음식, 연료 등 피해자의 평생 동안 장래소비를 어떤 식으로 추정하는가는 매우 어려운 문제다. 이 방법을 교통사고에 적용한 나라는 1970년대 영국이다. 영국은 당시 전 국민의 소비지출과 공공기관이 당시의 물품과 서비스에 대한 지출을 전체 인구 수로 나누어서 계산함으로써 인구당 소비지출을 계산할 수 있었다. 이 방법은 한 사람이 계속 생존하는 경우 장래생산과 장래소비의 차이가 장래 그 사람의 사회경제에 미치는 진정한 이윤이라고 보는 입장이다.

❸ 보험요율산정법

보험요율산정법(Life-Insurance Approach)은 개개인이 교통사고 시 얼마만큼의 보험금을 원하는지에 따라 사고비용을 결정하는 방법이다. 그러나 보통 보험금은 사고 시 부양가족들을 위한 액수만큼 가입을 하는 경향이 있다. 다시 말하면 자기목숨의 가치보다는 사고 시 나머지 가족들을 위한 보험금을 의미하는 경우가 많다. 그러므로 부자면서 가족이 없는 사람은 보험금액이 매우 적지만 가난하면서 부양가족이 많은 사람은 보험금액이 매우 클 수 있다. 반면 부자면서 가족이 없는 사람은 계속 삶을 영위할 경우 돈을 매우 많이 벌 가능성이 높은 점에서 이 방법은 문제가 있다.

이 방법의 또 다른 문제점은 사고 났을 때 보험금액은 유가족의 생계와 장래를 위한 실질적인 금액보다 충분하지 못하다는 것이다. 또한 이 방법을 사용하기 위하여 보험 가입자를 대상으로 조사하는 것은 조사 결과를 왜곡시킬 가능성이 있으므로 주의해야 한다. 또한 이 방법은 개발도상국에 적용할 경우 보험가입자가 많지 않기 때문에 제한된 결과가 나타날 수 있다는 점에 유의해야 한다.

❹ 법원판결에 의한 산출법

법원판결에 의한 산출법(Court Award Approach)은 피해자 가족에 대해 법원에서 판결한 손해배상금액을 교통사고로 인한 사회적 비용으로 판단하게 된다. 손해배상금을 피해자가 교통사고를 당하지 않기 위하여 지급할 용의가 있는 금액으로 인정하는 방법이다. 이 방법의 문제점은 피해자의 부양가족 문제, 고용주가 피해자에게 일정수준 급여를 지급하는 문제, 상해보험 지급문제 등이 복잡하게 얽혀 있다는 것이다. 이와 같은 문제점 때문에 이 방법을 교통사고 비용 산출에 적용하기에는 적절한 대안이 되기 어렵다.

❺ 공공부문 평가법

공공부문 평가법(Implicit Public Sector Valuation)은 행정기관에서 교통사고를 방지하기 위하여 절대적으로 필요한 비용과 가치를 결정(Approach)하는 방법으로 안전사업을 평가할 때 쓰는 방법이다. 인명가치의 기준이 사업별 및 지역별로 매우 다르기 때문에 적용에 문제가 있다. 예컨대, 고층 빌딩이 무너져서 많은 사람이 사망한 경우에 인명가치는 수십억 원에 달할 수 있고, 이 고층 빌딩을 무너지지 않게 미리 공사를 하는 데 드는 공사비는 일인당 수만 원밖에 소요되지 않을 수도 있다. 인명가치의 평가가 매우 달라서 이 방법으로 교통사고 비용을 추정하기에는 무리가 있다.

❻ 개인선호성 산출법

개인선호성 산출법(Willingness to Pay Approach)은 공공기관이 제한된 예산범위 내에서 어떠한 식으로 예산을 집행해야 하는지에 대한 결정이 각각의 시민 선호도에 영향을 미친다는 기본적인 전제에서 시작된다. 교통안전사업의 가치는 어떤 사업에 사람들이 얼마만큼의 비용을 지급할 용의가 있는가를 측정하고 그 비용들의 합계로 결정된다. 안전도의 감소는 증가된 위험에 대하여 사람들이 요구하는 보상금액이라 할 수 있다. 즉, 어떤 특정한 안전사업의 가치는 모든 사람들이 그 사업에 투자하려는 비용의 합계로 정의된다.

그러므로 어떠한 안전사업의 효과로 그 사업의 가치는 모든 이용자들이 사고 위험을 줄이기 위하여 기꺼이 지불할 수 있는 액수의 총 합계이다. 개인선호성 산출법으로 비용과 가치를 산출하는 것은 간단하지 않다. 어떤 방법으로 추정해야 하는지와 어떠한 사업에 시민들이 자신들의 수입 중 일부를 위험도를 줄이기 위하여 지불할 용의가 있는지를 알아내는 방법은 여러 가지가 있다. 가장 널리 쓰이는 방법 중 하나가 종합적인 설문지를 작성·배포하여 시민들의 의견을 수렴하는 것이다.

계량화 방법론은 크게 간접적 방법론과 직접적 방법론으로 구분될 수 있으며, 이를 간략히 설명하면 다음과 같다.

- 간접적 계량화 방법론

간접적 방법론이란 교통사고 피해 또는 편익의 추정에 있어 직접적으로 현시된 교통사고의 금전적 가치를 추정하는 대신 교통사고 피해가 사고당사자는 물론 주변의 친지와 지인들에게 미치는 영향, 이로 인한 2차적 피해의 금전적 가치를 추출하는 방법이다. 피해함수접근법(Damage Function Approach), 통행비용방법(TCM: Travel Cost Method), 속성가격접근법(Hedonic Price Technique) 등이 간접적 방법에 속한다.

그러나 간접적 방법론을 현실에 적용하는 데에는 많은 애로가 있다. 특히 우리나라에서는 교통사고 비용과 이에 영향을 미치는 요소들에 대한 연구나 자료가 제대로 축적되어 있지 못하다. 또한 간접적 방법론은 교통사고의 경제적 가치를 평가하는 기준이 된다고 할 수 있는 교통환경 개선의 지불의사액(Willingness to Pay) 또는 교통환경 악화의 용인의사액(Willingness to Accept)의 추정을 위한 방법으로는 적절치 못하다고 알려져 있다.[22]

- 직접적 계량화 방법론

직접적 방법론은 교통사고의 피해 또는 편익을 직접적인 금전적 가치로 환산하는 방법론을 말한다. 일반적으로 가상적 상황을 설정해 응답자로 하여금 특정한 경우의 교통환경 개선 또는 피해의 가치를 직접 평가하는 방법이다.

직접적 방법론의 대표적인 것으로는 조건부가치추정법(CVM; Contingent Valuation Method)을 예로 들 수 있다. 조건부가치추정법은 교통환경 개선에 대한 지불용의 액수를 응답자에게 '직접' 물어보는 방법이다. 이때 묻는 방식은 직접적 설문 조사에 의한 것일 수도 있고 실험적 조건에서 가상적인 시장이 존재한다고 가정하고 여러 가지 경우에 반응하도록 설정된 것일 수도 있다.

가상가치방법론의 장점은 거의 모든 교통환경 개선정책의 경우에 적용 가능하다는 점이다. 그러나 실제 존재하지 않는 가상적 시장을 가정하고 실제가치를 추정하는 것이기 때문에 여러 가지 편의(bias)가 발생할 수 있다. 이러한 편의의 원인에는 전략적 응답 태도, 설문서 디자인의 문제, 가상적 상황 등을 들 수 있다.

---

22 이성원·이명미, 『교통환경 관련 사회적 비용의 계량화(1단계)』, 교통개발연구원, 2000, 36~37쪽

전략적 편의란 응답자가 전략적으로 행동할 경우 자신의 정확한 지불의사를 표시하지 않을 수도 있는 것을 말한다. 'free-rider problem'은 대표적인 전략적 편의이다. 'free-rider problem'이란 주로 공공재의 공급에 있어서 공공재가 총지불의사액의 총비용을 상회할 경우에 공급되고, 응답자 개인은 지불의사액에 따라 부담액이 결정된다면 응답자 자신이 부담을 줄이기 위하여 응답자 자신의 실제 가치평가보다 적게 표시하고자 하는 동기가 존재하는 것을 말한다.

조사 디자인 편의에는 기점편의(starting point bias), 지불수단편의, 정보편의 등으로 구별할 수가 있다. 기점편의란 조사자가 입찰게임(bidding game) 형식의 조사의 경우 처음 제시하는 평가액수에 의해 응답자의 평가가 영향을 받을 수 있음을 의미한다. 지불수단편의란 응답자에게 제시된 지불수단에 따라 응답자의 평가가 영향을 받을 수 있음을 말한다. 여기서 제시되는 지불수단에는 세금, 또는 입장료 등이 있을 수 있으며 응답자가 제시하는 지불수단에 민감하게 반응할 수도 있다. 정보편의는 조사자 또는 설문서에서 응답자에게 사전에 제시되는 정보에 따라 응답자가 영향을 받는 것을 말한다. 따라서 기점편의도 일종의 정보편의라고 할 수 있다.

조건부가치추정법에서는 가상편의(hypothetical bias)가 있다. 즉 가상적 시장 하에서의 선택은 실제 상황에서의 선택과는 달리 잘못된 선택에 따른 응답자의 손실이 없기 때문에 응답자가 진지하게 조사에 응하지 않음으로써 편의가 발생한다. 또한 제약조건이 없기 때문에 응답의 비현실성이 존재한다.[23]

4.2.4 자동차 보험금과 교통사고 비용 추계

교통사고로 발생되는 인적피해인 사상자의 소득의 상실, 의료비와 휴업손해, 차량 등의 물적피해와 정신적 피해 등이 자동차 보험금으로 배상되지만, 자동차보험의 보상액을 기초로 도로 교통사고 비용을 추계하는 데에는 몇 가지 문제점이 있다.

대표적인 것으로 첫째, 교통사고를 야기한 모든 차가 피해전액을 보상하는 보험에 가입하고 있지 않다(책임보험만 가입한 차량의 사고를 가상할 수 있다). 둘째, 위자료가 정신적 고통에 따른 실제적인 비용을 반영해 준다고 볼 수 없다. 셋째, 지급보험금에는 과실상계나 면책 처리된 부분은 포함되지 않는다. 그러나 자동차보험의 손해상황은 사회적으로 명시되고 있는 최저한의 교통사고 비용으로 간주될 수 있으며 피해종별 평균보험금을 전체 교통사고상황에 적용하여 전체 도로교통사고 비용을 추계할 수 있다.[24]

〈표 2.4.2〉에서는 우리나라 자동차보험의 손해상황을 도로교통사고 비용 추계에 직

---

23 위의 보고서, 44~46쪽
24 대부분 국가에서는 보험가입차량을 거대한 표본으로 간주하며 전체에 적용하고 있다.

표 2.4.2 자동차 보험금의 교통사고 비용화 문제점

종류	문제점	개선사항
차량손해	· 산출된 전체보험금에서 면책금으로 최저 5만 원에서 최고 50만 원까지 공제[1] · 과실상계액 공제 · 부가가치세 등 조세포함	· 평균보험금에 면책금 가산 · 조세공제 · 공제된 과실상계액 포함
대물피해	· 간접손해의 대차료는 산출액 80%만 인정 (실제 대차가 없을 경우는 20%)[2] · 부가가치세 등 조세포함 · 과실상계액 공제	· 공제된 20% 또는 80% 대차료 가산 · 조세공제 · 공제된 과실상계액 포함
인적피해	· 산출된 휴업손해는 80%만 인정 · 미래소비(상실수익의 1/3) 공제 · 과실상계액 공제	· 공제된 휴업손해액 20%가산 · 미래상실 소득재산출 · 공제된 과실상계액 포함

주: 1) 플러스 자동차보험 상품에서는 면책금이 없는 경우도 있음
　　2) 2004년 8월부터 실제 대차료의 100%가 인정되고 있음
자료: 손해보험협회, 「자동차보험표준약관」, 2006, 35~70쪽 재구성

접 적용할 수 없는 몇 가지 문제점에 대처하기 위해 현재의 교통사고 비용 추계에서는 이 점을 개선·보완했다.[25] 특히 후유장해 부상자와 사망자의 상실소득액이 과소평가되고 있기 때문에 후유장해 부상자의 상실소득은 부상자의 미래노동소득에 노동력상실률[26]을 반영하여 상실기간에 해당되는 할인율을 곱해 현재가치화 하고 있다.[27]

사망자의 경우에는 사망자의 현재가치화 된 미래소득에 생활비율을 감안하여[28] 부상자의 경우와 같이 산출하고 있다.[29] 이렇게 산출된 보험금에 사상자의 과실을 고려한 상계를 한다. 이와 같이 생활비율과 과실 상계율이 적용되어 과소평가된 상실수익을 도로교통사고 사회적 비용에 활용할 때는 사상자의 미래 노동생산성의 향상을 고려하고 과실상계로 공제된 금액과 미래생활 비용을 합산해야 할 것이다. 사상자의 과실은 교통사고가 발생하지 않았다면 손실로 변환되지 않을 것이며, 사망자의 미래소

25　손해보험협회, 「자동차보험표준약관」, 2006, 35~70쪽

26　후유장해를 14등급으로 분류하고 있으며 맥브라이드식 장해평가방법에 따라 노동력상실률을 적용하고 있다.

27　$\sum_{n=a}^{x} Y_{(x-a)} \times MR \times LI \times M$

　　여기에서 a: 사고당시 연령, x-a: 노동가능기간, Y: 연간소득,

　　　　　MR: 맥브라이드식 노동력상실률, M: 과실상계율

　　　　　LI: 라이프니츠계수, $= 1/(1 + 할인율)^{(n-a)}$

28　생활비율은 1/3을 적용하고 있다. 손해보험협회, 「자동차보험표준약관」, 40~85쪽

29　$\sum_{n=a}^{x} Y_{(x-a)} \times MR \times LI \times M$, 여기에서 L: 생활비율

비는 타인의 생산을 유발시키는 사회경제활동의 일부이자 사회를 안정시키는 요소이기 때문이다.[30]

교통사고 비용 추계 사례

4.3.1 우리나라 교통사고 비용의 추계

우리나라에서 사용하는 교통사고 비용의 가장 대표적인 추계방식은 인적자본법(Human Capital Approach)의 하나인 총생산손실법(Gross output Method)과 개인선호성 산출법(WTP; Willingness to Pay Method)이다. 총생산손실법은 그 나라의 총생산을 극대화하기 위한 방법이고 개인선호성 산출법은 사회복지 측면에서의 접근방법이라 할 수 있다. 일반적으로 교통사고 비용을 산출할 경우에는 실행하기 용이하고 이해하기 쉬우며 대개 보수적으로는 총생산손실법을 이용한다.

총생산손실법은 교통사고로 인해 발생한 직·간접 비용을 명확한 방법으로 산출하는 반면, 개인선호성 산출법은 복잡한 설문조사가 필요하며 개인적으로 차이가 크다. 우리나라의 경우 개인선호성 산출법을 채택하더라도 총생산손실법이 선행되고 있다. 그 이유는 개인선호성 산출법에서 교통사고로 인한 직접비용 부분은 총생산손실법에 의한 방법으로 산출되기 때문이다. 일반적으로 비용 항목 중 심리적 비용(PGS; Pain, Grief and Suffering)은 개인선호성 산출법(WTP)에 따라 산출하여 합산하고 있다.[31]

표 2.4.3 도로교통공단의 교통사고 비용 구성 항목

항목		내용
인적피해 비용	생산손실비용 (lost output)	· 사망 당시의 소득 수준을 고려하여 사후 잔여 근로 기간의 총소득을 현재가치화 · 부상자는 사고 이후 후유장해로 손해 본 임금과 부대비용을 현재가치화
	휴업손해	· 부상자의 휴업손해
	의료비용 (medical costs)	· 응급실 이용, 입원, 통원치료, 재활, 투약 등 의료비용 · 교통사고 사망자의 장례비용 등
물적피해 비용	property damage	· 사고로 말미암은 차량, 재물, 도로구조물 등의 가치
행정비용	administrative costs	· 경찰관서의 교통사고 처리비용(police costs) · 보험처리와 관련된 행정비용(insurance administration)

---

30 ECMT, "Costs and Benefits of Road Safety Measure", *Paris: ECMT*, 1983, p.15

31 이수범·심재익, 앞의 보고서, 31쪽

경찰청 산하기관인 도로교통공단에서는 2000년부터 매년 전년도에 발생한 교통사고의 각종 피해를 총생산손실법에 의해 교통사고 비용으로 추계하고, 다른 접근방법에 따라 산출한 추계치와 비교·분석하고 있다. 1997년부터 한국교통연구원에서도 매년 전년도의 교통사고 비용을 추정하고 있다. 한국교통연구원은 총생산손실법을 사용하면서 추가적으로 지불의사(Willingness to Pay) 조사에 기초한 인간적 비용(Human Cost) 대신 심리적 비용을 적용하고 있다. 사회가 고도화될수록 교통사고로 인한 물리적 손실액보다 본인(피해자)과 주변인들에게 미치는 정서적·심리적 비용을 객관화하여 명시할 필요가 있다.

❶ 인적피해 비용

• 생산손실비용

생산손실비용은 부상자의 경우 의료비, 휴업으로 인한 시간비용, 후유장해로 인한 노동력 상실(국가적으로는 인적 자원손실), 본인과 가족들의 정신적 피해 비용을 들 수 있으며 사망자의 경우에는 장례비를 추가하여야 한다. 그런데 여기서 사상자의 노동력 상실을 추계하는 것이 가장 큰 문제가 되고 있다. 사고 당시의 소득수준을 고려한 사후 잔여 근로가능기간 동안의 총소득을 일정한 할인율을 고려해서 산출해 내고 있는 현행 손해배상 대행기관이나 법원의 판결을 기준으로 했을 때 교통사고 비용이 사회적 비용이라는 논리에 부합하는지 생각해봐야 한다.

여기에 대해 Hartunian(1984)은 사상자의 미래소득의 상실은 곧 사회의 인적자본의 생산력 손실로 봐야하기 때문에 인간의 기대수명을 85세로 가정한 인적자본 비용 산출공식을 제안했다. 사망자 노동생산력 손실을 계산하기 위해 Hartunian의 일반 공식을 우리나라 실정에 맞게 수정하고, 모든 사람들의 근로가능 기간을 평균 수명까지로 가정하여 변형하면 다음과 같다.

$$HCC_s^a = \sum_{n=a}^{L_s} P_{a,s}^n \cdot E_s^n \cdot Y_s^n \cdot \left(\frac{1+T}{1+r}\right)^{(n-a)}$$

여기서 HCC_s^a: s 성별과 a 연령의 사망자의 장래 노동생산력 손실

   a: 사고당시의 연령($a \leq a$)　　　　　　　　s: 사상자의 성별

   L_s: s 성별의 평균 수명

   $P_{a,s}^n$: a 연령의 s 성별 사람이 n 연령에서 생산율

   E_s^n: s 성별의 사람이 n 연령에 취업할 수 있는 확률

   Y_s^n: s 성별의 사람의 n 연령에서의 연간 임금

   T: 노동생산성 변화율　　　　　r: 할인율

이러한 Hartunian의 일반화 공식에 대해 Rice와 Cooper는 고의로 근로소득을 기피하는 사람에 대해서는 후한 반면에 고소득의 노인이나 어린이에 대해서는 실제보다

낮게 평가된다는 부정적인 견해를 보이고 있다. 즉, 노인들의 취업률은 낮고 어린이들의 장래소득에 대해서는 장기간의 할인율이 적용되기 때문이다.[32] 그러나 현재 미국의 국가안전위원회(NSC; National Safety Council)나 도로교통안전국(NHTSA)에서는 Hartunian의 일반 공식을 응용하고 있다.

또한 교통사고로 인해 사고당사자나 친척, 친구, 가족뿐만 아니라 모든 사회구성원들의 고통, 불안, 좌절 등과 같은 정신적 피해 등 사회 심리적 비용은 정확한 추계방법이 없고 비가시적인 항목으로 정책결정자나 조사연구자들이 경시 또는 무시하여 왔으나 최근에는 손해배상대행기관이나 법원의 판결에 의해 지급되는 위자료를 최소한의 비용으로 인정하여 인적피해 비용에 합산하고 있다.

• 휴업손해

교통사고 부상자의 경우 부상으로 휴업손해가 발생하게 된다. 교통사고에 의한 입원 또는 치료 등의 사유로 휴업함으로써 소득이 감소하게 되는데 이를 휴업손해라 한다. 즉, 교통사고로 인해 예전과 같이 일을 하지 못하게 되어 발생된 손해액을 말하며, 자동차보험에서는 대개 수입 감소액의 80% 상당액을 보상하고 있다.

• 의료비용

교통사고 피해자의 의료비용(medical costs)은 사망자의 경우에는 장례비용을 포함한다. 구체적인 항목으로는 부상 정도에 따라 평균 입원일수와 평균 입원비 그리고 평균 통원일수와 평균 통원치료비 등이 필요하지만, 의료기관의 관련 자료 취득이 곤란하여 자동차보험의 의료비 지급금을 기준으로 분석하고 있다.

❷ 물적피해 비용

교통사고로 손상을 입은 차량과 적하(cargo), 차량 이외의 물적 손실과 도로 구조물 등의 손실을 비용화한 것이 물적피해 비용(property damage costs)이다. 물적피해 비용은 물적피해로부터 재물을 원상회복하기 위한 수선비뿐만이 아니다. 자가용 차량의 파손 또는 고장으로 다른 교통수단을 이용하거나 사업용 자동차나 영업상 필요한 재물의 손상으로 말미암은 영업 손실 등을 포함한다. 특히 자동차보험에서도 2003년 1월 1일부터 탑승자 등 관련자의 소지품 손해에 대해서도 보상하고 있어 물적피해 비용의 범위가 확대되었다. 그러나 교통사고가 전혀 발생된 사실이 없는 상태에서 단지 교통사고의 잠재적 발생 가능성 때문에 사고예방을 위해 소요된 비용은 제외한다.

자동차보험의 보상액을 기초로 도로교통사고 비용을 추계하는 경우 다음과 같은 근본적인 문제점이 있다.

---

32 Ted. R. Biller, Kenneth. A. Reinert and Brook. E. Whiting. "Alternative Approaches to Accident Cost Concepts", *Washington: Federal Highway Administration*, 1984, p.46

- 교통사고를 야기한 모든 차가 피해 전액을 보상하는 보험에 가입하고 있지 않다. 예컨대, 책임보험만 가입한 차량의 사고를 가상할 수 있다.
- 지급보험금에는 과실상계나 면책 처리된 부분을 포함하고 있지 않다. 그렇지만 자동차보험의 손해 상황은 사회적으로 명시되고 있는 최저한의 교통사고 비용으로 간주될 수 있다. 물적피해 비용 추정을 위한 가장 근접한 자료로서 이를 이용하여 전체 교통사고에 적용할 수 있다고 판단된다.

❸ 행정비용

교통사고로 인해 사회에서 지출되는 각종비용 중 사고당사자나 그의 대행자가 아닌 거의 전 사회인이 공동으로 부담하는 비용을 말한다. 구체적으로 교통 및 소방·경찰 비용, 보험행정비용, 사회복지기관 비용과 교통관계기관 비용을 들 수 있다.

보험행정비용은 보험회사가 교통사고로 인해 손해배상을 대행하기 위해 교통사고를 조사하고 피해자와의 화해, 소송 등을 수행하면서 발생되는 비용을 말한다. 이러한 비용은 보험회사가 아닌 가해자 본인의 직접적인 사고처리에도 소요되는 최소한의 비용으로 간주하고, 전체 교통사고 피해상황에 적용하여 사고처리 비용으로 추계한다.

그밖의 사회복지기관 비용과 교통관련 비용은 객관성 등에 문제가 있어 전체 교통사고 비용추계를 할 때에는 제외하는 것이 일반적이다.

- 교통경찰 비용

교통경찰의 사고처리는 크게 두 가지로 분류할 수 있는데 교통사고가 발생한 경우 현장에 출동하여 현장조치를 하는 초동조사와 경찰서에 인계된 이후 가·피해자의 구분 및 행정절차를 수행하는 사고조사 절차로 구분할 수 있다.[33]

– 초동조사 비용

「교통사고조사규칙」 제4조(초동조치)에 의하면 교통사고 현장은 사상자에 대한 응급 구호조치, 사상자의 인적사항·피해정도 파악, 사상자가 차량 밖에 넘어져 있는 경우 낙하 위치 표시, 사상자 후송병원 기록, 사고 차량 최종 정지지점 표시, 현장 유류품·타이어 흔적 등 증거 수집 및 사진 촬영 등 조치를 취해야 하며, 다른 경찰서 관내의 교통사고 현장에 출동한 경찰공무원은 필요한 초동조치를 취한 후 신속히 해당 경찰서에 통보하면 해당 경찰서에서 출동·조사하게 되어 있다.

초동조사 비용은 제4조에 따른 초동조치와 사상자의 수용, 구호와 사고조사 등이 끝나는 대로 교통 통제를 신속히 해제하여 소통회복 조치를 하고 초동조치 서식 16호를 작성하여 경찰서 교통조사계에 인계하면서 발생하는 제반 비용이다.

– 사고조사 비용

---

33 심재익 등, 「2013 도로교통사고 비용의 추계와 평가」, 한국교통연구원, 2016, 44~52쪽

교통사고조사는 현장 보존을 통하여 증거를 수집하고, 가능한 한 목격자 확보, 사실 인정에 필요한 특정지점의 확정, 가해 차량의 상태, 피해 상황의 조사, 현장 및 증거가 될 수 있는 물건의 사진 촬영, 증거물의 압수와 감정, 피해자에 대한 조사, 가해 차량 운전자에 대한 조사 등을 한다. 교통사고에 대한 처리는 인적피해사고와 물적피해사고로 구분하여 구체적인 법규위반 내용, 종합보험가입 유무, 합의 유무 등에 관한 관계 서류를 작성하여 검찰에 송치하거나 즉심에 회부한다. 또한, 피해액 20만 원 미만의 물적피해사고로 합의되지 아니하거나 보험 또는 공제에 미가입된 경우에는 즉결심판을 청구하고 대장에 입력한 후 종결되지만, 합의되거나 종합보험 또는 공제에 가입된 경우는 교통사고 접수처리대장에 등재하는 것으로 처리 절차를 종결하고 형사입건은 하지 않는다. 사고조사 비용은 이에 따른 제반비용이다.

- 보험회사 비용

보험회사의 사고처리는 교통경찰공무원의 조사과정과 유사하지만 조사인력이 세분화되어 있지 않다. 초동조사와 사고조사를 1~2명의 전담반에서 처리하고 있으며, 경찰공무원이 결정하는 가·피해자 과실 정도를 바탕으로 보험금을 지급하는 행정절차를 수행하고 있다. 보험회사에서 교통사고에 지출된 금액의 규모를 추정하기 위해 손해보험협회에서 제공하는 『손해보험통계』와 금융감독원의 『금융통계월보』 등을 활용할 수 있다.

❹ 우리나라 교통사고 비용의 특성

우리나라의 교통사고 비용 중 인적피해 비용과 물적피해 비용이 거의 대부분이며 교통사고를 처리하는 사회기관들의 행정비용은 상대적으로 낮은 비중을 차지하고 있는 특징이 있다. 〈표 2.4.5〉에서 교통사고 피해 비용별 구성을 보더라도 인적피해 비용이 전체의 약 30~60% 수준이며 행정비용이 10% 미만의 나라는 우리나라와 영국뿐이다.

4.3.2 외국의 교통사고 비용 추계

❶ 영국

영국의 교통사고 비용은 총생산손실계산법에 따라 추계하면서 차종, 부상 정도, 피해자의 연령, 성별 등에 따라 세분화된 평가비용을 산출하고 있다. 정확하고 세분화된 교통사고의 사회적 비용 산정결과는 주요 도로와 교통안전시설의 건설·보수 등 경제성 평가 시 적용되고 있다. 특징적인 것은 1993년부터 교통사고 비용을 교통사고 방지로 인한 편익의 가치로 추정해 왔다는 점이다.[34] 따라서 영국은 사고비용보다는 사

---

34 Department for Transport, "Guidance documents–Expert TAG unit 3.4.1", *The Accident Sub-Objective*, 2012. 8, pp.2~5

표 2.4.4 교통사고 비용의 구성								(단위: 원, ¥, $, £, €, %)
국가 피해종별	한국		일본[1]		미국[2]		영국[3]	
	비용 (억원)	구성비 (%)	비용 (억¥)	구성비 (%)	비용 (십억$)	구성비 (%)	비용 (백만£)	구성비 (%)
물적피해 비용	102,263	35.8	17,110	27.4	76.1	35.6	5,249	63.4
인적피해 비용	169,992	59.5	37,140	59.4	101.8	47.6	2,635	31.8
행정비용	13,490	4.7	8,280	13.2	36.0	16.8	392	4.7
총계	285,744	100.0	62,530	100.0	213.9	100.0	8,275	100.0

주: 1) 2009년 자료로 비교를 위해 우리나라에서는 추계되지 않은 사업주체 비용(810억¥)을 고려하지 않음
    2) 2010년 자료로 비교를 위해 우리나라에서는 추계되지 않은 교통 혼잡 비용(280억$)를 고려하지 않음
    3) 2014년 자료로 우리나라에서 추계되지 않은 인간적 비용(human cost) 8,032백만£를 고려하지 않음

자료: 1) 日本 内閣府, "交通事故の被害・損失の経済的分析に関する調査研究報告書", 2008, 1~2쪽
    2) NHTSA, "The economic and societal impact of motor vehicle crashes (2010)", 2015, p.11
    3) Department for Transport, RAS 60003 Total value of prevention of reported accidents by severity and cost element: GB 2014, 2015

고방지비용이라는 의미에 더 부합한다. 일반적으로 사고비용(value of corresponding casuality)보다 사고방지비용(value of prevention of an injury accident)이 더 크게 나타난다. 모든 사고에 적용되는 값으로는 차량과 물건의 손상, 경찰과 보험행정비용 등이다.

영국의 교통사고 비용 항목은 직접적인 경제비용으로, 부상으로 인한 생산손실(임금과 국민연금 등의 비임금적 수입을 현재가치로 제시), 구급비용과 의료비용, WTP값을 근거로 한 Human Cost(PGS 비용)로 친지의 괴로움, 재화와 서비스를 소비하여 삶을 즐길 수 없는 것 등이 포함된다.

〈표 2.4.5〉에서와 같이 영국의 2010년도로 도로교통사고 비용 추계 결과, 사고별 사망사고 1건당 교통사고 비용은 생산손실이 57만 파운드, 의료비용이 980파운드, 교통사고에 따른 고통과 심리적 피해(PGS) 비용이 108만 파운드로 총 165만 파운드였으며, PGS 비용의 비율이 66%로 나타났다.[35]

〈표 2.4.6〉에서 보는 바와 같이 2010년 영국의 평균 교통사고 비용은 사망이 약 188만 파운드, 중상이 약 22만 파운드이며, 단순물피의 평균비용은 약 3,067파운드인 것으로 나타났다.[36]

이 밖에도 영국은 보행자, 자전거, 버스, 화물차 등 도로 이용자 유형별, 도시부, 지

35 *Ibid.*, p.3
36 *Ibid.*, p.5

방부, 고속도로 등 도로유형별 사고심각도별 사고비용 등도 추계하고 있다.[37]

표 2.4.5 영국의 사고별 인피사고 1건당 항목별 교통사고 비용				(단위: 파운드)
사고 심각도	생산비용손실	의료비용	Human 비용	계
사망	568,477	980	1,084,230	1,653,687
중상	21,903	13,267	150,661	185,831
경상	2,315	980	11,025	14,320
평균	10,159	2,347	37,277	49,782

주: 2010년도 경상가격 기준

표 2.4.6 영국의 평균 사고비용							(단위: 파운드)
사고 심각도	인피 관련 비용			도로이용자 유형			계
	생산손실	의료비용	Human Cost	경찰행정 비용	보험처리 비용	물피비용	
사망	622,331	5,856	1,225,630	17,182	304	11,133	1,882,437
중상	24,789	14,856	168,667	2,064	189	5,118	215,683
경상	3,086	1,307	14,696	527	115	3,028	22,758
부상소계	13,794	3,186	50,633	943	127	3,411	72,094
단순물피	0	0	0	1,106	54	1,907	3,067

주: 2010년도 경상가격 기준

❷ 미국

미국에서는 교통사고 비용을 교통안전 기관마다 다르게 추계하고 있다. 매년 국가안전위원회(NSC; National Safety Council)에서 발간하고 있는 Injury Facts는 각종 사고에 대한 통계를 게재하고 있다. Injury Facts에서의 교통사고 경제적 비용은 생산손실, 의료서비스비용, 행정비용, 차량비용, 고용자비용(사상자로 인한 인력대체, 다른 고용인들의 시간외 근무 등으로 인한 비용)과 물적피해 비용 등을 포함하고 있다. 한

---

37   도로교통공단, 『2013 도로교통사고 비용의 추계와 평가』, 2014, 14쪽

110 **2장** 교통사고조사

편 〈표 2.4.7〉에서 보는 바와 같이 도로교통안전국(NHTSA)에서는 국가안전위원회의 추계에 장례비용, 재활비용, 가계손실비용과 여행지체비용까지 세분화하거나 추가하고 있다.

다른 한편 미국 연방도로관리청(FHWA)에서는 교통사고방지를 위해 지불할 의사

표 2.4.7 미국의 교통사고 비용 구성 항목

항목	내용
의료비용 (medical costs)	응급실 이용, 입원, 통원치료, 물리치료, 재활, 투약 등 치료와 관련된 총비용
구급비용 (emergency services)	구급차 비용과 구급처리, 경찰과 소방서 이용 비용
직업재활비용 (vocational rehabilitation)	사고로 인하여 장애가 온 경우 재훈련 비용
생산손실비용 (market productivity)	사고 이후 장애로 인하여 손해 본 임금과 부대비용을 현재가치로 할인한 비용(할인율 4% 적용)
가계손실비용 (household productivity)	사고발생으로 인해 가계 활동을 하지 못하는 비용. 새로운 사람을 고용하여 대행하는 비용 포함
보험행정비용 (insurance administration)	보험처리와 관련된 행정비용
직장손실비용 (workplace cost)	고용인의 부재로 인한 작업장의 혼란으로 인한 비용. 새로운 고용인의 교육비용, 사고발생 고용원의 잔무로 인한 타 고용인의 야근, 고용인 변경에 의한 처리비용 포함
법정비용 (legal/court costs)	법적 처리비용
장례비용 (premature funeral cost)	사고당사자가 현재 장례를 치루는 경우와 장래에 치루는 경우의 비용을 현재가치화 했을 때의 차이
교통지체 (travel delay)	교통사고 당사자 이외의 인당 교통지체비용
물피 (property damage)	사고로 인한 차량, 화물, 도로손상가치

자료: 1) http://www.nhtsa.dot.gov/people/economic
　　　2) U.S. National Highway Traffic Safety Administration, "The Economic Cost of Motor Vehicle Crashes", 2000

가 있는 비용을 포함할 것을 권고하고 있다. 이는 교통사고로 인한 사상의 위험을 감소할 수 있는 교통안전 개선사업에 기꺼이 지불할 수 있는 비용의 포함을 의미한다.

❸ 일본

일본은 1986년 일본교통정책연구회의 자동차보험 보상상황을 수정·보완한 자동차보험의 보상실태를 기초로 교통사고 비용을 추계하기 시작했다. 일본손해보험협회에서는 지급보험금을 집계·분석하여 인신손실액과 물적손실액으로 교통사고의 경제적 손실액을 발표하고 있다. 1999년에는 일본의 공공기관에서는 고용주의 손실을, 손해보험기관에서는 교통정체비용을 사고비용추계에 포함하고 있다.

현재 일본에서는 내각부 주관으로 "교통사고의 발생과 인신 상해에 따른 사회적·경제적 손실에 관한 종합적 분석에 관한 조사연구위원회"를 구성하여 교통사고 비용을 추계하고 있다. 이 위원회에서는 교통사고 자료와 보험통계 등을 이용하여 교통사고 발생 특성과 인신 상해 상황 등을 분석하고 교통사고로 인한 사회적·경제적 손실액을 산정하고 있다.

교통사고 대상 범위에서는 〈표 2.4.8〉과 같은 항목들이 포함된다. 첫째, 사고 직전의 상태로 회복하는 데 필요한 인과관계가 일반적인 범위 안에서 타당하다고 인정되는 직접적·간접적 비용, 둘째 교통사고에 의한 인적 상해의 결과로 장래에 걸쳐 발생되는 생산성 저하 등의 인적자원 손실, 셋째 사고에 관한 경찰의 사고처리 비용·보험 운영비 등 각종 공적 기관의 손실이 포함된다.

표 2.4.8 일본의 교통사고 비용의 구성 항목

구성 항목		회복비용	장래손실	공공기관의 비용
인적손실액		의료비, 휴업손실, 감사료	사망·후유장애로 인한 생산손실	-
물적손실액		차량·구조물수리·수선 비용	-	-
인적·물적 피해 이외의 손실	사업주의 손실	사망·후유장애 휴업 등 부가가치액 저하로 인한 손실	-	-
	각종 공공기관 등의 손실	-	-	경찰의 사고처리 비용, 보험 운영비, 피해자의 구제비용, 사회복지비용 등

자료: 日本總務廳長官官房交通安全對策室, 『交通事故の發生と人身傷害及び社會的·經濟的損失に係る總合的分析する調査研究』, 東京:總務廳長官官房交通安全對策室, 1999, p.26

제**3**장

교통안전
계획

교통안전계획의 개요

1.1 교통안전기본계획

1.1.1 국가교통안전기본계획

우리나라는 「교통안전법」 제15조 및 같은 법 시행령 제10조에 따라 국가전반의 교통안전을 체계적으로 관리하기 위해 5년 단위의 교통안전 중장기 종합계획인 국가교통안전기본계획을 수립하여 시행하고 있다. 국가교통안전기본계획은 교통사고의 근원적 예방을 위해 관계 행정기관 합동으로 추진하는 교통안전 부문의 최상위 법정계획으로서 1983년에 제1차 계획을 시작으로 현재 제8차 계획에 이르고 있다.

- 제1차 국가교통안전기본계획: 1983~1986년
- 제2차 국가교통안전기본계획: 1987~1991년
- 제3차 국가교통안전기본계획: 1992~1996년
- 제4차 국가교통안전기본계획: 1997~2001년
- 제5차 국가교통안전기본계획: 2002~2006년(2004년 변경계획 수립)
- 제6차 국가교통안전기본계획: 2007~2011년
- 제7차 국가교통안전기본계획: 2012~2016년
- 제8차 국가교통안전기본계획: 2017~2021년

국가교통안전기본계획은 국가교통위원회(위원장: 국토교통부장관)의 심의를 거쳐 국가기본계획으로 승인하게 되며, 국가기본계획으로 승인된 후에는 광역 및 기초지방자치단체에서 국가교통안전기본계획과 연계하여 각 지자체의 지역교통안전기본계획을 별도로 수립하도록 하고 있다. 국가교통안전기본계획에서 포함되어야 하는 내용[1]은 다음과 같다.

---

1 「교통안전법」 제15조 국가교통안전기본계획수립 내용 참조

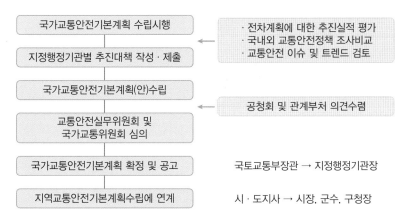

그림 3.1.1 국가교통안전기본계획 수립 체계도

- 교통안전에 관한 중·장기 종합정책방향
- 부문별 교통사고의 발생현황과 원인의 분석
- 교통수단·교통시설별 교통사고 감소목표
- 교통안전지식의 보급 및 교통문화 향상목표
- 교통안전정책의 추진성과에 대한 분석·평가
- 교통안전정책의 목표달성을 위한 부문별 추진전략
- 부문별·기관별·연차별 세부추진계획과 투자계획 등
- 교통안전시설의 정비·확충에 관한 계획
- 교통안전과 관련된 투자사업계획 및 우선순위
- 지정행정기관별 교통안전대책에 대한 연계와 집행력 보완방안
- 그밖에 교통안전수준의 향상을 위한 교통안전시책에 관한 사항

1.1.2 지역교통안전기본계획

지역교통안전문제는 지역주민의 일상적인 교통생활 과정에서 발생하는 것으로 이러한 문제에 대해서는 해당 지역의 도로교통시스템에 대한 운영 및 관리주체인 지자체가 관심과 책임의식을 갖고 교통안전을 개선해 나가는 것이 필요하다. 이를 위해 「교통안전법」 제17조에서는 시·군·구 기초지자체를 포함한 모든 지자체가 국가교통안전기본계획과 연계하여 해당 지자체의 교통여건 및 교통안전문제를 체계적으로 관리해 나가도록 기본계획을 수립하고 있다.

지역교통안전기본계획은 국가교통안전기본계획과 동일하게 5년 단위로 수립하는 법정계획이며, 2009년부터 시작하여 현재 제8차 국가교통안전기본계획과 계획기간이 일치된 제3차 기본계획을 시행하고 있다. 지역교통안전기본계획 수립 내용에 대해서

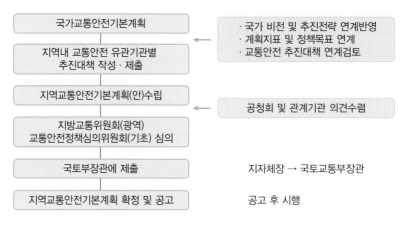

그림 3.1.2 지역교통안전기본계획 수립 체계도

는 국토교통부의 지역교통안전기본계획 수립지침을 통해 가이드라인을 제시하고 있으며, 다음과 같은 내용을 포함하고 있다.

- 계획의 개요
- 지역의 특성과 현황
- 계획지역 교통안전정책 추진성과 및 안전수준 분석
- 교통사고 발생추이 및 원인분석(여건변화 및 전망분석, 주요계획지표 제시)
- 교통안전정책 목표 설정(계획의 방향, 목표지표 설정)
- 교통안전정책 목표 달성을 위한 부문별 계획(부문별 중점추진과제 및 세부추진과제, 도로교통부문, 도시철도부문, 운수산업부문, 교통약자부문, 교통문화선진화부문)
- 연차별 세부추진계획 및 투자계획

국토교통부장관은 지역교통안전기본계획이 국가교통안전기본계획의 내용과 부합되지 않을 경우 해당 지자체에 지역교통안전기본계획의 수립 내용을 조정하도록 변경을 요구할 수 있다. 국토교통부가 특별시, 광역시, 도 등 광역지자체에 대한 변경을 요구하면 기초지자체에는 해당 지자체가 속해 있는 광역지자체장으로부터 계획 수립 내용의 조정을 요구받게 된다.

1.1.3 교통안전시행계획 수립

국가 및 지역교통안전기본계획은 5년 단위의 계획으로 계획기간 동안 추진하게 되는 정책방향, 정책목표 및 추진대책 등을 반영하게 되며, 계획기간 동안 연차별로 시행계획을 수립하여 계획의 실행력을 확보하게 된다.

중앙정부는 국가교통안전시행계획을 1년 단위로 수립하고, 지자체도 지역교통안전 시행계획을 매년 수립하여 시행하게 된다. 교통안전시행계획에는 1년 동안 추진하는 교통안전 추진대책과 추진주체, 추진시기, 소요예산 등을 구체적으로 반영해야 한다. 당해 연도 교통안전시행계획상의 추진실적에 대해서는 다음 연도에 점검 및 평가를 받고 있다.

수립절차를 보면 교통안전 유관기관별로 시행해야 하는 정책들에 대해 시행계획을 제출받아 종합·조정 후 국가교통위원회의 심의를 거쳐 확정 및 공고하고, 당해 연도 시행계획을 시·도지사에게 통보하게 된다. 지역교통안전시행계획의 경우 시·도지사는 수립내용을 국토교통부장관에게 제출한 후 공고하여 시행해야 하며, 시장·군수·구청장의 경우에도 해당 시·도지사에게 수립내용을 제출한 후 공고를 거쳐 시행하도록 하고 있다.

1.2 교통안전대책

「교통안전법」에 근거한 법정계획 이외에 필요하다면 현안 교통안전 문제를 해결하기 위해 별도의 특별대책이나 계획을 수립하기도 한다. 2013년 연간 5,000명 이상의 교통사고 사망자와 약 23조 원에 이르는 교통사고로 인한 사회적 비용을 줄이기 위한 대책마련을 위해 당시 국무조정실, 국토교통부, 행정안전부, 경찰청 등 교통안전 관계부처가 공동으로 교통사고 사상자 줄이기 종합대책(2013~2017년)을 수립하고, 국가정책조정회의에서 심의·의결한 경우가 있었다.

이 종합대책에서는 교통사고 사상자를 줄이기 위해 교통사고 감소에 기여도가 높은 시책을 중심으로 총 48개의 추진과제를 마련했다. 교통사고 사상자 줄이기 종합대책의 주요 추진과제는 〈표 3.1.1〉과 같다.

이처럼 정부와 지방자치단체의 교통안전에 대한 종합적인 계획의 수립·시행을 통해 교통사고 예방을 위한 노력에도 불구하고 교통사고가 줄어들지 않거나, 사회적인 큰 반향을 일으키는 대형 교통사고 발생 시 문제점으로 드러난 부문을 집중적으로 개선하기 위한 특별교통안전대책이 수립되기도 한다. 2016년 강원도 봉평터널 부근에서 전세버스 운전자의 부주의 운전과 도로 기하구조적인 문제가 겹쳐 다수의 사상자가 발생하는 사고가 발생하자 사업용자동차 특별교통안전대책 등을 수립하여 장시간 연속운전시간 제한, 운수종사자자격 강화, 운전부주의 사고예방장치 보급 등을 집중적으로 추진했다.

2018년에도 국무조정실이 주관하여 관계 기관 합동으로 새 정부의 교통안전 정책목표를 다시 설정하고 목표 달성을 위한 중점 과제를 제시하는 교통안전 종합대책

표 3.1.1 교통사고 사상자 줄이기 종합대책 추진과제	
구분	**추진과제**
사람우선의 교통안전문화 정착	전 좌석 안전띠 의무화, 음주운전 제재강화, 교통법규 위반행위에 대한 제재 강화, 무신호교차로 통행우선권 확립, 과속·음주운전 및 3대 얌체운전행위에 대한 단속강화, 취약시기 특별안전대책 수립, 국민 참여를 통한 교통안전 홍보 등
안전지향형 인프라 확충	교통사고 잦은 곳 개선사업 등 안전인프라 확충, 스마트하고 안전한 도로 구현, 보행자 중심의 생활도로 안전 확보, 생활도로구역 확대, 어린이 보호구역 등의 시설개선 확대, 제동장치 안전기준 강화 등
교통약자에 대한 맞춤형 대책 마련	고령운전자 맞춤형 안전교육 실시, 보험료 할인방안 도입 및 고령자 인지·지각 검사, 고령자 보행안전 교육 및 고령자 맞춤형 안전교재 개발 및 보급, 어린이 통학차량 신고 의무화 및 위반 시 처벌 등
사업용 차량 교통안전 강화 및 사고대응체계 고도화	사고다발 운수업체 특별안전점검·진단 강화 및 교통안전 우수회사 선정, 디지털운행기록장치 및 운행기록 분석을 활용한 집중관리, 사업용 차량 법규위반 단속·계도 강화 등
교통안전정책 추진체계 개선	교통안전정책 민관협의회 구성 및 운영, 지자체 교통안전 담당과 지정 및 공무원 교육확대, 교통안전 시범도시 지원 등

(2018~2022)을 수립했다. 중점 과제와 주요 내용은 〈표 3.1.2〉와 같다.

교통사고 예방 및 안전한 교통환경 조성을 위해 필요한 경우에는 교통안전기본계획과 같은 종합계획 이외에도 교통안전부문의 사회이슈 및 안전취약문제에 대한 집중개선을 위한 계획이나 대책을 따로 수립·시행하는 경우는 다른 분야에서도 많이 볼 수 있다.

표 3.1.2 국민의 도로안전과 생명을 지키는 교통안전	
중점 과제	**주요 내용**
1. 보행자 우선 교통체계로 개편	• 보행자 우선 통행제도로 전면 개편 • 선진국형 속도관리체계 조기 확산 • 보행사고 취약구간 개선 및 관리 강화
2. 교통약자 맞춤형 안전환경 조성	• 어린이 보호를 위한 안전환경 개선 • 고령자 교통안전 강화
3. 운전자 안전운행 및 책임성 강화	• 운전자 교통안전 책임성 강화 • 화물자동차 사고예방을 위한 제도개선 및 단속 강화 • 운수업체·종사자 안전관리 책임강화 및 지원 • 이륜차·자전거 등 개인형 이동수단 관리 강화
4. 안전성제고를 위한 차량·교통 인프라 확충	• 첨단기술 활용 등을 통한 차량 안전도 강화 • 빅데이터를 활용한 안전도로 구현 • 골든타임 확보를 위한 사고 대응체계 구축
5. 교통안전문화 확산 및 강력한 추진체계 구축	• 교육·홍보 및 단속 등을 통한 사람 우선 교통문화 확산 • 범정부 교통안전 추진체계 구축

02

우리나라 교통안전계획

2.1 시기별 주요 교통안전대책 추진내용

2.1.1 1980년 이전

우리나라는 1960년대 본격적인 경제개발계획이 시행되면서 경제규모가 성장함에 따라 도로가 확충되고 자동차 보급대수가 늘어나기 시작했다. 1961년에 「도로법」[2]과 「도로교통법」[3]이 제정되고 1962년에 「자동차관리법」[4]이 제정되어 도로와 자동차 그리고 자동차운행에 대한 관련 법규가 마련되었다. 1976년도에 자동차등록대수가 20만 대를 넘어선 이후 1979년 「교통안전법」이 제정되면서 교통안전에 대한 관심을 갖기 시작했다.

2.1.2 1980년대

「교통안전법」 제정 이후 교통안전정책심의위원회가 운영되면서 교통안전정책에 대한 심의 및 조정을 시행하였으며, 1982년에 제1차 국가교통안전기본계획이 수립되었다. 자동차 등록대수는 1980년대 초반 50만 대를 넘어선 이후 자동차 산업 활성화를 위해 「교통사고처리 특례법」을 제정하자 1985년에는 그 두 배인 100만 대를 넘어섰다.

---

2   「도로법」은 도로 노선의 지정·관리, 시설기준, 보전 및 사용에 관한 사항을 규정하고 과속방지시설 등 도로안전부속시설을 설치·관리할 목적으로 제정되었다.

3   「도로교통법」은 도로에서 일어나는 교통상의 모든 위험과 장해를 방지·제거하여 안전하고 원활한 소통의 확보를 목적으로 보행자와 차마의 통행방법, 안전표지와 신호시설의 설치방법, 도로의 사용과 운전면허 및 운전자 관리에 관한 사항 등을 규정하고 도로상에서의 안전을 확보하기 위해 제정되었다.

4   「자동차관리법」은 자동차의 등록, 안전기준, 형식승인, 점검, 정비, 검사 및 자동차관리사업 등에 관한 사항을 규정하여 자동차를 효율적으로 관리하고 자동차 안전도 확보를 목적으로 제정되었다.

「교통사고처리 특례법」은 교통사고가 발생하더라도 종합보험에만 가입되어 있으면 뺑소니, 사망사고, 음주, 중앙선침범, 신호위반 등 8대 중대법규[5] 위반사고가 아닌 이상 운전자에 대한 형사처벌을 받지 않도록 함으로써 교통안전을 저해하는 요인으로 작용하게 되었다. 또한 교통안전 전문기관인 한국교통안전공단이 1981년에 설립되고 경찰청에서는 교통사고 자료에 대한 DB화가 1988년부터 시작되었다.

2.1.3 1990년대

1990년대 들어서면서 교통사고에 대한 관심이 증대되어 승용차 앞좌석 안전벨트 착용의무화 및 유아 탑승 시 보호장구 착용이 의무화되었으며, 국무총리실 주관으로 교통사고 줄이기 캠페인이 범정부적으로 시행되었다. 또한 교통사고 사망자 수가 1991년도에 13,429명으로 최고치를 기록함에 따라 정부는 교통안전종합대책을 수립하여 교통사고에 대한 체계적인 관리를 시작하였다. 1990년대는 연습운전면허 및 도로주행시험, 자동차 운전전문학원 제도가 도입되었으며, 1995년에 어린이 보호구역제도가 도입되었다. 과속으로 인한 대형교통사고를 방지하기 위한 속도제한장치를 대형자동차(버스, 화물차 등)에 의무적으로 부착하도록 하였고, 교통단속시설로서 무인단속카메라에 의해 적발된 경우 과태료를 부과하기 시작했다. 반면 1994년 삼일절 특별사면 시 악질 교통사범(음주·뺑소니 운전자 등)이 대거 방면됨에 따라 1996년 12,653명이 사망하게 된다. 또한 1999년에 정부규제 완화정책의 일환으로 일반도로의 최고제한속도가 시속 70 km에서 80 km로 상향되고 화물자동차 지정차로제와 차령제도가 폐지되었으며,[6] 운전면허 정지처분 벌점기준이 30점에서 40점으로 완화되면서 그 다음해 사망자 수도 많이 증가했다.

2.1.4 2000년대

2000년부터는 경제개발협력기구(OECD; Organization for Economic Cooperation and Development) 기준에 따라 교통사고 사망자 수 집계를 종전의 사고 발생 후 72시간 이내 사망한 사람에서 사고발생 후 30일 이내로 변경하여 집계를 시작하였으며, 국무총리실에 안전관리개선기획단을 설치하여 안전정책에 대한 정부의 종합·조정업무를 강화하였다. 2001년부터 안전띠 미착용에 대한 단속을 강화하였고, 교통법규 위반차량에 대한 신고보상금 지급제도(건당 3,000원 지급)를 시행하였으며 운전 중 휴대전화 사용금지 등 교통법규 위반 및 사고유발요인에 대해 강력한 지도·단속을 실시하였다.

---

5 현재는 12개 중대법규 위반으로 늘어났다.

6 화물자동차 지정차로제 폐지로 화물차 교통사고가 급증하자 2000년 6월에 다시 지정차로제를 부활시켰다.

2002년에는 사업용자동차에 운행기록장치의 장착이 의무화되었고, 교통안전 재원
마련을 위해 교통범칙금을 활용한 자동차교통관리개선 특별회계를 신설하였다. 그밖
에도 과속으로 인한 처벌기준을 세분화하였고, 어린이 통학버스 보호자 탑승을 의무
하였다.

2.1.5 2010년대

2010년대에 들어서는 사업용자동차에 표준화된 디지털운행기록계 장착이 의무화
되었고, 도로환경 및 시설개선을 위해 교통안전 취약지역에 대한 특별실태조사 및 교

표 3.2.1 시기별 우리나라 주요 교통안전 정책

시기	연도	주요 교통안전 정책
1980년 이전	1961	• 1961년 12월 「도로법」 및 「도로교통법」 제정 • 1962년 1월 자동차관리법 제정
	1976	• 자동차 등록대수 20만 대 돌파
	1979	• 「교통안전법」 제정 • 교통안전 정책심의위원회 설치·운영(위원장: 국무총리)
1980년대	1980	• 경찰청 산하 도로교통안전협회(現 도로교통공단) 설립 • 자동차 등록대수 50만 대 돌파
	1981	• 「교통사고처리 특례법」 제정(사망, 뺑소니, 10대 위반 이외 교통사고야기자 불기소처분) • 교통부 산하 교통안전진흥공단(現 한국교통안전공단) 설립
	1982	• 제1차 교통안전기본계획 수립(1982년 9월)
	1983	• 제1차 교통안전기본계획 시행(계획기간 1983~1986년)
	1984	• 교통사고건수 집계에 물피사고를 제외한 인명피해 사고만 집계
	1985	• 자동차 등록대수 100만 대 돌파
	1987	• 제2차 교통안전기본계획 수립·시행(계획기간 1987~1991년)
	1988	• 경찰청 교통사고자료 전산입력 시작
1990년대	1990	• 앞좌석 승차자 안전띠 및 유아보호용장구 착용 의무화
	1991	• 교통사고 사망자 수 사상 최고치(13,429명)
	1992	• 제3차 교통안전기본계획 수립·시행(계획기간 1992~1996년) • 국무총리실 "교통사고 줄이기 운동" 수립·시행 • 자동차 등록대수 500만 대 돌파
	1995	• 어린이 보호구역제도 도입, 어린이 보호구역의 지정 및 관리에 관한 규칙제정 • 연습운전면허, 도로주행시험, 자동차 운전전문학원 제도 도입
	1996	• 대형버스, 대형화물차 속도제한장치 부착 의무화

(계속)

시기	연도	주요 교통안전 정책
	1997	• 제4차 교통안전기본계획 수립·시행(계획기간 1997~2001년) • 어린이 통학버스 특별보호 및 무인단속, 위반차량 과태료부과제도 도입 • 자동차 등록대수 1,000만 대 돌파
	1998	• IMF경제위기로 사망자 수 대폭 감소(전년대비 -21.9%)
	1999	• 일반도로 및 자동차전용도로 최고속도 10 km/h 상향 • 운전면허 정지처분 벌점기준 완화(30 → 40점)
2000년대	2000	• 교통사고 사망자 수 집계를 사고발생 후 72시간에서 30일 이내로 연장 • 국무총리실 안전관리개선기획단 설치·운영(9월)
	2001	• 교통위반 신고보상금제 도입(3/10), 안전띠 착용생활화 및 강력단속 전개(4/2) • 운전 중 휴대전화 사용금지(6/30) 및 음주운전 면허취소기간 연장(1년→2년)(6/30)
	2002	• 제5차 교통안전기본계획 수립·시행(계획기간 2002~2006년) • 운행기록장치 미작동·고장차량 범칙금 부과(7/1)
	2003	• 「자동차교통관리개선특별회계법」 시행(1/1) • "어린이 교통안전 원년" 선포(어린이 사망자 수 5년 내 1/2 감소 목표)(5/5)
	2004	• 제5차 교통안전기본계획(변경계획) 시행 • 교차로 교통사고 자동기록장치 도입(서울 8대)
	2005	• 교통사고책임보험 보상한도 인상(사망자 수 1억 원, 부상자 2천만 원)(2/22)
	2006	• 일반도로 뒷좌석 유아보호용장구 착용 의무화(6/1) • 「교통안전법」 전부 개정(2006년 12월)
	2007	• 제6차 교통안전기본계획 수립·시행(계획기간 2007~2011년)
	2008	• 국정과제 "교통사고 사상자 절반 줄이기" 추진 • 제1차 지역교통안전기본계획 수립 시작(계획기간 2009~2011년)
	2009	• 교통사고로 중상해 야기 시 종합보험에 가입되어도 면책불가 위헌 결정(2/26) • 음주운전 형사처벌 강화 • 어린이보호구역 내 조치의무 위반 「교통사고처리 특례법」상 중대법규 포함(11개 항목)
2010년대	2010	• 사업용자동차에 표준화된 디지털운행기록장치의 설치 의무화(6/29)
	2011	• 교통안전 취약지역에 대한 특별실태 조사 실시 규정 마련(5/19) • 어린이 통학버스 운영자와 운전자의 안전교육 의무 부과(6/8) • 고령운전자에 대한 적성검사 강화(12/9)
	2012	• 제7차 국가교통안전기본계획 시행(계획기간 2012~2016년) • 교통안전취약특별 실태조사 시행
	2013	• 교통사고 사상자 줄이기 종합대책 시행
	2014	• 대형차량 속도제한장치 장착 강화
	2015	• 사업용자동차 교통안전 특별대책 시행
	2016	• 도시부 속도 50 km/h 이하 적용구간 시행 및 보행자 무단횡단시설 설치 확대 • 「교통사고처리특례법」상 적재물 낙하방지 의무 위반 중대법규 추가(12/2)
	2017	• 제8차 국가교통안전기본계획 시행(계획기간 2017~2021년) • DTG를 통한 최소휴게시간 준수 및 속도제한장치 해제여부 확인(7/18) • 차로이탈경고장치 장착 의무화(7/18)
	2018	• 전좌석 안전띠 착용의무화, 자전거 음주운전 범칙금 부과(9/28) • 음주운전 사상사고 처벌 강화(윤창호법, 12/18)
	2019	• 교통안전담당자 의무지정(1/1), 혈중알코올농도 0.03% 하향 및 음주운전 처벌강화(6/25)

그림 3.2.1 연도별 교통사고 사망자 수와 주요 추진정책

통안전 시범도시를 지정할 수 있는 근거가 마련되었다. 고령운전자에 대해서는 적성검사가 강화되었으며 교통사고 사상자를 줄여나가기 위해 교통사고 사상자 줄이기 종합대책을 마련하여 시행하였다. 그리고 도시부 최고제한속도를 시속 50 km 이하로 하향 적용하는 도로구간이 확대되었다.

2.2 국가교통안전계획의 주요 추진대책

2.2.1 제3차 국가교통안전기본계획(1992~1996년)

제3차 교통안전기본계획(1992~1996년)은 1996년에 자동차 교통사고 사망자 수를 연간 8,000명 수준으로 억제하는 것을 목표로 하였다. 제3차 계획의 추진내용은 총 6개 부문(교통안전시설의 정비 및 확충, 수송장비의 안전도 향상, 운전자 및 종사원 자질향상, 교통안전의식 고취, 교통사고 구조체계 보강, 교통안전 관련제도 개선)으로 분류하여 총 17개 중점 추진대책을 마련했다.

2.2.2 제4차 국가교통안전기본계획(1997~2001년)

제4차 교통안전기본계획(1997~2001년)은 교통사고 사망자 수를 1995년 대비 3분의 1로 감소시켜 교통안전 선진국으로 도약한다는 목표를 설정하여 교통안전대책을

구분	추진대책
1. 교통안전시설의 정비 및 확충	• 신호기, 안전표지 등 시설의 정비 및 확충
	• 취약 교통시설의 집중 개량
	• 안전시설 투자의 확대
2. 수송장비의 안전도 향상	• 노후수송장비의 대체 및 개량 촉진
	• 정비 및 검사설비 개량
	• 부품개발 등을 위한 기술 투자 확대
3. 운전자 및 종사원 자질 향상	• 운전자격관리 기준 보강
	• 종사원 및 경영자 안전교육 강화
	• 종사원 근무조건 개선 및 복지 향상
4. 교통안전의식 고취	• 대중매체를 통한 국민의 교통안전 및 질서의식 함양
	• 각급 학교 교통안전교육의 생활화
	• 교통안전홍보물 제작 보급
5. 교통사고 구조체제 보강	• 긴급구조 및 응급의료체제 보강
	• 구조장비 확충
6. 교통안전 관련제도 개선	• 교통안전 관련법령 보완
	• 운송업체 경영 합리화
	• 교통사고 예방을 위한 자동차 보험제도 개선

표 3.2.2 제3차 교통안전기본계획의 주요 추진내용

자료: 국토교통부, 제3차 국가교통안전기본계획

추진하였으며, 총 6개 부문(교통안전의식의 선진화, 안전한 도로교통환경 조성, 자동차 안전도 향상, 교통안전규제 시행, 교통사고 사후처리제도 개선, 교통안전 관련제도 개선)으로 구분하여 총 26개 중점 추진대책을 마련했다.

2.2.3 제5차 국가교통안전기본계획(2002~2006년)

제5차 국가교통안전기본계획(2002~2006년)에서는 자동차 1만 대당 도로교통사고 사망자 수를 OECD 평균인 3.0명, 연간 도로 교통사고 총 사망자 수를 2000년 10,236명에서 2006년 5,600명으로 감소시켜 OECD 가입 29개 국가 중 20위 진입을 목표로 정했다. 이를 위해서 도로교통 안전대책을 8개 부문(운전자 관리 및 단속 강화, 교통안

표 3.2.3 제4차 교통안전기본계획의 주요 추진내용

구분	추진대책
1. 교통안전의식의 선진화	• 교통안전에 대한 범국민적 계몽·홍보 활동 전개
	• 평생 교통안전교육체제 구축
	• 교통법규위반에 대한 지도단속 효율화
2. 안전한 도로교통환경 조성	• 교통사고 잦은 지점 집중개선
	• 교통안전시설 정비 및 확충
	• 교통시설의 관리·운영 효율화
	• 첨단도로교통체계 도입
	• 교통안전시설 투자재원 확대
3. 자동차 안전도 향상	• 자동차 안전관리 강화
	• 자동차 성능시험 및 검사시설 확충
	• 자동차 부품 품질개선
	• 신규제작 주행형 농업기계의 등화장치 부착 의무화
4. 교통안전규제 시행	• 어린이보호구역 중점관리
	• 장애인 등 안전시설 확충
	• 보차혼합 이면도로의 속도규제 강화
	• 보행자중심의 횡단보도시설 운영
	• 기타 보행자 등의 교통안전대책 시행
5. 교통사고 사후처리제도 개선	• 교통사고 조사절차의 합리적 개선
	• 과학적 교통사고 원인분석 체계 구축
	• 교통사고 긴급구조체계의 개선
	• 교통사고 유자녀에 대한 사회복지대책 강구
6. 교통안전 관련제도 개선	• 자동차 운전면허시험제도 개선
	• 자동차 손해배상 보장제도 개선
	• 운수업체에 대한 지도 단속 강화
	• 위험물 안전수송대책
	• 건설공사현장 교통안전대책의 제도적 강구

자료: 국토교통부, 제4차 국가교통안전기본계획

전 교육 및 홍보, 도로 안전성 확보, 자동차 안전도 제고, 자동차 보험제도 정비, 사업용자동차 등 부문별 교통안전대책, 교통안전기술 연구 및 개발, 교통안전 추진체계 강화), 총 33개의 중점 추진대책을 마련했다.

표 3.2.4 제5차 교통안전기본계획의 주요 추진내용

구분	추진대책
1. 운전자 관리 및 단속 강화	• 운전자 안전관리 강화
	• 교통법규 위반 단속능력 확충
	• 교통사고 피해 경감 대책
2. 교통안전 교육 및 홍보	• 교통안전 교육 강화
	• 교통안전 홍보 강화
	• 교통안전 범국민 운동 전개
	• 보험단체주관 교통사고 예방활동
3. 도로 안전성 확보	• 보행 중 교통사고 예방대책
	• 도로시설 교통안전관리 강화
	• 교통사고 잦은 곳 개선 등
4. 자동차 안전도 제고	• 자동차 안전기술 개발
	• 자동차 안전도 평가
	• 자동차 안전기준 강화
	• 자동차 제작사 교통안전 참여 유도
5. 자동차 보험제도 정비	• 보험료 차등화 제도 확대
	• 대물·대인보험 가입 의무화
	• 물적피해 교통사고 형사면책
6. 사업용자동차 등 부문별 교통안전대책	• 과속·난폭 및 과로운전 사고 예방
	• 운수업체 경영자 등 안전의식 및 자질 향상
	• 사업용 자동차 안전도 확보
	• 운수업체 교통안전관리체계 정비
	• 통학버스 교통안전관리 강화
	• 이륜차 교통안전관리 강화
	• 자전거 교통안전관리 강화
	• 위험물 운송관리체계 개선
	• 농기계 교통안전관리 강화
7. 교통안전기술 연구 및 개발	• 교통정보 제공과 돌발상황 관리시스템 구축
	• 교통안전 시설물 전산 관리
	• 고속도로 교통관리시스템(FTMS) 확충
	• 첨단 과학기술을 활용한 교통안전체계 구축
8. 교통안전 추진체계 강화	• 교통안전 정책 총괄·조정기능 강화
	• 교통사고 원인 조사·분석체계 정비
	• 지역 및 현장중심의 교통안전관리체계 강화

자료: 국토교통부, 제5차 국가교통안전기본계획

2.2.4 제6차 국가교통안전기본계획(2007~2011년)

제6차 교통안전기본계획 중 도로 교통부문에서는 자동차 보유대수 1만 대당 사망자 수를 2006년 3.25명에서 2011년 OECD 중위권인 1.9명까지 줄이는 것으로 목표를 설정하였다. 교통안전추진대책은 총 6개 부문(도로이용자 행태개선, 교통안전의식 제고, 도로시설 안전도 제고, 자동차 안전도 및 탑승자 보호개선, 교통사고 취약계층 보호, 조사 및 연구기능 강화)으로 구분하여, 총 23개의 중점 추진대책을 마련했다.

표 3.2.5 제6차 교통안전기본계획의 주요 추진내용

구분	추진대책
1. 도로이용자 행태개선	• 음주운전 대책
	• 과속운전 대책
	• 무면허운전 대책
	• 교통신호 위반자 대책
	• 휴대전화(DMB)포함 이용자 대책
	• 불법 주·정차 대책
	• 사업용자동차 교통사고 감소 대책
2. 교통안전의식 제고	• 교통안전의식 제고
3. 도로시설 안전도 제고	• 기존도로의 안전도 개선 사업
	• 신설도로의 안전도 개선 사업
	• 도로변 시설물 정비 사업
4. 자동차 안전도 및 탑승자 보호개선	• 탑승자 보호 개선
	• 자동차 안전도 개선
	• 교통사고처리 및 응급구조 대책
5. 교통사고 취약계층 보호	• 고령자 교통사고 대책
	• 보행자 교통사고 대책
	• 이륜차 대책
6. 조사 및 연구기능 강화	• 신기술 및 시스템 개발
	• 교통사고 지원 DB 시스템 구축
	• 효과적인 단속방법 개발
	• 교통안전 추진체계 선진화
	• 사업용 차량 사고 조사 및 분석
	• 법·제도 정비

자료: 국토교통부, 제6차 국가교통안전기본계획

2.2.5 제7차 국가교통안전기본계획(2002~2016년)

　　제6차 국가교통안전기본계획의 정책목표인 OECD 중위권 진입에 실패하면서 제7차 교통안전기본계획에서도 2016년까지 자동차 1만 대당 사망자 수를 1.3명까지 감소시켜 OECD 중위권 진입을 정책 목표로 재설정하였다. 또한 교통사고 사망자 수를 2016년까지 3,000명 수준으로 감소시키고자 했다. 교통안전추진대책은 총 5개 부문(도로이용자 행태개선, 안전한 교통인프라 구축, 스마트 교통수단의 운행, 안전관리시스템 강화, 비상대응체계 고도화) 총 23개의 중점추진대책을 마련하여 추진하였다.

표 3.2.6 제7차 국가교통안전기본계획의 주요 추진내용

구분	추진대책
1. 도로이용자 행태개선	• 통학로 어린이 교통안전 강화
	• 어린이 중심 교통안전 교육으로의 변화 모색
	• 고령운전자 교통안전 대책 강화
	• 음주운전 등 중대법규 위반자 처벌 강화
	• 자동차 보험제도의 선진화
	• 사업용자동차 운행시간 제한제 도입
	• 종사자의 안전역량 강화
	• 불법행위 저감을 위한 제도개선
	• 교통안전 홍보·교육의 다각화
2. 안전한 교통인프라 구축	• 안전하고 쾌적한 보행공간 확보
	• 교통약자를 위한 보호구역의 체계적 정비
	• 안전 지향형 교통안전시설 확충
	• 지역 단위의 교통안전 개선사업 추진
	• 자전거 교통안전 대책 마련
	• 교통안전 정보의 공유 활성화
3. 스마트 교통수단의 운행	• 자동차 첨단안전장치 보급 확대
	• 사업용자동차 안전장치 보급 확대
	• 글로벌 시대에 부합하는 자동차 안전확보
4. 안전관리시스템 강화	• 인간중심의 속도관리 체계변화
	• 교통사고 원인조사의 과학화
	• 물류 안전관리시스템 강화
5. 비상대응체계 고도화	• 분야별 비상 대응체계 구축
	• 기상정보제공시스템 구축

자료: 국토교통부, 제7차 국가교통안전기본계획

2.2.6 제8차 국가교통안전기본계획(2017~2021년)

제8차 국가교통안전기본계획에서는 교통사고 사망자 수를 2021년까지 2,700명 수준으로 감소시키는 것을 정책목표로 설정하였으며, 자동차 1만 대당 사망자 수는 1.0명 수준에 도달하는 것으로 정했다. 그밖에 교통사고 사망자 수 이외에 교통사고 중상자에 대한 관리도 시작하여 2015년 기준으로 91,114명 수준의 교통사고 중상자 발생 수준을 2021년까지 54,000명 수준으로 감소시키는 목표를 추가했다. 이러한 목표달성을 위한 교통안전 추진대책은 총 4개 부문(교통약자를 배려하는 교통문화 형성, 사람 중심의 도로교통환경 조성, 첨단기술 기반 자동차 안전 강화, 교통안전에 대한 책임의식강화 및 협력촉진) 총 52개의 중점 추진대책으로 마련하여 추진하고 있다.

표 3.2.7 제8차 국가교통안전기본계획의 주요 추진내용

구분	추진대책
1. 교통약자를 배려하는 교통문화 형성	• 횡단보도, 교차로 보행자 우선제도 도입
	• 보행자 사고유발자 행정처분 강화
	• 보행자 사고 재발방지 안전관리 강화
	• 보행자 우선문화를 위한 제도 및 의식 개선
	• 고령운전자의 운전능력 평가 및 관리강화
	• 고령자 교통안전에 대한 이해증진
	• 고령자의 교통안전을 위한 배려문화 형성
	• 어린이 중심의 안전한 학교 및 통학 환경 조성
	• 교통안전교육 의무화 및 실효성 강화
	• 어린이 교통안전장구의 효율적 사용
	• 자전거 안전관리 개선 추진
	• 이륜차 안전대책 개선 추진
	• 운전자 운송자격관리 강화
	• 교통안전체험교육 확대
	• 사업용자동차 운행 및 근로시간 규정 개정추진
	• 운전면허 취득절차 개선 및 면허관리 강화
	• 고위험군 운전자에 대한 안전관리 강화
	• 안전의식개선(음주운전, 안전띠)

(계속)

표 3.2.7 제8차 국가교통안전기본계획의 주요 추진내용	
구분	추진대책
2. 사람중심의 도로교통환경 조성	• 도시부 제한속도 50/30 적용 확대
	• 사고 위험구간에 대한 속도관리 강화
	• 속도관리 및 과속 단속시설 확충
	• 보행자 중심의 생활도로 개선 및 교통 안전성 강화
	• 보행자들의 안전한 이동환경 개선 촉진
	• 보행자의 교통사고 위험지역에 대한 개선
	• 보행자 중심의 도시개발 유도
	• 지방부 도로의 교통사고예방 프로그램 시행 촉진
	• 교차로 안전성 강화
	• 교통사고 위험구간 개선
	• 교통정보 연계 및 관리를 위한 인프라 확대
	• 자전거도로 안전시설 개선 및 관리 강화
3. 첨단기술 기반 자동차 안전 강화	• 차량 내 첨단 안전장치의 개발 및 적용 촉진
	• 교통사고 예방지원장치의 보급활성화 촉진
	• 운행기록계를 활용한 안전운전 지원
	• 자동차 안전성 평가 및 검사 고도화
	• 자동차 관리 및 안전기준 국제화 추진
	• 특수자동차 및 이륜차의 안전기준 관리 강화
	• 자율주행자동차의 안전운행기반 조성방안 검토
	• 공유이동교통수단 운전자 책임부과방안 검토
	• 개인형 이동수단의 통행권 정립방안 추진
4. 교통안전에 대한 책임의식강화 및 협력촉진	• 지자체 중심의 교통안전 역할 강화
	• 중앙정부의 교통안전 정책 조정 및 유관기관 협력
	• 교통사고 자료 공유 및 정보활용 확대 추진
	• 미디어, 주요 계기를 활용한 교통안전홍보 활성화
	• 안전관리 효율성 향상을 위한 제도개선 추진
	• 교통법규 위반행위에 대한 행정처분 강화

(계속)

표 3.2.7 제8차 국가교통안전기본계획의 주요 추진내용	
구분	**추진대책**
4. 교통안전에 대한 책임의식강화 및 협력촉진	• 불법명의 자동차 근절대책 추진
	• 교통안전대책 실효성 제고를 위한 체계적인 단속 추진
	• 자동차 보험제도 개선을 통한 교통사고 예방
	• 교통사고 취약 운수업체 안전관리 강화
	• 사업용 자동차의 안전점검 강화
	• 사업용 자동차 안전관리체계 기반마련
	• 2차사고 예방활동 강화
	• 응급의료기관에 대한 효율적인 정보 제공
	• 교통사고 중상자 분류 및 중증외상환자 진료체계 확대

자료: 국토교통부, 제8차 국가교통안전기본계획 (변경), 2018년 7월

제3장

03

해외 교통안전계획

3.1
유엔의 도로안전 10개년 계획[7]

3.1.1 유엔 계획의 의의

유엔(UN; United Nations)은 전 세계에서 130만 명(2010년 기준)에 해당하는 사람들이 매년 교통사고로 인해 희생되고 있으며, 사망자 수보다 훨씬 많은 수의 사람들이 부상을 당하고 있다고 발표한 바 있다. 이러한 교통사고 희생자의 대부분은 저소득 국가에서 발생하고 있으며 단기간 내 해결가능성이 높지 않은 상태이다. 도로교통사고의 심각성을 바탕으로 사망자 수를 줄이기 위한 노력의 필요성은 유엔 총회 결의안 중 2004년 4월 결의안 58/289, 2005년 10월 결의안 60/5, 2008년 3월 결의안 244/62에 나타나 있다. 특히, 결의안 60/5는 유엔 지역위원회와 관계 당국들이 교통안전 활동을 하는 데 앞장서도록 권한을 강화하고 있으며, 62/244는 '유엔 지역위원회가 이행하는 이 프로젝트에 모든 회원국이 참여하여 저소득, 개발도상국 국가들이 교통사고 사상자 감소에 대해 국가 목표 및 지역 목표를 설정할 수 있도록 도울 것'을 권장하고 있다. 유엔의 도로교통 사망자 수를 줄여야 할 필요성을 정리하면 다음과 같다.

- 전 세계에서 도로교통사고로 한 해에 130만 명 이상이 희생되고 있다.
- 도로교통사고로 인한 사망자 수가 일반적으로 위험한 전염병으로 알려진 말라리아에 의한 사망자보다 많을 만큼 심각한 수준이다.
- 교통사고로 인한 부상자가 연간 5천만 명 이상 발생하고 있고, 이로 인해 많은 수의 피해자가 장애인이 되어 고통 받고 있다.
- 세계에서 발생하는 교통사고 피해자의 90% 이상이 개발도상국 등 저소득 국가에서 발생하고 있다.

---

7 Global Plan for the Decade of Action for Road Safety 2011~2020(www.who.int/roadsafety/decade_of_action)

- 현재의 추세라면 2020년에 교통사고 사망자 수는 190만 명 수준에 이를 것이다.
- 전 세계 어린이 사망사고의 첫 번째 원인이 도로교통사고이다.
- 교통사고로 인한 개발도상국들의 경제적 부담(손실)이 한해에 1천억 달러 수준에 이를 것이다.
- 교통사고로 인한 피해자의 발생은 병원과 의료시스템의 부담으로 작용한다.

유엔은 교통사고로 인한 피해를 줄여나가기 위해 2011~2020년을 도로안전을 위한 10개년 개선기간으로 설정하고 2011년 국가적·지역적·세계적 차원에서 교통사고로 인한 사망자와 부상자를 줄이기 위한 공동노력의 실행계획으로서 "도로안전 10개년 실천계획"(The UN Decade of Action on Road Safety)을 제안하였다. 도로안전 10개년 실천계획의 목표는 2010년도 기준으로 도로교통사고로 발생한 교통사고 사망자 수를 2020년까지 절반수준으로 줄이는 것이다. 〈그림 3.3.1〉에서 알 수 있듯이 교통사고 예방을 위한 별도의 조치가 없을 경우 2020년에 도로교통사고 사망자 수는 190만 명에 이를 것으로 예측되며, 도로안전 10개년 실천계획을 통해 전 세계적으로 사망자 5백만 명 이상 감소, 심각한 부상자 5천만 명 이상을 감소시키고자 한다.

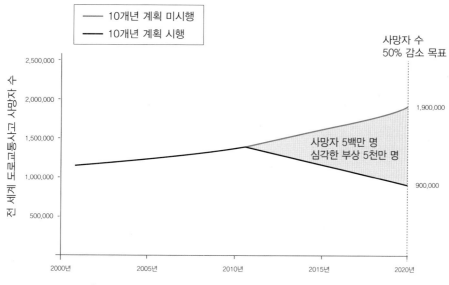

그림 3.3.1 유엔 도로안전 10개년 실천계획의 사망자 수 감소목표

3.1.2 유엔 계획의 주요내용

유엔의 도로안전 10개년 실천계획은 국가차원의 활동유형과 국가 간 이루어지는 활동유형으로 구분하고 있다. 국가차원의 활동유형은 〈그림 3.3.2〉와 같이 5개의 골격

그림 3.3.2 유엔 도로안전 10개년 실천계획의 주요 골격

(pillar)으로 구성되어 있다. 유엔은 각 국가들로 하여금 도로안전 10개년 실천계획에서 제시하고 있는 주요 골격(pillar)별 실행계획을 각 국가의 특성과 함께 반영하여 도로안전개선계획을 수립하도록 권장하고 있다.

❶ 도로안전관리(pillar 1)

국가는 도로안전전략, 목표, 시행계획 등을 반영한 도로안전관리를 위해 다수의 이해관계자와 파트너십을 형성하고 안전 활동을 시행하는 기관을 지정하는 것이 필요하며, 교통안전활동에 대한 모니터링을 통해 데이터를 수집하고 시행효과를 분석할 필요가 있다.

- 활동유형 1: 유엔의 도로안전과 관련된 협정에 대한 실행, 실행사항 이행을 위한 실행기구의 설립을 장려
  - (도로안전협약) 1968년에 제정된 협약이며, 국제적으로 동일한 도로교통규정을 적용하여 교통안전 향상 노력 촉진
  - (도로표지와 교통신호 협약) 1968년에 제정되었으며, 도로표지와 교통신호에 대한 일반적인 규정
  - (도로교통활동 시행조직 협약) 1970년에 제정되었으며, 지역단위로 교통안전활동 실행을 위한 법적인 기구의 설치 촉진
- 활동유형 2: 이해관계자 및 파트너들과 협력하여 도로안전활동을 시행할 수 있는 선도기관(leading agency) 설치를 장려
  - 선도기관의 지정 및 설치
  - 조정기능을 수행할 수 있는 그룹의 설치
  - 핵심적 업무수행(core work)을 위한 프로그램 개발
- 활동유형 3: 교통안전 선도기관에 의한 국가차원의 전략수립
  - 장기간 투자계획의 수립
  - 핵심업무 수행을 위한 책임감 형성
  - 실행계획의 설정
  - 협력관계(파트너십) 형성

- ISO 39001과 같은 기준을 도로안전관리에 적용 촉진
- 도로교통사고 사상자를 줄이기 위한 모니터링 수행 및 데이터수집 시스템 구축
- 활동유형 4: 교통사고자료 분석에 근거하여 현실적인 장기적 국가목표 설정
  - 개선성과에 대한 명확화
  - 잠재적 기대성과에 대한 평가
- 활동유형 5: 교통안전활동 수행을 위한 예산의 확보
  - 비용효과 분석에 기초한 지속적인 예산 확보
  - 연간 또는 반기단위 예산확보 목표 설정 권장
  - 안전프로그램에 따른 자원의 효율적이고 효과적인 배치 권장
  - 교통안전을 위해 인프라 투자예산의 10% 사용 권장
  - 재원확보를 위한 혁신적인 노력 지속
- 활동유형 6: 교통안전활동에 대한 모니터링 시스템 구축 및 안전활동 성과에 대한 평가체계 구축
  - 도로교통사고 사망자, 부상자 발생 등을 모니터링하기 위한 시스템 구축 권장
  - 안전벨트·헬멧 착용, 평균 주행속도와 같이 성과에 대한 중간점검을 위한 시스템 구축 권장(국가단위, 지역단위)
  - 도로교통사고 사상자 발생의 경제적 손실에 대한 모니터링 및 산정을 위한 시스템 구축 권장(국가단위, 지역단위)
  - 도로교통사고 사상자에 대한 노출수준을 모니터링 및 산정을 위한 시스템 구축 권장(국가단위, 지역단위)

❷ **보다 안전한 도로 및 이동성**(pillar 2)

국가는 모든 도로이용자의 편익을 위해 도로 네트워크의 안전성 및 특성을 강화하도록 권장하고, 특히 교통약자(보행자, 자전거이용자 등)를 배려하도록 한다. 이를 위해 도로의 계획, 설계, 건설 및 운영단계별 안전 관점에서 유엔에서 권장하는 도로인프라 구조의 수준을 충족할 수 있도록 한다.

- 활동유형 1: 도로관리기관과 엔지니어 및 도시계획가 등 도로의 계획·설계·운영에 관여하는 이해관계자들의 도로안전 책임의식 함양 촉진
  - 2020년까지 위험도로를 개선하는 목표설정 권장
  - 보다 안전한 도로인프라 구축에 도로관련 예산의 최소 10% 수준 할당 권장
  - 도로관리청에 대한 도로안전개선에 대한 법적인 책임권한 강화 촉진
  - 도로네트워크의 안전성 개선 및 모니터링을 위한 도로안전 전문가 양성
  - 지역단위별로 유엔지역위원회에서 권장하는 도로인프라 구축 촉진
  - 도로인프라 투자에 대한 안전도 개선성과에 대한 모니터링 시행

- 활동유형 2: 교통수요관리, 토지이용관리 등 지속가능한 도시계획의 일부로서 모든 도로이용자의 요구를 반영하기 위한 아래 사항 시행의 권장
  - 안전한 이동성에 기반한 토지이용계획 수립
  - 모든 계획 및 개발과정의 일부로서 안전측면의 영향에 대한 평가를 포함
  - 안전하지 않은 개발추진을 예방하기 위한 개발단계별 평가절차 포함 권장
- 활동유형 3: 기존 운영도로에 대한 관리, 개선 및 유지보수를 위하여 아래 사항의 시행을 권장
  - 도로이용자 유형별로 사망 또는 부상사고가 발생한 위치, 사고에 영향을 미친 도로 기하구조에 대한 파악
  - 교통사고 발생빈도 및 심각성 등을 반영하여 위험한 도로 지점 및 구간 파악
  - 운영 중인 도로에 대한 안전도 평가 시행 및 안전성 개선을 위한 조치 시행
  - 도로네트워크의 운영, 속도관리를 위한 설계 및 속도운영관리와 관련된 리더십 수행
  - 공사구간에 대한 안전성 확보
- 활동유형 4: 이동성과 접근성에 대한 도로이용자의 요구를 충족시킬 수 있는 새로운 도로인프라 개발 촉진
  - 새로운 인프라 시설 건설시 모든 교통수단에 대한 고려
  - 새로운 디자인에 대한 최소안전율 적용
  - 도로의 계획, 설계, 건설, 운영단계별로 독립적인 도로안전성 평가 및 도로안전진단 시행 권장
- 활동유형 5: 안전한 인프라 구축을 위한 지식 및 정보공유 촉진
  - 개발과정에서 파트너십 형성 촉진(도로관리기관, 은행, 시민사회, 교육기관 등)
  - 도로안전공학에 기반한 저비용의 안전진단 및 도로안전평가를 위한 도로안전교육 시행 촉진
  - 안전한 도로의 설계 및 운영을 위한 기준제정 촉진
- 활동유형 6: 보다 안전한 도로와 이동성을 위한 개발 및 연구촉진
  - 보다 안전한 도로인프라를 위한 공동연구 촉진 및 유엔의 도로안전 10개년 실행계획의 목표에 부합할 수 있도록 투자시행 권장
  - 저소득 국가의 도로망에 대한 인프라의 안전성 개선을 위한 지속적인 연구개발 촉진
  - 안전성 개선사항에 대한 평가시행 촉진

❸ 보다 안전한 차량(pillar 3)

국가는 자동차 관련 새로운 기술개발이 가속화 되고 있는 상황을 반영하고 국제기준과의 조화를 고려하여 능동(active)과 수동(positive) 양측면의 자동차 안전기술의 개선을 촉진한다.

- 활동유형 1: 유엔월드포럼(United Nation's World Forum)에서 제안된 자동차안전규정의 적용 촉진
- 활동유형 2: 자동차의 안전성능에 대한 정보제공을 위해 신차에 대한 평가프로그램 시행
- 활동유형 3: 모든 신차에 대한 안전벨트 장착을 확인하고 충돌시험으로 안전기준을 충족하는지에 대한 확인 촉진
- 활동유형 4: 전자식 주행안전컨트롤(Electronic Stability Control) 및 미끄럼방지장치(Anti-Lock Braking System)와 같은 차량 충돌 회피장치의 개발 및 보급 촉진
- 활동유형 5: 도로이용자 보호를 위한 보다 높은 수준의 기술적용 장려(재정적인 지원정책 적용)
- 활동유형 6: 보행자 보호규정의 적용을 촉진하고 교통약자에 대한 위험성을 줄일 수 있는 안전기술 연구개발 촉진
- 활동유형 7: 자동차 탑승자 보호기술 및 선진 교통안전기술의 적용 확대 촉진

❹ 보다 안전한 도로이용자(pillar 4)

국가는 도로이용자의 행위를 개선하기 위한 종합적인 프로그램을 개발하고, 교통법규와 기준의 강화를 추진하며, 안전벨트 착용, 헬멧 착용, 음주운전, 속도관리 등 사고위험성이 높은 행위에 대한 도로이용자의 인식제고를 촉진한다.

- 활동유형 1: 도로이용자에 대해 도로교통안전 프로그램의 필요성 및 효과적인 행태변화유도를 위한 캠페인 시행을 촉진하고, 도로안전 위험요인에 대한 인식 및 대책에 대한 인식 강화
- 활동유형 2: 속도에 기인한 충돌 및 사상자 발생사고를 줄이기 위한 목적으로 도로이용자가 순응할 수 있는 제한속도 설정 촉진
- 활동유형 3: 음주운전 관련 충돌 및 사상자 발생사고 예방을 위한 음주운전 관련 규정 제정 촉진
- 활동유형 4: 치명적 사고(두부손상)를 감소시키기 위한 오토바이 헬멧착용을 위한 관련 규정 제정 촉진
- 활동유형 5: 자동차 탑승자의 보호를 위한 안전벨트 및 어린이 안전보호장구 장착기준 마련 촉진
- 활동유형 6: 사업용자동차의 안전한 운행을 위한 기준과 규정의 마련 촉진 및 대중교통수단과 개인차량 충돌사고 예방노력의 강화
- 활동유형 7: 대중교통과 관련된 교통사고의 사상자 발생을 줄여나가기 위한 종합적인 정책의 시행을 촉진하고, 국제적으로 통용될 수 있는 도로안전관리시스템의 기준적용 권장

- 활동유형 8: 초보운전자를 대상으로 한 운전면허관리 촉진

⑤ 사후 충돌사고 대책(pillar 5)

국가는 충돌사고 발생 후 적절한 응급대응 대책을 마련하여 제공하고, 교통사고 피해자의 장기간에 걸친 사회복귀를 지원하도록 장려한다.

- 활동유형 1: 국가차원의 단일화된 응급전화번호 구축 및 차량충돌 후, 차량에서 희생자의 구조와 병원입원 전 케어시스템 개발
- 활동유형 2: 교통사고로 인한 트라우마 케어시스템을 개발하고, 이에 대한 평가를 통해 좋은 케어프로그램의 보급 확산촉진
- 활동유형 3: 교통사고로 인한 신체적·정신적 트라우마를 최소화하고, 조기에 피해자의 치료를 지원하도록 권장
- 활동유형 4: 도로이용자를 위한 보험을 개발하고 교통사고 희생자에 대해 사고 후 조속히 보험적용을 받을 수 있도록 권장
- 활동유형 5: 교통사상자 발생사고에 대한 원인조사 등을 통해 피해자의 효과적인 법적대응 방안 마련 권장
- 활동유형 6: 장애인에 대한 고용 촉진
- 활동유형 7: 교통사고 사후처리 개선을 위한 연구개발 촉진

3.2 세계보건기구 도로안전개선 활동

세계보건기구(WHO; World Health Organization)는 세계은행(World Bank)과 세계 도로교통 상해예방에 관한 보고서를 공동으로 발간(2004년)한 바 있으며, 이 보고서를 통해 선진국과 후진국 간의 도로안전상의 격차를 줄이기 위한 국제사회의 노력이 필요함을 제시하고, 이를 위한 재원과 기술적 지원을 마련하기 위한 시스템으로 2006년 GRSF(Global Road Safety Facility)를 설치하였다.

3.2.1 GRSF의 목표

GRSF의 운영에 필요한 예산은 호주, 네덜란드, 스웨덴 등의 일부 국가와 블룸버그 필란트로피(Bloomberg Philantropies) 등의 자선단체에서 지원받고 있으며, 사업의 목표는 다음과 같다.

- 저소득 국가에서 발생하는 도로교통 사망자 및 부상자 수를 지속적으로 줄이도록 지원하기 위한 국제사회의 지원 강화

- 저소득 국가 대상으로 도로안전에 대한 투자 확대 촉진
- 저소득 국가의 교통안전에 대한 정보 공유 및 지식 전수
- 저소득 국가를 중심으로 혼잡한 교통상황 및 주행속도의 적용문제 등 도로환경 개선을 위한 혁신적인 기반시설 해결 촉진

3.2.2 GRSF의 전략계획

GRSF 전략계획에서는 지원대상 활동을 글로벌 범위와 지역단위 그리고 국가차원의 활동으로 구분하여 제시하고 있다. 먼저 글로벌 및 지역단위의 지원활동 유형으로 선정되어 지원을 받으려면 활동의 영향이 지역과 국가들에 걸쳐 파급될 수 있어야 하며, 관련 역량을 개발하기 위한 연구내용을 포함하도록 하고 있다. 글로벌 및 지역단위 활동유형은 다음과 같다.

- WHO와 유엔 지역 이사회의 협동 활동
- 글로벌 도로안전포럼(Global Road Safety Forum) 지원 활동
- Global Road Safety 파트너십의 우수 실천지침 및 지식관리, 프로그램 이행 활동
- 도로교통 사상자의 국가 간 비교자료를 개선하기 위한 자료수집 활동
- 국제도로평가프로그램의 기반시설 안전등급 평가 활동
- 도로교통 사상자 연구 네트워크의 관련 활동
- 제도적 리더십을 강화하기 이한 세계적 교통안전정책 네트워크 개발
- 아프리카 사하라 이남 지역의 도로안전관리 역량강화 훈련사업
- 세계도로연맹 등과 같은 국제단체들의 활동

또한 GRSF에서 지원하는 국가차원의 활동은 다음과 같은 것들이 있다.

- 국가안전관리 역량의 검토
- 도로안전관리를 위한 제도적 구조와 절차의 강화
- 국가 도로안전투자전략의 작성과 실행을 위한 시범사업
- 재원이 필요한 대규모 안전사업을 지원하는 데 필요한 프레임워크와 업무사례 작성
- 소규모 시범프로젝트에 대한 예산 지원
- 지식관리와 훈련활동
- 전략이행을 지원할 수 있는 연구와 개발

경제개발협력기구(OECD; Organization for Economic Cooperation and Development)는 회원국 간 경제사회발전을 도모하고 환경, 과학, 노동 등 사회분야 정책 전반에 걸쳐 논의와 협력을 추진하며, 그 산하에 IRTAD(International Road Traffic Accident and Database)[8]를 1988년부터 구축·운영하고 있다. IRTAD는 도로안전 업무의 기초자료로서 OECD 회원국에 대한 교통사고 관련 자료를 집계하여 데이터베이스를 구축하고 교통안전 정책의 효과적인 국제비교를 위한 근거자료로 제공하고 있다.

OECD 회원국 내에서 교통사고 사망자 등 교통안전수준의 지속적인 향상성과를 나타내고 있는 주요 교통선진국들이 추진해왔던 주요 교통안전정책을 살펴보면 다음과 같다.

3.3.1 스웨덴

스웨덴은 교통안전 비전제로 정책을 제안한 국가로 알려져 있다. 1980년대 교통안전을 국민의 건강문제로 인식하고 적극적인 사고예방 정책을 추진하였으며, 주요 추진정책으로는 모든 차량의 전조등 점등 의무화, 자동차 모든 좌석의 안전벨트 착용 의무화, 속도규제 강화, 음주운전 규제강화, 사고피해 경감용 중앙분리대 설치, 보도와 차도사이 분리시설 설치, 과속단속강화, 도로안전도 평가 시행 등이 그것이다.

표 3.3.1 스웨덴의 교통안전 주요 추진대책

시기구분	주요 추진대책	교통사고 연평균 감소율
1975~1980년	• 모든 차량 전조등 점등 의무화(이륜차 포함)	-6.3%
1985~1994년	• 뒷좌석 안전벨트 착용 의무화 • 전국 도로 교통안전계획 수립(국민건강문제로 인식)	-3.5%
1995~1998년	• 차량 내 음주운전 검지기 설치(미설치 시 운행금지) • 비전제로 법안 추진 • 교통이 혼잡한 도로망을 중심으로 30 km/h 속도규제 • 2+1차로 확충 • 음주운전단속기준 강화(혈중 알코올 농도 0.02%) • 과속단속카메라 전국적 설치 • 사고피해 경감용 중앙분리대 설치 • 고속도로 최고속도 110 km/h 제한	-2.4%

(계속)

8 IRTAD는 OECD 산하 ITF(International Transportation Forum)와 JTRC(Joint Transportation Research Center)가 공동으로 운영하는 국제교통사고 데이터베이스다.

표 3.3.1 스웨덴의 교통안전 주요 추진대책

시기구분	주요 추진대책	교통사고 연평균 감소율
2005~2010년	• 보행자와 자전거를 자동차 도로와 분리시설에 의해 분리 • 도로안전도 평가시행	-9.6%
2011~2015년	• 음주운전 시동잠금장치 장착 • 도시부 속도제한 하향 • 지방부 도로에 과속단속카메라 증설	-5.1%

자료: 한국교통연구원(2015), "OECD 국가 간 교통안전 국제비교 연구" 자료를 일부 보완

3.3.2 영국

영국은 OECD 회원국 중에 지속적으로 교통안전수준을 향상시키고 있는 국가로 1970년대 8,000명 수준의 교통사고 사망자를 2010년 이후에 2,000명 이하로 감소시키는 성과를 거뒀다. 이 과정에서 추진한 주요 교통안전정책으로는 고속도로 속도제한, 안전벨트 착용 의무화, 속도제한장치 장착 의무화, 교통정온화 시행 및 도시부 등 시가화 지역에 대한 차량통행 제한, 초보운전자 안전관리 시행, 음주운전 단속 및 어린이 안전교육 강화 등이 있다.

표 3.3.2 영국의 교통안전 주요 추진대책

시기구분	주요 추진대책	교통사고 연평균 감소율
1972~1975년	• 고속도로 속도제한(70 mph)	-6.4%
1978~1980년	• 앞좌석 안전벨트 착용 의무화	-6.4%
1989~1993년	• 고속버스 속도제한장치 의무화 • 도시부 속도제한지역 도입(20 mph) • 뒷좌석 안전띠 착용 의무화 • 교통정온화법 제정 및 시행 • 버스, 화물차 속도제한장치 부착 의무화 • 초보운전자 관찰제도 도입(2년)	-8.1%
2006~2010년	• 대중교통 중심의 교통체계 구축 • 어린이 안전교육 강화 • 음주운전 단속 강화 • 속도제한장치 설치 확대 • 차량안전장치 향상 • 도시부 등 차량통행 제한 확대	-12.8%
2011~2015년	• 고속도로 차량통행 속도 제한 70 mph에서 80 mph로 상향 • 이륜차 성능검사 시행 • 운전에 영향을 주는 지정의약품 제한	-2.1%

자료: 1) 한국교통연구원(2015)의 "OECD 국가 간 교통안전 국제비교 연구"를 일부 보완
2) 영국 교통부(http://www.dft.gov.uk.roads)

3.3.3 독일

독일은 1970년대 2만 명의 교통사고 사망자 발생수준을 2010년대에 4천 명 수준으로 낮추는 성과를 거뒀다. 주요 정책으로는 자동차운전면허 취득 시 구급법 강습 의무화, 자동차 속도규제 및 음주단속기준 강화, 제한속도 30 km/h 이하 운행을 위한 존(zone) 30의 법제화, 안전벨트 및 헬멧 착용 의무화, 어린이 대상 교통안전교육 등을 시행하고 있다. 최근 들어서는 졸음운전 등에 대한 대책으로 차선을 특수 포장하여 자동차가 밟고 주행할 경우 진동을 주는 시설도 확충하고 있다.

시기구분	주요 추진대책	교통사고 연평균 감소율
1970~1975년	• 운전면허 취득 시 구급법 강습 의무화 • 속도규제 강화 • 음주단속 강화(혈중 알코올 농도 0.08%)	-5.0%
1980~1985년	• 존30 제도 법제화 • 뒷좌석 승차자 좌석벨트 미착용 시 범칙금 부과 • 12세 미만 어린이 뒷좌석 탑승 의무화 • 헬멧 착용 의무화	-8.4%
1995~2000년	• 어린이 안전교육 도입 • 음주단속 강화(혈중 알코올 농도 0.05%)	-4.5%
2005~2010년	• 과속에 대한 단속, 속도제한 규정 • 젊은 운전자(21세 이하) 음주단속기준 강화 • 화물차 휴게장소 추가설치, 진동이 느껴지는 차선포장	-7.4%
2011~2015년	• 도시부도로 제한속도 30 km/h 하향조정 • 반사안전조끼 차내 비치 의무화 • 이륜차 보호장구(헬멧, 의류 등) 의무 착용	-3.6%

표 3.3.3 독일의 교통안전 주요 추진대책

자료: 1) 한국교통연구원(2015)의 "OECD 국가 간 교통안전 국제비교 연구"를 일부 보완
     2) Road Safety Report 2012, "People and Technology Strategies for Preventing Accidents on European Roads"

3.3.4 프랑스

프랑스는 1970년대 18,000명 수준의 교통사고 사망자 발생수준을 2010년대에 약 4,000명 수준으로 감소시키는 성과를 거뒀으며, 교통사고 사망자 수 감소를 위해 추진한 주요 교통안전 정책으로는 안전벨트 착용 의무화, 사업용자동차 특히 화물차량에 대한 속도제한장치 부착 의무화 및 음주단속을 강화하였고, 과속 및 신호위반에 대한

단속시스템 확충과 함께 교통법규 위반행위와 교통 사망사고 발생에 대한 처벌을 강화하는 등 교통사고 예방을 위한 강력한 정책을 추진하고 있다.

표 3.3.4 프랑스의 교통안전 주요 추진대책

시기구분	주요 추진대책	교통사고 연평균 감소율
1973~1979년	• 안전벨트(앞좌석) 착용 의무화	-6.1%
1980~1985년	• 트럭 속도제한장치 부착, 음주단속 강화 • 음주운전 처벌강화	-4.8%
1995~2000년	• 도시권 제한속도 50 km/h설정 • 음주운전 단속강화 • 뒷좌석 안전벨트 착용의무화 • 차량 기술검사 의무화, 운전면허 벌점제 시행 • 음주운전 기준강화 및 과속운전 처벌강화	-1.7%
2005~2010년	• 자동단속시스템 도입 • 전자 음주측정기 도입 • 도로위반행위 및 사망사고 발생 처벌강화 • 오토바이 운전자 사전교육 실시 • 고등학교 도로안전 행사 실기 • 자전거 이용자 반사재킷 착용 캠페인	-6.9%
2011~2015년	• 자동단속시스템 강화 및 설치확대 • 이륜차 연습면허제도 강화 • 이륜차 보호장구(헬멧, 의류, 장갑 등) 착용	-5.1%

자료: 1) 한국교통연구원(2015)의 "OECD 국가 간 교통안전 국제비교 연구"를 일부 보완
2) 프랑스 교통안전연구소(http://www.inrets.fr)

3.3.5 일본

일본은 1970년대 20,000명 이상의 교통사고 사망자 발생수준을 2000년 이후 4,000명대 수준으로 감소시키는 성과를 거뒀다. 주요 정책으로는 교통안전기본계획을 법정계획으로 수립하도록 법제화하고, 보행사망자를 절반으로 줄이기 위한 캠페인 시행과 어린이보호구역을 도입하였으며, 교통사고 종합분석센터의 설립 및 고령자에 대한 교통안전마크 보급과 면허 갱신 시 안전교육을 의무적으로 이수하도록 하였다. 도로표지판 또한 고령자의 신체특성을 반영하여 정비하고 있다.

3.3.6 OECD 회원국의 교통안전 추진정책 종합

교통안전 선진국들이 추진했던 교통안전정책과 OECD에서 권장하는 교통안전 추

표 3.3.5 일본의 교통안전 주요 추진대책

시기구분	주요 추진대책	교통사고 연평균 감소율
1970~1974년	• 교통안전대책기본법 제정 및 중앙교통안전대책회의 설치 • 교통안전기본계획 수립 및 시행 • 보행 중 사망자 절반 줄이기 캠페인 시행 • 어린이보호구역 제도 도입	-9.1%
1983~1992년	• 교통안전대책 특별 교부금 제도 도입 • 초심자 면허취득 후 관찰기간 도입 • 교통사고 종합분석센터 설립	2.1%
1996~1998년	• 보행자 감응신호기, 도로조명 및 표지판 정비 • 안전띠 및 유아용 카시트 착용 • 노인교통안전마크 보급 및 활용촉진 • 고령자 면허 갱신 시 강습 의무화	-3.8%
2000~2010년	• 유아보호장구 착용 의무화(6세미만) • 고령운전자 배려 도로표지판 정비 • 안심보행구역 지정 • 승용차 전좌석 안전벨트 착용 의무화 • 75세 이상 운전자 면허갱신 전 기능검사제도 마련 • 자전거 교통환경 개발, 규칙제정 및 안전교육 실시	-5.7%
2011~2015년	• 주거 및 상업지역 속도제한 확대(60 km/h → 40~50 km/h) • 화물차 대상 DTG 장치 장착 의무화	-3.2%

자료: 1) 한국교통연구원(2015)의 "OECD 국가 간 교통안전 국제비교 연구" 일부를 보완
      2) 일본 내각부(http://www.cao.go.jp/koutu)

진대책을 종합하면 다음과 같다.

❶ 속도규제 강화

교통사고의 발생을 예방하고 사고 이후의 피해를 경감시키는 데 가장 효과적인 정책은 속도규제를 강화하는 것이다. 속도규제를 강화하는 방식은 통행량이 빈번한 도시부를 중심으로 제한속도를 하향 조정하여 안전성을 향상시키고 속도위반에 대한 범칙금을 강화하여 운전자의 안전운전을 유도하는 것이다. 또한 과속운행 행위에 대한 단속을 강화하는 한편 단속시설의 설치확대도 추진하고 있다.

❷ 차량 탑승자에 대한 보호 강화

사고 후에 피해를 줄이기 위해서는 우선적으로 차량 내 탑승자를 보호해야 한다. 이를 위해서는 안전벨트의 착용과 어린이 보호장구 장착 의무화 등이 있으며, 이륜차는 운전자에게 헬멧 착용을 의무화하고 있다.

❸ 음주운전 단속 강화

음주운전을 OECD 회원국별로 연령, 차종 등의 특성을 고려하여 다소 상이한 기준을 적용하고 있지만 지속적으로 음주운전에 대한 단속기준과 범칙금을 강화해 나가고 있으며, 젊은 운전자와 같이 음주운전 위험성이 높은 그룹에 대한 관리도 강화하고 있다.

❹ 대형차 안전관리

버스, 화물차 등 사업용 대형차는 사고발생 시 일반차량에 비해 피해수준이 커지는 만큼 사고예방을 위한 안전관리를 강화하는 것이 중요하다. 이를 위해 차량의 과속 예방을 위한 최고속도제한장치 장착의 확대, 연속운전시간의 제한, 운전자에 대한 안전교육을 강화하고 있다.

❺ 도시부 자동차 통행제한 및 교통정온화 시행

도시부는 교통사고에 대한 노출정도가 지방부에 비해 상대적으로 높기 때문에 사고를 예방하기 위한 보다 강력한 대책이 필요하다. 도시부에는 50 km/h 이하의 속도를 적용하고 보행자 보호가 필요한 곳은 존(zone) 30으로 지정하여 제한속도를 30 km/h 이하로 낮추는 등의 대책이 활성화 되었다. 또한 주거중심지역에는 대형차량 및 단순 통과차량의 진입을 규제하고, 속도저감시설 등을 설치하고 있다.

❻ 안전교육 강화

교통사고를 예방하기 위해서는 교통안전의식 형성이 중요하며, 이를 위해 교통안전교육을 체계적으로 시행하고 있다. 특히 어린이를 대상으로 다양한 커리큘럼을 마련하고 학교단위, 가정단위에서 교육이 시행되고 있다. 대형차량이나 초보운전자 등 사고위험성이 높은 그룹에 대한 교육과 함께 고령자의 안전을 위한 교육도 운전능력 검사와 함께 시행하고 있다.

❼ 첨단기술과의 접목

정보통신기술(ICT)을 비롯하여 자동차 분야의 기술이 급속도로 발전함에 따라 교통안전분야로도 접목이 활발히 이루어지고 있다. 최고속도제한장치, 차로이탈경고장치(LDWS; Lane Departure Warning System), 전자식차체제어장치(ESC; Electronic Stability Control)[9], 전자식브레이크시스템(EBS; Electronic Braking System)[10], 자동긴급제동장치(AEBS; Advanced Emergency Braking System)[11] 등 차량 내 안전운전 지원장치의 개발 및 보급이 확대되고 있으며, 차량자체의 안전성을 강화해 나가고 있다.

---

9 노면상태에 따라 차체 높이를 변화시켜 주행안전성을 확보하는 장치
10 운전자가 브레이크를 밟으면 휠센서로부터 각각의 입력된 값들을 비교평가하여 각각의 휠브레이크를 작동시키는 장치
11 주행차로 전방에 주행 중이거나 정지한 차량을 감지하여 운전자에게 정보를 제공, 충돌완화 및 회피를 유도하는 장치

04

교통안전계획의 평가

4.1 평가의 목적과 성과관리

4.1.1 평가의 목적

평가는 목표에 대비하여 실제 성과를 측정하는 성과관리상의 모니터링 과정으로 계획, 집행, 보고, 유인의 제공 등 다른 성과관리의 과정과 밀접한 관련성을 가지고 있다. 즉, 평가체계의 변경에 따라 피평가자의 계획이 이를 반영하여 변경될 수 있으며 평가체계상의 평가항목을 대상으로 집행이 강화되는 경향을 보인다. 이러한 평가를 지방자치단체를 대상으로 한정하는 경우 국가는 평가를 통해 다양한 목적을 달성할 수 있다.

- 첫째, 공공서비스에 대한 전반적인 내용, 즉 과정과 성과 등을 분석한 후 그 결과를 환류하여 공공서비스의 품질을 제고할 수 있다.
- 둘째, 그 평가결과는 향후 지방자치단체 관리자가 공공서비스의 배분을 위한 의사결정 시 참고자료로 활용 가능하다.
- 셋째, 평가결과를 국민 또는 주민들에게 공개함으로써 공공서비스 공급자의 책임성을 확보할 수 있다.
- 넷째, 조직 목표를 달성하고 궁극적으로는 기관의 존재목적을 달성할 수 있도록 하는데 그 유용성이 있다.
- 다섯째, 평가는 의사결정자나 정치적 과정에서 중요한 정보전달의 역할을 수행한다.

결국 지방자치단체 평가는 의사결정자에게 공공서비스의 질에 대한 정보를 제공하여 의사결정자로 하여금 그들의 노력이 실제 어느 정도 이루어지고 있는지를 합리적으로 판단할 수 있도록 할 뿐만 아니라 그로 인한 서비스의 향상과 공공서비스의 성과에 대한 정부의 책임성을 제고하는 데 그 유용성이 있다고 볼 수 있다.[12]

---

12 박해육, "지방자치단체 합동평가제도 발전방안", 지방정부연구 제9권제3호, 2005년 가을, 3쪽

4.1.2 성과관리

성과관리란 전략목표와 성과목표를 설정하고, 사업을 설계하며, 사업을 시행하고, 목표했던 산출과 결과가 달성되었는지를 점검하고, 이를 의사결정에 환류시키는 관리체계를 말한다. 성과관리 체계는 〈그림 3.4.1〉과 같은 일련의 과정으로 구성되어 있다.[13]

목표와 전략적 계획(objectives/strategic plan)
: 전략목표와 성과목표의 설정

신축적인 집행(flexible execution)
: 성과목표를 달성할 수 있도록 사업의 관리자에게
집행과정에서의 대폭적인 자율성 부여

평가(evaluation)
: 목표 대비 실제 성과 측정

보고(reporting)
: 성과측정 결과의 보고

유인의 제공(incentives)
: 성과수준에 관한 정보를 미래의 예산배정, 사업의 내용에 대한 변경,
조직적 혹은 개인적 차원에서의 인센티브 제공 등에 환류

그림 3.4.1 성과관리의 과정

4.2 지자체 계획의 평가

「교통안전법」에서 지자체는 교통수단·교통시설 또는 교통체계의 운행·운항·설치 또는 운영 등에 관하여 교통사업자에 대한 지도·감독을 행하는 교통행정기관으로 규정되어 있으며 교통안전대책의 추진을 위해 중요한 역할을 담당하고 있다. 그렇지만 실제 대부분의 지자체는 「교통안전법」에 규정된 업무를 제대로 수행할 수 있는 여건이 조성되어 있지는 않다. 교통안전 전담부서(전담인력)의 부재, 유관 부서 간 협력 부족, 시설개선 및 교통안전대책 추진을 위한 안전예산의 부족 등이 문제점으로 지적되고 있다.

교통사고 예방에 기여하기 위해서는 무엇보다도 지자체 특성에 맞는 안전정책을 수립 및 시행함으로써 지자체 중심의 교통안전 책임과 역할을 강화하는 것이 매우 중요

---

13 양승함, "지방자치단체 평가 모니터링 및 실효성 제고방안", 국무조정실(연세대 국가관리연구원), 2006.8, 23쪽 내용 일부수정

하다고 할 수 있다.

이에 따라 정부에서는 교통안전계획의 실효성 검증 및 계획의 집행력 제고를 통해 합리적인 교통안전관리체계 구축을 유도하기 위해 지역교통안전시행계획의 추진실적을 매년 평가하고 있다. 「교통안전법 시행령」 제15조에 따르면 시·군·구는 시·군·구교통안전시행계획과 전년도의 시·군·구 교통안전시행계획 추진실적을 매년 1월 말까지 시·도에 제출하고 있으며, 시·도는 이를 종합·정리하여 그 결과를 시·도교통안전시행계획 및 전년도의 시·도 교통안전시행계획 추진실적과 함께 매년 2월 말까지 국토교통부에게 제출하고 있다. 또한 국토교통부는 제출된 지역교통안전시행계획의 추진실적을 종합·평가하여 그 결과를 국가교통위원회에 보고하고 있다.

지역교통안전시행계획 추진실적 평가를 살펴보면, 먼저 지역교통안전시행계획의 추진실적에 포함되어야 하 는 세부사항은 다음과 같다.[14]

- 지역교통안전시행계획의 단위 사업별 추진실적
- 「교통안전법」 제57조에 따른 교통문화지수 향상을 위한 노력
- 그밖에 지역교통안전 수준의 향상을 위하여 각 지역별로 추진한 시책의 실적

또한 교통안전시행계획의 추진실적 평가를 위해 필요한 평가기준, 평가위원회 구성 및 평가결과 활용 등에 대한 구체적인 사항은 다음과 같이 규정되어 있다.

4.3 교통안전시행계획 추진실적 평가기준

4.3.1 평가의 원칙

교통안전시행계획의 추진실적에 대한 평가결과의 공정성과 신뢰성을 확보하고 교통안전문제에 적극적으로 대응할 수 있는 객관적인 평가기준 마련이 필요하다.

4.3.2 평가지표 선정 시 고려사항

- 계획의 타당성: 사업 목표의 적합성, 구체적인 정책 내용의 적절성, 지역별, 세대별, 피해자별 형평성 등
- 실현 가능성: 추진일정 및 기간, 재원의 확보와 활용, 지역교통안전정책심의위원회의 운영 등
- 목표 달성도: 계획대비 추진실적 등

---

14 「교통안전법 시행규칙」 제3조 내용 참조할 것

- 평가의 환류성: 차기 국가교통안전시행계획 및 지역교통안전시행계획의 반영여부 등[15]

4.3.3 평가지표 포함 내용

- 분야별 총괄 교통사고 감소목표에 대한 주기별·시기별 달성여부
- 분야별 교통사고 감소목표를 달성하기 위한 세부 목표에 대한 합리적 설정 또는 국가목표와의 연계성

4.4 평가매뉴얼

지역교통안전시행계획 추진실적 평가를 위해 구체적인 평가항목 및 평가기준을 규정하고 있는 평가매뉴얼을 작성·운용하고 있다. 2017년의 경우 평가항목은 2개 부문, 3개 지표, 10개 세부지표 및 가점지표로 구분되며, 평가지표별 배점과 평가방법은 아래와 같다.

표 3.4.1 평가지표별 배점

부문	평가지표	배점	평가방법
실적 부문 (50)	① 단위사업추진실적	50	–
	가. 시설개선	16	정량 및 정성
	나. 홍보·교육·단속	12	정량 및 정성
	다. 사업용 자동차 안전관리	12	정량 및 정성
	라. 유관기관 간 협력	5	정량 및 정성
	마. 우수시책 추진	5	정성
효과 부문 (50)	② 교통사고 사망자 감소	40	–
	가. 교통사고 사망자 목표달성률	20	정량
	나. 보행자 교통사고 사망자 증감률	10	정량
	다. 사업용자동차 교통사고 사망자 증감률	10	정량
	③ 교통문화지수 향상률	10	–
	가. 운전행태 준수율 및 향상률	6	정량
	나. 보행행태 준수율 및 향상률	4	정량
가점 (1)	④ 제도 및 조직	1	정량

---

[15] 이용길 등, 『교통안전시행계획 평가지표 선정 및 평가체계 구축연구』, 교통안전공단, 2008, 107쪽

4.4.1 실적부문

지자체가 전년도에 시행한 단위사업의 추진실적을 평가하며 지자체가 시행한 시설개선 실적, 일반국민 대상의 홍보·교육·단속 실적, 운수사업자 및 운수종사자 대상의 사업용 자동차 안전관리 실적, 교통안전 증진을 위한 기관 간 협력 활동[16] 실적 및 지자체의 교통안전 우수시책을 평가하고 있다.

4.4.2 효과부문

교통사고 사망자 감소 지표는 지자체의 교통사고 감소노력에 대한 효과를 평가하며 세부적으로 교통사고 사망자 목표달성률, 교통사고 사망자수 증감률, 보행자 사망자 증감률, 사업용자동차 교통사고 사망자 증감률을 평가하고 있다. 교통문화지수 향상률은 지자체 교통문화 향상노력에 대한 효과를 평가하며 세부적으로 운전행태 준수율·향상률과 보행행태 준수율·향상률을 평가하고 있다.

4.4.3 평가세부지표 및 평가방법

단위사업 추진실적은 계획 대비 실행 실적(정량평가)과 중요도 평가(정성평가)를 통해 지자체의 노력을 평가하며, 교통안전을 위해 타 지자체와 차별성을 가지고 추진한 우수시책 추진 내용에 대해서는 정성평가를 시행하고 있다. 반면에 교통사고 사망자 감소와 교통문화지수 향상률은 정량평가를 시행하고 있다.

---

16 기관간 협력활동(거버넌스)이란 중앙정부-소속기관-지자체-시민단체 등과 함께 민관합동 교통안전 협의체를 구성하여, 각 기관별로 추진 중인 교통안전대책을 종합적으로 관리하는 등 기관 간 이루어지는 협업을 말한다.

표 3.4.2 평가지표별 평가방법

평가지표	세부항목	평가방법
① 단위사업추진실적(50)	–	–
가. 시설개선(16)[17]	주요시설개선(10)	• 총점수 = 점수(달성률) + 점수(실적치)
	기타시설개선(6)	• 점수(달성률) = 배점×평점÷100×50% • 달성률 = Σ실행량÷Σ계획량 • 점수(실적치) = 배점×평점÷100×50% • 실적치 = $\dfrac{\text{총사업실적}}{\sqrt[3]{\text{인구×도로연장×자동차등록대수}}}$
나. 홍보·교육·단속(12)	홍보 실적(5)	• 총점수 = 점수(보도자료) + 점수(기타) • 점수(보도자료) = 배점×평점÷100×50% * 점수(보도자료)는 계량평가(건수 기준) • 점수(기타) = 배점×평점÷100×50% * 점수(기타)는 비계량 평가
	교육 실적(4)	• 총점수 = 배점×평점÷100 • 실적치 = 총 교육인원÷인구×100
	단속 실적(3)	• 총점수 = 점수(단속실적) + 점수(단속인력) • 점수(단속실적) = 배점×평점÷100×50% • 실적치 = $\dfrac{\text{총사업실적}}{\sqrt[3]{\text{인구×도로연장×자동차등록대수}}}×100$ • 점수(단속인력) = 배점×평점÷100×50% • 실적치 = $\dfrac{\text{총사업실적}}{\sqrt[3]{\text{인구×도로연장×자동차등록대수}}}×100$
다. 사업용 자동차 안전관리(12)	교육 실적(4)	• 총점수 = 배점×평점÷100 • 실적치 = 총 교육인원÷운수업체 운전자수×100
	점검 실적(4)	• 총점수 = 점수(달성률) + 점수(중요도) • 점수(달성률) = 배점×평점÷100×50% • 달성률 = Σ실행량÷Σ계획량 • 점수(중요도) = 배점×평점÷100×50% * 점수(중요도)는 비계량 평가
	지원 실적(4)	• 총점수 = 배점×평점÷100 * 지원실적은 비계량 평가
라. 유관기관 간 협력(5)	거버넌스 구성·운영(2)	• 총점수 = 점수(달성률) + 점수(중요도) • 점수(달성률) = 배점×평점÷100×50% • 달성률 = Σ실행량÷Σ계획량 • 점수(중요도) = 배점×평점÷100×50% * 점수(중요도)는 비계량 평가

(계속)

[17] 시설개선 중 주요 시설개선 사업은 ㉠ 위험도로 구조개선 사업, ㉡ 교통사고 잦은 곳 개선사업, ㉢ 회전교차로 설치사업, ㉣ 안전한 보행환경 조성사업, ㉤ 생활권 이면도로 정비사업, ㉥ 어린이 및 노인·장애인 보호구역 지정·관리를 말하며, 기타 시설개선 사업은 주요 시설개선사업을 제외한 도로안전시설, 교통안전시설 등의 개선사업과 교통안전 관련 제도개선을 말한다.

제3장

평가지표	세부항목	평가방법
마. 우수시책 추진(5)	–	정성평가
② 교통사고 사망자 감소(40)	–	–
가. 교통사고 사망자수(20)	–	• 총점수 = 점수(증감률) + 점수(달성률) • 점수(증감률) = 배점×평점÷100×50% • 실적치 = {(전년도 교통사고 사망자수) -(당해년도 교통사고 사망자수)}÷(전년도 교통사고 사망자수)×100 • 점수(달성률) = 배점×평점÷100×50% • 실적치 = (목표 사망자수)÷(교통사고 사망자수)×100
나. 보행자 교통사고 사망자 증감률(10)	–	• 총점수 = 배점×평점÷100 • 실적치 = {(전년도 보행자 사망자수) -(당해년도 보행자 사망자수)}÷(전년도 보행자 사망자수)×100
다. 사업용자동차 교통사고 사망자 증감률(10)	–	• 총점수 = 배점×평점÷100 • 실적치 = {(전년도 사업용자동차 사망자수) -(당해년도 사업용자동차 사망자수)}÷(전년도 사업용자동차 사망자수)×100
③ 교통문화지수 향상률 (10)[18]	–	-
가. 운전행태 준수율 및 향상률(6)	–	• 총점수 = 점수(준수율)+점수(향상률) • 점수(준수율) = 배점×준수율÷100×50% • 점수(향상률) = 배점×평점÷100×50% • 실적치 = {(당해년도 운전행태 준수율)-(전년도 운전행태 준수율)}÷(전년도 운전행태 준수율)}
나. 보행행태 준수율 및 향상률(4)	–	• 총점수 = 점수(준수율)+점수(향상률) • 점수(준수율) = 배점×준수율÷100×50% • 점수(향상률) = 배점×평점÷100×50% • 실적치 = {(당해년도 보행행태 준수율)-(전년도 보행행태 준수율)}÷(전년도 보행행태 준수율)}
④ 가점 제도 및 조직(1)	전담부서 운영 (0.5점) 조정기구 운영 (0.5점)	• 총점수(전담부서 운영) = 배점×평점÷100 • 총점수(조정기구 운영) = 배점×평점÷100

표 3.4.2 평가지표별 평가방법

18 운전행태 준수율은 '교통문화지수 실태조사' 중 운전행태 세부 항목(㉠ 정지선 준수율, ㉡ 안전띠 착용률, ㉢ 신호 준수율, ㉣ 방향지시등 점등률, ㉤ 이륜차 안전모 착용률)의 산술평균값으로, 보행행태 준수율은 보행행태 세부 항목(㉠ 횡단보도 신호 준수율, ㉡ 횡단 중 스마트기기 사용률)의 산술평균값으로 한다.

제4장

교통안전
시설

교통시설의 구분

교통시설은 「국가통합교통체계효율화법」에 따르면 교통수단의 운행에 필요한 도로 등의 시설과 그 시설에 부속되어 교통수단의 원활한 운행을 보조하는 시설 또는 공작물을 말한다고 정의하고 있다. 그러나 실무상 교통시설은 도로안전시설과 교통안전시설을 포괄하며, 도로의 안전과 원활한 소통을 도모하기 위한 시설물을 일컫는다. 이러한 시설물은 도로 설계 시 기하구조상의 한계와 미비점을 보완할 수 있으며, 적절한 설치를 통해 교통사고를 예방할 수 있다. 국토교통부의 「도로의 구조·시설 기준에 관한 규칙 해설」[1], 「도로안전시설 설치 및 관리 지침」[2], 경찰청의 「교통안전표지 설치·관리 매뉴얼」[3], 「교통노면표시 설치·관리 매뉴얼」[4], 「교통신호기 설치·관리 매뉴얼」[5]에서 시설물과 관련된 내용을 담고 있으나, 본 장에서는 교통시설 중에서도 도로안전시설과 교통안전시설의 주요 기능, 역할, 설치기준(간격, 위치,높이 등)과 관련된 내용 중심으로 설명하고자 한다. 보다 구체적인 기준 및 세부사항은 해당 지침 및 매뉴얼을 참고해야 한다.

1.1 도로안전시설

도로안전시설은 교통사고를 방지하기 위해 설치하는 시설로 시선유도시설, 조명시설, 차량방호 안전시설, 기타 안전시설(미끄럼방지포장, 과속방지턱, 도로반사경, 장애인 안전시설, 낙석방지시설, 도로전광표지, 악천후구간 터널·장대교량 설치시설, 긴급

---

1 국토교통부, 「도로의 구조·시설 기준에 관한 규칙 해설」, 2013, 565~616쪽
2 국토교통부, 「도로안전시설 설치 및 관리 지침」, 2012
3 경찰청, 「교통안전표지 설치·관리 매뉴얼」, 2011, 1~207쪽
4 경찰청, 「교통노면표시 설치·관리 매뉴얼」, 2012, 3~155쪽
5 경찰청, 「교통신호기 설치·관리 매뉴얼」, 2011, 1~79쪽

제동시설, 노면요철 포장, 무단횡단 금지시설)로 구성되어 있다.

<table>
<tr><td>1.2</td><td>**교통안전시설**</td></tr>
</table>

교통안전시설은 신호기 및 안전표지 등과 같이 교통의 원활한 소통과 안전을 도모하기 위한 시설로서「도로교통법」에 따라 설치한다. 교통안전시설의 종류는 크게 교통안전표지, 노면표시, 교통신호기로 구분되며, 교통안전표지는 주의표지, 규제표지, 지시표지, 보조표지로, 노면표시는 규제표시와 지시표시로 구성된다. 교통신호기는 크게 차량신호기와 보행자 신호기로 나뉜다.

02

도로안전시설

2.1 시선유도시설

시선유도시설은 운전자의 시선을 유도하기 위한 시설로 시선유도표지, 갈매기표지, 표지병 등이 있으며 시인성 증진 안전시설로는 장애물 표적표지, 구조물 도색 및 빗금표지, 시선유도봉 등이 있다. 시선유도시설은 「도로법 시행령」에 규정된 도로의 부속물이며, 표지병은 「도로교통법 시행규칙」에 규정되어 노면표시를 대체하거나 보조할 수 있는 시설이다. 시선유도시설의 형식, 규격, 재료, 설치방법 등에 관해서는 도로안전시설 설치 및 관리 지침[6]에서 규정하고 있다.

2.1.1 시선유도표지

시선유도표지는 주·야간에 직선 및 곡선부에서 운전자에게 전방의 도로선형이나 기하조건이 변화되는 상황을 안내하여 안전하고 원활한 차량 주행을 유도하는 역할을 한다.

시선유도표지의 설치장소는 도로의 구조, 교통상황 등을 종합적으로 검토하여 안전하고 원활한 교통을 확보할 수 있도록 다음 구간에 설치한다.

- 설계속도가 50 km/h 이상인 구간
- 도로 선형이 급격히 변하는 구간
- 차로 수나 차도 폭이 변하는 구간

시선유도표지의 구체적인 설치기준은 158쪽 〈표 4.2.1〉과 같다. 차도 시설한계의 바깥쪽 가장 가까운 곳으로 지형에 맞게 길어깨 가장자리로부터 0~200 cm 되는 곳에 설치한다. 도로에 너무 근접하여 설치하는 경우에는 차량이나 경운기 등에 의한 손상

6　국토교통부, 「도로안전시설 설치 및 관리 지침(시선유도시설편)」, 2016, 1~98쪽

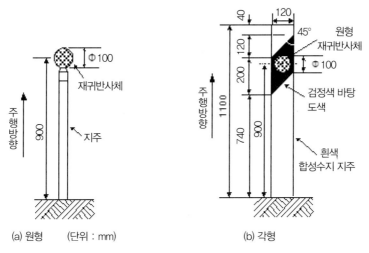

그림 4.2.1 시선유도표지 구성

이 생길 우려가 있으므로 신중해야 한다. 또한 도시부에서는 보행자와의 관계, 산지부 도로에서는 제설작업 등을 고려하여 선정한다. 설치높이는 노면에서 시선유도표지의 중심까지 90 cm를 표준으로 한다. 그러나 종단 선형의 변화가 심한 곳은 이를 고려하여 적절한 시선 유도가 이루어질 수 있도록 한다.

시선유도표지의 구성은 반사체와 지주 등으로 형성되며, 반사체의 형상은 직경 100 mm의 원형으로 한다. 지주는 원형 및 각형을 사용할 수 있으나 도로의 설계에 있어서 적용하는 설계구간 개념을 적용하여 노선의 기하구조와 함께 시선유도표지의 형상이 연속성이 있도록 한다. 지주는 반사기를 필요한 위치에 확실히 고정할 수 있어야 한다.

2.1.2 갈매기표지

갈매기표지는 시선유도표지와 유사하나, 상대적으로 급한 평면 곡선부 등 시거가 불량한 장소에서 도로의 선형 및 굴곡을 운전자에게 알리기 위한 시설이다. 갈매기표지는 도로가 굽어졌다는 정보를 기호화시켜 운전자에게 전달하는 기능을 가지고 있으며, 도로의 평면선형과 종단선형이 조합하여 변화되는 구간에서는 시선유도표지보다 효과적인 시선유도 기능을 수행할 수 있다.

갈매기표지는 도로의 평면 선형이 급격하게 변화하는 구간과 같이 운전자에게 도로에 대하여 사전 정보 제공이 특별히 강조되는 구간에 설치한다. 갈매기표지 적용 최소곡선반경은 〈표 4.2.1〉과 같다. 〈표 4.2.1〉에서 제시한 갈매기표지 적용 곡선반경의 값 이하의 곡선에서는 시선유도표지 대신 갈매기표지로 대체한다.

표 4.2.1 시선유도표지의 설치기준		
설계속도(km/h)	최소곡선반경(m)*	갈매기표지 적용 곡선반경(m)
120	710	770
110	600	650
100	460	550
90	380	420
80	280	340
70	200	250
60	140	180
50	90	120
40	60	80
30	30	45

주) * : 표의 최소곡선반경은 편경사 6%인 경우

갈매기표지는 차도 시설한계의 바깥쪽 가장 가까운 곳에 설치해야한다. 일반적으로 길어깨 가장자리로부터 0~200 cm 되는 곳에 지형에 맞게 설치한다. 노면으로부터 표지판 하단까지 120 cm 높이를 표준으로 설치한다. 갈매기표지가 방호울타리, 옹벽 등에도 가능한 동일 높이에 설치되도록 하여 연속적인 시선유도가 이루어지도록 한다.

갈매기표지는 곡선구간에서 연속으로 설치하여 원활한 시선유도 효과가 있도록 하며, 도로의 곡선 반경에 따른 설치 간격은 다음 식으로 구할 수 있다.

$$S=1.65\sqrt{(R-15)}$$

여기서, S: 설치간격(m)

R: 곡선반경(m)

갈매기표지는 자동차의 진행방향에 대하여 직각으로 설치하되, 표지의 시인성과 자동차의 진행방향을 고려한 주행조사 등에 의하여 설치각도를 변경할 수 있다.

갈매기표지는 갈매기 기호체 및 표지판, 지주로 구성되고, 갈매기표지의 형상은 아래와 같이 한다. 갈매기표지의 구성요소와 판 규격은 〈그림 4.2.2〉와 같다.

- 판의 규격은 가로 45 cm, 세로 60 cm를 표준적인 규격으로 한다.
- 갈매기 기호체의 꺾음 표시는 1개로 한다.
- 중앙분리대, 교량 등 도로 구조물에 의해 표준 규격의 설치가 용이하지 못한 장소에서는 규격을 축소하여 사용할 수 있다.
- 공사구간에서 사용하는 갈매기표지는 도로의 상황 및 교통의 상황 등을 감안하여 전체적인 안전시설 설치 계획에 따라 규격을 조절할 수 있다.
- 2차로 도로에서는 양면형으로 하고, 중앙분리대로 분리된 4차로 이상 도로에서는 단면형으로 설치한다.

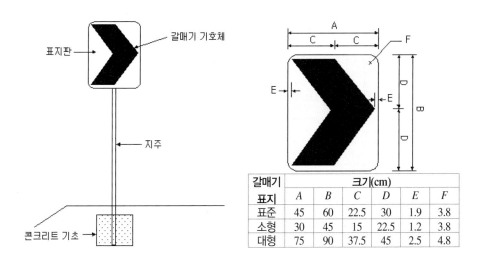

갈매기	크기(cm)					
표지	*A*	*B*	*C*	*D*	*E*	*F*
표준	45	60	22.5	30	1.9	3.8
소형	30	45	15	22.5	1.2	3.8
대형	75	90	37.5	45	2.5	4.8

그림 4.2.2 갈매기표지의 구성 요소 및 판 규격

2.1.3 표지병

표지병은 노면표시(도료형)가 갖는 문제점 가운데 특별히 야간과 우천시에 시인성 저하에 따른 기능 마비를 보완할 목적으로 설치되는 시설물로 노면표시를 보강하는 기능을 수행한다. 반사체의 유무에 따라 반사표지병과 무반사표지병이 있고, 그밖에 발광형 표지병이 있다. 미국을 비롯한 해외에서는 표지병이 위치 안내, 노면표시의 보조·대체의 역할로 사용되고 있으나, 우리나라에서는 노면표시를 대체하여 사용하지는 않고 반사표지병만 보조용으로 사용한다.

표지병은 도로의 중앙선, 차로 경계선, 전용차로, 노상장애물, 안전지대 등 노면표

표 4.2.2 곡선반경에 따른 설치 간격

구분		설치 간격	비고
직선부	시가지도로	1N(8 m)	• 공학적 판단에 의해 조정 가능
	지방도로	1N(13 m)	• 공학적 판단에 의해 조정 가능
	전용도로	1N(20 m)	• 공학적 판단에 의해 조정 가능
	편도1차로	N/2	• 간격은 도로구분별로 달리 적용
곡선부		N/4-N/2	• 반경의 크기에 따라 공학적 판단하에 설치
진·출입연결로 고어부		N/4	• 미국 FHWA 기준 적용
교차로 좌회전 차로		N/2	• 미국 FHWA 기준 적용

자료: 경찰청, 교통안전시설 실무편람

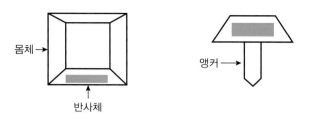

몸체 →

반사체

앵커 →

그림 4.2.3 표지병의 구성 요소

시의 기능을 보완할 필요가 있는 곳에 설치한다. 횡단보도 및 교차로 정지선 등 표지병의 설치로 인해 안전주행을 해칠 우려가 있는 지점에는 설치해서는 안 된다. 표지병이 우선 설치가 필요한 장소로는 급곡선부, 터널, 차로의 감소, 분리 또는 합류 구간, 통행로의 변경 구간, 교통섬, 인터체인지 고어지역, 좌회전차로를 포함한 2차로 도로, 물리적으로 분리되지 않은 다차로 도로, 도로폭이 좁은 교량 등 선형 유도 또는 도로환경 변화에 대한 운전자의 인식을 높일 필요가 있는 구간이다.

표지병은 반사체와 몸체로 구성되며 다양한 형상을 사용할 수 있으나, 일정 지역, 일정 구간에서는 동일 형상을 사용해야 한다. 표지병의 높이는 최대 30 mm로 현장 여건에 적합한 높이를 가져야 하고, 표지병 밑면의 모양은 평면의 형태를 가져야하며 요철부의 두께는 2 mm여야 한다.

2.1.4 시인성 증진 안전시설

시인성 향상을 위한 시설이란 방호울타리, 충격흡수시설 등과 같이 차량의 도로 밖 이탈이나 콘크리트 구조물과의 직접적인 충돌을 물리적으로 막기 위해 설치하는 시설이 아니라, 이들 차량방호 안전시설과 함께 설치함으로써 구조물과 직접적인 충돌을 사전에 예방하고 차량을 주행 차로로 안전하게 유도하는 기능을 갖는 시설이다.

시인성 증진 안전시설에는 장애물 표적표지, 구조물 도색 및 빗금표지, 시선유도봉이 있으며, 장애물 표적표지는 차량 전조등의 빛을 반사체를 통해 재귀 반사시킴으로써 운전자에게 위험물이 있다는 정보를 제공하는 시설이고, 구조물 도색은 도로를 주행하고 있는 운전자에게 차량의 진행 방향을 지시하여 구조물과의 충돌을 방지하도록 구조물 면에 사선으로 도색한 것을 말한다. 빗금표지는 구조물 도색과 동일한 기능을 수행하지만 구조물 외벽을 도료로 도색하는 대신 반사지를 알루미늄판에 부착한 표지를 말한다. 시선유도봉은 교통사고 발생의 위험이 높은, 운전자의 주의가 현저히 요구되는 장소에 노면표시를 보조하여 동일 및 반대방향 교통류를 공간적으로 분리하고 위험구간 예고 목적으로 시선을 유도하는 시설을 말한다.

시인성 증진 안전시설의 설치기준은 장소에 따라 다음과 같이 구분된다.

구분	장애물 표적표지 / 구조물 도색 및 빗금표지 / 시선유도봉 설치기준
방호 울타리형 중앙 분리대	[장애물 표적표지] • 방호울타리 단부의 시인성 극대화를 위해서 안전표지, 장애물 표적표지를 같이 설치 • 시설물의 설치높이는 노면에서부터 장애물 표적표지의 하단까지 1.0 m이며, 방호울타리의 단부 지주에 부착하여 설치 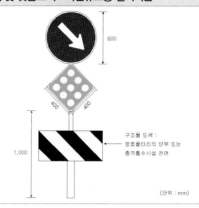 [구조물 도색 및 빗금표지] • 방호울타리 단부(U형 강판)에 반사 도료로 도색하거나 반사지를 부착하며. 단부 전면에 충격흡수시설이 있는 경우 충격흡수시설 전면에 동일하게 적용 (빗금 방향은 차량 진행방향 좌상→우하, 45도) 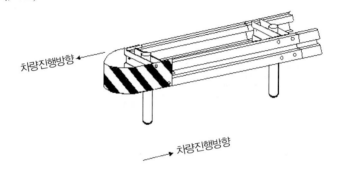 [시선유도봉] • 중앙분리대 전방에 노면표시 빗금 사이의 가운데 설치(2 m 간격) 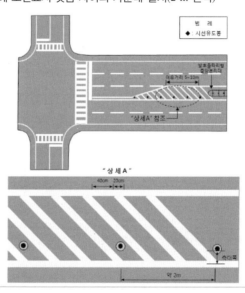

(계속)

02 도로안전시설 **161**

구분	장애물 표적표지 / 구조물 도색 및 빗금표지 / 시선유도봉 설치기준
교각 및 교대 앞	〈교각 및 교대가 중앙분리대 내 위치〉 [장애물 표적표지] • 조명시설이 설치되지 않은 경우 장애물 표적표지와 교통안전표지(310) 설치 표지들은 교각의 우측면과 일치하도록 구조물에 부착하여 설치 • 구조물의 시인성 확보가 어렵거나 사고 잦은 지점은 구조물 자체를 조명할 수 있는 조명시설 설치 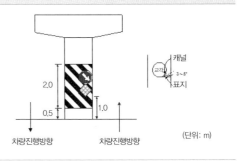 [구조물 도색 및 빗금표지] • 도료를 이용한 도색만 실시 (방호울타리가 설치된 경우 미도색) • 원기둥은 360도, 사각기둥은 4면 모두 도색, 빗금방향 : 좌상→우하 • 도색 범위는 세로의 경우 노면으로부터 0.5 m 떨어진 지점에서부터 2.0 m의 높이로 실시, 검정색과 노랑색의 폭원은 각각 20 cm로 도색 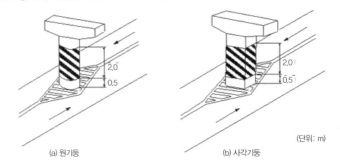 (a) 원기둥　　　(b) 사각기둥 [시선유도봉] • 예고 구간에는 5~10 m 간격, 테이퍼 구간에는 2 m 간격 설치(교각간의 거리가 짧고 방호울타리 설치된 경우 시선유도봉 미설치) 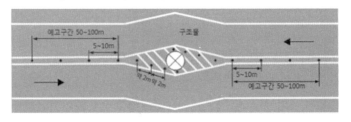 〈교각 및 교대가 중앙분리대 우측 위치〉 [장애물 표적표지] • 구조물이 도로상에 위치한 경우에는 위와 같이 장애물표적표지 설치, 도로밖에 위치한 경우에는 빗금표지만 사용 • 안개가 자주 발생하거나 구조물의 위치상 차량 충돌 우려가 높은 경우 조명시설 설치 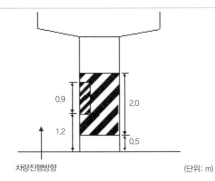

(계속)

구분	장애물 표적표지 / 구조물 도색 및 빗금표지 / 시선유도봉 설치기준
교각 및 교대 앞	[구조물 도색 및 빗금표지] • 도색의 빗금 방향은 우상→좌하로 45도 방향으로 도색 • 도색 범위 및 검정색과 노랑색의 폭원은 교각 및 교대가 중앙분리대 내 위치할 때와 동일하게 적용 • 원기둥 210도 도색, 사각기둥은 전면, 좌측면만 도색 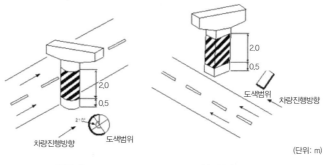 　　　　(a) 원기둥　　　　　　　　　　(b) 사각기둥 〈구조물이 동일방향의 교통류를 분리하는 경우〉 [장애물 표적표지] • 조명시설이 없을 경우에는 야간의 시인성 확보를 위해 교통안전표지(309)와 장애물 표적표지를 설치, 위치는 교각 및 교대 중앙에 설치 • 구조물에 부착하는 것을 원칙으로 하나, 그럴 수 없는 경우에 지주를 이용하여 설치 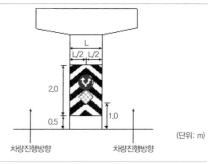 (단위: m) [구조물 도색 및 빗금표지] • 도료를 이용한 도색만 실시, 빗금표지 미부착, 빗금방향 : 'ㅅ' 형태로 실시, 원기둥은 120도, 사각기둥은 뒷면을 제외하고 도색 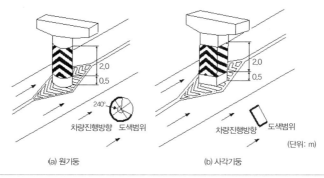 　　　(a) 원기둥　　　　　　　　　　　(b) 사각기둥 　　　　　　　　　　　　　　　　　　　(단위: m) [시선유도봉] • 예고 구간에는 5~10 m 간격, 테이퍼 구간에는 2 m 간격 설치, 안전지대 내에 차선으로부터 측대폭 이상 이격하여 설치, 노면표시 빗극 사이의 중앙에 설치

구분	장애물 표적표지 / 구조물 도색 및 빗금표지 / 시선유도봉 설치기준
지하차도 기둥앞	〈기초가 있는 경우〉 • 처음 시작하는 기둥에만 도색, 동일 방향의 교통류를 분리하는 기둥에는 '∧' 형태로, 왕복 방향의 교통류를 분리하는 기둥에는 빗금을 좌상에서 우하로 45도 방향으로 도색 • 검정색과 노랑색의 폭원은 각각 20 cm로 도색 • 지하차도의 기둥은 지하차도의 조명시설로 인해 구조물이 시인되고, 또 기초에 의해서 차로 구분이 되기 때문에 장애물 표적표지, 시선유도봉 등과 같은 별도의 시설 미설치 〈기초가 없는 경우〉 [장애물 표적표지, 구조물 도색 및 빗금표지] • 노면에서 1.0 m를 띄운 후 1.5 m의 높이로 처음 시작하는 기둥에만 도색하고 나머지 기둥에는 미도색 • 빗금 방향은 기초가 있는 경우와 동일하게 도색, 충격흡수시설이 설치되어 있는 경우에는 충격흡수시설의 전면에도 동일한 방법으로 도색하거나 반사지 부착 [시선유도봉] • 기둥 전방에 교통류를 분리하기 위해 시선유도봉을 5~10 m 간격으로 옹벽 길이 전후 20 m 만큼 추가 설치
입체 교차를 위한 시설 진입부	[장애물 표적표지, 구조물 도색 및 빗금표지] • 시작 지점에 교명주, 방호울타리 단부와 같은 콘크리트 • 구조물이 있는 경우 구조물 전면에는 도색하지 않고, 교통안전표지 및 장애물표적표지 설치 • 구조물 전방에 충격흡수시설이 설치되어 있는 경우에는 충격흡수시설의 전면을 '∧' 형태로 도색 • 일반적으로 구조물 단부의 시인성을 향상시키기 위해서는 교통안전표지와 장애물 표적표지를 설치하는데, 이보다 시인성을 더 높여야 하는 경우에는 조명시설 설치 [시선유도봉] • 안전지대 내에 20~30 m의 길이로 설치, 설치간격은 3~5 m 적용 • 위치는 노면표시의 빗금 사이 중앙에 설치하여 차선으로부터 50 cm 이격하여 설치
교량 진입부	

(계속)

구분	장애물 표적표지 / 구조물 도색 및 빗금표지 / 시선유도봉 설치기준
	• 방호울타리를 교량난간에 붙여 교명주 등과 같은 구조물의 직접적인 충돌을 방지하고, 빗금표지를 설치하여 차량이 주행 차로로 안전하게 진행할 수 있도록 유도 • 빗금표지는 방호울타리가 설치된 경우에는 방호울타리의 맨 마지막 지주에 부착하여 설치, 방호울타리가 없는 경우에는 교명주 전방 3 m 이내의 범위에 지주를 이용하여 설치 • 빗금표지는 교량 전방에 1개만 설치하며, 교량용 방호울타리 상에는 미설치, 설치 높이는 두 가지 경우 모두 지면에서부터 표지 하단까지 1.2 m로 설치
터널 입구	터널 입구에는 차량 진행 방향에 따라 세 가지 유형으로 빗금 표시 도색 (단위: m)
요금소 전면	• 요금소 진입 부분에 설치되어 있는 구조물의 전면에는 '∧' 형태가 되도록 빗금 도색 • 만일 충격흡수시설이 설치되어 있는 경우에는 충격흡수시설의 전면을 '∧' 형태로 도색하고 요금소의 구조물에는 미도색
연결로 유출부 고어	• 연결로 유출부의 고어에 설치되어 있는 방호울타리의 단부에는 '∧' 형태로 빗금 도색, 충격흡수시설이 설치되어 있는 경우에는 충격흡수시설의 전면에 '∧' 형태로 도색하고, 방호울타리 단부 미도색

(계속)

구분	장애물 표적표지 / 구조물 도색 및 빗금표지 / 시선유도봉 설치기준

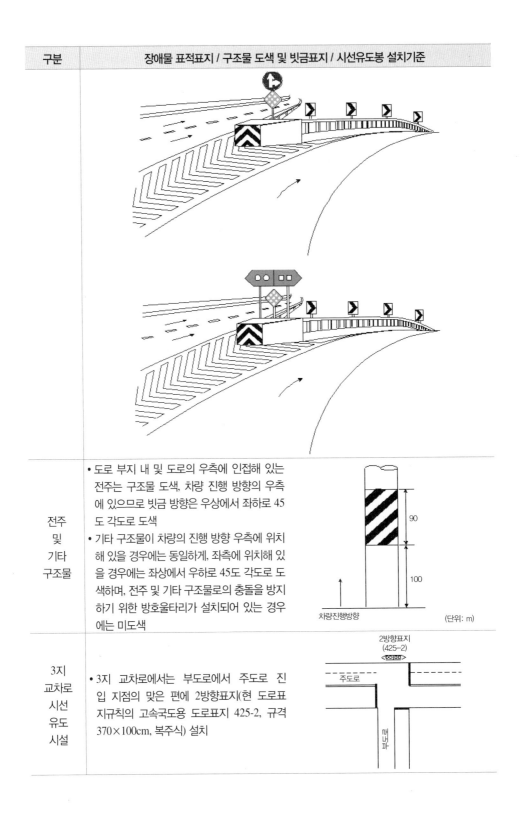

| 전주 및 기타 구조물 | • 도로 부지 내 및 도로의 우측에 인접해 있는 전주는 구조물 도색, 차량 진행 방향의 우측에 있으므로 빗금 방향은 우상에서 좌하로 45도 각도로 도색
• 기타 구조물이 차량의 진행 방향 우측에 위치해 있을 경우에는 동일하게, 좌측에 위치해 있을 경우에는 좌상에서 우하로 45도 각도로 도색하며, 전주 및 기타 구조물로의 충돌을 방지하기 위한 방호울타리가 설치되어 있는 경우에는 미도색 | |
| 3지 교차로 시선 유도 시설 | • 3지 교차로에서는 부도로에서 주도로 진입 지점의 맞은 편에 2방향표지(현 도로표지규칙의 고속국도용 도로표지 425-2, 규격 370×100cm, 복주식) 설치 | |

2.1.5 해외 시선유도시설

해외 다양한 국가에서도 시선유도표지, 갈매기표지, 표지병, Coloured lanes 등의 시선유도시설을 활용하고 있으며 주요 시설은 〈그림 4.2.4〉와 같다.[7]

Asian Highway가 포함된 국가의 시선유도시설을 살펴보면, 태국은 평면선형 및 종단선형의 곡선구간, 차로폭의 변화가 있는 지점, 도로선형이 운전자에게 혼란을 유발할 수 있는 지점 등에 시선유도표지를 설치하고 있다. 영국에서는 시선유도표지의 표준이 정의되어 있지는 않으나 도로와 교차로에 적용하고 있으며 고속도로에는 100 m 간격으로 설치하여 운영하고 있다.

갈매기표지는 Asian Highway가 포함된 모든 국가에서 활용하고 있으며 중국에서는 녹색과 파란색 배경을 사용하고 주로 곡선부와 고속도로 IC 진출입램프에 설치한다. 태국은 국내와 동일하게 검정색과 노란색을 사용하고 있으며 운전자가 동시에 두 개의 갈매기표지를 확인할 수 있도록 간격을 두고 설치한다. 프랑스에서는 도로 제한속도에 따라 4개 단계의 갈매기표지를 적용하고 있다.

중국은 표지병 설치 시 국제표준을 따르고 있으며 주로 중앙선에 설치한다. 장소는 주로 주요 도로, 교차로, 합류부 및 분류부, 터널 등에 설치한다. 인도와 태국에서도 거의 모든 고속도로에 설치하여 활용하고 있다.

Flexible delineator posts

Chevron markers

Raised reflectorized pavement markers

Coloured lanes

그림 4.2.4 해외 시선유도시설 설치 예시

7 ESCAP, Development of Road Infrastructure Safety Facility Standards for the Asian Highway Network, 2017, pp.37~103

Coloured lanes는 차로 일부분 또는 전체에 노면표시 형태로 설치하는 시선유도시설로서 주로 교통정온화구역, 교차로 진출입구, 자전거도로 등에 활용할 수 있다.

조명시설

조명시설은 주·야간 도로 이용자가 안전하고 불안감 없이 통행하고 도로 이용의 효율성을 높이는 데 목적이 있다. 조명시설에는 연속 조명, 국부 조명, 터널 조명이 있으며, 주변 환경에 따라 차량의 운전자가 도로의 선형, 전방의 상황 등을 쉽게 인지할 수 있도록 한다. 조명시설의 기능을 요약하면 다음과 같다.

- 교통안전 향상
- 도로 이용효율의 향상
- 운전자의 불안감 제거와 피로 감소
- 보행자의 불안감 제거
- 범죄의 방지와 감소
- 운전자의 심리적 안정감 및 쾌적감 제공
- 운전자의 시선 유도를 통해 보다 편안하고 안전한 주행 여건 제공

「도로안전시설 설치 및 관리 지침」[8]에서는 조명시설의 기준, 방식, 배치와 배열 등에 관한 기준을 제시하고 있다.

2.2.1 연속 조명

연속 조명은 고속도로 등 자동차 전용도로와 일반도로에 설치한다. 고속도로에는 도로 바깥의 빛이 운전자의 눈을 부시게 하여 주행의 안전, 원활한 소통을 저해할 우려가 있는 구간 등에 조명시설을 설치한다. 또한 인터체인지, 영업소, 휴게시설 등의 조명(연속 조명, 인터체인지에서의 국부 조명 등) 간의 거리가 짧거나 운전자의 시각 기능이 저하될 우려가 있는 경우에도 설치할 수 있다. 안개가 발생하기 쉬운 특수한 기상 조건하에 있는 구간, 길어깨 및 차로, 중앙분리대의 폭이 기준치 이하로 축소되어 있는 구간, 야간의 교통량이 많은 구간, 연속 조명이 설치된 다른 도로와 접속해 있는 구간 등에서는 필요에 따라 설치한다. 일반도로에서는 보행자, 자전거 등의 통행 상황, 도로변의 빛이 도로 교통에 미치는 영향 등을 고려한다. 조명시설을 설치함으로써 야간 교통사고가 감소되는 효과를 고려할 때, 연평균 일 교통량이 25,000대/일 이상

---

8 국토교통부, 「도로안전시설 설치 및 관리 지침(조명시설편)」, 2016, 1~59쪽

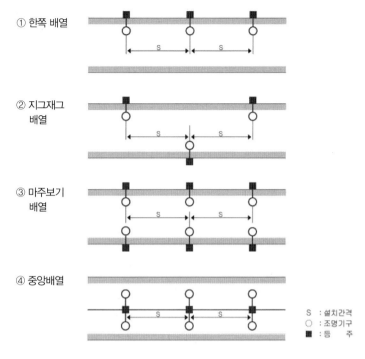

① 한쪽 배열

② 지그재그 배열

③ 마주보기 배열

④ 중앙배열

S : 설치간격
○ : 조명기구
■ : 등　주

그림 4.2.5 조명기구의 배열

인 경우에는 원칙적으로 설치한다. 다만, 연평균 일 교통량 25,000대/일 미만인 도로일 지라도 야간 보행자 교통량이 많은 경우와 도로변의 빛이 도로 교통에 지장을 주는 경우 등에는 연속 조명을 설치한다.

연속 조명은 설치 높이, 오버행, 경사각도, 설치 간격 및 유도성 등을 고려한다. 조명기구의 설치 높이는 휘도 분포, 전체의 조명 효과와 경제성을 비교하여 결정한다. 도로폭이 동일한 연속되는 도로의 조명기구 설치 높이는 일정하게 유지시킨다.

오버행은 가능한 짧게 하는 것이 바람직하다. 그러나 도로를 따라 조명의 빛을 차단하는 수목이 있을 경우에는 이를 적용하지 않아도 되며, 연속되는 도로의 조명시설에서 오버행은 일정하게 적용하는 것을 원칙으로 한다.

조명기구의 배열은 도로의 횡단면, 차도폭, 조명기구의 배광 형식 등에 따라 한쪽 배열, 지그재그 배열, 마주보기 배열, 중앙 배열 중에서 적절한 것을 선택하여 사용한다.

곡선반경 1,000 m 이하인 곡선부 도로에는 곡선부 노면의 양호한 휘도 분포와 정확한 유도성을 얻기 위해 도로의 선형에 따라 설치하고, 설치간격을 줄여서 배치시킨다. 곡선반경이 매우 작은 곡선부 또는 급격한 굴곡부에서는 조명기구의 설치 간격을 줄이고, 운전자로 하여금 조명기구의 배열로 인한 곡선부의 존재 또는 도로 선형의 변화에 대한 판단 착오를 일으키지 않도록 유의하여야 한다.

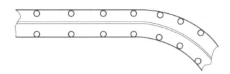 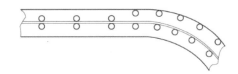

(a) 곡선부에서의 마주보기 배열(잘못된 사례)　　(b) 곡선부에서의 한쪽 2열 배열

그림 4.2.6 곡선부 조명기구의 배열

2.2.2 국부 조명

국부 조명은 횡단보도와 같이 보행자가 도로를 횡단하거나, 평면교차로, 입체교차로, 버스정류장 등과 같이 자동차의 방향을 전환하거나 분·합류가 발생하는 상충구역, 요금소, 급커브 구간, 길어깨 폭이 좁아지는 교량구간과 같은 위험 구간 등에 자동차 전방의 노면을 균일하게 밝히고 동시에 접근하는 차량의 운전자가 특수한 장소의 존재와 그 부근 도로의 선형을 정확히 알 수 있도록 하기 위해 설치한다.

국부 조명은 입체교차, 영업소, 휴게시설, 신호기가 설치된 교차로, 횡단보도, 교량, 야간 교통에 특히 위험한 장소, 도로폭·선형 등이 급변하는 장소, 철도 건널목, 버스 정차대, 역 앞 광장 등 공공 시설과 접해 있는 도로 부분에 설치한다.

입체교차로에서의 국부 조명은 연결로와 인접한 본선과 연결로 자체에 설치하는 조명을 말한다. 전체를 조명하지 않아도 되는 연결로 등에서는 도로 교통 상황을 운전자에게 미리 알려주어 그 부근의 도로 교통 상황을 적절히 대처할 수 있도록 원칙적으로 조명시설을 설치한다.

교통의 방향이 전환되는 장소로 차량간의 상충이 빈번하게 발생하고, 교통의 흐름

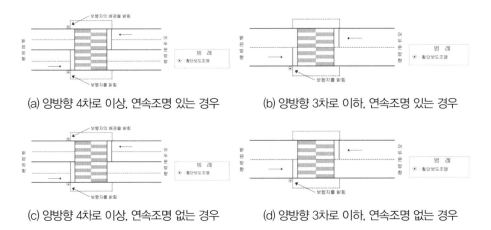

(a) 양방향 4차로 이상, 연속조명 있는 경우　　(b) 양방향 3차로 이하, 연속조명 있는 경우

(c) 양방향 4차로 이상, 연속조명 없는 경우　　(d) 양방향 3차로 이하, 연속조명 없는 경우

그림 4.2.7 횡단보도 조명기구 설치 예시

이 복잡하기 때문에 위험한 장소라고 할 수 있다. 따라서 이러한 장소는 멀리서부터 그 존재를 알려주어 운전자로 하여금 적절히 대처할 수 있도록 시각 정보의 파악에 도움을 줄 필요가 있다. 횡단보도와 그 부근은 보행자와 자전거가 자주 왕래하는 장소로, 특히 야간의 운전자에게 보다 정확한 시각정보를 제공해 주어야 한다.

교량에는 연속되는 도로에 준하여 조명시설을 설치한다. 일단 사고가 발생하면 차량이 대피할 만한 장소가 없어 2차 사고로 이어지기 쉬우므로, 교량의 조명시설은 교통 상황에 따라 필요성 등을 충분히 검토 후 설치한다. 또한 교량의 입지적 특성을 고려하여 해상 교량이나 습지 보호지역에서는 빛공해 최소화가 가능하며, 안개교통사고 대비를 위한 광원의 높이가 낮은 구조물 설치 조명방식을 권장한다.

도로폭이 줄어드는 장소, 도로 선형이 급변하는 지점 또는 버스 정차대가 있는 곳에서는 차량 운전자가 멀리서도 쉽게 인지할 수 있도록 조명시설을 설치한다. 철도와 평면 교차되는 지점에서도 운전자가 멀리서부터 철도 건널목을 잘 볼 수 있고, 부근의 도로·교통 상황을 쉽게 인지할 수 있도록 하기 위해 필요하다. 역 앞 광장, 시민 회관, 병원 등의 대규모 공공시설과 인접한 도로도 교통 수요가 많으므로 조명시설을 설치하는 것이 바람직하다.

2.2.3 터널 조명

터널 조명은 터널에 접근·진입하여 통과하는 차량 운전자의 시각에 일어나는 복잡한 시각 특성의 변화 및 심리적 반응과 터널 고유의 환경 조건을 고려하여, 주·야간 운전자에게 안전하고 쾌적한 운전 환경을 확보해 주는 데 목적이 있다. 따라서 터널 내의 조도와 휘도를 동시에 고려하여 운전자로 하여금 터널 내·외의 환경 변화에 쉽게 순응할 수 있도록 설치한다.

노면, 벽면, 천정면의 휘도 및 휘도 분포는 터널 내 조명의 가장 중요한 요소로서 노면이나 벽면은 밝아야 하고 밝기는 거의 균일한 상태가 유지되어야 한다. 또한 조명기구의 빛이 직접 운전자의 눈에 과하게 들어오면 운전자에게 눈부심을 유발하여 불쾌감을 줄뿐만 아니라 시력이 떨어지므로, 이러한 빛을 제한시켜야 한다.

그리고 터널 내의 조명기구를 어느 일정 간격으로 배치하는 경우, 주행하는 차량 내로 입사되는 빛이 운전자에게 플리커를 유발할 수 있는 변동이 생기지 않도록 하는 것이 바람직하다. 또한 운전자에게 터널 내 도로의 곡선이나 경사 등의 선형 변화를 정확하게 판단할 수 있도록 적절한 시각 정보를 제공해야 한다.

운전자는 주간에 밝은 야외로부터 터널 내로 진입할 때, 밝은 곳에서 어두운 곳으로의 급격한 변화에 대하여 눈의 휘도 순응이 따라갈 수 없어 시력의 저하를 일으킨다. 또한 주간의 어두운 터널로부터 밝은 야외로 나갈 때에도 역시 시력이 저하되어,

교통안전에 바람직하지 못하다. 주간의 출입구에서 발생하는 이러한 장해는 되도록 최소화 할 필요가 있으며, 야간에는 터널 출입시 명암의 급격한 변화를 피하기 위하여 접속도로의 조명을 고려하여 터널 내 뿐만 아니라 터널 출입구에도 설치한다.

조명기구를 배치하는 경우 노면, 벽면 및 천정면의 휘도 분포 외에 플리커, 유도성, 보수의 용이 등에 대해서도 설계시에 고려하여 결정한다. 터널 내의 휘도 분포를 양호하게 하기 위해서는 적용하는 배광에 따라 조명기구의 위치 및 배치에 주의할 필요가 있다. 조명기구 설치간격은 되도록 작게 하는 것이 좋으며, 조명기구는 시설한계를 만족하도록 설치한다. 조명기구의 배열에는 〈그림 4.2.8〉과 같이 마주보기 배열, 지그재그 배열, 중앙 배열 등이 있다. 특히 중앙배열의 경우 조명기구가 떨어져 사고를 유발하지 않도록 유의하여야 한다.

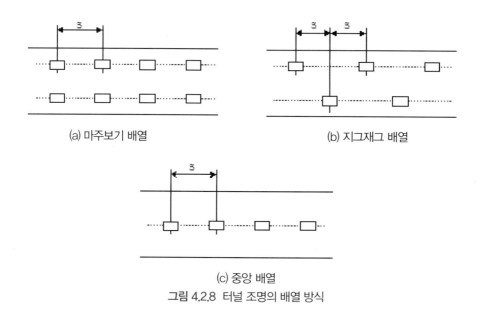

(a) 마주보기 배열

(b) 지그재그 배열

(c) 중앙 배열

그림 4.2.8 터널 조명의 배열 방식

2.3 차량방호 안전시설

차량방호 안전시설은 차로를 이탈한 차량의 전복이나 도로변에 있는 각종 위험물과의 충돌 등과 같은 치명적인 사고피해를 줄이기 위하여 설치하는 각종 차량 방호울타리(노측용, 중분대용, 교량용), 전이구간, 단부처리시설, 충격흡수시설, 트럭탈부착용 충격흡수시설 등의 시설을 말한다.

「도로안전시설 설치 및 관리 지침」[9]에서는 차량방호 안전시설의 기능, 성능, 설치,

---

9 국토교통부,「도로안전시설 설치 및 관리 지침(차량방호 안전시설편)」, 2014, 1~90쪽

재료, 시공 및 유지 관리에 관한 세부적인 사항을 규정하여 도로관리자가 차량방호 안전시설의 설치·관리 업무를 수행할 수 있도록 하고 있다.

2.3.1 방호울타리

방호울타리의 주목적은 정상적인 주행 경로를 벗어난 차량이 길 밖으로 이탈하는 것을 방지하는 것이며, 부차적으로 아래와 같은 기능을 갖는다.

- 충돌한 차를 정상적인 진행 방향으로 복귀시킨다.
- 충돌한 차에 타고 있는 탑승자의 안전을 확보한다.
- 충돌 후, 충돌 차량 또는 방호울타리에 의한 교통 장애가 없게 한다.
- 보행자의 안전을 확보한다.
- 노변 시설물을 보호한다.
- 사고 차량에 의한 2차 사고를 억제한다.
- 물적 손해를 최소한으로 한다.
- 운전자의 시선을 유도한다.

최근에는 보행자의 차도 무단횡단을 억제하고 보행자의 추락 등을 예방하기 위해 보행자용 방호울타리의 필요성이 커지고 있다. 이에 따라 보행자용 방호울타리도 넓은 의미에서 같은 기능으로 볼 수 있다.

방호울타리의 종류는 시설을 설치하는 위치에 따라 노측용, 분리대용, 보도용 및 교량용으로 구분된다. 또한 방호울타리의 형식도 다양하며, 시설물의 강도에 따라서는 연성 방호울타리와 강성 방호울타리로 구분되고, 일반적으로 사용되는 시설의 각각의 구조에 따라 다음과 같이 분류된다.

표 4.2.3 방호울타리 종류와 기능

구분	기능
1. 연성 방호울타리	차량이 충돌할 때 다소의 변형이 수반되면서 충격에너지를 흡수하는 것을 주된 기능으로 하는 방호울타리이며, 주로 철, 알루미늄으로 이루어진 빔(또는 케이블)과 지주로 이루어진 구조물이다.
1) 보(beam)형	연결된 보를 지주로 받친 구조로서 차량의 충돌에 대하여 휨과 장력으로 저항
(1) 가드레일	연결된 파형(波形) 단면의 보를 지주로 받친 구조로 된 것으로, 적당한 강성과 인성을 가져 차량 충돌시 소성(塑性) 변형은 크나 파손 부분의 대체가 쉽고, 설치 장소에 따라서는 시선 유도의 효과도 있다.

(계속)

표 4.2.3 방호울타리 종류와 기능

(2) 가드 파이프 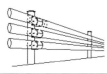	연결된 여러 개의 파이프를 보로 사용하고 지주로 받친 구조물로, 기능적으로는 가드레일과 비슷하나 가드레일에 비하여 전망과 쾌적성이 좋은 반면, 시선유도의 기능이 미흡하고 시공이 어렵다.
(3) 박스형 보 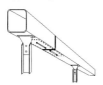	연결된 커다란 1개의 각형(角形) 파이프를 보로 사용하고 지주로 받친 구조로 된 것으로, 차량의 충돌에는 휨으로 저항하며 앞뒤의 구분이 없기 때문에 보통 분리대용으로 사용한다.
(4) 개방형 가드레일 	가드레일과 가드파이프의 장점을 가지고 있으며 곡선반경이 적은 구간에 사용이 가능하며, 개방감이 있어 전망, 쾌적성이 좋고 적설지방에 유리하지만 단가가 비싸진다.
2) 케이블형/가드 케이블 	장력이 미리 주어진 케이블을 지주로 받친 구조로 된 것으로, 차량 충돌에 대하여 장력으로 저항한다. 전망, 쾌적성이 좋고 주행 압박감은 없으나 시선 유도성이 좋지 않고 유지관리가 어렵다.
2. 강성 방호울타리 	충돌 시 구조물의 변형에 의한 충격흡수보다는 차량의 복귀를 주목적으로 변형되지 않는 방호울타리이며 일반적으로 CSSB(Concrete Safety Shape Barrier)를 말한다. 탑승자의 안전성 측면에서는 변형하는 형태의 연성 방호울타리가 우수하나 설치공간의 제약, 유지관리의 수월성, 절대방호, 경제성 등의 이유로 강성 방호울타리를 사용한다.
3. 기타 방호울타리	롤링방식 등 여러 가지 형식 또는 재료를 사용한 방호울타리가 있다. 특별한 지역에 있어서 특수 형식의 적용은 별도의 검토 분석을 거쳐 시행할 수 있다.
4. 교량용 방호울타리  반강성(빔타입)　강성 교량용 방호 울타리　혼합형	교량용 방호울타리는 1) 알루미늄 또는 철재로 만든 지주에 각종 단면의 빔을 연결시키는 빔 타입과 2) 콘크리트 강성 방호울타리 3) 높이가 낮은 콘크리트 강성 방호벽 위에 빔을 설치한 혼합형으로 구분할 수 있다. 교량 위에 설치된 방호울타리는 충돌 차량을 큰 처짐 없이 차로로 복귀 시키는 것이 무엇보다 중요하기 때문에 빔 타입이라도 노측용 연성 방호울타리에 비하여 전체적인 구조물의 강성이 크기 때문에 반강성 방호울타리로 구분하기도 한다. 　　차량의 추락을 방지한다는 목적만으로 보면 강성 방호울타리가 유리하나 강성 방호울타리는 일정 높이 이상이 되면 승용차 운전자의 시야를 가림으로써 주변경관을 조망할 수 없게 만들기 때문에 빔 타입을 주로 사용하게 되고 빔 타입과 강성 방호울타리의 장점을 결합한 혼합형 방호울타리를 사용하기도 한다.

표 4.2.4 방호울타리 각 형식의 설치에 적합한 장소

설치장소 / 형식	곡선 반경 작은 구간	시선 유도 필요 장소	전망, 쾌적성 필요 장소	적설 지방	설치폭 확대 불가 장소 (분리대)	큰 부등 침하가 예상되는 장소	내식성 필요 장소	긴 직선 구간	차량 길 밖 이탈 억제 우선 지점
가드레일	◎	◎		○	○		○	○	
가드 파이프	○		○	○			○	○	
박스형 보			○	○	◎		○	○	
개방형 가드레일	◎	○	○	◎	○		○	○	
가드 케이블			◎	◎	○	◎	○	◎	
강성 방호울타리									◎

주) ◎ 매우 적합하다.   ○ 적합하다.

방호울타리 형식은 성능, 경제성, 주행상의 안전감, 시선 유도, 전망, 쾌적성, 주위 도로 환경과의 조화, 시공 조건, 분리대의 폭, 유지보수 등을 충분히 고려하여 선정한다.

방호울타리는 도로 상황을 충분히 조사하고 그 기능을 고려하여 설치한다. 설치 시 고려해야 할 주요 사항으로는 최대충돌변형거리가 있으며, 도로 및 교통 상황이 동일한 구간이 둘 이상일 경우 해당 구간에 설치하는 방호울타리는 원칙적으로 형식, 종별 등을 동일한 것으로 설치한다.

또한 도로 및 교통 상황이 동일한 구간에 설치하는 방호울타리는 부득이한 경우를 제외하고는 연속하여 설치하고, 분리대에 방호울타리를 설치할 때는 원칙적으로 분리대의 중앙에 설치한다. 방호울타리의 지주는 지면에 수직으로 설치해야 하고, 최소 연장은 100 m로 설치해야 하나, 부득이 설치 연장을 줄이는 경우에는 적어도 60 m 이상으로 한다.

방호울타리의 구조는 설치 장소의 도로·교통 조건을 면밀히 검토하여 보행자나 차량의 안전이 우선적으로 확보될 수 있도록 하고 경제성, 미관, 유지 관리의 용이성을 감안하여 선정한다. 방호울타리의 구조는 성능, 경제성, 유지 보수, 시공, 시선 유도, 전망성, 주변 환경과의 조화, 교통상황, 장래 교통량 예측 등을 종합적으로 판단하여야 한다. 차량 방호울타리의 높이는 원칙적으로 100 cm 이하로 하되, 시선유도 기능을 고려하여 60 cm 이상으로 한다. 노면으로부터 방호울타리 하단부까지의 높이는 46 cm 이하가 되도록 한다.

난간 및 보행자용 방호울타리의 높이는 보행자와 자전거를 고려하여 110 cm를 표준으로 하고, 디자인, 미관, 경제성을 고려하여 110~120 cm로 하는 것이 바람직하다. 또한 난간 및 보행자용 방호울타리 부재 사이의 간격은 어린이가 틈새로 빠지는 것을 방지할 수 있도록 해야 한다. 난간 겸용 차량 방호울타리는 차량의 충돌에 저항하고 난간의 기능을 고려하여 설치한다. 또한 보행자, 자전거가 교량 바깥으로 추락하는 것도 방지해야 한다.

2.3.2 단부처리 및 전이구간

방호울타리의 단부는 구조적 특성상 차량을 관통하여 탑승자에게 큰 위험요소가 될 수 있기 때문에 가능한 단부의 개소를 최소화해야 하며 성능평가를 거쳐 성능이 검증된 시설을 설치해야 한다. 단부처리시설은 설치장소에 따라 중앙분리대용, 노측용, 교량용으로 구분된다. 노측용과는 다르게 중앙분리대용 방호울타리에 설치되는 단부처리시설은 양방향 차로의 충돌방향을 모두 고려하여야 하고 부차적으로 방현기능, 운전자의 시야확보 등이 고려되지만, 교량난간에 설치되는 단부처리시설의 경우에는 교량난간의 구조적형태를 고려해야 한다.

강도가 다른 두 개 이상의 방호울타리를 연결하여 설치하는 전이구간에서는 차량이 상대적으로 강도가 낮은 방호울타리 안으로 빠져 들어가는 현상을 방지하기 위해 주의가 필요하다. 우선 상이한 강성을 가진 방호울타리를 연결하여 사용하는 곳에서는 강성의 변화를 점진적으로 변화시켜 주어야 한다. 또한 전이구간의 설계조건은 방호울타리의 경우와 동일하다. 전이구간은 두 방호울타리 중 강도가 작은 것보다 작아서는 안 되고 강도가 큰 것보다 커서도 안 된다.

강성과 연성 방호울타리의 연결은 두 형식의 연결 지점 근처의 연성 방호울타리 지주 간격을 줄여 강성을 점진적으로 증진시켜야 한다. 교량용 방호울타리 전이구간에서는 완벽하게 연결되어야 하며, 강성 방호울타리를 교량용 중앙분리대용으로 설치할 경우, 교량 전후 구간의 연성 방호울타리를 단부처리는 하면 안 된다.

또한 강성 방호울타리를 접속 슬라브까지 설치하고 교량 전후 구간의 연속방호울타리와는 전이구간으로 연결한다. 종류가 다른 연성 방호울타리는 두 방호울타리 보의 안전강도보다 강한 변형단면의 보를 제작하여 연결하거나 겹치도록 설치해야 한다.

2.3.3 충격흡수시설

충격흡수시설은 차량이 주행차로를 벗어나 도로의 구조물과 충돌할 위험이 있는 곳에 설치하는 것으로, 차량의 충격에너지를 흡수하여 차량을 정지시키거나 방향을

표 4.2.5 방호울타리 단부처리 예시

1. 노측용 방호울타리 단부처리

1) 가드레일의 단부처리

(1) 단부를 길 바깥쪽으로 구부림

- 방호울타리와 위험물체 사이의 거리가 불충분한 곳에 사용

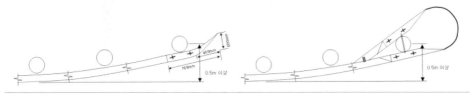

(2) 절토부에 고정

- 특별한 단부처리를 위한 구조 설계나 설치가 불필요하며, 절토부에 고정시켜 보를 지탱해주는 앵커의 강도를 고려하여 설치

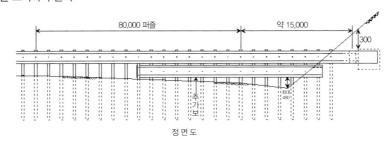

정면도

2) 가드 케이블의 단부처리

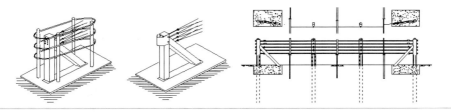

3) 박스형 보의 단부처리

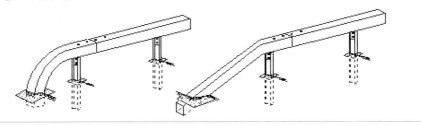

2. 중앙분리대용 방호울타리 단부처리

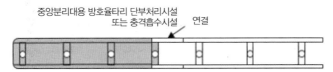

교정하여 주행차로로 안전하게 복귀시켜 주는 기능을 갖고 있다. 충격흡수시설은 용도에 따라 일반적인 충격흡수시설, 방호울타리 단부 처리시설, 트럭 탈·부착용 충격흡수시설 등이 있으며, 기능에 따라 주행 복귀형과 주행 비복귀형으로 구분된다.

충격흡수시설은 주로 교각·교대 앞, 연결로 출구 분기점의 강성구조물 앞, 강성 방호울타리 또는 방음벽 기초의 단부, 요금소 전면, 터널 및 지하차도 입구, 도로관리자가 사고의 위험이 높다고 판단되는 장소 등에 설치한다.

2.3.4 트럭탈부착형 충격흡수시설(TMA)

트럭탈부착형 충격흡수시설(TMA)은 도로상에 작업자 및 탑승자의 안전 확보를 위해 작업용 차량에 탈부착하는 충격흡수시설을 말하며, 충격에너지를 흡수하여 차량을 안전하게 멈추게 하거나 차량의 방향을 복귀시켜 주게 된다.

트럭탈부착형 충격흡수시설을 장착한 차량은 자동차관리법령과 「자동차 및 자동차 부품 성능과 기준에 관한 규칙」, 「자동차안전기준에 관한 규칙」에 따라야 하고, 실물 충돌시험을 통한 성능평가를 거쳐 성능이 검증된 장치를 부착해야 한다. 구체적인 실물충돌시험 방법은 국토교통부의 "차량방호안전시설 실물충돌시험 업무편람"을 참고한다.

2.3.5 해외 차량방호시설

해외에서도 노변 및 중앙에 차량방호시설을 설치하여 차량의 충돌이나 추락에 의한 사고를 방지하고 있다. 주요 차량방호시설은 〈그림 4.2.8〉[10]과 같다.

중국은 방호울타리를 충돌에너지와 접근속도에 따라 5개의 등급으로 나누어 설치·운영하고 있다. 태국에서는 보(beam)형과 콘크리트형을 적용하고 있으며, 상황에 따라 노변 또는 중앙에 설치한다. 홍콩에서는 특별하게 설계된 보(beam)형의 방호울타리를 사용하고 있다. 충격흡수시설은 미국에서 1970년대에 개발되었으며 유럽, 호주, 일본, 홍콩 등 다양한 국가에서도 적용하여 사용하고 있다. 중국의 경우 속도에 따라 60, 80, 100 km/h 각 3개 종류의 충격흡수시설을 사용하고 있으며 인도에서는 미국의 표준을 적용하여 고속도로에서 사용하고 있다.

Clear Zones은 노변 또는 도로 중앙에 완만한 경사로 공간을 만들어 고정된 물체와의 충격이나 추락사고로 인한 사고피해를 줄이는 시설이다. 인도에서는 폭 11 m 정도의 Clear Zones을 설치하여 운영하고 있으며, 프랑스에서는 구간별 제한속도에 따라 8.5 m와 10 m의 Clear Zones을 설치·운영하고 있다.

---

10 ESCAP, *op. cit.*, pp.37~103

Roadside barrier

Median barrier

Crash cushion with channelization

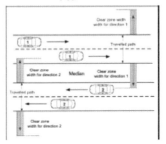
Clear zones

그림 4.2.9 해외 차량방호시설 설치 예시

2.4 기타 안전시설

2.4.1 미끄럼방지포장

  미끄럼방지포장은 도로포장의 미끄럼저항을 높여 자동차의 안전한 주행을 도모하기 위한 시설로서 자동차의 타이어와 도로면 사이의 마찰력을 증가시켜 자동차 제동거리를 줄여주는 역할을 한다. 미끄럼방지포장은 도로 표면에 신재료를 추가하는 형식과 표면의 재료를 제거하는 형식이 있다. 신재료를 추가하는 형식은 개립도 마찰층, 슬러리실, 수지계 표면처리로 구성되고 표면의 재료를 제거하는 형식은 그루빙, 숏 블라스팅, 노면 평삭으로 구성된다.

  미끄럼방지포장의 형식은 포장 종류에 따라 다르게 적용한다. 아스팔트 콘크리트 포장의 경우 개립도 마찰층, 슬러리실, 노면 평삭, 수지계 표면처리를, 시멘트 콘크리트 포장에는 그루빙, 숏 블라스팅, 노면 평삭을 추천한다. 미끄럼방지포장의 설치는 이 기준에 따라 효과가 있다고 판단되는 장소에만 설치하며, 효과가 없음에도 무분별하게 설치하는 것은 피해야 한다. 미끄럼방지포장은 도로의 구간별로 다음과 같은 도로 조건 및 교통 조건에서 미끄럼 마찰 증진이 요구되거나, 사고발생 위험도가 높은 구간에 설치한다.

표 4.2.6 미끄럼방지포장 종류

1. 표면에 신재료를 추가하는 형식

1) 개립도 마찰층

개립도 마찰층 형식은 표면 배수가 신속하여 수막 현상의 위험을 최소화 할 수 있으며, 물튀김·물보라로 인한 시각 장애 문제를 최소화 할 수 있다. 우천·고속 주행 시 미끄럼 저항과 야간·우천 시 자동차 전조등의 노면 반사가 줄어들고, 노면 표시의 시인성을 개선할 수 있다. 또한 마찰층 자체에는 변형이 잘 일어나지 않으며, 타이어와 노면 사이에서 발생하는 소음을 줄일 수 있다.

그러나 평탄성 확보에 어려움이 있으며 보수가 까다롭다. 뿐만 아니라 적설·동결 시에는 동결 방지제를 많이 살포해야 하고 개립도 마찰층을 통과한 물이 흘러들 경우 길어깨에 이를 제거할 수 있는 적절한 배수시설이 필요하다.

2) 슬러리실

슬러리실은 상온에서 유화 아스팔트, 잔골재, 석분, 물 등을 혼합한 유동체인 슬러리 혼합물을 6~10 mm 정도 포장면에 포설하는 공법으로, 다짐 작업이 필요하지 않은 이점이 있다. 비교적 균일하면서 치밀한 혼합물을 만들 수 있어 헤어 크랙(hair crack) 등을 보수하는 효과도 있다.

3) 수지계 표면처리

국내에서 가장 많이 사용하는 형식으로, 주로 1 m 또는 3 m를 시공하고 각각 3 m 또는 6 m를 띄우는 1-3방식, 3-6방식 등을 사용하고 있다. 엄밀하게 구분하면 미끄럼방지 포장 띠라고 할 수 있다.

2. 표면에 재료를 제거하는 형식

1) 그루빙

그루빙은 포장층에 홈을 내어 우천시 수막 현상을 억제하거나 노면과 타이어의 마찰 저항을 개선하기 위한 공법이다. 종방향과 횡방향으로 나눌 수 있으며, 종방향은 횡미끄럼에 대해 효과가 있어 곡선부에 적합하나 횡단 배수를 방해하고 이륜차 통행에 불편을 초래한다. 횡방향은 제동 거리의 단축, 수막현상 억제, 배수 경로 제공 등에 효과가 있어 급경사, 교차로 등에 적합하다. 아래 그림은 그루빙 적용 규격의 한 예를 나타낸다.

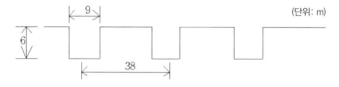

2) 숏 블라스팅

다량의 고압 쇠구슬로 노면에 연속 타격하여 표면 조직을 회복시키는 것으로 도로 포장면의 미끄럼 증진용이나 콘크리트 포장 덧씌우기 층의 접착력 증진을 위해 사용된다.

3) 노면 평삭

포장 노면을 전체적으로 약간 깎아내는 방법으로 표면 조직을 회복시키는 공법이다.

- 기존의 노면 마찰계수가 도로교통 조건에 부합하지 않고 낮아서 위험한 구간
- 도로의 선형에 있어서 전·후 선형의 연속성이 이루어지지 않아 주행속도의 차이가 20 km/h 이상인 변화 구간
- 기타 사고 발생의 위험이 높아 미끄럼방지포장을 설치하는 것이 효과가 있다고 인정되는 구간

2.4.2 과속방지턱

과속방지턱은 낮은 주행 속도가 요구되는 도로 구간에서 통행 차량의 과속 주행을 방지하고, 생활 공간이나 학교 지역 등 통과 차량의 진입을 억제하기 위하여 설치하는 시설물이다. 과속방지턱은 형태에 따라 원호형 과속방지턱, 사다리꼴 과속방지턱, 가상 과속방지턱으로 나누어지며, 넓은 의미의 과속방지시설로는 범프, 쿠션, 플래토 등이 있다. 과속방지턱은 보행자 통행의 안전성 및 편의성을 증진시키고, 교통사고 위험성을 줄일 수 있다.

과속방지턱은 일반도로 중 집산 및 국지 도로의 기능을 가진 도로의 다음과 같은 구간에 도로·교통 상황과 지역 조건 등을 종합적으로 판단하여, 보행자의 통행 안전과 생활 환경을 보호하기 위해 도로관리청이 최소로 설치한다.

- 학교 앞, 유치원, 어린이 놀이터, 근린 공원, 마을 통과 지점 등으로 차량의 속도를 저속으로 규제할 필요가 있는 구간
- 보·차도의 구분이 없는 도로로써 보행자가 많거나 어린이의 놀이로 교통사고 위험이 있다고 판단되는 도로
- 공동 주택, 근린 상업시설, 학교, 병원, 종교시설 등 차량의 출입이 많아 속도규제가 필요하다고 판단되는 구간
- 차량의 통행 속도를 30 km/h 이하로 제한할 필요가 있다고 인정되는 도로

간선도로 또는 보조간선도로 등 이동성의 기능을 갖는 도로에서는 과속방지턱을 설치할 수 없다. 다만, 왕복 2차로 도로에서 보행자 안전을 위해 제한속도 30 km/h 이하로 설정되어 있는 구역에 보행자 무단횡단 금지시설을 설치할 수 없는 경우, 교통정온화 시설의 하나로 과속방지턱 설치를 검토할 수 있다.

과속방지턱의 형상은 원호형을 표준으로 하며, 그 제원은 설치 길이 3.6 m, 설치 높이 10 cm로 한다. 다만, 국지도로 중 폭 6 m 미만의 소로 등에서 적용 지역의 여건으로 봤을 때 표준규격이 크다고 판단되는 경우에는 실험 결과에서 적용 가능한 것으로

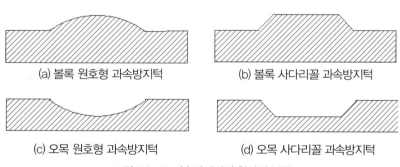

(a) 볼록 원호형 과속방지턱   (b) 볼록 사다리꼴 과속방지턱

(c) 오목 원호형 과속방지턱   (d) 오목 사다리꼴 과속방지턱

그림 4.2.10 과속방지턱의 형상별 분류

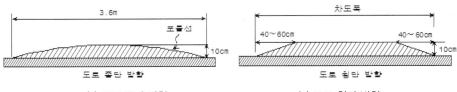

(a) 도로 종단 방향   (b) 도로 횡단 방향

그림 4.2.10 과속방지턱의 형상 및 제원

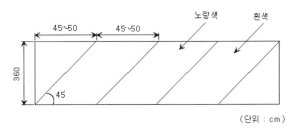

그림 4.2.11 과속방지턱의 표면 도색

분석된 설치 길이 2.0 m, 설치 높이 7.5 cm를 적용할 수 있다. 단지내 도로 등에서 민간 설치자가 차량의 주행속도를 10 km/h 이하로 제한하고자 하는 경우에는 설치 길이 1.0 m, 설치높이 7.5 cm의 범프를 사용할 수도 있다.

과속방지턱은 충분한 시인성을 갖기 위해 반사성 도료를 사용하여 표면 도색함을 원칙으로 한다. 사용 색상은 흰색과 노랑색으로 〈그림 4.2.11〉과 같이 도색한다.

과속방지턱의 주요 설치 위치와 설치 금지 위치는 〈표 4.2.7〉과 같다.

연속형 과속방지턱은 20~90 m의 간격으로 설치함을 원칙으로 하며 차량의 주행속도, 도로 여건 등을 감안하여 합리적으로 설치되도록 한다. 속도와 과속방지턱의 설치 간격과의 관계식은 다음과 같다.

$$Y=9.7573 \, X^{0.315821}$$

여기서, Y : 85백분위수 속도(km/h)

표 4.2.7 과속방지턱 설치 위치	(단위 : m)
과속방지턱 설치 위치	**과속방지턱 설치 금지 위치**
교차로 및 도로의 굴곡 지점으로부터 30 m 이내	교차로로부터 15 m 이내
도로 오목 종단 곡선부의 끝으로부터 30 m 이내	건널목으로부터 20 m 이내
최대경사 변화 지점으로부터 20 m 이내(10% 이상 경사시)	버스정류장으로부터 20 m 이내
기타 교통안전상 필요하다고 인정되는 지점	교량, 지하도, 터널, 어두운 곳 등
—	연도의 진입이 방해되는 곳 또는 맨홀 등의 작업 차량 진입을 방해하는 장소

X : 과속방지턱의 설치 간격(m)

2.4.3 도로반사경

도로반사경은 운전자의 시거 조건이 양호하지 못한 장소에 시인이 필요하거나 사물을 거울면을 통해 비추어줌으로써 운전자가 전방의 상황을 인지하고 안전한 행동을 취할 수 있도록 해주는 기능을 한다. 도로반사경은 거울면의 영상을 통한 간접적인 방법으로 운전자에게 정보를 제공하는 것으로, 필요한 장소에 적절한 수량을 설치해야 한다.

도로반사경은 단일로 중 산지부의 곡선부나 곡선반경이 작은 곳 등에서 도로의 주행속도에 따른 시거 확보가 어려운 곳, 교차로 중 좌우의 시거가 충분히 확보되지 못한 비신호 교차로에 설치한다. 설계속도에 따른 정지시거는 다음과 같다.

표 4.2.8 설계속도와 정지시거의 관계

설계속도(km/h)	정지시거(m)
50	65
40	45
30	30
20	20

도로반사경은 거울면의 형상에 따라 원형과 사각형으로 구분되고, 거울면의 개수에 따라 일면형과 이면형으로 구분한다.

일반적으로 도로반사경의 설치 높이는 설치하는 장소의 도로 조건이나 교통 조건에 따라 달라지게 되는데, 일반적으로 1.8~2.5 m의 범위 내에 설치한다. 도로반사경의 설치 각도는 상·하 방향과 좌·우 방향으로 필요로 하는 시계의 범위에 따라 정한다.

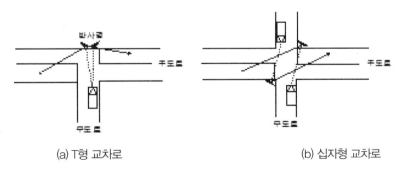

(a) T형 교차로   (b) 십자형 교차로

그림 4.2.12 교차로에서 도로반사경 설치 위치

2.4.4 장애인 안전시설

장애인 안전시설은 휠체어사용자 등 지체장애인이 지장 없이 연속적으로 통행할 수 있도록 횡단보도 진입부 등에서 차도와 보도의 높이차를 적게 하거나 입체 횡단시설에 경사로를 도입하는 등의 조치가 필요하다. 시각장애인을 위해서는 시각장애인이 안전하게 보행할 수 있도록 보도와 차도의 경계나 시각장애인이 자주 이용하는 시설이나 지하철의 출입구 및 버스 정류장 등의 위치를 명확히 하기 위해 시각장애인용 점자블록을 설치하는 등의 조치가 요구된다.

장애인 안전시설로는 「교통약자의 이동편의 증진법」에 따라 휠체어사용자가 장애물의 방해를 받지 않고 연속적으로 보행할 수 있는 최소한의 유효폭을 확보한 도로, 입체횡단시설, 턱낮추기, 연석경사로, 계단이 설치된 육교나 지하도, 건물 진입로의 경사로, 점자블록, 음향교통신호기, 유도신호장치 등이 있다.

장애인 안전시설은 장애인 등의 통행이 가능한 보도, 횡단보도, 지하도 및 육교 등에 설치하고, 장애인 등이 자주 이용하는 시설 주변에 우선적으로 설치할 수 있다.

표 4.2.9 장애인 안전시설별 설치 기준

1. 장애인을 위한 보도 설치

- 보도 및 접근로(이하 보도 등)의 유효폭은 1.5 m 이상으로 한다. 부득이하게 보도 등의 폭이 좁은 경우 휠체어 사용자간 또는 유모차 등과 교행할 수 있도록 50 m마다 1.5 m×1.5 m 이상의 교행구역을 설치할 수 있다.
- 경사진 보도 등이 연속될 경우 30m마다 1.5 m×1.5 m 이상의 수평면으로 된 참을 설치할 수 있다.
- 보도 등 종단경사는 18분의 1이하로 한다. 단, 지형상 곤란한 경우 1/12까지 완화할 수 있다.
- 보도 등의 횡단경사는 25분의 1이하로 한다.
- 보행공간을 확보하기 위해 최소 1.5 m 이상의 보도폭과 높이 2.5 m 이상의 공간을 연속적으로 확보한다.

2. 턱낮추기 및 연석경사로 설치

- 횡단보도 진입 지점이나 횡단보도 중앙에 설치된 안전지대 등에 보행·횡단할 보도와 차도의 높이차를 줄이기 위해 턱낮추기를 실시한다.
- 턱낮추기를 실시할 때 보도와 차도간의 높이차를 극복하기 위해 연석경사로를 설치한다.
- 턱낮추기 및 연석경사로는 횡단보도 진입 지점, 안전지대, 건물 진입 부분, 보도와 차도의 경계 구간, 기타 턱낮추기 및 연석경사로의 설치가 필요한 구간 등에 설치한다.
- 연석경사로의 유효폭은 횡단보도와 같은 폭으로 한다. 부득이한 경우, 연석경사로의 유효폭은 0.9 m 이상으로 한다.
- 연석경사로의 기울기는 20분의 1 이하가 바람직하며, 최대 12분의 1 이하로 한다. 유형 Ⅱ형의 경우, 경사로 옆면의 기울기는 10분의 1 이하로 한다.
- 연석경사로의 기울기의 방향은 보행자의 통행 동선의 방향과 일치하도록 한다.
- 턱낮추기를 하는 경우 보도 등과 차도의 경계구간은 높이차를 3 cm 이하로 한다.
- 턱낮추기를 하는 경우 우천시 물이 고이지 않도록 배수 문제를 고려한다.
- 연석경사로의 바닥표면은 미끄러지지 아니하는 재질로 평탄하게 마무리하며, 보도 등의 질감과 달리할 수 있다.

(계속)

표 4.2.9 장애인 안전시설별 설치 기준

3. 경사로 설치

- 경사로는 육교나 지하도, 건축물의 입구, 대중교통을 이용하기 위한 정류장 등에 계단 등을 이용하기 어려운 장애인 등을 위해 설치한다.
- 계단과 경사로를 동시에 설치하는 것을 원칙으로 한다. 장애인 등의 통행을 위해 경사로를 우선적으로 설치할 수 있다.
- 경사로의 방향과 모양에 따라 다양한 형태로 설치가능하며, 직선으로 설치하는 것을 원칙으로 한다.
- 경사로의 유효폭은 1.5 m 이상으로 한다.
- 경사로의 기울기는 최대 12분의 1이다. 도로에 설치하는 경사로의 기울기는 20분의 1로 하는 것이 바람직하다. 단, 높이가 1 m 이하인 경사로는 시설관리자 등으로부터 상시 보조 서비스가 제공되는 경우에 한해서만 최대 8분의 1까지 완화할 수 있다.
- 경사로의 시작과 끝, 굴절부분 및 참에 1.5 m×1.5 m 이상의 공간을 확보한다. 경사로의 방향을 전환하는 굴절부의 참은 반드시 수평면을 유지하도록 설치한다.
- 높이가 75 cm를 넘는 경사로의 경우, 바닥 표면으로부터 수직 높이 75 cm 이내(경사로의 기울기가 최대 1/12일 경우, 길이 9 m 이내)마다 수평면의 참을 설치한다.

4. 점자블록 설치

- 시각장애인이 보행상태에서 주로 발바닥이나 지팡이의 촉감으로 그 존재와 대략적인 형상을 확인할 수 있는 시설로 정해진 정보를 판독할 수 있도록 그 표면에 돌기를 붙인 것으로, 점형블록과 선형블록의 두 종류가 있다.
- 점자블록은 다음 장소에 우선으로 설치한다.
  1) 시각장애인이 많이 이용하는 도로
  2) 시각장애인이 많이 이용하는 시설 주변
  3) 시각장애인을 유도할 필요가 있는 곳
  4) 기타 시각장애인의 통행이나 이용이 많거나 시각장애인을 유도할 필요가 있는 곳
- 점형블록은 보도의 폭을 감안하여 30~90 cm 범위 안에서 설치하되, 60 cm를 표준으로 설치한다. 또한 선형블록이 끝나는 지점을 마무리하는 데 설치한다.
- 선형블록은 시각장애인이 안전하고 장애물이 없는 도로를 따라 이동할 수 있도록 설치한다.

2.4.5 낙석방지시설

낙석방지시설은 도로 절개면의 낙석, 토사붕괴 등으로 인한 교통 장애, 도로구조물의 손상, 재산 및 인명상의 손실을 예방하기 위해 설치하는 구조물이다. 낙석방지시설은 낙석예방과 예측하지 못한 낙석의 도로유입을 막기 위하여 낙석이 예상되는 구간의 절개면 전체 또는 일부에 설치하여 낙석으로 인한 재해로부터 도로이용자들의 인명피해와 재산손실을 방지하는 기능을 가지며, 주요 기능은 다음과 같다.

- 낙석의 충격에 저항하여 낙석운동을 억제
- 낙석의 에너지를 흡수하여 낙석이 도로에 유입되는 것을 막음
- 낙석의 낙하 진행방향을 바꾸어 피해 위험이 없는 곳으로 유도

현재 주로 사용되고 있는 낙석방지대책은 낙석보강공법과 낙석보호공법으로 구분

된다. 낙석보강공법은 낙석 발생이 예상되는 암편을 사전에 제거하거나 절개면에 고정시키는 공법을 말하며, 낙석보호공법은 절개면으로부터 낙하하는 암편이 도로로 유입됨을 방지하기 위해 도로변이나 도로시설 위에 설치하는 공법을 의미한다. 낙석방지대책은 〈표 4.2.10〉과 같이 분류할 수 있다.

표 4.2.10 낙석방지대책의 분류

낙석방지대책	시설물 종류	낙석방지대책	시설물 종류
낙석 보강공법	절취공법	낙석 보호공법	낙석방지망(포켓식 및 비포켓식 낙석방지망)
	면 정 리		낙석방지울타리
	앵 커		낙석방지옹벽
	록 볼 트		피암터널
	콘크리트 버팀벽		식생공법
	콘크리트 블럭공법		
	숏크리트		
	배수공법(지표수, 지하수)		

낙석방지시설을 선정하는 경우에는 낙석에너지에 대한 정확한 예측이 선행되어야 한다. 따라서 절개면의 지형, 지질, 예상되는 낙석의 규모와 절개면 높이, 낙석발생 가능성 및 피해빈도 등에 대하여 정확하게 조사를 실시하고, 조사결과에 의한 분석을 근거로 예상되는 낙석의 규모, 발생위치와 낙석에너지를 추정한다. 이를 낙석방지시설의 기능, 흡수 가능 에너지, 장단점 등을 비교하여 낙석방지시설을 선정하게 된다.

2.4.6 도로전광표지

도로전광표지는 주행 중 운전자에게 시시각각 변화되는 전방의 교통 상황 및 돌발 상황(교통사고, 도로 공사 등), 통행 시간 정보 등의 교통 관련 정보와 도로 정보, 기상 정보 등을 실시간으로 제공한다. 또한 상습 정체 등으로 인하여 교통류의 분산이 필요

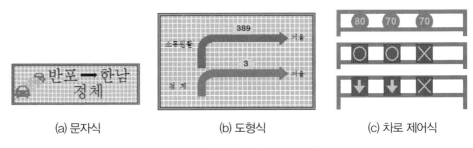

(a) 문자식   (b) 도형식   (c) 차로 제어식

그림 4.2.13 표출형태에 따른 도로전광표지

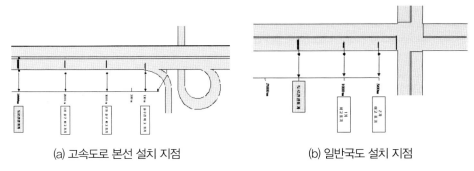

(a) 고속도로 본선 설치 지점 　　　　　　　(b) 일반국도 설치 지점

그림 4.2.14 도로전광표지 설치 지점 예시

하거나, 사고 다발 지점 등과 같이 안전성 확보가 요구되는 구간 등의 전방에 전략적으로 설치하여 교통 흐름을 효율적이고 안전하게 관리하는 기능을 수행한다.

　도로전광표지는 기술 형식에 따라 반사형과 발광형 표지로 구분하며 표출정보 형태에 따라 문자식과 도형식, 차로 제어식으로 구분한다.

　도로전광표지는 교통 조건, 도로 환경 조건, 시스템 조건, 기술 및 운전자 조건 등을 고려하여 설치 위치를 선정한다. 기본적으로는 고속도로 진출입구나 교차로 전방과 같이 교통류의 분산이 기대되는 주요 우회 가능 지점의 전방에 설치한다. 또한 병목 지점이나 사고 많은 지점, 터널 진입부 등 통행에 주의가 필요한 지점 전방에 설치한다. 기존 시설과의 상충 및 중복을 지양하고 판독성이 떨어지는 지점은 피한다.

　도로전광표지에 표출하는 메시지는 교통 상황의 심각도, 정보량의 적정성 등을 고려하여 설계하여야 하며, 메시지 내용은 교통 상황, 도로 상황, 교통사고 정보 등 교통 및 도로 관련 정보에 한하여 도로 이용자에게 제공하는 것을 원칙으로 한다.

2.4.7 악천후 구간, 터널 및 장대교량 설치시설

　악천후 구간이라 함은 비, 눈, 안개 등 악천후 기상현상으로 인해 도로 이용자가 안전한 운행을 유지하기 어려우며 사고 발생 위험이 높은 곳으로 도로관리자가 판단한 구간을 말한다. 따라서 도로관리자는 도로의 기능, 도로 및 지역 조건 등을 감안하여 현장에 적합한 도로안전시설이 설치될 수 있도록 해야 한다.

표 4.2.11 악천후 구간, 터널 및 장대교량 설치 기준

1. 안개지역

1) 대상시설
• 교통안전표지, 미끄럼방지포장, 안개 시정표지, 도로전광표지, 노면요철 포장, 시정계, 안개 시선유도 등
2) 설치방법 등
• 미끄럼방지포장을 설치하되, 형식은 수지계 표면처리 및 그루빙 등의 다양한 형식을 적용할 수 있다.

(계속)

표 4.2.11 악천후 구간, 터널 및 장대교량 설치 기준

- 안개 시정표지는 50 m 간격으로 200 m 단위로 설치한다. 시정표지와 동일한 간격으로 노면표시를 설치하여 시정표지를 보완할 수 있다.
- 교통안전표지와 도로전광표지는 안개지역의 진입부에 설치할 수 있다.
- 노면요철 포장과 안개 시선유도등은 안개지역에 설치할 수 있다.

2. 비, 눈 등으로 인한 위험구간

1) 대상시설
- 시선유도표지, 갈매기표지, 미끄럼방지포장, 노면요철 포장, 교통안전표지, 도로전광표지

2) 설치방법 등
- 시선유도시설은 양쪽 길어깨에 설치한다.
- 미끄럼방지포장을 설치하되, 형식은 수지계 표면처리 및 그루빙 등의 다양한 형식을 적용할 수 있다.
- 노면요철 포장은 대상구간에 설치할 수 있다.
- 교통안전표지를 대상구간 진입부에 설치한다.
- 도로전광표지는 비, 눈으로 인한 위험지역의 진입부에 설치할 수 있다.

3. 터널

1) 대상시설
- 터널 조명, 구조물 도색, 시선유도표지, 표지병, 도로전광표지, 터널 시선유도 등

2) 설치방법 등
- 조명은 터널 부근의 도로교통 여건에 따라 설치한다.
- 구조물 도색은 터널 입구에 실시한다.
- 시선유도표지 또는 터널 시선유도등은 터널내부에 연속적으로 설치한다.
- 표지병은 양방향으로 운영되는 터널의 중앙선에 설치한다.
- 도로전광표지는 터널전방에 설치하고 필요시에는 터널내부에 설치할 수 있다.

4. 장대교량

1) 대상시설
- 교량 조명, 시선유도표지, 표지병, 도로전광표지, 교량용 빗금표시, 노면요철포장

2) 설치방법
- 조명은 교량구간 내부에 설치하는 것을 원칙으로 한다.
- 시선유도표지는 교량구간에 연속적으로 설치한다.
- 표지병은 중앙선을 보조하여 설치하고, 필요시 길가장자리에 설치할 수 있다.
- 도로전광표지는 교량전방에 설치하고, 필요시 교량 구간 내부에도 설치할 수 있다.
- 빗금표지와 노면요철 포장은 교량 전방에 설치한다.

2.4.8 긴급제동시설

긴급제동시설은 제동 장치가 고장 날 경우 차량의 도로이탈 및 충돌 사고를 방지하고 승객 및 차체에 대한 피해를 최소화하기 위한 것으로 크게 도래더미 형식, 골재부설 형식이 있다. 골재부설 형식은 하향경상 방식, 수평경사 방식, 상향경사 방식으로 구분된다.

긴급제동시설의 설치에 대한 명확한 기준은 미국뿐만 아니라 일본과 호주 등지에서도 제시되지 않고 있는데, 그 이유는 긴급제동시설의 설치는 사고기록과 기하요소

등의 복합적인 상황을 검토해야 하기 때문이다. 다만 호주의 경우 중차량의 일 교통량이 150대 이상이고, 종단경사가 6% 이상인 구간에서 긴급제동시설의 설치간격을 3 km로 규정하고 있다. 따라서 국내에서는 내리막 경사와 설치공간, 경제성 등을 검토하여 필요한 장소에만 긴급제동시설을 설치할 수 있다.

긴급제동을 위한 연결로의 진입속도는 130~140 km/h로 설계하는 것을 원칙으로 하며, 연결로의 길이가 충분하지 않은 경우 진입속도를 100 km/h까지 조정할 수 있다. 긴급제동시설 진입로는 가능한 직선으로 구성하고 진입각은 최소화해야 한다. 연결로의 폭은 안전성을 고려하여 충분하게 확보해야 하고, 골재 형식은 5~40 mm 단입도의 굵은 자갈 사용을 원칙으로 한다. 골재부설구간에서 정지하지 못한 자동차의 이탈방지를 위해서는 감속원통과 이탈방지둑을 설치하고, 연결로의 부실한 끝처리는 골재부설구간과 감속원통을 지나서 이탈방지둑까지 넘어선 차량에게 큰 위험을 주게 되므로 급경사를 피해야 한다.

2.4.9 노면요철 포장

노면요철 포장은 주행차로나 갓길부의 노면을 높이거나 홈을 내어 차량이 차로를 이탈할 시에 소음과 진동을 발생시켜 도로여건의 변화를 운전자에게 환기시키는 것을 목적으로 하는 시설이며, 졸음운전이 예상되거나 악천후 등으로 인한 시인성 저하가 우려되는 구간에 주로 설치한다.

노면요철 포장의 종류는 형태에 따라 절삭형, 다짐형, 틀형, 부착형으로 구분되며 틀형과 부착형은 표준화된 규격이 없어 주로 절삭형과 다짐형을 국내외에서 적용하고 있다. 절삭형은 도로 포장재료에 관계없이 포장면이 견고하기만 하면 언제든지 설치

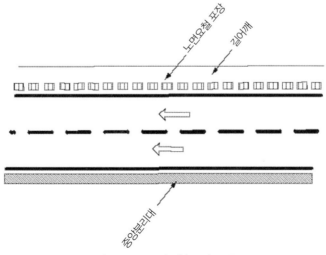

그림 4.2.15 노면요철 포장 표준도

가능하며, 다짐형은 아스팔트의 온도가 너무 높거나 낮을 경우 주의를 요한다.

노면요철 포장은 도로의 종류와 차로 수 등에 관계없이 연속적인 주행으로 운전자의 주의 저하가 예상되는 구간에 설치할 수 있다. 교량 및 터널구간은 길어깨가 충분하지 않기 때문에 도로관리청이 필요하다가 판단되는 구간에 설치하고, 장대교량의 경우에는 교량 진입부에 설치할 수 있다.

노면요철 포장은 차도의 포장면으로부터 최소 30 cm 이상 떨어진 지점에 설치하고, 설계속도가 낮은 지방부 도로의 경우 길어깨 폭이 충분하지 않기 때문에 최대한 바깥차선에 가깝게 설치한다. 지형적 여건으로 길어깨 폭에 여유가 없는 경우에는 바깥 차선 위에 설치할 수 있다. 노면요철 포장은 연속형과 단속형이 있으며, 기본적으로는 연속형 설치를 원칙으로 하되, 자전거 통행 등을 고려할 경우 단속형 설치를 검토할 수 있다.

2.4.10 무단횡단 금지시설

무단횡단 금지시설은 도시부 도로의 중앙분리대 내에 설치하는 분리시설이지만 차량과 충돌 시 쉽게 부러지지 않고, 사고발생 후에도 본래의 형상과 기능은 유지할 수 있는 시설로 야간 및 악천후 시 운전자의 시선을 유도하고, 보행자의 무단횡단과 차량 및 이륜차의 불법유턴으로 인한 교통사고를 예방하기 위해 설치하는 시설물이다.

무단횡단 금지시설은 지주와 횡방향 부재로 구성된 난간(펜스)과 유사한 형상을 가진다. 무단횡단 금지시설의 횡방향 부재의 상단 높이는 노면으로부터 90 cm를 표준으로 하며 대향차로에 대한 시인성을 확보하고 무단횡단 보행자가 그 부재들 사이나 밑으로 빠지는 것을 방지할 수 있어야 한다. 또한 무단횡단 금지시설은 동일구간에 같은 높이로 설치하여 연속적인 시선유도가 이루어지도록 한다. 무단횡단 금지시설은 차량 충돌 후에도 부재의 파손이나 탈락 없이 형상을 유지할 수 있어야 한다.

무단횡단 금지시설을 설치하기 위해서는 다음 4가지 기준을 모두 만족하는 구간이어야 한다.

- 도로주변 여건으로 인해 보행자 무단횡단사고 발생의 가능성이 높다고 판단되는 구간
- 무단횡단예방을 위한 횡단보도 및 보행자 신호체계 개선이 불가능한 구간
- 보도 측에 보행자용 방호울타리를 설치할 수 없는 구간
- 최소한 무단횡단시설 폭과 양방향 측대 폭(0.5m) 이상 확보가 가능한 구간

무단횡단 금지시설은 곡선구간에서 운전자에게 충돌에 대한 심리적 불안감을 증대시켜 차량 감속과 이로 인한 도로용량 감소를 초래할 수 있다. 또한 운전자의 순간적인 차량조작 실수로 무단횡단 금지시설과의 충돌 가능성이 증가하여 도로안전측면에서 바람직하지 못한 시설이 될 수도 있기 때문에 현장의 특성과 교통상황을 고려한 설

치가 요구된다.

2.4.11 해외 기타 안전시설

해외의 보행자 관련 안전시설로는 〈그림 4.2.16〉[11]과 같이 보행자 방호울타리와 보행 교통섬이 있다. 보행 방호울타리는 물리적으로 보도의 보행자를 보호하는 시설이다. 중국에서는 작은 도시보다는 큰 도시에 주로 설치·운영하고 있으며, 인도에서는 2차로 이상 도로에 적용하고 있다. 영국에서는 보행자 방호울타리를 사용하고 있으나 점차 사용하지 않는 추세이다.

보행교통섬의 경우 중국에서는 폭원 30 m 이상 도로에 적용하고 있으며, 태국에서는 사용하고 있지 않다. 프랑스에서는 휠체어 사용자를 위해 교통섬의 폭을 2.1 m 이상 확보하여 설치하도록 하고 있다.

Pedestrian fences

Pedestrian refuge island

그림 4.2.16 해외 보행자 관련 안전시설 설치 예시

해외 과속방지시설로는 과속방지턱과 Visual Traffic Calming이 있으며 〈그림 4.2.17〉[12]과 같다. 중국에서는 대체적으로 2차로 도로에 설치하고 부도로의 교차로 진입부 지점에 설치한다.

인도에서는 과속방지턱은 사용하지 않으나 "Speed breakers"라는 비슷한 유형의 시설을 사용하고 있다. 프랑스에서는 접근로, 도시부 도로에 주로 사용하고 있으며, 영국에서는 다양한 유형의 과속방지턱을 사용하고 있다. 네덜란드에서도 주로 도시부 도로에 적용하고 있으며 교통정온화 기법으로 활용하고 있다.

Visual Traffic Calming의 경우 중국에서는 속도제한, 경고, 스쿨존 등 다양한 노면표시와 함께 적용하고 있으며, 방글라데시에서는 도시부에서만 제한적으로 적용하고 있다. 영국, 네덜란드, 프랑스를 포함한 유럽에서는 Visual Traffic Calming을 널리 적용하고 있으며 교차로 알림, 차로폭 변화 등 다양한 노면표시와 함께 같이 사용하고 있다.

---

11 *Ibid.*

12 *Ibid.*

Speed hump

Visual traffic calming

그림 4.2.17 해외 과속방지시설 설치 예시

해외 기타 안전시설로는 회전교차로, 미끄럼방지포장, 가변속도제어, 도로반사경이 있으며 〈그림 4.2.18〉[13]과 같다. 회전교차로는 프랑스, 네덜란드 등 유럽 국가에서 적용하고 있으며 주로 1차로형 회전교차로를 적용하고 있다. 영국에서는 1차로형, 2차로형 회전교차로를 적용하고 있다. 미끄럼방지포장의 경우 교차로 접근로에 주로 설치하고 제한속도 80 km/h 이상의 도로에 설치·운영하고 있다. 경사도 10%이상의 50 m 이상 구간에 적용하고, 곡선반경 및 제한속도에 따라 도로등급별로 적용하고 있다. 가변속도제어 시설은 ITS가 적용되어있는 구간에 설치·운영하고, 도로반사경은 2차로 도로 중 시거제약이 있는 지점에 설치한다.

Roundabout

Enhanced skid resistance
(anti–skid pavement)

Variable speed limits

Reflection mirror

그림 4.2.18 해외 기타 안전시설 설치 예시

13 *Ibid.*

03

교통안전시설

3.1 교통안전표지

교통안전표지는 도로이용자에게 일관성 있고 통일된 방법으로 교통안전과 원활한 소통을 도모하고, 단독 또는 노면표시·신호기와 유기적으로 보완·결합하여 설치할 수 있다. 교통안전표지는 주의, 규제, 지시 등의 기능을 한다.

교통안전표지는 본표지 3종류, 보조표지 1종류로 구분되며 본표지는 단독으로 주의, 규제, 지시의 의미를 전달하고 보조표지는 본표지와 함께 설치하여 부연설명 등 보완 기능을 한다.

「교통안전표지 설치관리 매뉴얼」[14]에서는 교통안전표지 설치기준, 주의표지, 규제표지, 지시표지, 보조표지 등에 관한 기준을 마련하였다. 본 절에서는 해당 매뉴얼의 주요 내용을 인용하였으며, 시설의 기능, 설치기준 등에 대한 기준을 제시한다.

3.1.1 주의표지

주의표지는 도로이용과 관련된 위험요소에 대해 주의를 환기시키고 경각심을 불러일으켜 도로교통의 안전과 소통을 원활하게 하기 위한 시설이다. 따라서 도로이용자가 신속하게 적절한 행동을 할 수 있도록 정확하고 간단 명료해야 한다. 주의표지의 종류는 교차로 예고표지, 도로형상 예고표지, 교통류변화 예고표지, 시설 예고표지, 노면상황 예고표지, 연도위험 예고표지, 기상상황 예고표지, 주의 예고표지 등이 있다.

---

14 경찰청, 「교통안전표지 설치·관리 매뉴얼」, 2011, 1~207쪽

표 4.3.1 주의표지 종류

분류	종류(표지판 번호)	주의표지
[교차로 예고표지] • 과속의 우려 및 전방시거가 불량한 교차로에 설치 • 교차로 전방 30~120 m 내 설치 • 차량 진행방향 도로우측 설치	+자형 교차로(101)	(101)
	ㅜ(102), Y(103), ㅏ(104), ㅓ(105) 자형 교차로	(102)　(103)
	회전형 교차로(109)	(109)
[도로형상 예고표지] • 설계속도, 주행속도에 비해 급격한 경사 및 평면선형의 경우 설치 • 굽거나 경사 시점으로부터 30~200 m 내 설치 • 차량 진행방향 도로우측 설치	우로굽은도로(111) 및 좌로굽은도로(112)	(111)
	우좌로이중굽은도로(113) 및 좌우로이중굽은도로(114)	(114)
	오르막경사(116) 및 내리막경사(117)	(116)　(117)
[교통류변화 예고표지] • 교통량, 차량속도, 도로형상 변화로 위험한 곳에 설치 • 위험요소 시작 지점 전방 50~200 m 내 설치 • 차량 진행방향 도로우측 설치	우선도로(106)	(106)
	우합류도로 (107) 또는 좌합류도로 (108)	(107)
	2방향 통행(115)	(119)
	도로폭이 좁아짐 (118)	(118)
	우측차로 없어짐 (119) 및 좌측차로 없어짐 (120)	(119)

(계속)

표 4.3.1 주의표지 종류

	우측방통행 (121)	(121)
	양측방통행 (122)	(122)
	중앙분리대시작 (123) 및 중앙분리대 끝남(124)	(123) (124)
	도로공사중 (135)	(135)
[시설 예고표지] • 철길건널목, 횡단보도 등 시설로 인한 사고 위험이 존재하는 곳 설치 • 시설 시점으로부터 50∼200 m 내 설치, 단 철길건널목, 횡단보도 예고표지는 50∼120 m 내 설치 • 차량 진행방향 도로우측 설치	철길건널목 (110)	(110)
	신호기 (125)	(125)
	터널 (138)	(138)
	횡단보도 (132)	(132)
	어린이보호 (133)	(133)
	자전거 (134)	(134)
[노면상황 예고표지] • 위험요소 시점으로부터 30 ∼200 m 내에 설 치하며, 차량 진행방향 도로우측 설치	미끄러운도로 (126)	(126)

(계속)

표 4.3.1 주의표지 종류

	노면고르지못함 (128)	(128)
	과속방지턱 (129)	(129)
[연도위험 예고표지] • 추락 또는 낙선이 예상되는 곳에 설치 • 위험요소 시점으로부터 30 ~200 m 내에 설치하며, 차량 진행방향 도로우측 설치	강변도로 (127)	(127)
	낙석도로 (130)	(130)
[기상상황 예고표지]	횡풍 (137)	(137)
[기타주의 예고표지] • 위해요소에 대한 해당 주의표지가 있는 경우에는 사용 불가 • 일반적인 설치위치는 50~ 200 m 내에 설치, 야생동물보호는 100~1,000 m 범위내 설치	비행기 (136)	(136)
	야생동물보호 (139)	(139)
	위험 (140)	(140)

3.1.2 규제표지

규제표지는 도로교통의 안전과 소통을 위해 도로이용과 관련된 제한, 금지 등의 사항을 해당 지점 또는 구간에 설치하여 알리는 것을 목적으로 한다. 규제표지에 명시된 사항을 위반할 경우 도로이용자에 대하여 범칙금을 부과함으로써 그 실효성을 확보할 수 있으며, 도로교통법에 의해 필요한 금지나 제한이 최소한으로 그쳐야 한다. 규제표지는 통행금지, 통행제한, 금지사항 표지로 구분된다.

표 4.3.2 규제표지 종류

분류	종류(표지판 번호)	규제표지
[통행금지] • 통행금지 대상과 내용에 따라 해당 규제표지만 설치 • 광범위한 지역의 경우 통행금지 내용을 충분한 기간 동안 고시 • 통행금지 대상 금지구역 도달 전 우회 가능한 도로입구에 설치	통행금지 (201)	(201)
	차종제한 통행금지 (202)	(202)
[통행제한] • 도로교통법 제17조, 제19조, 제25조, 제26조 해당 • 통행제한 필요구간에 설치보호해야 할 도로구조물 또는 도로시설물에 따라 적합한 통행제한이 필요하며, 해당 규제표지만 설치 • 광범위한 지역 또는 구간에 설치하는 경우 적정한 간격으로 중복 설치 • 도로의 중앙 또는 우측 설치	차중량제한 (220)	(220)
	차높이제한 (221)	(221)
	차폭제한 (222)	(222)
	차간거리확보 (223)	(223)
	최고속도제한 (224)	(224)
	최저속도제한 (225)	(225)
	서행 (226)	(226)
	일시정지 (227)	(227)
	양보 (228)	(228)

(계속)

표 4.3.2 규제표지 종류		
[금지사항] • 도로교통법 제6조, 제58조, 제18조, 제32조, 제33조, 제10조 및 제62조, 제22조 해당 • 차량 및 보행자의 도로이용방법이나 기타 금지사항을 규제할 필요가 있는 구간 및 지역에 설치 • 도로의 중앙 또는 우측에 설치	진입금지(211) 및 직진금지(212)	진입금지 (211) (212)
	우회전금지(213) 및 좌회전금지(214)	(213)
	유턴금지 (216)	(216)
	앞지르기금지 (217)	(217)
	정차·주차금지 (218)	주정차금지 (218)
	주차금지 (219)	주 차 금 지 (219)
	보행자보행금지 (230)	(230)

3.1.3 지시표지

지시표지는 도로의 안전을 위해 필요한 통행방법 및 통행구분 등에 대하여 도로이용자에게 지시사항을 알리기 위한 것으로 지시와 정보 제공에 따라 도로이용자의 적절한 행동을 유도하는 데 목적이 있다. 통행방법의 지시, 일정 행위의 허가 및 허용, 또는 특정 목적을 명확하게 하기 위하여 설치된다. 따라서 지시표지는 도로이용자가 지시표지의 지시사항을 따를 수 있도록 도로교통법에 따라 설치한다. 지시표지는 도로지정, 통행방법 지시, 일방통행 지시, 보행자 지시, 기타 지시로 구분된다.

분류	종류(표지판 번호)	지시표지
[도로 지정] • 도로이용자는 지정된 도로에서 특별히 지정된 차마, 보행자만이 통행 가능하며 이를 도로이용자에게 알려야 함 • 단 대통령이 부득이하게 정한 경우에는 전용차로에서도 그 밖의 차량 이용 가능	자동차전용도로 (301)	(301)
	자전거전용도로 (302)	(302)
	자전거 및 보행자 겸용도로 (303)	(303)
	자전거 및 보행자 통행구분 (317)	(317)
	버스전용차로 (330)	(330)
	다인승차량 전용차로 (331)	(331)
	자전거 전용차로 (318)	(318)
[통행방법 지시] • 회전방향지시, 진로지시로 분류되며, 화살표시가 2개인 표지는 어느 방향으로도 진행 가능 • 특정차종 표시가 있는 경우 특정차종은 반드시 화살표 방향으로 진행하며, 그 외 차종은 통상적인 방향전환 가능 • 특정차종을 제외한 차량에 대한 방법 지시에는 '특정차종 제외'라는 보조표지 함께 설치	회전교차로 (304)	(304)
	직진 (305)	(305)
	우회전(306) 및 좌회전(307)	(306)
	직진 및 우회전 (308), 직진 및 좌회전(309)	(308)

(계속)

제4장

	좌·우회전 (310)	(310)
	유턴 (311)	(311)
	비보호좌회전 (329)	(329)
	양측방통행 (312)	(312)
	우측면통행(313) 및 좌측면통행(314)	(313)
	진행방향별 통행구분(315) 및 우회로(316)	(315) (316)
	통행우선 (332)	(332)
[일방통행 지시] • 지정된 도로의 입구 또는 시작지점에 일방통 행 지시표지 설치	일방통행 (326, 327, 328)	(326)
[보행자 지시] • 어린이 등의 보호를 지시, 보행자에게 통행 방법을 지시하기 위해 지시표지 설치	보행자전용도로 (321)	(321)
	횡단보도 (322)	(322)
	노인보호 및 어린 이보호 (323, 324)	(323) (324)

(계속)

	자전거횡단도 (325)	(325)
	자전거병진 (333)	333 자전거나란히 통행허용 (333)
[기타 지시] • 도로이용자의 안전과 원활한 소통을 위해 필요한 주차장 지정 등을 지시하거나 허용하는 장소 또는 지점에 설치	주차장 (319)	주차 P (319)
	자전거주차장 (320)	(320)

3.1.4 보조표지

보조표지는 주의표지, 규제표지, 지시표지의 주 기능을 보충하여 도로이용자에게 알리는 표지로써 본표지의 의미를 보완 또는 첨가하여 도로이용자에게 정확한 정보를 전달하는 기능을 갖는다. 보조표지는 반드시 본표지와 함께 설치하여야 하며 보조표지 단독으로 사용되어서는 안 된다. 보조표지의 내용은 주의, 규제, 지시의 세부사항을 표시하며 본표지가 나타내지 못하는 정보를 제공하나 본표지와의 내용 중복은 피해야 한다. 또한 본표지와 관련이 없는 사항을 표시해서는 안 된다.

분류	종류(표지판 번호)	보조표지
[거리, 구역, 구간] • 본표지로부터 위해요소까지의 거리, 영향 구역을 나타낼 때 설치	거리 (401, 402, 425)	100m 앞 부터 (401)
	구역(403), 구간 (417, 418, 419)	시내전역 (403) 구간시작 ← 200m (417) 구간 내 400m (418)
[일자, 시간] • 본표지가 적용되는 일자, 시간을 명시할 때 설치	일자 (404)	일요일·공휴일 제외 (304)
	시간 (405, 406)	08:00~20:00 (305)

(계속)

[본표지 설명] 본표지의 의미를 도로이용자에게 정확하게 이해하도록 하기 위해 부연 또는 상세한 설명을 할 때 설치	전방우선도로 (408)	앞에 우선도로 (408)
	안전속도(409) 및 통행주의(415)	안전속도 **30** (409) 속도를 줄이시오 (415)
	교통규제 (412)	차로엄수 (412)
	표지설명 (416)	터널길이 258m (416)
	중량 (423)	3.5t (423)
	노폭 (424)	▶ 3.5m ◀ (424)
	우방향, 좌방향 및 전방 (420, 421, 422)	→ (420) ← (421) ↑ 전방 50M (422)
[해제]	해제 (427)	해 제 (427)
[기타]	기상상태 (410)	안개지역 (410)
	노면상태 (411)	(411)
	견인지역 (428)	견 인 지 역 (428)

3.2 노면표시

노면표시는 도로포장면에 설치된 차선도색 문자 및 각종 기호를 말한다. 노면표지는 독자적으로 또는 교통안전표지와 신호기를 보완하여 도로이용자에게 규제 또는 지시의 내용을 전달한다. 노면표시는 규제표시와 지시표시로 구분되며, 규제표시는 도로의 교통안전, 소통 및 도로구조 보존과 관련된 각종 제한, 금지 등의 규제내용을 전달하는 역할을 하며, 지시표시는 도로의 교통안전, 소통 및 도로구조 보존과 관련된 도로의 통행방법, 통행구분 등의 지시내용을 전달하는 역할을 한다.

3.2.1 노면표시의 설치기준

기본적으로 노면표시는 색에 따라 의미가 상이하며, 백색은 동일한 방향의 교통류 분리 및 경계표시, 황색은 반대방향의 교통류 분리, 도로이용의 제한 및 지시표시, 청색은 지정방향의 교통류 분리 표시 기능을 한다.

노면표시는 선의 형태에 따라 점선, 실선, 복선으로 구분하며, 점선은 허용, 실선은 제한, 복선은 강조라는 의미를 갖는다. 또한 선의 종류는 중앙선, 차선, 길가장자리구역선, 진로변경제한선, 전용차선, 유턴구역선 및 유도선으로 구분할 수 있다.

표 4.3.5 노면표시 선의 종류 및 규격

대분류	설치 기준
중앙선	• 점선 : 도색길이와 빈길이는 각각 300 cm, 너비는 15~20 cm • 실선 : 너비 15~20 cm • 복선 : 너비와 간격은 각각 10~15 cm
차선	• 점선 : 도색길이는 300~1,000 cm, 빈길이는 도색길이의 1.0~2.0배, 너비는 10~15 cm • 실선 : 너비 10~15 cm
길가장자리구역선	• 실선 : 너비는 15~20 cm로 중앙선의 너비와 동일
진로변경제한선	• 실선 : 비는 15~20 cm로 중앙선의 너비와 동일 • 점선 및 실선 : 도색길이와 빈길이는 각각 300cm, 너비와 간격은 각각 10~15 cm 인 점선과 실선의 조합 • 너비가 줄어드는 점선 및 실선 : 도색길이는 300 cm, 빈길이는 200 cm, 너비는 50 cm 에서 20 cm로 줄어드는 점선과 가격은 각각 10 cm, 너비는 15 cm인 실선 조합
전용차선	• 실선 : 너비는 15~20 cm로 중앙선의 너비와 동일 • 점선 : 도색길이와 빈길이는 각각 300 cm, 너비는 10~15 cm • 복선 : 너비와 간격은 각가 10~15 cm
유턴구역선	• 점선 : 도색길이와 빈길이는 각각 50 cm, 너비는 30~45 cm로 중앙선의 너비와 동일
유도선	• 점선 : 도색길이와 빈길이는 각각 50~100 cm, 너비는 10~15 cm로 차선보다 도색길이와 빈길이는 짧고 너비는 같은 짧은 점선으로 설치

3.2.2 규제표시

규제표시는 선규제, 통행방법규제, 정차·주차규제, 장애물규제 등으로 구분하며, 선규제는 「도로교통법」 제13조, 제14조, 제15조, 통행방법규제는 「도로교통법」 제6조 제1항, 제17조, 제18조 제2항, 제31조 제1항, 제31조 제2항, 정차·주차규제는 「도로교통법」 제32조와 제33조에 근거하여 설치한다.

표 4.3.6 규제표시의 종류 및 설치기준

대분류	종류	설치 기준
[선규제] (501) (가변차선) (502) (503) (504) (505) (506) (507) (508)	중앙선(501)	• 중앙선은 반대방향의 교통류를 분리·제한·지시하는 것으로 자동차의 통행방향을 명확히 구분하여 시인할 수 있도록 설치 • 도로의 기하구조에 따라 반드시 중앙에 설치할 필요 없음 • 도로조건에 따라 앞지르기 시거 등을 고려하여 황색 점선, 실선을 조합하여 치 가능
	가변차선	• 교통량에 따라 중앙선을 조정하여 진행방향을 지정하는 것, 고통량을 조절하여 소통효율을 높이기 위한 노면표시 • 3차로 이상의 도로구간에 설치하고, 황색점선의 복선 또는 황색실선의 복선을 설치 • 가변형 가변등을 사용하여 자동차의 진행방향 표시
	유턴구역선 (502)	• 편도 폭 9 m 이상의 도로에 주변 교통여건을 감안하여 유턴이 허용된 구간 내의 지점에 설치 • 유턴허용으로 인한 교통장애 및 사고위험성이 예상되는 지점은 제외하며, 교통안전표지(311)과 함께 설치
	차선 (503)	• 도로구간 내 차로의 경계를 표시하는 것으로 동일방향의 교통류를 분리하며, 편도 2차로 이상의 차도구간 내 설치 • 차로는 폭원 3 m 이상, 부득이한 경우 2.75 m 이상 설치
	버스전용차선 (504)	• 원활한 교통소통을 위해 차 종류 및 승차인원에 따라 지정된 차종의 통행을 허용하는 노면표시로 편도 3차로 이상의 차도구간 내 설치 • 청색의 선으로 표시하고 단선은 시간제 운영구간, 복선은 전일제 운영구간임 • 교통안전표지(330, 331)과 함께 설치
	길가장자리 구역선 (505)	• 보도와 차도를 구분하는 노면표시로 백색실선으로 표시하며, 도로 폭원 6 m 이상의 도로에 설치 • 보도와 차도의 구분이 없는 도로에 설치하며, 주차금지와 정차·주차금지를 설치할 경우 표시하지 않음 • 교차로·횡단보도에 연장하여 설치 불가
	진로변경제한선 (506. 507, 508)	• 자동차의 진로변경을 제한하는 노면표시로 교차로, 횡단보도, 합류·분류 구간 및 지점 등에 설치 • 진로변경제한선의 길이는 차로수, 교통량, 교차로 넓이 등 도로 및 교통조건에 대한 공학적 판단에 근거함
[통행방법 규제] (510) (511) (512) (513) (514)	우회전금지(510) 및 좌회전금지 (511)	• 교차로 등 우회전 또는 좌회전 금지 지점에 설치하며, 교통안전표지(213, 214)와 함께 설치 • X 기호와 조합하여 표시
	직진금지 (512)	• 직진을 금지할 필요가 있는 지점에 설치하며 교통안전표지(212)와 함께 설치 • X 기호와 조합하여 표시
	좌·우회전금지 (513)	• 교차로 등에서 좌우회전 금지 지점에 설치하며 X 기호와 조합하여 표시

(계속)

표 4.3.6 규제표시의 종류 및 설치기준

	종류	설치기준
(517) (518) (519) (520) (522) (521) (526의2)	유턴금지 (514)	• 유턴을 금지하는 지점에 설치하며 교통안전표지(216)과 함께 설치 • X 기호와 조합하여 표시
	속도제한 (517)	• 자동차의 최고속도를 지정한 구역 또는 구간 내의 필요한 지점에 설치하며 교통안전표지(224)와 함께 설치
	어린이보호구역내 속도제한 (518)	• 어린이보호구역내 설치하며, 교통안전표지(224)와 함께 설치 • 속도제한(517) 노면표시와 동일
	서행 (519)	• 자동차가 서행해야 할 지점에 설치하며 교통안전표지(226)과 함께 설치 • 2차로 이상 도로에는 각 차로마다 설치
	서행 및 횡단보도 전·후방 주정차금지(520)	• 어린이보호구역 등 차가 서행하여야 할 장소에 설치할 수 있으며, 교통안전표지(226)과 함께 설치 • 길가장자리 구역선이나 정차·주차 금지선을 지그재그 형태로 설치하며, 횡단보도 앞뒤 20 m 이내의 구간의 차선에도 설치 가능
	일시정지 (521)	• 교차로, 횡단보도 등 자동차가 일시정지 해야할 지점에 설치하며, 교통안전표지(227)과 함께 설치
	양보 (522)	• 일반 교차로나 회전교차로, 합류부 등 양보표지(228)과 함께 설치
	회전교차로 양보선(526의2)	• 회전교차로에 진입할 경우 양보해야할 지점에 설치하며, 양보표지(228)을 회전교차로에 진입하는 지점 우측에 함께 설치
[정차·주차 규제] (515) (516) (524)	주차금지 (515)	• 자동차 주차를 금지하는 구간의 길가장자리 또는 연석 측면에 황색점선을 설치
	정자·주차금지 (516)	• 자동차 정차 또는 주차를 금지하는 구간의 길가장자리 또는 연석 측면에 황색실선을 설치 • 정차 및 주차 모두를 항시 금지할 경우 확색 복선 설치 • 시간·구역·방법에 따라 일부 허용 구간은 황색 단선 설치
	정차금지지대 (524)	• 광장이나 교차로 중앙지점 등 자동차가 정지하는 것을 금지하도록 지정된 장소에 설치
[노상장애물 규제] (509) (531)	노상장애물 (509)	• 도로상에 장애물이 있는 지점에 설치하며, 장애물이 양방향 교통을 분리할 경우 황색으로, 동일방향 교통을 분리할 경우 백색으로 설치 • 노상장애물로부터 30~60 cm 측방 여유폭을 두고 설치 • 차선과 중앙선의 연장선상에 테이퍼 길이를 실선으로 연장하여 설치하며, 테이퍼 모서리 부분은 곡선 처리
	안전지대 (531)	• 광장, 교차로 지점, 도로 폭원이 넓은 도로의 중앙지대, 도로의 유출·입부 등 안전지대 필요 장소에 설치하며, 차선과 중앙선의 연장선상 테이퍼 길이를 실선으로 연장하여 설치 • 테이퍼의 모서리 부분은 곡선으로 처리

제4장

3.2.3 지시표시

지시표시는 주차방법지시, 유도지시, 횡단지시, 방향 및 방면지시, 기타지시 등으로 구분하며, 「도로교통법」 제34조, 제25조 제2항, 제10조, 제14조에 근거하여 설치한다.

표 4.3.7 지시표시의 종류 및 설치기준

대분류	종류	설치 기준
[주차방법 지시]	평행주차	• 도로 측단과 평행주차 장소에 설치 • 폭원 15~20, 가로 500~600 cm, 세로 200~250 cm
	직각주차	• 도로 측단 또는 연석과 직각주차 장소에 설치 • 폭원 15~20 cm, 가로 275 cm, 세로 500 cm
	경사주차	• 도로 또는 건물의 측단과 경사(사각)주차 장소에 설치 • 폭원 15~20 cm, 가로 275 cm, 세로 500 cm
[유도지시] (525)　(525의2) (526)　(527) (528)	유도선(525)	• 교차로에서 통행 유도선이 필요한 지점에 설치하며, 유도선의 폭원은 연장되는 노면표시의 폭원과 동일하게 설치
	좌회선 유도차로 (525의2)	• 좌회전 차로 또는 좌회전 베이를 교차로 내부까지 연장한 좌회전 차로의 일부로, 교차로 내부의 공간을 최대한 활용하여 교차로 용량증대를 목적으로 설치 • 신호현시체계, 교차로 구조 및 교통량 등을 검토 후 안전에 문제가 없을 시 설치 가능 • 비보호좌회전으로 운영되는 교차로에 설치 시 교통안전 및 소통을 충분히 고려하여 설치 • 유도차로 노면표시의 폭원은 연장되는 노면표시의 폭원과 동일하게 설치
	유도 (526, 527, 528)	• 교차로에서 회전시 통행 유도표시가 필요한 지점에 설치

(계속)

표 4.3.7 지시표시의 종류 및 설치기준

[횡단지시]	종류	설치기준
 (529)　(530) (532)　대각선 횡단보도 스테거드　(533) 횡단보도 (534)　(535)	횡단보도예고 (529)	• 전방에 횡단보도가 있을 시 전방 50~760 m 지점에 설치 • 추가 설치가 필요한 경우, 10~20 m 간격으로 설치하며, 편도 2차로 이상의 도로에는 각 차로마다 설치
	정지선 (530)	• 신호기 설치 유·무와 관계없이 정지가 필요한 지점에 설치하며, 백색실선을 해당지점으로부터 2~5 m 전방에 설치 • 폭원은 30~60 cm로 설치
	횡단보도 (532)	• 보행자의 통행이 빈번하여 횡단보도를 설치할 필요가 있는 포장도로에 설치하며, 지브라식의 폭원 4 m 이상으로 설치하나 부득이한 경우 다소 줄일 수 있음 • 신호기 있는 단일로 횡단보도는 정지선을 횡단보도에서 최대 5m를 넘지 않아야 함
	대각선 횡단보도	• 대각선 횡단이 필요한 지점에 설치하며, 폭원 4 m 이상의 대각선 방향으로 가로질러 표시
	스테거드 횡단 보도	• 도로 폭이 넓어 보행시간으로 인한 차량흐름이 방해되어 도로의 효율성이 저할될 만한 지점 및 어린이보호구역내 설치하며, 폭원 4m 이상의 지브라식으로 설치
	고원식 횡단보도 (533)	• 제한속도 30km/h 이하로 제한할 필요가 있는 도로에서 횡단보도를 노면보다 높게 하여 설치 • 횡단보도의 형태 및 높이는 볼록사다리꼴 과속방지턱 형태로 하며 10cm 높이로 설치
	자전거횡단도 (534)	• 자전거 횡단이 필요한 지점에 설치하며, 횡단도의 폭원은 최소 2 m 이상으로 자전거횡단도와 차도의 연결부는 같은 높이로 설치
	자전거전용도로 (535)	• 자전거전용도로 또는 전용차로 내에 백색실선으로 설치하며, 폭원은 최소 1.5 m 이상으로 설치
[방향 및 방면지시] (537)　(542) (543)　(544)	진행방향 표시 (537, 538, 539, 540, 541)	• 교차로 입구, 연결로 구간 등 도로의 분리 또는 합류하는 구간의 정지선이나 부가차로의 테이퍼 부근에 설치 • 부가차로의 테이퍼 길이가 25 m 미만인 경우 하나만, 50 m 초과하는 경우 두 개 이상을 설치
	비보호좌회전 (542)	• 비보호좌회전을 허용하고자 하는 경우 신호기가 있는 교차로 전방의 지정 차로에 설치 • 교통안전표지(329)와 함께 설치
	차로변경 (543)	• 차로 수가 감소하는 구간에 사용하며, 차로 없어짐(119, 120) 교통안전표시와 함께 사용 • 차로가 감소하는 구간에 차로변경표시 설치 시 충분한 거리를 두고 최소 3개 이상 설치하며, 차로변경표시간의 간격은 함께 설치되는 교통안전표지의 설치간격에 준함
	오르막경사면 (544)	• 전방 과속방지턱 또는 교차로 오르막경사면이 있음을 표시하는 것으로 횡단보도와 결합된 과속방지턱에 오르막경사면이 있는 경우에도 설치

(계속)

제4장

표 4.3.7 지시표시의 종류 및 설치기준		
[보호구역] (536)　　(536의2)	어린이·노인·장애인 보호구역 (536, 536의2, 536의3)	• 어린이, 노인, 장애인의 보호가 필요한 어린이·노인·장애인 보호구역으로 지정된 구역의 통행로에 설치 • 시설의 주출입구(정문)으로부터 반경 300 m 이내 설치 • 교통안전표지(323, 324, 324의2)와 함께 설치
[좌·우회전 전용차로] (좌회전 전용차로)	좌회전 전용차로	• 좌회전차로와 직진차로를 구분하여야 할 지점이나 구간에 설치하며, 도로의 차로수를 변경하지 않고 중앙선의 변이, 차로 폭의 축소, 중앙분리대의 삭제 또는 절삭하여 설치 • 좌회전 교통량에 따라 좌회전전용차로의 구간 길이 산정
	우회전 전용차로	• 우회전 전용차로는 우회전 교통량이 많은 경우, 우회전 차량의 속도가 높은 경우, 교차로가 예각인 경우, 우회전 차량과 횡단 보행자 모두 많을 시 우회전 대기 차량이 직진교통을 방해하는 경우에 설치
[횡단 구성]	단일로 구간 횡단구성	• 단일로 구간 횡단구성은 다음의 순서를 따름(보도의 설치여부 결정, 자전거 전용차로 설치여부 결정, 중앙분리대 설치여부 결정, 차로 수의 설치개수 결정, 길가장자리 구역선의 설치여부 결정)
	교차로 횡단구성	• 교차로 횡단구성은 다음의 순서를 따름(차로의 통행 구분, 횡단보도 및 자전거 횡단도의 설치여부 결정, 정지선의 설치위치 결정, 진로변경제한선·진행방향 및 방면지시 설치)

3.3　교통신호기

　신호기는 도로에서의 위험을 방지하고 교통의 안전과 원활한 소통을 확보하기 위하여 설치하는 시설물이다. 도로교통에 관하여 문자·기호 또는 등화로써 진행·정지·방향전환·주의 등의 신호를 표시하여 교통류에 우선권을 할당하는 기능을 수행한다.

　교통신호기 설치관리 매뉴얼에서는 교통신호기 설치기준, 설치장소 및 운영, 설계 시공 등에 관한 기준을 제시하고 있다.

3.3.1　신호기 일반원칙

　차량신호는 녹색등화 시에는 차마의 직진 또는 우회전, 비보호좌회전이 가능한 곳에서는 좌회전도 가능하다. 확색등화 시에는 정지선이 있거나 횡단보도가 있을 경우 그 직전이나 교차로의 직전에 정지하여야 하며, 이미 교차로에 차마의 일부라도 진입한 경우에는 신속히 교차로 밖으로 진행해야 한다. 우회전은 보행자의 횡단을 방해하지 않는 범위 내에서 가능하다. 적색등화에서는 정지선, 횡단보도 및 교차로의 직전에 정지하여야 하며, 신호에 따라 진행하는 다른 차마의 교통을 방해하지 않고 우회전할 수 있다. 황색등화의 점멸은 다른 교통 또는 안전표지의 의미에 주의하면서 진행할 수 있고, 적색등화의 점별은 일시정지 후 다른 교통에 주의하면서 진행할 수 있다. 사각형 등화 중 녹색화살표시 등화(하향)는 화살표로 지정한 차로로 진행 가능하고, 적색 X표시 등화는 해당 차로로 진행할 수 없다. X표시 등화의 점멸은 해당 차로로 진입할 수 없고, 이미 차마의 일부라도 진입한 경우에 신속히 차로 밖으로 진로를 변경해야 한다. 보행자신호는 녹색등화 시 횡단보도를 횡단할 수 있고 적색등화에서는 불가하며 녹색등화가 점멸하는 경우에는 횡단을 시작하면 안 된다. 횡단 중인 경우 서둘러 횡단을 완료하거나 다시 보도로 돌아와야 한다.

3.3.2 신호기 설치기준

- 기준 1 : 차량신호기 설치기준은 다음 표에서 평일의 교통량이 해당 기준을 초과하는 시간이 모두 8시간 이상일 때 신호기를 설치해야 한다.

표 4.3.8 차량신호기 설치기준(기준1)			
접근차로수		주도로 교통량(양방향) (대/시)	부도로 교통량(교통량 많은 쪽) (대/시)
주도로	부도로		
1	1	500	150
2 이상	1	600	150
2 이상	2 이상	600	200
1	2 이상	500	200

- 기준 2 : 차량, 보행자 교통량이 다음 표의 평일 교통량 기준을 모두 초과할 때 신호기를 설치해야 한다.

표 4.3.9 최소차량교통량 및 보행자 교통량 설치기준(기준2)	
차량교통량 (8시간, 양방향 : 대/시)	횡단보행자 (1시간, 양방향, 자전거 포함 : 명/시)
600대	150명

- 기준 3 : 어린이보호구역내 초등학교 또는 유치원의 주출입문에서 300 m 이내에 신

호등이 없고 자동차 통행시간 간격이 1분 이내인 경우 설치

- 기준 4 : 신호기 설치예정 장소로부터 50 m 이내 구간에서 교통사고가 연 5회 이상 발생한 장소
- 기준 5 : 대향 직진 교통량과 좌회전 교통량이 차로별로 1차로(50,000대/h), 2차로(100,000대/h), 3차로(150,000대/h) 초과일 때 보호좌회전으로, 이하일 경우 비보호 좌회전으로 운영

보행자신호기는 차량신호기와 함께 설치함을 원칙으로 하며, 다음 기준에 따라 설치한다.

- 차량신호기가 설치된 교차로의 횡단보도로, 1일 중 횡단보도의 통행량이 가장 많은 1시간 동안 횡단보행자가 150명 초과
- 번화가의 교차로, 역전 등 횡단보도로서 보행자의 통행이 빈번한 곳
- 차량신호등이 있는 횡단보도
- 어린이보호구역내 초등학교 또는 유치원의 주출입과 가장 가까운 거리에 위치한 횡단보도

보행등 점멸기준은 분당 50~60회로 하고, 점멸시간 중 보행등이 등화하고 있는 시간은 전체 점멸시간의 1/2~2/3가 되어야 한다.

자전거신호기는 자전거전용도로에 설치되는 종형 3색등과 횡단보도에 설치하는 종형 2색등으로 구분하여 설치하며, 200 mm 규격을 기본으로 한다. 다만 시인성을 고려하여 필요하다고 판단될 경우 300 mm 규격을 사용할 수 있다. 자전거 이용자는 자전거신호등이 설치되지 않은 경우 차량신호등의 지시에 따르나, 자전거횡단도에서는 보행신호등의 지시에 따른다.

3.3.3 신호기 설치장소

신호등은 교차로 및 그 밖의 도로에 설치하되, 차량의 진행방향에서 잘 보이도록 설치해야 하며, 공학적 판단에 근거하여 적절한 시계 내에 지속적으로 시인성이 확보되도록 해야 한다.

표 4.3.10 신호기 종류별 설치장소 기준

대분류	구분	내용
차량신호기 설치장소	기본원칙	• 신호지시의 명확성 : 최대한 정지위치에 가깝게 설치하여 운전자가 지속적으로 정지해야 할 지점을 볼 수 있도록 설치

(계속)

표 4.3.10 신호기 종류별 설치장소 기준

차량신호기 설치장치		• 시인성 : 신호등은 차량의 진행방향에서 잘 보이도록 설치하며, 도로와 교통여건에 대한 공학적 판단에 근거하여 적절한 시계 내에서 지속적으로 시인성이 확보되어야 함 • 안전성 : 진행방향의 교통상황과 신호지시를 동시에 볼 수 있도록 고려해야 함
	기능별 분류	• 차량신호등은 기능에 따라 주신호등, 보조신호등으로 구분 • 주신호등 : 교차로의 접근부와 교차로 건너편의 진출부의 교통처리에서 가장 중요한 역할을 담당하며, 제1신호등과 제2신호등으로 구성. 제1신호등은 교차로 접근부에, 제2신호등은 교차로 건너편에 설치함. 단일로에는 제1,2 신호등 미구분 • 보조신호등 : 시인성이 제약되는 장소 등에서 주신호등의 역할을 보조해주는 신호등
	설치 높이	• 측주식의 횡형, 현수식, 문형식 등 신호등면의 하단이 차도의 노면으로부터 수직으로 450 cm 이상 높이에 위치 • 중앙주식, 측주식의 종형은 보도, 중앙섬 및 중앙분리대의 노면 또는 상면에서 신호등 하단까지의 수직 높이가 250 cm~350 cm에 위치
	설치 위치	(1) 단일로 : 주신호등은 정지선과 횡단보도 사이에 설치하며, 정지차량 운전자의 앙각의 한계를 고려해 보조신호등 설치가능 범 례 • 기둥식 ▲ 측주식(내민식) ▼ 차량신호 φ 200mm ▽ 차량신호 φ 300mm ※ 측주식(내민식)경우 횡형 　측주식(기둥식), 중앙주식 종형 * 단일로의 횡단보도 앞 정지선은 횡단보도 5m 전방에 설치하여 최대한 시계를 확보토록 한다. (2) 교차로 : 최소한 1개 이상의 신호등면이 운전자의 좌우, 상하 시계 범위 이내에 들어오도록 설치 • 제1주신호등은 교차로 건너기 전 정지선 부근 설치 • 제2주신호등은 교차로 건너편 설치

(계속)

표 4.3.10 신호기 종류별 설치장소 기준

	신호등면의 수	• 교차로의 경우 신호등면의 시인성 확보를 위해 교차로 건너편에 하나의 신호등면(제2주신호등)을 설치(접근로가 편도 2차로 이하인 경우 제1주신호등만 설치, 필요한 경우 보조신호등 또는 제2주신호등 설치) • 교차로 차량신호등의 주신호등면 수는 제2주신호등을 포함하여 접근로 차로수(편도) 1차로-1면, 2차로-1면, 3차로-2명, 4차로-3면, 5차로-3면, 6차로 이상-3면 이상으로 설치 • 단일로의 경우 1차로-1면, 2차로-1면, 3차로-1면, 4차로-2면, 5차로-2면, 6차로 이상-2면 이상으로 설치
	곡선 구간 처리 방법	• 신호등의 시인성 확보가 어렵거나, 운전자의 판단을 흐리게 하는 환경, 대형차량 혼입율이 높은 곳은 신호기 주의표지(125)와 경보등을 추가로 설치
보행자신호기 설치장소		• 보행등의 설치 위치는 보행자 진행 방향 우측에 설치하며, 보행등의 높이는 보도의 노면으로부터 신호등 하단까지 2~3 m로 설치
보행자 작동신호기 설치장소		• 보행자 작동신호기는 차량신호기와 함께 사용하며 신호기가 설치되어 있되, 보행자 수가 적어 보행자 신호등을 설치할 필요성이 적은 곳에 설치(일정 시간대에만 보행자가 횡단할 경우 포함) • 보행자 압버튼 고장 또는 선로에 이상이 있을 경우 이를 감지하여 지역제어기에 사전 입력된 값에 의해 매주기마다 보행시간을 제공
시각장애인용 음향신호기 설치장소		• 교차로의 형태, 지주의 위치 등을 고려하여 각 신호기마다 독립식으로 설치하고, 음향발생장치와 버튼을 분리하여 설치 • 압버튼 장치는 1 m 내외의 높이로 설정하고, 보행등 전원과 구분된 전원을 사용해야 함

신호등은 횡형(수평) 또는 종형(수직)으로 배열하며, 그 순서는 다음 표와 같다. 보행등은 종형(수직)으로 배열하며, 배열순서는 위로부터 적색, 녹색의 순서로 한다.

표 4.3.11 신호등 배열순서 및 등화순서

대분류	내용		
	구분	횡형 신호등	종형 신호등
신호등 배열순서	적색·황색·녹색화살표·녹색의 사색등화로 표시되는 신호등	• 좌로부터 적색, 황색, 녹색화살표, 녹색의 순서 • 좌로부터 적색, 황색, 녹색의 순서로하고, 적색등화 아래에 녹색화살표 등화를 배열	• 위로부터 적색, 황색, 녹색화살표, 녹색의 순서
	적색, 황색 및 녹색(녹색화살표)의 삼색등화로 표시되는 신호등	• 좌로부터 적색, 황색, 녹색(녹색화살표)의 순서	• 위로부터 적색, 황색, 녹색(녹색화살표), 녹색의 순서
	적색화살표 황색화살표 및 녹색화살표의 삼색등화로 표시되는 신호등	• 좌로부터 적색화살표, 황색화살표, 녹색화살표 순서	• 위로부터 적색화살표, 황색화살표, 녹색화살표의 순서
	적색 및 녹색의 이색등화로 표시되는 신호등		• 위로부터 적색, 녹색의 순서
등화순서	• 버스 및 자전거 전용신호등을 포함한 차량신호등의 등화순서는 적색→녹색→황색→적색 원칙으로 함 • 보행등의 등화순서는 녹색→녹색점멸→적색으로 함 • 점멸로 운영 중인 차량 신호등이 정상신호를 개시할 때에는 적색이나 녹색부터 시작하여야 하며 황색으로 시작되어서는 안됨 • 고장상태나 상충신호 상태가 검지되었을 때는 적색신호등으로 점멸신호를 운영		
신호등화의 적용	• 적색신호는 교차로나 통제지역으로 차마의 진입을 금지 시 단독으로 등화, 직진(진입)을 금지하고 좌회전을 허용할 경우 적색과 녹색화살표의 동시등화 신호 사용 • 황색신호는 녹색 다음 등화, 적색에서 녹색으로 바뀔 때 등화 불가 • 녹색신호는 직진과 우회전을 허용하는 경우, 좌회전과 직진을 동시 허용하는 경우 등화 • 녹색화살표 신호는 보행자의 횡단을 금지한 상태에서 적색 및 황색신호에 관계없이 화살표 방향으로 진행을 허용할 때 등화		
신호등화의 금지	• 한 접근로에 대하여 2색등 신호인 경우 2색등화, 3색등 신호인 경우 2색등화, 4색등 신호인 경우 3색등화 동시 표시 불가 • 어떠한 경우에도 적색 다음에 황색이 표시되거나 또는 적색 다음에 적색과 황색이 동시에 표시 불가		

신호등의 운영은 신호현시 설계와 신호시간 산출을 통해 교통공학적 분석을 기반으로 한다. 신호제어 방법, 교차로 형태 및 교통량, 대형차 혼입율, 보행자 교통량 등을 고려하여 신호주기길이, 현시체계, 녹색시간, 황색시간 및 전적색시간을 결정해야 한다.

구분	운영방법
차량 신호변환시간 (황색+전적색시간)	• 신호변환시간은 적색신호 점등에 앞서 정지할 필요가 있는 운전자들에게 주의를 주기 위한 적절한 시간을 제공함 • 황색시간은 최대 5초, 이를 넘는 나머지 시간은 1~2초 전적색 시간으로 설정하며, 부득이할 경우 교차로 길이 축소 • 황색 및 전적색시간을 산출하기 위해 교차로의 폭, 차량의 접근속도, 임계감속도, 운전자 반응시간 등을 고려해야 함
보행자신호 시간 계획	• 보행자 전체 신호시간 = 녹색고정시간+녹색점멸시간 = 초기 진입시간(4~7초)+보행자 횡단거리/1.0(m/s) $$T_s(녹색고정시간)=T-T_f=(t+L/V_1)-T_f$$ $$T_f(녹색점멸시간)=L/V_2$$ 여기서, L=보행자 횡단거리(m) : 소수점 이하는 절상함 V_2=1.3 m/s • 초기 진입시간은 보통 7초를 할당, 인지반응시간을 고려하여 최소 4초 이상 할당 • 보행속도는 보행자 안전을 고려하여 1.0(m/s) 적용하되, 어린이보호구역 등 교통약자를 위한 보행신호 운영 시 0.8(m/s) 적용, 녹색점멸신호 시간은 보행속도 1.3(m/s) 적용
버스 신호등	• 중앙버스전용차로를 진행하는 버스를 위한 전용신호등으로, 중앙차로에서 잘 보이도록 설치(삼색등으로 구성되며 직진 및 정지만 허용)
가변형 가변등	• 일자 또는 시간에 따라 교통량의 변동이 많은 간선도로 중 가변차로로 지정된 도로구간의 입구, 중간 및 출구에 설치
경보형 경보등	• 학교 앞 300 m 이내 신호등이 없고, 통학시간 차두시간 간격이 1분 이내인 경우에 설치 • 차량통행이 빈번한 횡단보도와 철길건널목에 설치
신호등의 특수운용	• 모든 신호등은 점멸등(수동/자동)으로 운용될 수 있는 보조장치를 갖추어야 하며, 신호등이 정상적으로 운용(점멸등 제외)될 경우에는 모든 진입로에 항상 1개 이상 등화 표시 • 신호등이 고장났을 경우에는 잘못된 신호가 현시되지 않도록 즉시 황색점멸등으로 운용 • 정상적인 운용에서 점멸등으로 변환할 경우 주도로의 적색신호시에 시작되어야 하며, 점멸등으로 운용하다가 정상적으로 변환될 때에는 주도로부터 진행신호 등화 • 점멸등은 1분간 50~60회로 점멸, 점등시간은 한 점멸주기의 1/2~2/3가 되어야 함 • 교통량이 한산한 심야시간(23:00~06:00)의 교차로 신호등은 해당지역의 교통상황을 고려하여 점멸신호로 운영 가능 • 도로의 통행우선순위를 명확히 하기 위하여 교차로의 주도로는 황색점멸, 부도로는 적색점멸로 운영
자전거 신호등	(1) 종형 2색등 • 보행신호등과 함께 설치되는 종형 2색등의 운영방법은 보행신호등과 동일하게 운영하거나 별도의 신호 현시로 운영하는 방법으로 구분됨 • 자전거 이용자가 많고 교통안전 등의 사유로 별도의 신호 현시가 필요하다고 판단되는 지역을 제외하고는 보행신호등과 동일하게 운영 • 다만, 종형 2색등이 보행신호등과 동일하게 운영되는 경우에는 해당 지점 또는 지역에 대한 공학적 판단에 의해 종형 2색등 설치를 생략하고 교통안전표지로 대체 (2) 종형 3색등 • 종형 3색등은 직진차량 현시시간(녹색+신호변환시간)과 동일한 시간내 운영 • 종형 3색등의 운영방법은 기존의 차량신호와 연계하여 동일하게 운영하거나 별도의 신호현시를 부여하여 독립적으로 운영하는 방안으로 구분

표 4.3.12 신호등 운영방법

제**5**장

교통안전
평가

교통안전평가 개요

1.1 교통안전평가 필요성

교통안전평가란 교통사고건수, 교통사고율, 교통사고 심각도 등 다양한 평가지표 및 방법을 통해 도로의 구간 또는 지점의 교통안전도를 정하는 것이다. 교통안전평가의 목적에 따라 평가지표 및 방법을 선정해야 하고, 교통사고의 불확실성과 사고 요인의 다양성 등 여러 가지 요인을 고려해야 한다. 교통안전평가 사업 및 도로안전진단에서도 이와 같은 평가지표 및 고려사항이 적용되고 있으며, 사업 결과에 따라 교통안전개선 방안이 도출된다. 교통안전개선 방안이 도출되면 그에 따른 효과에 대한 적절한 분석이 이루어져야 하고 그 결과는 향후 교통안전개선에 반영되어 지속적으로 교통안전이 확보될 수 있도록 환류체계를 유지하는 것이 중요하다.

따라서 이 장에서는 먼저 교통안전평가에서 중요한 교통안전도의 개념과 교통안전평가 시 고려해야 할 사항을 제시했다. 교통안전도의 설명은 '교통사고 다발 지역'에 대한 정의와 교통안전도 및 교통안전평가 시 사용하는 지수에 대해 소개할 것이다. 다음에는 교통안전평가를 위한 구체적인 지표 및 방법을 설명했다. 교통안전평가 방법은 크게 전통적인 방법과 통계적인 방법, 사고심각도에 따른 방법으로 구분하고 있고, 전통적인 방법은 교통사고건수법, 교통사고율법, 사고율 및 사고건수법, 한계사고율법 등이 있으며 통계적인 방법으로는 베이지언 이론을 적용하는 방법 등이 있다. 사고심각도에 따른 방법은 인명피해 지수법, 등가물피사고(EPDO)법, 상대심각도지수(RSI)법이 있다. 실무에서 적용하는 교통안전사업인 교통사고 원인조사 사업, 교통안전 특별실태조사, 교통사고 잦은 곳 개선사업 및 도로안전진단, 교통문화지수 실태조사 등은 그 다음에서 설명했다. 최종적으로 교통안전사업에 따라 도출될 수 있는 교통안전개선 방안을 제시하고 그에 따른 효과분석 결과를 제시하고자 한다.

1.2 교통안전도의 개념

　도로관리자는 교통안전도가 낮은 도로에 대해 교통안전시설 등을 개선할 의무가 있다. 교통안전도가 낮은 도로가 곧 교통사고 다발 지역이 되는 것은 아니지만 우선적으로 종합적인 판단이 필요한 지역이다. "교통사고 다발 지역"(black spot)이란 교통사고가 많이 일어나는 장소를 말하며, 도로관리자가 개선해야 하는 대상이 되는 교통안전도가 낮은 도로와는 약간 다른 개념이 되는 경우도 있다. 그 이유는 인간의 실수나 차량 고장의 유무를 떠나 도로·환경요인의 문제로 야기된 사고가 약 30%를 차지하기 때문에 교통사고가 많이 발생하였다고 해서, 반드시 교통안전도가 낮은 도로라고 할 수는 없다. 즉 어떤 특정 운전자가 사고를 많이 일으켰다고 해서 그 장소나 운전자를 '불안전'하다고 할 수는 없다. '불운'해서 사고가 발생할 수도 있기 때문이다. 따라서 사고 데이터가 특정 장소나 운전자가 처했던 예전의 상황이 미래에도 똑같이 존재할 것이라는 가정 아래 교통안전도를 추측할 수 있다. 그렇다고 해도 사고 데이터 자체에 포함된 수많은 문제점과 제한 사항들로 인해 미래에 발생할 사고의 추정치를 얻기는 매우 어렵다.[1]

　지금까지 교통안전도가 낮은 도로구간은 일반적으로 수치해석 및 통계 분석방법을 통해 식별된다. 수치해석 방법은 사고 횟수의 무작위 변화를 고려하지 않은 단순한 방법이며, 통계 분석방법은 유사한 도로 구간을 비교하고 확률적으로 사고가 많이 발생하는 위치를 알아낼 수 있는 방법이다.

　어떤 방법이든 사고 또는 개입 횟수, 즉 사고와 관련된 차량 또는 보행자 수를 고려하여 사고의 심각성이나 정도에 따라 가중치를 적용한다. 이때 사고의 3가지 기본 범주가 일반적으로 사용된다. 인명사상 사고, 부상 사고, 재산 손실만 있는 사고의 3가지 범주 사고에 대해 임의의 가중치(12: 3: 1 등)가 부여된다. 사고 비용에 대한 가중치 부여는 심각한 정도를 비용으로 책정하기가 어렵다는 점에서 의문의 여지가 있다. 따라서 사고에 대한 단순 산술적인 가중치 책정 방법은 잘 사용되지 않는다. 대신 분석 시 사고의 다양한 범주를 별도로 고려하며, 심각도와 같이 다양한 지수를 통해 교통안전도를 도출한다. 교통안전도 평가 시 사용하는 사고 심각도 지수는 총 사고건수 대비 사상자 수(사망자와 부상자 모두 포함)의 비율로 정의하는데 이 지수가 1.0에 가까울수록 해당 사고의 심각도가 높다고 보면 된다. 또한 보행자를 포함한 사고의 심각도 지수는 1.0에 근접하고, 정면충돌의 경우 0.5 정도이며 후방 충돌의 경우 0.3 미만, 주차는 0.2 미만이다.[2]

　통계해석 방법은 단순히 교통사고 발생건수만을 고려하지 않고, 교통량과 보행량,

1　Bastian J. Schroeder et al., *Manual of Transportation Engineering Studied*, 2nd edition, ITE, 2010, p.356

2　Markos Papageorgiou, *Concise encyclopedia of traffic & transportation systems*, PERGAMON PRESS, 1991, p.427

지역 등에 따라 유사한 도로조건일 때보다 확률적으로 교통사고가 많이 발생한 지역을 산출하는 방법이라고 할 수 있다. 따라서 유사한 도로조건을 설정하기 위해 지역적 위치(도시부와 지방부), 도로 유형(고속도로, 4차선 도로, 2차선 도로 등), 교차로 유형(3지, 4지 교차로 등), 교차로 통제 여부(통제 없음, 양보 신호, 정지 신호, 신호등, 분기점 등) 등에 따라 분류하여 분석하게 된다.

사고 발생확률은 교통 흐름의 변화에 영향을 받는다는 점을 반영하여 사고위험 지수를 정의해야 한다. 여기에 흔히 사용되는 두 가지 지수는 도로 구간의 차량 주행거리와 교차로에 진입하는 차량수다. 이외에도 교차로를 가로지르는 보행자도 고려해야 한다.

서비스 수준에 영향을 미치는 매개 변수 중 하나인 교통량-용량 비율 V/C(volume-to-capacity)을 이용해 교통량 자체보다 더 나은 위험도 노출지수를 얻어낼 수도 있다. V/C를 이용한 위험도 노출지수는 단순히 교통량의 절대적인 값보다는 용량 대비 통과하는 교통량의 비율을 반영함으로써, 교통사고 발생 위험에 노출되는 양을 좀 더 객관적으로 알 수 있다. 예컨대, 똑같은 연평균 일교통량(AADT; Annual Average Daily Traffic)이 10만 대 도로라고 해도 어떤 도로는 용량을 훨씬 초과한 도로이고, 또 어떤 도로가 용량과 근접한 도로라면 이 두 도로의 위험도는 달라질 수 있다.

〈그림 5.1.1〉에 그리스의 어느 한 교외 4차로 고속도로 두 군데에서 발생한 사고를 분석한 결과를 보여주고 있다. 사고율은 V/C가 0.65로 서비스 수준이 A, B, C 수준까지는 거의 일정하며, 서비스 수준 D, E, F 에서 일정하게 증가하다가 V/C가 1.0 이상이 되는 F 수준에서 두 배가 되는 것을 확인할 수 있다.

수치해석 방법으로는 위험장소가 될 만한 지점을 단순한 관계를 기반으로 식별한

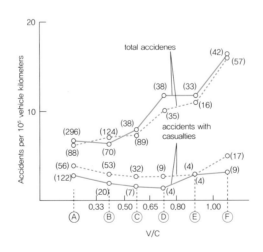

그림 5.1.1 사고율 대 V/C비, 서비스 수준(A–F)

주: ──: 아덴–코린스 고속도로, ----: 아덴–살로니카 고속도로, 괄호 안의 숫자는 사고 횟수
자료: Markos Papageorgiou, *op.cit.*, p.427

다. 예컨대, 사고 지수가 조사 대상 지점들보다 높거나 평균값의 두 배 이상 되는 곳을 찾아내는 방식이 이에 해당된다. 이를 통해 선정된 모든 대상지점에 대해 상세한 조사와 적절한 대책 시행 여부는 가용 자원에 따라 달라진다.

산업분야에서 표본 검사로 제품에 대한 품질관리를 하는 것처럼 통계적 방법에는 보다 더 정교한 절차가 포함되어 있다. 사고율의 임계값 R_c는 모든 지점의 평균 사고율을 기반으로 도로 구간 또는 교차로 등 각 지점을 조사해 산출한 값이다. 실제 사고율이 R_c보다 높은 지점은 위험지점 혹은 위험구간으로 선정된다. 이는 그 지점의 높은 사고율이 하나의 원인에서 온 것이 아니라 다른 원인들도 있다는 것을 의미한다.

R_c는 다음과 같이 구할 수 있다.

$$R_c = R_a + K\sqrt{\frac{R_a}{M}} + \frac{M}{2}$$

여기서 R_a는 백만 킬로미터당 사고에서 조사된 모든 지점의 평균 사고율이다. M은 평균 사고율을 도로 구간 길이당 사고건수로 산출했다면 조사한 도로 구간 길이는 백만 킬로미터를 의미하고, 교차로 통과 차량당 사고건수로 산출했다면 차량 백만 대를 의미한다. K는 확률 상수 신뢰 수준을 뜻한다. 보통 K값으로 1.28, 1.64 및 2.32를 사용하며 이는 신뢰 수준 90%, 95% 및 99%에 각각 해당한다.

1.3 교통안전평가 시 고려 사항

교통안전도를 평가하기 위해서는 교통사고가 갖는 특성을 살펴볼 필요가 있다. 교통사고의 불확실성, 교통사고 요인의 다양성 그리고 지점 자체 고유의 사고위험성으로 구분하여 설명할 수 있다.

1.3.1 교통사고의 불확실성

교통사고는 고정된 값이 아니라 시시각각으로 변화하는 불확실성(uncertainty)을 가지고 있다. 기상상황의 변화나 도로공사 등으로 교통사고가 갑자기 증가하거나 줄어드는 현상을 고려하지 않고 교통안전 개선사업을 추진해서는 안 된다.

통계학적으로 어떤 지점에서 교통사고가 일시적으로 증가 또는 감소한다 하더라도 궁극적으로는 평균값에 수렴한다는 것이 정설이다. 이것을 통계적인 용어로 "Regression to the mean" 현상이라 정의한다. 이러한 현상을 고려하지 않고 안전개선 사업을 추진할 경우, 다음과 같은 문제점을 발생시킬 수 있다.[3]

---

3 AASHTO, *Highway safety Manual*, 2010, pp.3-11~3-12

- 첫째, 일시적으로 교통사고가 많이 발생한 지점을 사업대상으로 선정함으로써 재원을 낭비할 수 있다. 위에서 설명한 것처럼 기상상황이나 도로공사 등의 주어진 여건이 변화함으로써 교통사고가 일시적으로 많이 발생한 지점은 개선대책을 수립하지 않더라도 주어진 여건이 본래대로 변화하면 일시적으로 교통사고가 감소할 수 있다.
- 둘째, 일시적으로 교통사고가 적게 발생한 지점을 사업대상에서 제외시킴으로써 개선이 필요한 지점을 간과할 수 있다. 위와 같은 논리로 일시적인 교통사고 감소현상은 주어진 여건의 변화로 원래대로 증가한다.
- 셋째, 교통안전 개선사업의 효과를 지나치게 과대 또는 과소평가하는 결과를 초래할 수 있다. 일시적으로 교통사고가 증가한 지점을 사업대상으로 선정하여 교통안전 개선사업을 수행하는 경우, 개선사업의 효과와 "Regression to the mean" 현상이 결합하여 개선사업의 효과가 지나치게 과대평가될 수 있다.[4] 또한 일시적으로 교통사고가 감소한 지점이 개선사업의 대상인 경우, 교통안전 개선사업의 효과가 감소하던가, 개선 후의 교통사고건수가 개선 전보다 오히려 더 증가하여 개선사업 주체를 당혹하게 할 수 있다.

이러한 문제점은 특히, 우리나라와 같이 교통사고건수를 토대로 사고 잦은 곳 선정이 이루어지는 경우에 더욱 커질 수 있다. 따라서 교통사고가 고정된 값이 아니라 불확실한 값이라는 사실에 근거하여 교통안전도 평가는 통계학적 개념으로 다뤄져야 한다.

1.3.2 교통사고 발생요인의 다양성

교통사고 발생요인 중 차량기술의 발전으로 차량요인에 의해 발생하는 교통사고는 아주 미미한 수준이다. 대부분의 교통사고는 운전자요인과 도로·환경요인 또는 복합요인으로 발생한다고 봐도 무방하다. 그러나 실제 교통사고가 발생하였을 때 교통사고 발생 메커니즘은 매우 복잡하여 이를 규명하기란 무척 어렵다. 특히 교통사고의 중요한 요인인 운전자의 잘못은 그 실체의 규명이 매우 어려워 교통사고 결과를 놓고 추정할 뿐이다.

교통안전도 평가는 어떤 지점에서 발생한 각각의 교통사고를 분석하여 종합적인 측면에서 그 지점의 안전도를 판단하는 것이다. 따라서 교통안전도를 평가하기 위해서는 교통사고와 관련된 운전자요인, 차량요인, 도로·환경요인 등을 포함한 사소한 요인까지도 데이터베이스화 되어야 한다. 그러나 우리나라의 교통사고 자료관리는 사고

---

4 *Ibid.*

의 원인을 규명하여 추후에 같은 종류의 사고를 예방하기 위한 것이라기보다는 교통사고 행정처리적인 측면이 강하다. 교통사고분석시스템(도로교통공단)과 교통안전 정보관리시스템(한국교통안전공단)에서 교통사고 자료를 제공하고 있지만 아직까지 교통사고 건수와 사망자 수 등 발생현황 분석이 주를 이루고 있어 과학적이고 객관적인 교통안전도 평가를 제시하기엔 한계가 있다. 따라서 이러한 사고 자료관리의 한계를 인정하고 여기에 맞는 교통안전도 평가방법이 제시되어야 한다.

1.3.3 지점자체 고유의 사고위험성

교통안전도 평가 시 간과해서는 안 되는 것은 지점 자체가 지니는 고유한 사고위험성을 반영해야 한다는 것이다. 예컨대, 다음과 같은 것이다.
• 교통량이 많은 지점과 교통량이 적은 지점은 사고위험성이 다르다.
• 교차로와 단일로 구간은 사고위험성이 다르다.
• 2차선 도로와 다차선 도로는 사고위험성이 다르다.

위의 세 가지 사례는 절대적이라기보다는 교통안전 전문가들이 일반적으로 인정하는 사실이다. 즉 교통량이 없는 곳에는 교통사고가 발생하지 않으며 교통량이 증가하면 그만큼 교통사고의 위험성도 커지게 된다. 물론 교통량이 일정수준 이상 증가했을 때 교통사고는 오히려 감소할 수도 있다.

교차로는 특성상 차량 간 또는 차량과 보행자 간 상충점이 발생할 수밖에 없으며 차량의 출발이나 정지 과정에서 교통사고와 관련된 많은 행위들이 발생할 수가 있다. 따라서 교차로와 일반구간의 사고위험성은 다르다. 왕복 2차선 도로는 차량 추월 시 중앙선을 넘어야 하므로 사고의 형태와 심각도에 있어서 4차선 도로에서의 교통사고와는 본질적으로 다르다. 이처럼 도로의 각 지점은 고유한 사고위험성을 내포하고 있다.

교통안전도 평가 시 각 지점은 고유의 사고위험성을 갖는다는 사실은 중요한 의미를 내포한다. 사고위험성이 큰 교차로와 사고위험성이 작은 도로의 직선구간을 같은 기준으로 비교했을 때 교통사고 원인조사 사업이나 교통사고 잦은 곳 개선사업은 대부분 교차로에 집중될 수밖에 없다. 따라서 교통안전도 평가는 고유의 사고위험성을 고려하여 시행되어야 한다.

제5장

교통안전평가 방법

2.1 전통적인 방법

교통안전도를 평가하는 전통적인 방법은 과거에 발생한 교통사고 건수나 교통사고율을 고려하여 평가하는 것이다. 즉, 교통안전 프로그램의 대상구간이나 지점에 대한 교통사고 발생건수나 교통사고율을 순차적으로 나열하여 그 값이 큰 구간이나 지점은 안전도가 낮다고 판단하는 기법이다. 이 경우 사고의 심각도를 고려한 가중치를 부여하여 판단하기도 한다.[5]

2.1.1 교통사고건수법

교통사고건수법(Accident Frequency Method)은 주어진 기간 동안 도로의 구간이나 지점에서 발생한 교통사고건수를 토대로 안전도를 평가하는 방법이다. 구간이나 지점의 범위는 0.1 km, 0.2 km 등 안전사업을 수행하는 주체에 따라 다르게 설정된다. 교통사고건수법 적용 시 구간이나 지점의 범위 설정에서 생기는 문제점을 보완하기 위해 어떤 기준점을 토대로 구간을 이동하면서 평가하는 슬라이딩 기법(sliding window approach)이 사용되기도 한다. 이 방법의 적용을 위해서는 교통사고 자료가 지역(도시부, 지방부)과 도로의 기능(고속도로, 국도, 지방도 등) 또는 도로의 구조(단일로, 교차로, 차선수 등)에 따라 구분되어야 한다. 분석을 위해서 최근 1년 또는 3년의 교통사고 자료를 사용하며 보통은 다른 방법과 혼합하여 사용한다.[6]

교통사고건수법은 교통사고 데이터베이스가 체계적으로 되어 있다면 교통사고건수만을 토대로 어떤 통계적인 해석 없이 도로의 교통안전도를 평가하므로 매우 간편

---

5 성낙문, 『교통사고예측모델을 이용한 도로의 안전도 평가방법 연구』, 교통개발연구원, 2003, 32쪽

6 도철웅 등, 『교통안전공학』, 청문각, 2013, 164쪽; 김경환, 『교통안전공학』, 태림문화사, 1991, 89쪽

하다. 반면, 교통량 등 노출정도(exposures)를 고려하지 않았고 어떤 다른 요인(우회도로의 건설, 자연재해 등)에 의해서 교통사고가 일시적으로 대폭 증가 또는 감소했을 때 이를 반영할 수 없다는 문제점이 있다.

2.1.2 교통사고율법

교통사고율법(Accident Rate Method)은 교통사고건수법이 갖는 한계를 다소 극복하기 위해서 제시된 방법으로서 교통량 또는 차량 운행거리를 이용한 교통사고율을 산정하여 교통안전도를 평가하는 방법이다. 교통사고율은 도로 구간과 교차로로 구분하여 다음과 같이 산정될 수 있다.

먼저 도로 구간 평균사고율은 아래와 같은 산식으로 설명할 수 있다.

$$R_s = \frac{(총사고건수)(10^8)}{\Sigma(구간별\ ADT)(일수)(구간길이)}\ (건수/억대\cdot km)$$

교차로의 평균사고율은 다음과 같다.

$$R_j = \frac{(총사고건수)(10^6)}{\Sigma(지점별\ ADT)(일수)}\ (건수/MEV)$$

도로 구간의 평균사고율은 억대·km당 교통사고건수로 나타내며, 교차로의 평균사고율은 백만 차량당 사고건수로 나타낸다. 도로 구간의 평균사고율 산출 시 구간길이는 일반적으로 도시부의 경우 0.2~0.5 km, 지방부 도로의 경우 0.5~1.0 km이다.[7]

교통안전도를 평가함에 있어, 이 방법은 사고에 노출정도(exposures)를 반영한다는 측면에서 교통사고건수법보다 합리적이며 어떤 통계학적인 해석 없이 이용 가능하므로 적용하기가 편리하다. 또한 교통사고율의 산정을 합리적으로 할 수 있다면 교통안전도를 신뢰성 있게 평가할 수 있다. 다만, 교통사고율의 산정에 필요한 교통량자료의 수집이 어렵다. 특히 지방도, 군도, 구도처럼 교통량의 수집체계가 갖추어지지 않은 도로의 경우 신뢰성 있는 교통량자료의 수집이 어렵기 때문에 적용에 한계를 가질 수 있다.

2.1.3 사고율 및 사고건수법

사고율 및 사고건수법(Rate and Number Method)은 교통사고건수법과 교통사고율법을 혼용하여 도로의 안전도를 평가하는 방법이다. 예컨대, 많은 지점 중 최소한 몇 건의 교통사고가 발생한 지점만을 대상으로 교통사고율을 산정하여 교통안전도를 평

7 도철웅 등, 위의 책, 165~166쪽; 김경환, 위의 책, 89쪽

가한다.[8]

　　교통사고율법의 적용 시 노출도(운행거리)가 매우 낮음으로써 교통사고율이 비상
식적으로 높게 나타나는 문제점을 보완할 수 있다. 그러나 교통안전도 평가에 기본이
되는 유사한 특성을 가지는 지점(reference sites, 참조지점)[9]에 대한 평균사고건수와 평
균사고율의 개념을 무시하고 있다.

2.1.4 한계사고율법

　　한계사고율법(Rate Quality Control Method)은 어떤 특정지점(또는 구간)과 비슷한
특징을 지니는 참조지점의 교통사고율을 비교하여 비정상적으로 높은지를 통계적으
로 해석하는 방법으로서 연구에 따라 기본식의 변화가 있겠지만 일반적으로 통용되는
방식은 다음과 같다.

$$U = \lambda + k\sqrt{\frac{\lambda}{m}} + \frac{1}{2m}$$

　　여기서,
　　　　U: 한계사고율(*critical rate*)
　　　　λ: 평균교통사고율
　　　　m: 노출도(지점 혹은 구간의 차량운행거리, *vehicle·km*)
　　　　k: 통계치

　　위 식에서 λ는 선정된 참조지점의 평균교통사고율이며, *m*은 노출도로서 분석지점
에 유입된 교통량이다. *k*는 확률 상수 신뢰 수준을 뜻한다. 보통 *k*값으로 1.28, 1.64 및
2.32를 사용하며 이는 신뢰 수준 90%, 95% 및 99%에 각각 해당한다. 그리고 마지막
항(1/2*m*)은 이산확률분포(discrete probability distribution)인 포아송분포를 연속확률분
포(continuous probability distribution)로 변환시키면서 발생하는 오차를 보완하기 위
한 보정치다.[10] 어떤 지점에서 관측된 교통사고율이 위 식을 이용하여 산정된 한계사
고율(U)보다 높을 때 그 지점의 안전도에 문제가 있다고 판단하게 된다.

　　한계사고율법은 사고다발지점의 선정 시 교통량을 고려할 수 있고 교통사고를 통
계학적으로 해석할 수 있다는 측면에서 앞의 교통사고건수법이나 교통사고율법보다
는 합리적이다. 다만, 한계사고율법은 다음과 같은 이론적인 문제점과 적용상의 문제

8　도철웅 등, 위의 책, 165쪽; 김경환, 위의 책, 90쪽

9　도로의 교통안전도를 평가하고자 하는 대상 지점 또는 구간의 상대적인 비교를 위해 선정되는 지점 또는 구간을 의미하
　며, 일반적으로 reference sites는 도로구조, 기상 환경, 교통사고건수, 교통사고율 등의 측면에서 유사한 특성을 지니고
　있는 지점 또는 구간들로 선정된다.

10　Ezra Hauer, "Identification of sites with promise", *Transportation Research Record, Journal of the Transporation Research
　Board 1542*, 1996. 1, pp.54~60

점을 내포하고 있다. 이론적으로는 참조지점의 결정이 뚜렷한 원칙 없이 분석자의 의지대로 이루어짐으로써 특정구간(또는 지점)이 분석자에 따라서 다르게 평가될 수 있다. 적용상의 문제점으로는 실질적으로 참조지점을 찾기 어렵고 참조지점이 아예 존재하지 않을 수도 있다. 예컨대, 6지 교차로와 같이 실제 존재하는 교차로가 많지 않은 경우, 신뢰성 있는 평가를 수행할 수 있을 만큼 충분한 수의 참조지점을 찾기 힘들다.

2.1.5 사고심각도법

사고심각도법(Accident Severity Method)은 교통사고 원인조사 대상 지점 또는 구간선정에 사고나 부상의 심각도를 고려하는 방법이다. 이 방법은 부상의 정도가 큰 사고건수(빈도 또는 밀도), 사고율(rate) 또는 비율(ratio) 등 사고의 심각도를 고려하여 심각한 사고에는 덜 심각한 사고보다 큰 비중을 준다. 심각도를 고려한다는 것은 안전정책에 인명피해의 중요성을 반영하고 자원배분과 함께 심각도를 줄이기 위한 노력에 더 많은 관심을 갖게 한다.

❶ 인명피해 지수법

사고나 사상의 심각도를 규정하기 위하여 미국 국가안전위원회(NSC; National Safety Council)는 사고심각도의 기준(KABCO)을 다음과 같이 정의하였으며, 이는 미국표준협회(ANSI; American National Standards Institute)가 사용하는 기준이다.

- 사망(K): 한 사람 또는 그 이상의 사망
- 중상(A): 부상자가 정상적으로 활동하지 못하는 능력상실(incapacitating) 부상. 예컨대, 사지 마비나 다리 골절 등으로 우리나라 형법상 개념인 중상해 정도의 상해를 말한다.
- 경상(B): 눈에 보이는 부상이긴 하나 능력상실 정도는 아니다. 예컨대, 찰과상이나 부어오름 정도의 부상이 이에 해당한다.
- 부상(C): 눈에 보이지는 않지만 사고와 개연성이 있는 아프거나 뻣뻣한 목 등의 상태가 이에 해당한다.
- 물피(O): 물피사고(PDO; Property Damage Only)

이 방법은 사고의 심각도를 평가하는 데 인명피해만을 고려하되 피해의 정도에 따라 가중치를 부여하는 것으로, 미국 경찰의 사고보고서에 일반적으로 사용되고 있는 방법이다. 우리나라 경찰청에서 매년 발표하는 교통사고 통계에 물적피해 사고가 제외되는 것도 이 방법을 준용하는 것으로 볼 수 있다.[11]

11 도철웅 등, 앞의 책, 167쪽

어느 장소의 위험도는 앞에서 설명한 사고건수법 및 사고율법과 같은 방법으로 그 장소가 속한 그룹의 임계값과 비교한다. 만약 그 장소의 인명피해 지수가 그룹의 임계값을 초과하면 그곳을 사고 잦은 곳 리스트에 포함시킬 수 있다.

❷ 등가물피사고법

등가물피사고법(EPDO; Equivalent Property-Damage-Only)에서는 물피사고를 기준으로 사망 및 부상사고에 상대적인 가중치를 달리하여 적용하는 방법이다. 이 가중치는 사고의 정도에 따른 평균사고 비용에 기초를 두며, 사망사고(K) 형과 중상사고(A)형 사고는 흔히 같은 비중을 주기도 한다. 사고 잦은 곳 선정 때 사용되는 EPDO 사고건수 또는 EPDO 사고율을 산정할 때 이 비중을 사용한다.

모든 사고는 그 사고에서 입은 가장 심각한 인명피해를 기준으로 분류되고, 어느 지점의 EPDO 사고건수 및 사고심각도지수(SI; Severity Index), EPDO 사고율은 다음과 같은 식으로 계산된다.

$$\text{EPDO 사고건수} = W_k \cdot K + W_a \cdot A + W_b \cdot B + W_c \cdot C + P$$

$$\text{SI} = \frac{\text{EPDO 사고건수}}{T} = \frac{W_k \cdot K + W_a \cdot A + W_b \cdot B + W_c \cdot C + P}{T}$$

$$\text{EPDO 사고율(도로구간)} = \frac{\text{EPDO 사고건수} \times 10^8}{ADT \times \text{일수} \times \text{구간장}}$$

$$\text{EPDO 사고율(지점)} = \frac{\text{EPDO 사고건수} \times 10^8}{ADT \times \text{일수}}$$

여기서,

$\quad$ SI: 심각도지수(severity index)

$\quad$ W: 각 사고심각도에 따른 가중치

$\quad$ K: 사망사고건수

$\quad$ A: A형 부상사고건수

$\quad$ B: B형 부상사고건수

$\quad$ C: C형 부상사고건수

$\quad$ P: 물피사고건수

$\quad$ T: 총 사고건수

$\quad$ ADT: 평균일 교통량

가중치 W의 값에 대해 만족할 만한 통계적 근거는 개발되지 않았으나 K, A, B, C, P의 가중치로 각각 12, 10, 3, 2, 1이 제안된다. 사고의 심각도를 사망(K), 부상(I), 물적피해(P)의 세 등급으로 구분할 경우에는 가중치로 각각 12, 3, 1을 사용하여 SI를 계산한다.

어느 장소의 위험도는 사고건수법 및 사고율법과 같은 방법으로 그 장소가 속한 그룹의 임계값과 비교한다. 만약 그 장소의 SI, EPDO 사고건수 또는 EPDO 사고율이 그 그룹의 임계값을 초과하면 그곳을 사고 잦은 곳 리스트에 포함시킨다. 부상 정도가 심각한 사고는 아주 드물게 일어나므로 EPDO 사고건수나 사고율을 산정하기 위해서는 수년간의 자료가 필요할 수 있다. 그러기 위해서는 그 기간 동안의 교통 및 도로조건이 변하지 않았는지를 반드시 확인해야 한다. EPDO법이 사고의 심각도를 고려하는 더 정교한 방법이기는 하나 사고율-통계적 방법처럼 사고건수법 또는 사고율법보다 더 많은 자료를 요구한다.[12]

❸ 상대심각도지수법

상대심각도지수법(RSI; Relative Severity Index)은 EPDO법의 W계수 대신 각 사고 심각도에 따른 평균사고 비용을 나타내는 C계수를 사용한다는 것 외에는 적용방법이 동일하다. 이 방법은 다른 방법에 의해 사고 잦은 장소로 밝혀진 지점들에 대한 추가 평가에 가장 적합하다.

보험개발원 통계자료에 의하면, 국내 손해보험사들이 2016년에 지급한 평균보험금은 ① 사망자 1인당 119,883천원, ② 부상자 1인당 2,026천원, ③ 물적 피해 1건당 1,273천원이다. 이 값들을 C계수로 이용할 수 있으나 이 평균보험금 지급액은 매 사고당 비용이 아닌 1인(또는 1건)당 비용인 점을 유의해야 한다. 마찬가지로 각 지점의 RSI를 그 지점이 속한 그룹의 임계 RSI와 비교하여 임계 RSI를 초과하면 그 지점을 사고 잦은 장소로 선정하게 된다.[13]

제5장

2.2 베이지언 이론을 적용하는 방법

교통안전도를 평가할 때 사용되는 기존 방법들의 문제점을 극복하기 위해서 개발된 방법이다. 어떤 지점에서 과거 몇 년간 꽤 많은 교통사고가 발생했더라도 교통사고의 불확실성 때문에 그것이 일시적인 현상일 수 있고 장래에는 전혀 다른 사고 발생 경향을 보일 수가 있다. 이러한 교통사고의 불확실성으로 인한 교통안전도 평가의 왜곡 현상은 교통특성 및 도로의 구조가 비슷한 참조지점의 교통사고 현황을 이용하여 극복될 수 있는데, 이때 사용되는 개념이 베이지언(bayesian) 이론이다.[14]

베이지언 이론은 사전분포(prior distribution)의 불확실성을 사후분포(posterior

---

12 위의 책, 168쪽

13 위의 책, 169쪽

14 Ezra Haure, *ibid.*

distribution)를 통하여 보정할 수 있다는 논리를 기반으로 하고 있다. 교통안전도 평가의 경우, 어떤 특정지점의 교통사고 분포는 사전분포에 해당하며 그 특정지점의 참조지점의 교통사고 분포는 사후분포에 해당한다. 베이지언 방법은 어떤 특정지역의 교통사고 현황을 그 특정지점과 참조지점의 교통사고 기록과 결합하여 교통사고의 불확실성으로 인한 문제를 극복할 수 있고 확률적 해석이 가능하다는 측면 때문에 앞에서 논한 전통적인 방법과는 판이하게 다르다. 교통안전도 평가 시 베이지언 이론을 이용한 방법에는 Higle이 정립한 방법과 Hauer가 정립한 방법으로 구분하여 설명할 수 있다. 다음은 베이지언 방법을 설명하는 데 필요한 용어의 해설이다.

- λ_i = 지점 i에서의 교통사고율
- N_i = 지점 i에서의 교통사고건수
- V_i = 지점 i에 유입한 차량대수
- $f_i(\lambda/N_i, V_i)$ = 지점 i에서의 교통사고율과 관계된 확률밀도 함수
- $f_R(\lambda)$ = 참조지점의 교통사고율과 관계된 확률밀도 함수

2.2.1 Higle의 방법

Higle은 교통안전도를 평가하기 위하여 베이지언의 이론을 도입하였는데 여기에는 다음과 같은 두 가지 가정을 기반으로 하고 있다. 첫째, 사전분포에 관한 가정이다. 즉, 참조지점의 교통사고율(λ)을 알고 있을 때, 어떤 지점에서 발생한 교통사고건수(N_i)는 평균값(λV_i)을 가지는 포아송분포를 따른다는 것으로 다음과 같이 표현된다.

$$P\{N_i = n \mid \lambda_i = \lambda, \ V_i\} = \frac{(\lambda V_i)^n}{n!} e^{-\lambda V_i}$$

둘째, 사후분포에 관한 가정이다. 참조지점의 교통사고율은 감마(gamma)분포를 따른다는 가정으로 다음과 같이 표현된다.

$$f_R(\lambda) = \frac{\beta^a}{\gamma(a)} \lambda^{a-1} e^{-\beta\lambda}$$

위의 식에서 사용된 포아송분포와 관련된 파라미터 λ는 발생한 총 교통사고건수를 유입교통량으로 나눔으로써 산정 가능하며 감마분포와 관련한 파라미터인 α, β는 모멘트법(Method of Moments Estimates, MME)과 최우도법(Maximum Likelihood Method, MLE)에 의해서 추정될 수 있다.

지금까지 제시한 방법에 의해서 산정된 λ, α, β는 베이지언 이론 적용에 이용된다. 즉, 특정지점의 사전분포는 참조지점의 사후분포와 결합하여 다음과 같은 새로운 형태의 확률밀도 함수를 도출한다.

$$f_i(\lambda \mid N_i, V_i) = \frac{\beta_i^{a_i}}{\gamma(a_i)} \lambda^{a_i - 1} e^{-\beta_i \lambda}$$

여기서,

$$\alpha_i = \alpha + N_i$$
$$\beta_i = \beta + V_i$$

위의 식을 이용하여 실제적으로 안전도를 평가하는 데 필요한 누적확률분포 함수는 다음과 같다.

$$1 - \int_0^{x_R} \frac{\beta_i^{a_i}}{\gamma(\alpha_i)} \lambda^{\alpha_i - 1} e^{-\beta_i \lambda} d\lambda > \delta$$

위 식에서 베이지언 이론에 의해서 보정된 어떤 지역의 교통사고율(λ_i)이 참조지점의 평균교통사고율(xR)보다 클 확률이 미리 정한 누적 확률 값(예: 90%, 95%)을 상회할 경우 이 지역을 위험하다고 판단한다.

Higle이 제시한 방법은 교통사고의 해석 시 노출도인 교통량을 고려할 수 있고 교통사고의 불확실성을 반영할 수 있다는 측면에서 고전적인 방법보다 우수하다. 반면, 베이지언 이론이 통계학적으로 깊은 지식을 요구하므로 일반적인 교통안전전문가들이 적용하는 데 많은 어려움이 따른다. 또한 한계사고율법과 같이 참조지점을 설정하는 데 이론적 또는 적용상의 한계를 지닌다.[15]

2.2.2 Hauer의 방법

Hauer의 베이지언 방법은 교통사고 자료의 변동(fluctuation)을 보정하기 위해서 정립되었다. 어떤 지점에서 발생한 교통사고는 여러 가지 요인들로 인해서 변동적일 수 있으므로 참조지점에서 발생한 교통사고를 토대로 보정되어야 한다는 개념이다. 발생한 교통사고건수의 보정 시 근사적 베이지언(empirical bayesian) 개념을 이용하는데 기본식은 다음과 같다.

$$E(m/x) = wE(m) + (1 - w)x$$

여기서,

$E(m/x)$ = 장기적 측면에서 어떤 지점의 교통사고건수

$E(m)$ = 참조지점에서의 교통사고건수

x = 어떤 지점에서 관측된 교통사고건수

$$w(\text{가중치}) = \frac{E(m)}{(E(m) + Var(m))}$$

15 *Ibid.*

$$Var(m) = \frac{E(m)}{K^2}$$

위 식에서 보는 바와 같이 장기적 측면에서 어떤 지점의 교통사고건수, $E(m/x)$는 그 지점에서 실제 발생한 교통사고건수(x)와 참조지점에서 발생한 교통사고건수, $E(m)$의 가중치에 의해서 산정되며 가중치(w)는 참조지점의 교통사고건수와 교통사고건수의 분산값을 이용하여 산정이 가능하다. 그러나 현실적으로 참조지점에서의 교통사고건수와 그 분산값을 알기 어렵기 때문에 Hauer는 교통사고 예측모델을 이용하여 이를 해결하는 방안을 제시하였다. 위 식에서 K는 음이항분포의 파라미터로서 교통사고예측모델의 파라미터와 함께 산정되어야 한다.[16]

Hauer가 제시한 방법은 교통사고의 해석시 노출도인 교통량을 고려할 수 있고 교통사고의 불확실성을 반영할 수 있다는 측면에서 고전적인 방법보다 우수하다. 또한 교통사고의 참조지점과 관련된 이론적 또는 적용상의 문제점을 해결할 수 있다는 측면에서 긍정적이다. 그러나 이 방법은 난해한 이론적 배경 하에 정립되었으며 아직 사용하기에는 시기상조란 것이 전문가들의 지적이다.

2.3 안전성능함수(SPF)를 이용한 교통안전도 평가기법

현재 가장 과학적이고 신뢰성 있는 방법으로 계량화된 교통안전성 분석모형은 미국 도로안전편람(HSM; Highway Safety Manual)[17]의 모형이라 할 수 있다. HSM에서 제시하는 분석모형은 안전성능함수(SPF; Safety Performance Function)[18]와 사고보정계수(CMF; Crash Modification Factor)[19] 및 지역보정계수(C)를 반영하여, 해당 도로에서 일어날 수 있는 사고건수를 예측하는 것이다. 안전성능함수(SPF)는 이상적인 도로상태에서 도로 구간의 사고 빈도를 예측하는 데 활용할 수 있으며, 일평균교통량(AADT)과 도로구간연장(L)을 이용하여 산출한다.[20] 교통사고와 상관성이 높은 변수

---

16 *Ibid.*

17 미국의 도로안전편람(HSM; Highway Safety Manual)은 교통정책 결정과정을 지원하기 위해 1990년대 초부터 개발하여 2010년부터 운용되고 있는 기법이다. 10여 년 동안 축적된 연구를 바탕으로 작성된 매뉴얼로 FHWA(Federal Highway Administration)와 TRB(Transportation Research Board) 등 미국 교통분야의 여러 기관들이 이 기법을 지지하고 있다. HSM은 Part A부터 Part D까지 총 4부이며, Part A는 인적요인 및 기본원리, Part B는 도로안전 관리절차, Part C는 사고발생건수 예측, Part D는 사고보정계수로 구성되어 있다.

18 SPF(기본사고예측건수)는 기하구조 등 다른 위험요소가 없다고 가정하고 구간길이와 교통량만을 고려(기본조건) 했을 때 기본적으로 발생이 예상되는 사고건수로 안전성능 함수식으로 계산한다.

19 CMF는 도로조건에 따른 사고 영향계수이며, 회귀분석을 통해 도출된다.

20 국토연구원, 『도로안전성 분석기법 연구』, 2013.12, 요약본 1~5쪽

를 도출하고 계수를 산정하는 등 평가항목을 개발하여 적용성을 검증한 바 있는데, 평가항목 개발을 위한 모형식은 다음과 같다.

$$N_{predicted} = SPF(CMF_{1x} \times CMF_{2x} \times \cdots CMF_{yx}) \times C_x$$

여기서

     $N_{predicted}$: 사고예측건수

     SPF: 기본사고 예측건수

     CMF_{yx}: 사고보정계수

     C_x: 지역보정계수

     x: 특정지점 또는 구간

     y: CMF의 총 갯수

모형적용성에 대한 검증은 국지도 3차 5개년 시설개량사업 구간을 대상으로 적용하고, 실제 사고건수와 예측 사고건수를 비교하였다. 또한 도로위험도를 평가하기 위해 도로 서비스지수와 유사한 도로환경 위험도[21]와 교통사고 위험도[22] 지수를 개발하였다.

개발된 평가기법은 1단계에서 도로선형, 기하구조, 안전시설물 등에 따른 도로환경 위험도 점수(CMF)에 따라 A에서 F(매우위험)까지 안전도를 지수화하고 그 중 D 등급 이상이 포함된 노선을 후보노선으로 제시하였다. 2단계는 도로환경 위험도 및 교통사고 위험도 점수를 합하여 종합 위험도 점수를 산정하고 우선순위를 결정하였다. 이 평가기법은 정부(기획재정부)가 타당성평가 외에 시설개량 필요성 여부 등을 판단할 수 있도록 위험도로 여부 등 안전성 평가기준을 별도로 마련하여 분석을 수행하도록 요청하였는데, 연구진에서 이 기법을 바탕으로 수행하였다.[23]

이 외에도 인공지능을 이용한 교통안전도 평가모형을 제시한 경우도 있다. 이 평가모형의 주 내용은 유전자 알고리즘과 신경망 이론의 결합을 통해 복잡한 과정을 거치지 않더라도 선택적으로 도로의 특성인자들을 학습에 의하여 선택함으로써 모형을 구성하는 기법이다.[24]

---

21   도로환경 위험도 점수(60% 1-6점)는 도로기하구조 양부를 점수화(CMF 활용)한 것이다.

22   교통사고 위험도 점수(40% 1-6점)는 교통량에 따른 예측사고 건수를 점수화(SPF 활용)한 것이다.

23   제4차 국도·국지도 5개년 계획안 타당성재조사 대상사업 일괄 예비타당성 조사 보고서(2016년) 참조할 것

24   김중효, "인공지능을 이용한 도로 안전도 평가모형", 도로교통공단 교통과학연구원 교통기술자료집 통권 제28호 2011. 2, 20~21쪽과 27~31쪽 참조할 것

제5장

03

교통안전평가 적용사업

우리나라는 교통안전도 분석·평가를 적용하는 사업에 교통사고 원인조사 사업, 교통사고 잦은 곳 개선사업, 위험도로 개량사업 등이 있다.

교통사고 잦은 곳 개선사업은 교통사고가 빈번하게 발생하는 특정한 지점에 대해서 사고발생요인을 분석하고 그 문제점을 찾아 개선하는 것뿐만 아니라 잠재적으로 숨어있는 사고발생요인을 찾아 제거하는 내용을 포함한다.

위험도로 개량사업은 국도와 지방도를 대상으로 하는 사업으로 도로의 기능을 향상시키고 교통사고의 발생위험을 감소하기 위해 진행되는 도로안전사업이다.

교통안전도 분석을 위한 대상지점은 교통사고 발생건수, 도로·환경요인, 교통량, 취락지 통과여부 등 다양한 요인들을 고려하여 선정하고 있다.

표 5.3.1 국내 도로안전사업 추진현황

구분		1차	2차	3차	4차	5차	6차
교통사고 잦은 곳 개선사업	연도 (년)	1988~1993	1995~2001	2002~2006	2007~2010	2011~2016	2017~2022
	개소 (개)	4,412	4,289	2,767	2,400	1,012 지점 100 구간	1,500 지점 250 구간
위험도로 개량 사업	연도 (년)	1989~1996	1997~2002	2003~2007	2008~2012	2013~2017	2018~2022
	개소 (개)	484	458	286	235	270	211

교통사고 원인조사 사업

교통사고 원인조사 사업은 2008년 「교통안전법」 전부개정에 따라 도입된 제도로 도로관리청에서 소관도로에서 발생되는 교통사고의 원인을 조사하고 개선사업을 시행하는 사업이다. 다만, 교통사고 원인조사는 강제규정이긴 하지만 도로관리청의 의지 부족, 전문가 및 전문성 결여로 활발하게 시행되지 못하는 실정이다.

교통사고 원인조사 절차는 아래의 〈그림 5.3.1〉과 같이 예비조사, 심층조사, 사후관리의 3단계로 구분된다.

그림 5.3.1 교통사고 원인조사 절차

자료: 「교통사고 원인조사 지침」 제4조

3.1.1 사고누적지점 · 구간 선정

❶ 사고누적지점·구간 선정

사고누적지점·구간은 최근 3년간 사망사고 3건 이상 또는 중상사고 이상의 교통사고 10건 이상 발생한 지점·구간을 대상으로 한다. 한국교통안전공단은 교통안전정보관리시스템(TMACS)을 활용하여 사고누적지점과 구간을 선정하여 해당 도로관리청에 제공할 수 있다. 다만, 음주운전이나 무면허운전 등 운전자 과실로 교통사고가 발생한 것이 명백한 경우에는 〈표 5.3.2〉를 적용하지 아니하도록 하고 있다. 사고누적 지점·구간 선정기준을 도식화하면 〈그림 5.3.2〉와 같다.

표 5.3.2 사고누적지점 · 구간 선정기준

구분	사고누적지점	사고누적구간
조사 단위	• 교차로를 포함하여 교차로·횡단보도 정지선 후방 150 m 이내 차도부분	• 교차로 또는 횡단보도를 포함하는 직선로(단일로)의 아래 구간 - 도시부도로: 600 m - 지방부도로: 1,000 m
기준	• 사망사고 3건 이상의 교통사고 • 중상사고 이상의 교통사고 10건 이상	

자료: 「교통사고 원인조사 지침」 제5조제1항

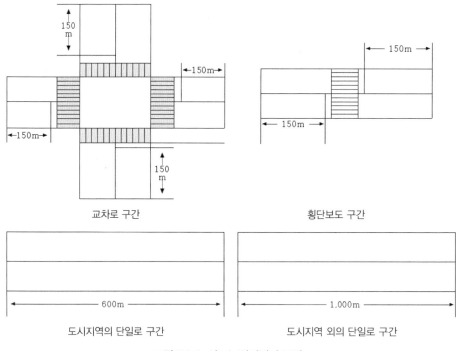

<table>
</table>

교차로 구간

횡단보도 구간

도시지역의 단일로 구간

도시지역 외의 단일로 구간

그림 5.3.2 사고누적지점과 구간

❷ 사고누적구간 선정방법

단일로에서 합리적으로 사고누적구간을 선정하기 위하여 아래의 그림과 같이 단위구간을 일정한 거리로 옮겨가면서 중첩하여 선정한다.

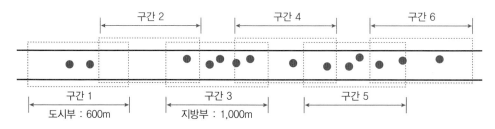

그림 5.3.3 사고누적구간 기준

자료: 「교통사고 원인조사 지침」 제5조제4항

❸ 사고누적지점·구간 제외

다음의 교통시설 개선사업을 실시한 경우에는 그 다음 연도의 교통사고 원인조사 대상에서 제외할 수 있다.

- 교통사고 원인조사 실시 또는 개선안 이행
- "사고 잦은 곳 개선사업" 실시
- "위험도로 개량사업" 실시

3.1.2 교통사고 자료 수집

❶ 교통사고 자료 대상

최근 3년간 대상구간에서 발생한 교통사고 중 경찰에 공식적으로 보고되어 등록되어 있는 자료를 활용한다.

❷ 교통사고 자료 수집

교통사고의 사고일시, 사고위치, 사고원인, 사고정도, 음주 여부 등 〈표 5.3.3〉의 자료를 수집한다.

표 5.3.3 교통사고 원인조사 수집대상 자료

수집항목	수집대상
사고위치	정확한 사고위치를 파악할 수 있는 GPS 좌표 등
특별요인	음주, 졸음운전, 주·정차, 앞지르기, 가로수 또는 전신주 충돌, 동물침범, 특수한 사고 등
사고범주	사망사고, 중상사고
사고개요	사고에 대한 간략하고 명료한 서술
사고도표	여러 가지 화살표를 이용하여 사고정보 표현
발생일시	발생년도, 월, 일, 요일, 시간
노면상태	건조, 습윤, 적설, 결빙, 기타
사망자 수	교통사고가 주된 원인이 되어 교통사고 발생 시부터 30일 이내에 사망한 사람 숫자
중상자수	교통사고로 인하여 의사의 최초 진단 결과 3주 이상의 치료가 필요한 상해를 입은 사람 숫자
사고당사자	사고와 직접적으로 관련된 자의 성별, 연령에 대한 정보
사고형태	사고 발생 순간의 상충유형을 7가지로 분류한 것
사고원인	경찰의 사고원인 또는 교통사고 원인목록에 따라 분류

자료: 「교통사고 원인조사 지침」 제6조제3항

❸ 사고형태 분류 및 사고형태지도

사고형태는 교통사고에 대한 원인규명과 종합적인 묘사가 가능하도록 총 7가지로 표시한다. 개별사고에 대한 그밖의 정보를 표현하는 특별요인은 〈표 5.3.5〉와 같은 삼각형의 기호를 이용하여 표시한다.

표 5.3.4 사고형태분류

번호	사고형태	색상 기호	번호	사고형태	색상 기호
1	단독사고 (초록색)	⬤	5	주정차사고 (밝은 파란색)	⬤
2	진출회전사고 (노란색)	⬤	6	일직선상사고 (주황색)	⬤
3	진입회전사고 (빨간색)	⬤	7	기타사고 (검은색)	⬤
4	보행횡단사고 (빨간색/하얀색)	◀○			

자료: 「교통사고 원인조사 지침」 제7조제2항

사고형태지도는 〈그림 5.3.4〉와 같이 사고형태 및 심각도, 사고발생위치 등을 표시하고 범례를 부착한다. 이 경우 범례에는 축척, 사고형태, 특별요인, 사고범주 및 결과처리에 대한 기호를 포함한다.

표 5.3.5 특별요인 및 사고심각도 범례

특별요인				사고심각도		
사고 형태	기호	사고형태	기호	사고범주	기호	크기
보행자 (빨간색)	◀	음주 (파란색)	◀	사망사고	◉	8 mm/ 10 mm
자전거이용자 (밝은 초록색)	◀	추월 (분홍색)	◀	중상사고	●	8 mm
이륜자동차 (노란색)	◀	동물 (갈색)	◀	경상사고	●	6 mm
나무, 지주 등 (어두운 초록색)	◀	높이: 15 mm 밑변: 6 mm		물피사고	◉	4 mm/ 6 mm

자료: 「교통사고 원인조사 지침」 제7조제3항

3.1.3 사고구조분석표 및 사고도표 작성

교통사고 심층조사를 위해 교통사고 누적지점·구간에 대해 사고구조분석표 및 사고도표를 작성한다. 사고도표는 화살표를 이용하여 이용자, 사고심각도, 주행방향, 노면상태, 일광조건 그밖의 사고정보를 표현하여야 하며 최초로 사고가 발생한 지점을 기

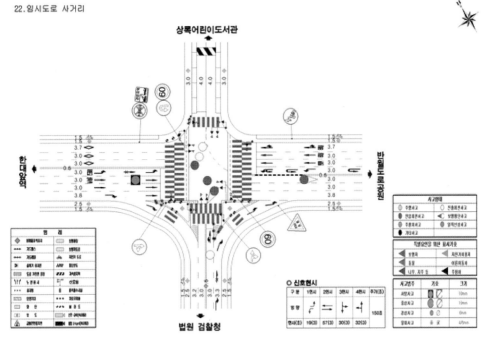

그림 5.3.4 사고형태지도 예시

자료: 「교통사고 원인조사 지침」 제8조제3항

준점으로 작성하여야 한다. 사고도표는 〈그림 5.3.6〉의 범례를 이용하여 작성한다.

3.1.4 현장조사 및 개선안 도출

현장조사는 도로의 기하구조, 안전시설, 교통운영체계 등 전반적인 도로환경을 조사하고 보행자, 차량운전자, 이륜차운전자, 자전거이용자 등 다양한 도로이용자 관점을 고려하여 문제점을 분석하여 개선안을 도출한다.

3.1.5 결과보고서 작성

결과보고서에 포함되어야 할 내용은 다음과 같다.

- 교통사고 원인조사반
- 사고현황
- 사고형태지도
- 사고구조분석표
- 사고도표

사고지역: 장흥군

사고장소: 군민회관오거리

조사기간: 3년(2015~2017)

사고특성:

사고누적유형

□ 누적지점:

□ 누적구간 :

□ 누적지역 :

개별사고

일련번호	1	2	3	4	5	6	7	8	9	10
년도	2015	2015	2015	2015	2015	2016	2016	2016	2017	2017
월	04	06	10	12	12	05	11	12	02	12
요일	일	화	금	수	화	월	수	수	화	토
시간	09시	00시	13시	18시	08시	23시	09시	09시	19시	15시
일광상태	주간	야간	주간	주간	야간	야간	주간	주간	주간	주간
노면상태	건조	건조	건조	건조	건조	습기	건조	건조	건조	건조
사망자 수	0	0	0	0	0	0	0	0	0	0
중상자 수	1	1	2	1	1	1	1	3	2	1
경상자 수	0	1	0	0	0	3	5	0	0	0
관련자01	승용차	승용차	승용차	승용차	승용차	화물차	승용차	승용차	승합차	승용차
관련자02	승용차	승용차	승용차(택시)	승용차	자전거	승용차	승용차	승용차	이륜차	이륜차
관련자 수	2	2	2	2	2	3	2	3	2	2

그림 5.3.5 사고구조분석표 사례

자료: 「교통사고 원인조사 지침」 별표1을 참고하여 작성

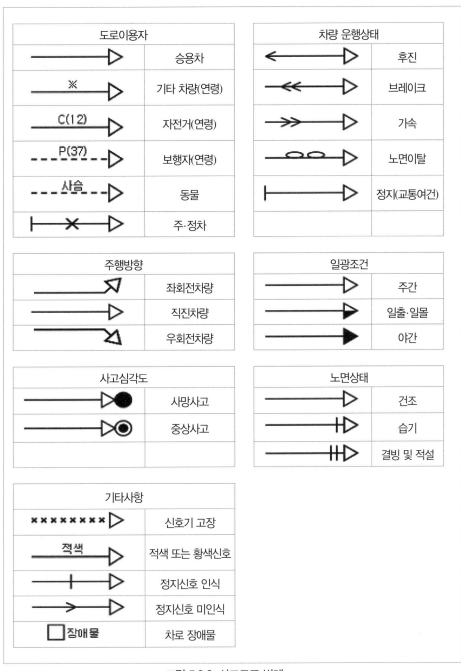

그림 5.3.6 사고도표 범례

자료: 「교통사고 원인조사 지침」 제9조제5항
주: 기타차량은 승용차를 제외한 도로이용자는 화살대에 T(화물차), B(버스), M(오토바이) 등으로 표시하며,
    그밖의 다른 도로이용자의 명칭은 생략하지 않고 그대로 기재한다.

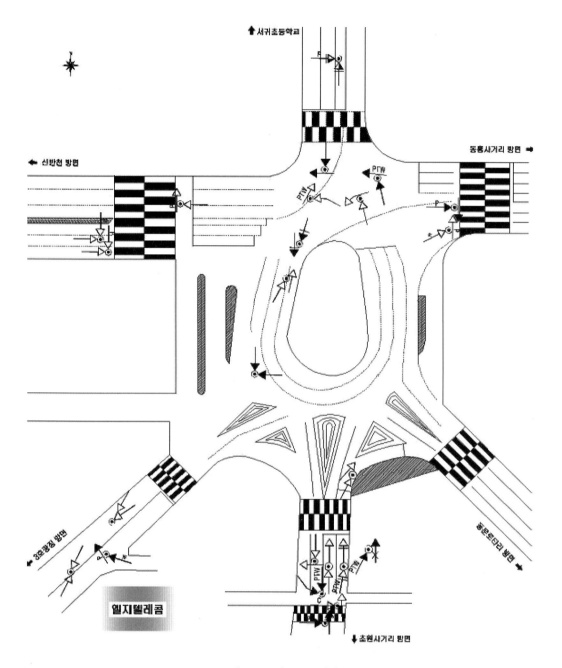

그림 5.3.7 사고도표 예시

- 현장조사 결과
- 단기 및 장기 개선안
- 일정 및 소요예산 등 개선안 이행계획

3.1.6 사고감소 효과분석

도로관리청은 개선안을 시행한 후 그 이행 시점을 기준으로 〈표 5.3.6〉에 따라 해당 개선안에 대한 사고감소 효과분석을 3년 동안 실시하여야 하며 개선안의 효과 분석시점은 공사종료 후 6개월 후부터 적용한다.

표 5.3.6 개선안 효과분석표

사고형태	사고범주	개선안 시행일자:					
		개선 전		개선 후			
		연평균	3년 합계	1년차	2년차	3년차	계
단독사고 (주행사고)	사망						
	중상						
진출회전사고	사망						
	중상						
진입회전사고	사망						
	중상						
보행횡단사고	사망						
	중상						
주정차사고	사망						
	중상						
직진선상사고	사망						
	중상						
기타사고	사망						
	중상						
합계	사망						
	중상						

자료: 「교통사고 원인조사 지침」 별표 2

3.2 교통안전 특별실태조사

3.2.1 교통안전 특별실태조사의 개념

교통안전 특별실태조사는 「교통안전법」 제33조의2에 따라 시행되는 사업으로 교통문화지수를 기준으로 교통사고율이 높은 지역에 대한 교통안전상의 문제점을 조사하고 이에 맞는 맞춤형 교통안전 개선대책을 제시하는 사업이다. 이 사업의 목적은 교통사고 원인을 조사하고 문제점을 파악하여 지역여건에 맞는 맞춤형 교통안전 종합 개선대책을 마련하기 위함이다. 기존의 교통안전 사업들이 사고지점 위주의 개선사업으로 사업대상이 지점이나 짧은 구간에 한정되기 때문에 지역 전체 또는 도로망 차원에서의 종합적인 교통안전 대책을 간과하면 도로의 연속적인 특성상 한 지점에서의 개선대책이 자칫 사고 전이로 이어져 주변의 다른 지점에 교통사고가 발생하는 요인으로 작용되기도 한다. 따라서 교통안전 특별실태조사는 기존 개선사업의 한계점을 극복하고 보완하기 위하여 사고지점 위주의 개선 검토가 아닌 해당지역 전체를 대상으로 한 종합적인 도로·교통 안전대책을 수립하게 된다.

3.2.2 조사대상 지역 선정

교통안전 특별실태조사는 교통문화지수 하위 20%에 해당되는 기초지방자치단체를 대상으로 선정하고 있다. 교통문화지수는 교통선진국 수준의 교통문화 정착을 위한 객관적·합리적 교통문화 실태 파악을 위해 전국 229개 기초지방자치단체 대상으로 운전행태, 교통안전, 보행행태, 교통약자, 기타 교통사고 발생요인을 지수화 하여 나타낸 값으로 체계적인 조사를 위해 시·군·구로 분류하여 조사하고, 인구규모(30만 이상, 30만 미만, 군, 구)에 따라 구분하여 측정하고 있다. 2011년부터 해마다 교통문화지수 하위 20% 기초지방자치단체 중 재정 여건 및 교통안전 향상을 위한 개선의지가 강한 4개 기초지방자치단체를 선정하여 정부의 예산을 지원받아 한국교통안전공단에서 실태조사를 시행하고 있다.

3.2.3 조사내용 및 조사항목

교통안전 특별실태조사는 선정된 기초지방자치단체에 대한 기초자료(인구, 교통관련조직·예산·단속, 교통운영체계, 도로현황, 교통문화지수), 교통사고자료, 설문조사 등을 통해 교통사고 다발지점 및 교통사고 취약 구간을 선정하고 있다.

표 5.3.7 교통안전 특별실태조사 조사장비 및 조사항목

구분	조사장비	조사항목
교통사고 다발지점	• 노면미끄럼저항측정기 • 반사성능측정기 • 속도측정기 • 경사측정기 • 조도측정기	• 주행속도, 시거 등 선형 일관성 • 시선유도시설 및 조명시설 설치 적정성 • 차량방호안전시설 설치 적정성 • 미끄럼방지포장·노면요철포장 및 과속방지턱 설치 적정성 • 악천후구간, 터널 및 장대교량 시설물 설치 적정성 • 교통안전표지 및 교통노면표시 설치 적정성

교통사고 다발지점은 한국교통안전공단의 교통안전정보관리시스템(TMACS)을 활용하여 사업 기준년도 최근 3년간 교통사고 자료 분석을 통해 교통사고 사망 및 중상사고 3건 이상 발생한 지점을 대상으로 선정하고 있으며, 선정된 지점의 사고충돌도 작성과 합동조사반(국토교통부·지자체·경찰청·한국교통안전공단·도로교통 관련전문가 등) 구성을 통해 측정장비를 활용한 도로기하구조 및 도로·교통안전시설을 조사하고 교통안전 문제점을 도출하여 기본설계 수준의 지역 맞춤형 개선대안을 제시하고 있다.

교통사고 취약 구간은 교통안전 특별실태조사 대상 기초지방자치단체의 시내버스, 전세버스, 법인택시, 개인택시 등 운수회사의 운전자 등을 대상으로 교통사고 발생원인(법규준수, 도로기하구조, 도로·교통안전시설, 도로운영·정책, 도로 주변 장애물과 관련된 교통사고)과 운행지역 내 교통안전이 취약한 도로구간(지점)에 대한 설문조사 및 분석을 통해 선정하고 있다. 선정된 지점에 대해서는 〈그림 5.3.8〉의 첨단점검자동차와 드론을 활용하여 도로시설점검을 수행하게 된다.

그림 5.3.8 첨단점검자동차 주요 기능 및 수집내용

그림 5.3.9 특별실태조사 수행절차

3.2.4 개선안 도출

교통사고 다발지점 현장조사를 통해 도출된 문제점에 대해서는 국토교통부, 기초지
방자치단체, 국토관리청, 경찰청 등 관계기관과의 협의를 통해 최적의 개선방안을 제

시하고 있으며, 개선대안에 대한 관계기관의 이해도 및 개선이행 향상을 위해 개선에 따른 시뮬레이션 분석과 기본설계 수준의 도면을 같이 제시하고 있다. 또한 기초지방 자치단체의 재정여건을 감안하여 개선방안은 단기 개선안과 장기 개선안으로 구분하고 있다. 개선지점(구간)의 단기 개선안에 대해서는 개선안별 우선순위를 도출함으로써 시설개선이 가능할 수 있도록 유도하고 있다.

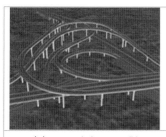		
(A) 도로 기하구조 구현	(B) 기상환경 구현	(C) 가상주행실험

계	주간-맑음		주간-악천후		야간-맑음		야간-악천후	
	전	후	전	후	전	후	전	후
구간평균 통행속도(km/h)	52.67	48.67 (▽7.6%)	51.27	52.91 (△3.2%)	52.17	49.70 (▽4.7%)	56.91	50.72 (▽10.9%)

그림 5.3.10 가상주행 시뮬레이션을 이용한 교통안전효과 분석

교통안전 특별실태조사 개선대안별 우선순위 산정을 위한 위한 평가요소는 사고건수, 사고심각도, 개선안 비용, 개선안 효과, 교통량, 보행량이며, 이들 변수에 요소별 가중치를 반영한 총 효용 점수를 산정하여 개선대안별 우선순위를 산정하고 있다.

$$U_{total} = F1*U_{사고건수} + F2*U_{사고심각도} + F3*U_{개선안\ 비용} + F4*U_{개선안\ 효과} + F5*U_{교통량} + F6*U_{보행량}$$
$$U_{total}: 총\ 효용, \quad F1{\sim}F6: 요소별\ 가중치$$

	점검 사항	입체교차구간의 도로 이탈방지를 위한 시설물 설치여부
	개선 사항	방호울타리 연장 설치
	관련규정	도로안전시설 설치 및 관리지침(2008.12, 국토교통부)
	노선 (도로명)	경기도 광주시 경충대로
	지점명	장지IC 하단 교량
도로 · 교통안전시설 점검	도로 · 교통안전시설 점검 개선(안)	

그림 5.3.11 도로 · 교통안전시설 점검 사례

표 5.3.8 도로·교통안전시설 점검 결과

구분	갈매기표지	표지병	시선유도봉	시선유도표지	장애물 표적표지	구조물 도색 및 빗금표지	점자블록	턱낮추기 및 연석 경사로	충격흡수시설	중앙분리대	현광방지시설	방호울타리	충격완화	과속방지턱	교통안전표지	도로표지판	신호등	노면표시	기타	합계
잘못된 시설 위치					1										1	3				5
잘못된 시설 설치												3			1		4			8
단부미처리 및 접합부 불량												23								23
운전자 시야 시인성장애	1														3					4
상충정보																				0
중복																				0
미설치	2		2	2	13	16						7		1	14			4	1	62
파손·노후 훼손				1					4			7			1					13
도색불량																				0
시설등의 임의조치																				0
비규격																				0
기타																				0
합계	3	0	2	3	14	16	0	0	4	0	0	40	0	1	20	3	4	4	1	115

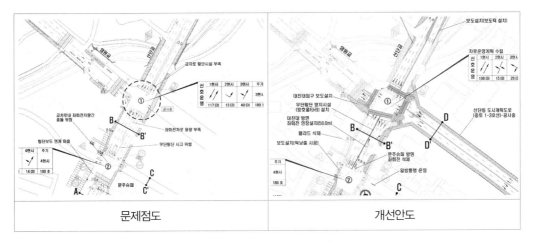

문제점도	개선안도

그림 5.3.12 기본설계 도면

· 요소별 가중치: F1(0.14), F2(0.3), F3(0.19), F4(0.15), F5(0.13), F6(0.09)

교통사고 취약구간에 대해서는 첨단점검자동차를 활용한 도로안전시설과 교통안전
시설 설치의 적정성 유무를 점검하여 운전자의 혼란 및 교통안전사고를 유발할 수 있
는 사항을 도출하고 규정에 부합하는 시설물 설치방안을 개선대안으로 제시하고 있다.

3.2.5 최종결과 설명회 및 모니터링

교통안전 특별실태조사 사업 시행 후 개선대책에 대한 도로관리청의 이해도 향상
을 통한 실행력 제고를 위해 최종결과 설명회를 개최하고 있으며, 교통사고 다발지점
및 교통사고 취약구간에 대한 교통사고 감소효과 분석을 시행하고 있다. 개선 이행이
미진한 기초지방자치단체의 개선 이행유도를 통한 교통사고 감소의 실효성 제고를 위
해 사업 시행 2년 후(개선 이행을 위한 예산확보 및 시설물 공사 기간을 고려)부터는
교통안전 특별실태조사를 시행한 기초지방자치단체를 대상으로 사후 모니터링하고
있다. 또한 개선 이행을 독려하기 위해 교통문화지수 측정 시 시설 개선 이행율을 가
중치에 반영하고 있다.

3.3   교통사고 잦은 곳 개선사업

3.3.1 교통사고 잦은 곳 개선사업의 개요

교통사고 잦은 곳 개선사업은 교통사고가 다발하는 지점 및 구간에 대하여 교통사

고 발생요인을 분석하고, 도로기하구조, 도로·교통안전시설, 교통운영 등 도로교통환경 측면에서 해당지점의 문제점 개선하여 사고발생요인을 제거하는 사업이다.

교통사고 잦은 곳 개선사업은 1987년 국무총리실 주관 '교통안전 종합대책'으로 시작되어, 1991년 교통사고 줄이기 운동(국무총리실), 1997년 제4차 교통안전기본계획, 1998년 생명을 중시하는 교통사고 방지체계 구축(정부 100대 국정과제), 2001년 제5차 교통안전기본계획(2002~2006년) 등에 근거하여 시행되고 있고, 국무조정실 주관하에 행정안전부, 국토교통부, 경찰청, 도로교통공단 등의 관계기관이 협조하여 추진하고 있다.

교통사고 잦은 곳 개선사업은 2011년까지 교통사고 잦은 지점(spot)만을 대상으로 사업을 수행했지만 2012년부터는 구간(line) 개념을 도입하였고 매년 약 350개소(지점 300개소, 구간 50개소)에 대한 개선사업을 수행하고 있다.

3.3.2 교통사고 잦은 곳 개선사업 수행절차

교통사고 잦은 곳 개선사업은 교통사고 자료수집 및 관리, 교통사고 자료조사 및 원인분석, 사업 대상지점 선정 및 현장 조사, 사고요인 분석 및 개선방안 수립, 기본개선계획 보고서 작성·통보, 개선공사 실시 및 결과 통보, 개선공사 효과분석 평가의 7단계로 추진하고 있다.

표 5.3.9 교통사고 잦은 곳 개선사업 단계별 수행 절차

교통사고 잦은 곳 개선사업의 단계별 주요 추진내용은 다음과 같다.
* 교통사고 자료수집 및 관리(경찰청)
  - 교통사고 발생 시 교통사고 실황조사서 작성 및 수집 관리
  - 반기별 교통사고 자료 제공
* 교통사고 자료조사 및 원인 분석(도로교통공단)
  - 교통사고 실황조사 보고서 및 교통사고 관리시스템(TAMS) 자료조사
  - 지점별 데이터베이스 구축 및 사고특성 분석
* 사업 대상지점 선정 및 현장 조사(도로관리청, 도로교통공단)
  - 교통사고 잦은 곳 사고발생현황을 도로교통공단에서 도로관리청에 통보
  - 사업 대상지점 선정을 위한 관계기관 협의

- 사업 대상지점 선정
- 사업 대상지점에 대한 현장 조사
- 사고요인 분석 및 개선방안 수립(도로관리청, 지방경찰청, 도로교통공단)
  - 개선안 설계
  - 설계안에 대한 관계기관 협의
  - 설계 지점별 공사비 산출
- 기본개선계획 보고서 작성·통보(도로교통공단→도로관리청)
  - 보고서 작성 및 관계기관 보고·통보
- 개선공사 실시 및 결과 통보(도로관리청)
  - 개선공사 실시 및 개선결과 통보
- 개선공사 효과분석 평가(공사 후 1년 경과 지점, 도로교통공단)
  - 개선공사 사고감소 효과 분석

국무조정실은 사업추진의 총괄적인 관리와 기획, 조정역할을 수행하고 있으며, 경찰청은 교통사고 조사자료와 사고자료를 관리·공유, 도로교통공단은 사고 잦은 곳 선정 및 사고자료 분석, 현장 조사, 분석결과에 따른 개선방안 설계, 개선 비용 산출 등의 역할을, 국토교통부, 한국도로공사, 지방자치단체 등에서는 실제 개선공사를 수행하고 있다.

3.3.3 사고 잦은 곳 대상지점 선정 기준

교통사고 잦은 곳은 일정 도로 구간 및 기간 내에서 교통사고가 기준 이상으로 발생한 지점을 의미하며, 교통사고 전수조사결과로 선정된 지점을 말한다. 교통사고 잦은 곳 선정 기준은 지점(spot) 선정 방식과 구간(line) 선정 방식으로 구별되며 세부 선정기준은 다음과 같다.

① 교통사고 잦은 곳(spot) 선정

인명피해 교통사고 발생건수가 1년간 〈표 5.3.10〉의 기준 이상으로 발생한 지점을 사고 잦은 곳 대상지점으로 선정한다.

사고 잦은 곳 대상지점 선정 방식은 위의 방식을 기준으로 사업대상 지점(spot) 중 30%는 전국 사고우선순위로, 70%는 지역 형평성을 고려하여 시·도별 사고우선순위로 선정한다.

② 교통사고 잦은 구간(line) 선정

도로·교통시설 및 도로환경 개선 시 교통사고가 대폭 감소될 것으로 판단되는 구간을 선정한다.
- 1순위: 사망사고 중복 발생 및 사고발생 우선순위가 높은 구간으로 도로관리청, 지

방경찰청 등 관련기관이 협의하여 우선 개선이 필요하다고 인정하는 구간

- 2순위: 사고위험으로 개선이 필요하여 도로안전관련 전문가, 지역주민 등이 개선 건의한 구간

표 5.3.10 사고 잦은 곳 선정기준		선정기준
구분		**선정기준**
지역	특별광역시	5건 이상
	일반시 및 기타	3건 이상
도로 형태	교차로 및 횡단보도	차량정지선 후방 30 m 이내
	기타 단일로 · 시가지	반경 100 m 이내
	기타 단일로 · 기타, 고속도로	반경 200 m 이내
대상사고		인적피해사고

❸ 사업대상지점 선정 우선순위 결정 방법

사업대상지점은 사고 잦은 곳 중에서 도로기하구조 및 안전시설 측면에서 문제점이 부각되어 개선 시 뚜렷한 사고감소효과가 기대되는 지점을 사업대상 지점으로 선정하며 우선순위 결정방법은 다음과 같다.

- 1순위: 사업대상후보지점 중 사망사고가 많이 발생하여 사업 우선순위지수가 높은 지점으로 사업 우선순위지수는 교통사고건수와 교통사고의 심각도를 결합하여 다음과 같이 산정한다.

$$ROPI_i = \left(\frac{NOA_i}{\sum_{i=1}^{n} NOA_i} + \frac{EPDO_i}{\sum_{i=1}^{n} EPDO_i} \right) \times 100$$

여기서,

$ROPI_i = i$ 지점의 사업우선순위

$NOA_i = i$ 지점의 사고건수

$EPDO_i = i$ 지점의 사고심각도

위 식에서 보는 바와 같이 교통사고건수가 많이 발생한 지점 또는 교통사고의 심각도가 높은 지점이 사업 우선순위지수가 높게 책정되어 우선적으로 투자가 이루어진다.

- 2순위: 도로관리청이나 경찰청 등 관련기관이 협의하여 우선 개선이 필요하다고 요구되는 지점, 도로안전관련회의 및 다수인 민원 등으로 개선이 건의된 지점 중 특히 개선이 필요한 지점과 정부의 교통안전정책 등에 부응하는 지점
- 3순위: 각 지역별로 교통사고가 많거나 사고위험이 예상되는 개선이 필요한 지점 및 교통안전 시범도로 지정 구간

3.3.4 관련자료 수집·분석

교통사고 잦은 곳의 사고 발생원인 분석 및 개선안 도출을 위해서는 관련자료, 즉 교통사고, 도로기하구조, 도로 및 교통안전시설, 교통운영 등의 자료를 수집하여 과학적이고 체계적으로 분석해야 한다. 교통사고 잦은 곳 개선사업 수행에 필요한 관련 자료의 수집과 분석은 다음과 같다.

❶ 교통사고 자료수집

교통사고 원인분석에 필요한 사고자료 범위는 다음과 같이 5개 분야로 분류된다.

- 일반항목: 사고발생일시, 위치, 사고종별, 피해상황, 사고원인, 사고개요 등 사고에 관한 일반 항목
- 운전자항목: 운전자의 인적사항, 면허관련, 운전환경, 신체상태, 심리상태, 음주, 약물사항 등 운전자에 대한 항목
- 사상자항목: 사상자의 인적사항, 피해상황, 가해부위, 보호장구, 상차위치, 응급 및 치료에 대한 사상자에 대한 항목
- 차량항목: 차량일반, 충격, 파손, 차량화재 여부, 견인사항, 차량장치, 타이어 등 차량에 대한 항목
- 도로시설항목: 도로일반, 도로형태, 사고위치, 도로기하구조, 노면상태, 중앙분리시설, 안전시설물, 도로시설물, 교차로, 횡단보도, 보차도, 교통규제, 교통상황, 조명 및 기상, 노면흔적 등 도로시설에 대한 항목으로 사고 잦은 곳 개선사업과 직접적으로 관련되는 항목

❷ 교통사고 분석

교통사고 분석은 사고 잦은 곳의 사고원인을 분석하는 현장 조사 전에 시행하는 것으로 사고내용을 도면에 표시하는 사고현황도 작성과, 사고 통계적 분석을 종합적으로 시행해야 한다.

- 사고현황도 작성을 통한 유형분석
  사고현황도는 연도별 교통사고 조사자료를 사고건수별로 피해정도(사망, 중상, 경상, 물피), 구체적 발생위치, 사고유형(차대사람, 차대차, 차량단독, 차대열차) 등을 도면에 표시하여, 그 지점에서의 교통사고 발생현황 및 사고유형을 시각적으로 쉽게 분석할 수 있다.
- 교통사고 통계에 의한 분석
  교통사고 통계에 의한 분석방법으로는 지역 전체 또는 일정구간의 사고 특성을 통계적으로 분석하는 거시적 분석과 교통사고 발생이 많은 특정지점별 사고원인을 분석하는 미시적 분석이 있다.

그림 5.3.13 사고현황도 작성을 통한 사고누적 지점

자료: 교통사고분석시스템

거시적 분석은 광역시·도, 시·군·구, 지방경찰서 단위 등 지역 전체의 교통사고 통계를 분석하고, 교통사고 잦은 곳에 전체적인 사고 현황과 특성을 분석한다.

미시적 분석은 특정지점에 대해서 세부적인 통계자료를 분석하여 그 지점에 대한 일반적인 사고 경향을 파악할 수 있다. 대표적으로 기상상태별 교통사고, 시간대별 교통사고, 사고위치별 교통사고, 사고유형별 교통사고, 사고원인별 교통사고가 그것이다.

❸ 도로 및 교통안전시설의 교통현황 조사

현장 조사 전에 사고 잦은 곳의 도로기하구조 및 도로시설물, 도로안전시설, 교통시설, 교통운영에 대한 조사를 실시하여 관련 정보를 조사자에게 제시해야 한다.

• 도로기하구조 및 도로시설물은 차로폭, 차로수, 종단·평면곡선, 편경사, 보도, 길어깨, 배수시설, 자전거도로, 교차로 위치 및 형태, 시거 등이다.
• 도로안전시설은 방호울타리, 충격흡수시설, 시선유도표지, 갈매기표지, 표지병, 도로반사경, 장애물표적표지, 구조물 도색 및 빗금표지, 시선유도봉, 미끄럼방지시설, 과속방지턱, 낙석방지시설, 장애인 안전시설, 조명 등이다.
• 교통시설은 교통안전표지, 노면표시, 신호기 등이다.
• 교통운영은 신호현시, 신호주기, 신호연동, 교통량, 일방통행, 제한속도 등이다.

3.3.5 현장 조사

사고 잦은 곳에서 발생한 사고를 객관적으로 파악·분석하기 위해서는 사고 잦은 현장에서 교통량 조사, 속도 조사, 도로 및 교통안전시설 분석, 도로기하구조 등의 분석을 해야 한다. 현장 조사 시 다음 사항을 파악하는 데 주력해야 한다.

- 교통사고 분석에서 도출된 결과와 도로·교통안전시설, 교통운영체계를 동시에 고려하여 문제점을 파악해야 한다.
- 단순히 도로의 기하구조, 각종 도로·교통안전시설뿐만 아니라 차량, 보행자, 자전거 등 도로이용자의 이용특성 등도 이해해야 한다.
- 교통사고가 발생하지 않았지만 도로·교통안전시설이 잘못 설치되었거나, 잘못된 교통운영체계로 교통사고의 잠재적 위험성이 있는지도 조사해야 한다.
- 현장 조사는 주간뿐만 아니라 야간의 문제점도 조사해야 한다.
- 교통사고 분석 결과 특정 시간이나 기상상태에서 사고가 많이 발생하는 경우에는 현장 조사도 같은 사고 발생 시간이나 기상상태에서 조사해야 한다.

① 교통량 조사

교통량 조사는 사고 잦은 곳의 교통통행 특성을 파악하기 위해 사업대상지와 주변 도로를 대상으로 실시하여, 일평균교통량(ADT; Average Daily Traffic), 연평균일교통량(AADT; Average Annual Daily Traffic), 시간당 교통량, 단시간(5분, 15분 단위 등) 교통량을 차종별로 구별하여 조사한다.

② 속도 조사

속도 조사는 과속으로 인해 사고가 발생한 것으로 판단되는 지점의 사고원인 분석을 위해 실시한다. 속도 조사 시 주행차량이 속도 조사 여부를 인지할 경우 제한속도 이하로 주행하는 경향이 있어 주의해야 하며, 대상지점의 통행 속도를 대표하는 차량을 측정해야 하므로, 차량군의 뒷차가 아닌 앞차를 표본으로 속도를 조사하는 것이 바람직하다.

③ 시설물 조사

시설물 조사는 대상지점의 도로 및 교통상의 문제점을 파악하기 위해 실시한다. 현장 조사 시 주요 검토 사항은 도로의 횡단구성, 도로선형, 평면교차로, 입체교차로, 도로안전시설, 교통안전표지, 노면표시, 교통운영 및 통제, 신호체계 등이다.

3.3.6 교통안전 개선안과 개선도 작성

사고 잦은 곳 개선사업은 도로의 기하구조, 도로·교통안전시설, 교통운영을 개선하는 공학적 대책을 의미한다. 관련자료 수집 및 분석, 현장 조사에서 도출한 결과를 가지고 주변 환경과 연계하여 안전성을 제고하기 위한 교통안전 개선안을 작성한다. 교통안전 개선안을 제시할 때 도로관리청 담당자가 쉽게 이해할 수 있도록 사고현황도, 시설물도, 개선도 도면을 제시해야 한다.

사고현황도는 교통사고 발생현황을 도면에 표현하여 사고 잦은 지점의 교통사고 유형을 쉽게 파악할 수 있는 교통사고 발생 현황자료이다. 시설물도는 사고 잦은 곳의 도로기하구조와 각종 교통안전시설 및 부대시설에 대한 현황을 표시한 자료이며 해당 지점에 신호등이 운영되고 있는 경우에는 신호 현시표를 함께 작성한다. 개선도는 교통사고자료 분석 및 현장 조사를 기반으로 파악된 문제점과 개선안을 반영한 설계도면으로 도로기하구조, 도로·교통안전시설, 교통운영에 대한 개선안을 표시한다.

1. 원주시 관설동 관설교차로~원주자동차운전학원(1) (현황·개선도)

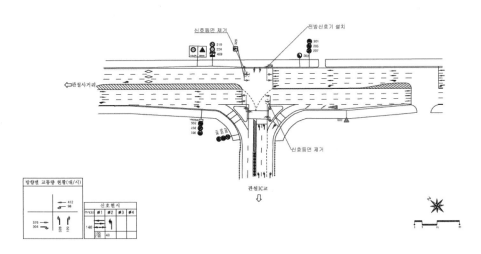

그림 5.3.14 교통사고 잦은 곳 개선안 작성 예시

자료: 제3차 전라북도 교통안전기본계획, 2017.6

3.3.7 교통사고 현황도 작성

사고현황도(또는 사고도표) 작성 시에는 도로이용자, 차량운행상태, 주행방향, 일광조건, 사고심각도, 노면상태 등을 표시하는 사고유형 범례와 각종 교통안전시설 및 부대시설을 표시하는 범례를 사용한다. 교통안전시설 및 부대시설을 표시하는 범례는 〈그림 5.3.15〉에, 사고도표에 활용하는 범례는 〈그림 5.3.16〉에 제시하였다.

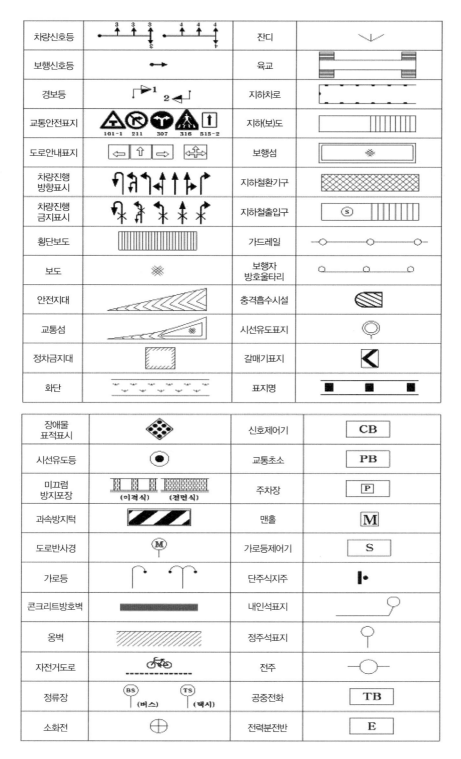

차량신호등		잔디	
보행신호등		육교	
경보등		지하차로	
교통안전표지		지하(보)도	
도로안내표지		보행섬	
차량진행 방향표시		지하철환기구	
차량진행 금지표시		지하철출입구	
횡단보도		가드레일	
보도		보행자 방호울타리	
안전지대		충격흡수시설	
교통섬		시선유도표지	
정차금지대		갈매기표지	
화단		표지명	

장애물 표적표시		신호제어기	CB
시선유도등		교통초소	PB
미끄럼 방지포장		주차장	P
과속방지턱		맨홀	M
도로반사경		가로등제어기	S
가로등		단주식지주	
콘크리트방호벽		내인석표지	
옹벽		정주석표지	
자전거도로		전주	
정류장		공중전화	TB
소화전		전력분전반	E

그림 5.3.15 교통안전시설 및 부대시설 범례

자료: 건설교통부, 사고 잦은 곳 개선사업 업무편람, 2002.10

제5장

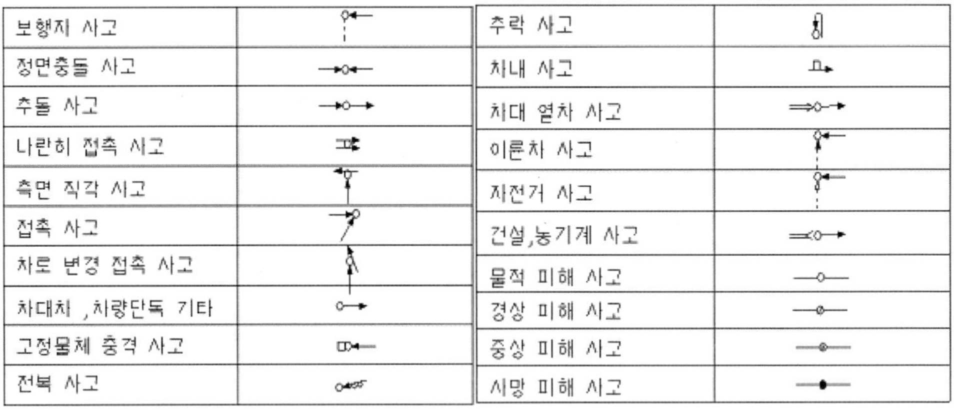

보행자 사고		추락 사고	
정면충돌 사고		차내 사고	
추돌 사고		차대 열차 사고	
나란히 접촉 사고		이륜차 사고	
측면 직각 사고		자전거 사고	
접촉 사고		건설,농기계 사고	
차로 변경 접촉 사고		물적 피해 사고	
차대처,차량단독 기타		경상 피해 사고	
고정물체 충격 사고		중상 피해 사고	
전복 사고		사망 피해 사고	

그림 5.3.16 사고유형 범례

자료: 건설교통부, 사고 잦은 곳 개선사업 업무편람, 2002.10

3.4 위험도로 개량사업

3.4.1 국도 위험도로 개량사업

국도의 위험도로 개량사업은 위험도로 구간선정을 위해 시작되었으며 1989년 제시된 평가기준에 따라 도로의 기하구조적 안전성을 중심으로 도로의 위험요소를 파악하고 있다. 위험요소 파악을 위한 변인으로는 도로의 곡선반경, 도로상태, 시거 적정성, 종단구배, 차선폭, 길어깨 폭 등을 평가하여 점수화하고 대상지점을 선정한다.

위험도로 대상지점 선정을 위한 세부평가 요소는 길어깨 폭 및 상태, EPDO 사고건수, 민원 및 지역애로 등 감안사항, 평면곡선의 종류에 따른 전후 도로상황을 활용하고 있다.

3.4.2 지방도 위험도로 개량사업

지방도의 위험도로 개량사업 대상지점은 공통된 선정기준이 부재하였으나 2007년이후 평가기준을 마련하여 추진하고 있다.

해당 대상지점 선정을 위한 도로의 안전성 분석방법은 EPDO 사고건수, 횡단구성, 평면선형, 종단선형, 포장상태, 교통량 및 중차량의 비율, 교통안전시설의 적합성, 민원사항 등 지역의 요구사항, 투자 사업비를 평가하여 계량화하고 있다.

각 평가 요소별 계량방법은 AHP(Analytical Hierarchy Process) 기법을 이용하여 각 요소들에 대한 상호비교를 통해서 산출하게 된다.

표 5.3.11 국도 위험도로 우선순위 선정(6단계)을 위한 평점 기준

구분	항목	평점
도로 기하구조 (45점)	곡선반경	10
	전후도로상황	10
	시거	10
	종단선형	5
	차로폭	5
	길어깨 폭, 상태	5
도로환경 (45점)	EPDO	30
	교통량	15
기타 (10점)	사업비	5
	민원, 건의사항	5
총점		100

자료: 전국 국도 위험도로개량 5단계 기본계획 조사, 2012

AHP는 Thomas L. Saaty가 고안한 계산모델로, 의사결정의 전 과정을 다단계로 나눈 후 이를 단계별로 분석·해결함으로써 최종적인 의사결정에 이르는 방법이다. 의사결정에 필요한 정보는 평가지표와 대안을 기준으로 계층적으로 분해하여 추출하게 된다. 대안의 상대적 중요도를 결정하기 위하여 평가지표에 대한 가중치를 산정한 후 개별 평가지표별 대안의 쌍대비교로 가중치를 계산하고 그에 따른 우선순위를 도출하게 된다. 객관성을 확보하기 위하여 정량적 기준을 함께 사용하는 특성을 가지는데 평가지표와 비교할 대안이 많은 경우 복잡한 수치계산이 요구되기 때문에 평가의 정확성과 용이성을 고려한다면 AHP분석기능을 가진 프로그램을 이용할 수도 있다.

표 5.3.12 국도 위험도로 대상지점 평가 요소

평가 요소	세부 사항
길어깨 폭 및 상태	길어깨 폭과 포장상태에 따라 A, B, C, D, E등급 구분
EPDO	사망사고: 12점/건/년간 부상사고: 3점/건/년간 재산사고: 1점/건/년간
지역요구(민원)	A, B, C, D, E 등급 구분(민원 및 지역애로 등 감안)
전후 도로상황	평면곡선의 종류에 따라 기준 중 선택 (최소곡선반경 R ≤ 140 m)

평가 항목	평가 요소			배점(%)
계	합계를 통해 산출			100
교통사고특성	EPDO(사망자 수, 부상자 수, 차량파손 등 물적피해 고려)			30
기하구조 특성	횡단구성		차로폭	3
			중앙분리대 시설	3
			길어깨(또는 보도)시설	2
	평면선형		곡선반경	6
			편경사	2
			시거	7
	종단선형		종단경사	9
			성토고	3
	포장상태		포장상태	5
교통운영 특성	교통량 및 중차량 비율		차로당 연간 일일평균교통량(대/일), (중차량교통량/교통량) × 100(%)	8
	교통안전시설		교통안전시설 적합성	12
지자체 특성	지역의 요구 정도(민원 등)			6
	투자 사업비			4

표 5.3.13 지방도 위험도로 대상지점 평가 요소

3.5 도로안전진단

3.5.1 도로안전진단의 개요

「교통안전법」 제34조에는 교통시설안전진단을 규정하고 있다. 교통시설안전진단은 육상교통·항공교통의 안전과 관련된 조사·측정·평가업무를 전문적으로 수행하는 교통안전진단기관이 교통시설에 대하여 교통안전에 관한 위험요인을 조사·측정 및 평가하는 모든 활동을 정의하고 있다. 교통시설안전진단은 일정 규모 이상의 도로·철도·공항의 교통시설을 설치·관리하는 자[25]가 교통안전진단기관에 의뢰하여 실시하게 된다. 교통시설안전진단은 모두 세 가지로 구분된다. 교통시설 설계단계에서 시행하는 진단,

---

25 실무상 발주처라 하며, 「사회기반시설에 대한 민간투자법」 제22조제10호 및 제11호에 따른 공공부문과 민간부문을 포함한 도로안전진단을 발주하는 자를 말한다.

교통시설 개시전진단과 중대 교통사고가 발생했을 때 시행하는 진단이 그것이다. 이세 가지 진단 중에서 교통안전도 평가와 직접적인 관련성을 갖는 것은 운영단계의 진단으로서 중대사고가 발생했을 때 실시하게 된다.

3.5.2 도로안전진단의 종류

❶ 설계단계 진단

일정기준 이상의 도로를 설치하려는 교통시설설치자는 설계단계에서 도로안전진단을 받아야 한다. "설계단계"란 도로의 설계절차 중 기본설계와 실시설계단계를 말한다. 기본설계는 도로의 타당성조사에서 결정된 최적 노선대에서 최적노선을 결정하고 도로시설 등 주요 구조물의 규모, 배치, 형태, 공사 방법·기간 및 소요 비용 등에 관하여 일반적인 조사·분석 및 비교·검토를 거쳐 최적안을 계획하는 업무를 말한다. 이단계에서는 주요 시설물에 대한 예비설계를 수행하며, 설계기준 및 조건 등 실시설계업무에 필요한 기술자료를 작성한다. 실시설계는 기본설계를 통하여 결정된 노선상의모든 도로시설의 규모, 배치, 형태, 공사 방법·기간, 소요 비용 및 유지관리 방안 등에관하여 세부적인 조사·분석 및 비교·검토를 통하여 최적안을 계획하고 상세설계를 수행하며, 시공 및 유지관리에 필요한 기술자료를 작성하게 된다. 대부분 설계진단은 실시설계 단계에서 시행된다.

도로안전진단을 받은 교통시설설치자는 해당 교통시설에 대한 공사계획 또는 사업계획 등에 대한 승인·인가·허가·면허 또는 결정 등을 받아야 하거나 신고 등을 하여야하는 경우에는 교통안전진단기관이 작성·교부한 교통시설안전진단보고서를 관련서류와 함께 관할 교통행정기관에 제출하여야 한다.

❷ 개시전단계 진단

해당 교통시설의 사용 개시(開始) 전에 교통안전진단기관에 의뢰하여 교통시설안전진단을 받아야 하는 진단(개시전진단)은 원래 도로관리청에서 시행하던 개통전 점검을 진단으로 보완하여 2018년 1월부터 시행하는 제도다. 도로의 개통은 일정이 정해졌기 때문에 기존의 개시전 점검과 유사하게 신속하게 수행되며, 필요하면 관계기관이 합동으로 참여할 수도 있다. 개시전단계 진단을 받은 교통시설설치·관리자는 해당 교통시설의 사용 개시 전에 교통안전진단기관이 작성·교부한 교통시설안전진단보고서를 관할 교통행정기관에 제출하여야 한다.

❸ 운영단계 진단

일정기준 이상의 교통사고가 발생한 경우에는 교통시설설치·관리자로 하여금 해당

표 5.3.14 도로안전진단 실시시기		
대상 도로	설계단계 진단 시 교통안전진단보고서 제출시기	개시전단계 진단 시 교통안전진단보고서 제출시기
1) 「국토의 계획 및 이용에 관한 법률」 제2조제10호에 따른 도시계획시설사업으로 시행하는 다음과 같은 도로의 건설 • 일반국도·고속국도: 총 길이 5 km이상 • 특별시도·광역시도·지방도(국가지원지방도 포함): 총 길이 3 km 이상 • 시도·군도·구도: 총 길이 1 km이상 2) 「도로법」 제10조에 따른 다음과 같은 도로의 건설 • 일반국도·고속국도: 총 길이 5 km이상 • 특별시도·광역시도·지방도: 총 길이 3 km 이상 • 시도·군도·구도: 총 길이 1 km이상	1) 「국토의 계획 및 이용에 관한 법률」 제88조제2항에 따른 실시계획의 인가 전 2) 「도로법」 제25조에 따른 도로구역의 결정 전	1) 「국토의 계획 및 이용에 관한 법률」 제98조에 따른 준공검사 전 2) 「건설기술진흥법 시행령」 제78조에 따른 준공검사 전

자료: 「교통안전법 시행령」 별표 2

교통사고 발생 원인과 관련된 교통시설을 교통안전진단기관에 의뢰하여 도로안전진단을 받을 것을 명할 수 있다. 교통행정기관은 「교통안전법」 제34조제5항에 따라 도로진단을 받을 것을 명할 때에는 운영단계 진단을 받아야 하는 날부터 30일 전까지 교통사업자에게 이를 통보하여야 한다. 다만, 당해 교통시설로 인하여 교통사고를 초래할 중대한 위험요인이 있다고 인정되는 경우로서 긴급하게 운영단계 진단을 받을 필요가 있다고 인정되는 경우에는 그 기간을 단축할 수 있다. 운영단계 진단 명령은 서면으로 하여야 하며, 그 서면에는 운영단계 진단의 대상·일시 및 이유를 분명하게 밝혀야 한다. 운영단계 진단 대상은 최근 3년간 사망 교통사고가 3건 이상 또는 중상사고 이상의 교통사고가 10건 이상 발생하여 해당 구간의 도로시설에 문제가 있는 것으로 의심되는 경우이다.[26] 「교통안전법」 제50조제1항에 따라 이 구간의 도로시설 결함여부 등을 조사하는데, 구간은 아래의 경우로 구분된다.

• 교차로 또는 횡단보도 및 그 경계선으로부터 150 m 까지의 구간
• 「국토의 계획 및 이용에 관한 법률」 제6조제1호에 따른 도시지역의 경우에는 600 m, 도시지역 외의 경우에는 1,000 m의 도로구간

---

26 운영단계 도로안전진단은 시행의 전제가 되는 교통사고 원인조사제도가 제대로 시행되고 있지 않을 뿐만 아니라 임의 규정이라 유명무실한 제도로 전락되고 말았다. 따라서 2019년 1월 현재 운영단계 진단을 활성화하기 위해 도로안전성 평가를 시행하고 일정기준 이하의 도로에 대해서는 운영단계 진단을 의무적으로 받도록 하는 방안을 검토하고 있다.

3.5.3 진단의 주체와 준비

❶ 진단의 주체

우선 교통안전진단기관이 되려면 「교통안전법」에서 정하는 제반 요건을 갖추어야 한다. 40시간 이상의 도로안전진단 교육·훈련과정을 이수한 책임교통안전진단사는 1명 이상, 교통안전진단사는 2명 이상, 보조요원은 2명 이상의 전문인력을 보유하고[27] 등록신청서와 구비서류를 첨부하여 관할 특별시장·광역시장·특별자치시장·도지사·특별자치도지사에게 등록하여야 한다.

도로안전진단 신규교육·훈련은 국내과정[28]을 이수하거나, 다음 각 호 어느 하나의 외국의 교육·훈련기관에서 교통안전진단에 관한 교육·훈련과정을 이수(자격취득을 포함)하여야 한다. 다만, 국토교통부장관이 교육·훈련과정과 유사하다고 인정되는 과정을 이수한 경우에는 교육·훈련과정으로 인정할 수 있다.

- 국토교통부장관이 인정하는 과정
  - 영국 왕립사고예방협회(RoSPA; The Royal Society for the Prevention of Accidents) 주관의 고급도로안전공학과정(Advanced Road Safety Engineering)
  - 호주·뉴질랜드 도로교통청협회(AUSTROADS; The Association of Australian and New Zealand Road Transport and Traffic Authorities) 주관의 국가도로안전공학과정(National Road Safety)
  - 독일 도로교통협회(FGSV; Forschungsgesellschaft für Straßen- und Verkehrswesen) 및 독일진단교수협회(AdH; Auditpartnerschaft der Hochschullehrer) 주관의 지방부도로진단과정(Qualifizierung zu Auditoren für Außerortsstraßen und Ortsdurchfahrten), 도시부도로진단과정(Qualifizierung zu Auditoren für Innerortsstraßen und Ortsdurchfahrten)

교통안전진단기관이 개시전단계 진단이나 운영단계 진단을 실시하려면 등록요건으로 노면 미끄럼 저항 측정기, 반사성능 측정기, 조도계(照度計), 평균휘도계(平均輝度計), 거리 및 경사 측정기, 속도 측정장비, 계수기(計數器), 워킹메저(walkingmeasure), 위성항법장치(GPS)와 그밖에 부대설비(컴퓨터 포함) 및 프로그램 등 진단측정장비를 보유(임대 포함)하고 있어야 한다. 시·도지사는 등록신청을 받은 경우 영제32조제1항에 따른 전문인력과 진단 측정장비를 보유하였는지를 검토하여 교통안전진단기관으로 등록하여야 한다. 그러나 등록신청자가 진단측정장비를 보유하지 않더

---

27 이 경우 교통안전진단사를 갈음하여 책임교통안전진단사를 두거나, 보조요원을 갈음하여 책임교통안전진단사나 교통안전진단사를 두는 경우에는 전문인력 인정기준에 적합한 것으로 본다.

28 국내에서는 한국교통안전공단과 도로교통공단이 도로안전진단 신규교육·훈련과정을 운영하고 있다.

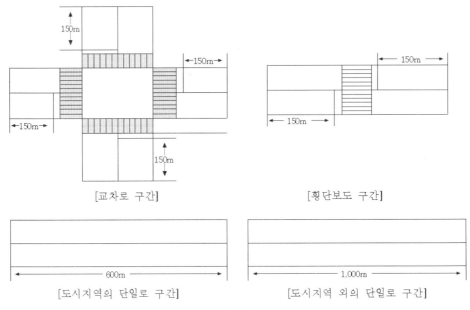

[교차로 구간]　　　　　　　　　　　[횡단보도 구간]

[도시지역의 단일로 구간]　　　　　　　[도시지역 외의 단일로 구간]

그림 5.3.17 운영단계 진단 대상 구간

표 5.3.15 도로안전진단 전문인력 자격요건

구분	자격요건
책임교통안전진단사	• 「국가기술자격법」에 따른 도로 및 공항기술사 또는 교통기술사 자격 소지자 • 토목기사 또는 교통기사 자격을 취득한 후 도로의 설계·감리·감독·진단 또는 평가 등의 관련 업무를 10년 이상 수행한 자
교통안전진단사	토목기사 또는 교통기사 자격을 취득한 후 도로의 설계·감리·감독·진단 또는 평가 등의 관련 업무를 7년 이상 수행한 자
보조요원	토목기사 또는 교통기사 자격을 취득한 후 도로의 설계·감리·감독·진단 또는 평가 등의 관련 업무를 4년 이상 수행한 자

자료: 「교통안전법 시행령」 별표 4

라도 설계단계 진단만을 실시한다는 조건을 붙여 교통안전진단기관으로 등록할 수도 있다.

교통안전진단기관으로 등록되면 진단을 실시할 수 있는 지역은 이를 등록한 해당 시·도지역에 한정하지 않고 전국을 대상으로 진단을 실시할 수 있다.

❷ 진단 수행흐름도

설계단계 진단과 개시전단계 및 운영단계 진단의 수행흐름도는 거의 비슷하다.

먼저 설계단계 진단은 일부 소규모 사업에서 절차의 일부가 생략될 수 있으나 〈그림 5.3.18〉의 진단실시 흐름도가 준수되어야 한다.

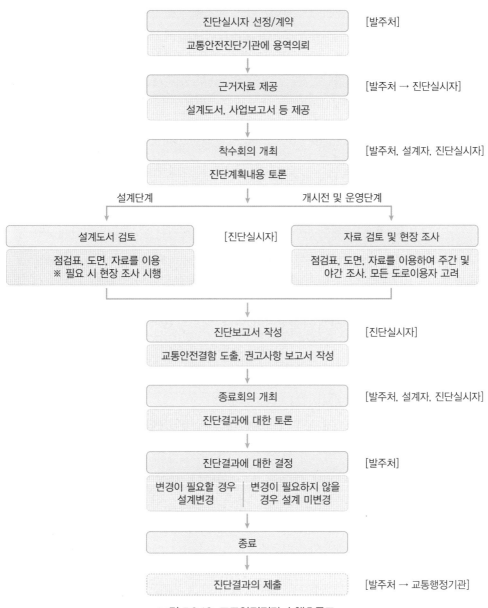

| 진단실시자 선정/계약 | [발주처] |
| 교통안전진단기관에 용역의뢰 | |

| 근거자료 제공 | [발주처 → 진단실시자] |
| 설계도서, 사업보고서 등 제공 | |

| 착수회의 개최 | [발주처, 설계자, 진단실시자] |
| 진단계획내용 토론 | |

설계단계 / 개시전 및 운영단계

| 설계도서 검토 | [진단실시자] | 자료 검토 및 현장 조사 |
| 점검표, 도면, 자료를 이용
※ 필요 시 현장 조사 시행 | | 점검표, 도면, 자료를 이용하여 주간 및
야간 조사. 모든 도로이용자 고려 |

| 진단보고서 작성 | [진단실시자] |
| 교통안전결함 도출, 권고사항 보고서 작성 | |

| 종료회의 개최 | [발주처, 설계자, 진단실시자] |
| 진단결과에 대한 토론 | |

| 진단결과에 대한 결정 | [발주처] |
| 변경이 필요할 경우
설계변경 | 변경이 필요하지 않을
경우 설계 미변경 |

| 종료 |

| 진단결과의 제출 | [발주처 → 교통행정기관] |

그림 5.3.18 도로안전진단 수행흐름도

설계단계와 달리 개시전과 운영단계 진단은 현장조사가 중요한 의미가 있다. 진단실시자는 모든 도로이용자의 관점에서 자동차를 직접 운전하거나, 자전거를 타거나 도로를 걸어봐야 한다. 또한 장비를 이용하거나 주·야간 또는 통학시간 등 다양한 시간대에 실시하여야 하며 기상상황에 따른 영향을 고려해야 한다. 현장 조사 시 통행속도 감소를 위한 조치의 효과와 보행자 횡단시설의 배치, 교통정온화 지역, 도로변 통행, 자전거도로의 적절성 등을 우선적으로 점검하여야 한다. 현장조사 결과는 사진이나 비디오로 촬영하여 보고서에 수록하거나 발주처에 제출 또는 보관한다.

진단실시자는 개인적인 경험과 교통안전에 대한 전문지식을 기반으로 진단을 수행한다. 진단실시자가 경험을 지나치게 강조하는 경우 안전에 대한 중요한 관점이 간과될 수도 있으므로 교통시설안전진단지침의 점검표를 통해 검토·보완해야 한다.

3.5.4 진단보고서 작성 및 종료

❶ 교통시설안전진단보고서의 작성 및 제출

「교통안전법」 제34조제2항에 따른 교통시설안전진단보고서에는 진단을 받아야 하는 자의 명칭 및 소재지, 진단대상의 종류, 진단의 실시기간과 실시자, 진단대상의 상태 및 결함 내용을 반드시 포함하여 작성해야 한다.

도로시설설치자는 해당 도로시설에 대한 공사계획 또는 사업계획 등에 대한 승인 등을 얻어야 하는 경우 진단기관이 작성·교부한 진단보고서를 관련 서류와 함께 승인 등을 한 관할 교통행정기관에 제출하여야 한다. 도로의 종류별 관할 교통행정기관은 다음과 같다.

- 일반국도·고속국도: 국토교통부장관(도로국장)
- 특별시도·광역시도·지방도: 관할 시·도지사
- 시도·군도·구도: 관할 시장·군수·구청장(특별자치시장 포함)

교통안전진단기관은 「교통안전법 시행규칙」 제17조제4호에 따라 도로안전진단 실시 결과를 진단절차 종료 후 30일 이내에 한국교통안전공단의 교통안전정보관리체계에 입력하여야 한다.

진단실시 결과에 대한 평가를 위하여 교통안전진단기관은 진단실시 결과를 진단절차 종료 후 30일 이내에 한국교통안전공단에 제출하여야 하며, 제출자료는 다음과 같다.

- 교통시설안전진단 보고서 및 전자파일
- 설계도면 : 평면도, 종단면도, 부대시설도 등 전자파일

또한 교통안전진단기관이 진단실적을 확인받고자 하는 경우에는 별지 서식의 진단실적 확인신청서를 공단에 제출하면 공단 이사장 명의의 진단실적 확인서를 발급하게 된다.

❷ 진단결과의 처리

교통행정기관은 「교통안전법」 제34조에 따른 도로시설설치·관리자가 제출한 진단보고서를 검토한 후 교통안전의 확보를 위하여 필요하다고 인정되는 경우에는 당해

표 5.3.16 진단기관의 행정처분			
위반사항	행정처분기준		
	1차	2차	3차
교통안전진단의 실시결과를 평가한 결과 안전의 상태를 사실과 다르게 진단하는 등 교통안전진단업무를 부실하게 수행한 것으로 평가된 때	업무정지 3개월	업무정지 6개월	등록취소

자료: 「교통안전법 시행규칙」 별표 3

도로시설설치·관리자에 대하여 다음 각 호 어느 하나에 해당하는 사항을 권고하거나 관계법령에 따른 필요한 조치를 할 수 있다.

- 도로시설에 대한 공사계획 또는 사업계획 등의 시정 또는 보완
- 도로시설의 개선·보완 및 이용제한
- 도로시설의 관리 등과 관련된 절차·방법 등의 개선·보완
- 그밖에 교통안전에 관한 업무의 개선이나, 도로시설설치·관리자가 권고사항을 이행하기 위하여 필요한 자료제공 및 기술지원

❸ 진단실시결과의 평가

국토교통부장관으로부터 업무위탁을 받은 한국교통안전공단은 교통시설안전진단의 기술수준을 향상시키고 부실진단을 방지하기 위하여 교통안전진단기관이 수행한 교통시설안전진단의 실시결과를 평가하여야 한다(「교통안전법」 제45조). 교통시설안전진단의 결과에 대한 평가는 교통시설에 대한 안전진단의 결과가 다음 각 호의 어느 하나에 해당하는 경우에 한정하여 한다.

- 다른 교통시설안전진단보고서를 베껴 쓰거나 뚜렷하게 짧은 기간에 진단을 끝내는 등 국토교통부장관이 부실진단의 우려가 있다고 인정하는 경우
- 교통시설안전진단 비용의 산정기준에 뚜렷하게 못 미치는 금액으로 도급계약을 체결하여 교통안전진단을 한 경우
- 그밖에 국토교통부장관이 교통시설의 안전을 위하여 필요하다고 인정하는 경우

한국교통안전공단은 관련 교통시설설치·관리자, 교통안전진단기관에 평가를 위하여 필요한 관련 자료의 제출을 요청할 수 있다. 이 경우 자료제출 요청을 받은 자는 특별한 사정이 없으면 그 요청에 따라야 한다. 한국교통안전공단은 교통시설안전진단 결과에 대한 평가를 한 경우에는 그 결과를 교통시설안전진단을 한 교통안전진단기관과 교통안전진단기관을 지도·감독하는 시·도지사에게 통보하여야 한다.

시·도지사는 교통안전진단기관이 「교통안전법」 제43조, 제45조에 따라 교통시설안전진단의 실시결과를 평가한 결과 안전의 상태를 사실과 다르게 진단하는 등 교통시설안전진단 업무를 부실하게 수행한 것으로 평가된 때에는 아래와 같이 1년 이내의

기간을 정하여 영업의 정지를 명할 수 있다.[29]

3.6 교통문화지수 실태조사

3.6.1 교통문화지수 개요

한국교통안전공단에서는 선진 교통문화 정착을 위한 객관적 교통문화 수준을 파악하여 조사결과를 공표함으로써 지자체의 자율적 경쟁 유도 및 교통안전 정책 마련을 위한 기초자료로 활용하기 위해 교통문화지수 실태조사를 시행하고 있다. 1998년 13개 도시를 대상으로 최초 실시한 이후, 2006년 전국 모든 기초지자체를 대상으로 한 조사로 확대됐고, 2008년에는 「교통안전법」 제57조 및 같은 법 시행령 제48조에 규정되어 법정사업으로 시행하고 있다.

교통문화지수가 도로의 교통안전도를 평가하는 것은 아니지만 지자체의 의식수준을 지수화 하여 평가한다는 관점에서 참고할 만한 사례라 할 수 있다.

3.6.2 조사 범위와 내용

교통문화지수는 전국 229개 기초지방자치단체(시·군·구)를 대상으로 조사를 실시하고 있다. 〈표 5.3.17〉에서와 같이 체계적인 조사 및 유사 규모별 지자체의 비교·평가를 위해 인구규모에 따라 4개 그룹으로 구분하여 조사를 수행한다.

표 5.3.17 공간적 범위 및 조사지점 수(2018년 기준)
(단위: 개)

그룹	분류기준	지자체 수	지자체당 조사지점 수	총 조사지점 수
A	인구 50만 명 이상 시(광역시 제외)	15	5	75
	인구 30만 명 이상~ 50만 명 미만 시	14	3	42
B	인구 30만 명 미만 시	49	3	147
C	군	82	2	164
D	자치구	69	3	207
계	—	229	—	635

---

[29] 「교통안전법 시행규칙」 별표 1의2

시간적 범위로는 매년 9~10월 사전조사, 본조사, 보완조사 등의 순으로 수행되고 있으며, 통계조사의 경우 연간 교통사고 통계 수집이 가능한 최근 연도(전년도 7월 1일 ~ 당해년도 6월 30일)의 1년간 자료가 활용된다.

교통문화지수는 교통안전의식 수준 또는 교통문화 수준을 (1) 운전행태, (2) 교통안전, (3) 보행행태, (4) 기타 조사항목으로 나누어 조사하도록 체계가 갖추어져 있다. 특히, 지자체의 교통안전과 직접적인 연관성이 높은 운전자와 보행자의 주요행태를 측정할 수 있는 조사항목과 평가지표가 구성되어 있다.

교통문화지수는 기초자치단체 교통안전을 확보하는데 직접적인 연관성이 높고 개선해야 할 행태를 찾아 이와 연관된 교통문화 향상방안을 파악하는데 초점을 두고 있다. 운전 중 스마트기기 사용 빈도, 음주 운전 빈도, 규정 속도 준수 빈도, 횡단보도가 아닌 도로에서의 무단횡단 빈도 4개 평가지표는 조사 필요성은 있으나 관측조사의 한계로 인해 2018년 설문조사 방식으로 도입하였다.

표 5.3.18 교통문화지수의 조사항목(2018년 기준)

조사항목		평가지표	가중치	조사방법	조사대상
운전행태 (55점)		횡단보도 정지선 준수율	8	관측조사	전국 229개 지자체
		안전띠 착용률	7		
		신호 준수율	12		
		방향지시등 점등률	11		
		이륜차 승차자 안전모 착용률	6		
		운전 중 스마트기기 사용 빈도	2	설문조사	
		음주 운전 빈도	5		
		규정 속도 준수 빈도	4		
교통안전 (25점)	교통안전 실 태 (13점)	지자체 교통안전 전문성 확보 여부	4	지자체 실적	
		지역교통안전정책 이행 정도	5		
		지자체 교통안전 예산 확보 노력	2		
		지자체 사업용 차량 안전 관리 수준	2		
	교통사고 (12점)	인구 및 도로연장 당 자동차 교통사고 사망자 수	5	통계조사	
		인구 및 도로연장 당 보행자 사망자 수	4		
		사업용 자동차 대수 및 도로연장 당 교통사고 사망자 수	3		

(계속)

표 5.3.18 교통문화지수의 조사항목(2018년 기준)				
조사항목	평가지표	가중치	조사방법	조사대상
보행행태 (20점)	횡단보도 신호 준수율	10	관측조사	
	횡단 중 스마트기기 사용률	5		
	횡단보도가 아닌 도로에서의 무단횡단 빈도	5	설문조사	
기타 (-)	고속도로 · 전좌석 안전띠 착용률	-	관측조사	교통량 상위 3개 고속도로의 각 3개 지점
	고속도로 · 유아용 카시트 착용률	-		
	도시부 도로 · 유아용 카시트 착용률	-		특별·광역시·도 대표도시 40개
	도시부 도로 · 운전 중 휴대전화 사용률	-		
	교통안전법규 이해 수준	-	설문조사	전국 229개 지자체
	회전교차로 우선순위 준수율	-		시범조사
	이륜차 교통법규 위반율	-		

3.6.3 교통문화지수 산출 방법

① 운전행태

횡단보도 정지선 준수율, 안전띠 착용률, 신호 준수율, 방향지시등 점등률, 이륜차 승차자 안전모 착용률 등 8개 항목별로 준수 및 비준수 관찰값과 설문조사 응답 결과에 따라 준수 비율을 산출한다. 교통문화지수 산출 시 안전띠 착용률 조사는 운전석과 동승자 탑승자의 착용 결과를 합산한다.

표 5.3.19 운전행태 평가지표별 산출식	
평가지표	산출 방법
횡단보도 정지선 준수율	$\left[\dfrac{\text{정지선 준수 자동차 수}}{\text{전체 관찰 자동차 수}} \right] \times 100$
안전띠 착용률	$\left[\dfrac{\text{안전띠 착용 승차자(운전석+조수석+뒷좌석) 수}}{\text{전체 관찰 자동차의 승차자(운전석+조수석+뒷좌석) 수}} \right] \times 100$
신호 준수율	$\left[\dfrac{\text{신호 준수 자동차 수}}{\text{전체 관찰 자동차 수}} \right] \times 100$

표 5.3.19 (계속)

평가지표	산출 방법	
방향지시등 점등률	$\left[\dfrac{\text{방향지시등 점등 자동차 수}}{\text{전체 관찰 자동차 수}}\right]$	$\times\,100$
이륜차 승차자 안전모 착용률	$\left[\dfrac{\text{안전모 착용자(운전자+동승자) 수}}{\text{전체 관찰 이륜차의 승차자(운전자+동승자) 수}}\right]$	$\times\,100$
음주 운전 빈도	$\left[1-\dfrac{\text{최근 30일간 운전 중 스마트기기 사용자 수}}{\text{전체 응답자 수}}\right]$	$\times\,100$
이륜차 승차자 안전모 착용률	$\left[1-\dfrac{\text{최근 30일간 음주 운전 경험자 수}}{\text{전체 응답자 수}}\right]$	$\times\,100$
규정 속도 준수 빈도	$\left[\dfrac{\text{최근 30일간 규정 속도 준수자 수}}{\text{전체 응답자 수}}\right]$	$\times\,100$

② 보행행태

보행행태는 횡단보도에서 보행 신호 준수자 및 횡단 중 스마트기기 사용자의 관찰 값과, 횡단보도가 아닌 도로에서 최근 30일간 무단횡단 경험을 설문조사를 통해 산출한다.

표 5.3.20 보행행태 평가지표별 산출식

평가지표	산출 방법	
보행자 횡단보도 신호 준수율	$\left[\dfrac{\text{신호 준수 보행자 수}}{\text{전체 관찰 보행자 수}}\right]$	$\times\,100$
보행자 횡단 중 스마트기기 사용율	$\left[1-\dfrac{\text{스마트기기 사용 보행자 수}}{\text{전체 관찰 보행자 수}}\right]$	$\times\,100$
횡단보도가 아닌 도로에서의 무단횡단 빈도	$\left[1-\dfrac{\text{최근 30일간 무단횡단 보행자 수(횡단이 금지된 도로)}}{\text{전체 응답자 수}}\right]$	$\times\,100$

③ 교통안전

교통안전 조사항목은 교통안전 실태와 교통사고 발생정도를 조사하여 지수화하고 있다. 교통안전 실태는 지자체에서 제출한 교통안전 관련 실적을 바탕으로 지자체의 교통안전업무에 대한 관심도를 계량화 하여 2016년부터 평가하고 있다. 「교통안전법」에서 규정하고 있는 기본계획 수립과 위원회 구성, 법정사업의 시행 여부 등과 지자체의 교통안전 예산 확보 노력 및 사업용 자동차 안전 관리 수준 등이 주요 평가항목이다.

교통사고 발생정도는 통계문헌 평가지표별 데이터의 특성을 감안한 최저점(0점)과

표 5.3.21 교통안전실태 평가지표별 산출식		
구 분	**세부 평가지표 및 배점기준**	**가중치**
지자체 교통안전 전문성 확보 여부	**교통안전 전문 인력 확보**	3.0
	배점 기준	1. 교통안전 전담 인력 ⅰ. 2.5점 : 교통안전 전담 부서·팀이 있고 전담 인력이 2인 이상 담당 ⅱ. 1.5점 : 교통안전 전담 부서·팀이 있고 전담 인력이 2인 미만 담당 ⅲ. 1.0점 : 교통안전 전담 부서·팀이 없고 일반 행정인력이 2인 이 상 담당 ⅳ. 0.5점 : 교통안전 전담 부서·팀이 없고 일반 행정인력이 2인 미 만 담당 ⅴ. 0.0점 : 증빙자료 미제출 2. 주차단속 전담팀 ⅰ. 0.5점 : 주차단속 전담팀 있음 ⅱ. 0.0점 : 주차단속 전담팀 없음 또는 증빙자료 미제출	
	교통안전 담당 공무원 교육 이수 실적	1.0
	배점 기준	1. 교통안전 담당 공무원 교육 이수 ⅰ. 0.7점 : 담당 공무원 참석 및 이수 ⅱ. 0.5점 : 비담당 공무원 참석 및 이수 ⅲ. 0.3점 : 교육에는 참석했으나 교육 미이수 ⅳ. 0.0점 : 실적 없음 2. 교통문화지수 지자체 담당자 설명회 참석 ⅰ. 0.3점 : 설명회 참석 ⅱ. 0.0점 : 설명회 미참석	
지자체 교통안전 정책 이행 정도	**교통안전정책 수립 및 운영**	3.0
	배점 기준	1. 교통안전정책 수립 및 운영 ⅰ. 2.5점 : 법정위원회, 교통안전대책반, 지역교통안전기본 및 시행 계획, 교통사고 원인조사 모두 수립·운영 ⅱ. 2.0점 : 법정위원회, 교통안전대책반, 지역교통안전기본 및 시행 계획, 교통사고 원인조사 중 4개 수립·운영 ⅲ. 1.5점 : 법정위원회, 교통안전대책반, 지역교통안전기본 및 시행 계획, 교통사고 원인조사 중 3개 수립·운영 ⅳ. 1.0점 : 법정위원회, 교통안전대책반, 지역교통안전기본 및 시행 계획, 교통사고 원인조사 중 2개 수립·운영 ⅴ. 0.5점 : 법정위원회, 교통안전대책반, 지역교통안전기본 및 시행 계획, 교통사고 원인조사 중 1개 수립·운영 ⅵ. 0.0점 : 실적 없음 또는 증빙자료 미제출 2. 교통문화 향상 우수시책 ⅰ. 0.5점 : 우수시책 3건 이상 제출 및 추진실적 상위 50% ⅰ. 0.2점 : 우수시책 2건 이하 제출 또는 추진실적 하위 50% ⅱ. 0.0점 : 실적 없음 또는 증빙자료 미제출 ※ 우수시책 평가는 공단 내·외부 평가단에서 평가 3. 교통안전 특별실태조사 개선안 집행률(가점) - 기준 : 개선지점수÷대상수=A	

표 5.3.21 (계속)

구 분	세부 평가지표 및 배점기준		가중치
	ⅰ. 0.5점 : A가 0.8 이상 ⅱ. 0.4점 : A가 0.6 이상, 0.8 미만 ⅲ. 0.3점 : A가 0.4 이상, 0.6 미만 ⅳ. 0.2점 : A가 0.2 이상, 0.4 미만 ⅴ. 0.1점 : A가 0.0 초과, 0.2 미만		
	도시부 속도하향 정책 이행 실적		2.0
	배점 기준	1. 일반도로 　ⅰ. 1.0점 : 50 km/h 이하 일반도로 속도하향 이행(km) 실적 　ⅱ. 0.5점 : 50 km/h 초과 일반도로 속도하향 이행(km) 실적 　ⅲ. 0.4점 : 50 km/h 이하 일반도로 속도하향 계획(km) 수립 　ⅳ. 0.2점 : 50 km/h 초과 일반도로 속도하향 계획(km) 수립 　ⅴ. 0.0점 : 실적 없음 또는 증빙자료 미제출 2. 생활도로 　ⅰ. 1.0점 : 30 km/h 이하 생활도로 속도하향 이행(km) 실적 　ⅱ. 0.5점 : 30 km/h 초과 생활도로 속도하향 이행(km) 실적 　ⅲ. 0.4점 : 30 km/h 이하 생활도로 속도하향 계획(km) 수립 　ⅳ. 0.2점 : 30 km/h 초과 생활도로 속도하향 계획(km) 수립 　ⅴ. 0.0점 : 실적 없음 또는 증빙자료 미제출 ※ 정규화 적용: $\dfrac{(최댓값-실제값)}{(최댓값-최솟값)} \times 100$	
지자체 교통안전 정책 이행 정도		교통안전부문 예산 확보 노력	2.0
	배점 기준	• 교통안전 예산 확보 산식 $= \dfrac{당해연도\ 교통안전\ 예산(1억)}{\sqrt[3]{주민등록인구(천명) \times 자동차등록대수(천대) \times 도로연장(천km)}} \times 100$ * 점수: $\dfrac{교통안전\ 예산\ 확보}{목표값} \times 100$, 증빙자료 미제출시 0.0점 ** 목표값: 인구 30만 이상시 11, 인구 30만 미만시 24, 군 50, 구 14 ※ 1. 교통안전 예산은 상위기관의 예산 포함(국비, 시비, 도비 등) 　2. 교통안전 예산이라 함은 해당 연도 지역교통안전시행계획(미 수립시 주요 개선사업만 평가)상에 명시된 사업으로 아래의 6개 주요 개선 사업과 기타 개선 사업 예산을 의미 　- 교통안전 관련 주요 개선 사업 　　① 위험도로 구조개선 사업, ② 교통사고 잦은 곳 개선 사업, ③ 회전교차로 설치 사업, ④ 안전한 보행환경 조성 사업, ⑤ 생활권 이면도로 정비 사업, ⑥ 어린이 및 노인·장애인 보호구역 지정·관리 　- 교통안전 관련 기타 개선 사업 　· 과속 방지턱 설치, 도로표지판 정비, 보행자 무단횡단방지 시설 설치, 무인교통 단속 장치 설치 등 교통안전을 주요 목적으로 하는 사업 　· 교통약자 이동편의증진(저상버스, 특별교통수단, 수요 응답형 교통) 관련, 대중교통 기반시설 설치, 도로 건설 및 확·포장 등은 제외	

제5장

표 5.3.21 (계속)

구 분		세부 평가지표 및 배점기준	가중치
지자체 사업용 자동차 안전 관리 수준		운행기록계 자료 활용 실적	0.5
	배점 기준	1. 활용 = 0.3점 ⅰ. 0.3점 : 활용 실적 2건 이상 ⅰ. 0.2점 : 활용 실적 1건 ⅱ. 0.0점 : 실적 없음 또는 증빙자료 미제출 2. 제출률 = (제출대수)/(제출대상대수)×0.2	
		교통수단 안전점검 실적	1.5
	배점 기준	1. 일반점검 = 0.5점 ⅰ. 행정 처분율=(행정처분 건수)/(대상 업체수)×0.2 ⅱ. 개선 이행률=(개선이행 건수)/(행정처분 건수)×0.3 2. 특별점검 = 0.5점 ⅰ. 행정 처분율=(행정처분 건수)/(대상 업체수)×0.2 ⅱ. 개선 이행률=(개선이행 건수)/(행정처분 건수)×0.3 3. 노상안전점검 = 0.5점 ⅰ. 행정 처분율=(행정처분 건수)/(대상 업체수)×0.2 ⅱ. 개선 이행률=(개선이행 건수)/(행정처분 건수)×0.3 ※ 대상 업체수 0 = 중간값(median)	

주: 통계자료(주민등록인구, 자동차등록대수, 도로연장, 사망자수)는 당해연도 6월 30일 기준 자료(고속국도 제외) 사용

표 5.3.22 교통사고 발생정도 평가지표별 산출식

평가지표	산출방법
인구 및 도로연장 당 자동차 교통사고 사망자 수	$\left[\dfrac{\text{연간 자동차 교통사고 사망자 수(보행자 사망자 수 제외)}}{\sqrt{\text{주민등록인구(천명)} \times \text{도로연장(천km)}}}\right]$
인구 및 도로연장 당 보행자 사망자 수	$\left[\dfrac{\text{연간 교통사고 보행자 사망자 수}}{\sqrt{\text{주민등록인구(천명)} \times \text{도로연장(천km)}}}\right]$
사업용 자동차 대수 및 도로연장 당 교통사고 사망자 수	$\left[\dfrac{\text{사업용 자동차 교통사고 사망자 수}}{\sqrt{\text{사업용 자동차 등록대수(천대)} \times \text{도로연장(천km)}}}\right]$

주: 1) 통계자료(주민등록인구, 자동차등록대수, 도로연장, 사망자수)는 당해연도 6월30일 기준 자료(고속국도 제외) 사용
　　2) 평가지표 값의 백분위 정규화는 Re-Scale법 적용: $\dfrac{\text{(최댓값-실제값)}}{\text{(최댓값-최솟값)}} \times 100$

최고점(100점) 기준에 따라 지수화한 결과를 모두 합산하여 교통안전 조사항목의 지수를 산출한다.[30] 교통사고 사망자 수는 지자체 행정구역 내에서 발생한 모든 교통사고 사망자수를 포함한다.

30　교통사고 사망자 수는 지자체 행정구역 내에서 발생한 모든 교통사고 사망자 수를 포함한다.

고속국도는 관리 및 운영 주체가 시·군·구 단위의 지자체가 아니며, 시설 수선 및 유지 등에 대한 권한이 없으므로 교통사고 사망자 수를 도로 종류별로 구분하여 고속국도에서 발생한 사망자를 제외하여 산출한다. 시간적 측면에서 연간 교통사고 통계는 수집 가능한 최근 연도의 1년 치 자료(전년도 7월 1일 ~ 당해년도 6월 30일)를 사용한다.

❹ 기타

기타 조사항목에는 고속도로와 도시부도로의 안전띠 및 유아용 카시트 착용률, 운전 중 휴대전화 사용률 등 국제기구인 OECD ITF(International Transport Forum)에 제출하여 국제비교 자료로 활용하기 위한 지표를 포함한 6개의 평가지표로 구성되어 있으며, 교통문화지수 산출에는 포함되지 않는다.

표 5.3.23 기타항목 평가지표별 산출식

항목	산출 방법	
고속도로 안전띠 착용률	$\dfrac{\text{안전띠 착용 승차자(운전석+조수석+뒷좌석) 수}}{\text{관찰 자동차의 승차자 수}}$	$\times\,100$
유아용 카시트 착용률	$\dfrac{\text{유아용 카시트를 착용한 유아 수(미착용, 없음도 각각 산출)}}{\text{관찰 자동차의 유아 수}}$	$\times\,100$
운전 중 휴대전화 사용률	$\dfrac{\text{휴대전화 사용 중인 운전자가 탑승한 차량 수}}{\text{전체 관찰 자동차 수}}$	$\times\,100$
교통안전법규 이해 수준	$\dfrac{\Sigma(\text{평가지표별 이해 수준 백분위 점수 산술평균}\times\text{가중값})}{\text{평가지표별 가중값의 합계}}$	$\times\,100$
회전교차로 우선순위 준수율	$\dfrac{\text{최근 30일간 회전교차로 진입 우선순위 준수자 수}}{\text{전체 관찰 자동차 수}}$	$\times\,100$
이륜차 교통법규 위반율	$\dfrac{\text{최근 30일간 이륜차 교통법규 위반자 수}}{\text{전체 관찰 자동차 수}}$	$\times\,100$

주: 1) 교통안전법규 이해 수준은 운전행태 및 보행행태의 모든 평가지표에 대해 평가

2) 평가지표별 이해 수준은 5점 척도로 조사하며, 백분위 정규화식 적용 : $\dfrac{(\text{교통법규 이해 수준 점수}-1)}{(5-1)}\times100$

3) 교통안전법규 이해 수준 세부 평가지표별 가중값은 운전행태 및 보행행태 평가지표별 가중값과 동일

3.6.4 해외 교통안전 관련지수 및 지표 사례

❶ 미국 교통안전문화지수

미국은 비영리단체인 미국자동차협회(AAA; American Automobile Association) 산하의 AAA Foundation for Traffic Safety에서 2008년부터 교통안전문화지수(TSCI;

Traffic Safety Culture Index) 조사를 매년 시행하고 있다.

도로상에서의 안전과 관련된 문화를 이해하고 강화하는 것을 목적으로 하며, 미국 운전자들의 운전태도와 인식, 행태를 측정하고 그 결과를 활용하고 있다.

2016년에는 8월 25일부터 9월 6일까지 GfK(시장 전문조사 업체)를 통해 영어와 스페인어 등 2개 언어로 구성된 설문조사로 자료 수집과 분석을 했다. 설문대상은 운전이 가능한 연령인 16세 이상의 미국 거주민들 중 운전면허를 보유하고, 설문시점으로부터 30일 이내에 최소 한 번 이상 운전해 본 표본을 무작위로 선정한 후, 표본에서 추출된 3,971명을 대상으로 하였다.

이전 6년 동안은 국가 전체 수준에서 조사하였으나, 2014년부터는 미국 전체 인구의 80% 이상을 차지하는 24개 주에 대해서도 별도의 샘플 조사 결과를 산출하고 있다. 사고 경험, 음주운전, 약물복용에 따른 환각운전, 졸음운전, 속도위반, 신호위반, 운전 중 휴대전화 사용, 과속운전, 안전띠 및 헬멧 착용, 운전 중 소셜 미디어 및 인터넷 사용 등의 행위에 대해 인지되는 위협의 정도, 수용 가능성, 본인이 최근 30일간 이러한 행동을 한 빈도, 최근 2년간 교통법규위반으로 단속된 빈도 등을 설문을 통해 조사하고, 이러한 부적절한 운전을 단속하는 방안과 법규제에 대한 대중의 지지도도 함께 조사한다.

현장 조사를 통해 운전자, 탑승자, 보행자 등의 교통문화 평가항목에 대한 준수 여부를 측정하거나 문헌조사를 통해 교통사고 통계를 분석하는 우리나라 교통문화지수 조사방식과는 달리, 운전자들을 대상으로 스스로의 경험을 조사하는 설문조사 위주인 점에서 차이가 있다. 주요 TSCI 설문조사 질문 항목은 〈표 5.3.24〉와 같다.

② Safety-Net 도로안전성취도 지표

- RSPI 조사지표

  EU는 국가 간 단일 비교가 가능한 도로안전성취도 지표를 마련하고 있다. Safety-Net 도로안전성취도 지표(RSPI; Road Safety Performance Indicators)에서는 음주와 약물, 속도, 안전벨트와 헬멧, 주간 주행등 켜기, 자동차, 도로, 사고 후 처리 등 7가지 영역에 초점을 맞추고 있다.

- 음주와 약물

  음주 및 약물과 관련된 RSPI 산출은 다음 4가지 단계로 수행한다.
  - 모든 치명적인 부상을 입은 운전자의 혈액 테스트
  - 사망사고와 관련된 모든 운전자의 혈액 테스트
  - 사망사고와 관련된 모든 도로 사용자(보행자 제외)의 혈액 테스트
  - 심각한 부상사고와 관련된 모든 운전자 및 도로 사용자의 혈액 테스트

- 속도

  속도 자료는 스피드건, 도로의 루프형 검지기, 도로 밖 레이저 장치 등 세 가지 방법

표 5.3.24 TSCI 설문조사 주요 질문 항목

번호	주요 TSCI 설문조사 질문 항목
1	당신은 도로교통안전을 중요하게 생각하는가? (강한 긍정, 긍정, 부정, 강한 부정, 모르겠음)
2	지난 3년 동안 다음 문제들의 상황은? (교통체증, 난폭운전, 운전 중 부주의, 음주운전, 약물환각운전)
3	타 운전자 대비 당신의 안전운전 습성은? (심히 안전, 안전, 보통, 불안전, 심히 불안전, 모르겠음)
4	타 운전자 대비 당신의 속도는? (심히 과속, 과속, 평범, 저속, 심히 저속, 모르겠음)
5	당신에게 심각한 안전문제는? (난폭운전, 운전 중 통화, 음주운전, 약물환각운전 등 10개 항목)
6	고속도로에서 제한속도보다 15 mph 이상으로 과속운행하는 운전자 (수용불가, 수용가능)
7	주택지구에서 제한속도보다 10 mph 이상으로 과속운행하는 운전자 (수용불가, 수용가능)
8	도심지에서 제한속도보다 10 mph 이상으로 과속운행하는 운전자 (수용불가, 수용가능)
9	학교 주변에서 제한속도보다 10 mph 이상으로 과속운행하는 운전자(수용불가, 수용가능)
10	문자 및 SNS 사용, 핸드폰 통화, 이어폰 통화를 하는 운전자 (각 항별 수용불가, 수용가능)
11	졸음운전, 안전벨트 미착용, 신호위반, 음주운전, 약물환각운전자 (각 항별 수용불가, 수용가능)
12	지난 30일간 운전 중 한 번이라도 한 행동 (문자 및 SNS 사용, 핸드폰 통화)
13	지난 30일간 운전 중 한 번이라도 한 행동 (고속도로에서 과속, 주택지구에서 과속, 신호위반)
14	운전 중 문자나 SNS 사용을 금지하는 법안 (강한 지지, 지지, 반대, 강한 반대)
15	운전 중 휴대폰 통화나 이어폰 통화를 금지하는 법안 (강한 지지, 지지, 반대, 강한 반대)
16	음주운전 시 차량이 운행하지 못하게 하는 장치를 설치하는 법안 (강한 지지, 지지, 반대, 강한 반대)
17	고속도로에서 10 mph 이상 과속 시 범칙금 자동 부과 법안 (강한 지지, 지지, 반대, 강한 반대)
18	주택지구에서 10 mph 이상 과속 시 범칙금 자동 부과 법안 (강한 지지, 지지, 반대, 강한 반대)
19	도심지에서 10 mph 이상 과속 시 범칙금 자동 부과 법안 (강한 지지, 지지, 반대, 강한 반대)
20	학교 주변에서 10 mph 이상 과속 시 범칙금 자동 부과 법안 (강한 지지, 지지, 반대, 강한 반대)
21	도심지에서 신호위반 시 범칙금 자동 부과 법안 (강한 지지, 지지, 반대, 강한 반대)
22	오토바이 헬멧을 착용하도록 하는 법안 (강한 지지, 지지, 반대, 강한 반대)
23	혈중 알코올 농도를 0.08에서 0.05로 강화시키는 법안 (강한 지지, 지지, 반대, 강한 반대)
24	지난 1년 간 음주운전을 한 경험 (주기적, 종종, 가끔, 한 번, 한 번도 없음)
25	가장 최근에 음주운전을 한 경험 (1달 내, 3개월 전, 6개월 전, 12개월 전)
26	지난 1년간 마약(마리화나)을 사용한 후 운전한 경험 (주기적, 종종, 가끔, 한 번, 한 번도 없음)
27	지난 1년간 마약과 음주 후, 1시간 이내에 운전한 경험 (주기적, 종종, 가끔, 한 번, 한 번도 없음)

으로 수집 속도 관련 조사를 위해 다음과 같은 방법으로 RSPI를 산출한다.

- 보호장구

    보호장구의 착용여부 관찰은 훈련된 관찰자나 자동화장치를 통해 이루어진다. 도로
    종류별로 구분하여 안전벨트 착용률을 조사하는데 〈표 5.3.25〉와 같은 항목으로 조

영역	세부항목	조사영역
음주와 약물	음주	• 음주 운전자가 적어도 1명 이상 관여된 사고가 원인인 사망자의 비율
	약물	• 약물 운전자가 적어도 1명 이상 관여된 사고가 원인인 사망자의 비율
속도		• 주간, 야간, 차종, 도로 종류에 따라 속도위반 비율, 85percentile 속도 • 평균 속도 측정
보호 시스템	안전벨트	• 주간 안전벨트 착용 비율 - 앞좌석벨트(승용차 + 밴/3.5톤 이하 차량) 비율 - 뒷좌석벨트(승용차 +밴/3.5톤 이하 차량) 비율 - 12세 미만 어린이 안전벨트 착용률 - 앞좌석벨트(중차량, 버스, 3.5톤 이상) 비율
	안전헬멧 착용 비율	• 자전거, 이륜자동차 안전헬멧 착용 비율
주간 주행등	DRL사용 비율	• 자동차 종류, 도로 종류에 따른 DRL 사용 비율
차량		• 승용차의 평균 연령과 내충돌성 • 차종 구성: 중차량과 이륜자동차의 비율
도로	도로 네트워크 SPI (Safety Performance Index)	• 이론적인 도로 범주당 실제 도로 범주 길이의 적절한 비율
	도로 설계 SPI (Safety Performance Index)	• EuroRAP의 도로 범주당 도로 보호 점수
부상 관리	응급의료 서비스 시설의 이용 가능성	• 1만 명당 의료시설 수, 지방 공공도로의 100 km당 의료시설의 수
	응급의료 서비스 직원의 구성과 이용 가능성	• 응급의료시설의 직원 중 의사와 구급대원의 비율 • 1만 명당 의료직원 수
	응급의료 서비스 교통의 구성과 이용 가능성	• 전체 응급교통 중 Basic Life Support Units, Mobile Intensive Care Units, 헬리콥터/비행기 비율 • 1만 명당 응급 교통 유닛들의 수 • 전체도로의 100km당 응급 교통 유닛들의 수
	응급의료 서비스 대응시간의 특성	• 응급의료시설 대응 시간의 필요조건 • 수요를 충족하는 응급의료시설의 비율 • 응급의료시설의 평균 대응시간
	영구적인 의료 시설 내부의 외상 병상의 이용 가능성	• 1만 명당 사고 치료 병상의 전체 수 • 전체 병상 수 중 병원들의 외상 부서의 비율과 외상 중심의 병상 비율

표 5.3.25 RSPI 조사지표

사가 이루어진다.
• 주간 주행등
 유럽연합의 대다수 국가는 조사를 통해 주간 주행등(DRL; Daytime Running Lights) 사용량을 관찰하고 있다. 라트비아나 에스토니아와 같은 일부 국가에서는 전문가들이 제공하는 정보를 기초로, 규칙적인 DRL 조사에 의무적으로 참여하도

표 5.3.26 속도조사 RSPI 산출 체계

항목	조사 방법
속도 조사 지역	• 직선 도로 구간
	• 제한속도보다 더 빠르게 운전할 가능성이 있는 지역
	• 교차점에서 500 m 이상인 지역
	• 속도 저감 시설로부터 500 m 이상 떨어진 지역
	• 도로 작업구간으로부터 500 m 이상 떨어진 지역
	• 보행자와 교차하는 지점으로부터 500 m 이상 떨어진 지역
	• 제한속도 변화구간 또는 속도 제한 표시로부터 1,000 m 이상 떨어진 지역
	• 포장 상태가 좋은 구간
속도 측정 기간	• 혼잡한 시간대(peak hour, 지역 행사)는 피하여 조사
	• 궂은 날씨(비, 눈, 안개, 강풍)일 때는 조사를 피하여야 함
	• 늦은 봄 또는 이른 가을 기간이 속도 측정하기 가장 좋은 기간
	• 일반적인 업무 시간에 조사가 집중되어야 함
	• 주간 조사는 9시 30분부터 15시 30분까지
	• 야간 조사는 22시부터 다음날 6시까지
자료 분석	• 한 차로당 한 시간에 600대 이상(600 veh/hr/ln)인 자료는 제외함
	• 주간과 야간으로 자료 분류
	• 차종별로 자료 분류
	• 시간 평균 속도, 속도의 표준편차, 85 percentile 속도, 제한속도 이상으로 주행하는 차량의 비율
	• 적어도 다음과 같은 지표들은 계산되어야 함 ① 주간/야간 경차 평균속도 ② 주간/야간 경차 속도 표준편차 ③ 주간/야간 경차들의 85 percentile 속도 ④ 주간/야간 시 제한속도 이상으로 주행하는 경차들의 비율 ⑤ 주간/야간 시 제한속도보다 10 km/h 이상 높은 속도로 주행하는 경차 비율

록 하고 있다.

유럽연합의 모든 나라에서는 도로 종류에 따라 DRL 사용량을 산출하고 있으며, 체코와 스위스 등에서는 차종에 따라 DRL 사용량을 산출하고 있다. DRL의 SPI를 산출하기 위하여 다음과 같은 방법으로 산출하고 있다.

- 고속도로, 외곽도로, 시내도로, DRL을 의무적으로 켜야 하는 도로를 4가지로 구분하여 조사
- 승용차, 중차량, 이륜차, 원동기장치자전거 등 4가지로 차종을 구분하여 조사
- 매년 지역, 시간, 계절 등 동일한 조건에서 조사 시행
- DRL을 의무적으로 사용하도록 설정된 기간에 수행

제5장

- 방향별로 구분하여 조사 시행
- 관찰시간, 도로분류, 관찰지점, 관찰대상차로, 관찰대상방향, 차종 DRL 사용여부 등 조사 시행

- 차량

차량의 제작년도, 차량의 종류, 차량 구성 등 최소한의 정보로 측정하며, 1994년 이후부터는 Euro NCAP(New Car Assessment Program)에서 테스트 점수도 측정하고 있다. 차량 관련 SPI를 다음과 같은 방법으로 산출하고 있다.
- 데이터베이스에서 폐차된 차량은 제외
- 차량 제작사와 모델명을 정확하게 묘사하고 자세하게 제공하며 차종에 따라 차량 분류
- 화물차는 소형·대형으로 구별하여 승용차·보행자 사고 시 미치는 영향이 다르다는 것을 보여줌
- 공공 서비스 차량과 모터가 달린 자전거도 모든 이륜차로 등록

- 도로

도로 관련 SPI를 산출하기 위해서는 도로 네트워크 SPI와 도로 설계 SPI를 조사하고 있다. 도로 네트워크 SPI 산출 방법은 다음과 같다.
- 도시의 중심지, 도시의 중심지당 인구 수, 도시 중심을 연결하는 도로 위치, 도로의 분류, 도로의 길이 등의 자료 수집
- 평가가 필요한 도로 연결망들의 목록 결정
- 실제 도로 분류와 이론적으로 요구되는 도로 분류 비교
- 적절한 분류를 가진 도로의 비율로 SPI 산출

도로 설계 SPI 산출 방법은 다음과 같다.
- SPI 점수를 얻기 위해서 도로 부분이나 노선당 EURORAP 도로 보호 점수(RPS)를 각 도로 분류에 맞게 점수 변환
- 각각의 도로에서 도로 부분이나 노선당 도로 길이에 따라 별 등급(1성, 2성 등) 표시

- 부상관리

부상관리시스템 평가를 위한 척도로 응급의료체계(EMS)와 병원을 등급을 매기고 사망률과 중환자실 입원 비율, 입원 비율의 총 길이를 산출하고 있다.

위의 자료와 총 응급의료시설 수, 응급의료시설 직원 수, 응급의료 교통수단 수, 응급의료센터의 병실 수, 인구 규모, 총 도로 길이, 외곽 시가화 지역 도로 길이 등을 통해 부상관리 SPI 등을 "높음", "비교적 높음", "보통", "비교적 낮음", "낮음" 등으로 등급을 매겨 분류한다.

표 5.3.27 부상관리 SPI 산출 체계		
부상관리	응급의료서비스 시설의 이용 가능성	• 1만 명당 의료시설의 수, 지방 공공도로의 100 km당 의료시설의 수
	응급의료서비스 직원 구성과 이용 가능성	• 응급의료시설의 직원 중 의사와 구급대원의 비율 • 1만 명당 의료직원 수
	응급의료서비스 교통의 구성과 이용 가능성	• 전체 응급 교통들 중 basic life support units, mobile intensive care units, 헬리콥터/비행기 비율 • 1만 명당 응급 교통 유닛 수 • 전체 도로의 100 km당 응급 교통 유닛들의 수
	응급의료서비스 대응시간의 특성	• 응급의료시설 대응시간의 필요조건 • 수요를 충족하는 응급 의료 시설의 비율 • 응급의료시설의 평균 대응시간
	영구적인 의료 시설 내부의 외상 병상의 이용 가능성	• 1만 명당 사고치료 병상의 전체 수 • 전체 병상 수 중 병원들의 외상 부서의 비율과 외상 중심의 병상 비율

③ 도로교통 안전개선지수

도로교통 안전개선지수(RSDI; Road Safety Development Index)는 한 나라의 도로 교통안전 수준을 평가할 때 중요한 요인으로 작용하고 있다. RSDI는 사고율과 같은 고립된 요인 대신에 인간, 차량, 도로, 환경, 규제와 같은 도로교통 안전의 주요소들을 모두 포함한 포괄적인 조합의 지수들을 산출하며, 이 지수는 개발도상국과 같은 세계 여러 나라들에 적용 가능한 준거가 될 수 있다. RSDI는 자동차 보급률(motorization rate)에 따라 LMCs(Less Motorized Countries)와 HMCs(Highly Motorized Countries)로 구분되며 HMCs는 높은 수준의 자동차 보급이 이루어지는 유럽 여러 나라에 적용될 수 있으며 조사하는 항목은 아래 표와 같다.

각 항목에 대한 계산방법은 단순평균과 가중평균 두 가지가 있다.

• 단순평균

$$P_1 = \frac{100}{9}X_1 + \frac{100}{9}X_2 + \frac{100}{9}X_3$$

$$P_2 = \frac{100}{9}X_4 + \frac{100}{9}X_5 + \frac{100}{9}X_6$$

$$P_3 = \frac{100}{21}X_7 + \frac{100}{21}X_8 + \frac{100}{21}X_9 + \frac{100}{21}X_{10} + \frac{100}{21}X_{11} + \frac{100}{21}X_{12} + \frac{100}{21}X_{13}$$

$$RSDI = \frac{1}{3}\sum_{i=1}^{3} P_i$$

표 5.3.28 HMCs(Highly Motorized Countries)에 적용될 수 있는 지표

영역	구분	지표	목표
Product	교통 위험	1만 대당 30일 동안 사망자(X_1)	1
	개인 위험	10만 명당 30일 동안 사망자(X_2)	5
	사망자 변화	최근 3년간 사망자 수 변화율(X_3)	-25
Human	도로 운전자 습성	(뒷좌석) 안전벨트 착용률(X_4)	80
		오토바이 헬멧 착용률	80
		운전 전에 음주를 하지 않은 운전자 비율(X_5)	90
		과속하지 않은 운전자 비율(X_6)	90
System	안전한 자동차	자동차의 평균 연식(X_7)	5
		오토바이가 아닌 자동차 점유율(X_8)	97
	안전한 도로	전체 도로 중 고속도로의 비율(X_9)	6
		전체 예산 중 도로 유지에 대한 투자 비율(X_{10})	65
		포장도로의 비율	100
	사회경제 수준	Human Development Index(HDI)(X_{11})	0.98
	기관 수준	교통지표관리에 투입되는 재원 (GNP%)	-
		전국단위 안전캠페인	-
	교통단속	음주에 대해 조사된 운전자의 비율(X_{12})	45
		속도에 대해 조사된 운전자의 비율(X_{13})	45
		안전벨트 미착용에 대해 조사된 운전자의 비율	45

표 5.3.29 유럽 각국의 RSDI 점수 결과

국가	RSDI 단순평균	순위	RSDI 가중평균	순위
스웨덴	79.85	1	83.68	1
영국	74.34	2	76.65	2
독일	70.73	3	72.23	3
네덜란드	70.44	4	69.88	4
프랑스	61.78	5	63.61	5
벨기에	51.20	6	50.63	7
스페인	50.93	7	51.20	6
이탈리아	44.75	8	46.01	8

표 5.3.30 LMCs(Less Motorized Countries)에 적용될 수 있는 지표			
구분		지표	목표
Product	교통 위험	1만 대당 30일 동안 사망자 (X_1)	1
	개인 위험	10만 명당 30일 동안 사망자 (X_2)	5
Human	도로 운전자 습성	(앞좌석) 안전벨트 착용률 (X_3)	80
		안전 헬멧 착용률(X_4)	80
System	안전한 자동차	오토바이가 아닌 자동차 점유율(X_5)	97
	안전한 도로	포장도로의 비율(X_6)	100
	사회경제수준	Human Development Index(HDI) (X_7)	0.98

- 가중평균

$$RSDI = \frac{40}{3}X_1 + \frac{40}{3}X_2 + \frac{40}{3}X_3 + \frac{40}{3}X_4 + \frac{40}{3}X_5 + \frac{40}{3}X_6 + \frac{20}{8}X_7 + \frac{20}{8}X_8 +$$

$$\frac{20}{8}X_9 + \frac{20}{8}X_{10} + \frac{20}{4}X_{11} + \frac{20}{8}X_{12} + \frac{20}{8}X_{13}$$

이와 같은 방식으로 계산한 유럽 각 나라의 RSDI 점수는 〈표 5.3.29〉와 같다.

LMCs는 적은 수준의 자동차 보급이 이루어지는 동남아시아 국가 등에 적용될 수 있으며 조사하는 항목은 〈표 5.3.30〉과 같다.

계산방법은 HMCs와 같으며 가중치의 값만 바뀐다.

- 단순평균

$$P_1 = \frac{100}{6}X_1 + \frac{100}{9}X_2$$

$$P_2 = \frac{100}{6}X_3 + \frac{100}{6}X_4$$

$$P_3 = \frac{100}{9}X_5 + \frac{100}{9}X_6 + \frac{100}{9}X_7$$

- 가중평균

$$RSDI = 0.20X_1 + 0.20X_2 + 0.15X_3 + 0.15X_4 + 0.15X_5 + 0.5X_6 + 0.1X_7$$

❹ 우리나라와 해외 사례 비교

우리나라와 해외 국가의 교통문화 또는 교통안전 관련 지수의 주요 산출 항목을 비교하면 〈표 5.3.31〉과 같다.

다른 나라와 비교한 결과, 2019년 현재 해외의 교통안전 관련지표에서 활용하고 있는 지표의 대부분을 우리나라 교통문화지수의 조사항목에서 포함하고 있다. 2016년까지 우리나라는 음주·약물과 속도에 대한 조사가 다소 부족하였으며, 이는 조사항목이

표 5.3.31 각 국의 주요 안전지수 평가 항목 비교										
	한국	TSCI	IAM SCI	RSPI	PIN	RSDI	남아공	스웨덴	노르웨이	오스트리아	웨스턴 오스트레일리아
음주약물	O	O	O	O	×	O	O	O	O	×	O
속도	O	O	O	O	×	O	O	O	O	O	O
안전벨트	O	O	O	O	×	O	O	O	O	×	O
안전헬멧	O	×	×	O	×	O	×	O	O	×	O
주간주행등	O	×	×	O	×	×	×	×	×	×	×
차량관련	×	×	O	O	×	×	O	O	O	O	O
도로관련	×	×	O	O	×	O	O	×	×	O	O
응급체계	×	×	×	O	×	×	×	O	×	×	O
사고통계	O	×	×	×	O	O	O	×	O	×	O
법집행	×	×	O	×	×	O	O	×	×	×	×

현장 조사를 통해 얻을 수 있는 항목 위주로 구성되어 있다는 데 기인하고 있다. 또한 음주, 약물 복용여부와 실제 주행 차량의 속도 조사는 도로 현장에서 시행하기 어려운 문제가 있다. 특히 약물 복용은 우리나라에서 흔하거나 심각한 문제가 아니므로 시급히 도입할 항목으로 볼 수는 없으나 향후 교통문화 개선을 위해 음주운전에 관한 지표 산출은 시행할 필요가 있다. 이러한 이유로 2018년부터 음주와 과속실태를 조사항목에 새롭게 포함하게 되었다.

차량의 기계적, 기술적 안전도와 도로 환경의 안전성에 대한 조사 역시 우리나라에서는 시행하고 있지 않으며, 응급체계의 경우 문헌조사 수준으로 시행하다가 2016년도부터는 조사항목에서 제외되어 해외와 같은 체계적인 조사가 이루어지지 않고 있다. 반면 사고 후 후속처리는 사망자 감소에 많은 영향을 끼치기 때문에 이에 대한 추가적인 조사를 진행할 필요가 있다.

04

교통안전개선 및 분석

4.1 교통안전도 개선방안

　교통시설을 개선하려면 대상 지점과 구간의 사고자료, 현장 조사를 통한 종합분석이 이루어진 후, 해당 지점의 교통안전 개선방안을 마련하게 된다. 기하구조는 횡단구성, 선형설계, 평면교차로 등으로 개선한다. 도로안전시설 및 교통안전시설을 개선하고 교통운영 측면에서는 신호운영, 속도제한 등의 방안을 제시할 수 있다.

표 5.4.1 사고유형별, 사고원인별 교통안전 개선방안

도로 유형	사고 유형	사고원인	개선방안		
			기하구조	안전시설	교통운영
신호 교차로	직각 충돌	시거 미확보	• 교차로형태 개선 • 시야장애물 제거 • 도류화	• 안전표지설치 • 조명개선 • 신호기 예고표지 설치 • 신호등 위치조정	• 접근로 속도제한
		신호등 가시도 불량	• 시야장애물 제거	• 신호등 교체 • 신호기 예고표지 설치	• 접근로 속도제한
		부적절한 신호시간			• 신호시간 조정 • 황색시간 조정 • 신호교차로 연동화
		좌회전 교통량 많음	• 교차로 도류화	• 회전유도선 설치	• 좌회전신호현시 조정 • 좌회전금지
	우회전 추돌	제한된 시거	• 시야장애물 제거 • 교차로 도류화	• 주의표지 설치	• 접근로 속도제한
	추돌	신호등 가시도 불량	• 시야장애물 제거	• 신호등 교체 • 신호기 예고표지 설치	

(계속)

도로유형	사고유형	사고원인	개선방안 기하구조	개선방안 안전시설	개선방안 교통운영
		부적절한 신호시간			• 신호시간 조정 • 황색시간 조정 • 신호교차로 연동화
		미끄러운 노면	• 배수조정	• 재포장 • 노면요철 • 안전표지 설치	• 속도제한
	측면 접촉	차로연속성 결여	• 도류화 개선	• 유도선 설치	• 차로변경 금지
	보행자/자전거	• 횡단보도 간 거리 과대 • 신호등가시도 불량 • 운전자부주의 무단횡단 • 보행자보호 부적절 • 회전교통량 많음	• 시야장애물 제거 • 회전차로 설치 • 보행자섬 설치 • 가각정리	• 횡단보도 설치 • 신호등 교체 • 신호기 예고표지 설치 • 주의표지 설치 • 보행자방호울타리 설치 • 보행자용 신호등 설치	• 접근로 속도제한 • 속도제한 • 보행자 신호시간 조정
비신호교차로	직각 충돌	시거 미확보	• 교차로 도류화 • 선형개량 • 시야장애물 제거	• 주의표지 설치 • 조명개선 • 신호등 설치 • 정지표지 설치 • 양보표지 설치	• 접근로 속도제한 • 길모퉁이 주차금지
		교통량 많음		• 신호등 설치 • 안전표지 설치	• 교통량 우회유도
		접근속도가 높음		• 신호등 설치 • 안전표지 설치 • 노면요철	• 접근로 속도제한
	추돌	시거 미확보	• 선형개량 • 시야장애물 제거 • 교차로 도류화	• 안전표지 설치 • 조명개선 • 신호등 설치	• 접근로 속도제한
		접근속도 높음		• 신호등 설치 • 안전표지 설치 • 노면요철	• 접근로 속도제한
		회전교통량 많음	• 회전차로 설치	• 가각정리	• 회전금지
		미끄러운 노면	• 배수조정	• 재포장 • 노면요철 • 안전표지 설치	• 속도제한
	측면 접촉	차로폭 불일정	• 차로폭 조정	• 안전표지 설치	
		곡선반경 불량	• 선형개량	• 안전표지 설치	
		과 속		• 신호등 설치 • 안전표지 설치 • 노면요철	• 접근로 속도제한
		부적절한 도류화	• 회전차로 설치 • 가감속차로 설치 • 도류화시설 설치		

(계속)

도로 유형	사고 유형	사고원인	개선방안		
			기하구조	안전시설	교통운영
	보행자/ 자전거	무단횡단		• 횡단보도 설치 • 보행자신호등 설치 • 조명개선 • 횡단보도 재배치	
		시거 미확보	• 선형개량 • 시야장애물 제거	• 안전표지 설치 • 조명개선 • 신호등 설치	• 접근로 속도제한 • 교차로 도류화
단일로	정면 충돌	선형불량	• 차도확장 • 중앙분리대 설치	• 안전표지 설치	• 속도제한
		무단좌회전	• 교차로 조정	• 중앙방호울타리 설 치	
		시거 미확보	• 시야장애물 제거	• 도로조명 개선	• 속도제한
		과속	• 중앙분리대 설치	• 안전표지 설치	• 속도제한
	우회전 추돌	우회전 교통량 많음	• 전용차로 제공 • 가각부 처리		• 불법주차금지
		과속		• 안전표지 설치	• 속도제한
	측면 접촉	선형불량	• 차로확장	• 안전표지 설치	• 속도제한
	전복	기하구조 불량	• 편경사 조정 • 배수조정 • 완화곡선 조정	• 방호울타리 설치	
		부적절한 길어깨	• 길어깨 확폭	• 연석조정 • 길어깨 재포장	
		포장면 불량		• 재포장	
		과속			• 속도제한
	고정 물체 충돌	차도와 인접	• 고정물체 이동	• 시선유도시설 설치 • 충격흡수시설 설치 • 방호울타리 설치	
		미끄러운 노면	• 배수조정	• 재포장 • 노면요철 • 안전표지 설치	• 속도제한
		시선유도 불량		• 주의표지 설치 • 연석 설치	
		부적절한 조명		• 조명개선	
	추락	미끄러운 노면	• 배수조정	• 재포장 • 노면요철 • 안전표지 설치	• 속도제한
		편경사 불량	• 편경사조정 • 배수조정	• 방호울타리 설치	
		부적절한 시선유도		• 시선유도시설 설치 • 노면표시 개선	

(계속)

제5장

도로유형	사고유형	사고원인	개선방안		
			기하구조	안전시설	교통운영
	보행자/자전거	시거제한	• 시야장애물 제거	• 안전표지 설치 • 노면표시 개선	
		무단횡단		• 횡단보도 설치 • 육교 설치 • 방호울타리 설치 • 횡단금지표지 설치	
		보차분리 안됨	• 보도 신설	• 연석 설치	
횡단 보도	보행자/자전거	시거제한	• 시야장애물 제거	• 안전표지 설치 • 노면표시 개선 • 교통섬 조정 • 횡단보도 위치조정	
		부적절한 신호시간			• 신호시간 재조정
		부적절한 조명		• 조명 개선	
접속로	보행자/자전거	무단횡단		• 횡단금지표지 설치	
		보·차도혼합			• 보차 분리
	추돌	과속		• 노면요철	• 속도제한
		선형불량	• 선형개량	• 주의표지 설치	
철도 건널목	충돌	시거제한	• 시야장애물 제거	• 주의표지 설치 • 게이트 설치	• 열차감응식신호기 설치
		낮은 시인성		• 조명 개선 • 안전표지 설치	
		예각교차	• 교차각 개선 • 시야장애물 제거		
		부적절한 신호시간			• 신호현시 재산정

자료: 건설교통부, 『사고 잦은 곳 개선사업 업무편람』, 2002, 60~62쪽

4.2 교통시설 개선 효과의 분석

4.2.1 "이전" 및 "이후"의 효과 분석

교통시설 개선사항은 시행 전후에 걸쳐 평가한다. 시행 전에는 교통 개선사항을 평가하여 사고의 횟수 또는 심각성을 어느 정도 줄일 수 있다는 가능성을 보장함으로써 경제적 이익이 뒤따라 올 수 있도록 한다. 시행 후에는 예측된 경제적 이점 및 기타 이점과 실제를 비교하기 위해 각 개선사항을 평가한다. 또한 사후 실행평가는 향후 개선사항을 전망하는 데 객관적인 근거를 제공한다. 사전 구현평가는 비용-편익 분석으로 시행한다. 즉 건설, 유지 보수 및 운영에 따른 비용 지출을 사고 감소와 기타 가능한 운영 개선을 통해 얻는 이익과 비교하는 것이다. 안전개선에 드는 비용 지출은 보통

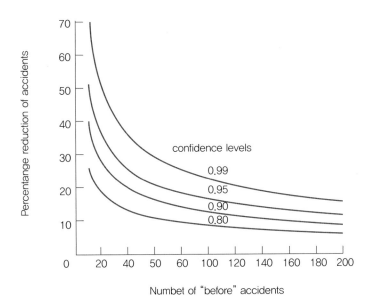

그림 5.4.1 "이전"과 "이후" 분석결과의 유의미함을 확인할 수 있는 푸아송 검증

자료: Markos Papageorgiou, *op.cit.*, p.429

저렴한 반면, 이로 인한 사고 감소이익은 높기 때문에 결과적으로 안전개선으로 인한 비용 편익 비율이나 내부 수익률은 매우 높은 편이다. 따라서 도로 안전개선은 대부분의 경우 경제적으로 정당화되며 도로 프로젝트의 우선순위가 높게 책정된다.[31]

사후 실행 평가는 사전에 예측된 결과가 달성되었는지의 여부를 판단한다. 측정된 사고 감소가 통계적으로 유의미한지, 우연히 발생한 것은 아닌지의 여부를 확인하기 위해 "이전" 및 "이후"(before and after study) 분석을 수행한다. 간단한 방법은 특정 위치에서 사전에 일어난 사고 기록을 푸아송(Poisson) 평균으로 대입한 뒤, 개선사항 실행 이후에 일어난 사고가 통계적으로 유의미하게 변화되었음을 관찰하는 것이다. 이 단순한 방법은 Weed(1986)가 사전 데이터를 무작위 변수로 적절하게 처리함으로써 회귀 현상을 피하기 위해 제안되었다.[32]

4.2.2 시설별 사고감소 효과

❶ 해외 사례

• 평면교차로
    도로안전편람에서 제시하고 있는 평면교차로에 대한 사고보정계수(CMF)는 노면

---

31 Markos Papageorgiou, *op.cit.*, p.429

32 Weed, *Revised decision criteria for before and after analyses*, 1986, pp.8~17

미끄럼방지시설 설치 시 0.67~0.82이고, 좌회전차로 설치 시 0.65~0.91이다. 자동속도 감시카메라, 신호위반카메라 설치는 0.68, 조명시설 설치는 0.88이다.

표 5.4.2 평면교차로의 사고보정계수

구분	교차로 유형	교통량(veh/day)	사고 유형	CMF	Std.error
신호 추가[33]	도시부 4지 신호교차로	–	모든 사고	0.72	N/A
			부상이상 사고	0.83	N/A
			물피사고(PDO)	0.69	N/A
신호등 설치[34]	지방부 · 4지 비신호	부도로 101~10,300	모든 사고	**0.56**	**0.03**
좌회전 or 우회전 우회차로 설치[35]	지방부 (3지, 4지, 비신호)	–	모든 사고	*0.95*	*0.21*
			부상이상 사고	*1.25*	*0.46*
			물피사고(PDO)	*0.81*	*0.23*
포장 노면 개선 (마찰저항 증가)[36]	3지 신호	–	모든 사고	**0.67**	**0.05**
	3지 비신호	–	모든 사고	**0.82**	**0.05**
	4지 신호	–	모든 사고	**0.80**	**0.05**
triangle sight distance 증가[37]	4지	–	부상이상 사고	*0.53*	*0.29*
			물피사고(PDO)	0.89	0.15
좌회전차로 설치 (주도로 접근로)[38]	지방부, 3지 비신호	부도로 50~11,800	모든 사고	**0.56**	**0.07**
			부상이상 사고	**0.45**	**0.10**
	도시부, 3지 비신호	부도로 200~8,000	모든 사고	0.67	0.15
	지방부, 4지 비신호	부도로 50~11,800	모든 사고	**0.72**	**0.03**
			부상이상 사고	**0.65**	**0.04**
	도시부, 4지 비신호	부도로 200~8,000	모든 사고	**0.73**	**0.04**
			부상이상 사고	**0.71**	**0.05**
	도시부, 4지 신호	부도로 100~13,700	모든 사고	**0.76**	**0.03**
		부도로 550~2,600	부상이상 사고	**0.91**	**0.02**

(계속)

33 *Safety Benefits of Additional Primary Signal Heads*, 1998

34 *Accident Modification Factors for Traffic Engineering and ITS Improvements*, 2008

35 *Bypass Lane Safety, Operations, and Design Study*, 1999

36 *Safety Effects of a Targeted Skid Resistance Improvement Program*, 2008

37 *Handbook of Road Safety Measures*, 2004

38 *Safety Effectiveness of Intersection Left-and Right-Turn Lanes*, 2002

표 5.4.2 평면교차로의 사고보정계수

구분	교차로 유형	교통량(veh/day)	사고 유형	CMF	Std.error
도류화 도색[39]	지방부 4지 신호	–	중상, 부상사고	*0.43*	0.12
좌회전금지 표지판 제공	도시부, 준도시부 3지, 4지 비신호[40]	–	모든 사고	*0.32*	0.13
유턴금지 표지판 제공				*0.28*	*0.22*
신호등 가시성 향상[41]	도시부 4지 신호	–	모든 사고	0.93	N/A
			부상이상 사고	0.97	N/A
			물피 사고(PDO)	0.91	N/A
도로 위 요철 설치[42]	지방부 3지, 4지 비신호	–	중상이상 사고	0.79	N/A
			부상이상 사고	0.99	N/A
자동속도감시카메라 설치	지방부, 도시부 3지, 4지 신호[43]	–	사망, 중상, 부상사고	**0.68**	**0.04**
신호위반카메라 설치		–	사망, 중상, 부상사고	**0.68**	**0.02**
조명시설 설치[44]	3지, 4지	주도로 40-77,430 부도로 1-77,430	야간 모든 사고	**0.88**	**0.05**

주 1) Bold: 표준오차가 0.1이하로 신뢰성이 높은 CMF
    2) ITALIC: 표준오차가 0.2이상으로 신뢰성이 비교적 낮은 CMF
    3) N/A: 표준오차를 알 수 없는 CMF

- 입체교차로

  입체교차로에 대한 사고보정계수는 길이가 긴 램프를 제공할 경우 0.62를 가지며,
  감속차로 길이의 경우 0.064~0.978의 계수를 가진다.

❷ 국내 사례

  교차로 사고 영향요인에 대해 시설 설치 시 사고 감소효과 국내 사례는 다음과 같다.

---

39   *Handbook of Road Safety Measures*, 2004

40   *Guidelines for the Use of No U-Turn and No-Left Turn Signs*, 1994

41   *Evaluating the Safety Impacts of Improving Signal Visibility at Urban Signalized Intersections*, 2007

42   *Safety Evaluation of Transverse Rumble Strips on Approaches to Stop Controlled Intersections in Rural Areas*, 2010

43   Izadpanah et al., "Safety Evaluation of Red Light Camera and Intersection Speed Camera Programs in Alberta", 2015

44   Donnell, Porter Shankar, "A Framework for Estimating the Safety Effects of Roadway Lighting at Intersections", 2010

구분		도로유형	교통량(veh/day)	사고 유형	CMF	Std.error
감속 차로 길이[45]	감속차로 길이 101-200ft를 601-700ft로 증가	주요 간선도로 및 기타 고속도로	–	모든 사고	0.064	N/A
	감속차로 길이 201-300ft를 601-700ft로 증가	주요 간선도로 및 기타 고속도로	–	모든 사고	0.155	N/A
	감속차로 길이 301-400ft를 601-700ft로 증가	주요 간선도로 및 기타 고속도로	–	모든 사고	0.241	N/A
	감속차로 길이 401-500ft를 601-700ft로 증가	주요 간선도로 및 기타 고속도로	–	모든 사고	0.59	N/A
	감속차로 길이 501-600ft를 601-700ft로 증가	주요 간선도로 및 기타 고속도로	–	모든 사고	0.978	N/A
	감속차로 길이 701-800ft를 601-700ft로 감소	주요 간선도로 및 기타 고속도로	–	모든 사고	0.478	N/A
	감속차로 길이 801-900ft를 601-700ft로 감소	주요 간선도로 및 기타 고속도로	–	모든 사고	0.317	N/A
다이아몬드 인터체인지에서 우회전 구간의 유무[46]		주요 간선도로 및 기타 고속도로	주도로 4,200~50,850 부도로 2,000~24,800	모든 사고	0.27	N/A
				후미추돌 사고	0.37	N/A
				직각 사고	0.13	N/A
다이아몬드 인터체인지를 DDI(Diverging Diamond Interchange) 나 DCD(Double Crossover Diamond) 로 전환[47]		주요 간선도로 및 기타 고속도로	–	모든 사고	0.67	N/A
클로버형 램프 대신에 직결형 램프 제공[48]		–	–	모든 사고	*0.55*	*0.2*
길이가 짧은 램프 대신에 길이가 긴 램프 제공		–	–	모든 사고	**0.62**	**0.1**

표 5.4.3 입체교차로에 대한 사고수정계수

주 1) Bold: 표준오차가 0.1이하로 신뢰성이 높은 CMF
2) ITALIC: 표준오차가 0.2이상으로 신뢰성이 비교적 낮은 CMF
3) N/A: 표준오차를 알 수 없는 CMF

45 Chen, Zhou, and Lin, Selecting "Optimal Deceleration Lane Lengths at Freeway Driverge Areas Combining Safety and Operational Effects", 2012

46 Wang et al., "Developing Safety Performance Functions for Diamond Interchange Ramp Terminals", 2011

47 Hummer et al., "Safety Evaluation of Seven of the Earliest Diverging Diamond Interchanges Installed in the US", 2016

48 Elvi, R. and Erke, A., *Revision of the Hand Book of Road Safety Measures*, 2007

구분	분석방법	사고 유형		CMF	감소효과
조명시설	메타분석[49]	전체 사고		0.8772	-12.28%
좌회전차량 가속구간		전체 사고		0.8713	-12.87%
도류화		전체 사고		0.8078	-19.22%
횡단보도		전체 사고		0.9055	-9.45%
중앙분리대		전체 사고		0.9208	-7.92%
우회전 전용차로		전체 사고		0.9062	-9.38%
단속카메라		전체 사고		0.826	-17.40%
전방신호등 설치[50]	비교그룹방법	전체 사고		0.81	-19.00%
		정면추돌		0.85	-15.00%
		직각측면		0.58	-42.00%
		후미추돌		0.39	-61.00%
		차대사람		0.19	-81.00%
신호위반 단속카메라[51]	단순 사전·사후 평가	모든 접근로	지점 전체 사고	0.82	-18.00%
			좌회전 + 직각 사고	0.77	-23.00%
			후미추돌 사고	0.92	-8.00%
		영향권 접근로	전체 사고	0.48	-52.00%
			좌회전 + 직각 사고	0.37	-63.00%
			후미추돌 사고	0.65	-35.00%
	교통량을 고려한 사전·사후 평가	모든 접근로	전체 사고	0.82	-18.00%
			좌회전 + 직각 사고	0.75	-25.00%
			후미추돌 사고	0.87	-13.00%
		영향권 접근로	전체 사고	0.47	-53.00%
			좌회전 + 직각 사고	0.25	-75.00%
			후미추돌 사고	0.54	-46.00%
	비교그룹을 이용한 사전·사후 평가	모든 접근로	전체 사고	0.91	-9.00%
			좌회전 + 직각 사고	0.78	-22.00%
			후미추돌 사고	1.05	5.00%
	EB를 이용한 사전·사후 평가	모든 접근로	전체 사고	0.83	-17.00%
			좌회전 + 직각 사고	0.78	-22.00%
			후미추돌 사고	0.92	-8.00%
		영향권 접근로	전체 사고	0.49	-51.00%
			좌회전 + 직각 사고	0.31	-69.00%
			후미추돌 사고	0.69	-31.00%

표 5.4.4 국내 교통사고 감소효과 분석 사례

(계속)

49 최지혜, 도로안전시설의 사고감소효과 메타분석: 신호교차로를 대상으로, 대한교통학회지 제34권제4호, 2016, 291~303쪽

50 이수범, "C-G Method를 활용한 신호등 위치에 따른 교통사고 효과분석", 대한토목학회 논문집 제28권제6D호, 2008, 775~789쪽

51 김용석, "신호위반 단속카메라의 영향권을 고려한 사고감소효과 평가방법 연구", 서울시립대학교 대학원 박사학위논문, 2014

제5장

표 5.4.4 국내 교통사고 감소효과 분석 사례

구분	분석방법	사고 유형		CMF	감소효과
신호위반 단속카메라[52]	확장된 EB를 이용한 사전·사후 평가	모든 접근로	전체 사고	0.84	-16.00%
			좌회전 + 직각 사고	0.79	-21.00%
			후미추돌 사고	0.95	-5.00%
		영향권 접근로	전체 사고	0.5	-50.00%
			좌회전 + 직각 사고	0.32	-68.00%
			후미추돌 사고	0.71	-29.00%
교통섬	비교그룹 방법	전체 사고		0.9555	-4.45%
표지병		전체 사고		0.6783	-32.17%
		악천후 사고		0.4704	-52.96%
과속감시카메라		전체 사고		0.7587	-24.13%
무단횡단금지시설		전체 사고		1.0061	0.61%
		차대사람		0.3723	-62.77%
미끄럼방지포장		전체 사고		1.0167	1.67%
		추돌 사고		0.734	-26.60%
대각선 횡단보도 설치[53]	비교그룹 방법	차대사람		0.471	-52.9%
		후미추돌		0.518	-48.2%
		측면추돌		0.637	-36.3%
		정면추돌		0.741	-25.9%
회전교차로 설치[54]	단순 사고건수 비교 방법	전체 사고		0.372	-62.8%
		차대사람		0.375	-62.5%
		차대차		0.298	-70.2%
		차량단독		4.50	350.0%
		사망 사고		0.50	-50.0%
		중상 사고		0.481	-51.9%
		경상 사고		0.46	-54.0%

52 윤여일, "교차로에서의 도로·교통안전시설물의 교통사고 감소효과도 추정", 대한교통학회지 제35권제2호, 2017 129~142쪽

53 이영인, "대각선횡단보도 설치에 따른 교차로 사고감소효과 분석", 대한교통학회지 제65권, 2011, 217~222쪽

54 이동민, "회전교차로 도입에 따른 교통안전성 향상 효과분석", 한국도로학회 논문집 제17권제3호, 2015, 133~141쪽

제6장

자동차 인증
및 검사

01

자동차 인증제도

자동차 자기인증

　자동차 자기인증(self-certification system)은 자동차(부품)를 제작·조립 또는 수입하고자 하는 경우 그 자동차의 형식이 안전기준에 적합하다는 것을 제작자가 스스로 인증하는 제도를 말한다. 우리나라는 제작사가 자동차를 판매하기 전에 안전기준 적합 여부를 확인하는 형식승인(type approval) 제도를 운영하다가, 2013년부터 자기인증제도로 전환하여 시행하고 있다. 자기인증제도는 제작사가 형식승인에 소요되는 시간적·경제적 비용을 최소화할 뿐만 아니라 판매 시점 등의 자율성이 보장되어 기업 경쟁력이 강화되고 수입자동차에 대한 정부 규제가 최소화되어 국제통상 마찰을 해소할 수 있다는 장점이 있다.[1]

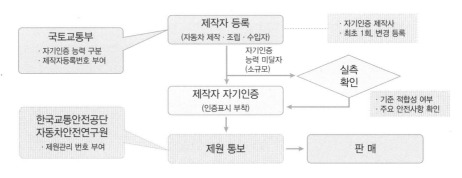

그림 6.1.1 자기인증 절차 흐름도

1　강동수, 『교통안전관계법 이해』, 성진문화, 2011. 12, 284~285쪽; 교통안전공단, 『자동차안전연구원 30년사』, 2017, 95~99쪽

제작결함조사

제작결함조사는 「자동차관리법」 제30조의3(자동차의 제작 및 판매중지 등) 및 제31조(제작결함의 시정)에 따라 판매된 자동차(부품)에 대하여 안전기준에 부적합하거나 안전운행에 지장을 주는 결함이 있는 경우 제작자로 하여금 이를 시정토록 하는 제도이다.

1.2.1 제작결함조사 유형

❶ 자기인증적합조사

자기인증적합조사(compliance test)는 「자동차관리법」 제31조 및 같은 법 시행규칙 제40조의2에 따라 제작사가 자율적으로 인증하여 판매한 자동차(부품)에 대해 안전기준에 적합하게 제작하였는지를 확인하는 것이다. 먼저 차종별 판매현황, 신규차종, 다판매 차종, 리콜 차종 등을 고려하여 자기인증적합조사 대상 자동차를 선정하고 조사대상차량은 제작사 출고장에서 무작위 선정 또는 구매하고, 자기인증적합조사 결과는 한국교통안전공단 자동차안전연구원의 기술위원회와 국토교통부 심사평가위원회 심의를 거쳐 발표한다. 국토교통부는 조사 결과에 따라 적합하지 않은 자동차에 대하여 리콜명령을 내리고 제작사에 과징금을 부과한다.[2]

표 6.1.1 자기인증적합조사 절차

결함정보 수집·분석 및 안전기준적합 조사계획수립	제작결함 조사지시	제작결함 조사수행	제작결함 심사평가 위원회	제작결함 시정명령 (리콜명령)	제작결함시정 (리콜실시)
국토교통부 성능시험대행자	국토교통부	성능시험 대행자	국토교통부	국토교통부	제작사

자기인증제도를 시행하고 있는 미국도 자기인증적합조사(compliance test)를 시행하고 있다. 신규차종, 판매량, 국산 및 수입차, 결함신고 및 리콜차종 등을 고려하여 조사대상 자동차를 선정하고 있는데, 미국 연방자동차 안전기준(FMVSS; Federal Motor Vehicle Safety Standards) 항목 중 "안전 연관성"에 따라 가중치를 부여하여 시험한다. 항목 선정 시 최근 5년간 평가하지 않은 항목을 우선적으로 선정하고 있다.

---

2 교통안전공단, 「자동차안전연구원 30년사」, 116~118쪽

❷ 안전결함조사

안전결함조사는 안전운행 지장여부를 조사하는 내용으로 「자동차관리법」 제31조 및 같은 법 시행규칙 제41조의3에 따라 결함정보전산망, 언론보도, 민원 등으로 수집된 종합정보 분석결과, 결함조사가 필요한 경우에 실시하는 조사를 말한다. 자동차리콜센터(car.go.kr), 언론 모니터링, 해외정보 모니터링, 공단 검사소, 인터넷 동호회, 소비자원 정보공유 등으로부터 정보를 수집하여 조사 필요성이 나타나면 한국교통안전공단 자동차안전연구원 기술위원회의 심의를 거쳐 국토교통부에서 결정하게 된다.[3]

표 6.1.2 정보수집 절차

미국도 제작자가 소비자불만내용, 무상수리 자료, 사고자료 등을 통해 도로교통안전국(NHTSA)에 보고(조기경보제)하여 결함을 조기에 인지하고 신속한 리콜을 유도하는 안전결함조사제도(Defect Investigation)를 채택하고 있다.[4] 연간 결함신고 건수는 약 42,000건으로 보고되고 있다. 참고로 국내의 2016년 결함정보 수집 및 분석 건수는 10,132건이며, 2017년 7월부터는 제작사가 보유한 화재 및 사고관련 기술분석자료 등 제작사 보유자료 제출을 의무화 하였다.

표 6.1.3 국가별 모니터링 기관

국가	기관명
미국	도로교통안전국(National Highway Traffic Safety Administration)
캐나다	캐나다 교통부(Transport Canada)
일본	국토교통성(Ministry of Land, Infrastructure, Transport and Tourism)
영국	자동차면허청(Vehicle & Operator Services Agency)
호주	소비자분쟁위원회(Australian Competition & Consumer Commision)
중국	국가질량감독검험검역총국(General Administration of Quality supervision, Inspection and Quarantine)

자료: 한국교통안전공단 내부자료

3　위의 책, 120~122쪽

4　www.safercar.gov에 접속하면 확인할 수 있다.

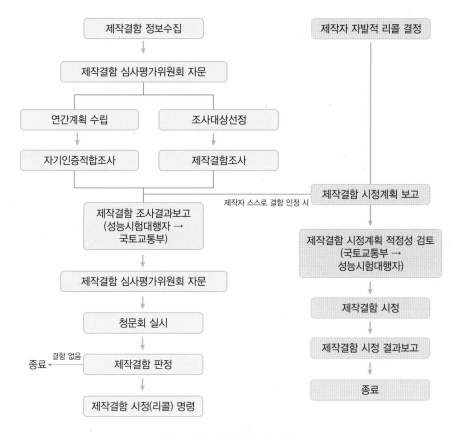

그림 6.1.2 제작결함조사 절차도

1.2.2 해외리콜 신고 의무화

국토교통부의 「자동차 및 자동차부품 인증 및 조사 등에 관한 규정」 제7조의7에 따라 국산 수출자동차 및 부품이 해외에서 리콜발생 시 국내 판매 자동차 및 부품도 이에 해당하는지 조사하고 있다. 해외리콜 현황 조사는 총 6개국으로 미국, 캐나다, 일본, 영국, 호주 및 중국이 이에 해당한다.

1.3 해외 사례

1.3.1 영국

영국은 모든 종류의 자동차에 형식승인제도를 적용하고 있다. VCA(Vehicle Certification Agency)가 형식승인을 위한 공식적인 권한과 기술 서비스를 제공하는 기관으로 지정되어 있으며 형식승인을 받기 위해서는 유럽공동체(EU)규정과 그에 상응하는 UN의 유럽경제협력체의 관련 법 규정을 충족해야 한다.

1.3.2 일본

일본도 형식승인제도를 채택하고 있으며 자동차가 등록되기 전 신규검사는 반드시 받아야 한다. 일본의 자동차 형식승인제도는 형식지정제도(Type Designation System), 형식고시제도(Type Notification System), 수입자동차특별취급제도(Preferential Handling Procedure for Imported Motor Vehicles), 장치형식지정제도(Device Type Designation System)로 구분할 수 있다.

표 6.1.4 연도별 제작결함 시정률								
제작별 연도	국산차				수입차			
	차종	대상대수	시정대수	시정률(%)	차종	대상대수	시정대수	시정률(%)
2006	23	133,907	118,349	88.4%	54	9,295	8,710	93.7%
2007	7	41,751	41,011	98.2%	66	14,561	13,860	95.2%
2008	91	97,878	94,375	96.4%	54	8,139	7,879	96.8%
2009	26	146,148	134,691	92.2%	60	12,687	12,475	98.3%
2010	18	226,452	219,372	96.9%	110	44,457	41,883	94.2%
2011	15	223,353	214,208	95.9%	172	45,305	38,994	86.1%
2012	29	155,403	142,132	91.5%	160	50,834	42,315	83.2%
2013	34	981,298	932,422	95.0%	161	55,853	51,720	92.6%
2014	32	733,175	691,749	94.3%	400	136,633	120,439	88.1%
2015	36	785,045	700,935	89.3%	470	247,861	220,422	88.9%
2016	55	404,258	337,901	83.6%	520	220,540	180,483	81.8%
2017	60	1,672,378	1,365,678	81.7%	782	303,294	215,439	71.0%

자료: 한국교통안전공단 내부자료
주: 2016년과 2017년은 시정조치 진행 중으로, 조치완료시까지 1년 6개월이 소요된다.

1.3.3 미국

미국은 우리나라와 같이 자동차와 부품의 제조와 수입에 대하여 자기인증제도를 적용하고 있다. 자동차와 관련 부품을 수입하기 위해 필요한 요건들을 상세하고 포괄적으로 정하고 있으며, 이와 관련된 모든 사항은 자동차와 부품 제작사가 책임을 지고 있다. 자동차에 대한 확인서는 라벨 형태로 자동차에 영구적으로 부착해야 한다. 이 라벨은 제작 당시의 자동차가 미국 연방자동차안전기준(FMVSS)의 모든 해당 항목을 준수하고 있음을 의미한다.

02

자동차 안전도평가

2.1 개요

자동차 안전도평가는 충돌시험 등을 통하여 자동차의 안전도를 평가하고 그 결과를 공표함으로써 소비자에게 자동차 안전도에 대한 정보를 제공하고 제작사로 하여금 보다 안전한 자동차 제작을 유도하여 사고로 인한 인명피해와 사회적 손실을 줄일 수 있는 효과적인 제도라 할 수 있다.

우리나라뿐만 아니라 해외교통선진국에서도 자동차 안전기준 등 관련법규를 운용하는 것 외에도 신차 안전도평가제도(NCAP; New Car Assessment Program)를 시행하고 있다. 자동차 안전도평가제도를 실시하고 있는 국가는 교통사고 발생실태, 자동차 안전기준의 시험방법과 국제적인 자동차 안전도평가 방법 등을 고려하여 자국의 여건에 적합한 평가기법과 기준을 적용하고 있다. 자동차 안전도평가제도는 시판 중인 자동차에 대하여 정부가 안전기준 관련법규로 정한 기준보다 가혹한 조건으로 평가하고 있고, 자동차 업무 편람[5]에서는 자동차안전도평가에 대해 자세하게 소개하고 있다.

2.2 평가 대상차량 및 평가 항목

안전도평가제도를 시행하고 있는 나라는 1978년 최초로 시행한 미국을 포함하여 유럽연합, 호주, 일본과 한국 등으로 각국마다 조금씩 다른 방법으로 평가하고 있다. 우리나라는 1999년부터 승용자동차 위주로 평가하였으나, 2005년부터 총중량 4.5톤 이하 승합자동차, 2007년부터 소형화물자동차로 확대하여 평가하고 있다. 1999년에

제6장

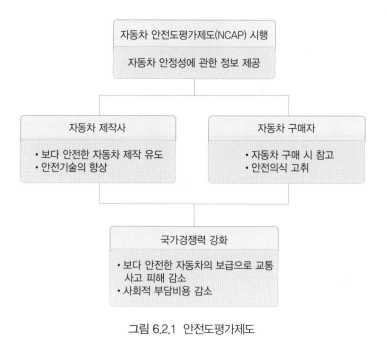

그림 6.2.1 안전도평가제도

정면충돌 안전성에 대하여만 평가를 실시하였으나 평가항목을 지속적으로 확대하여 제동 안전성(2001년), 측면충돌 안전성(2003년), 전복 및 머리지지대 안전성(2005년), 보행자(머리부분) 안전성(2007년), 보행자(다리부분) 및 좌석 안전성(2008년), 부분정면충돌 안전성(2009년), 기둥측면충돌 안전성(2010년), 사고예방 안전성(2013년)을 각각 추가하여 모두 9개 항목을 평가하고 있다.[6]

2.3 평가항목별 시험 및 평가방법

2.3.1 정면충돌 안전성평가

콘크리트 고정벽을 56 km/h로 정면충돌하는 안전성평가를 실시하는 경우에는 운전자석 및 전방탑승자석에 정면충돌용 인체모형을 탑재하고 인체모형의 머리, 흉부 등의 충격량을 측정하기 위한 센서를 설치하게 된다. 정면충돌 안전성평가에 사용되는 인체모형은 운전석에 하이브리드Ⅲ 50%ile[7] 성인남자 인체모형을, 전방탑승자석에 하이브리드Ⅲ 5%ile 성인여성 인체모형을 사용한다. 56 km/h로 자동차가 콘크리트 고정

---

6   교통안전공단,『자동차안전연구원 30년사』, 133~134쪽
7   퍼센타일이라 하며 백분위수라고도 한다. 표본의 분포를 100의 부분으로 분할했을 때 분할량을 말한다 .

벽에 정면충돌하는 것은 반대방향으로부터 56 km/h로 달려오는 같은 종류의 자동차와 정면충돌한 경우와 동일한 상황을 재현하는 것으로 볼 수 있다. 법규속도(48.3 km/h)보다 15% 빠른 속도로, 에너지 환산 시 36% 정도가 증가된 것이다. 이는 평가시험 속도 56 km/h는 정면충돌 교통사고 시 가장 많이 나타난 속도로 과속 주행 중 위험을 감지하여 제동한 결과 실제 충돌 시 평균 시속이 56 km/h 이하가 된다는 통계자료에 기초하고 있다.

〈참고〉 자동차 및 자동차부품의 성능과 기준에 관한 규칙 제102조 별표 14

승용자동차의 경우, 48.3 km/h의 속도로 고정벽에 정면충돌할 때 운전자석 및 전방 탑승자석에 착석시킨 인체모형의 머리, 흉부, 대퇴부 등이 받는 충격이 아래 값을 초과하지 아니할 것
• 머리상해기준값(HIC): 1,000   • 흉부 가속도: 60 g
• 대퇴부 압축하중: 1,020 kgf
  * HIC: Head Injury Criteria   * g: gravity

정면충돌 안전성에 대한 평가는 상해등급, 충돌 시 문열림 여부, 충돌 후 문열림 용이성, 충돌 후 연료장치의 연료누출 여부 등 4개 항목으로 평가한다.

표 6.2.1 정면충돌 안전성평가 항목

구분	주요 내용
상해등급	운전자석과 전방 탑승자석에 착석시킨 인체모형이 머리(6점), 흉부(6점), 상부다리(4점)에 받게 되는 상해값을 측정한 후 인체 각 부위별로 점수를 부여하여 총점 16점을 만점으로 한다.
충돌 시 문열림 여부	충돌하는 순간에 문이 열릴 경우 탑승자가 밖으로 튕겨 나갈 수 있으므로 충돌하는 순간에 문이 열렸는지 여부를 확인한다.
충돌 후 문열림 용이성	충돌한 후에는 문이 쉽게 열려야 탑승자 스스로 밖으로 나오거나 외부에서 쉽게 구조할 수 있으므로 충돌 후 차실 밖에서 손으로 문을 여는 데 소요되는 힘의 크기를 측정하여 문이 열리지 않는 경우에는 "문 열 수 없음"으로 표기한다.
충돌 후 연료장치의 연료 누출 여부	충돌로 인해 연료가 새어나오게 되면 엔진열 등으로 인해 화재가 날 위험이 있으므로 연료누출여부를 확인하고 누출량을 측정한다.

2.3.2 부분정면충돌 안전성평가

64 km/h, 40% 부분정면충돌 안전성평가는 운전석과 전방탑승자석에 하이브리드Ⅲ 50%ile 성인남자 인체모형을 사용하고 인체모형의 머리, 흉부, 상부다리, 하부다리 등의 충격량을 측정한다. 부분정면충돌 안전성에 대한 평가는 상해등급, 충돌 시 문열림

정면충돌안전성

	전방탑승자석:여성				운전자석	
머리	6.00				머리	6.00
흉부	6.00				흉부	6.00
상부다리	4.00				상부다리	4.00
감점	0		*평균		감점	0
합계점수 (16점)	16.0		16.0점 (100.0%)		합계점수 (16점)	16.0

충돌시 문열림 여부	열리지 않음
충돌후 문열림 용이성	손으로 열림
충돌후 연료누출 여부	누출안됨

그림 6.2.2 정면충돌 안전성평가 장면

그림 6.2.3 정면충돌 평가결과 표시 예시

여부, 충돌 후 문열림 용이성, 충돌 후 연료장치의 연료누출 여부 등은 정면충돌 안전성평가 기준 및 방법과 같다.

부분정면충돌안전성

	전방탑승자석				운전자석	
머리	4.00				머리	4.00
흉부	4.00				흉부	4.00
상부다리	4.00				상부다리	4.00
하부다리	3.69				하부다리	2.93
감점	0		*평균		감점	0
합계점수 (16점)	15.7		15.3점 (95.6%)		합계점수 (16점)	14.9

충돌시 문열림 여부	열리지 않음
충돌후 문열림 용이성	손으로 열림
충돌후 연료누출 여부	누출안됨

그림 6.2.4 부분정면충돌 안전성평가 장면

그림 6.2.5 부분정면충돌 평가결과 표시 예시

2.3.3 측면충돌 안전성평가

측면충돌 안전성은 2003년도에 추가된 평가시험항목으로 2015년부터 적용되는 평가방법은 법령에서 정한 측면충돌 시험방법보다 충돌속도가 5 km/h 증가한 55 km/h의 충돌속도와 충돌 이동대차의 중량이 350 kg 증가한 1,300 kg 중량의 가혹한 조건으로 시험을 실시한다. 법규시험조건(50 km/h, 950 kg)보다 에너지 환산 시 약 66%정도 증가된 시험이다.

〈참고〉 자동차 및 자동차부품의 성능과 기준에 관한 규칙 제102조 별표 14의2

50 km/h의 속도로 측면이동벽을 승용자동차 옆면과 수직이 되도록 충돌시킬 때 충돌측 앞좌석에 착석시킨 인체모형의 머리, 흉부, 복부, 치골 등이 받는 충격이 아래 값을 초과하지 아니할 것
- 머리상해기준값(HIC): 1,000
- 흉부압박량: 42 mm, 흉부압박속도: 1 m/sec
- 복부하중: 2.5 kN
- 치골하중: 6 kN
  * HIC: Head Injury Criteria

측면충돌 안전성평가 시험방법은 측면충돌용 인체모형(더미)을 탑재한 시험차를 일반 승용자동차의 전면부 형상 및 특성을 갖춘 측면충돌용 이동벽이 측면에 수직으로 충돌시켜 평가한다. 측면충돌 안전성에 대한 평가는 상해등급, 충돌 시 문열림 여부, 충돌 후 문열림 용이성, 충돌 후 연료장치의 연료누출 여부 등이 이루어지며 정면충돌 안전성평가 기준 및 방법과 같다.

측면충돌안전성

운전자석

머리		4.00
흉부		4.00
복부		4.00
골반		4.00
감점		0
합계점수 (16점)		16.0 (100%)

충돌시 문열림 여부	열리지 않음
충돌후 문열림 용이성	손으로 열림
충돌후 연료누출 여부	누출안됨

그림 6.2.6 측면충돌 안전성평가 장면   그림 6.2.7 측면충돌 평가결과 표시 예시

2.3.4 좌석 안전성평가

국내 차대차 교통사고 중 약 35%가 후방충돌에 의한 사고이며, 사망자의 약 30%, 부상자의 약 40%가 후방충돌에 의한 것이다. 부상자의 대부분은 목상해 관련 부상인 것으로 파악되고 있다. 2005년부터 시행한 머리지지대 안전성평가는 정적평가만을 수행한다. 실제 후방충돌 시 목상해 감소를 위한 좌석 및 머리지지대의 기능을 평가하는데 한계가 있기 때문에 후방충돌 상황을 재현, 목상해를 평가하기 위해 좌석 동적시험이 포함된 좌석 안전성평가를 수행한다. 평가방법으로는 후방충돌용 인체모형을 착석시킨 자동차 좌석을 16 km/h의 속도로 후방충돌시켜 목상해를 평가한다. 운전자석 및 전방탑승자석의 좌석 동적시험 점수(최고 9점)에 각 좌석의 머리지지대 정적시험 점수(−1~+1점) 등 기타 항목 점수를 반영하고 운전자석 및 전방탑승자석 점수를 산술평균하여 좌석 안전성평가의 점수를 산정한다.

표 6.2.2 좌석 안전성평가결과 표시 사례

구분	좌석 동적시험	머리지지대 정적시험	머리지지대 잠금장치(감점)	합계점수 (10점)	
운전자석	8.31	1.0	0	9.3	9.4 (94.0%)
전방 탑승자석	8.35	1.0	0	9.3	

2.3.5 보행자 안전성평가

① 머리모형 충격시험

자동차의 후드, A필라 및 앞면창유리 등에 어린이(3.5 kg) 및 성인(4.5 kg) 머리모형을 40 km/h의 속도로 충격·평가하며, 어린이(1,000~1,700 mm)와 성인(1,700~2,100 mm) 평가로 구분한다. 어린이 및 성인 평가영역의 격자점에 최대 28회 충격한다. 평가는 성인 및 어린이 평가영역 격자점에 머리모형 충격시험을 실시하여 머리상해지수(HIC)에 해당하는 점수를 계산한다.

② 다리모형 충격시험

자동차 전면 범퍼에 100 mm 간격으로 격자점을 지정한 후 격자점에 상부 또는 하부 다리모형을 40 km/h의 속도로 충격하여 평가한다. 이때 상부 또는 하부 다리모형 결정기준은 자동차의 범퍼높이에 따른다. 평가는 다리 상해 평가항목(하중, 굽힘모멘트, 인대 신장률)별로 각 격자점에 0~1점을 부여한다.[8]

---

8 각 평가항목 점수 중 최저점수를 반영한다.

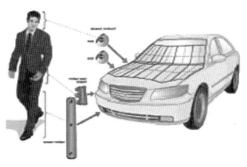

▲ 보행자안전성 평가방법

그림 6.2.8 보행자 안전성평가 장면

머리 모형	19.90
다리 모형	5.78
합계 점수(30.0점)	25.7(85.7%)

그림 6.2.9 보행자 안전성평가 결과 표시예시

2.3.6 주행전복 안전성평가

주행전복 안전성은 SUVs(Sports Utility Vehicles) 및 RV(Recreation Vehicle), 픽업 트럭 등의 등록비율이 높아짐에 따라 무게중심이 높게 설계된 이들 차량의 전복위험 성을 판단하기 위해 마련된 안전성평가이다. 이 전복 안전성평가는 공차상태의 자동 차에 인체모형을 탑재한 후 측정장비를 이용하여 자동차의 무게중심 높이와 윤거를 측정한 다음 정적안전성인자(SSF; Static Stability Factor)를 산출하여 평가한다. 정적 안전성인자는 동일차축 선상의 양 바퀴사이 거리의 1/2을 지면으로부터 차체 무게중 심까지의 높이로 나눈 수치로서, 평가시험은 공차상태의 자동차 운전석에 인체모형 성인남자를 탑재한 상태에서 진행한다.

주행전복시험은 55 km/h, 65 km/h, 70 km/h, 75 km/h, 80 km/h로 주행하다가 조향 핸들을 초당 720도로 급격히 돌렸을 때 바퀴가 50 mm 이상 들리는지 여부를 평가하 게 된다.

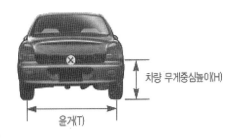

$$SSF = \frac{T}{2H}$$

여기서, T: 전륜 및 후륜 윤거의 평균값
H: 차량 무게중심높이의 평균값

※ SSF: Static Stability Factor

그림 6.2.10 정적안전성인자(SSF) 산출식

02 자동차 안전도평가　**305**

평가결과는 정적안전성인자(SSF)가 1.25를 초과하지 않는 자동차에 대해 동적전복
시험을 실시하여 5점을 만점으로 주행전복 안전성을 산출한다.

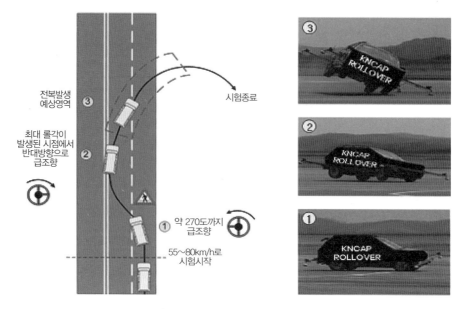

그림 6.2.11 주행전복 안전성시험 장면

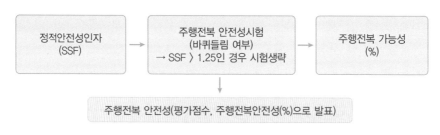

그림 6.2.12 주행전복 안전성 결과 표시방법

2.3.7 제동 안전성평가

제동장치는 자동차의 가장 기본적인 안전장치다. 제동 안전성평가는 짧은 거리에서
운전자가 가벼운 답력[9]으로 안정되게 자동차를 정지시키는 성능을 확인하는 것이다.
승용자동차의 경우 100 km/h에서 급제동 시 제동 안전성과 함께 제동거리가 일정수준
이하가 될 것을 요구한다.

---

9 페달을 밟는 데 필요한 힘을 말한다. 브레이크를 걸기 위해 실제로 페달을 밟는 힘이 가벼운 경우 "답력이 가볍다"고 한
다. 최근의 자동차는 대부분 답력을 증가시키기 위해 부스터 등의 장치가 되어 있다.

<참고>「자동차 및 자동차부품의 성능 및 기준에 관한 규칙」 제90조

폭 3.5미터(승합자동차의 경우: 3.7미터) 차선 이내의 마른 노면에서 시험자동차를 시속 100 km에서 제동페달의 답력 시험조건으로 제동하였을 때 아래 기준을 초과하지 아니할 것
• 제동거리: 70미터 이내(승합자동차 112미터 이내)
• 정지자세: 차선 이탈하지 아니할 것

    마른 노면과 젖은 노면에서 각각 100 km/h에서 급제동한 결과 값에 각각의 가중치(마른 노면: 0.6, 젖은 노면: 0.4)를 곱하여 조정된 제동거리를 5점 만점으로 평가한다.

표 6.2.3 조정된 제동거리별 평가점수

등급 간 점수	조정된 제동거리
5.0점	42.5 m 미만
4.0점 ~ 4.9점	42.5 m 이상 ~ 45.0 m 미만
3.0점 ~ 3.9점	45.0 m 이상 ~ 48.0 m 미만
2.0점 ~ 2.9점	48.0 m 이상 ~ 50.0 m 미만
1점	50.0 m 이상

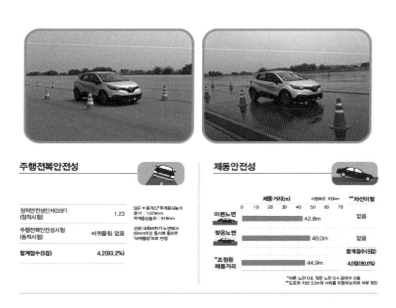

그림 6.2.13 주행전복 안전성 및 제동 안전성평가 결과 표시 예시

2.3.8 기둥측면충돌 안전성평가

기둥측면충돌 안전성평가는 2010년도에 추가된 시험 항목이다. 2015년부터 적용되는 평가방법은 32 km/h의 속도로 고정벽 앞면에 장착된 기둥형상의 구조물에 75도 측면으로 충돌시켜 머리에 받게 되는 충격량을 측정한다. 기둥측면충돌 안전성은 상해등급, 충돌 시 문열림 여부, 충돌 후 문열림 용이성, 충돌 후 연료장치의 연료누출 여부 등 다음과 같은 네 개 항목으로 평가한다.

표 6.2.4 기둥측면충돌 안전성평가항목

구분	주요 내용
상해등급	운전자석에 착석시킨 인체모형이 머리에 받게 되는 상해값을 측정하여 총 2점을 만점으로 부여한다.
충돌 시 문열림 여부	충돌하는 순간 문이 열릴 경우 탑승자가 밖으로 튕겨 나갈 수 있으므로 충돌하는 순간 문이 열렸는지 여부를 확인한다.
충돌 후 문열림 용이성	충돌한 후에는 문이 쉽게 열려야 탑승자 스스로 밖으로 나오거나 외부에서 쉽게 구조할 수 있으므로 충돌 후 차실 밖에서 손으로 문을 여는 데 소요되는 힘의 크기를 측정하여 문이 열리지 않는 경우에는 "문 열 수 없음"으로 표기한다.
충돌 후 연료장치의 연료 누출 여부	충돌로 인해 연료가 새어나오게 되면 엔진열 등으로 인해 화재가 날 위험이 있으므로 연료누출 여부를 확인하고 누출량을 측정한다.

기둥측면충돌안전성

운전자석			
머리	2.00	충돌시 문열림 여부	열리지 않음
합계점수 (2점)	2.0(100%)	충돌후 문열림 용이성	손으로 열림
		충돌후 연료누출 여부	누출안됨

그림 6.2.14 기둥측면충돌 안전성평가 결과 표시 사례

2.3.9 사고예방 안전성평가

2017년 사고예방 안전장치 시험평가항목이 2016년까지 시행하던 전방추돌경고장치, 차로이탈경고장치, 안전띠 미착용 경고장치 외에 사고예방효과가 높은 비상자동제동장치, 적응순항제어장치, 조절형 속도제한장치, 지능형 최고속도제한장치, 사각지대감지장치, 후측방접근 경고장치, 첨단에어백장치 등 다양한 첨단안전장치에 확대하여 평가하고 있다. 여기서는 전방추돌경고장치, 차로이탈경고장치, 안전띠미착용 경고

장치에 대한 시험평가항목을 살펴본다.

❶ 전방충돌경고장치

　대상자동차가 속도 72 km/h 및 차간거리 150 m 이상으로 전방의 목표 자동차를 향해 주행할 때, 전방 목표 자동차 상태별 충돌경고장치의 성능을 평가한다. 목표 자동차의 상태는 정지상태, 저속주행(32.2 km/h) 및 감속주행(72 km/h에서 3 m/s^{2}으로 감속)으로 한다. 추가로 다음과 같은 조건을 모두 만족하면 0.3점의 가점을 부여한다.

- 정지상태: 충돌예상시간 2.1초 전 충돌경고
- 저속주행: 충돌예상시간 2.0초 전 충돌경고
- 감속주행: 충돌예상시간 2.4초 전 충돌경고

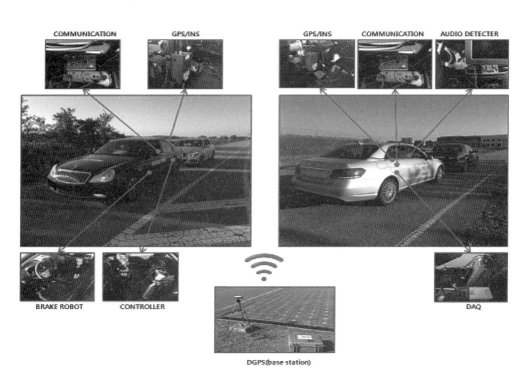

그림 6.2.15 전방충돌경고장치 평가장비 구성

❷ 차로이탈경고장치

　직선 시험차로의 중심선을 65 km/h로 진행하다가 점진적으로 왼쪽 또는 오른쪽으로 차선을 가로질러 이탈을 유발할 때, 전륜 휠의 타이어 외측이 자동차가 벗어나는 차선의 외측 모서리를 30 cm 초과하는 선을 가로지를 때까지 최소 2가지 이상의 종류로 경고를 제공하는지 여부를 평가한다.

③ 안전띠 미착용 경고장치

자동차 주행이 시작되는 시점에서 좌석안전띠 경고장치가 작동을 시작해야 하지만, 주행 중 30초 이하의 짧은 정차 발생 시 경고장치가 다시 작동할 필요는 없다. 앞좌석의 경우 초기 경고와 최종 경고 요건을 모두 만족해야 하는데 초기 경고는 경고장치가 활성화되거나 자동차가 움직이기 시작하면 하나 이상의 안전띠가 사용 상태에 있지 않은 경우, 청각 또는 시각적인 경고 작동을 시작해야 하는 것이다. 최종 경고는 시·청각적인 형태로 반드시 제공되어야 하므로 경고의 시작과 유지 요건을 만족해야 한다. 뒷좌석의 경우 앞좌석과 별도로 표시되는 시각적인 형태의 경고 신호가 시작과 유지 요건을 갖추어야 한다.

2.3.10 어린이 안전성평가

2017년부터 교통약자인 어린이 충돌안전성 강화를 위해 부분정면충돌, 측변충돌시 시험자동차의 2열 좌석에 6세와 10세 어린이 인체모형을 착석시킨 후 어린이의 충돌 안전성평가를 실시한다. 이 평가에서는 어린이의 머리, 목 그리고 흉부 상해치를 계측하게 된다.

2.3.11 안전도 종합등급 평가

자동차 안전도평가에서 실시하고 있는 정면충돌, 측면충돌, 보행자 등 9개 항목의 평가결과를 4개의 평가분야로 구분·종합하여 평가대상 자동차의 안전도를 5개 등급 (1~5등급)과 점수(100점, 가산점 3점)로 산정한다. 4개 평가분야는 충돌 안전성 분야 (정면충돌, 부분정면충돌, 측면충돌, 좌석, 기둥측면충돌 안전성), 보행자 안전성 분야 (보행자 안전성), 주행 안전성 분야(주행전복, 제동 안전성), 사고예방 안전성 분야(안전띠미착용 경고장치, 전방충돌경고장치, 차로이탈경고장치)로 구분한다. 종합점수 산출방법은 분야별 평가항목에 해당하는 점수를 합산하고, 백분율로 환산한 후 환산된 백분율 점수에 분야별 가중치를 곱하여 100점 만점 기준으로 종합 점수를 산정한다.

평가항목			사고예방안전성
전방충돌경고장치(0.4점)	차로이탈경고장치(0.3점)	안전띠미착용경고장치(0.3점)	
0.4점	해당장치없음	0점	0.4점

그림 6.2.16 사고예방 안전성평가 결과 표시 사례

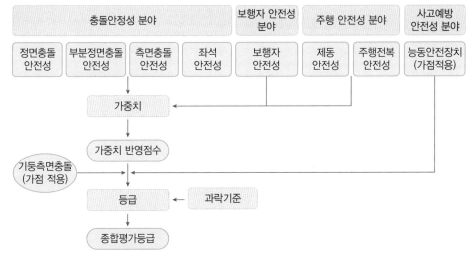

종합점수 산정을 위한 평가분야별 가중치	
평가 분야	가중치(%)
충돌 안전성	65
보행자 안전성	25
주행 안전성	10

안전도 종합등급 산정기준	
구분	종합점수
1등급	83.1~
2등급	80.1~83.0
3등급	77.1~80.0
4등급	74.1~77.0
5등급	~74.0

그림 6.2.17 안전도 종합등급 평가방법 개념도

구분	한국	미국	유럽	호주	일본	중국
주관기관	국토교통부, 한국교통안전공단 자동차안전연구원	교통부 도로교통안전청 (NHTSA)	EU집행행위원회, 영국환경교통지역부, 스웨덴 운수부, 자동차클럽 등	주정부 도로교통국, 자동차클럽	국토교통성, 자동차사고대책기구	중국자동차 기술연구소
평가대상	승용차 다목적승용차 소형승합/화물차	승용차 다목적승용차 경트럭	승용차 다목적승용차	승용차 다목적승용차 경트럭	승용차 다목적승용차	승용차 다목적승용차
시행시기	1999년	1978년	1995년	1993년	1996년	2006년
평가방법	• 고정벽정면충돌(56 km/h) • 40%부분정면충돌(64 km/h) • 90도 측면충돌(55 km/h) • 75도 경사기둥측면충돌(32 km/h) • 좌석(16 km/h후방충돌) • 보행자(40 km/h) • 주행전복(80 km/h) • 제동(100 km/h) • 사고예방(FCWS, LDWS, SBR)	• 고정벽정면충돌(56 km/h) • 63도 측면충돌(62 km/h) • 75도 경사기둥측면충돌(32 km/h) • 주행전복(80 km/h) • FCWS, LDWS • 후방뷰카메라	• 40%부분정면충돌(64 km/h) • 90도 측면충돌(50 km/h) • 75도 경사기둥측면충돌(32 km/h) • 좌석(16 km/h, 24 km/h후방충돌) • 보행자(40 km/h) • SBR, SAS, ESC, AEB • 어린이	• 40%부분정면충돌(64 km/h) • 90도 측면충돌(50 km/h) • 기둥측면충돌(29 km/h) • 보행자(40 km/h) • 사고예방(ESC, SBR, EBA) • 어린이	• 고정벽정면충돌(55 km/h) • 40%부분정면충돌(64 km/h) • 90도 측면충돌(55 km/h) • 좌석(16 km/h 후방충돌) • 보행자(머리) • 제동(100 km/h) • 사고예방(SBR, LDWS, AEB, Around View, 2열 안전띠착용편의성)	• 고정벽정면충돌(50 km/h) • 40%부분정면충돌(64 km/h) • 90도 측면충돌(50 km/h) • 좌석(16 km/h 후방충돌) • 사고예방(ESC, SBR) • 어린이
향후계획	• 여성운전자, 어린이 탑승자, 사고예방안전장치 확대	• 충돌상호안전성 -Small overlap	• AEB보행자	• Safety Assist Technologies (AEB, eCall, LKA...)	• LKA • AEB보행자	• AEB, CWS, LDWS
홈페이지	www.car.go.kr /kncap	www.safercar. gov	www.euroncap. com	www.ancap. com.au	www.nasva.go.jp	www.c-ncap. org.cn

표 6.2.5 자동차 안전도평가제도(NCAP) 비교

자동차 및 자동차부품의 성능과 기준

03

3.1 개요

자동차를 제작하고 관리하기 위한 안전기준은 「자동차관리법」 제29조의 규정에 따라 위임된 「자동차 및 자동차부품의 성능과 기준에 관한 규칙」에서 규정하고 있다. 이 규칙이 적용되는 자동차는 「자동차관리법」상 농업기계 및 건설기계(중기) 등을 제외한 자동차와 이륜자동차를 말하며, 「자동차 및 자동차부품의 성능과 기준」은 운행상 위험을 최소화하고 사용자의 편의를 도모하기 위해 필요한 자동차(부품 포함)의 구조·장치의 안전 및 성능에 관한 최소한의 기준을 제시하고 있다. 「자동차관리법」 제5조, 제30조 및 제37조에 따라 성능과 기준에 적합하지 않는 경우에는 제작·판매·운행을 할 수가 없다.

자동차는 약 1만에서 3만여 개의 부품으로 조립되어 상호연계 작동되면서 움직이는 동적인 용구로서, 자동차의 구조 및 장치에 대한 안전을 확보해야 하고 자동차산업 제품의 생산 및 유통의 표준화를 위해서 자동차와 그 부품의 성능과 기준은 통일되어 있어야 한다. 또한 자동차의 크기(총중량, 축중, 길이, 너비, 높이) 및 구조·성능기준은 「도로의 구조·시설기준에 관한 규칙」 제5조(설계기준자동차) 등의 도로, 터널, 교량의 설계기준에 반영됨으로써 교통안전을 확보하고 수송효율을 기하기 위해서라도 필요하다.

현재 유엔의 유럽경제위원회 산하 자동차분과실무위원회의 세계자동차기술 기준 조화포럼(UN/ECE WP29)를 중심으로 전 세계 자동차 및 자동차부품의 성능과 기준의 통일화를 추진하고 있다. 우리나라도 성능과 기준의 국제조화를 추진하여 자동차의 기술적인 무역장벽을 제거함으로써 국내산업의 발전과 수출을 직·간접적으로 지원하고 있다. 또한 국가 간 자동차 성능과 기준의 공동연구 및 개발을 통해 연구비용의 절감과 안전도 확보 및 제작비용의 절감을 도모하고 있다.

자동차 및 자동차부품의 성능과 기준은 대부분의 국가에서 법제화 되어 있으며, 우리나라는 1962년 3월 29일 전체 53개 조문으로 이루어진 「도로운송차량보안기준령」(부령)을 제정하여 최초로 운영하였으며, 그 연혁은 다음과 같다.

(1993년 5월) 신규제작자동차의 성능시험항목을 종전의 6개 항목에서 38개 항목으로 확대조정하고 성능시험의 방법 및 기준 제정

(2001년 4월) 바퀴잠김방지식제동장치(ABS) 설치대상 자동차의 범위확대

(2003년 2월) 자동차의 조향장치 및 제동장치 등에 대한 성능과 기준 보완

(2008년 12월) 이륜차 제동장치 등 성능과 기준에 대한 세계기술규정(GTR) 도입

(2010년 3월) 머리지지대, 창유리 성능과 기준에 대한 세계기술규정(GTR) 도입

(2010년 11월) 자동차안정성제어장치 등 성능과 기준에 대한 세계기술규정(GTR) 도입

(2011년 3월) 타이어공기압경고장치 성능과 기준에 대한 유럽기준(UN R64) 도입

(2011년 12월) 브레이크 호스 등 부품안전기준 5개 항목 신설

(2012년 2월) 최고속도제한장치 의무 장착 자동차의 범위 확대

(2014년 1월) 공기압고무타이어 기준 마련

(2014년 2월) 어린이 통학버스 후방카메라 장착 의무화, 사고기록장치 장착기준 마련

(2014년 6월) 연료전지자동차 안전기준을 마련하고 국내실정에 맞는 자동차 및 자동차부품의 성능과 기준으로 정착(전체 144개 조문으로 구성)

(2014년 12월) UN/ECE/WP29(유럽경제위원회 자동차분야 실무위원회)의 「1998년 자동차 안전기준의 조화에 관한 협정」에 가입

(2014년 11월) WP29의 「1958년 자동차 안전기준의 조화와 상호인증에 관한 협정」에 가입하여 우리의 자동차 성능과 기준을 국제수준으로 개선

(2015년 7월) 관세제동장치와 자동차등화장치 안전기준 보완, 연료전지자동차의 안전기준 마련

(2015년 11월) 후사경 보조용 영상장치 설치 및 성능기준 마련

(2015년 12월) 어린이 통학버스 정지표시장치 및 후방확인 영상장치 등의 설치 의무화, 사고기록장치의 장착기준 마련

(2016년 1월) 자동차 연비기준 통일화를 위한 연료소비율 시험기준 정비

(2016년 7월) 친환경·첨단미래형 자동차 등에 대한 안전기준 특례기준 마련

(2017년 1월) 차로이탈경고장치 장착 의무화, 캠핑용 자동차 및 캠핑용 트레일러의 전

기설비 안전기준 마련, 안전기준 국제기준 조화, 후사경 대체카메라 모니터 시스템 도입, 부품자기인증 품목에 대한 안전기준 마련

(2017년 11월) 자동차 안전성 제어대상 확대, 비상문 설치 의무화 및 설치기준 추가, 어린이 통학버스 과속방지 대책 마련

(2018년 1월) 차로이탈경고장치, 비상자동제동장치 설치대상 차종, 도난방지장치의 기능, 비상탈출장치와 통로의 대상 승차정원 규정

(2018년 7월) 초소형 자동차 안전기준 등 마련, 차로이탈경고장치 및 비상자동제동장치와 후방보행자 안전장치 설치의무 대상 확대, 등화장치 안전기준의 국제기준과 조화, 연료장치의 안전성 기준 추가

(2019년 1월) 원동기 제동장치와 보조제동장치의 감속능력 기준 마련

3.3 안전기준 주요내용

3.3.1 안전기준 구성

「자동차 및 자동차부품의 성능과 기준에 관한 규칙」약칭 (안전기준)은 총칙 3개 조문, 운행자동차 기준 63개 조문, 이륜자동차 33개 조문, 제작자동차 36개 조문, 부품안전기준 5개 조문, 보칙 4개 조문, 자동차 구조기준 7개 조문, 자동차 장치기준 21개 조문, 자동차 부품기준 5개 조문으로 총 144개 조문으로 구성되어 있다.

3.3.2 자동차 구조에 관한 기준

자동차의 구조기준은 길이·너비·높이(제4조), 최저지상고(제5조), 총중량(제6조), 중량분포(제7조), 최대안전 경사각도(제8조), 최소회전반경(제9조), 접지부분 및 접지압력(제10조)으로 주변 교통환경과 관련하는 도로, 차선, 터널 및 교량 등의 강도와 크기를 결정하는 중요한 기준으로 자동차의 제원 및 중량과 관련되는 기준에 해당한다.

3.3.3 자동차 장치에 관한 기준

자동차 장치기준은 크게 사고예방부문, 사고 시 피해경감부문, 사고 후 2차 피해경감부문 그리고 성능부문의 네 가지로 나눌 수 있다. 사고예방부문에는 조종 및 지시장치 기준, 시계확보장치 기준, 제동장치 기준, 경음기 및 등화장치 기준, 속도제한장치

제6장

기준, 돌출물 제한장치 기준 등이 있다.

주요 내용은 원동기 및 동력전달장치, 주행장치, 조종장치, 조향장치, 제동장치, 완충장치, 연료장치 및 전기·전자장치, 차체 및 차대, 연결장치 및 견인장치, 승차장치 및 물품적재장치, 창유리, 소음방지장치, 배기가스발산방지장치, 전조등·번호등·후미등·제동등·차폭등·후퇴등 기타 등화장치, 경음기 및 경보장치, 방향지시등 및 기타 지시장치, 후사경·창닦이기 기타 시야 확보장치, 속도계·주행거리계 기타 계기, 소화기 및 방화장치, 내압용기 및 그 부속장치, 기타 자동차의 안전운행에 필요한 장치로 구성되어 있다.

3.3.4 자동차 부품에 관한 기준

자동차 부품기준은 브레이크호스, 좌석안전띠, 국토교통부령으로 정하는 등화장치, 후부반사기와 후부안전판 등으로 자동차에 사용되는 교환부품에 관련하여 강도, 내구성 및 성능 기준 등을 결정하는 중요한 기준에 해당한다.

3.4 해외 사례

3.4.1 미국

미국 자동차 안전기준은 「연방교통 및 자동차안전법」(National Traffic and Motor Vehicle Safety Act 1966) Section 103에 근거하고 있으며 법규 명칭은 「연방자동차안전기준」(FMVSS; Federal Motor Vehicle Safety Standards, CFR 49 Chapter V. Part 571)이다. 사고예방 23개 조문, 사고 시 피해경감 22개 조문, 2차 사고예방 4개 조문, 이륜자동차 3개 조문, 기타 1개 조문으로 총 53개 조문으로 구성되어 있다.

3.4.2 유럽(EU)

유럽 자동차 안전기준은 「유럽공동체 로마협약」(1957년)에서 회원국 간 통일된 안전기준을 제정하여 강제적으로 적용하고 통일된 안전기준에 대해서는 국가 간 상호 형식승인을 인정한다. 법규 명칭은 "EEC(European Economic Community) Directives on Motor Vehicle"이며 사고예방 28개 조문, 사고 시 피해경감 16개 조문, 성능 2개 조문, 기타 8개 조문 총 54개 조문으로 구성되어 있다.

04

자동차 검사제도

4.1 개요

4.1.1 자동차검사 목적

　자동차검사는 운행 자동차의 효율적 관리를 위해 주기적으로 자동차의 안전상태 및 배출가스 상태를 확인함으로써 차량요인으로 인한 교통사고를 예방하고, 대기오염을 감소시키기 위하여 시행되고 있다. 즉 자동차검사 제도를 통하여 자동차의 등록원부상 동일성과 적법성여부 및 구조장치의 안전성과 성능을 주기적으로 확인함으로써 자동차 상태의 안전을 유지하고 온실가스의 과다한 배출을 자제하도록 유도하고 있다. 또한 안전기준 적합여부를 판단함으로써 도로운행 적합성여부(roadworthiness)를 결정하고, 1차량 1등록제도 확립을 위한 자동차의 동일성을 확인하게 된다. 게다가 불법개조 및 불법구조 변경 차량을 색출할 수 있을 뿐만 아니라 「자동차손해배상보장법」에 의한 책임보험가입 여부를 확인하는 기능도 있다.

4.1.2 자동차검사 근거법령

　〈표 6.4.1〉에서 자동차검사는 자동차 정기(종합)검사를 규정한 「자동차관리법」과 관련 하위법령·행정규칙뿐만 아니라 환경부의 배출가스 정기(정밀)검사를 규정한 「대기환경보전법」과 「소음·진동관리법」, 관련 하위법령과 행정규칙에 그 시행 근거를 두고 있다.[10]

　「자동차종합검사의 시행 등에 관한 규칙」은 자동차 종합검사의 검사 절차, 검사 대상, 검사 유효기간 및 검사 유예 등에 관하여 위임된 사항을 정하고 있고, 「자동차관리

10　교통안전공단, 『자동차검사 업무 매뉴얼』, 2014, 3쪽

표 6.4.1 자동차검사 실시 근거법령

국토교통부 관련	환경부 관련
자동차관리법 · 시행령 · 시행규칙	대기환경보전법 · 시행령 · 시행규칙
자동차 및 자동차부품의 성능과 기준에 관한 규칙	소음 · 진동관리법 · 시행령 · 시행규칙
자동차종합검사의 시행 등에 관한 규칙	수도권 대기환경개선에 관한 특별법 · 시행령 · 시행 규칙
자동차관리법 제21조제2항 등의 규정에 의한 행정처분의 기준과 절차에 관한 규칙	운행차배출가스 정밀검사 시행 등에 관한 규정
구급차의 기준 및 응급환자 이송업의 시설 등 기준에 관한 규칙	운행차 수시점검방법과 검사대행자 등록에 관한 규정
자동차검사 시행요령 등에 관한 규정	
자동차 및 자동차 부품의 성능과 기준 시행세칙	
자동차 등록번호판 등의 기준에 관한 고시	
자동차 차대번호 등의 운영에 관한 규정	
자동차 구조 · 장치 변경에 관한 규정	
주한 외교용 등의 자동차관리에 관한 요령	
자동차관리 전산정보처리조직의 운영 등에 관한 규정	

법 제21조제2항 등의 규정에 따른 행정처분의 기준과 절차에 관한 규칙」에는 자동차 검사대행자, 지정정비사업자, 자동차관리사업자에 대한 지정 또는 등록의 취소 등 사업자 관리에 대한 내용을 정하고 있다. 「자동차검사 시행요령 등에 관한 규칙」에는 자동차의 점검·검사, 지정정비사업자의 시설기준 등에 필요한 세부사항이 규정되어 있다.

「자동차 튜닝 등 구조·장치 변경에 관한 규정」도 있다. 구조·장치 변경승인을 하는 때에 적용되는 기준에 관한 세부기준, 전기자동차 등 신기술을 적용하는 구조·장치 변경기준과 변경하는 정비작업의 범위 및 기술인력의 자격기준 등을 규정하고 있다.

환경부가 주관하는 「운행차배출가스 정밀검사 시행 등에 관한 규정」에는 「대기환경보전법」과 「소음·진동규제법」 등에 따른 운행차 배출가스 정밀검사업무 등을 정하고 있다.

4.1.3 자동차검사 연혁

우리나라의 자동차검사제도는 1917년 「자동차취체규칙」이 공표되면서 정부에서 직접 자동차 검사업무를 시행하여 오다가 1962년 민간에게 대행하게 되었다. 그러나 1973년도에 검사업무 수행의 부실과 불합리 문제가 지적되어 1975년부터는 한국자동차검사대행공사에서 검사를 대행하기 시작하였으나, 1980년 운영실태 조사결과 각종 부조리, 검사장 시설 현대화 지연 등이 문제가 되어 자동차 검사업무를 다시 공영화하기로 결정되었다. 공영화 방침에 따라 교통안전진흥공단[11]이 발족되었고 1981년 7월부터 공단이 자동차검사업무를 위탁 수행하고 있다.

한편 자동차의 안전 운행을 위한 사전 예방적 차원에서 주요장치의 부품을 분해·점검하여 불량부분을 교환·정비함으로써 자동차의 안전도 확보차원에서 실시하던 정기점검제도는 1967년 1월부터 시행하여 왔으나 자동차 기술이 발전하고 점검자의 부실점검 등 사회 전반적으로 국민에게 불편을 주는 규제를 완화한다는 측면에서 1997년 7월 사업용 자동차를 제외한 모든 자동차에 정기점검이 폐지되었고, 2013년 12월부터는 사업용자동차를 포함한 모든 자동차에 정기점검이 폐지되었다.

1981년부터 민간 정비업체의 부실 등을 이유로 한국교통안전공단 검사소에서만 자

표 6.4.2 자동차검사 현황

연도 (년)	한국교통안전공단			지정정비사업자			총계		
	검사대수	부적합대수	부적합률	검사대수	부적합대수	부적합률	검사대수	부적합대수	부적합률
2011	2,774,011	520,135	18.0%	6,530,563	641,654	9.8%	9,304,574	1,161,789	12.5%
2012	2,774,376	450,480	15.7%	6,375,172	615,079	9.6%	9,149,548	1,065,559	11.6%
2013	3,055,998	543,135	17.9%	6,792,641	636,528	9.4%	9,848,639	1,179,663	11.9%
2014	3,096,031	598,820	19.3%	6,869,554	829,819	12.1%	9,965,585	1,428,639	14.3%
2015	3,211,434	668,510	20.8%	7,361,970	944,202	12.8%	10,573,404	1,612,712	15.3%
2016	3,158,825	676,295	21.4%	7,649,501	981,154	12.8%	10,808,326	1,657,449	15.3%
2017	3,195,984	733,878	23.0%	8,030,460	1,113,576	13.9%	11,226,444	1,847,454	16.5%
2018	3,132,133	850,407	27.2%	8,369,239	1,321,926	15.8%	11,501,372	2,172,333	18.9%

---

11 1997년 교통안전진흥공단을 교통안전공단으로 개칭하였고 2018년 다시 한국교통안전공단으로 변경하였다.

동차검사를 시행하였으나, 자동차 등록대수가 폭발적으로 증가함에 따라 1997년 공단 검사소 이외에도 일정시설과 인력을 갖춘 정비업체를 지정하여 비사업용 차량에 한하여 검사할 수 있도록 검사기관을 이원화하였으며, 1999년에는 사업용 자동차까지 확대하여 검사할 수 있도록 하였다. 2002년 5월부터는 배출가스 정밀검사가 서울지역부터 시행되었고 2009년 3월부터는 분리시행하던 자동차검사를 일원화하여 종합검사를 시행하고 있다. 2011년 11월에는 CNG 내압용기 재검사가, 2014년 6월에는 이륜자동차 배출가스 검사도 시행되고 있다. 2017년 2월에는 사고 등으로 전손된 자동차가 재운행하려면 수리검사를 받도록 했다.

또한 일부 민간지정 정비업체의 부실검사로부터 안전을 확보하기 위해 정부는 차령 6년을 초과한 사업용 대형버스(길이 9미터, 36인승 이상)는 2018년 1월 1일부터 특별시와 광역시에 위치한 민간 지정업체에서 검사를 받을 수 없도록 관련법을 개정하였다. 즉 특·광역시에서 사업용 대형버스 검사는 한국교통안전공단 검사소에서만 받아야 하며, 2019년 1월 1일부터는 전국적으로 확대 적용되었다.

4.2 자동차검사 종류와 수행절차

4.2.1 자동차검사의 종류

❶ 정기검사

정기검사는 신규등록 후 일정기간마다 정기적으로 실시하는 검사를 말한다. 정기검사 대상은 승용차, 승합차, 화물차 및 특수자동차이며 검사대행자인 한국교통안전공단과 지정정비사업자가 실시한다. 정기검사 기간은 검사기간 만료일 전후 각각 31일 이내로 하며, 재검사기간은 검사기간 만료 후 10일 이내로 정한다. 정기검사의 유효기간은 차종별, 용도별로 달리 정하고 있고, 그 유효기간은 〈표 6.4.3〉에서 보는 바와 같다.[12]

❷ 자동차 종합검사

종합검사 대상지역에 등록된 일정 차령이 지난 모든 자동차는 정기적으로 실시하는 종합검사를 받아야 한다.[13] 별도로 시행하던 자동차 정기검사와 배출가스 정밀검사 및 특정 경유자동차 검사를 국민 편의를 위해 하나의 검사로 통합하고 시기를 정기검사 주기로 통합하여 한 번의 검사로 모든 검사가 완료되도록 했다. 승용차의 경우 일

---

12 강동수, 앞의 책, 305~306쪽
13 「대기환경보전법」, 「수도권대기환경개선에 관한 특별법」, 시·도 조례의 적용을 받는다.

표 6.4.3 정기검사의 유효기간

구분		검사유효기간
비사업용 승용자동차 및 피견인자동차		2년(신조차로서 자동차관리법에 따른 신규검사를 받은 것으로 보는 자동차의 최초 검사유효기간은 4년)
사업용 승용자동차		1년(신조차로서 자동차관리법에 따른 신규검사를 받은 것으로 보는 자동차의 최초 검사유효기간은 2년)
경형·소형의 승합 및 화물자동차		1년
사업용 대형화물자동차	차령이 2년 이하인 경우	1년
	차령이 2년 초과된 경우	6월
중형 승합자동차 및 사업용 대형 승합자동차	차령이 8년 이하인 경우	1년
	차령이 8년 초과된 경우	6월
그밖의 자동차	차령이 5년 이하인 경우	1년
	차령이 5년 초과된 경우	6월

주: 10인 이하를 운송하기에 적합하게 제작된 자동차(제2조제1항제2호 가목 내지 다목에 해당하는 자동차를 제외한다)로서 2000년 12월 31일 이전에 등록된 승합자동차의 경우에는 승용자동차의 검사유효기간을 적용한다.

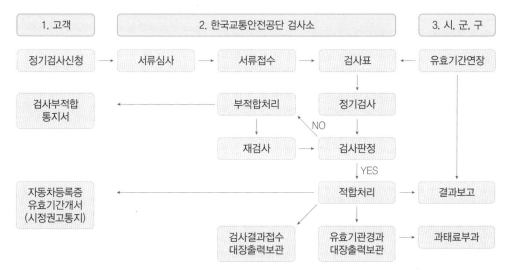

그림 6.4.1 정기검사 흐름도

주: 지정정비사업자의 검사결과는 시·도정비조합에서 전산입력

표 6.4.4 자동차 종합검사의 대상과 유효기간

검사 대상		적용 차령(車齡)	검사유효기간
승용자동차	비사업용	차령이 4년 초과인 자동차	2년
	사업용	차령이 2년 초과인 자동차	1년
경형·소형의 승합 및 화물자동차	비사업용	차령이 3년 초과인 자동차	1년
	사업용	차령이 2년 초과인 자동차	1년
사업용 대형화물자동차		차령이 2년 초과인 자동차	6개월
사업용 대형승합자동차		차령이 2년 초과인 자동차	차령 8년까지는 1년, 이후부터는 6개월
중형 승합자동차	비사업용	차령이 3년 초과인 자동차	차령 8년까지는 1년, 이후부터는 6개월
	사업용	차령이 2년 초과인 자동차	차령 8년까지는 1년, 이후부터는 6개월
그밖의 자동차	비사업용	차령이 3년 초과인 자동차	차령 5년까지는 1년, 이후부터는 6개월
	사업용	차령이 2년 초과인 자동차	차령 5년까지는 1년, 이후부터는 6개월

비고
1. 검사 유효기간이 6개월인 자동차의 경우 종합검사 중 법 제43조의2제1항제3호에 따른 자동차 배출가스 정밀검사 분야의 검사는 1년마다 받는다.
2. 종합검사는 「대기환경보전법」 제63조제1항에 따른 지역에 법 제5조에 따라 등록된 자동차(「수도권 대기환경 개선에 관한 특별법 시행령」 별표 1의 대기관리 권역에 등록된 특정경유자동차를 포함한다)를 대상으로 한다.
3. 법 제2조제1호에 따른 피견인자동차에 대해서는 법 제43조의2제1항제3호의 자동차 배출가스 정밀검사 분야를 적용하지 아니한다.
4. "사업용 자동차"란 법 제5조에 따라 등록된 자동차 중 「여객자동차 운수사업법」 제2조제2호에 따른 여객자동차운수사업 또는 「화물자동차 운수사업법」 제2조제2호에 따른 화물자동차 운수사업에 사용하는 자동차를 말한다.
5. "비사업용 자동차"란 법 제5조에 따라 등록된 자동차 중 비고란 제4호의 사업용 자동차가 아닌 자동차를 말한다.
6. 차령은 「자동차관리법 시행령」 제3조에 따라 계산한다.
7. 최초로 종합검사를 받아야 하는 날은 위 표의 적용차령 후 처음으로 도래하는 정기검사 유효기간 만료일로 한다. 다만, 자동차가 정기검사를 받지 아니하여 정기검사 기간이 경과된 상태에서 적용차령이 도래한 자동차가 최초로 종합검사를 받아야 하는 날은 적용차령 도래일로 한다.

표 6.4.5 종합검사 시행지역

• 운행차 배출가스 정밀검사 시행지역

- 대기환경 규제지역

대상지역	시·군·구	시행일자
서울특별시	전 지역	'02.5.20
부산광역시	전 지역(기장 제외)	'05.7.1
대구광역시	전 지역(달성 제외)	'04.7.1
인천광역시	전 지역(옹진, 강화 제외)	'03.3.1
경기도	고양, 과천, 광명, 구리, 군포, 의왕, 부천, 성남, 수원, 시흥, 안산, 안양, 남양주, 의정부, 하남, 용인	'03.4.1
대전광역시	전 지역	'06.7.1
광주광역시	전 지역	'06.7.15
경상남도	김해(읍 · 면 제외)	'08.1.1

- 인구 50만 이상 도시 중 대통령령이 정하는 지역(특정경우자동차 제외)

대상지역	시·군·구	시행일자	대상지역	시·군·구	시행일자
울산광역시	전 지역	'06.11.18	경상북도	포항	'08.1.1
경기도	용인	'06.5.3	경상남도	창원	'08.1.1
충청북도	청주	'08.2.1	전라북도	전주	'08.1.1
충청남도	천안	'08.1.1			

• 특정경유자동차 운행차 배출가스 정밀검사 시행지역

- 수도권(서울, 인천, 경기 28개시) 대기관리권역

대상지역	시·군·구	시행일자
서울특별시	전 지역	'06.1.1
인천광역시	전 지역(옹진군(옹진군 영흥면은 제외)을 제외한 전 지역)	'06.1.1
경기도	전 지역(일부 군 지역 제외)	'06.1.1

반적으로 신규등록 이후 6년이 경과된 차량은 종합검사를 받아야 한다.[14]

14 자동차 종합검사는 「자동차 종합검사의 시행 등에 관한 규칙」 제8조에 따라 신규 등록 이후, 만 4년 초과 이후 받도록 되어있다. 자동차 종합검사를 받아야 하는 신규 등록 차량은 만 4년 경과시 정기검사를 받고 2년 경과 후 검사 시기가 도래하면 자동차 종합검사를 받으므로, 신규 등록 이후 6년째 최초 검사를 받게 된다.

표 6.4.6 종합검사 (배출가스 분야)		
구분	부하 검사 대상	무부하 검사 대상
관능·기능 검사	동일성 및 안전도 검사(배출가스 관련부품 포함)	
대상자동차	무부하검사 대상 자동차를 제외한 모든 자동차	• 상시 4륜구동 자동차 • 2행정 원동기 장착자동차 • 1987년 12월 31일 이전에 제작된 휘발유·가스·알코올 사용 자동차 • 소방용 자동차(지휘차, 순찰차 및 구급차를 포함한 그밖에 특수한 구조의 자동차로서 검차장의 출입이나 차대동력계에서 배출가스 검사가 곤란한 자동차
배출가스 검사	휘발유·가스: 일산화탄소(CO), 탄화수소(HC), 질소산화물(NO_x)	일산화탄소(CO), 탄화수소(HC), 공기과잉률
	경유: 매연, 정격출력, 엔진정격회전수	매연, 질소산화물(NO_x)

자료: 대기환경보전법 시행규칙 제97조 별표 26
주: 질소산화물은 서울특별시, 인천광역시 또는 경기도에 등록된 경유사용자동차 중 2018년 1월 1일 이후 제작된 차량에 한한다.

❸ 신규검사

신규검사는 자동차를 신규로 등록하고자 할 때 실시하는 검사이다. 신규검사 대상 자동차는 「여객자동차 운수사업법」 또는 「화물자동차 운수사업법」에 의하여 면허, 등

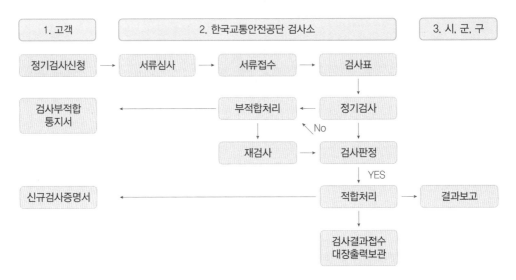

그림 6.4.2 신규검사 흐름도

록, 인가 또는 신고가 실효되거나 취소되어 말소한 경우, 자동차를 교육·연구 목적으로 사용하는 등 대통령령이 정하는 사유에 해당되는 경우, 자동차의 차대번호가 등록원부상의 차대번호와 다른 자동차, 기타 부정한 방법으로 등록되어 말소된 자동차, 수출을 위해 말소한 자동차, 도난당한 자동차를 회수한 경우이다.

「자동차관리법」 제30조의3에 따라 자기인증이 면제되는 경우도 신규검사 대상이며, 이삿짐으로 반입하여 수입되는 자동차로서 「대외무역법」에 따라 수입승인이 면제된 자동차(수입신고서 거래구분. 91), 특례자동차로서 국내에서 운행한 자동차를 수입하는 경우(법 제70조제1호~제3호), SOFA 자동차로 사용한 자동차를 수입하는 경우, 정부·지방자치단체·자동차제작자 또는 시험·연구기관이 시험·연구 목적으로 사용한 자동차가 이에 해당한다.

❹ 임시검사

임시검사는 「자동차관리법」에 따른 명령이나 자동차 소유자의 신청이 있는 경우 실시하는 검사이다. 임시검사 대상은 시장·군수·구청장이 안전기준 부적합 또는 안전운행에 지장이 있다고 인정하여 임시검사를 명령한 경우, 「자동차관리법」 제34조의 규정에 의한 승인 없이 구조·장치를 변경한 경우로 원상복구 및 임시검사 명령을 한 때(「자동차관리법 시행규칙」 제63조), 「여객자동차 운수사업법 시행규칙」 제107조에 의한 차령연장의 경우(소유자 신청), 자동차의 상태를 파악하기 위하여 자동차소유자가 신청한 경우(소유자 신청), 임시검사 명령을 받은 경우(점검·정비·검사 또는 원상복구 명령서)가 이에 해당한다.

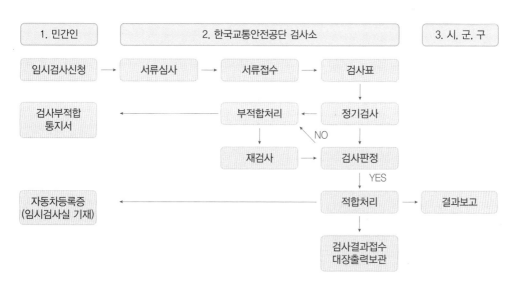

그림 6.4.3 임시검사 흐름도

주: 차령연장 임시검사 시에는 사업용자동차 임시검사 합격통지서 발행

⑤ 수리검사

대형 교통사고나 침수 등으로 전손[15]된 차량을 수리하여 다시 운행하려면 안전성 확보가 필수적이다. 전손처리된 자동차를 수리한 후 운행하려는 경우에는 〈그림 6.4.4〉와 같이 수리검사를 받아야 한다.

⑥ 이륜자동차 배출가스 정기검사

이륜자동차의 지속적인 증가와 함께 대기오염물질 배출 및 배기소음으로 인한 소음공해 유발 등 사회적 문제를 야기하고 있어, 대기환경 및 소음공해 개선을 목적으로 배출가스 검사제도 도입했다. 신조차[16]의 경우 최초 3년, 이후 2년마다 검사를 받아야 하고 검사항목은 동일성 확인, 배출가스, 경적음 및 배기소음이다.

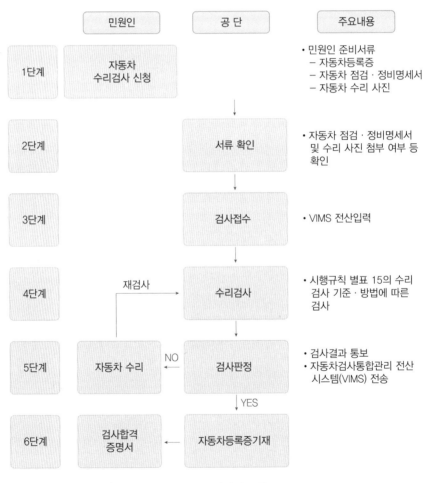

그림 6.4.4 수리검사 흐름도

---

15 차량가액보다 수리비가 많이 발생한 경우를 말한다.

16 최초로 등록된 차량을 말한다.

표 6.4.7 이륜차 배출가스 정기검사 실적

구분	검사대수(대)	부적합	
		부적합대수(대)	부적합률
2014년	30,994	9,135	29.5%
2015년	9,905	2,471	24.9%
2016년	31,394	6,772	21.6%
2017년	18,384	3,142	17.1%
2018년	34,127	5,444	15.9%

자료: 한국교통안전공단 내부자료

❼ 내압용기 검사

내압용기 검사는 내압용기 자동차의 안전도를 확보하여 용기파열사고 및 자동차

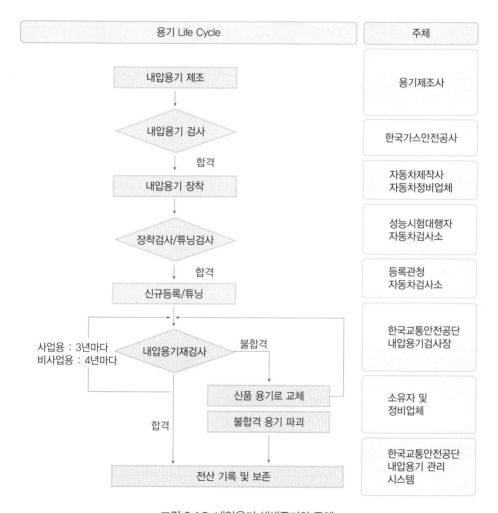

그림 6.4.5 내압용기 생애주기와 주체

화재사고를 예방하기 위해 도입된 제도이다. 내압용기 검사는 검사유효기간 내 정기적으로 실시하는 내압용기 재검사, 사고·수리 등이 발생한 경우 실시하는 내압용기 수시검사, 신규 내압용기 자동차를 대상으로 실시하는 내압용기 장착검사, 용기·연료장치 튜닝 시 실시하는 튜닝검사로 구분할 수 있다.

⑧ 불법자동차 상시 단속

한국교통안전공단은 2005년 4월부터 불법개조 등 불법자동차의 운행을 차단하기 위하여 상시단속반을 운영해오다가, 2017년 12월「자동차관리법」을 개정하면서 안전기준 위반 자동차에 대한 조사권한을 보유하게 되었다.

자동차안전단속원에 의한 단속현황을 안전기준 위반, 불법 튜닝, 등록번호판 위반으로 구분하여 보면 〈표 6.4.8〉과 같다. 안전기준 위반은 등화 손상, 등광색 상이, 배기관 개구방향 불량 등이다. 불법구조변경은 HID 전조등, 일반 화물자동차를 탑차 또는 활어차로 임의변경하는 경우 등이다. 등록번호판 위반은 등록번호판을 훼손·손상하거나 봉인을 탈락한 경우 등이다.

한국교통안전공단이 불법자동차에 대한 상시단속 권한을 보유하게 됨에 따라 국토교통부장관은 공단의 직원을 자동차안전단속으로 임명하여 2018년 7월부터 단속을 시행하고 있다. 긴급자동차로 지정 받은 단속업무용 차량에는 누구나 알 수 있도록 표지를 부착하고, 경광등 및 LED전광판을 설치하여 단속 중임을 표시하고 있다. 또한 자동차제원표(외관도 포함), 튜닝내역 등을 확인할 수 있는 단말기 등 단속에 필요한 장비를 휴대하여 단속에 활용하고 있다.

단속한 자동차에 대하여 위반사항이 확인된 경우에는 위반사항에 대한 사진 등 증빙자료를 확보하고 운전자에게 위반사항 안내문을 발급해야 한다. 운전자의 부재로 위반사항 안내문을 직접 교부할 수 없는 경우에는 전면 창유리에 위반사항 안내문을 부착하고, 안내문이 부착된 자동차의 전면사진(번호판 확인 가능한 수준)을 촬영하여 위반사진과 함께 전산시스템(VIMS)에 업로드한다. 단속대상 자동차의 운전자가 조사를 거부하거나 기피하는 경우에는 액션캠 또는 휴대폰 동영상으로 촬영하여 증거를 확보한다.

표 6.4.8 공단의 불법자동차 항목별 단속현황				(단위: 건)
구분	2015년	2016년	2017년	2018년
안전기준 위반	15,922	16,588	8,458	15,357
불법튜닝	4,788	3,654	2,030	2,611
등록번호판 위반	1,333	1,161	972	1,310
합계	22,043	21,403	11,460	19,278

주: 적발된 자동차 1대 여러 위반사항이 동시에 발생할 수 있음

4.2.2 자동차검사 절차

자동차검사는 검사신청을 받은 자동차검사대행자 또는 지정정비사업자가 차대번호 등 자동차의 동일성 확인을 거친 후 차륜 정렬상태(A검사), 브레이크 제동력 측정(B검사), 속도계 지시오차 검사(S검사)를 실시한다. 그런 다음 배출가스 검사와 전조등 검사, 하체검사, 등화장치 검사를 거쳐 적합여부를 판정하게 된다. 부적합사항은 아니지만 자동차의 시정권고 사항이 있는 경우 검사원은 자동차소유자에게 관련 내용을 시정권고하게 된다. 이때 시정권고는 적합 판정에 해당한다. 부적합 판정을 받은 때에는 검사기간 만료 후 10일 이내에 재검사를 받아야 한다.

자동차검사 신청을 받은 자동차검사대행자 또는 지정정비사업자는 규정에 따라 검사를 실시하고, 법 제43조제2항 및 제45조제6항의 규정에 의하여 확인한 검사결과를 별지 제48호서식의 자동차검사표에 기록하고 이를 작성일로부터 2년간 보관한다. 예외적으로 자동차검사 결과를 「자동차종합검사의 시행 등에 관한 규칙」 제20조에 따른 전산정보처리조직에 입력하는 경우에는 적용하지 않는다.

자동차검사대행자 또는 지정정비사업자는 검사결과를 판정한 자동차 중 부적합 판정을 한 자동차에 대하여는 별지 제49호서식의 검사부적합통지서 또는 자동차 정기검사 결과표에 그 사유 등을 기재하여 신청인에게 발급하여야 하며, 적합 판정을 한 자

그림 6.4.6 자동차검사 절차

동차에 대하여 다음과 같은 조치를 해야 한다.

- 신규검사의 경우 별지 제50호서식의 신규검사증명서를 발급한다.
- 정기검사의 경우 자동차등록증에 검사유효기간을 기재한다.
- 튜닝검사의 경우 자동차등록증에 구조변경사항 및 변경 작업 정비업체 기재하고 별지 제50호의2서식의 튜닝검사증명서를 발급한다.
- 임시검사의 경우 자동차등록증에 검사적합여부를 기재한다.
- 시정권고 사항이 있는 자동차는 별지 제49호서식의 시정권고통지서를 발급한다.

「자동차관리법」 제77조제2항에 따라 정기검사를 한 때에는 별지 서식의 자동차검사표 또는 별지 서식의 자동차 정기검사 결과표를 작성하여 1부를 검사신청인에게 발급하고, 1부를 「자동차관리법」 제80조제1항에 따라 보관해야 한다. 이 경우 「자동차관리법」 제80조제3항의 검사부적합통지서의 발급은 자동차 정기검사 결과표의 발급으로 갈음한다. 자동차검사의 전반적은 흐름은 〈그림 6.4.7〉[17]과 같다.

자동차검사대행자 및 지정정비사업자는 「자동차관리법」 제43조제1항제2호에 따라 정기검사를 시행함에 있어서 정기검사항목과 중요부품에 대한 진단결과를 전산처리하는 경우에는 자동차검사표 또는 자동차 정기검사 결과표에 갈음하여 별지 서식의 자동차기능종합진단서를 자동차소유자에게 발급할 수 있다.

시·도지사는 등록된 자동차 중 정기검사기간이 지난 자동차를 조사하여 정기검사 기간이 지난 사실, 정기검사의 유예가 가능한 사유와 신청방법, 정기검사를 받지 않은 경우 부과되는 과태료의 금액 및 근거 법규에 대하여 검사기간이 경과한 날부터 10일 이내와 20일 이내에 각각 그 소유자에게 통지해야 한다. 시장·군수 또는 구청장은 정기검사기간이 끝난 후 30일이 지난날까지 정기검사를 받지 아니한 자동차의 소유자에 대하여는 지체 없이 정기검사를 명령해야 하고 시장·군수 또는 구청장은 정기검사 기간이 지난 자동차에 대하여 검사를 명령하는 경우 자동차의 등록번호판이 영치될 수 있다는 사실을 알려주어야 한다.[18]

---

17 교통안전공단, 『자동차검사 업무 매뉴얼』, 2014, 22쪽
18 강동수, 앞의 책, 316쪽

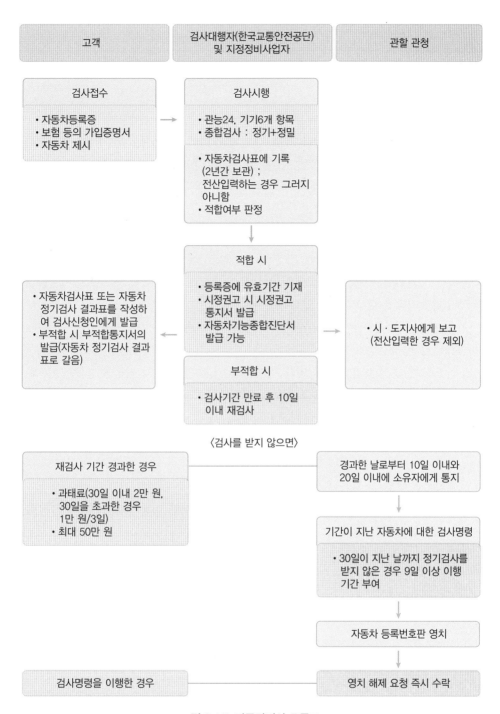

고객	검사대행자(한국교통안전공단) 및 지정정비사업자	관할 관청

검사접수
- 자동차등록증
- 보험 등의 가입증명서
- 자동차 제시

검사시행
- 관능24, 기기6개 항목
- 종합검사 : 정기+정밀
- 자동차검사표에 기록 (2년간 보관) ; 전산입력하는 경우 그러지 아니함
- 적합여부 판정

적합 시
- 등록증에 유효기간 기재
- 시정권고 시 시정권고 통지서 발급
- 자동차기능종합진단서 발급 가능

- 자동차검사표 또는 자동차 정기검사 결과표를 작성하여 검사신청인에게 발급
- 부적합 시 부적합통지서의 발급(자동차 정기검사 결과표로 갈음)

- 시·도지사에게 보고 (전산입력한 경우 제외)

부적합 시
- 검사기간 만료 후 10일 이내 재검사

〈검사를 받지 않으면〉

재검사 기간 경과한 경우
- 과태료(30일 이내 2만 원, 30일을 초과한 경우 1만 원/3일)
- 최대 50만 원

경과한 날로부터 10일 이내와 20일 이내에 소유자에게 통지

기간이 지난 자동차에 대한 검사명령
- 30일이 지난 날까지 정기검사를 받지 않은 경우 9일 이상 이행 기간 부여

자동차 등록번호판 영치

검사명령을 이행한 경우

영치 해제 요청 즉시 수락

그림 6.4.7 자동차검사 흐름도

4.3.1 일반기준 및 방법

제원측정은 공차상태에서 시행하며 그외의 항목은 공차상태에서 운전자 1명이 승차하여 시행한다. 「자동차관리법 시행규칙」 별표 15에서 정하는 검사방법에 따라 검사기기·계측기·관능 또는 서류확인 등을 실시한다. 다만, 자동차의 상태 등을 고려하여 관능·서류 등으로 식별하는 것이 적합하다고 판단되는 다음의 경우에는 검사기기 또는 계측기에 의한 검사를 생략할 수 있다.

- 자동차의 제원측정 시 구조 및 제원이 자동차등록증, 자기인증(제원표) 또는 구조변경승인 내용과 변동이 없는 경우
- 타이어 요철형 무늬의 깊이, 배기관의 열림방향, 경적음, 배기소음 및 타이어공기압이 안전기준에 적합하다고 인정되는 경우
- 자동차의 전조등이 4등식일 때 좌·우 각 1개씩 주행빔의 광도, 광축을 측정한 때 나머지 전조등의 경우
- 「소방기본법」, 「계량에 관한 법률」이나 그밖의 다른 법령의 적용을 받는 부분에 대하여 관계서류를 제시할 때 그 항목을 확인하는 경우
- 검사시설이 없는 지역의 출장검사인 경우
- 특수한 구조로 검차장의 출입이나 검사기기로 측정이 곤란한 자동차인 경우
- 전자제어장치 등의 장치가 없거나 전자장치진단기와 통신이 되지 아니하여 각종 센서를 진단할 수 없는 경우

자동차검사 기준 및 방법은 「자동차관리법 시행규칙」 별표 15에서 규정하고 있고 세부 내용은 다음과 같다.

4.3.2 비사업용 자동차의 검사기준 및 방법

비사업용 자동차의 검사기준 및 방법은 다음과 같다.

항목	검사기준	검사방법
동일성 확인	자동차의 표기와 등록번호판이 자동차등록증에 기재된 차대번호 · 원동기형식 및 등록번호가 일치하고, 등록번호판 및 봉인의 상태가 양호할 것	• 자동차의 차대번호 및 원동기형식의 표기 확인 • 등록번호판 및 봉인상태 확인
	〈부적합 사항〉 • 차대번호 및 원동기형식의 상이(자형등의 위조·변조 및 훼손을 포함) • 등록번호판의 상이·훼손 또는 망실 및 봉인훼손	

(계속)

항목	검사기준	검사방법
	• 「자동차관리법 시행령」 제8조의 규정에 의한 구조 및 장치의 제원허용오차 초과 또는 안전기준 부적합	
제원측정	제원표에 기재된 제원과 동일하고, 제원이 안전기준에 적합할 것	길이·너비·높이·최저지상고, 뒤 오우버행(뒤차축중심부터 차체후단까지의 거리) 및 중량을 계측기로 측정하고 제원허용차의 초과 여부 확인
원동기	가) 시동상태에서 심한 진동 및 이상음이 없을 것	공회전 또는 무부하 급가속상태에서 진동·소음 확인
	나) 원동기의 설치상태가 확실할 것	원동기 설치상태 확인
	다) 점화·충전·시동장치의 작동에 이상이 없을 것	점화·충전·시동장치의 작동상태 확인
	라) 윤활유 계통에서 윤활유의 누출이 없고, 유량이 적정할 것	윤활유 계통의 누유 및 유량 확인
	마) 팬벨트 및 방열기 등 냉각 계통의 손상이 없고 냉각수의 누출이 없을 것	냉각계통의 손상 여부 및 냉각수의 누출 여부 확인
동력전달장치	가) 손상·변형 및 누유가 없을 것	• 변속기의 작동 및 누유 여부 확인 • 추진축 및 연결부의 손상·변형 여부 확인
	나) 클러치 페달 유격이 적정하고, 자동변속기 선택레버의 작동상태 및 현재 위치와 표시가 일치할 것	클러치 페달 유격 적정 여부, 자동변속기 선택레버의 작동상태 및 위치표시 확인
주행장치	가) 차축의 외관, 휠 및 타이어의 손상·변형 및 돌출이 없고, 수나사 및 암나사가 견고하게 조여 있을 것	• 차축의 외관, 휠 및 타이어의 손상·변형 및 돌출 여부 확인 • 수나사·암나사의 조임 상태 확인
	나) 타이어 요철형 무늬의 깊이는 안전기준에 적합하여야 하며, 타이어 공기압이 적정할 것	타이어 요철형 무늬의 깊이 및 공기압을 계측기로 확인
	다) 흙받이 및 휠하우스가 정상적으로 설치되어 있을 것	흙받이 및 휠하우스 설치상태 확인
	라) 가변축 승강조작장치 및 압력조절장치의 설치위치는 안전기준에 적합할 것	가변축 승강조작장치 및 압력 조절장치의 설치위치 및 상태 확인
	〈부적합 사항〉 • 차축 및 휠의 휨 또는 균열 • 타이어의 손상 및 요철무늬의 깊이가 허용기준을 초과하여 마모 • 휠 및 타이어의 돌출	
조종장치	조종장치의 작동상태가 정상일 것	시동·가속·클러치·변속·제동·등화·경음·창닦이기·세정액분사장치 등 조종장치의 작동 확인
조향장치	가) 조향바퀴 옆미끄럼량은 1미터 주행에 5밀리미터 이내일 것	조향핸들에 힘을 가하지 아니한 상태에서 사이드슬립측정기의 답판 위를 직진할 때 조향바퀴의 옆미끄럼량을 사이드슬립측정기로 측정

(계속)

항목	검사기준	검사방법
조향장치	나) 조향 계통의 변형·느슨함 및 누유가 없을 것	기어박스·로드암·파워실린더·너클 등의 설치상태 및 누유 여부 확인
	다) 동력조향 작동유의 유량이 적정할 것	동력조향 작동유의 유량 확인
	〈부적합 사항〉 조향장치의 변형·용접·느슨함 또는 누유	
제동장치	가) 제동력 (1) 모든 축의 제동력의 합이 공차중량의 50퍼센트 이상이고 각축의 제동력은 해당 축중의 50퍼센트(뒤축의 제동력은 해당 축중의 20퍼센트) 이상일 것 (2) 동일 차축의 좌·우 차바퀴 제동력의 차이는 해당 축중의 8퍼센트 이내일 것 (3) 주차제동력의 합은 차량 중량의 20퍼센트 이상일 것	주제동장치 및 주차제동장치의 제동력을 제동시험기로 측정
	나) 제동계통 장치의 설치상태가 견고하여야 하고, 손상 및 마멸된 부위가 없어야 하며, 오일이 누출되지 아니하고 유량이 적정할 것	제동계통 장치의 설치상태 및 오일 등의 누출 여부 및 브레이크 오일량이 적정한지 여부 확인
	다) 제동력 복원상태는 3초 이내에 해당 축중의 20퍼센트 이하로 감소될 것	주제동장치의 복원상태를 제동시험기로 측정
	라) 피견인자동차 중 안전기준에서 정하고 있는 자동차는 제동장치 분리 시 자동으로 정지가 되어야 하며, 주차브레이크 및 비상브레이크 작동상태 및 설치상태가 정상일 것	피견인자동차의 제동공기라인 분리 시 자동 정지 여부, 주차 및 비상브레이크 작동 및 설치상태 등 확인
	〈부적합 사항〉 제동장치 중 제동시험기에 의한 검사결과 허용기준 초과 및 제동계통의 손상 및 누유	
완충장치	균열·절손 및 오일 등의 누출이 없을 것	스프링·속업쇼버의 손상 및 오일 등의 누출 여부 확인
연료장치	작동상태가 원활하고 파이프·호스의 손상·변형 및 연료누출이 없을 것	가) 연료장치의 작동상태, 손상·변형 및 조속기 봉인상태 확인 나) 가스를 연료로 사용하는 자동차는 가스누출감지기로 연료누출 여부를 확인 다) 연료의 누출 여부 확인(연료탱크의 주입구 및 가스배출구로의 자동차의 움직임에 의한 연료누출 여부 포함)
	〈부적합 사항〉 연료장치 중 조속기 봉인탈락 및 연료의 누출	

(계속)

항목	검사기준	검사방법
전기 및 전자 장치	가) 전기장치 (1) 축전지의 접속 · 절연 및 설치상태가 양호할 것 (2) 자동차 구동 축전지는 차실과 벽 또는 보호판으로 격리되는 구조일 것 (3) 전기배선의 손상이 없고 설치상태가 양호할 것 (4) 차실 내 및 차체 외부에 노출되는 고전원전기장치 간 전기배선은 금속 또는 플라스틱 재질의 보호 기구를 설치할 것	가) 접속·손상·절연 및 설치상태 확인 나) 구동 축전지의 차실과의 격리상태 확인 다) 고전원전기장치의 전기배선 보호 기구 설치상태 확인
	나) 전자장치 (1) 원동기 전자제어장치가 정상적으로 작동할 것 (2) 바퀴잠김방지식 제동장치(ABS), 구동력제어장치(TCS), 전자식차동제한장치 및 차체자세제어장치, 에어백, 순항제어장치 등 안전운전 보조 장치가 정상적으로 작동할 것	전자장치진단기로 각종 센서의 정상 작동 여부를 확인
	〈부적합 사항〉 전기·전자장치 중 엔진정지 또는 화재발생의 우려가 있는 결함	
차체 및 차대	가) 차체 및 차대의 부식 · 절손 등으로 차체 및 차대의 변형이 없을 것	차체 및 차대의 부식 및 부착물의 설치상태 확인
	나) 후부안전판 및 측면보호대의 손상 · 변형이 없을 것	후부안전판 및 측면보호대의 설치상태 확인
	다) 최대적재량의 표시가 자동차등록증에 기재되어 있는 것과 일치할 것	최대적재량(탱크로리는 최대적재량 · 최대적재용량 및 적재품명) 표시 확인
	라) 차체에 예리하게 각이 지거나 돌출된 부분이 없을 것	차체의 외관 확인
	마) 어린이운송용 승합자동차의 색상 및 보호표지는 안전기준에 적합할 것	차체의 색상 및 보호표지 설치 상태 확인
	〈부적합 사항〉 • 차체 및 차대의 심한 부식, 심한 변형 또는 절손 • 후부안전판 및 측면보호대의 심한 손상·훼손 또는 미설치(설치상태에 관한 불량을 포함) • 안전기준에 위배되는 차체의 외형 또는 부착물	

승용차

(계속)

항목	검사기준	검사방법
연결장치 및 견인장치	가) 변형 및 손상이 없을 것	커플러 및 킹핀의 변형 여부 확인
	나) 차량 총중량 0.75톤 이하 피견인자동차의 보조연결장치가 견고하게 설치되어 있을 것	보조연결장치 설치상태 확인
	〈부적합 사항〉 견인차 및 피견인차의 연결장치의 변형 또는 손상	
승차장치	가) 안전기준에서 정하고 있는 좌석·승강구·조명·통로·좌석안전띠 및 비상구 등의 설치상태가 견고하고, 파손되어 있지 아니하며 좌석수의 증감이 없을 것	좌석·승강구·조명·통로·좌석안전띠 및 비상구 등의 설치상태와 비상탈출용 장비의 설치상태 확인
	나) 머리지지대가 설치되어 있을 것	승용자동차 및 경형·소형 승합자동차의 앞 좌석(중간좌석 제외)에 머리지지대의 설치 여부 확인
	다) 어린이운송용 승합자동차의 승강구가 안전기준에 적합할 것	승강구 설치상태 및 규격 확인
	〈부적합 사항〉 좌석안전띠가 없는 경우나 좌석안전띠의 심한 손상	
물품적재 장치	가) 적재함 바닥면의 부식으로 인한 변형이 없을 것 나) 적재량의 증가를 위한 적재함의 개조가 없을 것 다) 물품적재장치의 안전잠금장치가 견고할 것 라) 청소용자동차 등 안전기준에서 정하고 있는 차량에는 덮개가 설치되어 있어야 하고, 설치상태가 양호할 것	물품의 적재장치 및 안전시설 상태 확인(변경된 경우 계측기 등으로 측정)
	〈부적합 사항〉 물품적재장치 중 위험물·유해화학물·산업폐기물·쓰레기 등 운반차량의 적재장치의 부식·변형	
창유리	접합유리 및 안전유리로 표시된 것일 것	유리(접합·안전)규격품 사용 여부 확인
	〈부적합 항목〉 창유리의 규격품미사용 또는 심한 균열	
배기가스 발산 방지 및 소음 방지장치	가) 배기소음 및 배기가스농도는 운행차 허용 기준에 적합할 것	배기관·촉매장치·소음기의 변형 및 배기계통에서의 배기가스누출 여부 확인
	나) 배기관·소음기·촉매장치의 손상·변형·부식이 없을 것	배기관·촉매장치·소음기의 변형 및 배기계통에서의 배기가스누출 여부 확인
	다) 측정결과에 영향을 줄 수 있는 구조가 아닐 것	측정결과에 영향을 줄 수 있는 장치의 훼손 또는 조작 여부 확인
	〈부적합 사항〉 「대기환경보전법」 제62조 및 「소음·진동관리법」 제37조제1항에 따른 운행차정기검사의 허용 기준 초과	

(계속)

항목	검사기준	검사방법
등화장치	가) 광도(최고속도가 매시 25킬로미터 이하인 자동차는 제외한다)는 다음 기준에 적합할 것 (1) 2등식: 1만 5천 칸델라 이상 (2) 4등식: 1만 2천 칸델라 이상	좌·우측 전조등의 광도와 주광축의 진폭을 전조등시험기로 측정
	나) 주광축의 진폭은 10미터 위치에서 다음 수치 이내일 것 (단위: 센티미터) <table><tr><td>구분</td><td>상</td><td>하</td><td>좌</td><td>우</td></tr><tr><td>좌측</td><td>10</td><td>30</td><td>15</td><td>30</td></tr><tr><td>우측</td><td>10</td><td>30</td><td>30</td><td>30</td></tr></table>	
	다) 정위치에 견고히 부착되어 작동에 이상이 없고, 손상이 없어야 하며, 등광색이 안전기준에 적합할 것	전조등·방향지시등·번호등·제동등·후퇴등·차폭등·후미등·안개등·비상점멸표시등과 그밖의 등화장치의 점등·등광색 및 설치상태 확인
	라) 후부반사기 및 후부반사판의 설치상태가 안전기준에 적합할 것	후부반사기 및 후부반사판의 설치상태 확인
	마) 어린이운송용 승합자동차에 설치된 표시등이 안전기준에 적합할 것	표시등 설치 및 작동상태 확인
	바) 안전기준에서 정하지 아니한 등화 및 금지등화가 없을 것	안전기준에 위배되는 등화설치 여부 확인
	⟨부적합 항목⟩ • 전조등·방향지시등·번호등 및 제동등의 점등상태 불량 또는 등색과 설치상태의 기준 부적합, 택시표시등의 자동점등상태 불량 • 전조등의 전조등시험기에 의한 검사결과 기준미달 • 안전기준에 위배되는 등화설치	
경음기 및 경보장치	경음기의 음색이 동일하고, 경적음·사이렌음의 크기는 안전기준상 허용기준 범위 이내일 것	• 경적음이 동일한 음색인지 확인 • 경적음 및 사이렌음의 크기를 소음측정기로 확인(경보장치 신규검사로 한정)
	⟨부적합 사항⟩ 「소음·진동관리법」 제37조제1항에 따른 운행차정기검사의 허용기준 초과	
시야확보 장치	가) 후사경은 좌·우 및 뒤쪽의 상황을 확인할 수 있고, 돌출거리가 안전기준에 적합할 것	후사경 설치상태 확인
	나) 창닦이기 및 세정액 분사장치는 기능이 정상적일 것	창닦이기 및 세정액 분사장치의 작동 및 설치상태 확인
	다) 어린이운송용 승합자동차에는 광각 실외후사경이 설치되어 있을 것	광각 실외후사경 설치 여부 확인

항목	검사기준	검사방법
계기장치	가) 모든 계기가 설치되어 있을 것	계기장치의 설치 여부 확인
	나) 속도계의 지시오차는 정 25퍼센트, 부 10퍼센트 이내일 것	매시 40킬로미터의 속도에서 자동차속도계의 지시오차를 속도계시험기로 측정
	다) 최고속도제한장치 및 운행기록계, 주행기록계의 설치 및 작동상태가 양호할 것	최고속도제한장치, 운행기록계, 주행기록계의 설치상태 및 정상작동 여부 확인
	〈부적합 내용〉 계기장치 중 운행기록계·속도제한장치의 미설치(설치상태의 불량을 포함) 및 속도계시험기에 의한 검사결과 허용기준 초과	
소화기 및 방화장치	소화기가 설치위치에 설치되어 있을 것	소화기의 설치 여부 확인
내압용기	용기 등이 관련 법령에 적합하고 견고하게 설치되어 있으며, 용기의 변형이 없고 사용연한 이내 일 것	용기 등이 「자동차관리법」에 따른 합격품인지 여부, 설치상태 및 변형·손상 여부 및 사용연한 확인
기타	어린이운송용 승합자동차의 색상 및 보호표지 등 그밖의 구조 및 장치가 안전기준 및 국토교통부장관이 정하는 기준에 적합할 것	그밖의 구조 및 장치가 안전기준 및 국토교통부장관이 정하는 기준에 적합한지를 확인

〈공통 부적합〉
「자동차관리법」 제34조의 규정에 따라 승인을 얻지 아니하고 변경한 자동차의 구조·장치

4.3.3 사업용 자동차의 검사기준 및 방법

사업용 자동차의 검사기준과 방법은 비사업용 자동차의 그것에 아래 항목을 추가하면 되며, 부적합 항목은 비사업용 자동차와 동일하다. 사업용 자동차 검사기준 및 방법에서는 이를 생략한다.

항목	검사기준	검사방법
5)주행장치	마) 여객자동차운송사업용 버스의 앞바퀴에는 재생타이어를 사용하지 아니할 것	재생타이어 장착 여부 확인
	바) 시외우등고속버스, 시외고속버스 및 시외직행버스의 앞바퀴는 튜브가 없는 타이어(tubeless tire)를 사용할 것	튜브가 없는 타이어(tubeless tire)의 장착 여부 확인
8)제동장치	마) 드럼과 라이닝(또는 디스크와 패드)의 간격 및 마모상태가 정상일 것	점검구 등을 통하여 확인. 다만, 점검구 또는 관능으로 드럼과 라이닝(또는 디스크와 패드)의 간격 및 마모상태 확인이 곤란한 차량의 경우에는 제동력 검사로 갈음할 수 있다.

(계속)

항목	검사기준	검사방법
14)승차장치	라) 입석손잡이가 규정대로 설치되어 있고 손상이 없을 것	입석손잡이 설치상태 확인
	마) 일반시외, 시내, 마을, 농어촌 버스의 승강구 안전장치 및 가속페달잠금장치의 작동이 정상적으로 작동할 것	일반시외, 시내, 마을, 농어촌 버스의 승강구 안전장치 및 가속페달잠금장치의 작동이 정상적으로 작동하는지 확인
	바) 승합자동차(15인 이하 제외)의 운전자의 좌석 뒤에는 승객석과 분리될 수 있는 보호봉 또는 격벽시설을 설치되어 있을 것	승합자동차(15인 이하 제외)의 운전자의 좌석 뒤에는 승객석과 분리될 수 있는 보호봉 또는 격벽시설을 설치되어 있는지 확인
18)등화장치	바) 택시의 윗부분에 설치된 택시 안내등이 정상적으로 작동할 것	택시의 윗부분에 설치된 택시 안내등이 정상적으로 작동하는지 확인

4.4 해외 사례

4.4.1 영국

영국의 자동차검사는 주정부 책임운영기관인 DVSA(Driver and Vehicle Standard Agency)가 운영, 전산, 관리·감독, 교육·훈련 등을 담당하고 있다. 교통사고 위험성이 높고 철저한 관리가 필요한 대형차 검사는 DVSA에서 직접 수행하고, 일반 소형차 검사는 정부승인을 받아 정비를 겸하는 민간업체가 담당하여 대형차와 소형차의 검사주체가 분리되어 있다.

1932년 대형여객운송자동차에 대한 검사가 시작되었고, 1960년 "Motor Vehicle Regulations 1960" 법령에 따라 차령 10년 이상된 자동차에 대한 검사가 의무화되었으며 이후 1967년부터 자동차 등록 이후 3년째 첫 검사를 시행하였다. 1968년에는 화물차 검사가 시행되었으며 교통사고와 직결되는 타이어 검사항목이 추가되었다. 그 후 대기환경에 대한 관심이 높아져 1991년에는 가솔린(petrol) 자동차 배출가스 검사가, 이듬해인 1992년에는 경유(diesel) 자동차 배출가스 검사가 도입되었다. 점점 증가하는 검사대수와 민간검사소(MOT)에 대한 실효성 있는 관리·감독을 위해 2005년 영국 고유의 통합전산시스템(VTS; Vehicle Testing Service)을 도입하였고 2012년에는 SRS(Secondary Restraint System), 전기장치, 속도계, 조향장치, 배터리, ECS(Electronic Control System) 등에 대한 검사기준 및 방법을 강화하였다. 현재 동일성 확인, 제동장치, 조향장치, 시인성, 등화장치, 전기장치, 축, 휠 및 타이어, 완충장치, 섀시 및 부착물, 배출가스, 기타 항목에 대한 검사를 실시하고 있다.

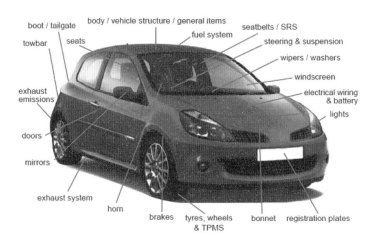

What is included in the MOT test?

boot / tailgate
body / vehicle structure / general items
fuel system
seatbelts / SRS
steering & suspension
wipers / washers
windscreen
electrical wiring & battery
lights
towbar
seats
exhaust emissions
doors
mirrors
exhaust system
horn
brakes
tyres, wheels & TPMS
bonnet
registration plates

그림 6.4.8 영국 자동차검사 항목

4.4.2 일본

일본의 자동차검사제도는 도로운송차량 보안기준의 적합여부를 검사하여 적합판정을 받은 경우에는 자동차등록증을 갱신(재발급)하고 있으며, 검사를 받은 자동차만 도로를 운행할 수 있다. 일본의 자동차검사제도는 1951년 도로운송차량법의 제정에 따라 확립된 이후 수차례의 개정을 거쳐 현재에 이르고 있으며, 자동차검사제도의 대상차종은 보통자동차, 소형자동차(이륜차는 250cc 초과), 대형 특수자동차 그리고 그동안 제외되었던 경형자동차[19]를 1973년부터 포함하고 있다.

일본의 자동차검사는 〈표 6.4.9〉와 같이 경형자동차 이외의 자동차는 국토교통성 산하기관인 자동차검사 독립행정법인(NAVI; National Agency of Vehicle Inspection)과 지정정비공장에서 시행한다. 경형자동차 검사는 경자동차검사협회(LMVIO; Light Motor Vehicle Inspection Organization)에서 1973년 10월부터 실시하고 있다. 일본의 자동차 종류는 신규검사, 계속검사[20], 임시검사, 구조변경검사와 예비검사 등으로 구분할 수 있으며 검사절차는 우리와 비슷하다.[21]

또한 국토교통성은 우리나라의 불법자동차단속업무와 노상안전점검과 유사한 자동차의 보안기준 적합성, 정비불량이나 불법개조 등을 수시로 확인하기 위해 노상검

---

19 일본의 경형자동차는 길이 3.4 m, 너비 4.8 m, 높이 2 m 이하의 자동차 중 이륜차를 제외한 자동차와 피견인 자동차로서 총 배기량이 0.66리터 이하의 차종을 말한다.

20 우리나라 정기검사와 같다.

21 자세한 내용은 강병도 등, 『자동차검사 제도 발전 방안에 관한 연구』, 교통안전공단(2012. 9) 참조할 것

표 6.4.9 일본의 차종별 자동검사와 시행기관

구분	자동차	검사	등록	신고	시행기관
보통차, 소형차	버스, 트럭, 승용차	○	○	×	NAVI 지정정비공장
소형이륜차	251 cc 초과	○	×	○	
경형이륜차	126~250 cc	×	×	○	
대형특수차	롤로, 블도져	○	○	×	
경형자동차	경형승용차	○	×	○	경자동차검사협회
모터자전거	125 cc 이하	×	×	○	지방자치단체(현)

그림 6.4.9 일본의 노상검사 개요도

사(roadside inspection)를 실시하고 있다. 자동차검사 독립행정법인의 검사관이 검사 주체이며 정비불량이나 불법개조 등에 대해서는 국토교통성에서 정비명령 등 행정처분을 실시하고 있다.

4.4.3 독일 등

독일은 1800년대 중반에 검사 제도를 도입하여 지금까지 각종 검사·인증 분야의 글로벌 시장을 주도하고 있다. 독일 검사기관인 TÜV는 협회의 개념으로 18세기 산업혁명 당시 증기기관의 잦은 폭발로 인명과 재산이 피해를 당하는 사건들이 많이 발생하게 되어 스팀보일러 장치의 안전성을 높이기 위한 보일러감독 및 개정 협회(DÜV: Dampfkessel- Überwachungs-und Revisions-Vereine)를 설립하였고 이 기관이 지금의 기술검사협회(TÜV: Technischer Überwachungs-Verein)로 발전하였다. 1855년 발생한 증기기관 폭발사고를 계기로 증기기관에 대한 정기검사를 독일 하노버와 인근지역에서 최초로 실시하였다. 1860년대 증기기관 소유주는 기관의 안전성을 검사하기 위해 지역별로 증기기관 검사협회를 설립하기 시작하였고, 1900년까지 독일 내 28개의 지역별 협회가 설립되었다. 1938년 검사 이외의 정비에 대해서도 검사·인증을 수행하는 협회가 생겨남에 따라 기타 검사협회를 통합하여 지역별 기술검사 등록협회(TÜV, e.V)로 발전하였다. 1980년대 TÜV와 DEKRA로 양분되는 민간시장에서 비효율이 발생함에 따라 독일정부는 검사서비스 품질 개선을 위해 시장을 개방하여 독일 전역 10여개 검사기관이 과점형태로 경쟁 중이다.

독일과 유사한 제도로 벨기에 자동차검사는 정부의 인증을 받은 7개 자국 민간기업이 과점의 형태로 수행하고 있고 7개의 검사회사는 운전면허시험·관리·교육 업무도 병행한다. '인증 받은 자동차검사 및 운전면허발급 회사들의 모임'을 의미하는 GOCA 협회는 정부승인을 받은 7개 검사회사의 자동차검사 제도, 장비, 교육 등을 지속적으로 개발·지원하는 기능을 가지고 있으며 벨기에 중앙정부, EU, CITA의 입법활동에 자문 역할을 수행한다.

제7장

운수
안전관리

운수 안전관리의 이해

　　사업용자동차는 다른 사람의 수요에 응하여 유상으로 여객이나 화물을 운송하는 자동차를 말하고, 사업용자동차 운송사업은 그러한 형태의 사업이라 정의할 수 있다. 여객자동차는 버스·택시 등 여객자동차 운송사업과 렌터카를 운영하는 자동차 대여사업으로 구분할 수 있다. 화물자동차 운송사업은 일반, 개별과 용달화물자동차운송사업 등 세 가지로 나뉜다. 2018년 11월 기준 자동차 운수 회사 수는 26,748개이며 업종별로는 버스 592개, 마을버스 893개, 전세버스 1,813개, 택시 1,883개, 화물차 20,319개이다. 전체 종사원수는 738,707명이다.

　　비사업용 일반차량과는 달리 버스·택시 및 화물차 등 사업용자동차에 대해서는 대중교통산업 또는 공익교통산업 등을 활성화하고 일반국민의 교통권 확보 및 물류체계의 효율화를 위하여 정부가 재정지원을 하고 있다. 〈표 7.1.1〉에서 보면 2017년도만 하더라도 버스에 모두 1조 4천 700억 원 규모의 재정지원을 했다. 벽지노선 손실보상 800억 원, 오지도서 공영버스 지원규모는 128억 원에 달한다.

　　택시·화물차에 대한 지원도 비슷한 실정이다. 〈표 7.1.2〉에서 유가보조금 지급액은 해마다 증가하고 있으며, 2017년에는 버스 3천 533억 원, 택시 4천 619억 원, 화물차는 1조 7천 974억 원 등 전체적으로 사업용자동차에 지급된 유가보조금 규모가 2조 6

구분	계 (단위: 백만 원)	버스운송사업 재정지원	벽지노선 손실보상	오지도서 공영버스	공영차고지 건설지원
계	1,470,535	1,373,923	79,906	12,810	3,896
교부세	83,304	78,606	3,600	1,098	0
지방비	1,387,231	1,295,317	76,306	11,712	3,896

표 7.1.1 2017년 버스재정지원 규모

표 7.1.2 업종별 · 연도별 유가보조금 지급액

연도	소계	버스	택시	화물차
2001년	1,441	400	699	342
2002년	2,411	584	1,192	635
2003년	5,648	1,381	2,372	1,895
2004년	11,186	2,283	4,529	4,374
2005년	14,769	3,045	5,296	6,428
2006년	18,584	3,832	5,313	9,439
2007년	22,639	4,352	5,376	12,911
2008년	21,801	4,012	3,666	14,123
2009년	19,902	3,809	1,055	15,038
2010년	19,475	3,552	1,051	14,872
2011년	23,965	3,355	4,553	16,057
2012년	24,646	3,134	5,420	16,092
2013년	24,335	3,038	5,197	16,100
2014년	24,193	3,037	5,153	16,003
2015년	24,212	3,059	4,805	16,348
2016년	25,077	3,202	4,733	17,142
2017년	26,126	3,533	4,619	17,974
총계	310,410	49,608	65,029	195,773

(단위: 억 원)

천억 원을 훨씬 초과하고 있다.

2017년 말 사업용자동차 등록대수는 1,458,276대로서 우리나라 전체의 차량보유대수 22,528,295대의 6.5%밖에 해당하지는 않지만[1] 교통사고는 전체 교통사고 건수의 20.7%를 차지하고 있다.[2] 정부의 재정적인 지원에도 불구하고 비사업용 대비 사업용 자동차의 사고건수는 5.0배, 사망자 수는 5.1배 높다. 특히 〈그림 7.1.1〉에서 보는 바와

---

1 이륜차, 건설기계와 농기계 3,795,021대를 제외한 수치다.

2 2017년 말 사업용 자동차로 인한 교통사고 사망자 수는 821명으로 전체 교통사고 사망자 수 4,185명의 19.6%를 차지한다.

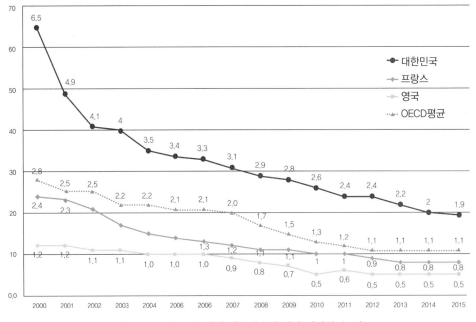

그림 7.1.1 OECD 국가의 자동차 1만 대당 사망자 수 비교

같이 자동차 1만 대당 교통사고 사망자 수가 OECD 국가의 2배에 이를 정도로 교통사고 다발국가라는 오명을 벗지 못하고 있는 상황에서는 공공재라 할 수 있는 사업용자동차에 대해서는 정부가 중점과제로 안전관리를 추진할 수밖에 없다. 정부는 사업용자동차의 안전관리를 위해 「교통안전법」 등 안전관련 제도를 수차례 정비하고 있고, 국토교통부 산하기관인 한국교통안전공단으로 하여금 사업용자동차 안전관리 업무를

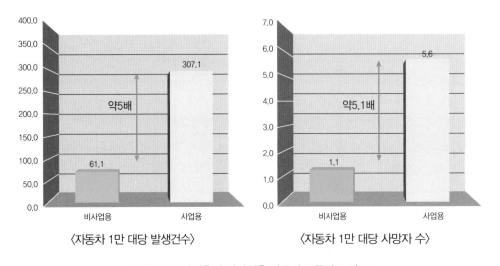

그림 7.1.2 사업용과 비사업용 자동차 교통사고 비교

수행토록 하고 있다.

미국 연방운수안전청(FMCSA)의 보고서에 따르면 사업용운전자의 10%가 전체 운수사업차 교통사고의 50% 정도를 유발시킨다고 보고하고 있다. FMCSA는 이러한 소수의 운전자들을 "위험한 운전자(high risk drivers)"로 규정하였고, 다양한 연구와 프로그램을 통해 "위험한 운전자"의 교육 및 체계적인 관리·감독을 한다면 사업용자동차의 교통사고를 크게 감소시킬 수 있다고 지적하고 있다.[3]

이를 위해 정부는 2006년 「교통안전법」을 전부 개정했는데, 「교통안전법」에 규정하고 있는 사업용자동차의 주요한 안전관리 업무는 다음과 같다.

(1) 교통수단안전점검의 실시
(2) 교통안전관리규정의 작성·제출 및 확인평가
(3) 운행기록의 분석 및 단속
(4) 교통안전 체험교육의 실시

여기서는 상기 업무를 위탁받은 한국교통안전공단이 실제 수행하는 안전관리 업무를 중심으로 운송사업자 안전관리, 사업용자동차 안전관리 그리고 사업용운전자 안전관리로 구분하여 살펴보고자 한다.

제7장

3   FMCSA, "Notification of Changes to the Definition of a High Risk Mortor Carrier and Associated Investigation Procedures", *Federal Register Vol. 81, No.44*, 2016

운송사업자 안전관리

교통수단안전점검

2.1.1 개요

교통수단안전점검은 교통행정기관, 즉 운송사업 인면허와 행정처분권을 가진 국토교통부와 지자체[4]가 「교통안전법」이나 「여객자동차 운수사업법」 등 관계 법령에 따른 운송사업자[5]와 소관 사업용자동차의 교통안전에 관한 위험요인을 조사·측정 및 평가하는 모든 활동을 의미한다.[6]

교통수단안전점검은 크게 두 가지로 구분된다. 하나는 지자체가 임의적으로 실시하는 점검(편의상 일반점검이라 한다)이 있고, 다른 하나는 국토교통부가 교통사고가 많이 발생하는 운수회사에 강행적으로 실시하는 점검(편의상 특별점검이라 한다)이 있다. 일반점검은 소관 지자체 공무원이 독자적으로 수행할 수도 있지만, 대개는 전문기관인 한국교통안전공단 직원과 함께 실시하고 있다. 또한 일반점검에는 노상안전점검(roadside check)도 포함된다. 운수업의 속성상 실제 사업장이 도로라 할 수 있고, 전세버스나 화물차 대부분이 자신의 운수회사에 등록하여 일감을 받는 지입제 형태이기 때문에 운수회사에서 점검을 하기 어려운 구조다. 따라서 사업용자동차가 많이 주·정차하는 휴게소 등에서 점검을 실시할 수밖에 없지만 교통행정기관 공무원이 독자적으로 실시할 수는 없다. 법령에는 교통행정기관이 경찰공무원의 협조를 얻고 공단의 전문직 직원과 함께 시행하도록 했지만 실제로는 한국교통안전공단이 경찰공무원의 지원을 받아 노상안전점검을 주도하고 있다.

---

4 운송사업에 대한 업종별 교통행정기관은 인면허권이 누구에게 있느냐에 따라 달라진다. 고속버스는 국토교통부장관, 시외버스는 도지사, 택시·시내버스·전세버스·화물차는 기초자치단체장인 시장·군수·구청장이 각각 교통행정기관이다.

5 같은 의미로 「교통안전법」의 개념인 교통수단운영자가 있고, 실무에서는 운수업체 또는 운수회사로 불린다.

6 「교통안전법」 제2조제8호

특별점검은 국토교통부가 전년도 교통안전도 평가지수가 높거나, 당해 연도 중대 교통사고가 발생한 운수회사를 대상으로 2018년부터 시행하는 제도로서 소관 지자체를 관할하는 공단 지역본부 직원들이 수행하고 있다.

2.1.2 일반점검

지자체 공무원은 「교통안전법」 제33조에 따라 소관 운송사업자의 교통수단과 운송사업 전반에 대한 교통안전 실태를 파악하기 위해 임의적으로 점검을 실시할 수 있다. 점검을 실시한 결과 교통안전을 저해하는 요인이 발견된 경우에는 그 개선대책을 수립하고 이를 시행하여야 하며, 운송사업자에게 교통안전과 관련된 시설·설비의 확충 또는 운행체계의 정비 등 교통안전에 관한 개선사항을 권고할 수 있다. 만약 법령 위반사항이 발견되면 행정처분도 할 수 있다.

교통행정기관은 점검을 효율적으로 실시하기 위하여 관련 운송사업자로 하여금 필요한 보고를 하게 하거나 관련 자료를 제출하게 할 수 있으며, 소속 공무원으로 하여금 교통사업자의 사업장에 출입하여 장부·서류 그밖의 물건을 검사하게 하거나 관계인에게 질문을 할 수 있다. 운송사업자 또는 관계인에 대한 질문 및 확인, 관련 서류 제출요구, 관련사업자의 직접 방문을 통해 점검이 이루어진다.

「교통안전법」에 따른 철도와 항공분야의 점검은 「교통수단안전점검지침」(국토교통부 훈령)에도 규정은 하고 있으나, 실제로는 「철도안전법」과 「항공안전법」에 따라 시행하고 있기 때문에 「교통안전법」에 따른 철도와 항공분야의 안전점검은 큰 의미가 없다.

표 7.2.1 교통안전법상 교통수단안전점검 대상 교통수단과 운송사업자

구분	교통수단	운송사업자
적용 대상	자동차 철도 항공기	여객자동차운송사업자 여객자동차터미널사업자 화물터미널사업자 화물자동차운송사업자 건설기계사업자 철도사업자, 전용철도운영자, 도시철도운영자 항공운송사업자

점검을 하려면 소관 공무원이 점검대상 사업장명, 점검일시, 점검목적, 점검내용, 점검자 인적사항을 점검실시 7일 전까지 통보해줘야 하는데, 원활한 점검수행과 점검에 필요한 서류 등을 준비하게 하기 위함이다. 점검항목은 교통수단의 위험요인조사, 교통안전관계법령 위반여부 확인, 교통안전관리규정 준수여부 등이다.

2.1.3 노상안전점검

「교통안전법」에는 노상안전점검이라는 용어를 사용하고 있지는 않다. 사업장이 아닌 곳에서 실시하기 때문에 노상안전점검 대상 차량은 특례적용 자동차라고 규정하고 있지만 「교통수단안전점검지침」에는 노상안전점검(roadside check)이라고 명시하고 있다. 노상안전점검은 일반점검으로 구분하고 있지만 점검의 특성상 점검실시 7일 전까지 점검목적 등을 통보해야 할 의무는 없다. 노상안전점검은 미국 등지에서 시행하는 노상안전검사(roadside inspection)와 유사하다.

① 노상안전점검 대상 자동차

* 개인택시 및 전세버스
* 1대의 자동차만을 보유하여 운송사업을 하는 일반화물자동차, 개별화물자동차 및 용달화물자동차
* 어린이 통학버스
* 「고압가스 안전관리법 시행령」 제2조에 따른 고압가스를 운송하기 위하여 필요한 탱크를 설치한 화물자동차(그 화물자동차가 피견인자동차인 경우에는 연결된 견인자동차를 포함)
* 「위험물안전관리법 시행령」 제3조에 따른 지정수량 이상의 위험물을 운반하기 위하여 필요한 탱크를 설치한 화물자동차(그 화물자동차가 피견인자동차인 경우에는 연결된 견인자동차를 포함한다)
* 쓰레기 운반전용의 화물자동차
* 피견인자동차와 긴급자동차를 제외한 최대적재량 8톤 이상의 화물자동차
* 「화학물질관리법」 제2조에 따른 유해화학물질을 운반하기 위하여 필요한 탱크를 설치한 화물자동차(그 화물자동차가 피견인자동차인 경우에는 연결된 견인자동차를 포함)[7]

② 노상안전점검 실시장소 및 방법

교통행정기관은 특례적용 자동차에 대하여 다음 각 호의 장소를 미리 정하여 도로상에서 실시하는 노상안전점검을 시행할 수 있다. 교통행정기관이 노상안전점검을 하는 경우에는 지방경찰청 또는 경찰관서와 교통안전과 관련된 전문기관·단체에 교통통제, 질서유지 및 전문인력의 지원 등 필요한 협조를 요청할 수 있다. 이 경우 관계기관의 장은 특별한 사유가 없는 한 이에 협조하여야 한다.

* 고속도로 톨게이트 및 휴게소
* 학교·유치원 및 학원가 인근

---

7 강동수, 앞의 책, 67~68쪽

- 물류터미널 또는 과적차량검문소
- 개인택시 등을 한꺼번에 점검할 수 있는 장소로 교통행정기관이 지정하는 장소
- 사업자의 단체가 요청하는 장소 등

❸ 노상안전점검의 실제

한국교통안전공단은 관계부처 합동으로 취약업종(화물·전세버스) 및 위험지역 등에 대한 현장 중심의 현장 단속을 강화하고 있다. 과속·난폭운전이 잦은 사업용자동차를 대상으로 사고 위험지역이라 할 수 있는 고속도로 톨게이트, 주요 관광지 주변, 화물차 복합 터미널 등 교통량 집중 지역에서 단속장비를 활용하여 노상안전점검을 시행하고 있다.[8]

노상안전점검은 운전자격 확인증 게시, 자동차 임의 구조변경, 운행기록계 설치와 정상작동, 차령초과 여부, 자동차검사 실시여부뿐만 아니라 법정 첨단안전경고장치 정상작동 여부 등을 확인하게 된다. 특히 한국교통안전공단이 개발한 단말기를 활용하여, 운행기록 분석을 통한 최소휴게시간 준수, 속도제한장치 무단해제 여부 등 단속을 시행하고 있다. 렌터카 운전자의 운전자격 신분확인을 제도화하고, 과적 및 불법자동차 단속 업무와 연계하고 있다. 노상안전점검은 단순히 행정처분을 위한 활동이 아니라, 교통안전 증진을 위한 활동으로 화물차에 대한 후부반사판을 부착하고 교체하는 등 지원업무를 병행하기도 한다.[9]

2.1.4 특별점검

특별점검은 2017년 이전에 실시하던 특별교통안전진단과 「교통수단안전점검지침」에 따라 교통행정기관이 실시하던 교통안전점검을 통합하여 2018년부터 한국교통안전공단이 시행하고 있다. 한국교통안전공단이 특별점검을 실시하고 교통안전 저해요인이 발견될 경우에는 소관 지자체에 행정처분할 것을 통보하게 된다. 이때 소관 지자체는 교통안전 저해요인을 제거하기 위해 필요한 조치를 하고 국토교통부장관에게 그 조치의 내용을 통보하여야 한다. 즉, 소관 지자체는 점검결과 통보일로부터 3개월 이내에 교통수단안전점검 결과에 따른 조치내용과 미조치 사항에 대한 사유 및 조치계획을 국토교통부장관에게 통보하게 되는데, 한국교통안전공단의 교통안전관리체계에 그 내용을 입력해도 된다. 특별점검 시행 후 개선권고를 하고 이행 실태를 다시 점검함으로써 개선권고의 이행률을 높이고 있다. 또한 해당 업체에 대해서는 매월 성과분

---

8 공단은 2018년 말 노상안전점검을 모두 231회 시행하여 12,633대 점검했으며 1,807대를 적발했다.

9 공단은 지역별 화물차 노상안전점검 시 후부반사판 교체 행사를 병행하고 있는 경우도 있는데, 2018년에 노상안전점검 시 후부반사판 화물차용 30,000개, 용달용 15,000개, 농기계용 15,000개를 제작·배포한 바 있다.

석을 시행하고 교통사고 추이를 지속적으로 모니터링하고 있다. 교통사고 추이는 한국교통안전공단의 운수종사자 관리시스템을 확인하거나 운수회사 교통안전 담당자를 통하여 사고발생 여부를 알 수 있다.

❶ 교통안전도 평가지수 기준 초과대상 특별점검

자동차를 20대 이상 보유한 운송사업자를 대상으로 전년도 교통안전도 평가지수가 일정 기준을 초과한 업체에 대해 특별점검을 시행한다. 특별점검 대상을 정하기 위한 교통안전도 평가지수 산정식[10]은 아래와 같다.

$$\text{교통안전도 평가지수} = \frac{(\text{교통사고 발생건수} \times 0.4) + (\text{교통사고 사상자 수} \times 0.6)}{\text{자동차등록(면허) 대수}} \times 10$$

이때 교통사고는 직전 연도 1년간의 교통사고를 기준으로 하며, 다음과 같이 구분한다.

- 사망사고: 교통사고가 주된 원인이 되어 교통사고 발생 시부터 30일 이내에 사람이 사망한 교통사고
- 중상사고: 교통사고로 인하여 다친 사람이 의사의 최초 진단 결과 3주 이상의 치료가 필요한 상해를 입은 교통사고
- 경상사고: 교통사고로 인하여 다친 사람이 의사의 최초 진단 결과 5일 이상 3주 미만의 치료가 필요한 상해를 입은 교통사고

또한 교통사고 발생건수 및 교통사고 사상자 수 산정 시 경상사고 1건 또는 경상자 1명은 '0.3', 중상사고 1건 또는 중상자 1명은 '0.7', 사망사고 1건 또는 사망자 1명은 '1'을 각각 가중치로 적용하되, 교통사고 발생건수의 산정 시, 하나의 교통사고로 여러 명이 사망 또는 상해를 입은 경우에는 가장 가중치가 높은 사고를 적용한다.

만약 자동차 등록(면허) 대수가 변동되었을 때의 교통안전도 평가지수는 다음 계산식에 따른다.

$$\frac{\text{변동 전}(\text{교통사고 발생건수} \times 0.4) + (\text{교통사고 사상자 수} \times 0.6)}{\text{변동 전 자동차 등록(면허) 대수}} \times 10 + \frac{\text{변동 후}(\text{교통사고 발생건수} \times 0.4) + (\text{교통사고 사상자 수} \times 0.6)}{\text{변동 후 자동차 등록(면허) 대수}} \times 10$$

- 특별점검 대상이 되는 운송사업자는 업종별로 전년도 교통안전도 평가지수를 다음과 같이 정하고 있다. 「여객자동차 운수사업법」 제5조에 따른 여객자동차운송사업의 면허를 받거나 등록을 한 자
    - 시내버스운송사업·농어촌버스운송사업·특수여객자동차운송사업 및 마을버스운송사업: 2.5
    - 시외버스운송사업 및 일반택시운송사업: 2

---

10 「교통안전법 시행령」 제29조 별표 3의2 참조할 것

- 전세버스운송사업: 1
- 「화물자동차 운수사업법」 제3조에 따라 화물자동차운송사업의 허가를 받은 자(일반화물자동차운송사업): 1

❷ 중대 교통사고 발생 업체대상 특별점검

당해 연도에 사망 1명 또는 중상 3명 이상 교통사고가 발생한 운송사업자에 대해 실시하는 특별점검으로, 해당 업체의 교통안전관리 전 분야의 위험요인을 조사·측정·평가하게 된다. 점검방식과 절차는 앞서 설명한 교통안전도 평가지수 기준 초과 업체에 대해 실시하는 것과 동일하다. 한국교통안전공단은 2017년 사망사고가 발생한 운수회사 328개사와 보유대수 20~50대 화물·전세버스 회사(852개사) 대상으로 특별점검을 실시한 바 있다.

특히 분기별 중대 교통사고가 발생한 운수회사는 사고발생 직후에 국토부·지자체와 합동으로 점검을 실시하고, 디지털운행기록장치(DTG; Digital Taco-Graph) 자료 제출 및 최고속도제한장치 무단해제 등 대형사고 유발요인을 집중적으로 점검하고 있다.

| 2.2 | **교통안전관리규정 심사** |

교통안전관리규정은 운송사업자 등이 운영하는 교통수단과 관련된 교통안전을 확보하기 위하여 교통안전 경영지침 등 안전에 관한 사항을 망라한 당해 회사의 안전관리에 관한 기본계획서로서, 운송사업자가 이를 작성한 후 공단에 제출하면 공단은 법령과 지침에 맞게 제대로 작성되었는지를 검토하고 5년을 주기로 그 준수 여부에 대한 확인·평가를 해야 한다.

2.2.1 작성주체

- 「여객자동차 운수사업법」 제5조에 따라 여객자동차운송사업의 면허를 받거나 등록을 한 자
- 「여객자동차 운수사업법」 제14조에 따라 여객자동차운수사업의 관리를 위탁받은 자
- 「여객자동차 운수사업법」 제29조에 따라 자동차대여사업의 등록을 한 자
- 「화물자동차 운수사업법」 제3조 및 같은 법 시행령 제3조제1호에 따라 일반화물자동차운송사업의 허가를 받은 자(지입제 화물자동차 제외)

2.2.2 교통안전관리규정에 포함할 사항

- 교통안전의 경영지침에 관한 사항
- 교통안전목표 수립에 관한 사항
- 교통안전 관련 조직에 관한 사항
- 교통안전담당자 지정에 관한 사항
- 안전관리대책의 수립 및 추진에 관한 사항
- 교통안전과 관련된 자료·통계 및 정보의 보관·관리에 관한 사항
- 교통시설의 안전성 평가에 관한 사항
- 사업장에 있는 교통안전 관련 시설 및 장비에 관한 사항
- 교통수단의 관리에 관한 사항
- 교통업무에 종사하는 자의 관리에 관한 사항
- 교통안전의 교육·훈련에 관한 사항
- 교통사고 원인의 조사·보고 및 처리에 관한 사항
- 그밖에 교통안전관리를 위하여 국토교통부장관이 따로 정하는 사항

2.2.3 제출시기

- 200대 이상의 자동차를 보유한 여객자동차운송사업자: 6개월 이내
- 100대 이상 200대 미만의 자동차를 보유한 여객자동차운송사업자: 9개월 이내
- 일반화물자동차운송사업의 허가를 받은 자 및 100대 미만의 자동차를 보유한 여객자동차운송사업자: 1년 이내
- 교통안전관리규정을 변경한 경우에는 변경한 날부터 3개월 이내에 변경된 교통안전관리규정을 공단에 제출하여야 한다.

2.2.4 교통안전관리규정의 검토

한국교통안전공단은 교통시설설치·관리자 등이 제출한 교통안전관리규정이 법령과 지침에 맞게 적정하게 포함되어 작성되었는지를 검토하여야 한다. 운수회사를 신설하더라도 규정작성에 대해 인지를 하지 못한 경우가 많으므로 주기적 모니터링을 통해 작성·제출을 독려하고 폐업 등 변동이 잦은 렌터카 및 전세버스에 주기적인 모니터링을 실시하고 있다. 교통안전관리규정에 대한 검토 결과는 다음 각 호와 같이 구분한다.
- 적합: 교통안전에 필요한 조치가 구체적이고 명료하게 규정되어 있어 교통시설 또는 교통수단의 안전성이 충분히 확보되어 있다고 인정되는 경우

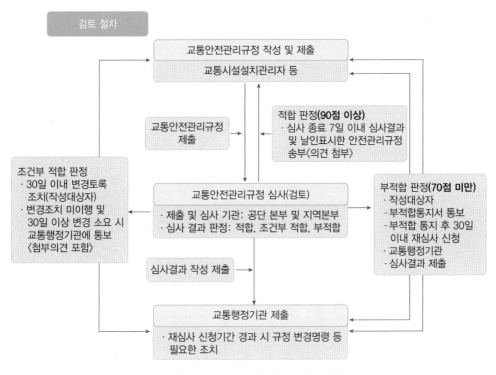

검토 절차

그림 7.2.1 교통안전관리규정 검토절차

- 조건부 적합: 교통안전의 확보에 중대한 문제가 있지는 아니하지만 부분적으로 보완이 필요하다고 인정되는 경우
- 부적합: 교통안전의 확보에 중대한 문제가 있거나 교통안전관리규정 자체에 근본적인 결함이 있다고 인정되는 경우

교통행정기관은 교통시설설치·관리자 등이 제출한 교통안전관리규정이 조건부 적합 또는 부적합 판정을 받은 경우에는 교통안전관리규정의 변경을 명하는 등 필요한 조치를 하여야 한다.

2.2.5 교통안전관리규정 준수여부의 확인 · 평가

한국교통안전공단은 차량 보유대수 20대 이상인 여객·화물자동차 운송사업자가 작성·제출한 교통안전관리규정에 대한 적정성 검토 및 이행여부, 특히 교통안전교육의 시행, 운행기록분석 활동, 교통안전담당자 지정여부 등을 주기적으로 확인·평가하고 있다.[11] 심사의 전문성 강화를 위해 한국교통안전공단 관리규정 담당자에 대한

---

11 2018년 156개의 신규회사 대상 규정 적정성 검토와 제출 후 5년이 경과한 551개사에 대한 규정 확인평가 심사가 이루어졌다.

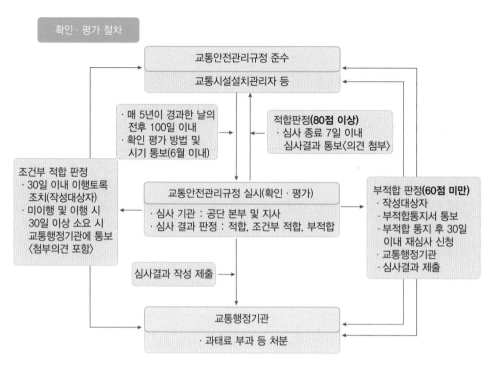

그림 7.2.2 교통안전관리규정 확인 · 평가절차

ISO39001 인증심사원 교육을 받게 하고 있다.

교통안전관리규정의 준수여부의 확인·평가는 검토를 실시한 날을 기준으로 매 5년이 경과한 날의 전후 100일 이내에 실시한다. 교통수단안전점검을 실시하는 때에는 교통안전관리규정의 준수여부를 확인·평가할 수 있다. 이 경우 교통수단안전점검을 실시한 때를 기준으로 하여 교통안전관리규정의 확인·평가의 실시시기를 정한다. 공단은 교통안전관리규정의 준수 여부에 대한 확인·평가결과를 부적합 판정 등을 하는 경우 교통행정기관에 보고하고, 교통행정기관은 과태료 부과 등 필요한 조치를 하도록 하고 있다.[12]

2.2.6 교통안전담당자의 지정

❶ 교통안전담당자 직무

교통안전관리규정에 포함할 사항으로 교통안전담당자 지정이 있다. 운수회사의 교통안전담당자는 전문성이 요구되는 직종이기 때문에 법령에서 몇 가지 자격으로 제한

---

12 강동수, 앞의 책, 57~60쪽

하고 있다. 「교통안전법」상 국가자격인 교통안전관리자, 산업안전보건법에 따라 선임해야 하는 안전관리자와 한국교통안전공단 이사장이 교부하는 민간자격인 교통사고 분석사, 도로교통공단 이사장이 교부하는 도로교통사고 감정사가 그것이다. 2017년 말 「교통안전법」 개정으로 2018년 12월 27일부터 차량 보유대수 20대 이상인 운수회사는 유자격 교통안전담당자를 관할 관청에 지정신고해야 하고 신규교육과 2년을 주기로 보수교육을 받아야 한다. 교통안전담당자 미지정과 교육 미이수에 대한 과태료 부과처분은 2020년부터 적용된다. 교통안전담당자의 직무는 다음과 같다.

- 교통안전관리규정의 시행 및 그 기록의 작성·보존
- 교통수단의 운행 등 또는 교통시설의 운영·관리와 이와 관련된 안전점검의 지도 및 감독
- 교통시설의 조건 및 기상조건에 따른 안전 운행 등에 필요한 조치
- 운전자 등의 운행 중 근무상태 파악 및 교통안전 교육·훈련의 실시
- 교통사고 원인조사·분석 및 기록유지
- 운행기록장치 및 차로이탈경고장치 등의 점검 및 관리

교통사고 방지를 위하여 교통시설설치·관리자에게 사업자에게 다음의 조치 요청하거나 시간적 여유가 없는 경우에는 직접 필요한 조치를 하고 차후에 보고해야 한다.
- 교통수단의 운행 등의 계획 변경
- 교통수단의 정비
- 운전자 등의 승무계획 변경
- 교통안전 관련시설 및 장비의 설치 또는 보완
- 교통안전을 해치는 운전자 등에 대한 징계 건의

「교통안전법」의 교통안전관리규정 작성 및 이행확인, 운행기록 보관 및 활용, 교통사고 원인분석, 점검 및 진단 등의 업무를 효율적으로 실시하고 정부의 교통정책에 대한 가교역할을 할 수 있는 교통안전담당자가 어느 때보다 필요한 상황이다. 안전관리가 체계적으로 이루어지는 회사도 있기는 하지만 대부분 영세한 우리나라 운수회사의 경영환경을 고려한다면 교통안전담당자 중심으로 승무관리와 배차관리가 이루어지는 교통안전관리체계가 구축되어야 한다. 따라서 교통안전담당자 의무지정은 자발적인 안전관리체계 구축의 출발점이자 근간이라 할 수 있다.[13]

❷ 유사 사례

철도·항공 등 다른 운송분야는 「철도안전법」 제69조에 따른 철도운행안전관리자의 배치, 「항공법」 제52조에 따른 운항관리사 선임, 「해사안전법」 제46조에 따른 안전

13 강동수, "교통안전관리자, 이대로 둘 것인가", 교통신문, 2015. 3. 20

표 7.2.2 운수업체 교통안전담당자 지정현황(차량 보유대수 20대 이상)

구분			합계	교통안전담당자					미지정
				소계	교통안전관리자	(산업)안전관리자	민간자격	대행법인위탁	
합계 (구성비, %)			2,952 (100)	1,661 (56.3)	1,414 (47.9)	12 (0.4)	19 (0.6)	216 (7.3)	1,291 (43.7)
업종구분	버스	시내버스	345 (100)	248 (71.9)	212 (61.4)	2 (0.6)	9 (2.6)	25 (7.2)	97 (28.1)
		시외버스	68 (100)	52 (76.5)	51 (75.0)	0 (0)	0 (0)	1 (1.5)	16 (23.5)
		마을버스	47 (100)	21 (44.7)	13 (27.7)	1 (2.1)	0 (0)	7 (14.9)	26 (55.3)
		농어촌버스	41 (100)	21 (51.2)	18 (43.9)	0 (0)	0 (0)	3 (7.3)	20 (48.8)
		전세버스	969 (100)	337 (34.8)	237 (24.5)	4 (0.4)	1 (0.1)	95 (9.8)	632 (65.2)
	일반택시		1,410 (100)	979 (69.4)	880 (62.4)	5 (0.4)	9 (0.6)	979 (69.4)	431 (30.6)
	일반화물		72 (100)	3 (4.2)	3 (4.2)	0 (0)	0 (0)	3 (4.2)	69 (95.8)

자료: 한국교통안전공단 내부자료
주: 2018년 6월 기준

관리자 선임, 「궤도운송법」 제22조에 따른 안전관리책임자의 선임을 의무화하고 있다. 또한 해외사례를 보면 일본의 운행관리자(선임제도에서 2002년 자격제도로 전환), 독일이나 미국 등은 운수업체에 교통관리자 등을 선임 또는 고용을 의무화 하여 운전자에 대한 과로방지와 승무·배차관리, 교육, 위험운전자의 운전금지 등 관리·감독 업무를 수행함으로써 사업용자동차 교통사고 예방에 기여하고 있다.[14]

2.3 전세버스 운수사업자 특별관리

전세버스는 최근 5년간 연평균 사망자수가 38.5명으로 버스업종(시내, 시외, 고속, 전세) 중 시내버스(110.8명) 다음으로 가장 많은 비중을 차지하고 있다.[15] 또한 전세버스의 교통사고 치사율[16]은 3.37%로 매우 높게 나타나고 있다. 이에 따라 전세버스 교

---

14 위의 논단

15 도로교통공단 교통사고분석시스템

16 교통사고 치사율 = 교통사고 사망자수 / 교통사고 발생건수 * 100 (%)

통사고 감소와 효율적인 관리를 위하여 전세버스 운수사업자에 대한 경영 및 서비스 평가와 전세버스 교통안전정보 공시제도를 시행하고 있다. 특히 이 제도는 교통안전관리규정 심사와 같이 차량보유대수 20대 이상 사업자만이 아닌 모든 전세버스 운송사업자를 대상으로 하고 있다.

2.3.1 전세버스 운송사업자에 대한 경영 및 서비스 평가제도

운송사업자에 대한 경영 및 서비스 평가제도는 「대중교통의 육성 및 이용촉진에 관한 법률」 제18조에 따라 대중교통을 체계적으로 지원·육성하고 서비스를 개선하기 위한 목적으로 대중교통 분야에 먼저 도입되었다. 이후 정부는 일반택시 운송사업자에 확대하였고 전세버스 운송사업자도 평가할 수 있도록 2018년 2월 12일 「여객자동차 운수사업법 시행규칙」 제43조제1항을 개정하였다.

2018년 처음 도입된 전세버스 운수사업자에 대한 경영 및 서비스 평가는 「전세버스 운송사업자 경영 및 서비스 평가 요령」(국토교통부 훈령)에 따라 경영부분 8개, 서

표 7.2.3 전세버스 경영 및 서비스 평가항목 및 배점

평가부문	평가영역	평가항목	배점	항목특성
경영 평가 (20)	경영 관리 (12)	1. 산재보험요율	2	정량
		2. 운전자 이직률	4	정량
		3. 운전자 임금	2	정량
		4. 운전자 복리후생지원	2	정량
		5. 친환경 추진노력	2	정성
	재무 관리 (8)	1. 부채비율	4	정량
		2. 유동비율	2	정량
		3. 매출액 영업이익률	2	정량
합 계			80	-
서비스 평가 (80)	운행 관리 (16)	1. 운행관리 노력	8	정성
		2. 대당 행정처분금액	4	정량
		3. 일제점검 지적횟수	4	정량
	안전성 (48)	1. 교통안전담당자 지정	4	정량
		2. 운행기록계 제출실적	8	정량
		3. 교통안전도 평가지수	8	정량
		4. 운전자 및 담당자 교육	16	정량
		5. 운전자 자격요건 준수율	4	정량
		6. 운전자 안전운전 관리 노력	8	정성
	고객 만족 (16)	1. 고객만족도	8	정량
		2. 자동차 현대화율	4	정량
		3. 서비스개선 노력	4	정성
합 계			80	-

비스부분 12개 총20개 항목에 시행되고 있다. 평가는 서류심사와 현장심사를 거쳐 우수 사업자를 확정하고 포상을 시행하고 있다.

2.3.2 전세버스 교통안전정보 공시제도

전세버스 교통안전정보 공시제도는 「여객자동차 운수사업법」 제21조의 운수사업자의 준수 사항에 따른 운송사업자의 교통안전정보 제공의무에서 시작되었다. 전세버스 운송사업자는 학교 등 이용자의 요청이 있거나 이용자와 운송계약을 체결할 때 차량과 운전자에 대한 교통안전정보 제출 의무가 있다. 이에 따라 사업자는 공단의 '운수종사자 관리정보 시스템'[17]에서 교통안전정보 통보서를 조회·발급받아 이용자에게 제출하고, 이용자는 통보서의 진위 여부를 공단 홈페이지를 통해 조회·확인할 수 있도록 했다. 여기서 제공되는 교통안전정보는 전세버스 운송사업자의 최근 3년간 교통사고 발생 현황, 교통안전도 평가지수, 지역·전국별 안전도 등급 등이다. 전세버스 교통안전정보 공개건수는 2014년 100,009건, 2015년 221,648건, 2016년 280,071건, 2017년 697,175건으로 계속 증가하고 있다.

그리고 2017년 12월 26일 이용자가 특정 계약예정 업체가 아닌 모든 전세버스 운송사업자의 교통안전관련 정보를 조회할 수 있고 자유롭게 운송사업자를 선택할 수 있도록 「여객자동차 운수사업법」을 개정하였다. 후속조치로 전세버스 교통안전정보 공시제도와 관련된 세부사항을 규정한 「여객자동차 운수사업법 시행규칙」에 따라 2019년 1월 1일부터 시행되고 있다. 시행규칙에서 규정하고 있는 주요 내용은 다음과 같다.

표 7.2.4 전세버스 교통안전정보 공시 대상 및 항목

구분	내용	비고
공시대상	전세버스 운송사업자 (전수)	보유대수 무관
공시주기	반기마다(연2회), 필요시 분기마다	
공시장소	한국교통안전공단 홈페이지	
평가방법	서류심사와 현장심사	
평가항목	(교통안전관리) 교통안전관련 조직구성·운영, 교통업무 종사자 관리, 차량점검 및 운행관리, 교통사고 조사·처리 등	
	(교통안전실태) 교통사고, 법규위반 등	

---

17 한국교통안전공단이 여객·화물법령에 따라 사업용운전자 관련 자료(입·퇴사, 교통사고 및 법규위반 등)를 통합 관리하는 정보시스템

03

사업용자동차 안전관리

운행기록 분석 및 단속업무

3.1.1 디지털운행기록장치와 운행기록

디지털운행기록장치(DTG; Digital Tacho-Graph)는 자동차의 속도·위치·방위각·가속도·주행거리 및 교통사고 상황 등을 기록하는 자동차의 부속장치 중 하나다. 디지털운행기록장치의 기억장치에는 자동차의 운행상황과 교통사고 상황 등이 기록된다.

디지털운행기록장치를 설치해야 하는 운수회사는 「여객자동차 운수사업법」에 따른 여객자동차 운송사업자, 「화물자동차 운수사업법」에 따른 화물자동차 운송사업자 및 화물자동차 운송가맹사업자로 되어 있다. 외국과의 통상마찰을 피하기 위해 제작단계(before market)에서 제조사업자가 아닌, 운행단계(after market)에서 운송사업자에게 설치의무를 부과하고 있다. 운행기록장치는 어느 나라든 최소 휴게시간 준수여부 등을 단속하기 위한 목적으로 설치된다. 그러나 우리나라는 2016년까지 최소 휴게시간과 연속운전시간이 법정화되어 있지 않았기 때문에 디지털운행기록장치의 설치가 의무화 되어 있다 하더라도 다른 나라와는 활용목적이 많이 다르다. 우리나라는 운전자의 위험운전 행태, 전자지도를 이용한 운행궤적 표출, 차량별 정보 등을 분석하여 그 결과를 이용자에게 제공하고 운송사업자의 안전관리에 활용하기 위한 목적으로 디지털운행기록장치의 장착, 운행기록의 보관 등을 강제하고 있다.

2017년 2월 최소휴게시간과 연속운전시간 등이 법정화 되고, 같은 해 7월 18일부터는 디지털운행기록장치를 통해 단속할 수 있는 근거를 마련함에 따라 우리나라도 디지털운행기록장치가 운전자의 최소 휴게시간 준수 등 졸음운전 방지를 위한 목적으로 활용할 수 있게 되었다.

또한 영국을 포함한 대부분의 국가에서는 제한속도 위반으로 단속되었을 때 차량의 이동거리와 시간을 통해 차량속도를 추정할 수 있기 때문에 디지털운행기록장치의 운행기록이 직접적인 증거로 활용되기보다는 대개 참고자료 또는 보충자료로만 이용되고 있다. 위반 운전자를 밝히는 입증책임은 경찰공무원에게 있기 때문에 경찰공무원이 무인단속카메라로 과속운전을 적발하더라도 위반행위를 한 운전자를 규명하려면 디지털운행기록장치가 유용한 수단이 될 수도 있다. 디지털운행기록장치의 운행기록을 토대로 과속운전을 입증하기 위해서는 사업주나 운전자가 자료를 조작하거나 파기할 가능성을 차단시킬 수 있는 체계가 선행되어야 한다.[18]

운송사업자는 〈표 7.3.1〉에서 정하는 세부기준을 갖춘 디지털운행기록장치를 장착하여야 한다. 이를 장착하는 경우에는 이를 수평상태로 유지되도록 하여야 하며, 수평상태의 유지가 불가능할 경우에는 그에 따른 보정값을 만들어 수평상태와 동일한 운행기록을 표출할 수 있게 하여야 한다. 외국에서 자동차를 수입하는 자는 디지털운행기록장치를 장착할 수 있도록 운행기록장치 개발사업자 및 운송사업자에게 해당 자동차에 접속단자를 확보해야 한다.[19]

표 7.3.1 표준화된 디지털운행기록장치의 운행기록 배열순서

항목	자릿수	표기방법	표기시기
디지털운행기록장치 모델명	20	오른쪽으로 정렬하고 빈칸은 '0'으로 표기	최초 사용 시 등록
차대번호	17	영문(대문자)·아라비아숫자 전부 표기	〃
자동차 유형	2	11: 시내버스 12: 농어촌버스 13: 마을버스 14: 시외버스 15: 고속버스 16: 전세버스 17: 특수여객자동차 21: 일반택시 22: 개인택시 31: 일반화물자동차 32: 개별화물자동차 41: 비사업용자동차	〃
자동차 등록번호	12	자동차등록번호 전부 표기 (한글 하나에 두 자리 차지)	〃
운송사업자 등록번호	10	사업자등록번호 전부 표기 (XXXYYZZZZZ)	〃
운전자코드	18	운전자의 자격증번호로, 빈칸은 '0'으로 표기하고 중간자 '-'는 생략	운송사업자 설정
정보발생 일시	16	YYMMDDhhmmssssss (연/월/일/시/분/0.001초)	실시간

(계속)

18 강동수, "운행기록과 과속단속", 교통신문, 2016. 10. 14
19 「자동차 운행기록 및 장치에 관한 관리지침」, 국토교통부 고시 제2009-1239호 제3조

표 7.3.1 표준화된 디지털운행기록장치의 운행기록 배열순서			
항목	자릿수	표기방법	표기시기
차량속도(km/h)	3	범위: 000~255	"
분당 엔진회전수 (RPM)	4	범위: 0000~9999	"
브레이크 신호	1	범위: 0(off) 또는 1(on)	"
차량위치 X	9	10진수로 표기	"
(GPS X, Y 좌표) Y	9	(예: 127.123456*1000000⇒127123456)	"
위성항법 장치(GPS) 방위각	3	범위: 0~360 (0~360°에서 1°를 1로 표현)	"
가속도 ΔV_x	6	범위: -100.0 ~ +100.0	"
(km/sec²) ΔV_y	6		"
기기 및 통신 상태 코드 (백업 수집 주기 내)	2	00: 운행기록장치 정상 11: 위치추적장치(GPS수신기) 이상 12: 속도센서 이상 13: RPM 센서 이상 14: 브레이크 신호감지 센서 이상 21: 센서 입력부 장치 이상 22: 센서 출력부 장치 이상 31: 데이터 출력부 장치 이상 32: 통신 장치 이상 41: 운행거리 산정 이상 99: 전원공급 이상	"
총 자릿수	138		

3.1.2 운행기록장치 세부기준

❶ 구조 일반

디지털운행기록장치는 운행기록 관련신호를 발생하는 센서, 신호를 변환하는 증폭장치, 시간 신호를 발생하는 타이머, 각종 신호를 처리하여 필요한 정보로 변환하는 연산장치, 정보를 가시화하는 표시장치, 운행기록을 저장하는 기억장치, 기억장치의 자료를 외부 기기에 전달하는 전송장치, 외부에서 분석 및 출력을 하는 외부 기기로 구성된다.

❷ 장치와 성능

디지털운행기록장치의 위치추적장치는 단말기에 장착되어야 하며, 그 성능은 1 Hz 이상이어야 하고 기억장치는 6개월 이상의 1초 단위 데이터를 기록·저장할 수 있어야 한다. 이동식기억장치 인터페이스는 장치에서 습득한 운행기록 정보를 분석 장비로 전송하기 위하여 범용적으로 유통되는 기억장치를 갖추어야 하며, 무선통신장치는 무선으로 장치에서 습득한 운행기록 정보를 분석 장비로 전송하기 위한 모듈과 연결될 수 있는 구조를 갖추어야 한다. 영상기록 보조기능으로서 영상기록장치에 운행기록 정보를 전송할 수 있거나 영상카메라와 인터페이스할 수 있는 모듈을 갖추어야 할 뿐만 아니라 사용자가 현 운행상태를 확인할 수 있는 표시기와 사용자 정보 등을 입력할 수 있는 설정키(MMI; Man Machine Interface) 등이 있어야 한다. 또한 장치의 내부 데이터가 인위적으로 변경되거나 삭제되는 것을 방지해야 하며 분해 여부를 확인할 수 있는 보안조치를 취해야 한다.[20]

디지털운행기록장치의 외형과 케이스에 대한 세부기준은 다음과 같다.

- 장치에 사용되는 재질은 강하고 인체에 무해하여야 한다.
- 장치의 외부 모서리 및 코너 부분은 부드럽게 처리되어야 하고 조립에 필요한 볼트 머리, 너트, 날카로운 모서리 또는 홈 등의 노출이 없어야 한다. 즉, 외부의 표면은 사용자에게 위험을 가할 수 있는 형태가 되어서는 안 된다.
- 단말기 케이스는 유지보수를 위하여 분해 및 재조립될 수 있는 구조이어야 한다. 이 경우 이용자가 임의로 분해하는 것을 방지하기 위하여 장치는 보안처리 되어야 한다.

3.1.3 운행기록의 보관 및 제출

운송사업자는 사업용자동차의 운행기록을 누락·훼손되지 않도록 디지털운행기록장치 또는 저장장치(개인용 컴퓨터, CD, 휴대용 플래시메모리 저장장치 등)에 〈표 7.3.1〉의 배열순서에 맞게 6개월 이상 보관하여야 한다. 또한 회사의 교통안전담당자로 하여금 운행기록의 보관·폐기·관리 등의 적절성, 운행기록 입력자료 저장여부 확인·출력점검(무선통신 등으로 자동전송하는 경우를 포함) 및 운행기록장치의 작동불량·고장 등에 대한 차량운행 전 일상점검을 실시하도록 해야 한다. 운송사업자는 교통행정기관이나 한국교통안전공단이 교통수단안전점검 등을 실시하는 때 운행기록의 적절한 보관 및 관리 상태에 대한 확인을 요구하는 경우에는 이에 응하여야 한다.[21]

교통행정기관과 한국교통안전공단이 운행기록 등의 제출을 요청하는 경우에도 운송사업자는 이에 따라야 한다. 특히 공단은 교통수단안전점검을 실시하거나 다른 법령에 따른 중대한 교통사고가 발생하는 등 교통사고의 원인규명을 위하여 필요한 경우에는 운행기록의 제출을 요청할 수 있다. 운행기록 분석기관인 한국교통안전공단은 사업용자동차의 교통사고를 방지하거나 교통사고 원인 등을 조사하기 위하여 정기적 또는 수시로 운행기록을 제출할 것을 운송사업자에게 요청할 수 있는 것이다. 다만, 운행기록장치 장착의무자 중 노선 여객자동차운송사업자는 운행기록을 한국교통안전공

---

20 앞의 지침 별표 1

21 앞의 지침 제4조

단에 주기적으로 제출하여야 한다. 이 경우 운행기록장치 장착의무자는 운행기록장치에 기록된 운행기록을 임의적으로 조작하여서는 안 된다. 운송사업자가 제출하는 운행기록은 문자형으로 구성된 범용자료저장방식인 텍스트(txt) 파일이어야 한다. 운행기록의 구성파일은 운행일시, 자동차번호, 운행순서 및 운전자코드 순으로 정한다.

자동차의 운행기록은 유·무선통신망 및 보조기억장치 등을 이용하여 분석되며, 한국교통안전공단은 지체 없이 분석을 완료하여 그 결과를 교통행정기관의 장에게 보고하고, 운송사업자에게 통보한다.

공단과 교통행정기관은 필요한 경우 운행기록 분석결과 등을 토대로 당해 운송사업자에게 다음 각 호의 어느 하나에 해당하는 조치를 할 수 있다.

- 교통수단안전점검의 실시
- 교통수단 및 교통수단운영체계의 개선 권고
- 최소휴게시간, 연속근무시간 및 속도제한장치 무단해제 확인
- 그밖의 관계법령에 따른 교통안전에 관한 조치

3.1.4 운행기록분석시스템의 구축 · 운영

❶ 운행기록분석시스템의 개념

한국교통안전공단은 제출받은 운행기록을 입력하고 이를 관리하여야 하며 운송사업자로부터 제출받은 운행기록의 정밀분석과 효율적 관리를 위한 운행기록분석시스템[22]을 구축하여 다음 각 호의 사항을 분석할 수 있어야 한다.

- 자동차의 운행경로에 대한 궤적의 표기
- 운전자별·시간대별 운행속도 및 주행거리의 비교
- 진로변경 횟수와 사고위험도 측정
- 교통사고가 발생하기 전·후 자동차의 위치 및 주행방향 측정
- 그밖에 자동차의 운행 및 사고발생 상황의 확인

이를 위해서 한국교통안전공단은 운행기록을 표준화된 자료배열로 변환하는 등 운행기록분석시스템에서 자료분석, 자료변환, 이기종(異機種) 인터페이스(interface), 데이터 마이닝(data mining), 운행기록장치의 정상작동 확인 및 운행기록의 보안·유지·관리를 할 수 있어야 한다. 한국교통안전공단은 운행기록을 제출받은 날로부터 30일 이내에 분석결과를 해당 운송사업자에게 통보하여야 하고 교통행정기관이 해당 지역의 운송사업자에 대한 운행기록의 분석결과를 요구하는 경우에는 이를 제출하여야 한다.[23]

---

22 http://etas.ts2020.kr
23 앞의 지침 제11조 및 제12조

❷ 운행기록의 실시간 전송체제 구축

운행기록장치는 차량속도의 검출, 분당 엔진회전수(RPM: Revolution Per Minute)의 감지, 브레이크 신호의 감지, GPS를 통한 위치추적, 입력신호 데이터의 저장, 가속도 센서를 이용한 충격감지, 기기 및 통신상태의 오류검출을 할 수 있는 기능을 갖추어야 한다. 운행기록 운행기록분석센터로 전송하기 위해서 USB나 PC를 활용할 수밖에 없지만 통신을 이용한 실시간 전송체제가 점차 확산되고 있다. 택시는 택시미터기 교체 시 택시통합단말기(DTG+미터기)에 통신모듈을 설치하여 카드결제기와 연계통신을 통해 실시간 자동전송이 가능한 택시 운행정보관리시스템을 구축하고 있고,[24] 시내버스는 버스정보관리시스템(BIS; Bus Information System) 사업과 연계하여 차내 통합단말기(BIS+DTG) 제작·설치함으로써 실시간 전송이 가능한 BIS 구축사업을 확대하고 있다.[25]

3.1.5 운행기록을 활용한 교통안전관리

「교통안전법」에 따라 교통행정기관과 한국교통안전공단은 운송사업자가 제출한 운행기록 등을 점검·분석하고, 그 결과를 교통수단의 운행관리 및 운전자의 운전습관 교정과 교육·훈련 등의 자료로 활용해야 한다. 교통안전 업무에 활용할 수 있는 디지털 운행기록장치 관련 업무는 다양하다. 운행기록분석시스템에서 지역별 사고다발지점 및 위험지점과 구간을 추출하거나 교통사고의 운전자적 요인을 관리하기 위해 위험운전행동과 운전습관을 과학적으로 분석한 후 교통안전 컨설팅할 때 디지털운행기록장치 분석결과를 활용하고 있다.

❶ 위험그룹 운송사업자 관리와 위험도로 개량사업

한국교통안전공단은 운행기록자료를 토대로 위험그룹 회사를 선정하여 운전행동개선 교육 등 상시 안전관리를 시행하고 있다.[26] 운수회사 소속 차량의 운행기록, 배차정보 등을 수집·분석해 개인별 종합진단표 배포하고 교육을 시행하는 것이 그것이다. 또한 사업용자동차 운전자의 위험운전행동이 많은 취약지점을 발굴하고, 위험운전행동 다발구간 및 위험운전행동과 교통사고 교차분석 결과를 활용하여 취약구간을 개선하고 있다. 지자체·경찰청·한국도로공사와 협업으로 취약도로의 구간을 선정하여 시설개선에 활용하고 2017년 8월부터는 위험운전행동 다발지점이 내비게이션을 통해 표출되도록 하고 있다.

---

24 2018년 12월 현재 공단은 대전과 제주 등 법인택시 14,132대 대상 택시미터기 및 통신단말기를 개선하여 자료 수집을 했고, 부산광역시 등 25개 지자체 38,300여대에 실시간 운행기록 전송이 가능한 통합단말기 개선사업을 완료했다.

25 BIS시스템은 2018년 12월 현재 강원도 등 5개의 도, 26개 시·군의 973대에 대한 시스템 구축을 완료했다.

26 2017년에는 210개 사업장이 선정되었다.

또한 디지털운행기록의 11대 위험운전행동별 교통사고분석을 통해 위험운전행동별 위험도를 산출하고 있다. 과속, 장기과속, 급가속, 급출발, 급감속, 급정지, 급좌회전, 급우회전, 급유턴, 급앞지르기, 급진로변경 등 위험운전행동상황을 모니터링하여 교통사고 위험도(발생 가능성)가 높은 운수종사자를 선제적으로 관리하기 위한 목적이다. 필요한 경우 교통안전정보관리시스템을 통하여 위험운전행동과 교통사고와의 관계를 분석하여 고위험 운수회사와 종사자를 분류한다. 운행기록자료를 토대로 산정하는 업종별 위험운전행동 기준은 〈표 7.3.2〉와 같다. 업종별 평균 계산법은 검색기간 중 동일업종의 전체 위험운전행동건수를 동일업종의 전체운행거리를 나눠서 100을 곱한 값으로 산정한다. 이때 운행거리 5 km 미만은 위험 수준 표시가 나타나지 않기 때문에 최소 운행거리는 5 km를 넘어야 한다. 위험운전행동은 계산법에서 산출한 값을 토대로 "양호"부터 "매우 위험"까지 아래와 같이 5단계로 평가하고 있다.

- 양호: 업종평균 0.5배 이하
- 보통: 업종평균 0.5배 초과 ~ 업종평균 이하
- 주의: 업종평균 초과 ~ 업종평균 1.5배 이하
- 위험: 업종평균 1.5배 초과 ~ 업종평균 2배 이하
- 매우 위험: 업종평균 2배 초과

표 7.3.2 업종별 위험운전행동 기준

구분		화물차 기준	버스 기준	택시 기준
과속 유형	과속	도로 제한속도보다 20 km/h 초과 운행한 경우	좌동	좌동
	장기과속	도로 제한속도보다 20 km/h 초과해서 3분 이상 운행한 경우	좌동	좌동
급가속 유형	급가속	6.0 km/h 이상 속도에서 초당 5.0 km/h 이상 가속운행한 경우	6.0 km/h 이상 속도에서 초당 6.0 km/h 이상 가속운행한 경우	6.0k m/h 이상 속도에서 초당 8.0 km/h 이상 가속운행한 경우
	급출발	5 km/h 이하에서 출발하여 초당 6 km/h 이상 가속운행한 경우	5 km/h 이하에서 출발하여 초당 8 km/h 이상 가속운행한 경우	5 km/h 이하에서 출발하여 초당 10 km/h 이상 가속운행한 경우
급감속 유형	급감속	초당 8 km/h 이상 감속운행하고 속도가 6 km/h 이상인 경우	초당 9 km/h 이상 감속운행하고 속도가 6 km/h 이상인 경우	초당 14 km/h 이상 감속운행하고 속도가 6 km/h 이상인 경우
	급정지	초당 8 km/h 이상 감속하여 5 km/h 이하 된 경우	초당 9 km/h 이상 감속하여 5 km/h 이하 된 경우	초당 14 km/h 이상 감속하여 5 km/h 이하 된 경우

(계속)

표 7.3.2 업종별 위험운전행동 기준

구분		화물차 기준	버스 기준	택시 기준
급차로 변경유형 (초당 회전각)	급진로변경 (15~30°)	속도가 30 km/h 이상에서 진행방향이 좌/우측(6°/sec) 이상으로 차로변경하고, 5초이내 ±2°/sec 이내 직진 가감속 초당 (±2 km/h)이내 경우	속도가 40 km/h 이상에서 진행방향이 좌/우측(8°/sec) 이상으로 차로변경하고, 5초 이내 ±2°/sec 이내 직진 가감속 초당 (±2 km/h) 이내 경우	속도가 40 km/h 이상에서 진행방향이 좌/우측(10°/sec) 이상으로 차로변경하고, 5초 이내 ±2°/sec 이내 직진 가감속 초당 (±2 km/h) 이내 경우
	급앞지르기 (30~60°)	속도가 30 km/h 이상에서 진행방향이 좌/우측(6°/sec) 이상으로 차로변경하고, 5초 이내 ±2°/sec 이내 직진가감속 초당 (±3 km/h)이상	속도가 30 km/h 이상에서 진행방향이 좌/우측(8°/sec) 이상으로 차로변경하고, 5초 이내 ±2°/sec 이내 직진 가감속 초당 (±3 km/h)이상	속도가 30 km/h 이상에서 진행방향이 좌/우측(10°/sec) 이상으로 차로변경하고, 5초이내 ±2°/sec 이내 직진 가감속 초당 (±4 km/h) 이내 경우
급회전 유형 (누전 회전각)	급좌우회전 (60~120°)	속도가 20 km/h 이상이고, 4초안에 좌/우측(누적회전각이 60 ~120° 범위)로 급회전	속도가 25 km/h 이상이고, 4초안에 좌/우측(누적회전각이 60 ~120° 범위)로 급회전	속도가 30 km/h 이상이고, 3초안에 좌/우측(누적회전각이 60 ~120° 범위)로 급회전
	급U턴 (160~180°)	속도가 15 km/h 이상이고, 8초 안에 좌측 또는 우측 (160~180° 범위)으로 회전	속도가 20 km/h 이상이고, 8초 안에 좌측 또는 우측 (160~180° 범위)으로 회전	속도가 25 km/h 이상이고, 6초 안에 좌측 또는 우측 (160~180° 범위)으로 회전

주 1) 다음의 경우에는 예외 처리한다.
　① 초당회전각 60° 이상
　② 속도가 0이상에서 좌표값이 변경되지 않는 경우
　③ 디지털운행기록장치가 GPS 오류 코드 수신시
주 2) 연속적인 과속행동별 간격이 3초 이내는 1건으로, 4초 이후는 별건으로 처리한다.

❷ 어린이 안심 통학버스 실시간 관제

　2017년부터 한국교통안전공단은 사업용자동차가 포함된 어린이 통학버스 사고의 위험성을 고려하여 일부 통학버스에 대한 실시간 위치 관제를 시범적으로 시행하고 있다. 경북 김천시에 소재한 유치원과 초등학교 통학버스(29개교, 50대)를 대상으로 통신형 디지털운행기록장치를 장착하고 실시간 위치정보를 제공하는 앱을 설치하면 실시간 위치 안내 및 위험운전 분석 결과를 알 수 있도록 했다. 어린이 통학버스 운행 기록 분석결과는 위험운전행동 다발구간의 시설개선과 안전운전 기준 위반에 대한 현장단속에 적용된다.

　어린이 안심 통학버스 실시간 관제사업은 2017년 기획재정부 혁신 우수사례로 선정되었고 전국 확대 모델로 지정됐다. 사업의 효율성 제고를 위해 유관기관 간 협력을 필수적이다. 이를 위해 운행기록 종합진단표를 활용한 운전자의 운전행태 분석결과를 제공하고, 지자체와 관할 교육청은 학부모 서비스 안내 및 관리, 관할 경찰서와 도로 관리청은 위험운전다발지점 시설개선과 안전기준 위반에 대한 현장단속에 적용한다.

그림 7.3.1 어린이 통학버스 실시간 위치정보 서비스 개념도

2018년 교육부는 8억5천만 원을 들여 유치원과 초·중학교, 특수학교에서 직영하는 통학버스 500대에 단말기를 설치하여 통학버스의 위치정보를 제공하고 비컨방식으로 아이의 승하차 여부를 확인할 수 있게 하고 있다. 정부·공공기관은 단말기와 디지털 운행기록계 분석기능을 연계함으로써 통학버스 운전자의 위험운전 행동데이터를 수집·분석하고 운전자 교정교육 등의 기초자료로 활용하고 있다. 전국적으로 8만여대가 넘는 통학버스와 통원차량에 실시간 위치관제시스템과 승·하차 정보서비스가 도입된다면 어린이에게 보다 안전한 교통체계가 구축될 것이다. 학부모는 운전자의 난폭·과속 운전 여부와 내 아이가 안전하게 승·하차했는지를 실시간으로 확인함으로써 운전자의 위법하거나 위험한 운전행태를 막을 수 있고, 정부·공공기관은 어린이 통학·통원차량의 효율적인 안전관리와 안전교육을 실시할 수 있다.

❸ 디지털운행기록장치 점검센터 운영 및 속도제한장치 점검

「교통안전법」에는 최소휴게시간 준수여부와 속도제한장치[27] 해제여부 등을 운행기록장치를 통해 단속할 수 있도록 규정하고 있다. 2017년 7월 18일부터는 노상안전점검 시 현장단속을 시행하고 있다. 한국교통안전공단은 2017년 3월, 속도·운행시간 분석 프로그램이 탑재된 운행기록장치 현장단속기를 개발했고 고속도로 화물차 전용휴게소 대상으로 디지털운행기록장치를 점검하고 현장단속을 실시하고 있다.

승합차와 화물차에 속도제한장치를 강제하는 이유는 이 차종이 전면 충격에너지

---

27 속도제한장치 설치대상 차량은 전장 11 m 이상 승합차와 3.5톤 이상의 화물차다. 이들 차량은 최고제한속도 100 km/h 일 때 80 km/h를 넘지 못한다.

그림 7.3.2 운행기록장치를 이용한 단속절차

흡수공간이 좁은 전방 조종자동차로서 과속 사고 시 대형 인명피해로 이어질 가능성이 높기 때문이다. 자동차안전단속원을 활용한 노상검사와 노상안전점검, 경찰청의 과속단속 정보를 활용한 속도제한장치 해제 의심차량에 대한 임시검사 조치[28] 등을 병행하고 있다.

3.2 첨단안전경고장치 장착 시범사업

2017년 7월 「교통안전법」에 운행하는 사업용자동차에 대한 첨단안전장치 장착 의무화가 되기 전부터 한국교통안전공단은 차로이탈경고장치(LDWS)와 전방충돌경고장치(FCWS)를 장착·지원하는 시범사업을 시행하고 있으며 장치 장착 전·후 교통사고 등의 개선효과 연구 등도 병행하고 있다. 첨단안전경고장치 장착 효과분석을 위한 연구 시범사업으로 한국도로공사·한국교통안전공단·화물연합회 협업을 통해 화물차 90대와 육군 군용차량 70대에 2016년 12월 첨단안전경고장치를 지원하였다.

또한 수도권 M버스, 강릉시 기·종점 시외버스 300대에 첨단안전경고장치 장착을 지원하여 그 효과를 분석하였다. 이러한 노력을 바탕으로 2018년부터는 대형 승합차와 화물차에 차로이탈경고장치 장착시 정부 보조금을 지원해주는 사업이 도입·시행 중이다.

화물차 졸음 등으로 인한 고속도로 추돌사고 사망자가 74%를 차지하고 있다. 또한 버스운전자의 80% 이상이 졸음·피로로 인한 아차사고를 경험했다고 한다.[29] 버스운전

---

28 경찰청은 2018년 속도제한장치 해제가 의심되는 승합차(120 km/h 이상) 490대, 화물차(100 km/h 이상) 191대, 특수차(100 km/h 이상) 15대를 한국교통안전공단에 임시검사를 요청한 바 있다.

29 2015년 한국교통안전공단 자체 설문조사 결과

자의 피로·부주의·졸음 등으로 인한 사고예방을 위해 '안전운전 모니터링 장치'도 시범적으로 도입되고 있다.

정부 R&D를 통해 개발하고 있는 졸음운전방지장치는 운전자정보, 차량정보, 도로환경정보 모니터링으로 졸음운전, 전방주시태만 등의 위험상황을 경고할 수 있다. 이 장치는 운전자 모니터링용 소형 카메라, 심장활동 변화, 피부저항 변화 계측용 센서를 이용하고 외부카메라를 설치하여 전방차량과의 거리 및 차로이탈 여부를 인식하게 된다. 이 장치는 2017년과 2018년 대형 운수회사 대상으로 고속버스에 시범장착하여 그 효과를 분석하였다.[30]

---

30 자세한 내용은 제8장 제2절 참조할 것

04

사업용운전자 안전관리

4.1 **교통안전체험교육**

4.1.1 개요

　교통안전체험교육 시설 기준과 운영에 대해서는 「교통안전법」에서 규정되어 있다. 시설과 운영은 국토교통부장관으로부터 위탁받아 한국교통안전공단이 시행하고 있고, 현재 경상북도 상주시와 경기도 화성시에 체험교육시설이 위치해 있다.

　교통안전체험교육은 크게 안전운전 분야와 경제운전 분야로 구분된다. 한 건의 교통사고로 8주 이상의 상해진단을 받은 피해자가 있는 경우에는 사고 후 교육을 받을 수 있는 때로부터 60일 이내에 체험교육을 받아야 하고, 교육을 받지 않았을 경우에는

표 7.4.1 교통안전체험 교육시설의 필수코스	
종류	용도
고속주행코스	고속주행에 따른 운전자 및 자동차의 변화와 특성을 체험
일반주행코스	중저속 상황에서의 기본 주행 및 응용 주행을 체험
기초훈련코스	자동차 운전에 대한 감각 등 안전주행에 필요한 기본적인 사항을 연수
자유훈련코스	회전 및 선회(旋回) 주행을 통하여 올바른 운전 자세를 습득하고 자동차의 한계를 체험
제동훈련코스	도로 상태별 급제동에 따른 자동차의 특성과 한계를 체험
위험회피코스	위험 및 돌발 상황에서 운전자의 한계를 체험하고 위험회피 요령을 습득
다목적코스	부정형(不定形)의 노면상태에서 화물자동차의 적재 상태가 운전에 미치는 영향을 체험

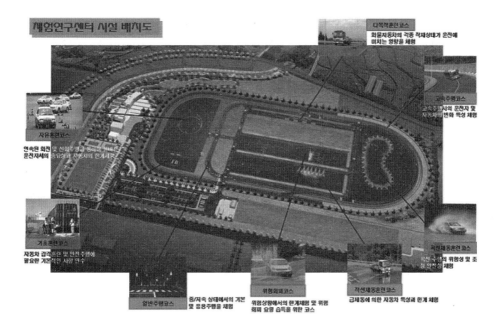

그림 7.4.1 체험교육장 시설배치도

해당 운전자에게는 50만 원의 과태료 처분이 부과된다. 해당 법정교육의 미이수에 대한 과태료 부과는 2017년 7월 18일부터 적용되고 있다.

「교통안전법 시행규칙」에 따르면 체험시설의 각 코스는 고속주행, 급제동, 급가속 또는 선회 등을 할 때에 안전하도록 충분한 안전지대를 확보하여야 하고, 코스마다 안전을 확보할 수 있는 통제시설을 갖추어야 한다. 또한 「자동차관리법 시행규칙」에 따른 자동차부분정비업 기준에 맞는 100제곱미터 이상인 정비시설(다른 사업장에 위탁하는 경우를 포함)도 갖추어야 한다고 규정하고 있다.

또한 체험교육 강사의 자격과 경력은 다음 각 호의 어느 하나의 요건을 갖출 것을 요구하고 있다. 이 경우 강사는 국내 또는 국외의 교통안전체험 교육·훈련기관에서 실시하는 전문인력 양성과정을 마쳐야 한다.

- 「도로교통법」 제106조제1항에 따른 전문학원 강사 자격을 갖춘 자로서 5년 이상의 강사 경력이 있는 자
- 「도로교통법」 제107조제1항에 따른 기능검정원 자격을 갖춘 자로서 5년 이상의 기능검정원 경력이 있는 자
- 자동차의 검사·정비·연구·교육 또는 그밖의 교통안전업무(정부·지방자치단체 또는 공공기관의 업무만 해당)에 3년 이상 종사한 경력이 있는 자로서 교통안전체험교육에 사용되는 자동차를 운전할 수 있는 운전면허가 있는 자
교통안전체험교육장에는 「자동차 및 자동차부품의 성능과 기준에 관한 규칙」에 따

른 바퀴잠김방지식제동장치(ABS; Anti-lock Brake System)를 장착한 자동차 등과 교육·훈련 목적에 적합한 장치를 장착한 자동차를 비치해야 한다. 효율적인 교육·훈련의 시행과 자동차 관리를 위하여 교육·훈련용 자동차임을 알 수 있는 표시를 해야 하고, 자동차에 대한 점검·정비 결과를 기록부로 작성하여 유지·관리해야 한다. 교육·훈련 중 발생하는 사고로 인한 응급환자 발생 시 환자이송 등 신속하게 대응할 수 있는 응급 및 구급 체계도 마련하고 있어야 한다.

4.1.2 교육과정 및 시설 현황

❶ 교육과정

교육과정은 안전운전 체험교육과 에코드라이빙 교육과정으로 크게 구분된다. 안전운전 체험교육은 업종별 기본과정과 심화과정을 중심으로 이루어지고 있으며, 기본과정은 1일 8시간, 심화과정은 2일 16시간으로 구성되어 있다. 또한, 「교통안전법」과 여객 및 화물자동차 운수사업법 개정으로 인한 유사교육면제과정 및 의무교육과정도 운영되고 있다. 기본적인 정규교육과정 이외에도 맞춤형 교육이 이루어지고 있으며, 교육생들의 개별적인 여건을 고려하여 교육시간 및 내용을 이용자 요구에 맞출 수 있도록 하고 있다. 법정 교육과정과 유사교육면제과정은 물론 공공기관의 운수직 종사자의 직무교육을 위한 일반 운전자 과정도 개설되어 있다.

❷ 교육시설 현황

상주 교통안전체험교육센터는 현재 30만 ㎡에 고속주행, 일반주행, 제동훈련, 위험회피, 기초훈련, 자유훈련, 다목적코스 등 13개의 실외 체험시설과 2개의 실내 체험시설이 설치되어 있다. 실내교육용 운전 시뮬레이터 교육은 승용차, 버스, 트럭모드로 시나리오는 도시부 도로, 지방부 도로, 고속도로로 구분하여 운영하며, 운전자의 인지반응시간과 23가지의 운전습관을 측정하고 평가하고 있다. 실외 체험교육 13개 코스는 기본적으로 안전운전에 관한 30종 이상의 실기 체험교육이 가능하도록 설계되어 있다.

표 7.4.2 상주 교통안전체험교육센터 교육과정 (단위: 일, 시간)

교육과정	교육일수	교육시간			
		이론교육	체험교육	교육평가 및 수료	계
안전운전 체험교육 기본과정	1	1	6	1	8

(계속)

표 7.4.2 상주 교통안전체험교육센터 교육과정

(단위: 일, 시간)

교육과정	교육일수	교육시간			
		이론교육	체험교육	교육평가 및 수료	계
안전운전 체험교육 심화과정	2	3	12	1	16
자격취득교육 화물과정	2	5	9	2	16
자격취득교육 버스과정	3	8	12	4	24
법정교육 의무교육과정	1	2	5	1	8
법정교육 유사면제 여객과정	2	3	12	1	16
법정교육 유사면제 화물과정	1	1	6	1	8
에코드라이브 교육과정	1	3	4	1	8

그림 7.4.2 상주 교통안전체험교육센터 전경

표 7.4.3 상주 교통안전체험교육센터 실내 · 외 체험시설

체험시설			체험내용
실외 체험	기초훈련 코스		• 자동차의 감각 및 안전주행에 필요한 기본적인 사항 교육 - 체조 및 스트레칭 교육 - 자동차의 일상 점검 - 타이어의 한계 체험
	자유훈련 코스		• 올바른 운전자세의 중요성 및 자동차의 특성 체험 - 운전자세가 안전운전에 미치는 영향 체험 - 차종별 구조특성에 의해 발생되는 사각지대 체험 - 후진 시 오버항에 의해 발생되는 사각지대 체험

(계속)

표 7.4.3 상주 교통안전체험교육센터 실내 · 외 체험시설

체험시설		체험내용
실외 체험	일반주행 훈련코스	• 중저속 상태에서의 기본 및 응용주행을 체험 - 다른 교통수단과의 조화로운 주행 - 신호교차로 통행의 위험요소 체험 - 야간보행자 시인성, 증발 및 현혹 현상 체험
	딜레마 구간 훈련 코스	• 교차로 진입 전 차량의 속도에 대한 딜레마 발생 메커니즘 체험 • 딜레마를 회피하기 위한 올바른 운전방법 이해
	에코 드라이빙 훈련코스	• 에코드라이브 교육의 배경 및 필요성 이해 • 에코드라이브 교육의 효과 이해 • 에코드라이브 운전 방법에 대한 체험교육
	다목적 훈련코스	• 화물자동차의 올바른 화물적재 및 적재상태가 안전운전에 미치는 영향 - 특수 및 부정지 노면 주행 시 운전감각 - 적재물 낙하방지를 위한 올바른 적재 요령 등
	위험회피 훈련코스	• 긴급 및 돌발상황에서의 운전의 한계체험 및 위험회피 요령 체험 - 장애물 앞에서의 급정지 - 효과적인 제동 및 핸들조작 - 반응의 한계(인지, 판단, 조작의 메커니즘) 경험
	직선제동 훈련코스	• 자동차의 급제동에 의한 자동차의 특성 및 한계체험, 직선 주행의 위험성과 조정 안전성 체험 - 빗길 노면 등에서 효과적인 제동 요령(ABS와 Non-ABS 비교 체험)
	곡선제동 훈련코스	• 자동차의 급제동에 의한 자동차의 특성 및 한계체험, 곡선 주행의 위험성과 조정 안전성 체험 - 자동차의 횡방향 미끄럼 이탈 및 복원요령(전륜구동과 후륜구동 자동차의 비교체험)
	고속주행 훈련코스	• 고속주행 중 운전자 시각특성 및 속도감각 체험 - 운전자의 감각변화 체험(핸들조작, 차선변경, 시각특성, 도로 및 속도에 대한 감각)

(계속)

표 7.4.3 상주 교통안전체험교육센터 실내 · 외 체험시설

체험시설			체험내용
	수막현상 체험코스		• 하이드로플레이닝(수막) 현상체험 • 빗길, 저 고속주행의 조향 및 제동특성체험
	차체제어 코스		• 주행속도별 제동거리 증가체험 • 주행 중 조종능력 상실 체험 • 조종능력 회복과 2차 장애물 회피
	직선제동 훈련코스 (대형)		• ABS 장치의 이해 • 효과적인 제동요령학습과 제동의 한계 • 빙판길 조향특성 이해
실내 체험	운전시뮬레 이터실		• 3차원 영상에 의한 가상 안전운전 체험(인지·판단·조작훈련 습득)
	운전적성 정밀 검사실		• 기기검사를 통한 과학적인 검사로 운전적성 결함요인 교정

4.1.3 생애주기별 맞춤형 체험교육

생애주기별 맞춤형 교통안전 교육을 통한 교통안전의식 및 교통문화 수준을 제고하기 위해 교통안전 체험시설이 없는 19개 지자체를 대상으로 미취학 어린이, 초등학생, 고령자 등 찾아가는 체험교실을 운영하고 있다. 횡단보도 안전하게 건너기, 안전띠·카시트 체험뿐만 아니라 이동식 VR 4D 시뮬레이터를 활용하여 체험식 교육을 시행하고 있다. 안전벨트 체험, 사각지대, 위험회피, 긴급제동, ABS 체험, 빙판길, 차체제어, 졸음운전, 스마트폰 운전교육 등이 그것이다.

농촌지역 및 어르신 교통안전교육을 시행할 때에는 자전거, 인라인 스케이트 등 탑승 시 발생하는 상해 최소화를 위한 어린이 안전모를 배포하고, 고령 보행자의 보행보조 및 야간 시인성 제고를 위한 고령자 안전지팡이와 야광 바람막이 점퍼를 보급하기도 한다.

제7장

4.1.4 교통안전체험교육 실적과 효과

2009년 3월 교통안전체험교육센터는 개소한 이래 교육생이 꾸준하게 증가하고 있다. 기존의 이론중심교육에서 벗어나 위험회피코스 등 13종의 실기 체험시설과 3차원 영상시뮬레이터 등을 통해 보행자 교통사고 체험, 빙판길 급제동 등 실제 상황을 직접 체험하면서 배우는 자기 주도형 방식으로 해마다 2만명 이상이 체험교육을 받고 있다.

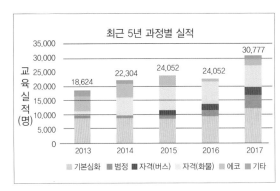 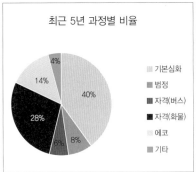

그림 7.4.3 연도별 체험교육 실적

2009년부터 2014년까지 안전운전 체험교육을 받은 교육생 50,181명의 교육 전·후 12개월간 교통사고 발생현황을 분석한 결과 교통사고 발생건수는 54%, 교통사고 사망자 수는 68% 감소한 것으로 나타났다. 또한 안전운전 체험교육은 누적 교통벌점은 56%가 감소한 것으로 분석되었다.

체험교육을 시행하고 있는 다른 국가와 비교하더라도 일본이나 프랑스가 30~40%

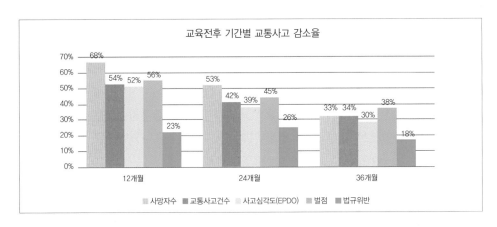

그림 7.4.4 안전운전 체험교육 전 · 후 교통사고 분석결과 비교

를 넘지 못한데 비해 우리의 교통사고 감소효과는 50%를 초과하고 있지만, 어느 정도 안정화 단계에 이르게 되면 우리나라도 일본이나 프랑스 정도의 사고감소율을 유지할 것으로 보고 있다.

4.1.5 교통안전체험교육 해외사례

❶ 독일 아데아체 자동차 클럽협회

독일 아데아체 자동차 클럽협회(ADAC; Allgemeiner Deutscher Automobil Club)[31]는 1946년 12월 5일 설립되었으며, 뮌헨에 소재지를 두고 교통안전체험학습을 실시하고 있다. 연간 50유로의 연회비로 협회가 운영되고 있으며, 창립 이래 전체 회원수는 약 1천 600만 명으로 독일 전체 인구의 6명 중 1명이 클럽 회원이다. ADAC는 고장차량의 긴급구난, 여행자 정보안내, 자동차 사고보험 서비스, 모터스포츠 지원, 안전교육 사업 등 다양한 업무를 담당하고 있으며, 여성, 고령운전자, 장애인 등 교육자 계층별로 교육내용을 다르게 운영하고 있다.

ADAC는 전국 50개소에 소규모 체험교육장(ADAC Trainingsanlage)과 작센링과 같은 대규모 안전운전교육센터(ADAC Fahrsicherheitszentrum) 9개소가 있다.

ADAC는 승용차, 오토바이, 캠핑카, 버스, 화물자동차까지 다양한 차종을 대상으로 초보운전자 프로그램, 화물자동차 운전자 프로그램, 경찰관 및 소방관 프로그램 등 6종의 프로그램을 제공한다. 또한 훈련과정에서 현대식 시설이 함께 투입되어 기록하고, 검증할 수 있는 여건을 갖추고 있으며 시뮬레이션을 통한 교육도 병행하고 있다. 연간 약 18만 명을 포함한 백만 명 이상의 누적 교육생을 배출하였다.

그림 7.4.5 ADAC 아데아체 자동차 클럽협회

---

31 ADAC 아데아체 자동차 클럽협회 http://www.adac.de/fahrsicherheitstraining 참조할 것

특히 사업용자동차 운전자에 대한 교통안전체험교육은 일반 화물차를 운전하는 직업운전자, 소형 화물차를 운전하는 직업운전자, 버스를 운전하는 직업운전자 등으로 직종별 운전자 맞춤형 교육프로그램을 제공하고 있다. 독일의 「직업운전자자격증명법」에 따라 8인승 또는 3.5t 이상의 사업용자동차 운전자들은 운전면허취득 이외에 정기적인 교육을 필요로 한다. 5년마다 최소 35시간의 안전운전, 교통법규, 경제운전 등에 대한 교육을 받아야 하며, 이에 대한 내용은 유효기간과 함께 면허증에 명기하도록 하고 있다. 버스를 운전하는 직업운전자는 사고 시 대형사고가 발생한다는 점과 사전에 이에 대한 대처가 필요하므로, 버스운전자에게 사고가 빈번하게 발생하는 상황을 집중적으로 체험할 수 있도록 하고 있다.

ADAC가 운영하는 대규모 안전교육센터 중 하나인, 독일 작센링 안전교육센터(The Sachsenring Road Safety Training Centre)[32]는 모터싸이클 경주장을 포함하여 500,000㎡ 부지에 14종의 체험교육 시설을 운용하고 있다.

작센링 안전교육센터는 정부지원 없이 교육이 이루어지는데, 개별적으로 자신의 차량을 가지고 와서 체험교육에 참여하고 있다. 이는 차량별 특징을 고려하기 위함이며

표 7.4.4 작센링 안전교육센터 교육프로그램 구성

교육과정		교육개요
일반운전자 과정	Incentive Training	• 일반 운전자들을 대상으로 기초부터 고난이도 안전운전기술을 교육하고 다양한 도로조건과 상황에 대한 대응방법을 습득하도록 함 • 난이도가 높아질수록 안전운전과 함께 운전의 즐거움을 느낄 수 있도록 다양한 체험의 기회를 제공함
	Perfection Training 1	
	Perfection Training 2	
스포츠 드라이버 과정	Perfection Training 3	• 일반 운전자 교육과정을 이수한 운전자들을 대상으로 난이도 높은 운전기술을 교육하고 실제 레이싱 서킷 트랙을 주행하는 체험 프로그램임
	Drift Training	
이륜자동차 운전자 과정	Racetrack Training	• 이륜자동차 운전자를 대상으로 올바른 운전자세부터 안전운전기술까지 다양한 내용을 교육하고, 특히 이륜자동차의 특성상 필요한 빠른 방향전환 및 제동훈련을 강조함
	Incentive Training	
화물자동차 및 버스 운전자 과정	Perfection Training 1	• 화물자동차, 버스와 같이 대형 차량 운전자들을 대상으로 안전운전기술 및 연료 소모량을 줄일 수 있는 경제적인 운전방법을 교육하며, 특히 경사가 있는 도로 주행의 안전운전교육에 집중함
	Perfection Training 2	
	Incentive Training	
	Special Training	
	Combined safety and ecological training	

32 작센링 안전교육센터 http://www.sachsenring.de 참조할 것

차량을 직접 가져오는 것이 어려운 경우에는 교육시간 동안 차를 빌려주는 서비스도 제공하고 있다. 작센링 안전교육센터의 체험교육은 방어운전의 개념보다는 더 적극적인 위험회피 훈련에 중점을 두며, 돌발 상황에 따른 제동 안정성을 확보하는 데 중점을 두고 있다. 체험교육 후 교육생에 대한 교통사고 추적 분석은 하지 않으나, ESP(주행안정성), ABS 등 안전사고와 관련된 피드백을 하고 있다.

❷ 프랑스 상트흐 운전교육센터[33]

프랑스 상트흐(Centaure) 운전교육센터는 보험 업체인 "Groupama 社"와 공공금융기관인 "La Caisse des depots", 프랑스 고속도로 회사 협회가 공동 출자하여 설립하였으며, 상트흐 협회가 표준화와 공급의 일관성을 위해 전국 12개 센터에 대해 프랜차이즈 교육시스템으로 운영되는 특징을 갖는다.

상트흐 운전교육센터는 면허증 벌점회복 연수과정 등 개인을 대상으로 하는 안전교육을 제공할 뿐만 아니라 사업용운전자를 대상으로 해당 회사에 적합한 안전운전 연수과정 등도 실시하고 있다. 안전교육 강사진은 모두 국가공인자격증(BEPECASER)을 보유한 사람들로 구성되어 있으며, 운전자로 하여금 모니터링과 훈련을 통해 위험을 인식하고 대응할 수 있는 능력을 기르는 것을 목적으로 한다.

프랑스 상트흐 운전교육센터는 각 센터마다 30,000~50,000 ㎡의 규모로 동일한 코스 표준을 구축하여 운영하며, 140여대의 교육차량과 코스(도로)에 대한 컴퓨터 장비와 센서를 갖춘 10개의 승합차량 등을 보유하고 있다. 상트흐 운전교육센터의 체험교육 프로그램은 〈표 7.4.5〉와 같다. 체험교육을 이수할 경우 30~50%의 교통사고 감소 효과가 있는 것으로 조사되었다.

그림 7.4.6 상트흐 운전교육센터

33　상트흐 운전교육센터 http://www.centaure.com/index.htm 참조할 것

표 7.4.5 상트흐 운전교육센터 교육프로그램		
교육 대상		**교육 내용**
기업 대상 교육	운수업체 종사자 과정	• 화물운송·버스·관광회사 등의 운송관련업계 운전자들을 대상으로 실제 도로와 동일한 조건과 장애물 환경에서 연습할 수 있도록 하는 등 일상의 사고위험을 인지하며 자신과 타인의 생명을 보호하는 교육을 실시함
	일반운전자 과정 (2일 교육)	• 교육희망 회사와 교육센터 간에 안전계약서를 작성하면 2일간의 교육을 받으며, 참가자들은 실습장에서 직접 위험한 운전상황을 경험하고 연수 과정 중 자신의 차량으로 본인의 운전 문제점을 직접 테스트 하고 안전운전을 실시함 • 교육과정 이수 후 '교육 후 과정'에서는 교통사고를 당한 사람을 대상으로 사고 당사자와 함께 사고를 분석하고 사고를 피할 수 있는 방법을 알아 봄
	속성교육 과정 (1일 교육)	• 직업 활동상 운전을 하지 않지만 출퇴근 운전을 하는 직원이나 가끔씩 직업상 운전을 하는 사람들 대상으로 함 • 안전하고 책임감 있는 운전을 위한 기초를 가르치고 이론들을 바탕으로 실습장에서 위험한 운전상황을 직접 경험하게 됨
	안전예방정신 재교육	• 최초 교육을 받고 2~3년 뒤에 받는 교육으로, 안전 지식을 업데이트 하고 안전예방 의식을 확실히 하는 과정임
개인 대상 교육	운전상태 컴퓨터 분석 (CAO)	• 운전의 상태를 컴퓨터를 통해 분석하고, 운전자의 운전 실제 상황을 분석하여 운전태도를 평가하는 과정임
	이론과정	• 회사의 요청으로 교육자가 해당 회사에 직접 가서 진행하는 과정으로 여러 가지 교육재료(비디오, 사진, 신호표지 등)를 통해 직업종류나 회사직종에 따라 직접 교육을 함
	도로안전증명서 'BSR'과정	• 소형오토바이 운전을 원하는 14세 이상을 대상으로 교통법과 도로 안전에 관한 교육을 시행
	면허 후 운전연수과정	• 약간의 운전 경험이 있는 신규면허자를 대상으로 하며 자신과 타인의 안전에 관한 교육을 함
	도로안전 인식강화 연수	• 모든 운전 면허자를 대상으로 하며 예방적 운전, 운전예절, 상대운전자 존중 등을 강조함

❸ 일본 교통안전 체험센터

1986년부터 5년의 준비기간을 거쳐 1991년 5월에 정부지원을 통해 설립된 일본의 안전운전중앙연수소는 연간 1만 6천 명의 교육을 담당하고 있다. 총 면적 100만 ㎡에 이르는 광대한 부지에 각종 연수코스를 설치하였으며, 드라이빙 모의실험장치, 운전적성검사기 등 최신의 교육시설을 갖추고 있다. 850,400 ㎡ 규모의 실외 교육시설과 60,000 ㎡ 규모의 연수관리 Zone으로 되어 있다.

또한 실습용차량으로 승용차, 버스, 트럭, 이륜차 등 총 600대의 차량을 보유하고

그림 7.4.7 안전운전중앙연수소 실기체험코스

있으며, 전문지식을 가진 40명의 교관이 전문 운전자, 안전운전 지도자, 일반운전자 및 청소년을 대상으로 안전운전에 관한 이론과 실기를 지도한다.

일본 안전운전중앙연수소의 특징은 실내에서 안전운전체험을 할 수 있는 각종 시뮬레이터와 운전자의 특성을 알 수 있도록 하는 운전적성검사기(CRT)가 구비되어 있다는 점이다. 실외에는 13종의 다양한 체험훈련 코스가 설치되어 있으며, 이를 통해 안전운전능력 및 차량과 인간의 한계에 대한 체험을 하게 된다.[34]

그밖의 민간 교육센터로서 혼다교통교육센터와 크레필 호동 교통안전연수소가 있다. 혼다 교통교육센터는 일본 유명자동차 회사인 혼다의 안전운전보급 활동으로 이루어지는 교육기관으로 1970년도에 설립되었다. 이 센터는 에린보우 스쿨이라는 이름으로 일본 전역에 7개의 교통교육센터를 운영하고 있으며, 이륜차, 사업용차량 운전자 등 다양한 교육을 전개하고 있다.

크레필 호동 교통안전연수소는 (주)센코 민간자본으로 1996년 건립된 사업용 운전자 전용 체험교육장으로 화물자동차운전자, 여객자동차운전자, 에코운전과정 등 7개 교육과정을 운영하고 있다. 크레필 호동 교통안전연수소는 도로에서 발생할 수 있는 위험 상황을 감안한 실기체험 위주의 교육을 실시한다.

표 7.4.6 해외 체험교육 실시 국가와의 비교

구분		일본 안전운전 중앙연수소	프랑스 상트호 운전교육센터	룩셈부르크 교통안전교육센터	공단 교통안전교육센터
교육 시설	시설부지	30만 평	10만 평	-	9만 평
	교육코스	13개	7개	7개	13개
	부대시설	부속 교통공원	-	-	첨단시뮬레이터실 (실내교육용)

(계속)

34 안전운전중앙연수소 http://www.jsdc.or.jp/school/ken.htm 참조할 것

표 7.4.6 해외 체험교육 실시 국가와의 비교

구분		일본 안전운전 중앙연수소	프랑스 상트흐 운전교육센터	룩셈부르크 교통안전교육센터	공단 교통안전교육센터
교육 인력	연간교육생수	6만 명	2만 명	1.2만 명	2.8만 명
	교수인력	34명	10명	9명	12명
교육 품질 (내용)	교육과정 (콘텐츠)	30개 (지도자 과정 1개, 고령자 과정 1개)	14개 (기업대상, 개인대상)	15개	7개 (버스 및 화물자격)
	교육효과 (사고감소 효과)	△40.6% (샘플 분석방법)	△30.4% (샘플 분석방법)	△24.2%	△52% (전수 분석방법)
	성과피드백	기관 자체활용	기관 자체활용	자체활용	교육생 피드백 (지자체, 운수회사 등)

4.2 운전적성 정밀검사

4.2.1 운전적성과 정밀검사

❶ 운전적성 정밀검사

운전적성 정밀검사는 운전자에게 요구되는 신체적·정신적 기본요건을 측정하는 운전적성검사다. 검사는 사고유발경향성(accident proneness)에 초점을 맞추어, 안전운전 행동을 예측할 수 있는 검사도구(심리척도)를 통하여 적성상의 결함사항을 검출하고 교정에 대한 단서를 제공하는 데 목적이 있다.

교통사고는 인적 요인, 차량 요인 그리고 도로·환경요인에 의해 유발된다. 운전자 요인에 의한 교통사고는 전체 사고의 대부분을 차지하며, 습관·성격·심리 생리적 특성 등 운전적성 요인은 교통사고 발생의 매우 중요한 원인이 된다.[35] 특히 소수의 운전자가 사고를 반복적으로 유발하는 경향이 있어 교통사고에 취약한 운전자를 특별하게 관리할 필요가 있다. 운전행동과 관계되는 인성, 습관 및 행동 등을 과학적으로 측정하고 인지-판단-조작에 따른 운전적성상의 결함사항을 교정하는 데 운전적성 정밀검사의 의의가 있다.

❷ 운전적성의 개념

일반적으로 운전적성(driving aptitude)을 운전동작 및 운전조작 능력이 있느냐 없느

---

35 자세한 내용은 제1장에서 설명하였다.

냐로 생각하는 경우가 적지 않다. 필요한 경우는 과속운전도 하고, 적당히 앞지르기를 하는 운전자는 운전적성이 있고, 천천히 달리거나 고지식한 운전자는 운전적성이 없는 것으로 생각하기도 한다. 운전적성을 사회적 관심에서 바라보는 사람은 의외로 많지 않다. 자기 생각대로 차로를 변경하고 앞 자동차를 무리하게 앞지르는 운전자는 운전적성이 있다고 할 수 없을 것이다. 자동차 운전은 공공의 장소에서 다른 교통참가자(운전자와 보행자)와의 인간관계 속에서 이루어지고 있기 때문에 다른 사람에게 교통사고 위험을 제공하지 않아야 하는 사회적 책임을 가져야 한다. 그렇더라도 교통사고 발생요인이 복잡하기 때문에 어느 한 부분만으로 운전적성 여부를 관련시키는 것은 곤란하다. 운전행동은 지각, 판단, 동기, 성격, 안전태도 등 복합적으로 작용하며, 그것이 교통사고 발생의 가능성 여부를 가늠할 수 있다. 따라서 운전적성이란 기본적으로 운전자에게 요구되는 신체적·정신적 총괄적인 조건을 의미하고 있다. 운전적성과 관련된 다양한 관점이 있지만, 다음 5가지로 축약하여 생각해 볼 수 있다.

- 운전행동과 관련되는 심신기능과 심리구조를 운전적성으로 보는 입장
- 교통사고의 발생과 관련되는 심신기능과 심리구조를 운전적성으로 보는 입장
- 운전동작 및 운전조작 능력을 운전적성으로 보는 입장
- 운전행동을 사회성과 인간관계의 적격성으로 보는 입장
- 운전상황에 대한 내성을 운전적성으로 보는 입장

교통사고는 사고요인 어느 일부분의 결핍에 의해 야기된다기보다는 여러가지 요인이 복합적으로 작용된 결과이다. 예를 들어 과속한다고 해서 반드시 교통사고로 이어지는 것은 아니며, 정보획득의 결여나 판단능력의 부족 등이 과속행위 및 교통상황과 복합적으로 작용하여 사고로 이어지게 된다. 속도추정능력이 부족하다고 해서 반드시 교통사고를 야기하는 것이 아니라, 운전자의 동기나 욕구에 의해 각색되고 왜곡되어 처리되어진 정보와 접속될 때 사고로 이어지기 쉽다는 의미이다. 따라서 운전자는 자신의 운전적성상의 결함사항을 충분히 숙지하고 운전함으로써 교통사고를 예방할 수 있다.

4.2.2 검사의 대상 및 구성

운전적성 정밀검사의 대상은 자동차를 운전하고 있는 운전자와 예비 운전자가 모두 포함된다. 의무적으로 이 검사를 받아야 하는 운전자는 여객·화물자동차 운수사업법령에 의한 사업용자동차 운전자이며, 법정 자격요건으로 관리되고 있다. 운전적성 정밀검사는 신규검사, 특별검사, 자격유지검사 등 세 종류가 있다. 각 검사는 한국교통안전공단 전국 15개 운전적성 정밀검사장에서 받을 수 있다.

① 신규검사

　신규로 사업용자동차를 운전하려는 사람은 신규검사를 받아야 한다. 수검일 이후 3년 이내 미취업자(단, 화물자동차 취업자는 무사고이면 제외)와 수검일 이후 3년 경과자 중 퇴직 후 재취업 희망자(재취업일까지 무사고 운전자는 제외)도 신규검사를 다시 받도록 되어 있다. 신규검사의 취지는 일반 국민을 고객으로 영리행위를 하는 사업용자동차 운전자에 대해 위험운전자 선별기능과 운전자 개개인의 운전적성상 취약요인을 평가하고 피드백을 제공함으로써 안전운전을 유도하는 데 있다고 할 수 있다.

　신규검사는 지각운동요인, 지적능력요인과 적응능력요인 등 세 가지 요인을 측정한다. 지각운동요인은 인간의 감각기를 통하여 감지되는 속성에 대한 지각능력과 적절한 대응능력을 측정한다. 하위 검사항목으로는 속도예측검사, 정지거리예측검사, 주의전환검사, 반응조절검사, 변화탐지검사가 있다. 지적능력요인은 운전자의 인지적 능력을 측정한다. 운전 행동은 시각과 청각 등 감각 기관을 통해 지각적 단서들을 받아들이고, 이를 기반으로 운전 상황에 대한 인지적 판단을 함에 따라 운동 기관에 반응을 지시한 결과로 나타나게 된다. 하위 검사항목으로는 인지능력검사와 지각성향검사가 있다. 적응능력요인 측정은 인성검사를 의미하며, 사업용운전자를 대상으로 교통사고를 유발할 수 있는 성격적 취약성을 평가하기 위한 것이다. 즉, 교통사고를 유발하거나 빈번한 교통법규 위반과 관련되는 성격적 취약성을 평가함으로써 교통사고 성향자 또는 잠재적 사고운전자를 일차적으로 선별하기 위한 것이다. 적응능력검사는 정서안정성, 행동안정성, 정신적 민첩성, 현실 판단력, 생활안정성 등 5개의 하위검사로 구성되어 있다. 신규검사는 〈표 7.4.7〉과 같다.

표 7.4.7 운전적성 정밀검사 신규검사의 구성

요인	검사 항목	측정 내용
지각운동 요인	속도예측검사	• 운전 중 나타나는 차량이나 보행자 등 움직이는 물체에 대한 속도 예측 능력
	정지거리 예측검사	• 자신의 차량에 대한 가속도를 감안하여 적절한 위치에 정지시킬 수 있는 차량 통제력
	주의전환검사	• 시각적 정보에 대한 반응 능력 • 예기치 않은 대상의 출현에 대한 반응 능력
	반응조절검사	• 운전 중 갑작스럽게 주의를 전환해야 하는 상황에 필요한 유연한 주의 능력
	변화탐지검사	• 복잡한 운전장면에 대한 변화 탐지 능력
지적능력 요인	인지능력검사	• 상황 유동성 등 복잡한 상황에서의 상황 인식 및 판단 능력
	지각성향검사	• 장의존성/장독립성(시각적 변별능력)

(계속)

표 7.4.7 운전적성 정밀검사 신규검사의 구성		
요인	검사 항목	측정 내용
적응능력 요인	타당성	• 긍정 왜곡, 반응 일관성
	현실판단력	• 사고 및 지각문제
	행동안정성	• 위법성/공격성, 충동성
	정서안정성	• 불안/신체화, 우울
	정신적민첩성	• 기억력 및 주의력 부족
	생활안정성	• 음주물질, 생활 불안정성

❷ 특별검사

특별검사는 중상[36]이상의 인명 사상사고를 유발한 자와 연간 누산 교통벌점이 81점 이상인 자와 안전운전이 우려되어 운송사업자가 신청한 자를 대상으로 실시한다.

특별검사는 운전행동요인, 상황인식요인, 인성요인과 시력요인 등 네 가지 요인을 측정한다. 운전행동요인은 가상의 도로 상황에서 수검자가 평소의 운전행동과 관련된 습관을 측정하여 개인별 결함 습관을 검출하는 것이 목적이다. 운전자가 직접 모의운전 주행할 때 나타나는 운전행동 습관을 측정할 수 있도록 현실감 있는 이벤트로 구성해야 한다. 이벤트에 따라 나타나는 수검자의 운전행동을 파악하여, 이를 바탕으로 평소에 수검자가 잘 모르던 개인의 결함 습관을 인식하게 하고 교정함으로써 교통사고 경향성을 감소시키게 된다.

운전행동요인은 준수성, 안정성, 적응성을 측정한다. 상황인식요인은 운전자의 위험지각능력 및 대처능력 그리고 교통 환경 해석과 관련된 능력을 측정함으로써 운전행동검사에서 드러나지 않는 운전자의 잘못된 운전 습관의 원인을 발견하는 데 있다. 교통상황에서 발생하는 위험 정도에 대한 판단 및 지각 능력은 위험 대처 행동에 대한 의사결정의 토대가 되기 때문에 매우 중요하다고 볼 수 있다. 상황인식요인 측정은 상황지각검사 및 위험판단검사 I, II로 구성되어 있다. 인성요인 측정은 교통사고를 유발할 수 있는 성격적 취약성을 평가하는 것으로, 정서안정성, 행동안정성, 정신적 민첩성, 현실판단력, 생활안정성, 운전안정성 등 6개의 하위검사로 구성되어 있다. 시력요인은 운전 중 전방에 출현하는 이동물체를 확인할 수 있는 시지각 능력을 측정하기 위해 시행한다. 시력요인은 동체시력검사 및 야간시력검사로 구성되어 있다.

---

36 「여객자동차 운수사업법 시행규칙」 제49조는 전치 3주, 「화물자동차 운수사업법 시행규칙」 제18조의2는 전치 5주를 중상사고로 규정하고 있다.

표 7.4.8 운전적성 정밀검사 특별검사의 구성

요인	검사 항목	측정 내용
운전행동 요인	준수성	• 교통법규 등 제 규정 준수 성향
	안정성	• 경쟁·난폭운전 등 공격적 성향
	적응성	• 상황에 따른 적응적 운전 행동 성향
상황인식 요인	상황지각검사	• 운전 상황에서 필요 정보 인식 능력
	위험판단검사 I	• 일반 상황에서 위험 상황 인식 능력
	위험판단검사 II	• 복잡 조건에서 위험 상황 인식 능력
인성요인	타당성	• 긍정 왜곡 및 반응 일관성
	현실판단력	• 사고 및 지각문제
	행동안정성	• 위법성, 공격성, 충동성, 폭력
	정서안정성	• 불안, 우울
	정신적 민첩성	• 운동기능, 기억력 및 주의력 부족
	생활안정성	• 음주물질, 조급증
	운전안정성	• 긍정자원, 안전의식
시력요인	동체시력검사	• 동체시력 • 정지시력
	야간시력검사	• 야간시력 • 암적응력

③ 자격유지검사

자격유지검사는 「여객자동차 운수사업법 시행규칙」 제49조에 따라 만 65세 이상의 버스와 택시 운전자가 받는 검사다. 검사대상은 만 65세 이상 운전자부터 적용되며, 70세 미만인 버스 운전자는 매 3년마다, 70세 이상의 운전자는 매년 받아야 한다.

자격유지검사는 연령증가로 인해 발생하는 인지 및 신체적 기능변화를 과학적으로 평가하기 위해 실시하고 있다. 자격유지검사는 시야각검사, 신호등검사, 화살표검사, 도로찾기검사, 표지판검사, 추적검사, 복합기능검사 등 7개로 구성되어 있다.

표 7.4.9 운전적성 정밀검사 자격유지검사의 구성

검사항목	측정 내용
시야각검사	• 운전 시 필요한 시야각 측정 • 시야 중앙에 집중하면서도 주변에 나타나는 자극을 탐지하는 능력

(계속)

표 7.4.9 운전적성 정밀검사 자격유지검사의 구성

검사항목	측정 내용
신호등검사	• 시각/운동 협응속도 • 운전 상황에서 시각정보 인식 후 이를 운동기능으로 빠르게 전환하는 능력
화살표검사	• 선택적 주의력 측정 • 불필요한 간섭자극에 대한 반응을 억제하고 필요한 반응을 하는 능력
도로찾기검사	• 공간 판단력 • 복잡한 공간적 정보를 빠르게 파악하여 문제를 해결하는 능력
표지판검사	• 시각적 기억력 • 운전 상황에서 짧은 순간에 자극을 인식하고 이를 기억하는 능력
추적검사	• 주의지속능력 측정 • 복잡한 상황에서 목표자극에 주의를 지속할 수 있는 능력
복합기능검사	• 다중과제수행능력 • 운전에 필요한 시각, 청각, 운동 등 다양한 기능을 동시에 인식하고 반응하는 능력

　　고령운전자에 대한 자격유지검사는 2016년 1월 버스에 먼저 도입되었고, 택시는 2019년 2월 13일 시행하였다. 고령택시운전자에 대한 자격유지검사는 버스와 달리 의료기관에서 시행하는 의료적성검사로 대체할 수 있으며, 먼저 받은 검사에 불합격할 경우 다른 검사방법으로 변경할 수 있다. 의료적성검사는 한 가지 항목에서 기준이 미달될 경우 운전자격 부적합 판정을 하고, 재검사는 허용되지만 안전을 위해 합격할 때까지 운전자격을 정지시킨다. 이 경우 의료기관은 의료적성검사 적합여부에 대한 최종 판정기관은 아니며, 한국교통안전공단이 의료적성 검사결과를 검토한 후 적합여부를 확정하여 해당 운전자에 통보하게 된다.

표 7.4.10 고령택시운전자 의료적성검사 기준

검사항목	판정기준
고혈압	수축기 160 mmHg 이상 부적합, 이완기 100 mmHg 이상 부적합
당뇨병	식전혈당을 측정하여 말초 식전혈당 200 mg/dl 이상 시 당화혈색소(HbA1c)를 추가 검사하여 9% 이상 시 부적합
시기능	(교정시력) 양안 0.7 이상, 단안 0.5 이상 (시야각) 수평시야 120도 이상, 수직시야 20도 이상, 중심시야 20도 이내로 암점, 반맹이 없을 것
치매검사	(한국형 몬트리얼 인지평가) 주의력, 집중력, 기억력 등 측정 23점 이하(만점 23점) 부적합 (미로검사) 벽에 부딪지 않고 미로통과, 60초 초과 시 부적합, 60초 내라도 2개 이상 실수 시 부적합
운동·신체기능	(일어나 빠르게 걷기 검사) 3 m 전방의 표지를 돌아오는 시간 측정, 10초 초과 시 부적합 (악력검사) 가장 센 손의 악력을 측정하여 최댓값이 15.1 kg 미달 시 부적합

4.2.3 운전적성 정밀검사의 활용

운전적성 정밀검사는 운전자의 운전적성을 측정하기 위함이지만 사고유발경향성 (traffic accident proneness)에 초점이 맞춰져 있다. 즉, 운전적성 정밀검사는 안전운전 행동을 예측할 수 있는 검사도구(심리척도)를 통해 운전적성상의 결함사항을 검출하고 교정에 대한 단서를 제공하는 데 큰 의미가 있다. 검사결과에 대해서는 낙인을 찍는 식의 해석은 삼가야 한다. 검사결과는 통계적 분포를 고려하여 해석되며, 수검당시의 심리적 상태나 수검방법의 이해정도에 따라 결과가 달라질 수 있다. 또한 결함사항의 교정 등을 통하여 수검당시의 적성이 달라지기도 한다. 개연성을 염두에 두고 판정표를 활용하여야 한다.

표 7.4.11 운전적성 정밀검사의 종류

구분	신규검사	특별검사	자격유지검사
검사목적	입사예정자에 대한 취업 적격여부 판단	재직자 중 벌점 및 사고발생자에 대한 안전교육	고령운전자에 대한 운전적격 여부 판단
검사대상	사업용자동차 운전 또는 자격증 취득 희망자	• 중상 이상의 사상사고를 유발한 자 • 과거 1년간 운전면허 누산 벌점 81점 이상	65세 이상 사업용 운전자
검사시기	취업 전	사고 및 벌점 야기 시	검사시기 도래 시
검사판정	요인별 50점 이상 적합	검사 및 교정교육 이수	7개 항목, 4등급 이상

운전적성 정밀검사를 실시하여 사업용 운전자의 운전적성에 대한 과학적인 진단을 실시하고 교정 지도를 함으로써 결함사항을 제거하면 된다. 적성상 부적절한 운전자를 선별하여 취업에 제약을 가하고 있으나, 부적합률은 5% 수준이다.

법적으로는 신규검사에 적합하거나 특별검사와 교정교육 이수로 자격요건이 구비되지만, 운전적성 정밀검사의 실질적 효능을 기대하기 위해서는 소집단 활동이나 주기적인 교육 및 지도 등 결함교정에 주안점을 두고 있다.

4.2.4 해외사례

❶ 일본

일본의 운전자 적성진단검사는 자동차사고대책기구(NASVA; National Agency for Automotive Safety and Victim's Aid)에서 시행하고 있다. 사업용자동차인 버스, 전세자동차, 택시, 트럭 등의 운전자에 대해 각 개인의 장·단점을 파악하여 보다 세분화되고 개별적인 안전 운전을 위한 조언을 제공하고 있다.

운전자 적성진단은 일반진단, 특별진단, 초임진단, 적령진단, 특정진단 Ⅰ, 특정진단 Ⅱ 등 모두 6종류가 있으며 운전적성진단은 기술진단, 기기진단과 시각기능진단으로 이루어져 있다. 또한 법령에 따라 초임운전자, 고령운전자, 사고야기운전자 등 특정운전자들은 의무적으로 검사를 받아야 한다. 검사결과를 토대로 신규 또는 고령운전자에게는 별도의 면담을 통하여 교통안전 조언을 실시하고 있다. 사고를 유발한 사업용 운전자에 대해서는 검사 실시 후 검사결과를 토대로 교수 또는 상담 전문직원, 교통전문가가 상담을 하고 있다. 비사업용 자동차 운전자도 운전면허 갱신 시에 자발적으로 검사를 받도록 권고하고 있으며, 안전에 대한 태도 등의 성격검사를 지필형태로 실시하고 있다.

❷ 독일

독일의 의학 및 심리평가(Medical-Psychological Assessment)인 MPI(Medical-Psychology Institute)를 5년 주기로 시행하며, 대상은 사업용 운전자, 혈중 알코올 농도 1.59% 이상의 상태에서 운전한 자, 반복적으로 음주운전을 한 사람, 마약이나 마리화나를 사용한 사람, 벌점 17점 이상인 운전자다. 이 검사는 의학검사, 심리적검사, 실제운전행동관찰검사로 구성되어 있으며 최종 판단은 교통 전문의와 심리학자가 담당하도록 되어 있다.

표 7.4.12 독일의 운전자 대상 검사의 종류와 내용

종류	검사의 내용
의학검사	일반 신체 상태와 신경 정신학적 자료, 진찰 기록 등 평가(시각/청각 장애, 신체장애, 심장 상태, 당뇨병, 신경 질환, 정신 질환, 알코올, 신장 질환, 마약이나 약물 등)
심리검사	기기검사 결과, 운전행동 자료, 음주습관, 태도 등 평가(시야, 단조로운 상황에서의 집중도, 주의 유연성과 같은 주의/집중도 관련 항목들, 스트레스에 대한 내성, 눈-손-발로 이어지는 조정능력, 논리적 사고와 시각 기억 등의 지능과 기억력 등)
실제 전 행동 관찰	특정운전자(알코올 중독자 등)에 한함

이 검사는 적합·부적합으로 판정하고 있으며(부적합률 약 10%), 심리평가를 통해 운전자의 현재 심리적 능력을 진단함으로써 운전자의 적합성을 판정하는 것을 목적으로 한다.

표 7.4.13 독일의 운전자 대상 심리 검사 항목

항목	내용
시지각	시야, 교통관련개관, 주변지각
집중도/주의	단조로운 상황에서의 집중도, 주의 유연성
반응행동	스트레스 내구성, 반응과 판단
조정	눈-손-발-조정
지능/기억력	논리적 사고, 시각 기억

4.3 우수 운전자 선발과 포상

4.3.1 사업용자동차 우수 운전자 선발

「교통안전법」 제35조의2에 따라 한국교통안전공단은 교통사고 감소에 기여한 여객자동차 운수업체를 '교통안전 우수사업자'로 선정하여 운송사업자의 자발적인 안전관리를 유도하고 있다. 교통안전 우수사업자로 선정되려면 최근 3년간 교통안전도 평가지수가 1.0 미만의 해당 업종 상위 5% 이내 회사로서 지자체로부터 추천을 받아야 한다. 화물차에 대해서는 법정사업은 아니지만 한국교통안전공단에서 자체적으로 시행하고 있다. 방식은 여객자동차 운송사업자에게 시행하는 것과 같다.

화물차의 운행기록 제출률 및 위험운전행동 등을 반영하여 우수한 운수회사와 운전자에게 포상하고 있다. 1톤 이상 사업용 화물운전자(하이패스 장착차량) 중 위험운전행동건수, 개선율 등이 우수한 운전자를 선발하는 데 있어 주로 운행기록자료가 활용되고 있다.

표 7.4.14 화물자동차 우수운전자 선발기준

대상: 무사고·준법운행(과적·적재불량 포함), DTG 운행기록상 위험운전 횟수(급감속, 급차로변경, 과속 등)가 적거나 줄어든 정도가 상위 350명 이내인 자

구분	배점[pt]		평가산식
디지털운행기록계 위험운전 횟수	100	70	• 화물차 평균치 대비 준수율(고속도로 주행실적 반영) 70pt×[1-(위험운전 횟수/화물차 평균횟수)]×가중치 * 가중치: 0.5 + 0.5×(고속도로 주행거리/5만 km)[최대 1.0]
		30	• 제도참여 前 대비 개선율: 1%당 0.3pt * [(참여 전 횟수— 6개월 횟수)/시행 전 횟수]×100%

표 7.4.15 교통안전도 평가지수 등급		
등급	범위	비고
A	교통안전도평가지수가 낮은 순으로 상위 20% 이하인 회사	사고가 발생하지 않아 교통안전도평가지수가 0인 회사는 모두 A등급임
B	교통안전도평가지수가 낮은 순으로 상위 20% 초과 ~ 40% 이하인 회사	
C	교통안전도평가지수가 낮은 순으로 상위 40% 초과 ~ 60% 이하인 회사	
D	교통안전도평가지수가 낮은 순으로 상위 60% 초과 ~ 80% 이하인 회사	
E	교통안전도평가지수가 낮은 순으로 상위 80% 초과 회사	

4.3.2 녹색안전대상

한국교통안전공단은 운수회사와 운전자의 사기를 진작시키기 위하여 2009년 안전관리 우수회사(상위 10%) 운전자 및 개인운송사업자 등 장기 무사고 운전자에 대한 포상을 시작하여 2017년까지 모두 702명의 운전자를 녹색안전대상 회사 및 운전자로 선정했다.

녹색안전대상은 공단의 운수종사자관리시스템의 전년도말 기준 무사고 15년 이상의 운전자 및 개인운송사업자에 대한 모집단을 추출한 다음 무사고경력·벌점·운전경력을 점수화한 '그린운전지수'를 적용하여, 포상추천대상자를 선정하게 된다.

Green 운전지수 산정식 = 무사고경력(일)×0.6 + 무벌점지속(일)×0.3 + 사업용경력(일)×0.1

녹색안전대상은 업무특성과 특정업종에 편중되지 않도록 운전자수 등을 감안하여 회사운전자와 개인운송사업자를 분리 추출하게 되는데, 회사운전자는 우수운수회사 소속 운전자만을 대상으로, 개인운송사업자(개인택시·개별·용달화물)는 전체 개인운전자를 대상으로 적용한다.

먼저 업종별 우수운수회사를 선정할 때에는 업종별로 운전자 20인 이상 회사 중 무사고운전자 보유 상위 10% 추출한다. 선정산식은 Σ(무사고경력구간별 점유율 × 가중치)로 한다. 포상대상자에 해당한다고 하더라도 최근 3년 내 중대교통사고 발생하거나 특별교통안전점검을 받은 회사는 제외한다.

점유율을 산정할 때는 세부업종별로 종사인원 및 업무형태 차이가 큰 버스는 노선버스(고속, 시내외, 마을)와 구역버스(전세, 특수)로 구분하여 추출하고, 종사자총수 비율로 배분한다. 2017년의 경우 기준 배분비율은 노선버스가 69%(93,861명/135,416명*100)이고 구역버스는 31%(41,555명/135,416명*100)였다.

표 7.4.16 포상대상자 모집단(운수회사) 선정 산식

무사고 경력	점유율	가중치	점수
5년 이상 ~ 8년 미만		1	점유율 × 가중치
8년 이상 ~ 11년 미만		3	″
11년 이상 ~ 14년 미만		5	″
14년 이상 ~ 17년 미만		7	″
17년 이상		10	″
점수 기준	Σ(점유율×가중치)		

4차 산업혁명과
교통안전

4차 산업혁명과 교통안전의 미래

산업혁명은 역사적으로 기술과 동력원의 발전을 통해 자동화(automation)와 연결성(connectivity)을 발전시켜 온 과정이라 할 수 있다. 1차 산업혁명으로 기계 자동화가 탄생했으며 증기기관의 발명을 통해 교통체계가 생기고 국가 내 연결성이 강화되었다. 2차 산업혁명은 전기 등 에너지원의 활용과 작업의 표준화를 통해 기업 간, 국가 간 노동부문의 연결성을 강화하고 대량생산 체계를 만들었다. 3차 산업혁명은 전자기술과 ICT 기술을 통해 급진적인 정보처리 능력의 발전을 거뒀으며 이를 바탕으로 사람·환경·기계를 아우르는 연결성을 강화하였다.

4차 산업혁명은 3차 산업혁명이 확장된 개념이며, 속도(velocity), 범위(scope), 시스템에 미치는 영향(system impact)이 매우 크다. 속도는 지금까지 전례가 없는 획기

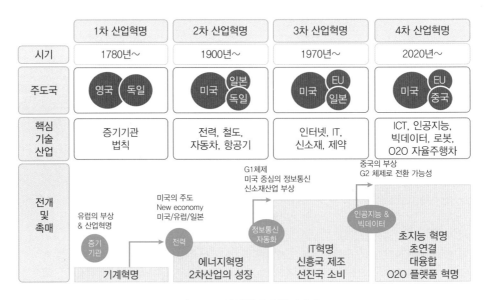

그림 8.1.1 산업혁명의 발전단계

자료: 삼성전자(2016) 재인용

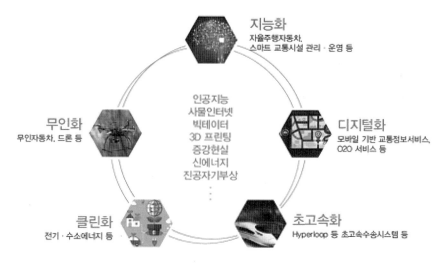

그림 8.1.2 4차 산업혁명에 대두에 따른 교통분야의 주요 이슈

적인 기술진보를 의미하고 범위는 모든 국가와 모든 산업에 미치는 영향력을 말한다.[1] 또한 4차 산업혁명은 3차 산업혁명을 기반으로 한 디지털, 생물학, 물리학 등의 경계가 없어지고 융합되는 기술 혁명이다. 1차는 동력, 2차는 자동화, 3차는 디지털로 산업혁명이 촉발되었다면, 4차 산업혁명은 여러 분야의 기술이 '융합'되는 새로운 기술혁신이 원동력이다.[2]

4차 산업혁명은 2020년경부터 본격적으로 돌입할 것으로 보고 있다. 미국과 EU 국가들이 관련 산업을 주도하고 최근 경제가 급성장하고 있는 중국도 신흥국으로서 주도권을 쥐게 될 것으로 본다. 4차 산업혁명의 기술로는 정보통신기술(ICT; Information and Communication Technology), 인공지능, 빅데이터, 로봇, O2O(Online to Offline), 자율주행자동차 등이 있다.[3]

4차 산업혁명의 교통분야 주요 트렌드는 지능화, 무인화, 클린화, 초고속화, 디지털화 등 5개 분야가 주도할 것으로 전망된다. 지능화 분야는 빅데이터, 인공지능(AI; Artificial Intelligence) 등을 활용한 교통의 지능화로 최적의 교통수요 및 수단 정보가 제공될 것이고, 자율주행자동차 상용화로 2035년 사고절감 및 시간활용 편익이 연평균 50조 원이 예상된다. 무인화 분야는 무인자동차 및 무인비행체 등 인간의 조작이 불필요한 사회가 도래할 것이고, 국내 드론시장은 2017년 704억 원에서 2026년 4조 원대로 급증할 것으로 전망된다. 디지털화 분야는 모바일 기반의 교통정보서비스(실

---

1 이원태, "제4차 산업혁명의 기술과 사회변화 이슈", 2016년 국민법제관 워크숍, 2016. 12. 7, 30~31쪽

2 한국경제연구원, 『한국형 4차 산업혁명을 통한 경제 강국 도약』, 2017, 1쪽; 한국경제연구원, 『국내 ICT 산업의 추세상 특징과 시사점』, 2017, 2쪽

3 이원태, 앞의 보고서, 32쪽; 이원태, 『제4차 산업혁명 시대의 ICT 법제 주요현안 및 대응방안』, 한국법제연구원, 2016, 28쪽

시간 주차정보 등)가 제공되고 온라인과 오프라인을 연결한 O2O 물류시장 및 서비스 확대가 예상된다. 클린화분야는 전기차 및 수소차 등 클린자동차 공급이 확산될 것이고, 초고속화 분야는 모듈형 개인 대중교통 및 초고속 수송시스템(hyperloop)이 등장하게 될 것이다.

　여기서는 본격적인 자율주행자동차 시대로 진입하기 전 단계라 할 수 있는 첨단 운전자지원시스템(ADAS; Advanced Driver Assistance System)에 대해 먼저 살펴보고자 한다. 기술이 아무리 발전해도 사람의 실수(human error)는 크게 줄어들지 않는다. 2016년과 2017년에 많이 발생한 전세버스와 고속버스의 졸음운전 사고만 봐도 알 수 있다. 운전자의 실수를 최소화하고 교통사고를 예방할 수 있는 기술이 능동형 교통안전(active safety)이다. 우리나라도 4차 산업혁명의 도래에 대비한 자율주행자동차, 자동차 인공지능시스템, 빅데이터 처리기술, 무선데이터 통신 등이 접목된 각종 운전자 졸음·부주의 지원장치, ADAS 보급 등 선진국의 발 빠른 움직임을 예의주시하고 있다.[4]

　4차 산업혁명 시대 교통안전 분야는 차세대 ITS(C-ITS; Cooperative-Intelligent System), 교통빅데이터, 4D 시뮬레이터, 자율주행자동차와 드론이 주도할 것이다. 4차 산업혁명 시대에는 교통분야도 "업"의 전환이 일어날 수밖에 없다. 이 장에서는 교통안전의 관점에서 이 분야를 살펴보고자 한다.

4　김주영, "4차 산업혁명과 졸음·부주의 운전의 예방적 접근 Ⅱ", 국토연구원 도로정책 Brief No. 119, 2017. 9, 5쪽

첨단운전자지원시스템과 능동형 교통안전

2.1 첨단운전자지원시스템의 개요

첨단운전자지원시스템(ADAS; Advanced Driver Assistance Systems)은 차량 내·외부에 탑재된 다양한 센서(sensor)를 통해 외부 환경을 인지하고 이를 바탕으로 차량 운전자의 상황 판단력 및 반응 속도를 높여 주행 시 안전과 편의 지원 및 위험 회피를 목적으로 운전자를 지원하는 첨단보조시스템이다. ADAS는 교통사고 저감, 배출가스 감소 등 사회적 손실을 감소시키기 위해 개발되었다. 초기에는 잠재적 위험 발견 시 경고하여 운전자가 비정상적인 상태의 차량이나 도로 조건을 주시하도록 하는 수동적 경고(passive alert)에 집중하였으나, 최근에는 지능형 주행 및 자율주행을 위해 능동적 간섭(active intervene) 기술로 발전하고 있다.

ADAS의 세 가지 구성 요소는 인식, 판단 그리고 제어이다.[5] 인식은 주변 차량과의 간격, 장애물, 차선, 표지 등을 차량에 탑재된 센서를 통해 인지하는 것으로 센서를 통해 수집된 데이터를 전자제어장치(ECU; Electronic Control Unit)에 전달하는 기능을 하고 있다. 판단은 차량속도 적정여부, 회전 가능여부, 추월 가능여부 등을 위해 수집된 데이터를 해석하여 작동을 유도하고 행동을 결정하는 기능을 한다. 제어는 브레이크를 얼마나 밟고, 핸들 조작 정도 등에 대하여 ECU의 명령에 따라 작동하는 기능을 한다. ADAS의 기반인 센서는 최근까지 카메라센서에 집중되었으나 최근 RADAR(Radio Detection And Ranging), LiDAR(Light Detection And Ranging), 초음파 센서 등과 같이 다양한 센서를 이용하고 있다. 카메라센서는 렌즈를 통해 다양한 물체를 동시에 인지하는 방식이며, RADAR는 센서에서 방사된 전기파가 물체에 반사되어 오는 반사 시간을 계산하여 물체를 인지하는 방식이다. LiDAR와 초음파 역시 RADAR와 동일한 방식이나 전기파 대신 레이저(laser)와 초음파를 이용한다는 차이

---

5 이재관, "스마트카 개발동향 및 당면과제" 한국통신학회지 제30권 제15호, 2013년 10월, 32~33쪽

제8장

가 있다. 이들 센서와 연관된 시스템은 〈그림 8.2.1〉과 같다.

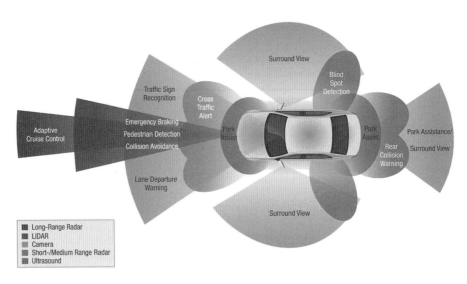

그림 8.2.1 ADAS에 이용되는 센서 및 연관 시스템

2.2 **첨단운전자지원시스템의 종류 및 내용**

다양한 ADAS 장치 중 현재 많이 이용되고 있는 장치는 〈표 8.2.1〉과 같다.

표 8.2.1 첨단안전장치 종류

장치명	장치 개요
차로이탈경고장치 (LDWS; Lane Departure Warning System)	주행차로 이탈 시 운전자에게 차로이탈경고를 제공하여 인접차로의 주행 차량과 충돌을 방지하는 장치
전방충돌경고장치 (FCWS; Forward Collision Warning System)	주행차로 전방의 정지차량 등 장애물 발견 시 충돌 위험경고를 운전자에게 제공
자동긴급제동장치 (AEBS; Autonomous Emergency Braking System)	주행차로 전방의 정지차량 등 장애물 발견 시 충돌 위험경고를 운전자에게 제공하고 스스로 제동장치를 작동시켜 최종 충돌 속도를 감소
적응순항제어장치 (ACC; Adaptive Cruise Control)	주행차로 전방에 주행 중인 차량속도를 감지하고 운전자가 설정한 전방차량과의 거리 등에 따라 자동으로 가·감속해 안전거리 또는 설정속도를 유지하기 위한 장치
차로유지지원장치 (LKAS; Lane Keeping Assistance System)	주행차로 이탈 시 운전자에게 차로 이탈경고를 제공하고 원래 주행차로로 스스로 복귀하도록 지원하는 장치

(계속)

표 8.2.1 첨단안전장치 종류	
장치명	장치 개요
후측방접근경고장치 (RCTA; Rear Cross Traffic Alert)	주차구역에서 진출 시 후방에서 접근하는 차량을 감지하여 운전자에게 충돌 경고 제공
사각지대감시장치 (BSD; Blind Spot Detection)	주행 중 차로변경 시 인접차로에 접근하는 차량을 감지하여 운전자에게 경고하여 인접차로 감시를 지원
조절형최고속도제한장치 (ASLD; Adjustable Speed Limit Device)	주행차로에 따라 운전자가 차량제한속도를 설정하고 해당 차량이 설정된 속도 이상으로 주행하는 것을 방지
지능형최고속도제한장치 (ISA; Intelligent Speed Assistance)	주행차로 제한속도 및 교통 환경을 인지하여 운전자에게 정보를 제공하고 제한속도 이상으로 주행 시 자동으로 감속 주행

차로이탈경고장치(LDWS)는 운전자가 졸음운전 또는 운전 중 잠시 한눈을 판 사이 차로를 이탈하는 경우에 경고를 주는 장치다. 이 장치는 카메라를 통해 인식된 주행차선을 운전자가 방향지시등을 켜지 않고 밟을 경우 경보음을 울려 사고를 예방하게 된다. 차로이탈경고장치의 차선 인식 방법 및 경고정보 제공방식은 〈그림 8.2.2〉와 같다.

 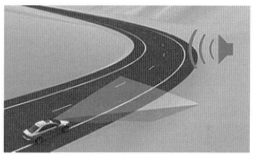

차로이탈경고장치의 차선 인식 방법   차로이탈 시 경고 정보 제공

그림 8.2.2 차로이탈경고장치 차선 인식 방법 및 경고정보 제공

전방충돌경고장치(FCWS)는 운전자가 졸음운전 또는 운전 중 잠시 한눈을 판 사이에 동일 차로 전방에 정차한 차량 등을 감지해 운전자에게 경고하여 운전자가 충돌을 완화하거나 회피함으로써 사고예방 또는 사고심각도를 줄일 수 있는 장치다. 이 장치는 카메라, RADAR, LiDAR 등의 센서를 통해 인식된 전방의 장애물 및 정지차량 등을 인식한 후 상대속도와 거리로 충돌 예측 시간을 산출하게 된다. 충돌 위험이 있을 경우 경고 정보를 줌으로써 충돌을 막을 수 있다. 전방충돌경고장치의 장애물 인식 및 충돌 위험 시 경고 정보 제공 방식은 〈그림 8.2.3〉과 같다.

자동긴급제동장치(AEBS)는 카메라, RADAR, LiDAR 등을 통해 주행차선 전방에

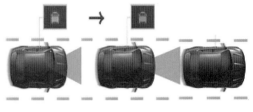

전방충돌경고장치의 장애물 인식   충돌 위험 시 경고정보 제공

그림 8.2.3 전방충돌경고장치 장애물 인식 및 경고 정보 제공

주행 중이거나 정지한 차량을 감지해 충돌 위험이 있는 상황에서 운전자에게 경고를 주고 자동으로 제동(최대 감속도의 30%)하여 충돌을 완화하거나 회피하여 사고 예방 및 사고심각도를 감소시킬 수 있는 장치로, 차량인식 방법 및 작동원리는 〈그림 8.2.4〉 와 같다.

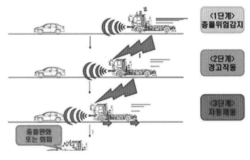

자동긴급제동장치의 차량 인식   자동긴급제동장치 작동 원리

그림 8.2.4 자동긴급제동장치 개념도

적응순항제어장치(ACC)는 주행차로 전방에서 주행 중인 차량의 속도를 감지한 후 운전자가 설정한 전방차량과의 거리 등에 따라 자동으로 가·감속하여 안전거리 또는 설정속도를 유지하기 위한 장치로 〈그림 8.2.5〉와 같이 동작하게 된다.

차로유지지원장치(LKAS)는 카메라가 주행 차로를 인식하고 자동차가 항상 주행 차로를 유지·주행할 수 있도록 지원하여 인접 차로에 대한 침범을 방지하는 장치다. 운전자가 졸음운전을 하거나 운전을 하다가 잠시 한눈을 판 사이에 차로를 이탈하더라도 자동으로 차로를 유지하여 사고를 예방할 수 있다. 차로유지지원장치의 차로 인식 및 적용 예시는 〈그림 8.2.6〉과 같다.

① ACC 기능 "ON"
(목표속도, 상대거리 유지)

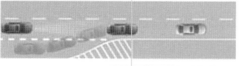
② 끼어들기 차량 감지
(자동감속)

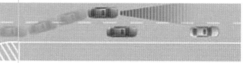
③ 운전자에 의한 차선변경
(목표속도까지 가속)

그림 8.2.5 적응순항제어장치 동작 구조

차로유지지원장치 차로 인식

차로유지지원 적용 예시

그림 8.2.6 차로유지지원장치 차로 인식 및 적용 예시

후측방접근경고장치(RCTA)는 주차 중인 상태에서 후진 시 후방 교통상황(자동차, 이륜차, 자전거 등)을 모니터링하여 위험상황에 대한 경고를 통해 안전사고를 사전에 예방하기 위한 운전자 지원 장치로 접근 차량 검지 및 경고 제공 예시는 〈그림 8.2.7〉과 같다.

후측방접근경고장치 접근 차량 검지

후측방접근경고장치 경고 제공 예

그림 8.2.7 후측방접근경고장치 개념도

사각지대감시장치(BSD)는 RADAR 등을 통해 주행자동차의 주변 등 운전자가 보지 못하는 사각지대의 장애물 또는 인접 차로에서 주행 중인 자동차를 감지하여 차로 변경 시 운전자에게 경고를 제공하여 충돌을 회피하는 장치로 검지 영역 및 경고 정보 제공 예시는 〈그림 8.2.8〉과 같다.

 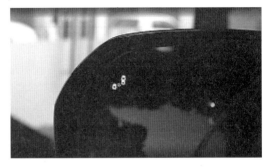

사각지대감시장치 검지 영역   사각지대감시장치 경고 제공 예

그림 8.2.8 사각지대감시장치 개념도

조절형최고속도제한장치(ASLD)는 과속 운전을 방지하기 위해 운전자가 임의로 제한속도를 설정하여 사용하는 최고속도제한장치이다. 이 장치는 운전자가 경고를 받고자 하는 최고속도를 설정하여 이를 초과했을 때 경고를 하여 운전자가 과속을 하는 것을 방지해줄 수 있으며, 그 적용 예시는 〈그림 8.2.9〉와 같다.

장착위치   작동 스위치   작동 표시

그림 8.2.9 조절형최고속도제한장치 적용 예시

지능형최고속도제한장치(ISA)는 조절형최고속도제한장치(ASLD)에 제한속도알림기능(SLIF; Speed Limit Information Function)[6]이 서로 연계되어 결합된 ASLD와 SLIF가 서로 연계하여 자동으로 제한속도를 설정하고 차량 스스로 속도를 제한하는

6 자동차가 카메라 또는 지도를 기반으로 도로의 속도제한을 인지하여 운전자에게 알려주는 기능이다.

방식과 ASLD와 SLIF가 서로 독립적으로 작동하는 방식으로 구분할 수 있다. 이 장치는 주행 중인 도로의 제한속도 등 교통정보를 자동차가 자동으로 인식하여 제한속도를 운전자에게 알려주고 스스로 속도를 제한하여 과속으로 인한 사고를 예방할 수 있으며, 인식 방식에 따른 정보 제공 예시는 〈그림 8.2.10〉과 같다.

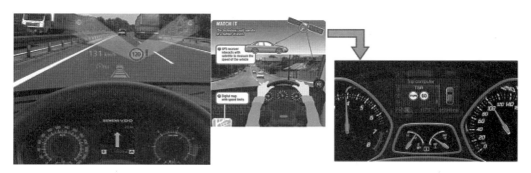

카메라 기반 인식 및 알림   지도 기반 인식 및 알림

그림 8.2.10 지능형최고속도제한장치의 인식 방식에 따른 정보 제공 예시

이 외에도 앞차출발알림(FCDA; Front Car Departure Alert), 하이빔제어(HBA; High Beam Assist), 교통표지판 인식(TSR; Traffic Sign Recognition), 교통신호등인식(TLR; Traffic Light Recognition) 등이 있다. FCDA는 신호 대기 또는 정차 시 전방을 주시하고 있지 않을 때 앞차의 출발을 알려주어 운전자의 주의를 환기시켜주는 장치며, HBA는 상향등을 켜고 운전하고 있을 때 대형차 또는 선행 차량이 가까워지면 자동으로 하향등으로 전환되는 장치이다. TSR과 TLR은 도로상의 표지판 및 신호등을 인식하여 운전자에게 알려주는 장치로 과속 및 신호 위반 등을 방지해주는 장치이다.

2.3 첨단운전자지원시스템 관련법 규정

유럽연합(EU; European Union)은 기존법규(European Committee Directives) 대체를 위해 새로운 법체계(new vehicle safety regulation) 도입에 관한 연구 수행 중 AEBS 및 LDWS 관련 새로운 법령 제정을 발의하는 과정에서 독자적인 입법보다는 유엔의 유럽경제위원회(UNECE; United Nations Economic Commission for Europe)의 안전기준 정비를 통해 만들어진 법령을 그대로 도입하기로 했다. 현재 UNECE 산하 자동차분과실무위원회의 세계자동차기술 기준조화포럼(UN/ECE/WP29)[7]을 중심으로 전

---

7 UN/ECE/WP29에서는 전 세계의 자동차 성능과 안전기준을 통일하기 위해 GTR(Global Technical Regulation) 제정을 추진하고 있다. 한국은 자동차 실내 공기질 전문가기술회의 의장국으로서 국제기준 제정작업을 선도하고 있다.

세계의 자동차의 성능과 기준 통일을 추진하고 있다.

차로이탈경고장치(LDWS)는 UN R.130에 따라 유럽에서 승합차 및 3.5톤 초과 화물차, 특수차를 대상으로 2013년 1월부터 해당 안전기준이 적용되고 있으며, 국내에서도 2017년 1월부터 승합차 및 3.5톤 초과 화물차, 특수차에 설치되는 LDWS는 자동차안전기준을 충족하여야 한다. 또한, 이때부터 제작되는 길이 11미터 초과 승합차 및 총중량 20톤 초과 화물차 및 특수자동차는 해당 장치를 의무적으로 장착해야 한다.

자동긴급제동장치(AEBS)는 UN R.131에 따라 유럽은 승합차 및 3.5톤 초과 화물차, 특수차를 대상으로 2016년 10월부터 해당 안전기준을 적용하고 있으며, 3.5톤 이하 자동차는 2017년 말부터 적용여부를 논의하고 있다. 국내에서 2017년 1월부터 승합차 및 3.5톤 초과 화물차, 특수차에 설치되는 AEBS는 법에서 정한 자동차안전기준을 충족하여야 하며, 이때부터 제작되는 길이 11미터 초과 승합차 및 총 중량 20톤 초과 화물 및 특수자동차는 해당 장치를 의무적으로 장착해야 한다.

차로유지지원장치(LKAS)는 UN R.79 개정안이 2017년 3월에 WP(working party)29를 통과하여 관련 안전기준을 만들었으며, 장착의무화는 현재 국내·외 모두 추진되고 있지는 않다. 또한, 조절형최고속도제한장치(ASLD)도 2011년과 2012년 국외·국내 모두 안전기준이 만들어졌으나 장착의무 규정은 선택사항으로 두고 있다.

첨단안전장치에 관한 UN Regulation 및 국내 자동차안전기준 현황은 〈표 8.2.2〉와 같다.

표 8.2.2 첨단안전장치 관련 UN Regulation 및 국내 자동차안전기준

장치구분	법규	대상 차종	시행 시기	
			국외	국내
LDWS	UN R.130	승합 및 3.5톤 초과 화물, 특수	2013년 1월부터	2017년 1월부터
	안전기준 제14조의2 및 제89조의 2	승합 및 3.5톤 초과 화물, 특수(길이 11 m 초과 승합 및 총 중량 20톤 초과 화물 및 특수자동차는 의무장착)		
AEBS	UN R.131	승합 및 3.5톤 초과 화물, 특수	2016년 10월부터 * 3.5톤 이하 자동차는 2017년 말부터 논의	2017년 1월부터
	안전기준 제15조의3 및 제90조의 3	승합 및 3.5톤 초과 화물, 특수(길이 11 m 초과 승합 및 총 중량 20톤 초과 화물 및 특수자동차는 의무장착)		
LKAS	UN R.79 개정안	피견인 자동차를 제외하고 해당 장치를 장착한 모든 자동차	2017년 3월 WP.29 통과	
ASLD	UN R.89	피견인 자동차를 제외하고 해당 장치를 장착한 모든 자동차	2011년 2월부터	2012년 2월부터 (선택적용)
	안전기준 제110조의2			

신규 제작차량에 대해 첨단안전장치 장착을 유도하기 위해 자동차 안전도평가 (NCAP; New Car Assessment Program)의 평가항목에 반영하여 자동차안전도 등급을 평가하고 있다. 첨단안전장치별로 평가항목과 국내·외 평가시기를 살펴보면, LDWS 는 직선 주행차선 4종 항목을 평가하며 국내는 2013년 1월부터, 국외는 2015년 6월부터 평가항목에 반영되었다. FCWS는 감속이동, 저속이동 그리고 정지 타켓을 대상으로 평가하며 LDWS와 마찬가지로 2013년 1월부터 평가항목에 반영되었으나 국외는 평가하고 있는 국가가 없다.

앞서 설명한 차량을 직접 제어하지 않는 경고장치와 달리 차량을 직접 제어하는 첨단안전장치는 국내 평가기준 마련으로 인해 2017년 1월부터 평가항목에 반영하고 있다. AEBS는 고속주행과 시가지 주행, 그리고 보행자 감지를 구분하여 평가하며 국 외는 고속과 시가지 주행 모드를 2014년 1월부터 반영하고 보행자 감지모드는 2015년 6월부터 반영하고 있다. ASLD는 고속국도, 지방도로, 도심도로로 구분하여 평가하고 있으며 해외에선 2012년 7월부터 평가에 반영하고 있다. ACC는 상대거리 유지, 끼어들기 차량 감지, 목표속도 가속으로 구분하여 국내에서만 평가하고 있다. ISA 는 제한속도알림기능과 지능형속도제한장치로 구분해서 평가하고 있으며, 해외에선 2012년 7월부터 평가하고 있다. LKAS는 직선주행차선 4종과 곡선 도로에서 차선 유지 기능을 평가하며 해외에선 2015년 6월부터 평가하고 있다.

이와 같은 첨단안전장치 국내·외 자동차안전도평가 평가항목 현황은 〈표 8.2.3〉과 같다.

표 8.2.3 첨단안전장치 국내·외 자동차안전도평가 평가 항목 현황

장치구분	법규	평가 항목	시행 시기	
			국외	국내
LDWS	KNCAP, Euro NCAP	직선 주행차선 4종	2015년 6월	2013년 1월
FCWS	KNCAP	감속이동, 저속이동, 정지 타켓	-	2013년 1월
AEBS	KNCAP, Euro NCAP	고속 모드(차 대 차 저속/감속 이동 타켓)	2014년 1월	2017년 1월
		시가지 모드(차 대 차 정지 타켓)		
		보행자 감지모드(보행자 감지)	2015년 6월	
ASLD	KNCAP, Euro NCAP	고속국도, 지방도로, 도심도로	2012년 7월	2017년 1월
ACC	KNCAP	상대거리 유지, 끼어들기 차량 감지, 목표 속도 가속	-	2017년 1월
ISA	KNCAP, Euro NCAP	제한속도알림기능(SLIF)	2012년 7월	2017년 1월
		지능형속도제한장치(ISA)		

(계속)

제8장

표 8.2.3 첨단안전장치 국내·외 자동차안전도평가 평가 항목 현황

장치구분	법규	평가 항목	시행 시기	
			국외	국내
LKAS	KNCAP, Euro NCAP	직선 주행차선 4종, 곡선 도로	2015년 6월	2017년 1월

그외에 국내에서는 「자동차 및 자동차부품의 성능과 기준에 관한 규칙」에서 신규차량에 대한 첨단안전장치 장착 규정을 두고 있으며, 그 내용은 〈표 8.2.4〉와 같다.

표 8.2.4 자동차 및 자동차부품의 성능과 기준에 관한 규칙의 신규차량 관련 의무화 규정 내용

장치명	관련기준	대상 차종	시행일
자동차안정성 제어장치(ESC)	제15조의2 (자동차안정성 제어장치)	• 승용, 4.5톤 이하 승합, 화물, 특수	2012.1.1
타이어공기 압경고장치 (TPMS)	제12조의2 (타이어공기압 경고장치)	• 승용, 3.5톤 이하 승합, 화물, 특수	2013.1.1
카메라모니터 시스템(CMS)	제50조 (간접시계장치)	• 실외후사경을 대체하여 선택적으로 즉시 사용 가능 • 어린이운송용 승합자동차 등	2017.1.9
안전띠미착용 경고장치(SBR)	제27조 (좌석안전띠장치 등)	• 승용: 앞좌석 안전띠 미착용 경고장치 규정을 전 좌석으로 확대 • 승합·화물: 운전석 및 옆 좌석	2019.9.1 (2022.9.1)
사업용자동차 안전성제어장 치(ESC)	제15조의2 (자동차안전성 제어장치)	• 4.5톤 초과 길이 11 m 이하 승합자동차 • 4.5톤 초과 20톤 이하 화물·특수자동차	2023.1.1

2.4 첨단운전자지원시스템의 성능 평가

전술한 바와 같이 첨단운전자지원시스템은 운전자에게 경고 정보를 제공하거나 차량 스스로 제어하여 교통사고를 예방하는 시스템이다. 이러한 첨단안전장치들이 교통사고 예방을 위해 필요한 성능을 만족하지 못할 경우 잘못된 정보를 제공하여 교통사고를 유발시킬 우려가 있어 국내에서는 한국교통안전공단 자동차안전연구원에서 시행하고 있는 자동차 안전도평가(KNCAP; Korean New Car Assessment Program)[8]에서 2013년 1월부터 LDWS와 FCWS에 대한 성능평가를 시행하였으며, 2017년 1월부터

---

8 신차에 대하여 충돌 안전성, 보행자 안전성, 주행제동 안전성, 사고예방 안전성 등의 차량 안전도를 평가하는 프로그램으로 1999년부터 시행 중이다. 자세한 내용은 제7장 제2절을 참조할 것

는 모든 첨단안전장치에 대하여 성능평가를 시행하고 있다.

　LDWS는 승용차와 4.5톤 이하 승합차 및 소형화물차를 대상으로 성능 시험 평가를 하고 있다. 차로이탈경고에 대한 성능 시험은 최소 작동속도(60 km/h)에서의 작동 여부와 최소 경고수단 여부(시각, 청각, 촉각 중 2개 이상)를 평가하고 있으며, 시험 방법은 〈그림 8.2.11〉과 같다. 추가적으로 해당 장치를 임의로 고장을 유발하여 운전자에게 고장경고를 제공하는지 여부를 평가하고 있다.

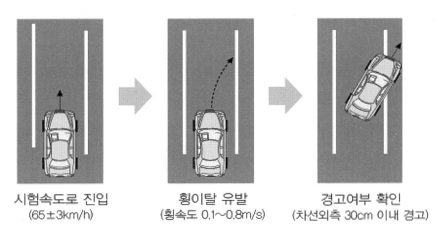

시험속도로 진입 　　　　횡이탈 유발 　　　　경고여부 확인
(65±3km/h) 　　　(횡속도 0.1~0.8m/s) 　　(차선외측 30cm 이내 경고)

그림 8.2.11 차로이탈경고장치 성능 시험 방법

자료: 한국교통안전공단 내부 자료

　FCWS는 승용차와 4.5톤 이하 승합차 및 소형화물차를 대상으로 성능 시험을 하고 있다. 성능 시험은 정지, 가속, 저속 모드로 구분하여 시행하고 있으며, 평가 방법 및 기준은 〈그림 8.2.12〉와 같다.

정지모드 　　　　　　　　감속모드 　　　　　　　　저속모드

○TTC[9]: 2.1초 이전
○대상자동차: 72 km/h
○목표자동차: 0 km/h

○TTC: 2.4초 이전
○대상자동차: 72 km/h
○목표자동차: 72 km/h
　(1.5초 이내 0.3 g 감속유지)

○TTC: 2.0초 이전
○대상자동차: 72 km/h
○목표자동차: 32.2 km/h

그림 8.2.12 전방충돌경고장치 성능 시험 방법

자료: 한국교통안전공단 내부 자료

9　상대거리, 상대속도 등을 계산한 충돌 예상시간(Time to Collision)을 의미한다.

AEBS는 승용차와 4.5톤 이하 승합차 및 소형화물차, 길이 11 m 초과 승합차, 20톤 초과 화물차 및 특수차를 대상으로 성능 평가를 시행하고 있으며, 차대차(car to car)와 차대보행자(car to pedestrian)로 구분하여 성능을 평가하고 있다. 차대차에 대한 성능 평가는 목표자동차의 정지, 감속, 저속주행에 따라 대상자동차의 속도를 증가시켜가며 충돌한 상대속도 확인을 통해 이루어진다. 이때 대상자동차는 80 km/h의 주행속도로 주행하고 목표자동차는 정지, 저속 주행하여 1단계 경고는 비상자동제동단계 1.4초 이전, 2단계 경고는 0.8초 이전에 작동되는지 여부와 속도 감속량 및 충돌여부 확인을 통해 안전기준 만족 여부를 평가한다. 반면 차대보행자의 경우는 안전기준에 대하여 규정된 것이 없으나 시험 평가는 〈그림 8.2.13〉과 같이 다양한 보행자의 충돌상황에 따라 다양하게 대상자동차의 시험속도를 증가시켜가며 충돌한 상대속도 확인을 통해 이루어지고 있다.

PT : 전방 근거리 개활지에서 출현(Unobscured)
SV : 10~60Kph의 속도로 접근

PT : 전방 근거리 장애물에서 출현(obscured)
SV : 10~60Kph의 속도로 접근

PT : 전방 원거리 개활지에서 출현(unobscured)
SV : 40~60Kph의 속도로 접근

그림 8.2.13 전방충돌경고장치의 차대보행자 성능 시험 방법
자료: 한국교통안전공단 내부 자료

LKAS는 승용차를 대상으로 현재 직선·곡선의 차로 이탈 여부 및 최소작동속도 확인을 통해 〈그림 8.2.14〉와 같이 성능 평가를 시행하고 있다. 향후에는 운전자가 주행 중 핸들을 잡고 있는지 여부를 인지하고 핸들을 놓고 운전하는 경우에 운전자에게 경

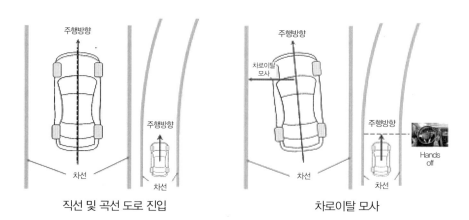

직선 및 곡선 도로 진입   차로이탈 모사

그림 8.2.14 차로유지지원장치 성능 시험 방법
자료: 한국교통안전공단 내부 자료

고 후 기능 해제 여부, 주행차로로 복귀 시 발생되는 횡가속도 및 횡충격량 평가, 조향 억제력 평가와 같은 내용을 추가 평가할 예정이다.

RCTA는 승용차와 4.5톤 이하 승합차 및 소형화물차를 대상으로 직각주차와 사선 주차에 대하여 〈그림 8.2.15〉와 같이 평가하고 있으며, 평가 기준은 경고 수단으로 시각, 청각, 촉각 중 최소 2개 이상 제공과 충돌발생 예상시간 1.9초 이전에 경고하는 최소 경고요건 만족 여부이다.

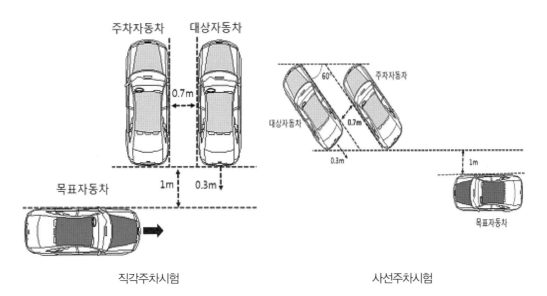

직각주차시험   사선주차시험

그림 8.2.15 후측방접근경고장치 성능 시험 방법
자료: 한국교통안전공단 내부 자료

BSD는 〈그림 8.2.16〉과 같이 빗금부분의 최소사각지역에서 경고를 제공하는지 여부와 경고 방법, 시각경고의 색상(광도) 및 경고제공 시간 등에 대하여 평가하고 있다.

조절형최고속도제한장치(ASLD)는 승용차를 대상으로 속도경고기능과 속도제한 기능에 대하여 평가하고 있다. 속도경고기능평가는 사고회피 등을 목적으로 운전자가 급가속 시 운전자가 제한한 설정속도를 초과하는 경우 경고 제공 시간 및 수단 등을 평가하고, 속도제한기능평가는 운전자가 제한한 설정속도를 초과하지 않도록 속도제한 능력을 평가한다.

ISA는 ASLD와 동일하게 승용차를 대상으로 하며, 평가 항목은 ASLD 평가 항목에 속도제한알림기능을 추가적으로 시행하고 있다. 속도제한알림기능은 도심, 지방 및 고속국도에서 임의로 선택한 교통표지판을 대상으로 실시하고 있으며, 2019년부터는 어린이보호구역에 대하여 추가정보 인식 여부를 평가할 예정이다.

ACC는 승용차와 4.5톤 이하 승합차 및 소형화물차를 대상으로 자동차 제작사가 제

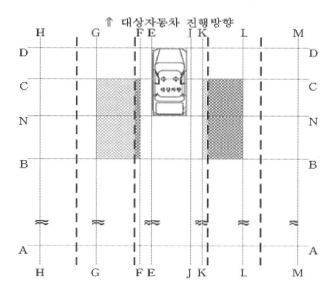

그림 8.2.16 사각지대감시장치 성능 시험 방법

자료: 한국교통안전공단 내부 자료

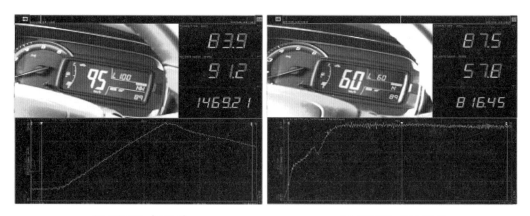

속도경고기능(급가속)	속도제한기능(정속유지)

그림 8.2.17 조절형최고속도제한장치 성능 시험 방법

출한 자료를 통해 ACC의 구조 및 기능(작동설정 및 해제, 주행 중 제어, 지시표장치, 경고장치 등)과 자동차 취급설명서 및 주의표식 만족 여부 확인을 통해 성능 평가를 시행하고 있다.

2.5 첨단운전자지원시스템의 효과

한국교통안전공단이 금호고속(주)의 첨단운전자지원시스템 장착 고속버스를 대상

표 8.2.5 전방충돌경고장치 장착 전·후 비교 분석 결과			
구분	장착 전 (14년 3월~15년 6월)	장착 후 (15년 7월~16년 10월)	증감률
사고건수(건)	13	5	-61%
피해자수(명)	58	12	-79%

으로 FCWS의 장착 전·후 16개월간 사고를 비교 분석한 결과 장착 후 교통사고건수는 약 60%, 피해자수는 약 79%가 감소하는 것으로 나타났다.

또한 2011년~2015년간 국내에서 발생한 전면부 충돌사고 약 24,000여건을 이용하여 FCWS 및 AEBS 장착 차량의 사고 예방 효과를 분석한 결과 전면부 충돌사고를 FCWS는 4.1%, AEBS는 4.5% 감소했고, 안전띠를 착용한 상태에서 이들 장치를 장착한 차량의 경우 사망사고가 1건도 발생하지 않았다는 연구결과도 있다. 이 연구에서는 차대보행자 사고의 경우 FCWS는 42.3%, AEBS는 39.5% 정도 사고를 감소시키고 보행자의 중상해 발생률[10]을 20% 이상 감소시킬 수 있는 것으로 나타났다.[11] 이를 사고 비용으로 환산할 경우 연간 약 2조 5천억 원의 사회적 비용을 감소시키는 효과가 발생할 것으로 예상할 수 있다.

국내 또 다른 연구결과를 보더라도 LDWS는 정면충돌사고에 평균 12.23~14.62%, AEBS는 추돌사고에 47.61~56.82%의 사고 감소효과가 있고,[12] ACC는 10.43%, AEBS 10.43%, LDWS 9.96%, BSD는 10.14%의 사고 감소효과가 나타났으며, 이들 장치가 모두 장착될 경우 10.18%의 사고가 예방될 것으로 추정하였다.[13]

유럽공동체(European Commission)에서는 ISA를 의무화할 경우 사망사고가 46%, 중상사고가 34% 감소될 것으로 기대하고 있으며, LDWS의 경우는 차로이탈과 관련된 추돌사고의 33% 정도를 감소시킬 것으로 예상하고 있다. AEBS는 전방충돌사고를 38% 정도 감소시키고 AEBS와 FCWS를 같이 설치할 경우 44% 정도 감소할 것으로 예상하고 있다.[14]

미국 도로교통안전국(NHTSA; National Highway Traffic Safety Administration)은 전방충돌경고장치를 통해 대형 승합·화물차 추돌사고가 연간 21% 정도 감소할 것으로 예상하고 있으며, 교통안전위원회(NTSB; National Transportation Safety Board)는

10 상해급 기준으로 6급 이상 중상자 및 7~9급 부상자의 발생 비율

11 박원필, 『전면부 충돌사고 예방장치 효과: FCWS, AEBS』, 삼성교통안전문화연구소, 2016, 55~62쪽

12 정은비, 오철, "첨단 운전자지원시스템의 교통안전 효과추정 방법론", 한국ITS학회지 제12권제3호, 2013.6, 74~75쪽

13 정은비, 오철, 정소영, "In-vehicle 통합 운전자지원시스템 효과평가 방법론 개발 및 적용", 대한교통학회지 제32권제4호, 2014.8, 300쪽

14 European Commission, *Advanced driver assistance systems 2016* (EC, 2016), pp.7~21

제8장

FCWS만 장착 시 28%, AEBS를 같이 장착할 경우는 37% 정도 교통사고를 감소시킬 것으로 기대하고 있다.

Cicchino(2017)은 2010~2014년 동안 발생한 추돌사고 약 24,000건을 대상으로 분석한 결과 사고발생률이 FCWS 장착 시 27%, AEBS 장착 시 43%, FCWS와 AEBS 모두 장착 시 50% 감소하는 것으로 나타났다.[15] Chauvel(2013)은 프랑스의 4,400여건의 보행자 사고를 대상으로 AEBS 장착효과를 분석한 결과 보행 중 사망자는 15%, 중상자는 37% 감소할 것으로 예상하였다.[16]

이와 같은 효과로 인해 국내에서는 대형 승합·화물차량에 FCWS와 LDWS 장착 의무화를 추진하고 있다. 폴란드·이스라엘·러시아는 보험료 할인, 중국·터키는 보험료 환급을 통해 보급을 지원하고 있다. 싱가포르는 구매·장착비의 70% 지원과 더불어 보험료 환급을 통해 보급을 활성화하고 있는 상황이다.[17] 우리나라도 렌터카공제조합에서는 첨단안전장치나 보조장치를 장착한 공제가입 대여자동차에 대해서는 2017년 9월부터 보험료를 할인해주고 있다. 또한 국토교통부는 사업용자동차가 첨단안전장치나 보조장치를 장착한 경우에는 손해보험사에서 보험료를 할인할 수 있도록 권고하고 있다.

---

15 Cicchino, J. B., "Effectiveness of Forward Collision Warning and Autonomous Emergency Braking Systems in Reducing Front-to-Rear Crash Rates", *Accident Analysis & Prevention Vol 99 Part A*, 2017, pp. 142~152

16 Chauvel, C., Page, Y., Fildes, B. and Lahausse, J., "Automatic Emergency Braking for Pedestrians Effective Target Population and Expected Safety Benefits", *23th ESV Conferenc 13-0008*, 2016, pp. 6~8

17 김주영, 앞의 논문, 4쪽

C-ITS

C-ITS 정의

지능형교통체계(ITS; Intelligent Transport Systems, 이하 ITS)는 교통의 구성요소인 도로·차량·화물 등에 통신기술을 적용하여 교통정보를 수집·관리·제공하는 시스템으로 미국, 유럽, 일본, 한국 등은 기존 교통시설의 이용효율 극대화, 교통정보 제공을 통한 교통 이용 편의 및 교통안전 제고, 에너지절감 등을 목적으로 도입하여 운영하고 있다. 그리고 2000년대 초반부터 선진국을 중심으로 보다 안전하고 효율적인 교통체계를 위해 차세대 ITS인 Cooperative ITS(이하 C-ITS)로 패러다임이 전환되고 있으며, C-ITS는 차량, 인프라, 사람 그리고 센터가 협력하는 시스템이다.

C-ITS란 용어는 유럽연합의 제6차 연구개발 기본프로그램이 완료되면서 협력시스템(Cooperative System)으로 탄생하였고, 이후 국제표준화기준(ISO; International Organization for Standardization), ECS(European Committee for Standardization), ETSI(European Telecommunications Standards Institute) 등에서는 C-ITS를 협력시스템의 대체 용어로 할 것을 합의하였다.[18]

C-ITS는 기존 ITS를 대체하는 시스템이 아니며, 발전해가는 과정이라 할 수 있다. ITS Station(차량, 노변장치, 센터 그리고 사람) 사이의 양방향 통신과 교통정보의 상호공유를 통해 도로교통의 안전성, 지속성, 효율성 및 편리성을 향상시키는 목적의 독립형 시스템이 아닌 개방형 플랫폼 시스템이다.[19]

ITS가 도로와 차량이 분리된 상태에서 교통관리 또는 교통소통 중심의 정보 수집·제공 시스템으로 장치가 설치된 특정 도로지점에 차량이 통과할 경우에 센터에서

---

18 Cooperative ITS: is a subset of overall ITS that communicates and shares information between ITS-stations to give advice or facilitate actions with the objective if improving safety, sustainability, efficiency and comfort beyond the scope of stand-alone systems.

19 조순기, "C-ITS의 정의와 구성요소", 대한교통학회 교통기술과 정책 제11권 제5호, 2014. 10, 74쪽

수집된 자료를 제공하는 단방향 수집·제공 체계인 반면, C-ITS는 차량이 주행하면서 도로 인프라 및 다른 차량과 끊김 없이 상호 통신하며 교통서비스를 교환·공유가 가능한 양방향 수집·제공 체계라 할 수 있다. ITS는 사후 관리 중심으로 교통사고 발생 이후 이를 검지하여 대응하는 체계이므로 신속한 사후 대응에 한계가 있는 반면, C-ITS는 차량(운전자), 도로 간 실시간 연결로 교통상황별 현장 중심의 능동적 대응이 가능하기 때문에 사후 대응 외에 사전 대비·회피도 가능하다는 차이점이 있다.[20] 이와 같이 ITS와 C-ITS의 개념을 비교한 결과는 〈표 8.3.1〉과 같다.

표 8.3.1 ITS와 C-ITS 개념 비교

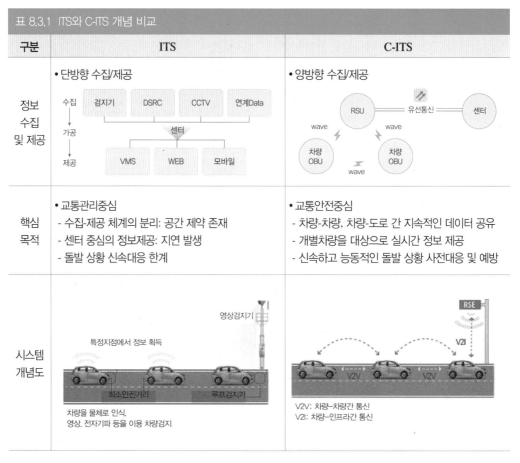

구분	ITS	C-ITS
정보 수집 및 제공	• 단방향 수집/제공	• 양방향 수집/제공
핵심 목적	• 교통관리중심 - 수집-제공 체계의 분리: 공간 제약 존재 - 센터 중심의 정보제공: 지연 발생 - 돌발 상황 신속대응 한계	• 교통안전중심 - 차량-차량, 차량-도로 간 지속적인 데이터 공유 - 개별차량을 대상으로 실시간 정보 제공 - 신속하고 능동적인 돌발 상황 사전대응 및 예방
시스템 개념도	특정지점에서 정보 획득 영상검지기 최소안전거리 / 루프검지기 차량을 물체로 인식. 영상, 전자기파 등을 이용 차량검지	RSE V2I V2V V2V: 차량-차량간 통신 V2I: 차량-인프라간 통신

자료: http://www.c-its.kr

20 국가경쟁력 강화 위원회, 「지능형교통체계 발전 전략」, 2012

3.2.1 C-ITS 아키텍쳐 및 주요 기술

C-ITS 정의에 따른 아키텍쳐는 국가마다 차이가 있으므로 국내의 C-ITS 아키텍쳐를 중심으로 알아본다. 국내 C-ITS의 아키텍쳐는 국제표준의 준용, 국내 도로교통 환경 반영, 기존 ITS 서비스 및 시스템의 수용 및 C-ITS로 전환 유도, C-ITS 표준화 결과 반영, 한국의 특징적인 ITS 서비스 및 도로환경 등과 같이 국내 ITS 현황과 정보통신기술의 활용성을 고려하여 수립하였다. 이를 통해 수립된 C-ITS 아키텍쳐는 차량단말기, 노변장치, 센터, 승객 및 보행자로 구성되어 있으며, 그 개념도는 〈그림 8.3.1〉과 같다.[21]

위의 C-ITS 아키텍쳐와 서비스를 위한 주요 기술은 다음과 같다.

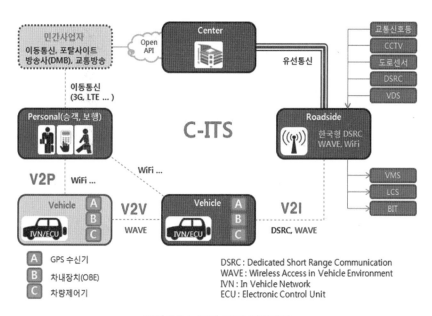

그림 8.3.1 국내 C-ITS 아키텍쳐

- 안전성 증진, 소통개선과 이동성 향상, 친환경성 각종 서비스 애플리케이션 기술
- 기존 DSRC통신(Dedicated Short Range Communication), 차량 간 통신에 적합한 WAVE 통신(Wireless Access in Vehicle Environment), 민간에서의 서비스 확대를 위한 이동통신이 융합된 통신기술
- 차량의 상태정보를 활용할 수 있는 차량내부통신망(In Vehicle Network)과 CAN(Controller Area Network) 통신 연계 기술

21 국토교통부, 「C-ITS 기술동향 조사 및 국내 도입방안 연구」, 2013, 271쪽

- 기존의 정적인 지도정보와 동적인 개발차량, 소통정보와 차로인식이 가능한 수준의 고정밀 측위 정보를 융합한 동적지도기술(Local Dynamic Map)
- ITS Station을 구성하는 센터(BigData 관리 등), 노변장치(기존 ITS 설비 수용 등), 차내단말(HMI; Human Machine Interface 연계 등)의 개방형 플랫폼 기술
- 상기 기술요소의 표준화 및 보안, 인증기술의 마련[22]

3.2.2 C-ITS 추진 현황

C-ITS와 관련한 국내의 대표적인 프로젝트로 스마트 하이웨이 사업을 들 수 있다. 스마트 하이웨이 사업은 정보통신과 자동차 기술을 융합시켜 사전에 교통사고를 예방하고, 편리한 고속도로 구축을 위한 핵심기술 개발을 목적으로 하고 있으며,[23] 그 개념도 및 서비스 애플리케이션은 〈그림 8.3.2〉, 〈표 8.3.2〉와 같다.[24]

스마트 하이웨이 사업에서의 서비스(애플리케이션) 구현을 위한 물리 구성요소는 WAVE(Wireless Access for Vehicle Environment)[25], DSRC[26], Wireless Fidelity(이하

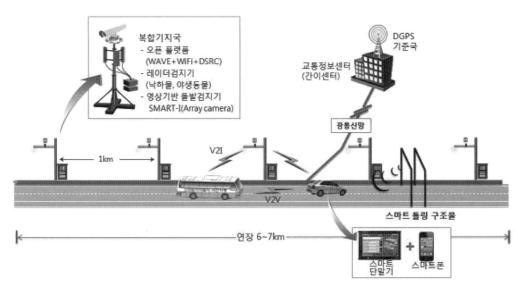

그림 8.3.2 스마트 하이웨이 시스템 개념도

22 조순기, 「C-ITS 사업추진 현황 및 전망」, 한국정보통신기술협회, 2015, 30~32쪽
23 이세연, 「국내외 차세대 ITS 기술동향」, 정보통신기술센터, 2016, 20쪽
24 위의 보고서, 15~16쪽
25 고속으로 주행하는 차량 환경에서 통신서비스를 제공하기 위해 특화된 ITS 통신기술로 WLAN 기술을 기반으로 자동차 환경에 맞도록 수정되었다. 단거리 전용통신(DSRC; Dedicated Short-Range Communications)기술의 일종이다.
26 DSRC는 주로 차량통신에 사용하는 단거리 무선통신 채널이다. 유럽과 일본이 전자요금 징수에 사용하고 있으며, 싱가포르의 ERP제도와 같은 기술에도 적용되고 있다.

표 8.3.2 스마트 하이웨이 서비스 애플리케이션

서비스명	서비스 내용
주행로 이탈예방 서비스	• 운전자의 부주의로 인한 주행로 이탈을 검지하고 차내 단말기를 통해 운전자에게 위험 경고
낙하물 감지 및 정보제공 서비스	• 노변 기지국에 설치된 센서를 통해 도로 내 낙하물 위험정보 제공
연쇄사고 예방 서비스	• 차량 급정거 시 ECU 정보 분석을 통해 차량 이상 정보를 V2V, V2I로 제공
긴급상황 알림 서비스	• 긴급차량(응급 및 고장차량 등)에서 자차정보를 주변 차량에 전파
가상 도로전광표지 서비스	• 차량단말기에 가상의 도로전광표지를 표출하여 맞춤형 교통정보 제공
WAVE 통신 기반 편의제공 서비스	• WAVE 통신을 기반으로 이동 시 끊김 없는 통신환경 제공이 가능한 인터넷 이용
스마트톨링 서비스	• 무정차 다차로 고속주행 기반 요금 처리
SMART-I 및 이벤트 공유 서비스	• 도로 내 돌발상황(정지차량, 보행자, 역주행 등)을 자동 검지하여 위험 정보를 스마트폰에 제공
도로정보 기반 차량제어 서비스	• 도로정보(정치차량, 낙하물, 주행로 이탈 등)를 이용한 종·횡방향 차량제어

Wi-Fi) 구현이 가능한 복합기지국, 도로 상태를 관측할 수 있는 레이더 또는 스마트아이, 차량 통행료 부과를 위한 스마트톨링 구조물 및 검지기, 차량 내 통신을 위한 스마트 단말기, 디스플레이 기기 등이 있다. 이때 물리적 구성요소 사이의 상호 정보 교환은 WAVE 또는 DSRC 통신을 이용한다.

3.3 C-ITS 서비스 종류 및 내용

3.3.1 C-ITS 서비스 종류

미국, 유럽, 일본, 한국 등의 C-ITS 적용 사례를 기반으로 C-ITS 서비스를 분류하면 안전 운전 지원, 자율 주행 지원, 교차로 통행 지원, 교통약자 보호, 긴급 상황 지원, 협력형 교통관리, 전자지불, 대중교통, 운전 지원, 사업용자동차서비스, 부가서비스 제공과 같이 11개 유형이 있다.[27]

---

27 이하는 국토교통부, 「C-ITS 기술동향 조사 및 국내 도입방안 연구」, 2013년의 내용을 중심으로 정리했다.

표 8.3.3 안전 운전 지원을 위한 C-ITS 서비스	
서비스명	적용 사례
차량추돌방지 지원	• 정지·저속차 추돌 방지 지원 • 정체끝 추돌 방지 지원 • 낙하물 추돌 방지 지원 • 주행 중 추돌 방지 지원 • 긴급 전자 브레이크 등
도로 위험 구간 주행 지원	• 커브 진입 위험 방지 지원 • 위험 장소 정보 제공
노면상태·기상정보 제공 지원	• 노면상태·기상정보 제공
도로 작업구간 주행 지원	• 도로 작업구간 주행 지원
규제 정보 제공 지원	• 일방통행 위반 경보 • 제한속도 초과 시 지원 • 일시정지 규제 간과 방지 지원
합류 지원	• 합류 지원
차로 변경·추월 지원	• 차로변경 및 추월 안전 지원

안전운전 지원 서비스는 차량추돌방지 지원, 도로 위험 구간 주행 지원, 노면 상태·기상 정보 제공 지원, 도로 작업구간 주행 지원 등 7개의 서비스로 구성되며, 그 내용은 다음과 같다.

협조형 차량 추종 주행 지원 서비스인 자율 주행 지원은 주변 차량 등과 협력을 통해 차간거리를 자동 유지시켜주는 것으로 협력 적응형 순항제어(C-ACC; Cooperative Adaptive Cruise Control) 및 고속도로 군집주행 등에 적용되고 있다.

교차로 통행 지원 서비스는 교차로 충돌사고예방 지원 및 신호정보제공 지원 서비스로 구분할 수 있다. 교차로 충돌방지 지원은 우회전·좌회전 시 충돌방지 지원 및 우선 도로·비우선 도로에 대한 교차로 충돌방지 지원, 사전충돌 감지 경보가 있다. 신호정보제공 지원은 신호등 간과예방 지원, 녹색등화 시 최적속도 안내, 감속·정지 시 에코운전 지원, 발진 시 에코운전 지원이 있다.

교통약자 보호 서비스는 옐로우 버스(어린이 보호차량) 운행 안내, 스쿨존·실버존 경고, 교통약자 충돌방지 서비스로 구분할 수 있다. 이 서비스는 특수 차량 및 지역에 대한 정보 제공 및 경고, 보행자 횡단 인지 경고, 사각지대 보행자 충돌방지, 보행자와 차량의 협력을 통한 보행자 충돌방지 지원 등이 있다.

긴급상황 지원 서비스는 안전기능 이상 시 경보하거나 구난구조요청(SOS) 서비스를 지원하는 위급상황 통보 지원, 긴급차량 접근 알림·통행 지원·우선 신호 등의 긴급차량 통행우선권 지원, 재해·지진정보 제공 등의 서비스가 있다.

협력형 교통관리 서비스는 위치기반 차량데이터 수집, 위치기반 도로교통정보 제공, 교차로 및 가변차로 관리 지원, 제한 통행 경고 및 우회로 통지, 차량과 노변장치 간 협력을 통한 교통 최적화, 첨단교통류 관리 등의 도로교통 관리지원 서비스로 구분할 수 있다.

운전지원 서비스는 경로탐색 및 안내, 전자 표지(In-Vehicle Sign), 주차장정보 제공 서비스로 구분할 수 있으며, 사업용자동차 서비스는 렌트카 관리 지원 및 사업용자동차 운행 및 물류관리 서비스로 구분할 수 있다. 전자지불 서비스는 본선에서 통행료를 징수하는 스마트 통행료 징수와 전자 예약·결제 지원 서비스로 구분할 수 있으며, 대중교통 서비스는 대중교통 차량 우선 신호, 대중교통 차량 급유 및 대중교통 지원용 데이터 다운로드 등의 서비스로 구분할 수 있다. 이 외에 부가서비스로 단문메시지 교환, 관심정보(Point of Interest, 이하 POI) 제공, 광고·뉴스 제공, 인터넷 접속 등의 서비스로 구분할 수 있다.[28]

3.3.2 C-ITS 서비스 내용

전술한 바와 같이 C-ITS 서비스는 11개 유형, 32개 서비스로 구분할 수 있는데 이 중 국내에서 우선 도입하려는 서비스[29]를 중심으로 주요 내용을 알아보고자 한다.

❶ 차량추돌방지 지원 서비스

차량추돌방지 지원 서비스는 주행로에 정체, 저속차량, 교통사고와 같은 돌발상황으로 정지한 차량으로 인해 발생하는 추돌사고방지를 목적으로 한다. 추돌사고가 많이 발생하는 장소, 자가 차량의 센서로 검지할 수 없는 범위의 정체, 사고로 인한 정지, 저속차량 등에 서비스하며, 그 개념도는 〈그림 8.3.3〉과 같다.

차량추돌방지 지원 서비스는 여러 가지가 있으나 그 과정이 유사하므로 정체 시 추돌방지 지원 서비스를 예로 그 과정을 설명하면 다음과 같다.

- 검지기 등을 통해 정체 시 마지막 차량과 관련된 상황정보와 안전운전지원정보 수집

- 해당 위치로부터 상류부 지역의 주변 차량에게 V2I(Vehicle to Infrastructure) 통신을 통한 정보 제공

- 전방 상황정보 및 안전운전지원정보는 V2V(Vehicle to Vehicle) 통신을 통한 주변

---

28 이러한 서비스가 모두 적용될 경우 미국 NHTSA(2010)는 81%의 사고예방 효과를 기대한 반면, 한국교통연구원은 국내외에서 상용화를 목표로 추진 중인 서비스만을 고려할 경우 사고건수 46.3%, 사망자 수 48.4%, 부상자 수 47.4%의 예방 효과가 있다고 분석한 바 있다. 한국교통연구원, 「ITS 융합기술을 통한 교통안전 혁신방안 연구」, 2013, 99쪽

29 위의 보고서, 부록 15~45쪽

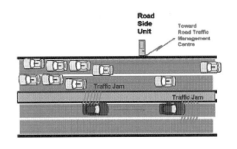
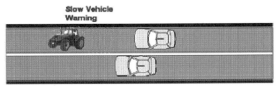

차로이탈경고장치의 차선 인식 방법 　　　　　　 차로이탈 시 경고 정보 제공

그림 8.3.3 차량추돌방지 지원 서비스 개념도

자료: 국토교통부, 「C–ITS 기술동향 조사 및 국내 도입방안 연구」, 15쪽

차량에게 제공

- 제공받은 정보와 차량의 위치, 주행 상태를 기초로 상황을 판단해 운전자에게 안전 운전지원정보를 제공하거나 운전자의 조작 지원

이와 같은 서비스 제공을 위한 통신은 노변장치 또는 차량의 통신범위 안에 있는 모든 차량에 정보를 제공하는 브로드캐스트 방식을 이용하고 있다.

❷ 도로 위험구간 주행지원 서비스

도로 위험구간 주행지원 서비스는 선형이 위험한 구간이나 사고다발지점 등 획기적인 기하구조 개선 없이는 위험이 해소될 수 없는 구간에서 발생할 수 있는 사고 위험을 줄이기 위한 목적으로 한다. 시거불량 급커브구간, 터널 진출입구, 차로 이탈로 인한 사고가 잦은 장소, 맞은 편 차와의 사고가 많은 장소, 통계적으로 사고다발 장소 등과 같은 위험구간에 제공하는 서비스로 그 개념도는 〈그림 8.3.4〉와 같다.

도로 위험구간 주행지원 서비스는 해당 위험장소 상류부에 설치된 노변장치에서 위험장소와 관련된 정보나 안전운전지원정보를 V2I 또는 V2V 통신을 통해 다른 차량

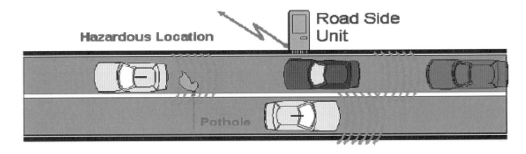

그림 8.3.4 도로 위험구간 주행지원 서비스 개념도

자료: 국토교통부, 「C–ITS 기술동향 조사 및 국내 도입방안 연구」, 17쪽

에 상황정보와 안전지원정보를 제공한다. 이러한 정보를 기반으로 차량 위치 및 주행 상태 등을 기초로 운전자의 운전조작을 지원하게 된다.

도로 위험구간 주행지원 서비스의 V2I 통신은 노변장치 통신범위 안의 모든 차량에게 송출하는 브로드캐스트 방식을 사용하나 V2V 통신의 경우 차량의 통신범위 안의 모든 차량에게 송출하는 브로드캐스트 방식 또는 차량들끼리 계속 전달하는 멀티홉(multihop) 방식을 이용하기도 한다.

❸ 노면상태·기상정보 제공지원 서비스

노면상태·기상정보 제공지원 서비스는 노면의 습윤, 적설, 결빙, 침수 등과 같이 차량의 주행에 위험을 끼치는 노면 상태 그리고 강우, 강풍, 강설, 우박 등과 같이 주행에 위험을 끼치는 기상 상황으로 인하여 발생하는 사고 방지를 목적으로 한다.

이 서비스는 겨울철 노면의 적설이나 결빙으로 인해 사고가 많은 장소나 도로가 침수된 곳에서 노면의 성질과 상태가 급격하게 변화해 도로주행에 위험을 미칠 가능성이 큰 상황 또는 강우, 강풍, 강설, 눈보라 등과 같은 기상이 원인이 되어 도로 주행을 위험하게 하는 상황·장소에 제공되며, 그 개념도는 〈그림 8.3.5〉와 같다.

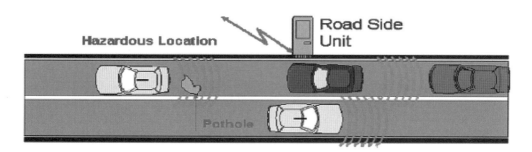

그림 8.3.5 노면상태 · 기상정보 제공지원 서비스 개념도

자료: 국토교통부, 『C-ITS 기술동향 조사 및 국내 도입방안 연구』, 19쪽

노면상태·기상정보 제공 지원 서비스는 카메라 및 각종 기상 및 노면상태관련 센서로 감지된 노면상태 또는 기상정보를 기초로 제어부에서 처리한 상황정보나 안전운전지원정보를 V2I 통신으로 주변 차량에게 정보를 제공하고, V2I 통신을 통해 정보를 수신한 차량은 이를 운전자에게 제공하여 운전자의 안정적인 운전을 지원한다. 이를 위한 통신은 V2I 통신으로, 노변장치 통신범위 안의 모든 차량에게 정보를 송출하는 브로드캐스트 방식을 이용하고 있다.

❹ 도로 작업구간 주행지원 서비스

도로 작업구간 주행지원 서비스는 주행 중인 도로의 작업(공사, 청소 등)을 위해 일시적으로 임의의 장소에서 이뤄지는 차선 규제, 통행금지 등과 같은 규정된 주행 규제로 인해 발생할 수 있는 사고의 방지를 목적으로 한다.

공사, 청소, 재해, 시위나 행사 등으로 인해 차로수 축소, 차선 규제, 교행 또는 통행금지 등 일시적인 주행 규제가 이뤄지는 장소에서 가시거리 또는 시야각이 나쁘고 주행 규제 상황을 파악하기 어려운 장소에서 제공되며, 이 서비스의 개념도는 〈그림 8.3.6〉과 같다.

그림 8.3.6 도로 작업구간 주행지원 서비스 개념도

자료: 국토교통부, 「C-ITS 기술동향 조사 및 국내 도입방안 연구」, 21쪽

도로 작업구간 주행지원 서비스는 현재 도로작업이 있는 위치에서 상류부에 일시적으로 설치한 도로 인프라 또는 교통정보센터에서 해당 위치와 관련된 상황정보나 지원정보를 V2I 통신을 통해서 주행 중인 주변 차량들에게 제공한다. 도로작업으로 인해 발생할 수 있는 사고의 위험을 제거하거나 도로 공사구간의 위험 정보를 주행 중인 차량들에게 제공하여 주의운전 및 감속을 유도하게 된다. 이를 위해 V2I 통신으로 도로작업이 있는 지점의 임시 노변장치의 통신범위 안에서 브로드캐스트 또는 지오캐스트 방식을 이용하며, V2V 통신은 통신범위 안에서 브로드캐스트 또는 멀티홉 방식을 이용한다.

❺ 교차로 충돌사고 예방지원 서비스

교차로 충돌사고 예방지원 서비스의 목적은 교차로에서 좌회전 또는 우회전할 때 교차되는 차량 사이의 충돌사고를 방지하기 위한 것이다. 이 서비스는 교차로에서 좌회전 또는 우회전할 경우 전방의 직진차량 확인이 어렵거나, 후방의 이륜차를 확인하기 어려운 장소, 도로가 교차할 경우 차량 전망 확인이 어려운 교차로가 존재하는 상황에서 제공되며, 그 개념도는 〈그림 8.3.7〉과 같다.

교차로 충돌사고 예방지원 서비스는 교차로에서 좌회전 또는 우회전할 경우 운전자가 인지하지 못한 전방 직진차량, 후방 이륜차 접근 등 관련되는 상황정보 또는 지

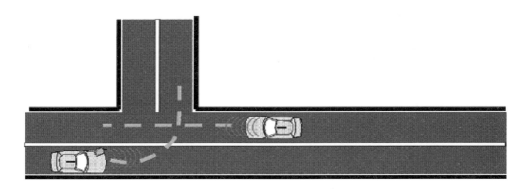

그림 8.3.7 도로 작업구간 주행지원 서비스 개념도

자료: 국토교통부, 「C-ITS 기술동향 조사 및 국내 도입방안 연구」, 23쪽

원정보를 교차로 주변에 설치한 노변장치에서 V2I 통신으로 차량에게 전달한다. 또한 교차로 주변의 차량이 자기 차량의 위치, 주행 상태 정보를 V2V 통신으로 주변의 타 차량에게 전달한다. V2I 또는 V2V 통신으로 정보를 수신한 차량은 수신된 정보를 기반으로 자차위치, 주행 상태를 기초로 상황을 판단하여 운전자에게 지원정보를 제공하거나 운전자의 조작을 지원하게 된다. 이를 위해 V2I 통신은 브로드캐스트 방식, V2V 통신은 브로드캐스트 또는 멀티홉 방식을 이용한다.

❻ 신호정보제공 지원 서비스

신호정보제공 지원 서비스는 신호 교차로에서 신호정보를 차량에게 제공함으로써 정지·가속 등 불필요한 주행을 방지하여 효율적으로 주행하도록 지원하는 것을 목적으로 한다. 이 서비스는 신호교차로가 설치된 장소에 녹색신호가 연속으로 제공되어 순조로운 통과가 가능한 상황에서 제공된다.

신호정보제공 지원 서비스는 신호교차로 주변에 설치된 노변장치에서 신호정보와 신호등 위치정보를 주변 차량에게 전달하고, 교차로로 접근하는 차량에게 교차로 주변의 차량의 유무, 속도 등의 정보를 V2I 통신을 통해 노변장치로 제공하게 된다. 적색신호 시 접근 차량이 정해진 위치에서 정지하지 못하게 되는 위험상황이나 지원정보를 주변 차량에게 전달하고, 주변 상황을 판단한 후 운전자에게 제공함으로써 운전 조작을 지원하게 된다. 그 개념도는 〈그림 8.3.8〉과 같다.

이 외에도 교차로를 원활하게 통과하기 위한 신호정보나 지원정보를 차량에게 전달하는 서비스가 있다. 이는 교차로에 접근하는 차량에게 전방에 설치된 교차로를 순조롭게 통과할 수 있는 권장 속도와 관련된 상황정보나 지원정보를 제공하는 것으로 녹색신호에서도 가속하지 않는 차량에 가속을 재촉하는 지원정보 등이 있다. 이 서비스를 위해 V2I와 V2V 통신 모두 노변장치 및 차량의 통신범위 안의 모든 차량에게 송출하는 브로드캐스트 방식을 이용하고 있다.

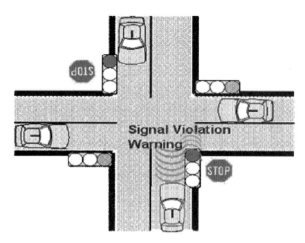

그림 8.3.8 신호정보제공 지원 서비스 개념도

자료: 국토교통부, 『C-ITS 기술동향 조사 및 국내 도입방안 연구』, 25쪽

❼ 옐로우 버스 운행안내 서비스

옐로우 버스 운행안내 서비스는 어린이 통학버스의 운행상황을 주변 차량에 전파하여 사고예방을 목적으로 한다. 이 서비스는 주행 또는 정차 중인 어린이 통학버스에 운행위치, 상황 등을 주변 차량에게 수시로 전달하여 어린이 통학버스 주변을 주행 또는 정차하는 차량운전자에게 주의 운전을 유도할 경우에 필요하다. 그렇게 함으로써 어린이의 승·하차 시 주변 인접 차량에게 경고 메시지를 전달하여 운전자가 승·하차 진행 상황을 모니터링하도록 한다. 또한 옐로우 버스의 위치 및 상태정보는 노변장치를 통해 센터로 전송되어 어린이 통학버스 관리자가 휴대폰 애플리케이션 등을 통해 모니터링할 수 있다. 서비스의 개념도는 〈그림 8.3.9〉와 같다. 이를 위한 통신은 V2I, V2V 통신 모두 브로드캐스트 방식을 이용하고 있다.

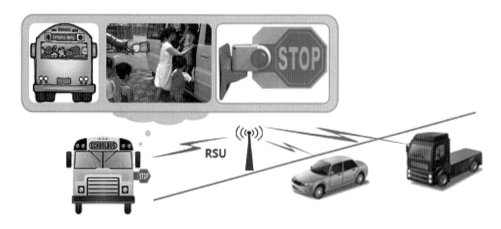

그림 8.3.9 어린이 통학버스 운행안내 서비스 개념도

자료: 국토교통부, 『C-ITS 기술동향 조사 및 국내 도입방안 연구』, 28쪽

⑧ 스쿨존·실버존 경고 서비스

스쿨존·실버존 경고 서비스는 스쿨존 또는 실버존으로 지정된 도로에 진입하는 차량에게 진입 경고를 통해 규정 속도로 운행하는 것을 유도하는 서비스다. 이 서비스는 스쿨존 및 실버존 인근에 설치된 노변장치에서 해당 지역의 공간적 좌표와 관련 정보를 V2I 통신(브로드캐스트 방식)으로 인근 차량에 수시로 제공하여 해당 지역에 진입하는 경우 차량에 스쿨존 및 실버존 경보와 함께 속도제어로 규정 속도 운행을 유도하게 된다. 그 개념도는 〈그림 8.3.10〉과 같다.

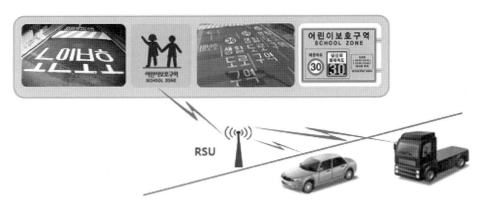

그림 8.3.10 스쿨존·실버존 경고 서비스 개념도
자료: 국토교통부, 「C-ITS 기술동향 조사 및 국내 도입방안 연구」, 30쪽

⑨ 교통약자 충돌방지 지원 서비스

교통약자 충돌방지 지원 서비스는 교차로에서 좌·우회전 또는 교차 시 보행자나 자전거와의 충돌사고 방지를 목적으로 한다. 주로 차량과 보행자·자전거의 충돌사고가 많은 지점, 도로나 주위의 건축물 구조, 교통 상황 등으로부터 충돌사고가 발생할 가능성이 높은 교차로, 시계가 불량한 도로의 횡단보도, 보도와 차도가 분리되지 않은 장소 등과 같이 차량과 보행자·자전거와의 충돌 위험성이 높은 상황에 이 서비스가 제공된다.

이 서비스는 노변 센서로 횡단보도나 그 주변의 보행자·자전거 위치·이동 상태를 검출하여 위험한 상황에 관련되는 상황정보 및 지원정보를 V2I 통신(브로드캐스트 방식)으로 차량에 전달한다. 보행자·자전거에 설치된 휴대폰이나 전자 태그 등의 P2I(Person to Infrastructure) 통신으로 그 주변에 존재하는 노변장치나 차량에 보행자 및 자전거의 위치나 이동 상태를 경고하게 된다. 개념도는 〈그림 8.3.11〉과 같다.

⑩ 위급상황 통보 지원 서비스

위급상황 통보 지원 서비스는 고장 차량으로 인한 사고의 위험을 줄이기 위해 필요

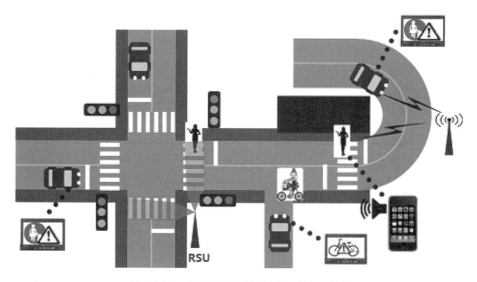

그림 8.3.11 교통약자 충돌방지 지원 서비스 개념도

자료: 국토교통부, 「C-ITS 기술동향 조사 및 국내 도입방안 연구」, 32쪽

하다. 차량의 조향장치, 제동장치 등과 같은 안전 기능이 비정상적으로 작동하거나 고
장났을 때, 차량사고가 발생했을 때, 운전자가 차내 비상버튼을 통해 위급상황을 알리
는 서비스다.

위급상황 통보 지원 서비스는 차량 센서나 차량 자가진단 기능, 운전자의 수동조작
등을 통해 차량의 긴급 상황을 검지하여 차량이 자신의 이상상태를 주변에 그 위험을
알려줌으로써 사고 위험을 예방하는 것이다. 예컨대, "사고"는 가속도 센서, 에어백 상
태, 운전자의 비상버튼 조작 등으로 검지할 수 있고, "운전자 응급상황"은 운전자의 상
태를 검지하거나 운전자가 수동으로 비상버튼을 조작해서 검지할 수 있다. 이와 같은
상황을 V2V 또는 V2I 통신으로 주변 차량에 알리게 되며, 그 개념도는 〈그림 8.3.12〉
와 같다.

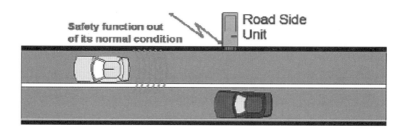

그림 8.3.12 위급상황 통보 지원 서비스 개념도

자료: 국토교통부, 「C-ITS 기술동향 조사 및 국내 도입방안 연구」, 34쪽

⑪ **긴급차량 통행우선권 지원 서비스**

긴급차량 통행우선권 지원 서비스는 긴급차량이 인명을 구조하고 이동 시간을 단축시키기 위한 서비스로 순찰차, 소방차, 구급차 등과 같은 긴급차량이 도로를 주행할 때 제공한다. 이 서비스는 도로상에서 주행 중인 긴급차량이 자신의 존재(위치, 주행 상태 등)를 적극적으로 주변 차량과 노변장치에 알려 모든 차량이 긴급차량에게 진로를 양보하거나 주행 경로에 있는 신호 교차로들을 긴급차량 우선 신호제어를 함으로써 긴급차량의 이동시간을 단축시키게 된다. 이러한 알림을 통해 긴급차량과 다른 차량의 충돌 위험도를 감소시킬 수 있다. 서비스 개념도는 〈그림 8.3.13〉과 같다.

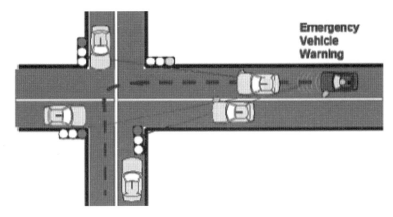

그림 8.3.13 긴급차량 통행우선권 지원 서비스 개념도
자료: 국토교통부, 「C-ITS 기술동향 조사 및 국내 도입방안 연구」, 36쪽

⑫ **대중교통관리 지원 서비스**

대중교통관리 지원 서비스는 여객을 수송하는 버스의 안전하고 효율적인 운송 관리를 목적으로 한다. 주행 중인 버스·택시에서 수시로 정보를 수집하여 제공하지만 필요에 따라 특정 버스를 지정하여 해당 정보를 차량과 인프라와 교환하기도 한다. 이 서비스는 버스·택시 등 사업용자동차의 위치 및 이동경로 정보, 승객 및 적재물 정보를 차량단말기에 축적하고 노변장치 부근을 통과하면서 저장된 정보는 V2I 통신 또는 이동통신을 이용해 센터에 전달하고, 센터는 이를 기반으로 안전운전을 위한 정보를 차량에 제공한다. 서비스 개념도는 〈그림 8.3.14〉와 같다.

현재 한국교통안전공단은 이와 유사한 개념으로 택시미터기와 디지털운행기록장치, 버스단말기와 디지털운행기록장치를 통합한 단말기를 통해 실시간 운행기록 정보 수집하여 택시와 버스의 안전한 운행관리를 도모하고 있다.

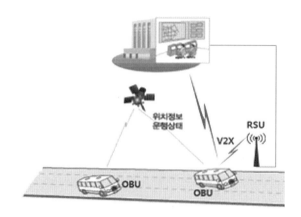

제8편

그림 8.3.14 대중교통관리 지원 서비스 개념도
자료: 국토교통부, 「C–ITS 기술동향 조사 및 국내 도입방안 연구」, 44쪽

⑬ 기타 서비스

교통안전과 직결되는 서비스는 아니지만, 교통안전과 관련된 C-ITS 서비스를 지원하기 위한 위치기반 차량데이터 수집, 위치기반 교통정보 제공, 스마트 통행료 징수 서비스가 있다. 위치기반 차량데이터 수집 서비스는 도로를 주행하는 차량정보를 수집하여 도로상황이나 교통상황을 파악하고, 위치기반 교통정보 제공 서비스는 차내 장치에 도로교통정보, 기상정보, 노면정보 등 교통관련 정보를 제공하기 위함이다. 스마트 통행료 징수 서비스는 유료 도로를 이용할 경우 과금 처리를 목적으로 하는 서비스다.

해외에서는 차량이 일시정지, 진입금지, 제한속도 등 교통안전표지를 간과하고 주행함으로써 발생하는 사고를 방지하는 규제정보 제공 지원, 램프나 교차로 합류부에서 원활한 합류의 실현과 충돌방지 목적의 합류 지원, 차로 변경 시 대향 차량, 주변 사각 지대 차량과의 충돌방지를 위한 차로 변경·추월 지원, 근접 추종 주행 시 추돌방지나 협조형 주행지원, 대열 주행을 위한 협조형 차량 추종주행 지원, 지진 등의 재해 발생 시 정차, 피난 등의 정보 제공을 통한 안전확보 목적의 재해·지진정보 제공 서비스도 있다.[30]

---

30 한국교통연구원, 「ITS 융합기술을 통한 교통안전 혁신방안 연구」, 2013, 54~65쪽

04

자율주행자동차

4.1 자율주행자동차의 개념

4.1.1 일반적 개념

자율주행자동차(AV; Autonomous Vehicles, Selbstfahrende Autos)란 자동차-인프라(도로·ICT)의 모든 요소를 유기적으로 연결하여 자율주행기술을 토대로 운전자 또는 승객의 조작 없이 자동차 스스로 주변 환경을 인식하면서 위험을 판단하고 주행경로를 계획하는 등 스스로 운행이 가능한 자동차로 정의할 수 있다. 자율주행자동차에 대한 이러한 개념정의는 자율주행자동차의 핵심 토대인 자율주행기술[31]이 최고도로 발전된 상태에 초점을 맞춘 것이다. 이 점에서 현재 논의 중인 자율주행자동차의 개념은 완전한 의미의 자율주행자동차 양산 및 주행을 전제로 하는 목표지향적 개념 설정이라 할 수 있다. 자율주행자동차는 자율주행의 근간이 되는 핵심기술인 자율주행기술 또는 자율주행시스템이 어느 정도로 발전되었는가에 달려있다. 자율주행기술 또는 자율주행시스템은 기술의 발전정도에 따라 점차 고도화되는 특징을 지니고 있으며, 자율주행자동차는 여러 단계를 거쳐 지속적으로 발전하고 있다.[32]

사람의 수동적 조작이 전혀 필요 없는 자동차를 '로봇 자동차'(Roboter-Auto)라고 부르기도 한다. 로봇 자동차는 조종핸들이나 가속장치 또는 제동장치가 완전히 제거되어 사람의 수동적인 개입이 더 이상 실현될 수 없는 자동차의 유형도 생각해 볼 수 있다. 이러한 로봇 자동차의 성격을 띠는 자율주행자동차는 현재 구글사에서 시험운행 중인 자율주행자동차에서 찾아볼 수 있다. 2014년 5월 28일 일반에 공개된 구글카(Google-Autos)의 프로토타입(prototype)은 배터리로 움직이며, 시작과 종료 버튼이

---

31 자동차에 탑재된 기술로서 운전자의 능동적 제어나 모니터링 없이 자동차를 운행할 수 있는 능력을 말한다.
32 경찰청, 「자율주행자동차 상용화 대비 도로교통법 개정연구」, 2016, 4쪽

있을 뿐 핸들은 조종할 수 없고 제동페달이나 가속페달을 밟을 수 없도록 되어 있다. 이 점에서 구글카는 수동조작을 전제로 하는 자동차에서 지속적인 기술발전을 거듭하여 새롭게 탄생되는 일반적인 자율주행자동차와 달리 처음부터 자율주행자동차를 전제로 하고 있다.

첨단 정보통신기술을 기반으로 하는 점에서 자율주행자동차는 스마트카(smart car), 무인자동차, 커넥티드카(connected car) 등의 개념과 혼동되기도 한다. 그러나 스마트카는 위치정보제공시스템(GPS), 장애물 및 충돌감지시스템 등의 첨단기술에 기반하여 자동차 운행의 효율성을 높이는 혁신적 자동차를 의미할 뿐 보통의 자동차와 다를 바 없다.[33] 또한 무인자동차와 자율주행자동차는 운전자인 사람이 자동차를 운전하지 않는다는 점에서는 동일하지만 무인자동차의 경우에는 그 조종위치가 자동차 내부가 아닌 외부라는 점에서 차이가 있다.[34] 다만, 자율주행자동차가 최고도로 발전된 단계에 있는 경우에는 차량 안에 있는 사람은 단순한 승객에 불과하므로 실질적으로 무인자동차와 동일하게 될 것이다. 마지막으로 커넥티드카는 정보통신기술과 자동차를 연결시킴으로써 양방향 인터넷, 모바일 서비스 등이 가능한 차량으로서 원격시동 및 히터작동을 가능하게 하는 등 사물인터넷 기술이 적용된 차량을 말한다. 그러나 커넥티드카의 경우에는 정보의 주체가 운전자임에 반해 자율주행자동차에서 정보의 주체는 자율주행시스템 그 자체라는 점에서 차이가 있다.[35]

4.1.2 「자동차관리법」상의 개념

2016년 2월 12일자로 시행된 개정 「자동차관리법」에는 자율주행자동차의 상용화를 위한 법적 근거를 마련하기 위하여 자율주행자동차 개념을 도입했다. 「자동차관리법」 제2조제1의3호에 의하면, 자율주행자동차란 '운전자 또는 승객의 조작 없이 자동차 스스로 운행이 가능한 자동차'를 말한다고 규정하고 있다. 「자동차관리법」이 전제로 하는 자율주행자동차는 완전한 자율주행자동차만을 의미하지는 않는다. 「자동차관리법」에 자율주행자동차의 개념을 정의하고 있는 이유는 제27조제1항 단서에 규정된 자율주행자동차에 대한 시험·연구 목적의 운행을 가능하게 할 수 있도록 하기 위함이다. 이와 관련하여 「자동차관리법」 제27조제1항 단서는, "자율주행자동차를 시험·연구 목적으로 운행하려는 자는 허가대상, 고장감지 및 경고장치, 기능해제장치, 운행구역, 운전자 준수 사항 등과 관련하여 국토교통부령으로 정하는 안전운행요건을 갖추어 국토교통부장관의 임시운행허가를 받아야 한다"고 명시하고 있다. 따라서 「자동차관리법」

---

33 김정임, "자율주행자동차에 관한 공법적 고찰", 한국공법학회, 2016년도 한·일 추계 국제학술대회, 2016. 9. 9, 31쪽
34 위의 보고서, 31쪽
35 위의 보고서, 31쪽

제2조제1의3호에 명시되어 있는 자율주행자동차의 개념은 자율주행모드와 운전자모드가 혼재되어 있는 자동차뿐만 아니라 운전자나 승객의 개입을 전혀 필요로 하지 않는 가장 높은 수준의 자율주행자동차까지 포함한다.[36]

4.1.3 자율주행기술의 요소와 작동방식

2016년 2월 12일에 제정된 국토교통부 고시, 「자율주행자동차의 안전운행요건 및 시험운행 등에 관한 규정」 제2조제4호에는 "자율주행시스템이란 운전자의 적극적인 제어 없이 주변 상황 및 도로정보를 스스로 인지하고 판단하여 자동차의 가·감속, 제동 또는 조향장치를 제어하는 기능 및 장치를 말한다"고 명시하고 있다. 또한 「자율주행자동차의 안전운행요건 및 시험운행 등에 관한 규정」은 자율주행자동차의 구조 및 기능과 관련하여 조종장치(제10조), 시동 시 조종장치의 선택(제11조), 표시장치(제12조), 기능고장 자동감지(제13조), 경고장치(제14조), 운전자우선모드 자동전환(제15조), 최고속도제한 및 전방충돌방지 기능(제16조), 운행기록장치 등(제17조), 영상기록장치(제18조) 등을 규정하고 있다. 이러한 규정내용을 종합해 보면, 「자율주행자동차의 안전운행요건 및 시험운행 등에 관한 규정」은 3단계의 기술요소를 규정하고 있는 것으로 이해할 수 있다.

자율주행자동차의 작동에 있어 핵심은 자율주행기술이다. 자율주행기술(자율주행시스템)은 운전지원 시스템, 통신시스템, 요소기술 등이 통합된 기술이다. 이러한 시스템과 기술이 유기적으로 결합된 것이 자율주행자동차다. 이 점에서 자율주행기술의 개별적 구성요소들을 이해할 필요가 있다.

우선, 운전지원시스템은 차선유지지원, 차간거리제어, 주차지원, 차선변경지원, 합·분류지원, 좌·우회전지원, 자동발진·정지지원, 충돌피해 경감·회피 등을 지원하게 된다. V2V, V2I 통신시스템, 보행자대차 간 통신시스템 등 교통인프라와 연결되어 주행관련 정보를 교환함으로써 상황을 예측하고 대응할 수 있다. 요소기술은 인지기술, 판단기술, 조작기술, 시스템설계, HMI(Human-Machine-Interface) 등을 말한다. 대표적으로 인식기술은 다양한 센서로부터 데이터를 융합시키고 이를 저장된 매칭과 비교하여 다른 차량, 교통제어장치, 보행자나 장애물 등에 어떻게 반응할지를 결정하는 일련의 소프트웨어 프로세스를 포함한다.

자율주행기술의 구성요소들을 유기적으로 결합시킨 자율주행자동차의 작동방식과 관련하여 가장 중요한 기술적 수단이 바로 차량의 천장에 부착시킨 라이다(LiDAR; Light Detection And Ranging)다. 라이다의 레이저를 통하여 짧은 시간 내에 차량 주변의 환경을 인식하도록 하고, 녹화된 정보로부터 상세화된 3차원의 카드를 작성할 수

---

36 경찰청, 앞의 보고서, 5쪽

있게 한다. 차량에 부착된 그밖의 센서들은 측정된 정보를 보완한 다음 마지막으로 차량 내 설치된 컴퓨터가 보완된 정보와 3차원의 카드를 비교한다. 차량에 설치된 센서로는 차량의 앞범퍼와 뒷범퍼에 조립된 레이더 측정기가 있다. 레이더 측정기기를 통하여 차량이 신속하게 교통에 참여할 수 있도록 해주고 예상하지 않게 발생하는 장애물을 피할 수 있게 해준다.

구글카에는 교통신호와 교통표지판을 녹화하는 카메라가 작동한다. 구글카는 이러한 교통정보를 평가하여 자신의 주행을 교통신호와 교통표지판에 상응하게 한다. 그밖에 GPS 수신기와 차바퀴에 달린 수많은 측정기기들이 있다. 차량의 위치는 GPS와 이른바 관성항법장치를 통하여 녹화된다. 또한 GPS와 관성항법장치는 차량 바퀴의 움직임을 통제한다.

4.2 자율주행자동차의 자동화 단계

구글사가 시험주행하고 있는 구글카는 이전 단계의 기술을 전제로 하지 않고 처음부터 사람에 의한 조종이 필요 없는 자율주행자동차를 의도하고 있다. 반면 대부분의 양산차 업계에서는 기존의 자동화 기술을 바탕으로 점진적인 발전과정을 거듭하며 최종적으로 자율주행자동차 생산을 목표로 하고 있다. 선진국에서는 자율주행자동차에 이르기 위한 자동화 단계를 5단계 또는 6단계로 구분하고 있다. 여기서 자율주행자동차에 이르기 위한 자동화 단계란 자율주행자동차의 토대인 자율주행기술 또는 자율주행시스템의 발전 단계를 의미함과 동시에 운전자인 사람의 자동차에 대한 개입의 정도를 완화하는 단계를 의미하기도 한다. 그렇지만 세계적으로 자율주행자동차의 자동화 단계에 관한 합의된 입장은 존재하지 않고 있다. 여기서는 미국 도로교통안전국(NHTSA; National Highway Traffic Safety Administration)의 5단계 분류체계와 미국 자동차기술학회(SAE)의 6단계 분류체계, 독일 연방도로교통청(BASt; Bundesantstalt für Straβenwesen)의 5단계 분류체계를 소개하고자 한다.[37]

4.2.1 미국 도로교통안전국의 5단계 분류체계

미국 도로교통안전국(NHTSA)은 자율주행기술을 0단계(Level 0)부터 4단계(Level 4)까지 총 5단계로 분류하고 있다.

Level 0은 '비자동화(no-automation) 단계'로 운전자가 항상 제동, 조향, 감속 및 동력

---

[37] 경찰청, 앞의 보고서, 8쪽

등 주요 자동차 조종과 관련된 역할을 수행하고, 주행감시 및 안전운행의 역할을 수행하는 단계를 말한다. Level 0은 운전자인 사람이 차량의 주행을 감시·통제해야 한다. [38]

Level 1은 '기능제한자동화(Function-specific Automation) 단계'로 여러 자동화 기능이 조합되어 운행되지 못하기 때문에 운전자가 자동차에 대한 제어권을 보유하고 있는 단계를 말한다. 크루즈 컨트롤(cruse control), 자동정지장치(automatic braking), 차로유지장치(lane keeping) 등이 Level 1의 자동화기술에 해당한다. Level 1에서는 운전자인 사람이 차량에 대한 제어권을 보유하고 있으므로 운전자가 모니터링을 해야 한다. [39]

Level 2는 '복합기능자동화(combined function automation) 단계'로 특정 주행환경에서 두 개 이상의 제어기능이 조화롭게 작동하지만 운전자가 여전히 모니터링 및 안전에 대한 책임을 지고 자동차에 대한 제어권을 보유해야 하는 단계를 말한다. 적응식 크루즈컨트롤(ACC; Adaptive Cruse Control) 시스템이 Level 2의 자율주행기술의 대표적인 예이다. Level 2에서는 자율주행기술이 이전 단계보다 더 향상되었지만 운전자가 여전히 모니터링을 해야 하므로 운전자인 사람이 운전 주체가 된다.

Level 3는 '제한된 자동화(limited self-driving automation) 단계'로 특정한 도로 및 운행 환경에서 차량의 모든 기능을 자동적으로 제어하는 것이 가능하고 필요에 따라 운전자가 제어 기능을 수동으로 전환할 수 있는 수준을 말한다. 현재 구글사가 개발하고 있는 자율주행자동차가 Level 3 수준에 있는 것으로 볼 수 있다. Level 3에서는 자율주행자동차가 자율주행모드를 기반으로 하지만, 운전자의 제어가 필요한 경우 자율주행시스템이 운전자에게 경보신호를 제공하여 운전자로 하여금 운전자모드로 주행할 수 있도록 예정되어 있다. 즉, Level 3에서는 자율주행자동차가 자율주행모드와 운전자모드가 혼재된 방식을 갖추고 있다. 따라서 Level 3에서는 자율주행모드로 주행할 경우에는 자율주행시스템이 주행을 하는 것이지만, 운전자모드로 운전하는 경우에는 운전자인 사람이 운전의 주체가 된다.

Level 4는 '완전 자동화(full self-driving automation) 단계'로 도로 환경에 상관없이 탑승자가 목적지만 입력하면 자동차가 운행 조건을 스스로 파악하고 운행하여 목적지까지 이동하는 완벽한 자율주행자동차다. 이른바 무인자동차와 그 개념이 유사하다. Level 4에서는 자동차의 모든 기능이 자율주행시스템에 의하여 운영되기 때문에 이 경우 운전의 주체는 오로지 자율주행시스템이고, 자율주행자동차에 탑승한 사람은 일종의 '승객'에 불과하다. NHTSA의 5단계 분류방식을 도표로 표현하면 다음과 같다.

---

[38]   제2절의 첨단안전보조(경고)장치가 장착된 차량이 여기에 해당한다고 할 수 있다.

[39]   제2절의 첨단안전장치가 장착된 차량이 여기에 해당한다고 할 수 있다.

표 8.4.1	NHTSA의 자율주행기술 발전 5단계		
자동화 단계	특징	주요 내용	운전주체
Level 0	비자동화 (no automation)	• 운전자가 항상 제동, 조향, 감속 및 동력 등 주요 자동차 조종과 관련된 역할을 수행하고, 주행감시 및 안전운행의 역할을 수행하는 단계 • 예: FCWS, LDWS 장치 등 현재 시중에 판매되고 있는 일반 차종	운전자
Level 1	기능제한자동화 (function-specific Automation)	• 여러 자동화 기능이 조합되어 운행되지 못하기 때문에 운전자가 자동차에 대한 제어권을 보유하고 있는 단계 • 예: 크루즈컨트롤(cruse control), 자동정지장치(automatic braking), 차로유지장치(lane keeping) 등 • 현재 시중에 판매되고 있는 특정 고급차종	운전자
Level 2	복합기능자동화 (combined function Automation)	• 특정 주행환경에서 두 개 이상의 제어기능이 조화롭게 작동하지만 운전자가 여전히 모니터링 및 안전에 대한 책임을 지고 자동차에 대한 제어권을 가진 단계 • 예: 적응식 정속주행 시스템(ACC; Adaptive Cruse Control) • 일부 상용화 진행 중	운전자
Level 3	제한된 자동화 (limited self-driving automation)	• 특정 교통 및 환경상황에서 주행이 자동차 자동화시스템에 전부 의존하는 단계 • 자율주행모드를 기반으로 하되, 운전자의 제어가 필요한 경우 경보신호를 제공하여 운전자모드로 주행(자율주행모드 + 운전자모드) • 현재 연구개발 진행 중	시스템 운전자
Level 4	완전 자동화 (full self-driving automation)	• 자동차가 출발부터 목적지까지 모든 안전기능을 제어하고 그 상태를 모니터링하는 단계 • 차량 내의 사람은 승객에 불과	시스템

4.2.2 미국 자동차기술학회 6단계 분류체계

미국 자동차기술학회(SAE)는 자동차의 자율주행기술을 6단계로 분류하면서 그 기준으로 4개 항목을 제시하고 있다. 4개의 항목으로는, ① 조향(횡방향), 가·감속(종방향) 등 핵심제어의 주체가 누구인가 ② 운전환경의 모니터링 주체는 누구인가 ③ 동적 운전업무 중 (비상시) 대비책의 주체는 누구인가 ④ 시스템 운전모드 유무 등이다.

Level 0는 '비자동화(no automation) 단계'로 사람인 운전자가 전적으로 모든 조작을 제어하고, 모든 동적 주행을 조정하는 단계이다.

Level 1은 '운전자 지원(driver assistance) 단계'로 자동차가 조향 지원시스템 또는 가·감속 지원시스템에 의해 실행되지만 사람이 자동차의 동적 주행에 대한 모든 기능을 수행하는 단계다. Level 1의 대표적인 기술로는 순항제어와 자동제동이다.

Level 2는 '부분 자동화(partial automation) 단계'로 주행환경에 대한 정보를 활용하여 조향(횡방향)과 가·감속(종방향) 등 자동차에 대한 핵심제어 기능을 시스템이 수행할 수 있는 기술을 가진 단계지만, 주행환경의 모니터링은 사람인 운전자가 하며 안전운전의 책임도 운전자가 부담하도록 되어 있다. 조향과 가·감속을 둘 다 갖춘 특정한 운전 모드를 실행할 수 있으므로, Level 2의 자율주행기술은 현재 주차지원시스템, ACC 및 차선유지 제어 기능 등으로 구현되고 있다.

Level 3은 '조건부 자동화(conditional automation) 단계'로 이 단계부터는 자율주행시스템이 주행환경을 모니터링한다. 다만, Level 3에서는 자율주행시스템이 동적 운전조작의 모든 측면을 제어하지만, 자율주행시스템이 운전자의 개입을 요청하면 운전자가 적절하게 자동차를 제어해야 하며, 그에 따른 책임도 운전자에게 있다.

Level 4는 '고도 자동화(high automation) 단계'로 주행에 대한 핵심제어, 주행환경 모니터링 및 비상시의 대처에 이르기까지 자율주행시스템이 수행하지만 자율주행시스템이 항상 제어되는 것은 아니다. 즉, 이 단계에서는 자율주행시스템이 운전자로 하여금 제어하도록 요청하였으나 운전자가 이에 응답하지 않으면 차량이 그 대비책으로 자율주행해야 하는 단계다. 운전자의 즉각적 대처가 필요 없는 고도로 자동화된 자율주행시스템이라 할 수 있다.

Level 5는 '완전 자동화(full automation) 단계'로 운전자가 대처할 수 있는 모든 도로조건과 환경에서 자율주행시스템이 항상 주행을 담당한다.

SAE가 제시한 6단계의 자율주행기술에서 특징적인 점은 Level 0부터 Level 2까지는 운전자가 여전히 주행환경을 모니터링하면서 필요한 경우 자동차에 대한 완전한 제어를 할 수 있다. 반면, Level 2 이상부터는 자율주행시스템이 주행환경을 모니터링하고 운전자의 개입을 요구하는 등 자동차에 대한 조향과 가·감속 등 핵심제어를 담당한다는 데 차이가 있다. 또한 NHTSA의 5단계 분류방식과의 차이점은 SAE가 제시하는 6단계 분류방식에서는 자율주행시스템이 운전자로 하여금 제어하도록 요청하였으나 운전자가 이에 응답하지 않으면 차량이 그 대비책으로 자율주행해야 하는 Level 4(고도 자동화 단계)를 추가하고 있다는 점이다. 따라서 NHTSA의 5단계 분류방식 중 Level 4는 SAE가 제시하는 6단계 분류방식 중 Level 4와 Level 5를 포괄하는 것으로 이해해야 한다.[40] SAE의 6단계[41] 분류방식을 도표로 표현하면 〈표 8.4.2〉와 같다.

---

[40] 이지연 등, "자율협력주행(Level 2)을 위한 LDM(Local Dynamic Map) 요구사항 정의", 한국ITS학회 2015년 추계학술대회, 2015. 10. 23, 2쪽; 유동훈·강경표, "자율주행기술동향–기술수준 구분(SAE, NHTSA, VDA, BASt)", 월간 교통 통권 제218호, 2016. 4, 59쪽

[41] 유동훈·강경표, 위의 보고서, 56쪽

표 8.4.2 미국 자동차기술학회(SAE)의 6단계 분류방식						
자동화 단계	특징	내용	조향, 가·감속 등 핵심제어의 주체	운전환경의 모니터링 주체	동적 운전 업무 중 대비책의 주체	시스템 운전모드의 유무
사람이 주행환경을 모니터링 함						
Level 0	비자동 (no automation)	운전자가 전적으로 모든 조작을 제어하고, 모든 동적 주행을 조정하는 단계	운전자	운전자	운전자	이용불가
Level 1	운전자 지원 (driver assistance)	자동차가 조향 지원시스템 또는 가·감속 지원시스템에 의해 실행되지만 사람이 자동차 동적 주행에 대한 모든 기능을 수행하는 단계	운전자/시스템	운전자	운전자	일부 시스템모드
Level 2	부분 자동화 (partial automation)	자동차가 조향 지원시스템 또는 가·감속 지원시스템에 의해 실행되지만 주행환경의 모니터링은 사람이 하며 안전운전의 책임도 운전자가 부담	시스템	운전자	운전자	일부 시스템모드
자율주행시스템이 주행환경을 모니터링 함						
Level 3	조건부 자동화 (conditional automation)	시스템이 운전조작의 모든 측면을 제어하지만, 시스템이 운전자의 개입을 요청하면 운전자가 적절하게 자동차를 제어해야 하며, 그에 따른 책임도 운전자가 보유	시스템	시스템	운전자	일부 시스템모드
Level 4	고도 자동화 (high automation)	주행에 대한 핵심제어, 주행환경 모니터링 및 비상시 대처 등을 모두 시스템이 수행하지만 시스템이 전적으로 항상 제어하는 것은 아님	시스템	시스템	시스템	일부 시스템모드
Level 5	완전 자동화 (full automation)	모든 도로조건과 환경에서 시스템이 항상 주행 담당	시스템	시스템	시스템	모두 시스템모드

4.2.3 독일 연방도로교통청의 5단계 분류체계

독일 연방도로교통청(BASt)은 자율주행시스템을 5단계로 분류하면서 각각의 단계별 명칭을 Level로 표시하지 않고 자동차의 자율주행의 정도로 표시하고 있다. 즉, ① 운전자 주행 단계, ② 주행보조 단계, ③ 일부자동화 단계, ④ 고도 자동화 단계, ⑤ 완전 자동화 단계 등 5단계로 구분한다.

'운전자 주행 단계(driver only)'란 자동차가 운행되는 모든 기간 동안 오로지 운전자만 조향(횡방향)과 엑셀·브레이크(종방향)에 대하여 지속적으로 지배하는 단계를 말한다. 이는 NHTSA의 5단계 분류방식 중 Level 0의 기술수준에 상응하는 것이다.

'주행 보조 단계(assistiert)'란 자동차가 운행되는 모든 기간 동안 운전자가 지속적으로 조향 또는 가·감속 등의 운전조종을 지배하는 단계를 말한다. 주행 보조 단계에서는 운전자가 지속적으로 자동차의 모든 시스템을 관찰하여야 하고, 항상 차량운행을 완전하게 인수할 준비가 되어 있어야 한다. 주행 보조 단계는 NHTSA의 5단계 분류방식 중 Level 1의 기술수준과 유사한 단계이다.

'부분 자동화 단계(teilautomatisiert)'란 일정한 시간 동안 또는 특정한 상황에서 시스템이 조향 및 가·감속 등의 운전조종을 수행하지만 운전자는 여전히 시스템을 지속적으로 관찰해야 하고, 항상 차량운행을 완전하게 인수할 준비가 되어 있어야 하는 단계를 말한다. NHTSA의 5단계 중 Level 2와 동일한 기술수준이다.

'고도 자동화 단계(hochautomatisiert)'란 일정한 시간 동안 또는 특정한 상황에서 시스템이 조향 및 가·감속 등의 운전조종을 수행하지만 운전자는 반드시 지속적으로 시스템을 관찰할 필요는 없다. 다만 필요한 경우에는 시스템이 충분한 시간을 주어 운전자에게 자동차의 주행임무를 넘겨받으라고 요구할 수 있는 단계이다. 모든 시스템들이 시스템의 한계를 인식하지만 이 시스템은 모든 상황에서 위험을 최소화할 수 있는 상태에 이른 단계는 아니다. NHTSA의 5단계 중 Level 3와 동일한 기술수준이다. '완전 자동화 단계(vollautomatisiert)'란 시스템이 조향과 가·감속 등의 운전조종을 완전하게 수행하는 단계다. 이 단계에서는 운전자가 시스템을 관찰할 필요가 없다. 다만, 사전에 개념정의된 적용사례를 이탈하기 전에 시스템이 충분한 시간을 주어 운전자에게 자동차 주행임무를 넘겨받으라고 요구하게 된다. 운전자가 주행임무를 넘겨받지 아니한 경우에는 위험을 최소화하는 시스템 상태로 되돌아가게 된다. 또한 모든 시스템들이 시스템의 한계를 인식하게 되고, 시스템이 모든 상황에서 위험을 최소화하는 상태로 되돌릴 수 있게 된다. 완전 자동화 단계는 NHTSA의 5단계 중 Level 4와 동일한 기술수준이다.

독일 연방도로교통청의 5단계[42] 분류방식을 도표로 정리하면 〈표 8.4.3〉과 같다.

4.2.4 미국과 독일의 자율주행시스템 발전단계 비교

자율주행시스템의 발전단계에 관한 SAE가 제시하는 6단계 분류방법에 주목해보면,

---

[42] BASt(Hrsg.), "Rechtsfolgen zunehmender Fahrzeugautomatisierung", *Gemeinsamer Schlussbericht der Projektgruppe*, 2012, p.9

표 8.4.3 BASt의 자율주행기술 발전 5단계

자동화 단계	주요 내용	주요 시스템의 예시
운전자 주행단계 (driver only)	• 자동차가 운행되는 모든 기간 동안 오로지 운전자만 조향(횡방향)과 가·감속(종방향)에 대하여 지속적으로 지배하는 단계	조향과 가·감속에 개입하는 (주행보조) 시스템 미작동
주행보조단계 (assistiert)	• 자동차가 운행되는 모든 기간 동안 운전자가 지속적으로 조향 '또는' 가·감속 등의 운전조종을 지배하는 단계 • 운전자는 지속적으로 자동차의 모든 시스템을 관찰해야 함 • 운전자는 항상 차량운행을 완전하게 인수할 준비가 되어 있어야 함	• 적응식 크루즈컨트롤(ACC): - 적응식 거리 및 속도유지기능을 갖춘 종방향 주행 • 주차보조 : - 주차보조를 통한 조향(주차공간으로의 자동 조향, 운전자는 가·감속 조종)
부분자동화 단계 (teilautomatisiert)	• 일정한 시간 동안 또는 특정한 상황에서 시스템이 조향 '및' 가·감속 등의 운전조종을 수행해야 하는 단계 • 운전자는 여전히 시스템을 지속적으로 관찰해야 함 • 운전자는 항상 차량운행을 완전하게 인수할 준비가 되어 있어야 함	• 고속도로 보조 : - 자동화된 종방향 및 횡방향 주행 - 고속도로에서 최고속도까지 주행 - 운전자는 지속적으로 모니터링해야 하고 운전자 주행을 요구할 경우 즉시 대응해야 함
고도 자동화 단계 (hochautomatisiert)	• 일정한 시간 동안 또는 특정한 상황에서 시스템이 조향 '및' 가·감속 등의 운전조종을 수행하는 단계 • 운전자는 반드시 지속적으로 시스템을 관찰할 필요는 없음 • 다만 필요한 경우에는 시스템이 충분한 시간을 주어 운전자에게 자동차의 주행임무를 넘겨받으라고 요구함 • 모든 시스템들이 시스템의 한계를 인식하지만, 시스템이 모든 상황에서 위험을 최소화할 수 있는 상태에 이른 단계는 아님	• 고속도로운전자(Autobahn Chauffeur) : - 자동화된 종방향 및 횡방향 주행 - 고속도로에서 최고속도까지 주행 - 운전자는 반드시 지속적으로 모니터링할 필요 없음 - 충분한 시간을 부여하여 운전자 주행을 요구할 경우 운전자는 이에 대응
완전 자동화 단계 (vollautomatisiert)	• 개념정의된 적용사례에서 시스템이 조향과 엑셀·브레이크 등의 운전조종을 완전하게 수행하는 단계 • 운전자는 시스템을 관찰할 필요가 없음 • 다만, 사전에 개념정의된 적용사례를 이탈하기 전에 시스템이 충분한 시간을 주어 운전자에게 자동차의 주행임무를 넘겨받으라고 요구하게 됨 • 운전자가 주행임무를 넘겨받지 아니한 경우에는 위험을 최소화하는 시스템 상태로 되돌아감 • 모든 시스템들이 시스템의 한계를 인식하게 되고, 시스템이 모든 상황에서 위험을 최소화하는 상태로 되돌릴 수 있음	• 고속도로 파일럿(Autobahnpilot): - 자동화된 종방향 및 횡방향 주행 - 고속도로에서 최고속도까지 주행 - 운전자는 모니터링할 필요 없음 - 운전자가 운전자모드 주행요청에 응하지 않는 경우 자동차는 정지하게 됨

BASt는 Level 5에 대한 정의가 없고, NHTSA가 제시하는 5단계 분류방법 중 Level 4, 5가 통합적인 개념으로 정의된 것 이외에 용어도 비슷하며 내용도 대체로 유사하다.

BASt의 자율주행기술 분류방법과 SAE의 자율주행기술 수준의 구별단계도 용어상의 차이가 있을 뿐 거의 유사한 것으로 보인다. 이 점에서 SAE가 제시하는 자율주행기술 발전단계에 기초하여 NHTSA와 BASt의 분류방법을 대조해 보면 〈표 8.4.4〉와 같다.

표 8.4.4 자율주행기술 발전단계 비교

기술수준	SAE	BASt	NHTSA	조향, 가·감속 등 핵심제어의 주체	운전환경의 모니터링주체	동적 운전업무 중 대비책 주체	시스템 운전모드의 유무
운전자가 주행환경을 모니터링							
0	비자동	운전자 주행	비자동	운전자	운전자	운전자	이용불가
1	운전자 지원	주행 보조	기능제한 자동화	운전자/시스템	운전자	운전자	일부 시스템모드
2	부분 자동화	부분 자동화	조합기능 자동화	시스템	운전자	운전자	일부 시스템모드
자율주행시스템이 주행환경을 모니터링							
3	조건부 자동화	고도 자동화	제한 자동화	시스템	시스템	운전자	일부 시스템모드
4	고도 자동화	완전 자동화	완전 자동화	시스템	시스템	시스템	일부 시스템모드
5	완전 자동화	-	완전 자동화	시스템	시스템	시스템	전부 시스템모드

4.3 **각국의 자율주행자동차 개발현황**

4.3.1 미국

미국은 실제 자율주행자동차 관련 R&D 전략을 과거부터 추진해 온 가장 선도적인 국가라고 할 수 있다. 미 국방부가 추진했던 정부 중심 로봇 연구들이 최근 ICT융합기술과 연계한 자율주행 연구로도 발전하고 있으며 자율주행자동차 관련 핵심 요소기술인 센서, 인공지능(AI), 빅데이터 등에 대한 R&D 예산을 지속적으로 확대하고 있다. 특히 2015년 10월 "Strategy for American Innovation"을 발표하면서 해당 9개 중점 육성분야에는 첨단자동차의 상용화를 위한 지원 내용이 포함되어 있을 만큼 적극적이다.

미국 자율주행자동차 기술은 NHTSA 중심의 안전위주의 기술개발과 국방부 국방고등연구기획청(Defense Advanced Research Projects Agency) 중심의 고등기술 개발

제8장

중심으로 분류할 수 있다. 이는 실제 교통안전을 위한 기술과 우수한 과학기술의 적용이라는 측면에서 기술개발의 목표와 추진배경 및 내용상의 차이를 파악할 수 있다.

자동차 안전을 위해 자율주행자동차 관련 기술의 개발이 이뤄지고 있지만, 기술개발의 주체와 목적에 따라 민간차원의 기술개발은 크게 포드, GM 등의 자동차 OEM사 중심의 안전위주 기술개발과 구글과 같은 IT회사들의 서비스 위주의 기술개발로 구분할 수 있다.[43]

자율주행 관련 프로젝트를 중심으로 기술개발 현황을 살펴보면, 자율주행과 관련하여 미국에서 가장 빠른 기술개발 프로젝트는 1988년부터 PATH(California Partners For Advanced Transportation Technology)에서 추진한 도로노면에 영구자석을 삽입하여 차량 가이드시스템[44] 연구를 시작으로 다양한 자율주행자동차 관련 연구를 수행하고 있다. 1992년에는 세계 최초로 차량 군집주행시스템을 개발하고 샌디에고의 HOV에서 4대의 차량을 이용하여 시연했으며, 자동운전도로시스템(AHS; Automated Highway System)은 1997년 미국의 캘리포니아 주와 카네기멜론대에서 고속도로의 제한된 환경 하에서 자동차 군집운행서비스를 시연하기도 했다. 차량의 가감속 제어를 통해 차량간격을 줄여 군집운행을 진행함으로써 연료 및 공기저항과 교통혼잡을 줄이는 데 기여할 수 있고, 이와 유사한 크루즈컨트롤시스템(ACC)이 벤츠, BMW, 폭스바겐, 도요타 등의 자동차에 장착되고 있다.[45]

표 8.4.5 Connected Vehicle 연구내용	
분야	연구내용
Safety	V2V Communications for Safety
	V2I Communications for Safety
Mobility	Real-time Data Capture and Management
	Dynamic Mobility Applications
Environment	Applications for the Environment Real Time Information Synthesis(AERIS)
Technical and Policy	Human Factors Research
	IntelliDrive Certification
	IntelliDrive Test Environments
	Policy Roadmap
	Standards and Architecture Harmonization
	Systems Engineering

---

43 경찰청, 앞의 보고서, 15쪽

44 최근 골프장에서 이용되고 있는 골프카트 무인주행시스템이 이 기술을 활용하고 있다.

45 국토교통부, 국토교통과학기술진흥원, 「자율주향자동차 안전성평가기술 개발 및 실도로 평가환경 구축 상세기획 연구보고서」, 2016, 58쪽

교통부와 주정부 및 민간지원으로 여러 개의 대학과 연구기관에서 BRT(Bus Rapid Transit)를 위한 VAA(Vehicle Assist & Automation) 프로그램을 수행하고 있다. 미네소타 주에서는 530만 달러의 예산으로 10개 버스를 이용한 군집주행을 수행하였고, 라이다 센서를 이용한 충돌예방기술과 GPS기술을 이용한 횡방향 제어기술을 적용했다. AC Transit에서는 연방정부 및 캘리포니아 주정부의 지원(200만 달러)으로 2009년부터 자율주행자동차를 개발하고 있고, Eugene사에서는 도로노면에 부착된 영구자석을 통한 자율주행기술을 연구하고 AC Transit사에서는 내부센서, 영구자석 및 DGPS(Differential Global Positioning System)를 이용한 상호보안 기술을 적용한 자율주행기술을 동시에 개발하고 있다.[46] 샌디에고에서는 470만 달러의 예산으로 광학 및 라이다센서를 이용한 ACC제어 기반의 충동예방 및 종방향제어를 적용한 버스의 자율주행기술을 개발하고 있다. 미국은 차량 운행의 안전성과 이동성을 극대화하고 새로운 서비스의 실현을 목적으로 Connected Vehicle 프로젝트인 차량과 차량, 차량과 도로변 인프라의 통신 시스템을 구축하기 위해 2005년부터 매년 1억 달러씩 5년간 기술개발을 추진했다. 이 프로젝트에는 미 교통부(DOT)의 주도하에 각 주의 교통부와 12개의 완성차 업체 등이 참여했다.

또한, 미시간대 이동전환센터는 미국 최초로 차로와 교차로, 로봇 보행자까지 완비된 실주행 공간을 구축하기 위해 2015년 1월 미시간대 앤아버 캠퍼스 지역에 총 32에이커 규모의 무인차 시험 모형도시(M-City Project) 구축을 추진하고 있다. 모형도시의 구축 목적은 자동차업체들이 개발 중인 자율주행자동차를 실제 주행환경에서 시범운행할 수 있도록 하여 기술을 완성하려는 것이다. 포드 등 자동차업체들은 2021년까지 Level 4 수준의 완전한 자율주행자동차를 개발해 미시간 남동부의 광범위한 지역에서 실제 운행하는 것을 목표로 하고 있다. M-City 모형도시는 5개 차로와 교차로, 원형교차로(로타리), 보행신호와 보행로, 버스 등 다른 대중교통수단, 가상건물 등이 들어서며, 유동인구를 고려한 시뮬레이션(모의주행)을 위해 로봇 보행자까지 준비하고 있다.

4.3.2 독일

독일은 지방분권적이며 연방정부에서 지원하는 규모보다 주정부의 지원금액이 더 크다. 독일은 국가연구소가 없지만, 연구와 기술에 강점을 갖는 대학들이 존재하고 벤츠, 폭스바겐, BMW와 같은 완성차와 Continental, Bosch와 같은 첨단 기술을 보유한 세계적 부품업체를 보유하고 있다. 독일개발기술부인 BMFT(BundesMinisterium für Forschung und Technologie)가 수년간 연구를 하고 EU 프로젝트와 연계해서 인프라

46 일반적으로 인공위성으로부터 지상의 GPS 수신기로 송신되는 정보는 오차를 가지게 마련인데, 서로 가까운 거리에 위치한 두 수신기가 있을 경우에는 DGPS가 두 수신기의 오차를 서로 상쇄시킴으로써 보다 정밀한 데이터를 얻을 수 있다.

그림 8.4.1 스마트키를 이용한 무인 원격주차 및 자율주행지원

에 대한 투자보다는 자동차시스템에 집중을 하고 있으며 많은 부품업체들로부터의 투자를 유도하고 있다. 독일 교통부는 자율주행자동차 시범 운행을 위한 첫 번째 케이스로 뮌헨과 베를린 사이를 연결하는 아우토반 일부 구간에서 자율주행자동차 운행을 승인하기도 했다.

민간차원에서의 기술개발은 대부분 벤츠, 아우디, BMW 등 자동차제조사와 콘티넨탈, 보쉬로 대표되는 자동차부품회사 위주의 기술개발이 이뤄지고 있다. 벤츠는 이미 2013년 S-class 차량으로 만하임과 포르츠하임 구간 104 km 무인주행에 성공한 기록을 갖고 있고 자율주행자동차 분야 내 첫 양산차를 생산하는 기업이 되고자 하는 목표를 가지고 있다.

BMW는 2015년에 New 7Series에 무인 원격주차를 세계 최초로 상용화하였으며 2017년에는 5Series에 운전취약자(고령자, 초보운전자, 장애인)가 차선을 변경할 의지가 있을 시에 자동차 스스로 자동제어가 가능한 차선변경보조(80 KPH 이하) 및 Self-

그림 8.4.2 A7 파일럿 드라이빙 컨셉

parking 양산단계에 들어갔다.

아우디는 2015년 프로토타입 자율주행 시험차량이 캘리포니아 실리콘밸리부터 라스베가스까지 약 900 km 구간을 실증 자율주행에 성공하였고, 2017년에는 도심 교통체증 상황[47]에서 자율주행을 추진하고 있다.

독일의 자율주행자동차 관련 기술개발은 유럽연합(EU)에서 진행되는 부분과 독일 자체적으로 추진되는 내용으로 구분할 수 있다. 즉, 초기 유럽의 자율주행자동차는 도쿄의정서에 따른 CO_2 배출감소를 목적으로 연구가 시작되었고, EU주도의 연구와 각 EU참여국가의 개별연구로 구분 진행되었다.

유럽연합은 소속된 국가별로 다양한 자율주행자동차 육성정책을 추진하고 있지만, 아래와 같이 2015년 발간된 2건의 보고서(EPoSS[48], ERTRAC[49])에서 현재의 기술 수준과 사회제도적 측면을 고려한 기술개발 로드맵을 확인할 수 있다.

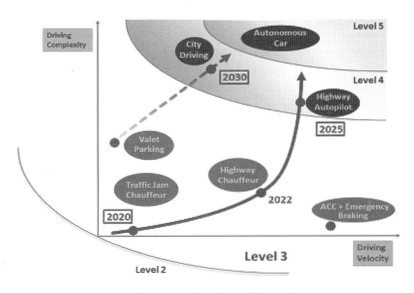

그림 8.4.3 EPoSS의 기술개발 로드맵

독일의 ERTRAC 보고서는 일반승용차, 상용차 등을 대상으로 총 Level 4의 기술개발 과정 (Research → Demo → Regulation/Standards → Industrialization)으로 자율주행 기술개발 마일스톤을 정의하고 있다. 특히, 상용차의 경우 2019년 Cooperative ACC(Adaptive Cruise Control)를 시작으로 군집주행 기술 개발을 목표로 하고 있다.

---

47 자율주행 시험차량 주변에 주행하는 아우디 차량들이 주행 시나리오를 의도적으로 만들어 주었다.

48 EPoSS: European Technology Platform on Smart System Integration

49 ERTRAC: European Road Transport Research Advisory Counsil

표 8.4.6 EPoSS의 기술개발 로드맵

유럽 (EPoSS 발간)				
마일스톤	대상도로	교통상황	인식대상	기술명 및 자율주행 시나리오
Milestone 1 (2020)	주차장 자동차전용도로 (motorway)	저속 덜 복잡한 주행환경	-	traffic jam chauffeur (차선변경포함)
Milestone 1 (2022)			-	highway chauffeur
Milestone 2 (2025)	자동차전용도로 (motorway)	중고속	-	higher AD, highway autopilot • A→B 구간 자율주행 • 운전자 자유도 제공
			동물	동물충돌회피, 철길건널목 주행
Milestone 3 (2030)	도심 (city)	복잡한 교통환경	교통신호 보행자/이륜차	highly AD(driverless 지향기술혁명) • 지역/도시별 자율주행기술 요구사양 상이

표 8.4.7 ERTRAC의 기술개발 로드맵

유럽 (ERTRAC 발간)		
연도	Passenger Cars	Commercial Vehicle
2016	Park Assistance (Lv.2)	
	Traffic Jam Assistance (Lv.2) : 30 KPH 이하의 차선유지, Stop&Go 교통체증운전지원	
2018	Traffic Jam Chauffeur (Lv.3) : 자동차전용도로에서 60 KPH 까지 교통체증운전지원. 차선변경기능 포함	
2019		Truck - C-ACC Platooning: 운전자가 모든 기능에 책임을 지는 협조형 차간거리 제어
2020	Parking Garage Pilot (Lv.4) : driverless valet parking	Truck - Terminal Parking
2020	Highway Chauffeur (Lv.3 ≤130 KPH) : 자동차전용도로에서 진출입로, 추월 자동주행. 시스템 한계 도달 시 운전자에게 수동운전 요청	Highway Chauffeur (Lv.3 ≤90 KPH)
2022		Truck Platooning: V2V 기반의 군집주행
2024	Highway pilot (Lv.4 ≤130 KPH) 자동차전용도로에서 진출입로, 추월, 차선변경 자동주행. 일반조건에서는 수동운전 요청 없음. V2V 연계	Highway pilot with ad-hoc platooning (Lv.4 ≤110 KPH)
2030	fully automated private vehicle (Lv.5) : 운전자는 목적지만 입력. 완전자동주행. 30년은 대략적인 목표(추정)	fully automated trucks (Lv.5)

4.3.3 EU

유럽의 자율주행자동차 관련 기술은 공공기관에 의해 주도되고 있다. 이는 단순히 역내 교통시스템 향상을 위한 기술개발만이 아닌 양산화를 통한 수출가능성까지 고려된 R&D를 수행하고 있다는 점에서 미국과 차별화를 둘 수 있다.

EU주도의 자율주행자동차 기술개발은 EC산하의 DG-CONNECT,[50] DG-RTD[51]에 의해서 대형 프로젝트 위주로 진행되고 있는데, DG-CONNECT에서는 자동차산업과 깊게 관련되는 대형프로젝트로서 HAVEit,[52] SMART-64를 진행하고 있다. DG-RTD에서는 CityMobil, SARTRE(Safety Road Trains for the Environment)와 같은 도심 이동 수단 및 트럭과 같이 안정성 확보를 위한 일반 교통체계와 어떻게 분리해야 하는지에 관한 연구를 진행하고 있다.

DG-CONNECT에서 추진된 HAVEit(2008~2011, 2,750만 유로) 프로젝트는 완전 자율주행자동차가 아니라 부분적인 자율주행자동차 개발과 운전자 및 차량과의 상호작용을 연구하기 위한 프로젝트로서 다른 프로젝트와 달리 HMI 및 자율주행자동차의 단계별 운전자의 수용성 연구를 시도했다.

HAVEit 프로젝트에서는 V2X 통신기술은 적용되지 않고 차량에 장착된 차량의 센서정보를 기반으로 구현되었는데 운전자 수용성 연구를 위해 부분 자율주행자동차 기술을 운전자 완전주행모드, 경고시스템(LDWS,[53] FCWS[54]) 적용모드, ACC[55]적용 반자율주행모드, ACC 및 LKAS[56] 적용 반자율주행모드의 네 가지로 구분해서 적용했다. 이는 자율주행자동차 주행 시 차량제어의 책임 여부를 판단하기 위해 운전자와 자율주행자동차의 연계시스템에 관한 연구도 수행하였다.

4.3.4 일본

일본정부는 자율주행자동차의 연구를 첨단안전차량에 대한 3단계의 프로젝트(Intelligent Vehicle, PVS(Personal Vehicle System), AHVS(Automated Highway Vehicle System)를 통하여 발전시켜 왔으며, 이 프로젝트들은 도로환경의 인식, 시각장치, 주행제어장치 개발 등을 주요 연구대상으로 진행되어 왔다.

---

50 DG-CONNECT: Directorates General-Communications, Networks, Contents and Technology

51 DG-RTD: Directorates General-Research and Innovation

52 HAVEit: Highly Automated Vehicle for Intelligent Transport

53 LDWS: Lane Departure Warning System

54 FCWS: Forward Collision Warning System

55 ACC: Adaptive Cruise Control

56 LKAS: Lane Keep Assistance System

2013년 내각회의의 "세계 최첨단 IT 국가창조선언"에 따라 2018년에 교통사고 사망자 수 2,500명 이하, 2020년까지 세계에서 가장 안전한 도로교통사회 실현을 목표로 하고 있다. 이를 위해 "전략적 혁신창조 프로그램(SIP)[57] - 자율주행시스템"과 산·관·학 위원으로 구성된 "자동주행 비즈니스 검토회"를 통한 자율주행 기술경쟁력을 강화하고 있다.

SIP는 자동차의 자율계시스템에 V2V, V2I 정보교환 등을 조합하여 2020년대에는 자율주행시스템을 시험운용할 예정이며, 자동주행 비즈니스 검토회는 도요타, 혼다 등 자동차 제조기업과 히타치 제작소 등 부품 기업이 전략적 협력을 통해 기술과 부품을 공동 개발하며 첨단 기술개발 및 인재육성에 기여하고 일본 자율주행기준의 국제화도 추진하고 있다.

2015년 5월, 일본 DeNA와 ZMP는 공동으로 자율주행 기술을 활용한 여객운송사업의 실현을 위한 연구개발 등을 수행하는 합병회사인 Robot Taxi를 설립하였다. 고령화가 진행되고 있는 지역의 고령자나 어린이, 장애가 있는 사람들의 불편한 생활을 하고 있는 사람들을 지원하는 역할을 포함한 병원 또는 요양시설을 순회하고 지방 노선버스 또는 전차 등을 대체하며, 해외 관광객 대응 등의 서비스 시나리오를 구상하고 있다. 2020년 동경올림픽까지 무인교통 서비스의 상용화를 추진 중에 있다. 일본 가나가와현 후지사와시 실증실험에서는 주민 약 50명이 모니터 요원으로 참가하여 로봇 택시가 승객의 자택까지 마중하러 가서 약 3 Km 떨어진 간선도로를 통하여 슈퍼마켓까지 데려다 주는 왕복코스(운행차량 2대, 예비차량 2대를 준비)를 시험운행한 바도 있다.

4.4 우리나라 자율주행자동차 정책 추진현황

4.4.1 자율주행자동차 추진정책

국토교통부는 2015년 5월 자율주행자동차 상용화 지원방안을 관계부처 합동으로 발표하였다. 비전은 자율주행자동차 보급으로 교통안전 향상 및 신성장 동력 창출이고, 2020년 레벨 3 수준의 자율주행자동차 상용화를 목표로 하고 있다. 3대 추진전략으로 규제개선 및 제도정비, 자율주행개발 지원, 자율주행 지원 인프라 확충이다.

❶ 규제개선 및 제도정비

자율주행자동차 시험운행 허가제도 마련을 위해 우리 실정에 맞는 자율주행자동차

시험허가 요건을 마련하고 국토부장관이 임시운행을 허가하였다. 2015년에는 국토부 지침으로 허가요건을 마련했다. 자율주행자동차 시험연구 단계에서는 자율조향장치의 장착이 가능하도록 자동차 기준에 특례를 부여하였다. 자율주행자동차 보험료 산정방법과 사고 처리방안 등은 제작사 도로시험운행 계획에 맞추어 보험업계와 협의하고 부품 테스트 및 기능안전성 강화는 산업통상자원부에서 지원한다. 부품 전자시스템의 전 분야에 대한 안전성 확보를 위해 기능안전확보 지원체계도 구축하였다. 상용화 제도 정비분야에서는 국제기준 제·개정에 적극적으로 참여하여 우리 자동차 기준을 반영하도록 추진하고 있으며 자율주행자동차가 교통사고 났을 때 자동차 보험으로 보상할 수 있도록 검토하고 있다. 「제네바 도로교통협약」 개정에도 참여하여 완전자율주행이 가능한 단계에서의 운전자 개념수정 논의과정에 한국의 입장을 적극 반영하고 있다.[58]

❷ 자율주행 기술개발 지원

자율주행 5대 서비스(주행차로 및 차간거리 유지, 교통체증 저속구간 자동운전지원, 다차로 차선변경, 합류로 및 분기로 주행지원, 자동 주차서비스)와 10대 핵심부품(레이더, 영상기반, V2X, 통신모듈, 전자정밀도로지도, 복합측위모듈, 운전자 모니터링) 중소기업 기술력 확보를 위해 "자동차-ICT 융합 New-Biz 지원단"을 통하여 반도체, SW 등 IT 산업과 자동차 산업 간 융합 연구개발 기술개발을 지원하고 국내 부품업체가 제작한 부품의 상용화 지원을 추진하고 있다.[59]

❸ 자율주행 지원인프라 확충

정밀한 위치파악을 위한 위성항법 기술개발을 위해 GPS기반 위치 정확도를 1 m 정도로 향상시키는 기술을 개발하였고, 자율주행 시험운행이 가능하도록 위성측량기준점을 활용한 GPS 위치 보정정보를 송출하고 있으며 전국으로 확대하고 있다. 또한 차선표기 정밀 수치지형도를 제작하고 자율주행 지원도로 신호인프라 개발 및 확충을 위해 차간 간격을 유지하도록 도로면 레이더를 통해 전방 교통상황 등 실시간 도로 교통정보를 차량에 제공하고 실도로에서 자율주행 테스트를 할 수 있도록 '시범도로 테스트 베드'를 구축하며[60] 자율주행 지원도로를 2020년까지 전국으로 확대 구축할 계획이다. 또한 국토교통부는 자율주행자동차 안전기준을 마련하고 보험·검사·리콜과 같은 제도를 정비하며 자율주행자동차 공유센터를 구축하는 등 기술개발을 촉진하고 있다. 과학기술정보통신부는 차량의 통신 주파수 분배를 위해 차량 간 교통정보를 연계할 수 있는 주파수 분배와 차량 충돌 방지용 주파수 추가 공급을 추진하고 산업부는

---

58 국토교통부, 「자율주행자동차 상용화 지원 방안」, 2015, 7~9쪽

59 위의 보고서, 10쪽

60 2017년 연말 판교와 2018년 2월 동계올림픽이 개최되는 평창에서 자율주행자동차 시범운행을 실시했다.

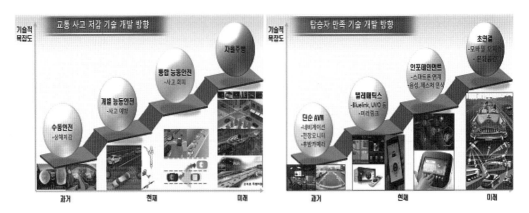

그림 8.4.4 스마트자동차 기술개발의 방향

자율주행자동차 수용의 사회적 공감대 마련을 위해 대국민 홍보를 시행하고 있다.[61]

4.4.2 자율주행자동차 발전로드맵

❶ 자율주행자동차 발전로드맵 제시 필요성

자율주행 기술은 빠른 속도로 발전하고 있다. 자동차·IT업계가 경쟁적으로 개발 중인 자율주행 시스템은 현재 5단계 기술로 향해 가고 있으며, 2035년 무렵에는 5단계 자율주행자동차의 대중적 보급이 이루어질 것으로 보고 있다. 자율주행자동차는 자동차 보험업계의 존폐와도 관계된다. 교통사고는 운전자 책임이라는 기본전제가 깨지면서 제조물배상책임보험을 통해 교통사고 배상문제를 해결할 것이기 때문이다.

일본은 2018년 3월, 3단계까지의 자율주행자동차 사고는 원칙적으로 차량 운전자가 배상책임을 져야한다는 자율주행 관련 제도정비 계획을 발표했는데, 정부차원의 자율주행차 도입 관련 가이드라인과 자율주행자동차의 도입 단계별 개정해야 할 법령을 제시하고 있다. 독일은 자율주행자동차의 사고책임을 1차적으로 차량 운전석에 앉은 사람이 지도록 했지만 3단계부터는 운전자의 주의의무 정도를 분담할 수 있도록 했다. 이를 위해 모든 자율주행자동차에 블랙박스 탑재를 의무화함에 따라 사고 발생 시 자율주행시스템의 오류가 발견되면 제작사가 사고책임을 지게 된다. 미국은 현재 21개 주가 자율주행자동차 관련 법령을 정비하여 시행하고 있다. 캘리포니아 주의 경우 3단계는 운전자와 제작사가 책임을 지도록 했지만 4단계부터는 제작사가 사고에 대한 책임을 지도록 함으로써 미래를 예측하면서 법령을 정비하고 있다.[62]

이에 우리나라는 2018년 11월 8일, 제56회 국정현안점검조정회의에서 자율주행차

---

61 위의 보고서, 13쪽
62 강동수. "자율주행자동차 법적 문제, 인무원려 필유근우", 교통신문, 2018. 10. 2.

분야 선제적 규제혁파 로드맵을 확정했다. 선제적 규제혁파 로드맵은 기존 규제혁신 방식의 한계를 극복하고 신산업의 특성을 고려한 새로운 규제 접근법이다. 신산업의 융복합적 성장 생태계에 대한 고려가 미흡하고, 문제가 불거진 후 규제 혁파를 위한 법령정비까지 상당한 시간이 소요되므로 선제적인 대응이 어렵다. 따라서 이러한 점을 보완하기 위해 신산업·신기술의 전개양상을 미리 내다보고 향후 예상 규제이슈를 발굴하면서 문제가 불거지기 전에 선제적으로 대응하기 위함이다.[63]

❷ 자율주행차 선제적 규제혁파 로드맵

정부가 자율주행차 분야를 시범적으로 선정한 이유는 연평균 41%의 급격한 성장이 예상되는 대표적 ICT융합 신산업이며[64] 제작안전, 교통, 보험, 통신보안, 개인정보 등 다양한 규제이슈가 포함되어 있고, 구체적인 상용화 일정이 제시되는 등 단계적으로 발전양상이 예측 가능한 분야이기 때문이다. 자율주행차 로드맵은 상용화 일정을 역산하여 단계별 추진목표를 설정하고 세계적으로 통용되는 6단계(Lv.0~Lv.5) 발전 단계를 고려하여 3대 핵심변수인 운전 주도권(사람 → 시스템), 신호등유무(연속류 → 단속류), 주행장소(시범구간 → 고속구간 → 일반도로)를 조합해서 예상가능한 8대 시나리오를 도출했다.

이러한 시나리오를 바탕으로, 4대 영역(운전주체, 차량·장치, 운행, 인프라)에서 30대 규제이슈를 발굴, 이슈별 개선방안을 마련했다. 단기과제(15건)는 우선적으로 추진하되, 중기(10건)와 장기(5건)과제는 2020년경 로드맵 재설계시 재정비하기로 했다. 자율주행차 실증테스트를 위해 규제 샌드박스 제도를 도입하고 세종시와 부산광역시

표 8.4.8 자율주행차 8대 발전 시나리오

수준	발전 시나리오	설 명
Lv.2	① 연속류 시험구간 자율주행	신호등 없는 자동차 전용도로 시험구간 자율주행
	② 자율주차	자율주행 기능을 통한 자동주차
	③ 연속류 고속구간 자율주행	신호등 없는 자동차 전용도로 고속구간 자율주행
Lv.3	④ 연속류 자율주행	신호등 없는 자동차 전용도로 자율주행
	⑤ 단속류 자율주행	신호등 있는 주요도로 자율주행
Lv.4	⑥ 연속류 완전 자율주행	신호등 없는 자동차 전용도로 운전자 개입 없는 완전 자율주행
	⑦ 단속류 완전 자율주행	신호등 있는 주요도로 운전자 개입 없는 완전 자율주행
Lv.5	⑧ 완전 자율주행	전체 도로(비포장도로,보행자혼합도로 등) 운전자 개입 없는 완전 자율주행

---

63 국무조정실(국정현안점검조정회의), "자율주행차 분야 선제적 규제혁파 로드맵", 2018. 11. 8.

64 국내 자율주행차 시장규모는 2020년 약 1,500억 원 규모에서 2035년 약 26조원으로 연평균 41% 성장 예상된다.

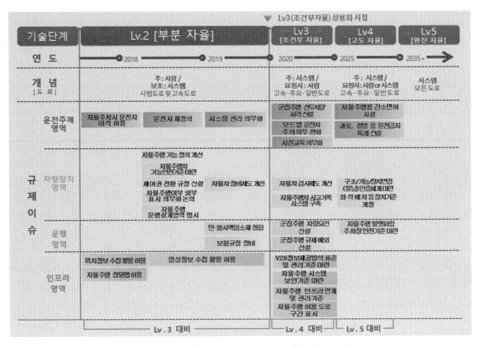

그림 8.4.5 자율주행차 선제적 규제혁파 로드맵

의 스마트도시(스마트도시법, 2018년 7월 통과) 등에서 자율주행 실증사업을 추진하여 그 결과를 향후 로드맵 재설계시 반영할 예정이다.

❸ 단기과제(2018~2020년)

자동화 2단계에서 3단계(조건부자동화) 상용화를 선제적으로 대비하기 위해 운전의 주도권이 시스템에 있고 필요시 운전자에게 개입요청을 하여 운전자에게 주도권이 전환되는 단계에 맞게 운전주체와 차량장치, 운행과 인프라에 개선이 이루어진다.

■ 운전주체 영역

① 교통법규상 운전자의 개념이 자율주행차에 맞추어 바뀐다.

기존 현행 도로교통법은 사람에 의한 운전을 기본 전제로 교통에 필요한 각종 의무 사항 등을 규정 (제46조의3 난폭운전 금지, 제48조 안전운전 의무 등)

개선 사람 대신 시스템이 주행하는 상황을 대비한 도로교통법 개정(~'19)

② 자율주행차에 부합하는 시스템 관리의무를 신설한다.

기존 현행 자동차검사 의무, 정비불량차 운전금지 의무 등 자동차 관리의무에 자율주행차에 부합하는 의무사항(S/W업데이트 의무 등) 불분명

개선 운행자의 관리 소홀로 인한 문제 발생을 대비하여 자율주행 시스템 관리 의무화 (자동차관리법 및 도로교통법 규정 신설 ~'20)

③ 자동주차 기능을 사용할 수 있다.

기존 운전자 이석 시 '정지상태 유지 의무'로 자율주행기능을 활용한 자동 주차 불가, 시동을 끄고 제동장치 작동

개선 운전자 이석 시 '교통사고 방지조치 의무' 등으로 개정 → 도로교통법 개정완료 및 시행('18.3.27)

■ 차량·장치 영역

④ 법령상 자율주행 기능의 정의가 발전단계에 따라 새롭게 정의된다.

기존 현행법상 '자율주행기능'의 개념을 '운전자 또는 승객의 조작 없이 자동차 스스로 운행하는 기능'으로 규정, 자율주행 발전단계를 고려하지 않음

개선 발전 단계별로 달라지는 자율주행 기능 정의 마련(자동차관리법, 자동차 및 자동차부품의 성능과 기준에 관한 규칙, 자율주행자동차의 안전운행 요건 및 시험운행 등에 관한 규정 개정~'19)

⑤ 자율주행 중에 운전의 제어권이 시스템에서 사람으로 전환되는 상황에 안전하게 대응할 수 있게 한다.

기존 자율주행 시스템이 주된 주행을 담당하고, 위급상황에서 운전자에게 운전 제어권이 전환되는 조건부 자율주행 단계(Lv3) 관련 기준 부재

개선 시스템과 운전자 간 제어권 전환 기준 (예: 기능고장 감지 및 경고 장치, 모드전환 표시 장치 등에 관한 기준) 마련(자동차관리법령, 자동차 및 자동차부품의 성능과 기준에 관한 규칙 규정 신설 ~'19)

⑥ 자율주행차가 안전하게 제작될 수 있도록 자동차 및 부품기준을 마련한다.

기존 자율주행 차량 제작 및 안정적 운행을 위한 안전 기준 미비

개선 안정적 자율주행 및 자동차 제작을 위한 안전기준 마련(자동차관리법령, 자동차 및 자동차부품의 성능과 기준에 관한 규칙~'19), 자율주행차 개발 시 자발적으로 안전성을 확보하도록 권고하는 '가이드라인'을 마련하여 업계 제시

⑦ 자율주행차에 적합한 자동차 정비 및 검사를 받는다.

기존 임시운행 허가 자율주행차에 대한 검사(주요 장치 및 기능 변경사항, 운행기록 등에 대한 검사) 근거 마련

개선 자율주행차 상용화 대비 자율주행차에 적합한 검사기준 마련(~'22) 및 필요시 정비 범위 등 관련 규정 개정(자동차관리법령 개정 '20~'22)

■ 운행 영역

⑧ 교통사고 발생시 운전자가 민·형사 책임을 부담하지만 자율주행 중 사고시 경감되거나 조정되도록 사회적 합의를 형성해 나간다.

기존 자동차의 운행에 의한 사고 발생시 운행자에게 민사상 손해배상 책임이 귀속되고, 운전자에게 형사책임 부과

개선 자율주행차 사고대비 손해배상 체계(책임주체 등) 명확화 및 운전자의 형사책임 재정립을 위한 사회적 합의 필요(필요시 자동차손해배상보장법, 제조물책임법, 교통사고처리특례법, 특정범죄가중처벌법 등 개정~'20)

⑨ 자율주행사고에 대한 책임소재가 재정립 되면서 자동차보험 제도의 개편을 추진한다.

기존 교통사고시 손해배상책임을 대비한 자동차 보유자의 보험가입 의무, 자율주행중 사고 보험제도는 불분명

개선 신속한 피해자 구제, 해외 선진사례 등을 고려하여 보험제도 개선 (필요시 자동차손해배상보장법 등 개정~'20)

■ 인프라 영역

⑩ 자율주행에 필수적인 영상정보는 주행에 필요한 범위 내에서 원활한 처리가 가능하다.

기존 자율주행 중 보행자의 영상정보 등 수집·처리 시 사전동의 의무 존재

개선 '사전동의' 없이 영상정보 수집·처리 가능하도록 유권 해석 또는 관련 규정 개정(개인정보보호법 유권해석 또는 필요시 개정 ~'19, 정보통신망법 개정 ~'20)

⑪ 자율주행 중 사물의 위치정보 처리가 원활해진다.

기존 자율주행차 주행 중 사물의 위치정보를 수집할 경우, 소유자의 사전 동의를 일일이 받아야 하나, 현실적으로 불가능

개선 개인의 위치정보가 아닌 단순한 물건의 위치정보 수집에 관해서는 사전동의 원칙 예외 → 위치정보법 개정완료('18.4.17) 및 시행('18.10.18)

⑫ 자율주행 기술개발 촉진을 위해 도로지역의 정밀맵 활용이 가능해진다.

기존 자율주행 개발 업체의 정밀맵 활용 규정이 불명확하여 적극적인 활용에 애로

개선 보안성 심의를 통해 도로지역 정밀맵 활용 가능하도록 관련 규정 개정완료(국토지리정보원 국가공간정보 보안관리규정 개정 '18.1.22 시행)

❹ 중기과제(2021~2025년)

자동화 3단계에서 4단계(고도자동화) 상용화를 선제적으로 대비하기 위한 과제이다. 이 시기에는 운전자가 시스템의 개입 요청에 대응하지 못하는 경우에도 주행가능하고 특정구간, 특정 기상상황을 제외하고는 자율주행이 가능하다,

① 자율주행 중에 휴대전화 등 영상기기 사용을 허용(모드별 운전자 주의의무 완화)한다면, 다양한 모바일서비스 출시를 기대할 수 있다.

기존 현재 운전 중 휴대전화 등 영상기기 사용 금지

고도화된 자율주행 모드 상용화를 대비하여, 영상기기등의 조작 허용(도로교통법 개정 ~'25)

② 자율주행 사고시 운전자와 시스템간 사고 책임을 분석하기 위하여 자율주행 사고기록 시스템을 구축해 나간다.

기존 자율주행차 사고 발생시, 사고기록 분석을 통한 운전자 및 시스템간 책임소재 분석이 필수적. 사고기록장치[65] 장착 및 분석 등 사고기록 시스템 구축 미비

개선 자율주행 사고기록 시스템 구축과 사고기록장치 항목 및 장착 등 기준마련(자동차관리법령, 자동차 및 자동차부품의 성능과 기준에 관한 규칙 개정 ~'21)

③ 특례 신설 등을 통해 군집주행이 허용된다면 물류의 효율성이 증대될 수 있다.

기존 현행법상 안전거리확보 의무 및 2대 이상의 자동차가 앞뒤로 또는 좌우로 줄지어 통행하는 것을 금지하는 공동위험행위 금지조항으로 군집주행 불가

개선 자율주행차 군집주행 허용을 위해 안전거리확보 및 공동위험행위 금지 규정에 대한 특례 신설(도로교통법 규정 신설 ~'22)

④ 통신망에 연결된 자율주행차를 대비하여 통신 표준을 마련한다.
 (V2X: 자율차↔통신인프라/타차량/교통신호 정보제공방식 표준 및 관리기준 마련)

기존 고속도로 등 연속류 일부 도로 구간에 대하여 통신기반 자율주행을 가능케 하는 국제 인프라 정보 표준 포맷만 존재

개선 전 구간 도로 인프라 통신에 대한 표준화 및 원격 제어신호 등에 관한 표준화 마련 필요(도로교통법 시행규칙, 국가통합교통체계효율화법 등 규정 신설 ~'22)

❺ **장기과제(2026~2035+α년)**

 자동화 4단계에서 5단계(완전자동화) 상용화를 선제적으로 대비하기 위한 과제이다.

① 자율주행 기능이 적용된 차종을 운전하는 간소면허(자율주행용 간소면허)가 신설된다면 차량 이용자 범위가 확대된다.

기존 현재 운전자(사람)가 차량을 직접 운전하는 경우 적합한 운전면허 제도 시행

개선 자율주행기능이 적용된 차종을 운전할 수 있는 간소면허 또는 조건부면허 신설 (도로교통법 개정 ~'27)

② 운전금지 및 결격사유(과로, 질병 등 운전금지 관련 특례 신설)를 재검토한다.

기존 과로, 질병 등의 영향과 그 밖의 사유로 정상적으로 운전하지 못할 우려가 있는 상태 등을 운전결격 및 금지사유로 규정

개선 자율주행이 상용화 될 경우, 현행 운전 결격사유나 금지사유의 완화를 위한 특례

---

65 사고 전후 일정시간 동안 자동차 운행정보를 저장·확인할 수 있는 장치

신설 필요(도로교통법 개정 ~'27)

③ 운전석의 위치를 고정할 필요가 없게 되면 차량의 모습이 혁신적으로 변화(좌석배치 등 장치기준 개정)할 수 있다.

<u>기존</u> 운전석·차량조종장치 등의 장치 기준은 운전자가 주행하는 차량에 맞추어 규정

<u>개선</u> 완전(또는 고도화된) 자율주행차의 경우 운전석이나 차량조종장치 등 위치고정이 불필요하여 관련장치 기준 개정 필요(자동차관리법, 자동차 및 자동차부품의 성능과 기준에 관한 규칙, 도로교통법, 여객자동차운수사업법 개정 ~'27)

④ 주차장 자율주행 안전기준이 마련된다면, 안전한 자율주행 발렛파킹이 가능해진다.

<u>기존</u> 자율주행 발렛파킹(원격주차)을 대비한 주차장 내에서 안전기준 등 부재

<u>개선</u> 주차장 내 자율주행 발렛파킹이 가능하도록, 자율주행 인프라 설비 등에 관한 안전기준 제시(주차장법 규정 신설 ~'27)

4.4.2 자율주행자동차 테스트베드

❶ K-CITY의 구축

자율주행자동차의 안전성 확보를 위한 안전성 평가기술 개발지원 및 검증시설을 경기도 화성시에 위치한 한국교통안전공단의 자동차안전연구원 주행시험장(총 215만 ㎡, 약 65만 평)에 36만 ㎡(약 11만 평) 규모로 구축하고 있다. 경기도 화성시는 대한민국 자동차 산업의 중심부로서 주요 자동차 제작사 및 부품사(한국지엠, 쌍용자동차, 르노삼성, 만도, 보쉬코리아, 자트코 등) 뿐만 아니라 통신사, 전자회사, IT 기업 등과도 60 km 이내에 위치하고 있어 지리적 효율성이 높다. 자율주행 실험도시(K-City)의 구축의 중요성과 시급성을 감안하여 2017년 11월에는 자동차전용도로 구간을 1차 개통하고, 2018년 말에는 도심부와 교외도로, 자율주차시설 등 전체 구간을 구축하고 개방하였다. K-City는 자율주행자동차의 기술발전을 위해 실도로를 주행하면서 도로유형별로 발생할 수 있는 자율주행자동차 내·외부적 위험 요소에 대한 반복재현실험을 통해 평가하고, 이를 극복할 수 있는 안전성을 확보하는 테스트베드로 활용된다. 평가시설의 구성은 크게 다섯 구역(zone)으로 구성되어 있다. 도심부, 커뮤니티부, 고속주행도로, 교외도로, 자율주차시설로 나뉘어져 있으며, 각 존은 실도로와 유사한 도로·교통·통신 시설물을 포함한다.[66]

이와 관련하여 2016년부터 한국교통안전공단 자동차안전연구원이 주관하고 서울대, 아주대, 국민대, 현대자동차, 버지니아대, 현대모비스, SK텔레콤, 한국교통연구원,

---

66 위의 보고서, 12쪽

자동차부품연구원 등 국내외 15개 기관이 함께 "자율주행자동차 안전성 평가기술 및 테스트베드 개발"을 수행하고 있다. 사업의 목표는 2020년 상용화 기술에 대한 안전성 평가기술을 개발하고 반복·재현 가능한 평가환경을 구축하는 데 있다. 세부적 안전성 평가기술은 ① 주행안전성 평가기술, ② 자율주차 안전성 평가기술, ③ 고장안전 평가기술(고장안전대책), ④ 통신보안안전 평가기술 등으로 나뉜다.

자율주행자동차 기술개발 촉진 및 안전성 확보를 위해 도심부도로는 ① 신호인지, 예측, 판단, 제어, ② 비자율차와의 상호작용, ③ 도심 건물로 인한 통신음영 발생 영향 평가, ④ 버스전용차로 인지 및 영향평가, ⑤ 버스·택시 정차 및 출발 시 상충 발생상황 등을 평가한다.

커뮤니티도로는 ① 보행자, 자전거 이용자, 저속 이동 보조수단 등의 인지, 이동예측, 판단, 제어, ② 보행자 충돌 경보 평가를 위해 설계되었다. 자율주차시설에서는 ① 직각·평행·사선 주차 기능 평가, ② 자율 발렛주차 기능을 평가하게 된다.

자동차전용도로는 ① 고속주행 환경에서의 인지, 판단, 제어 기능, ② 전용도로에서 차간거리 및 차선유지 여부의 평가, ③ 톨게이트 인지 및 통과 가능 여부, 차량 간 상충발생 상황의 평가, ④ 소음방지벽 및 중앙분리대로 인한 통신음영 발생상황 평가를 담당하게 된다.

교외도로에서는 ① 교외지역 도로환경 인지 및 판단, ② 도로 기하구조 인지, 판단

그림 8.4.6 한국의 자율주행자동차 실험도시(K-CITY)

및 제어기능, ③ 낙하물 등 장애물, 공사도로 인지 및 거동, ④ 가로수로 인한 전방 시인성 저하, 통신음영 발생 영향평가, ⑤ 회전교차로 인지 및 차량 간 우선순위 결정, 상충발생 상황 평가를 실시한다.

K-City는 다음과 같이 운영한다. 첫째, 평가 운영의 탄력성(flexibility)을 확보하기 위해 실제 도로에서 발생할 수 있는 교통환경을 최대한 다양하게 평가 시나리오로 구현한다. 이에 대한 방안으로 위치이동이 가능한 가벽형 빌딩면, 차로폭과 차로구성의 조정이 가능한 탈부착식 차선테이프를 포함한 다양한 종류의 차선 구성, 다양한 형태 및 재질, 낙후·파손·낙서 등으로 훼손된 도로표지판 등을 설치하였다.

둘째, K-City에서는 일반 도로에서 평가가 어려운 특정한 조건을 설정하고 반복 재현시험이 가능하기 때문에 자율주행자동차 주행 시 평가자동화시스템(차대차 멀티타겟 시험장비)을 함께 활용하여 사고 상황(충돌 직전 포함)을 포함한 여러 상황에 대한 평가를 수행한다.

셋째, K-City 내 시험차량의 안전관리와 교통시스템을 제어하는 통합관제센터(기존 주행시험장 관제센터 확장)와 연계하면 신호제어기, LCS(Lane Control System)[67], RSU(Road Side unit)[68] 등의 교통시스템과 연동한 실제 도로 주행상황에 대한 평가가 가능하다. 시험차량의 위치와 이동 상황에 기반한 능동적인 테스트환경을 제공하고 동시에 안전관리도 함께 수행한다.

K-City는 자율주행자동차의 안전기준 개발 및 민간부문 자율주행차 기술개발을 지원하고 향후 자율주행자동차 국가평가시설로 자율주행자동차 안전기준 확인, 안전도 평가, 안전기준 국제조화 등에 사용될 수 있도록 추진하고 있다. 자율주행시대가 가져올 교통혁명, 산업혁명의 환경에서 세계 최고의 자율주행자동차 연구시설로 활용될 수 있도록, 지속적인 자율주행 기술개발을 통해 K-City가 자율주행자동차 분야의 실증허브가 되는 목표를 지향하고 있다.

❷ K-City 통신체계

K-City는 차량과 차량 간 쌍방향 송수신 통신환경 재현을 위해 LTE(4G), WAVE, WiFi 등 다양한 통신환경을 구현하였다. 즉 위치기반 차량데이터 수립 및 교통정보를 제공하고 지역별 특화정보를 제공하는 등 C-ITS 기반 V2X 통신이 재현된다. 전 구간에 설치된 통신환경을 바탕으로 시스템 제어 정보(신호, 돌발정보 등)를 실시간으로 제공받아 위험상황 발생 시 대처 여부 등의 평가를 수행한다. 특히 5G 통신 인프라를 구축하여 1GB 영화 한 편을 0.4초만에 전송하는 20Gbps급 5G시험망과 실험차량과

---

67 차로제어신호기를 설치하여 기존차로의 가변활동 또는 갓길의 일반차로 활용 등으로 단기적인 서비스 교통량의 증대를 통해 지정체를 완화시키는 교통관리기법

68 이용자 중심의 교통안전서비스 제공을 목적으로 주행 중 또는 정차 중에 있는 차량단말기와 상호통신을 통해 보다 안정적인 서비스를 제공하는 RF기지국 장치

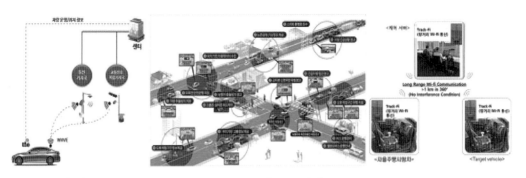

| LTE(4G) 기반 | C–ITS 서비스 (WAVE 기반) | Wi–Fi |

그림 8.4.7 통신방식별 시스템 구성예시

0.001초 안에 데이터를 주고 받는 '5G통신 관제센터'를 구축하며, 전자정밀도로지도도 제작할 계획이다. 이를 통해 5G와 자율주행을 연동해 선·후행차량 간 위험상황을 공유하고, 자동차가 실시간으로 수백, 수천 개의 주변 사물인터넷 센서들과 동시에 통신하는 등 자동차와 통신 관련한 다양한 평가 및 시험을 할 수 있다.

현재 이를 구체화하기 위하여 "차량 내부통신 취약성 분석 프레임워크 구축", "자동차 보안 안전성 테스트 자동화를 위한 요소기술", "자동차 내부통신 보안 안전성 평가기술 개발" 등 통신취약분야 분석과 보안 안전성 평가 연구를 수행하고 있다.

❸ 자율주행자동차 테스트베드 사례비교

자율주행자동차 테스트베드를 구축하여 운영하고 있는 사례는 미국의 M-City, 중국의 Nice City, 일본 등이 있으며 세부적인 내용은 〈표 8.4.9〉와 같다.

표 8.4.9 자율주행자동차 테스트베드 구축사례 비교

구분	M-City(미국)	Nice City(중국)	일본
구축년도	2015년 7월	2016년 6월	2016년
운영기관	미시간대학교(MTC)	상해국제자동차도시유한공사	일본자동차연구소(JARI)
구축비용	약 132억 원	-	약 372억 원
면적	13만m^2(약 4만 평)	500만m^2(약 151만 평)	15만m^2(약 4.5만 평)
특징	• 학교 부지에 별도의 실험도시 구축 • 도로, 가건물, 교차로, 횡단보도, 지하차도 등으로 구성되었고 도시부와 자갈길, 철도 건널목, 4차선 도로 등 교외부 재현 • 멤버십 차등화 운영 - Leadership Circle - Affiliate Membership	• 자딩 자동차 파크 퉁지대 시험도로 15 km 조성 • '19년 100 km^2 규모의 스마트·커넥티드 자동차 종합 도시 시범구로 확대 • 비공개 시험구역(F-Zone) - 상해 국제 서킷 남부에 위치 (면적 2 km^2, 연장 3.6 km) - V2X 통신(LTE-V, DSRC 등), ADAS 등에 대한 평가 지원	• 영화 세트장과 비슷한 빌딩모형, 도로, 무선통신 교란장비 등으로 구성 • 일본자동차연구소(JARI) 관할 구역 내 별도의 실험도시 구축 • 악조건 환경시험, 도시지역시험, 다목적 시험이 가능한 평가환경 조성

05

교통빅데이터

빅데이터의 개요

5.1.1 빅데이터의 개념과 등장배경

　빅데이터란 디지털 환경에서 생성 주기가 짧고 형태도 수치 데이터뿐만 아니라 문자와 영상 데이터를 포함하는 대규모 데이터를 말한다. 과거에 비해 데이터의 양이 폭증했고 데이터의 종류도 다양해져 사람들의 행동은 물론 위치정보와 SNS를 통해 생각과 의견까지 분석하고 예측할 수 있다. 우리 주변에는 규모를 가늠할 수 없을 정도로 많은 정보와 데이터가 생산되는 '빅데이터(Big Data)' 환경이 도래한 것이다.[69] 데이터의 관점에서 과거에는 상점에서 물건을 살 때만 데이터가 기록되었으나, 인터넷쇼핑몰의 경우에는 구매를 하지 않더라도 방문자가 돌아다닌 기록이 자동적으로 데이터로 저장된다. 이러한 정보를 통하여 어떤 상품에 관심이 있는지, 얼마 동안 쇼핑몰에 머물렀는지를 알 수 있으며 쇼핑뿐 아니라 은행, 증권과 같은 금융거래, 교육과 학습, 여가활동, 자료검색과 이메일 등 하루 대부분의 시간을 PC와 인터넷에 할애하고 있다. 사람과 기계, 기계와 기계가 서로 정보를 주고받는 사물지능통신(M2M, Machine to Machine)의 확산도 디지털 정보가 폭발적으로 증가하게 되는 이유 중 하나다. 또 사용자가 직접 제작하는 UCC(User Created Contents)를 비롯한 동영상 콘텐츠, 휴대전화와 SNS(Social Network Service)에서 생성되는 문자 등은 데이터의 증가 속도, 형태와 질적 면에서도 기존과 다른 양상을 보이고 있다. 블로그나 SNS에서 유통되는 텍스트 정보는 내용을 통해 글을 쓴 사람의 성향뿐 아니라, 소통하는 상대방의 연결 관계까지도 분석이 가능하다. 사진이나 동영상 콘텐츠를 PC를 통한 이용이 일반화되었고 방송 프로그램도 TV수상기를 통하지 않고 PC나 스마트폰으로 시청하고 있다.

69　정용찬, 『빅데이터(커뮤니케이션 이해 총서)』, 커뮤니케이션스북스, 2013, 2쪽

제8장

주요 도로와 공공건물은 물론 심지어 아파트 엘리베이터 내부에 설치된 CCTV가 촬영하고 있는 영상 정보의 양도 상상을 초월할 정도로 엄청나다. 결국 일상생활의 행동 하나하나가 빠짐없이 데이터로 저장되고 있는 셈이다.

민간 분야뿐 아니라 공공 분야도 센서스(census)를 비롯한 다양한 사회 조사, 국세자료, 의료보험, 연금 등의 분야에서 데이터가 생산되고 있으며, 스마트워크의 본격화도 데이터 증가를 가속화하고 있다.[70]

5.1.2 빅데이터의 특징과 의미

빅데이터의 특징은 3V로 요약된다. 데이터의 양(Volume), 데이터 생성 속도(Velocity), 형태의 다양성(Variety)을 의미하지만, 최근에는 가치(Value)나 복잡성(Complexity)을 덧붙이기도 한다. 이처럼 다양하고 방대한 규모의 데이터는 미래 경쟁력의 우위를 좌우하는 중요한 자원으로 활용될 수 있다는 점에서 주목받고 있다. 빅데이터는 산업혁명 시기의 석탄처럼 IT와 스마트혁명 시기에 혁신과 경쟁력 강화, 생산성 향상을 위한 중요한 원천으로 간주된다.[71]

기업은 고객분석 빅데이터 시대를 맞이해 전환점을 맞고 있다. 분산처리방식과 같은 빅데이터 기술을 활용해서 과거와 비교가 안 될 정도의 대규모 고객정보를 빠른 시간 안에 분석하는 것이 가능해졌다. 트위터와 인터넷에 생성되는 기업관련 검색어와 댓글을 분석해 자사의 제품과 서비스에 대한 고객 반응을 실시간으로 파악함으로써 즉각적으로 대처할 수 있다.

소프트웨어나 하드웨어도 오픈 소스 형태의 하둡(Hadoop)[72]이나 분석용 패키지인 R과 분산병렬처리기술[73], 클라우드 컴퓨팅[74] 등을 활용하면 기존의 비싼 스토리지와 데이터베이스에 기반한 고비용의 데이터웨어하우스를 구축하지 않더라도 효율적인 시스템 운용이 가능하다. 특히 빅데이터에 기반한 분석방법론은 과거에 불가능했던 일을 가능하게 만들고 있다. 구글은 독감과 관련된 검색어 빈도를 분석해 독감 환자 수와 유행 지역을 예측하는 독감 동향 서비스를 개발했다. 이는 미 질병통제본부

---

70 위의 책, 5쪽

71 Steve Lohr, "New Ways to exploit Raw Data may bring Surge of Innovation", A Study Says, may 2011

72 대량의 자료를 처리할 수 있는 자바기반의 오픈소스 프레임 워크. 기존의 RDBMS(관계형 데이터베이스 관리 시스템)에 비해 구축 비용이 저렴하고, 분산처리기술을 사용하므로 더욱 빠르게 데이터를 처리할 수 있다.

73 분산처리와 병렬처리를 동시에 이르는 의미로, 분산처리는 처리할 수 있는 장비(컴퓨터 등) 여러 대를 네트워크로 연결하여 나누어 처리하는 기술이며, 병렬처리는 프로세서를 늘려 더 빨리 처리할 수 있게 하는 기술이다. 병렬처리는 동시에 여러일을 처리, 분산처리는 하나의 일을 동시에 여럿이 처리하는 방식이다.

74 인터넷을 통해 서버, 저장소, 데이터베이스, 네트워킹, 소프트웨어, 분석 등의 컴퓨팅 서비스를 제공하는 것으로 별도의 IT인프라를 구축하지 않고 고성능의 인프라를 이용할 수 있는 장점이 있다.

(CDC; Centers for Disease Control)보다 예측력이 뛰어난 것으로 밝혀졌다. 기업의 빅데이터 활용은 고객의 행동을 미리 예측하고 대처방안을 마련해 기업경쟁력을 강화시키고, 생산성 향상과 비즈니스 혁신을 가능하게 한다. 공공 기관의 입장에서도 빅데이터의 등장은 시민이 요구하는 서비스를 제공할 수 있는 기회로 작용한다. 이는 '사회적 비용감소와 공공서비스 품질향상'을 가능하게 만든다. 2012년에 열린 다보스 포럼에서는 위기에 처한 자본주의를 구하기 위한 '사회 기술모델(Social and Technological Models)'을 제시하고 '빅데이터'가 사회현안 해결에 강력한 도구가 될 것으로 예측했다. 우리나라도 문재인 정부 출범 후 4차 산업혁명을 선도하기 위한 대통령 직속의 4차 산업혁명 위원회가 설치되었다. 이제 '빅데이터'가 민간 기업은 물론 정부를 포함한 공공 부문의 혁신을 수반하는 패러다임의 변화를 견인하고 있다. 2017년 11월 30일 정부가 발표한 "혁신 성장을 위한 사람 중심의 4차 산업혁명 대응 계획"[75]을 발표했는데, 교통과 이동체 분야도 포함하고 있다. 교통은 지능형 신호등 확산, 교통사고 위험예측 예보서비스 고도화, 이동체는 고속도로 자율차 상용화, 산업용 드론 육성이 그것이다.

5.2 빅데이터 기술과 활용

5.2.1 빅데이터 기술

❶ 데이터 마이닝

데이터 마이닝(data mining)이란 대규모 데이터에서 가치 있는 정보를 추출하는 것을 말한다. 즉, 의미심장한 경향과 규칙을 발견하기 위해 대량의 데이터로부터 자동화 또는 반자동화 도구를 활용해 탐색하고 분석하는 과정이다.[76]

데이터 분석을 지하에 묻힌 광물을 찾아낸다는 뜻을 가진 마이닝(mining)이란 용어로 부르게 된 것은 데이터에서 정보를 추출하는 과정이 탄광에서 석탄을 캐거나 대륙붕에서 원유를 채굴하는 작업처럼 숨겨진 가치를 찾아낸다는 특징을 가졌기 때문이다.[77]

---

75 계획의 목표시점은 2022년이다.

76 정용찬, 앞의 책, 32쪽

77 통계분석을 위한 패키지 프로그램인 SPSS에서 데이터 마이닝 분석을 위한 제품의 이름을 클레멘타인(clementine)이라고 붙였는데 그 이유는 미국 민요 '클레멘타인(oh my darling, clementine)' 가사에 나오는 광부의 딸 이름이 클레멘타인이기 때문이다.

❷ 데이터 시각화

데이터 시각화(data visualization)는 데이터 분석 결과를 쉽게 이해할 수 있도록 시각적으로 표현하고 전달하는 과정을 말한다. 데이터 시각화의 목적은 도표(graph)라는 수단을 통해 정보를 명확하고 효과적으로 전달하는 것이다. 때로는 한 장의 그림이 책 한 권의 설명보다 더 설득력이 있기 때문이다. 우리 속담에도 백번 듣는 것보다 한 번 보는 게 낫다고 했다.

프리드만(Friedman)[78]은 데이터 시각화는 지나치게 기능적인 측면을 강조하거나 아름답게 표현하는 데만 매달려서는 안 된다고 설명한다. 의미를 효과적으로 전달하기 위해서는 심미적인 형태와 기능적인 요소가 조화를 이루어야 하기 때문이다. 이상적인 시각화란 단지 명확하게 의사를 전달하는 데 머물러서는 안 되고 보는 사람을 집중하게 하고 참여하게 만들어야 한다.[79]

❸ 클라우드 컴퓨팅

클라우드 컴퓨팅이란 정보처리를 자신의 컴퓨터가 아닌 인터넷으로 연결된 다른 컴퓨터로 처리하는 기술을 말한다. 빅데이터를 처리하기 위해서는 다수의 서버를 통한 분산처리가 필수적이다. 분산처리는 클라우드의 핵심 기술이므로 빅데이터와 클라우드는 밀접한 관계를 맺고 있다. 빅데이터 선도 기업인 구글과 아마존이 클라우드 서비스를 주도하고 있는 이유도 여기에 있다.

우리가 사용하고 있는 개인용 컴퓨터에는 필요에 따라 구매한 소프트웨어가 설치되어 있고 동영상과 문서와 같은 데이터도 저장되어 있다. 문서를 작성하려면 자신의 컴퓨터에 저장되어 있는 한글과 같은 프로그램을 구동시켜야 한다. 그러나 클라우드 컴퓨팅은 프로그램과 문서를 다른 곳에 저장해 놓고 내 컴퓨터로 그 곳에 인터넷을 통해 접속해서 이용하는 방식이다. 자동차를 사지 않고 필요할 때 빌려서 쓰거나 대중교통을 이용하는 것과 같다.

5.2.2 빅데이터 활용

빅데이터 활용의 선두 주자는 기업이다. 특히 검색과 전자상거래 기업은 방대한 고객 데이터를 분석해 다양한 마케팅 활동을 하고 있다. 구글의 자동번역 시스템, IBM의 슈퍼컴퓨터 '왓슨(Watson)', 아마존의 도서 추천 시스템은 대표적인 사례다. 공공부문도 위험관리시스템, 탈세 등 부정행위방지, 공공데이터 공개 정책 등 빅데이터를 활용하기 위해 다양한 노력을 기울이고 있다.

78　Milton Friedman(1912~2006년), 자유방임주의와 시장제도를 통한 자유로운 경제활동을 주장한 미국의 경제학자
79　정용찬, 위의 책, 52쪽

❶ 기업의 활용 사례

빅데이터 활용에 관한한 선두 주자는 역시 구글이다. 구글은 데이터 양이 많으면 많을수록 얻을 수 있는 정보의 품질이 좋아진다는 것을 인터넷 검색에서 실천하고 있는 기업이다. 접근할 수 있는 모든 웹 페이지를 탐색해서 제목과 내용이 검색어와 얼마나 밀접한 관계를 가지는지를 측정해 지수로 환산한다. 이렇게 방대한 작업을 빠른 시간에 처리하기 위해서 구글분산파일 시스템과 맵리듀스라는 새로운 처리 기술을 개발했다.[80]

구글은 자사가 개발한 자동번역 시스템의 기술을 통계적 기계 번역(statistical machine translation)이라고 표현한다.[81] 이는 컴퓨터에게 문법을 가르치지 않고 사람이 이미 번역한 수억 개의 문서에서 패턴을 조사해 언어 간 번역 규칙을 스스로 발견하도록 하는 방식이다. 문법은 예외가 많은 규칙이기 때문에 참고할 문서가 많으면 많을수록 번역이 잘 될 가능성이 높아진다. 반면 참고할 문서가 적으면 번역 품질이 떨어지게 마련이다.

온라인 쇼핑몰의 선구자 아마존(Amazon)도 빅데이터 활용의 역사가 깊다. 아마존은 고객의 도서 구매 데이터를 분석해 특정 책을 구매한 사람이 추가로 구매할 것으로 예상되는 도서 추천 시스템을 개발했다. 고객이 읽을 것으로 예상되는 책을 추천하면서 할인쿠폰을 지급한다. 전형적인 데이터 분석에 기반한 마케팅 방법이다. 아마존은 이러한 데이터 분석 경험에 기반해 현재 하드웨어를 빌려주는 클라우드(cloud) 서비스를 제공하고 있으며 비정형 빅데이터 처리를 위한 데이터베이스를 새로 개발하는 등 빅데이터 관련 기업의 입지를 강화하고 있다.

일본의 최대 전자상거래 업체인 라쿠텐(樂天)은 슈퍼데이터베이스를 구축해 이를 기반으로 다양한 마케팅 활동을 벌이고 있다. 슈퍼데이터베이스는 회원의 기본 정보와 구매 내역, 서비스 예약 정보가 통합되어 있다. 라쿠텐은 이를 활용해 그룹 내 전자상거래 사업과 신용·결제 서비스, 포털, 여행, 증권, 프로스포츠 사업 부문과 공동 활용한다. 미디어 콘텐츠 유통기업인 넷플릭스(Netflix)는 이용자의 영화 대여 목록에 새로운 영화를 추천해주는 시네매치(Cinematch) 시스템을 개발했다. 넷플릭스는 시네매치 시스템의 정확도를 높이기 위해 상금을 걸고 경진대회를 열기도 한다. 넷플릭스의 빅데이터 경영은 경쟁자인 블록버스터(Blockbuster)를 파산에 이르게 한 동인으로 평가하고 있다.

전세계 약 10억 명이 사용하며 1일 총 동영상 시청시간이 10억 시간에 달하는 유튜브도 이용자가 자신이 선호하는 동영상 채널을 구성할 수 있는 개별 홈페이지를 제공하고 있다. 개인별로 동영상 이용 데이터가 축적되면 이를 SNS 정보, 인적 네트워크 정보와 연계해 다양한 개인 맞춤형 서비스를 제공할 수 있다.

---

80 위의 책, 11~12쪽

81 http://translate.google.com/

❷ 공공 부문의 활용 사례

싱가포르와 미국 정부는 보안과 위험관리 분야에 빅데이터를 활용하고 있다. 싱가포르 정부는 재난방재와 테러감지, 전염병 확산과 같은 불확실한 미래를 대비하기 위해 2004년부터 국가위험관리시스템(RAHS; Risk Assessment & Horizon Scanning)을 추진했다. 다양한 국가적 위험 데이터를 수집·분석해 사전에 예측하고 대응방안을 모색하고 있다. 미국 연방 수사국(FBI)의 DNA 색인 시스템도 빅데이터 활용 사례다. 빅 DNA데이터를 활용해 단시간에 범인을 검거하는 시스템을 운영하고 있다. 오바마 정부가 추진한 필박스(Pillbox) 프로젝트는 국립보건원(NIH) 전용 사이트를 통해 의약품 정보 서비스를 제공하고 제조사와 사용자 간 유기적인 정보 공유를 가능하게 했다. 이를 통해 후천성면역결핍증 등 관리 대상 주요 질병의 분포와 증감 현황 데이터를 수집·분석할 수 있게 되었다. 미국 미시간 주정부는 관련 정부기관 통합 데이터웨어하우스(IDW; Integrated Data Warehouse) 구축으로 시민에 대한 보다 나은 서비스를 제공하고 비용을 절감했다.[82] 미시간주의 21개 정부기관은 데이터 통합을 통해 공공의료보험(Medicaid) 부정행위 발생 감지, 개인 건강관리 개선, 최적의 입양가정 선택 등 공공 서비스 품질 개선에 활용하고 있다. 오하이오주와 오클라호마주 정부는 국세청(IRS) 데이터와 고용데이터를 분석해 새로운 세원을 확보하고 미납세금을 확인하고 있다.[83]

주요국 정부는 정부데이터를 공개하는 전용 사이트를 만들어 데이터를 활용한 새로운 지식을 만들기 위해 노력하고 있다. 영국[84]과 미국[85], 호주[86]는 공공 부문의 데이터 공개를 통해 정부의 투명성을 높이고 국민의 알 권리를 향상시키며 시간과 자원을 절감하는 효과를 지향하고 있다. 이러한 정부 데이터 공개 정책(Open Data)은 빅데이터 시대에 소통과 공유, 협업(croud sourcing) 전략이 무엇보다 중요하다는 것을 의미한다.[87]

국내 공공 부문의 빅데이터 활용은 아직 시작 단계에 불과하다. 공공 부문도 민간기업의 CRM 사례를 벤치마킹해 공공부문 고객관계관리(PCRM, Public CRM)를 도입해 시행한 경험이 있다. 이러한 시도는 고객만족을 최우선으로 하는 서비스 정신의 확산에는 기여했지만, CRM이 추구하는 고객 데이터 분석을 기반으로 한 맞춤형 서비스 제공에는 한계가 있었다.[88]

최근 인터넷에 산재한 다양한 웹문서, 댓글 등을 통해 특정 이슈에 대한 시민의 의

---

82 http://www.youtube.com/watch?v=ilRWnIJDnRE

83 The Wall Street Journal, Mar. 12, 2010

84 http://data.gov.uk

85 http://www.data.gov

86 http://www.data.gov.au

87 정용찬, 앞의 책, 18쪽

88 위의 책

견을 분석해 대응책을 마련하는 오피니언 마이닝(opinion mining)을 도입하는 사례가 늘고 있다. 국민권익위원회의 '민원동향분석시스템'과 국민연금공단의 '여론정보수집 분석시스템'은 시민 고객의 의견을 분석해 불신을 해소하고 소통하기 위한 시도다.

건강보험 심사평가원은 의료정보의 활용과 데이터 개방을 위해 "보건의료 빅데이터 개방시스템"을 구축 운영하고 있다. 건강보험 심사평가원이 보유한 공공데이터를 다양한 분야에서 활용할 수 있도록 하는 시스템으로 공공데이터를 데이터셋과 Open API 형태로 제공하며, 의료 빅데이터와 질병, 의약품, 의료기관 등의 의료통계분석 데이터를 제공하고 있다. 보건의료 빅데이터를 이용하고자 하는 민간기업과 연구자들이 데이터를 확인하고 분석해 볼 수 있는 Data Free Zone 형태의 시스템을 원격분석 150계정과 방문이용객 좌석을 전국 센터에 40좌석 배치하고 있다.

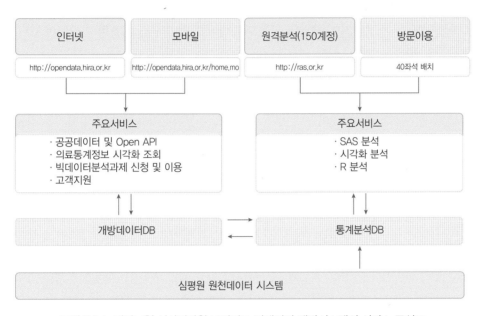

그림 8.5.1 건강보험 심사평가원 보건의료 빅데이터 개방시스템의 서비스 구성도
자료: 건강보험 심사평가원 보건의료 빅데이터 개방 시스템 홈페이지(http://opendata.hira.or.kr)

5.3 교통빅데이터의 발전

5.3.1 교통빅데이터의 현황과 한계

정보의 정확도를 높이고 정책을 효율적이게 하는 가장 중요한 요소는 데이터의 양과 질이다. 현재 기존 방법으로 불가능했던 데이터 수집이 가능해지고 있으며, 이에

따라 활용할 수 있는 분야도 광범위해지고 있다. 교통카드데이터와 디지털운행기록계 데이터, 택시 및 버스운행정보 등의 공공 데이터인 교통부분의 빅데이터(이하 교통빅데이터라 한다)가 점차 실시간 수집체계로 바뀌고 있다. 이들 공공데이터를 기반으로 통신사 기지국 데이터를 활용한 유동인구 데이터, 스마트폰 내비게이션 이용자 정보 데이터, 택시 앱 데이터 등 민간의 정보와 결합하면 더욱 유용한 정보들을 생성할 수 있다.

카카오택시는 택시이용자의 택시 호출 정보를 통해 대중교통 "라스트 원 마일"구간을 분석해 냈다. 단거리 택시이용 빈도가 많은 구간을 분석함으로써 시내버스나 마을버스가 운행되더라도 버스정류장이 목적지와 멀리 떨어져 있어 도보이동구간이 길거나 버스운행경로가 복잡해 전체 이동시간이 많이 걸리는 구간 등을 "라스트 원 마일"로 제안하고 있다. 이 데이터는 대중교통 노선 설계에 유용하게 활용될 수 있다.

다른 분야와는 달리 우리나라의 교통 빅데이터는 이미 수년 전부터 수집되어 왔다. 전국적인 BIS 시스템이 세계 어느 나라보다 먼저 도입되었고, 모든 사업용 자동차에 디지털운행기록계가 장착되어 있으며, 각 지역의 ITS 센터들이 구축되어 데이터를 쌓아온 지도 오랜시간이 흘렀다. 대중교통 교통카드 이용률도 90%가 넘는 수준이다. 그럼에도 불구하고 교통빅데이터 분야가 세계적으로 앞서나가고 있다고 말하기는 힘든 현실이다. 데이터를 어떻게 활용할 것인가에 대한 고민과 빅데이터 분석기술을 어떻게 적용하느냐에 따라 교통빅데이터의 가치가 바뀐다. 일례로 디지털운행기록만 봐도 알 수 있다. 공단과 운수회사에서 자체적으로 분석·활용하고 있기는 하지만 디지털운행기록이 경찰청의 교통사고 데이터와 결합이 되기만 하면 지금보다는 훨씬 더 체계적인 차량단위의 안전관리가 가능하게 된다. 각 개별차량의 위험운전 행위가 교통사고로 어떻게 이어지며 어떤 노선이나 시간대 등에서 위험한 행동을 하며 사고가 발생하는지 등을 알 수가 있다. 더 나아가 디지털운행기록을 기반으로 국토교통부의 자동차전산망의 자동차등록정보나 지자체의 BIS 운행정보 등과 통신사 기지국 데이터를 활용하여 유동인구 데이터와 스마트폰 내비게이션 이용자 정보 등 민간 정보와 결합하게 된다면 매우 유용한 정보가 생성될 것이다.[89]

5.3.2 한국교통안전공단의 교통빅데이터

① 통합교통카드데이터

가장 대표적인 교통빅데이터로는 통합교통카드데이터를 들 수 있다. 교통카드데이터는 카드를 이용한 대중교통요금 지불 시 생성되는 데이터로 1일 약 2,100만 건이 생

89 강동수, "교통빅데이터 세상, 정보연계는 '필수적', 교통신문, 2017. 9. 12

성된다. 교통카드데이터에는 이용한 교통수단, 승하차 시간, 승하차 정류장, 환승여부 등 이용자의 통행실태 파악에 필요한 정보가 포함되어 있다.

현재까지도 수행되고 있는 가구통행실태조사는 교통계획에 필요한 통행실태를 조사하는 것으로, 개인의 하루 통행이 어떻게 구성되는지를 조사원이 직접 설문을 통해 조사하는 방식이다. 이 자료는 국가 기간 교통망 설계 시 수요예측을 위한 O/D 데이터[90]를 작성하는 데 사용되고 있다. 하지만 가구통행실태조사에서 조사되는 내용들은 교통카드데이터에 모두 포함되어 있다고 할 수 있다. 가구통행실태조사로 얻을 수 있는 자료는 표본 데이터이지만 교통카드데이터는 모집단에 가까운 데이터이다. 교통카드 이용률이 2016년 기준 서울 99%, 경기 96%, 부산 95%, 대구 93%인 것을 감안하면 참값에 가까운 데이터를 교통카드데이터가 가지고 있다고 할 수 있다.

교통카드데이터가 가치 있는 정보를 가지고 있음에도 불구하고 실제로 교통카드데이터를 활용하기에는 많은 어려움이 있다. 개인정보의 문제와 교통카드 정산 사업자별 데이터 수집 체계가 상이하기 때문이다. 교통카드데이터가 가지고 있는 정보는 교통카드 이용자의 매일의 통행 경로 정보를 모두 담고 있다. 무기명 카드인 선불형 교통카드인 경우 카드 이용자의 정보는 식별할 수 없으나, 신용카드 형태의 후불형 교통

그림 8.5.2 교통카드데이터 통합정보시스템 구성도

90   Origin-Destination의 약자로 통행의 출발지와 목적지를 나타내는 데이터를 말한다.

카드의 경우 개개인을 식별할 수 있는 정보가 모두 담겨있어 명백히 개인정보라고 할 수 있다.

개인정보의 문제에도 불구하고 교통카드데이터 활용의 필요성이 강조됨에 따라 국토교통부는 2015년 「대중교통의 육성 및 이용촉진에 관한 법률」을 개정하여 교통카드데이터의 수집과 활용을 위한 법적 근거를 마련하였다. 이에 따라 2016년과 2017년에 걸쳐 교통카드 빅데이터 통합정보 시스템을 구축했고, 한국교통안전공단이 이를 위탁받아 2018년부터 운영하고 있다.

교통카드데이터는 대중교통 이용자의 통행특성을 대변할 수 있는 자료로서, 서울시는 교통카드데이터를 이용하여 출퇴근 시간대 대중교통 첨두율과 요일별 대중교통 승객수를 분석하여 서울시 대중교통 공급 정책을 수립하고 있다. 대표적인 사례로 서울시의 올빼미 버스노선 선정 및 운행이다. 교통카드데이터와 통신사의 유동인구 데이터를 결합하여 심야시간대 통행패턴을 분석하여 이를 기반으로 심야버스 노선을 선정하여 운행하고 있다.

❷ 디지털운행기록 데이터

디지털운행기록장치(Digital Tacho-Graph)는 자동차의 속도, 주행거리, 엔진회전수, 브레이크신호, 과속, 공회전시간, 주행시간, 급가속, 급제동 등의 운행상태를 데이터로 저장하는 장치이다. 0.01초 단위로 순간속도를 검지하고 x,y축의 가속도를 저장하며 모든 데이터를 1초 단위로 저장한다. 또한 GPS 수신기가 장착되어 있어 위치추적 또한 가능하다.

디지털운행기록 데이터는 운전자의 운전습관과 위험운전행동 분석에 활용될 수 있으며, 위험운전행동이 반복적으로 발생하는 구간 등을 분석하여 위험도로 구간을 분석하는 데도 활용할 수 있다. 1톤 이하 화물자동차를 제외한 모든 사업용 차량에 디지털운행기록장치가 장착되어 있어 이 데이터는 사업용 자동차 교통안전관리에 매우 중요한 역할을 한다. 그러나 여전히 수많은 차량의 운행기록 데이터 수집이 자동화되어 있지 않아 실시간 수집이 이루어지지 않는 어려움이 있다.

이러한 문제를 해결하기 위해 데이터의 실시간 수집을 위한 사업이 추진되고 있다. 먼저 택시에는 택시운행정보관리시스템(TIMS; Taxi Information Management System)을 구축하고 있다. 택시의 요금 단말기와 디지털운행기록장치가 통합된 단말기를 설치하고 여기에 통신모듈을 결합한 택시운행정보관리시스템을 통하여 택시의 운행정보와 수입금 정보 등 모든 데이터를 실시간으로 수집하고 있다. 디지털운행기록장치에서 수집되는 GPS 데이터를 통해 택시의 실시간 위치관제 및 영업현황을 파악할 수 있고, 택시회사 경영관리 지원과 지자체의 택시정책 수립에 필요한 기반데이터를 생성하고 있다.

한국교통안전공단에서는 TIMS에서 수집되는 데이터를 비롯하여 사업용자동차의 안전관리 업무와 운수종사자 관리, 자동차 검사 등의 업무를 수행함에 따른 다양한 데이터 시스템과 방대한 양의 데이터를 보유하고 있다. 개별 시스템에서 보유하고 있는 많은 데이터들을 융합하여 2016년 운수안전 컨설팅 지원시스템을 구축하여 운영하고 있다.

운수안전컨설팅 지원시스템에서는 디지털 운행기록계 데이터와 교통사고 데이터를 결합하여 운수업체와 사업용자동차 운전자의 안전등급을 산출하여 제공하고 있다. 또한 차량단위의 운행기록 데이터를 도로구간의 교통사고 자료와 연계 분석하여 표준 노드링크별 도로 위험도를 산출하고 있다. 한국 교통안전공단의 지역본부에서는 이러한 데이터들을 운수회사 안전관리를 위한 기반 데이터로 활용하고 있다. 이와 관련하여 국토교통부는 전국에 운행 중인 고속버스, 시외버스, 시내버스, 전세버스 등 모든 버스에 대한 종합적인 관리를 위한 버스행정 종합관리시스템 구축하고 있으며, 이 사업을 한국교통안전공단에서 위탁받아 추진하고 있다.[91]

버스행정 종합관리시스템은 전국 모든 버스에 대한 종합적인 행정정보를 통합 관리하기 위한 시스템으로 고속버스 1천 개 노선 약 2천 대, 시외버스 5천 개 노선 약 8천 대, 794개 터미널, 시내버스 1만 3천 개 노선 3만 7천 대, 정류장 11만 8천 개, 전세버스 4만 4천 대, 특수여객 840대에 대한 모든 행정정보를 관리한다. 각각의 버스에 대한 노선정보, 운행정보, 운수종사자정보, 실시간운행정보(BIS), 정류장정보, 운수회사정보 등을 관리하며 인허가 및 행정처분, 보조금 신청 및 지급 관리체계 등의 버스행정 전반의 업무관리 또한 포함된다.

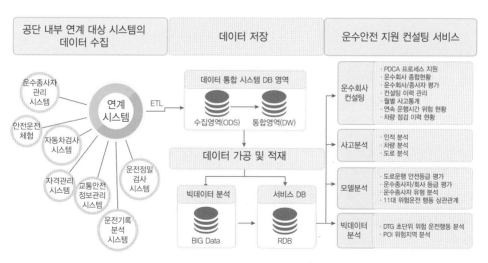

그림 8.5.3 운수안전 컨설팅 지원시스템 구성도

---

91 현재 한국교통안전공단에서는 2019년 시스템 구축을 목표로 BPR/ISP를 진행하고 있다.

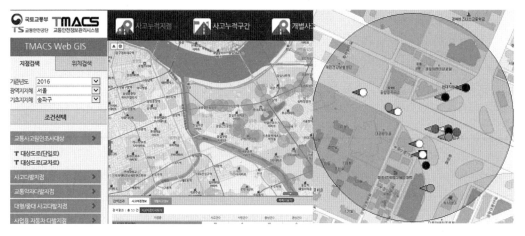

〈교통사고 원인조사대상, 사고다발지점〉   〈지점별 사고통계분석정보〉

그림 8.5.4 교통안전정보관리시스템

❸ 교통안전정보관리시스템

교통안전정보관리시스템(TMACS; Traffic Safety Information Management Complex System)은 「교통안전법」에 따라 한국교통안전공단이 교통안전 정책수립 및 법정 업무 수행을 지원하기 위하여 구축된 시스템이다. 교통사고 원인조사 대상지점·구간, 사고 취약지점 정보를 GIS시스템으로 제공하고 있으며, 한국교통안전공단이 수행하고 있는 교통안전관리규정 평가와 도로안전진단, 운전적성 정밀검사 결과를 제공한다. 이러한 자료를 통해 지자체 담당자가 운수회사 안전지도업무에 적용하거나 도로안전진단 결과확인과 평가 등에도 활용하고 있다.

경찰청 교통사고자료는 사고지점 좌표정보(GIS)와 일반정보(발생일시, 사고장소, 도로환경 등)를 보유하고 있지만 운수회사정보가 없고 운수종사자 사고정보는 가·피해자에 대한 신상정보와 운수회사정보를 보유하고 있으나, 사고지점 좌표정보(GIS)가 없기 때문에 경찰청과 운수종사자 사고자료 중 동일사고를 식별할 수 있도록 사고발생일시, 법정동코드, 가해운전자 생년월일 등 매칭조건을 〈표 8.5.1〉과 같이 설정하고 〈그림 8.5.5〉와 같이 표출하고 있다.

또한 TMACS는 운수종사자 적성정밀검사 요인별 운전행동분석(교통사고, 법규위반, 운행기록)을 통해 적성정밀검사 개선에도 활용가능하다. 고령운전자 적성검사 주기를 단축하는 정부정책을 보조하기 위해 정밀검사 실효성 강화를 위한 항목별 영향도를 평가하고 정밀검사 결과와 교통사고, 법규위반과 위험운전행동과의 관계를 분석, 적성정밀검사 항목개선에도 지원할 수 있다. 운전자 특성(연령, 과거 사고경력, 위험운전행동 등)을 고려한 맞춤형 안전운전체험교육 프로그램 개발 및 교육생 사전분류에도 활용할 수 있다. 과속운전자, 졸음운전자 등 교육생의 이전 사고 및 DTG 분석

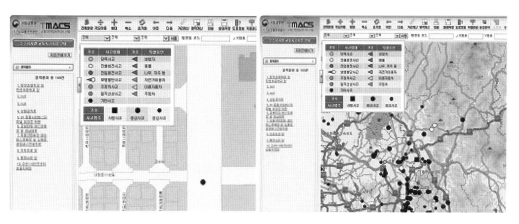

표 8.5.1 교통사고자료와 운수종사자 정보의 매칭

경찰청 교통사고 DB (교통안전정보관리시스템)	→	운수종사자 사고 DB (운수종사자관리정보시스템)	→	통합 사고데이터
· 사고발생일시 · 사고장소(법정동코드) · 가해자 생년월일 · 도로환경요인정보 · 사고지점정보(GIS)		· 사고발생일시 · 사고장소(법정동코드) · 가해자 생년월일 · 운수종사자정보 · 운수회사정보		· 사고발생일시 · 사고장소(법정동코드) · 가해자 생년월일 · 운수회사정보 · 운수종사자정보 · 사고지점정보(GIS)

운수회사 개별사고지점　　　　　　　　운수회사 전체사고지점 발생지도

그림 8.5.5 개별 운수회사의 전체 사고발생지점 표출

정보를 통해 해당 문제점 개선에 집중하도록 맞춤형으로 교육생을 분류하고, 교육생은 본인에 적합한 교육과정을 통해 단시간(8시간) 동안 집중적으로 운전습관교정 및 위험상황을 간접 체험할 수 있다.

　그외에도 해마다 교통문화지수 조사결과가 주제도 형식으로 표출되고 있으며, 2018년부터는 한국교통안전공단에 위탁되는 운수회사 교통수단안전점검 업무수행 지원기능 및 교통약자 이동편의시설 정보가 추가되었다.

　TMACS에서는 차종별, 용도별, 지역별, 연료별 자동차 주행거리 통계를 분석·제공하고 있다. 이 데이터는 매년 정기검사 유효기간 내 검사를 받은 자동차를 대상으로 조사한 자료로서 지역별, 연료별 주행거리 1억 km당 교통사고 건수, 연료당 주행거리 OECD 국가별 교통사고 현황 등의 교통사고 지표로 활용되고 있다.

　주행거리 통계는 한국교통안전공단의 자동차검사관리정보시스템(VIMS; Vehicle Inspection Management System) 데이터를 기반으로 하고 있다. VIMS는 한국교통안전공단과 국토교통부 지정정비업체의 자동차검사정보를 관리하며, 각 차량별 검사일자, 검사항목별 판정결과, 구조변경 정보, 배출가스 정보 등을 포함하고 있다.

승용차의 정기검사가 2년마다 시행되기 때문에 해마다 우리나라 전체 보유차량의 20%인 4~5백만 대의 차량에 대한 주행거리 정보가 시스템에 남아있다. 이 주행거리를 교통사고 데이터와 결합하여 노출지표로 주행거리 1억 km당 사망자 수 등을 산출하는데 활용하고 있다.

❹ 데이터 개방정책 및 자동차 종합정보 개방체계 구축

한국교통안전공단은 보유하고 있는 교통데이터의 건전한 유통과 이를 바탕으로 한 민간 창업지원을 위해 데이터 개방 및 창업지원센터를 운영하고 있다.[92] 여기에는 데이터 수요자가 한국교통안전공단이 보유한 데이터와 민간의 데이터를 결합하여 분석해보고, 필요한 데이터를 요청하여 활용할 수 있도록 하는 데이터 개방센터를 본사에 설치하여 Data Free Zone[93]으로 운영하고 있다. 또한 데이터 활용을 통해 창업까지 이어질 수 있도록 멘토링 사업도 함께 추진하고 있다. 데이터 개방정책의 일환으로 행정안전부가 주관하고 한국정보화진흥원이 전문기관으로 참여하는 국가중점데이터 개방사업에 한국교통안전공단이 교통부문 대표기관으로 참여하여 자동차 종합정보 개방체계 구축 사업을 진행하였다. 현재 2단계 사업을 추진하고 있다.

한국교통안전공단은 국토교통부로부터 자동차관리정보시스템을 위탁받아 운영하고 있다. 자동차관리정보시스템은 자동차의 등록, 말소, 이전, 폐차, 매매 등 자동차 생애주기의 모든 데이터를 관리하는 시스템으로 여기서 보유하고 있는 자동차 데이터는 교통빅데이터의 핵심이라 할 수 있다. 자동차 종합정보와 함께 공단이 보유한 자동차 검사데이터, 운행기록데이터, 운수종사자 관련 데이터, 교통카드데이터 등을 단계적으로 공단의 데이터 개방 플랫폼에 탑재하여 자동차 교통에 관련된 모든 데이터를 한 곳에서 분석·활용할 수 있는 시대가 곧 도래할 것이다.

5.3.3 민간기업의 교통빅데이터

❶ SK Telecom의 T-map

SK텔레콤(SKT)은 약 2,800만 명의 무선통신 가입자를 보유하고 있는 국내 최대 통신사로, 내비게이션 서비스인 T-map을 운영하고 있다. T-map은 약 1,000만 명이 사용하고 있다. SKT는 무선통신 가입자 데이터와 T-map 사용자 데이터뿐만 아니라 300만 명의 IPTV 가입자, 800만 명의 모바일 동영상 스트리밍 서비스 가입자, 3,000만 명의 인터넷 쇼핑 가입자 등 방대한 양의 빅데이터를 보유하고 있다. T-map은 T-map

---

92 국토교통부, "공간정보 2,560종 목록공개, 4차 산업 민간 창업·활용 돕는다", 보도자료, 2017, 1쪽
93 건강보험심사평가원 등에서 시행하는 형태로 운영되고 있으며, Data Free Zone 내에서는 다양한 데이터를 자유롭게 열람하고 분석해 볼 수 있다. 외부 반출은 별도의 신청절차를 거쳐 제공된다.

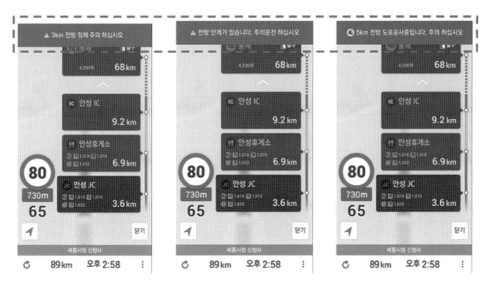

그림 8.5.6 T-map의 가상 VMS 서비스

이용자데이터뿐만 아니라 보유하고 있는 빅데이터들을 결합하여 다시 T-map 서비스를 통해 정보를 제공하고 있다. 대표적인 서비스로 한국도로공사가 제공하는 소통정보와 날씨정보, 도로작업구간 정보들을 결합하여 가상 VMS(Virtual Variable Message Sign) 서비스를 제공하고 있다.

또한, DB손해보험사와 제휴하여 UBI(Usage based Insurance) 서비스도 제공하고 있다. T-map 사용자의 휴대전화를 이용하여 과속, 급가속, 급감속 등 운전자의 운전행태를 분석하여 운전자에게 제공하고, 분석결과가 양호한 경우 자동차 보험료를 할인해 주는 서비스를 시행 중이다.

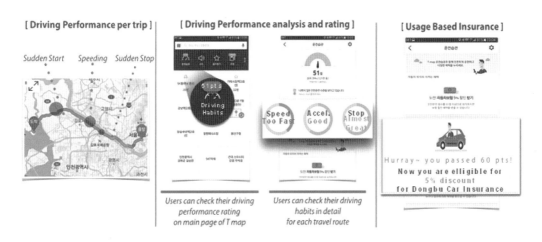

그림 8.5.7 T-map의 UBI 서비스

❷ KT의 유동인구 데이터

KT는 무선통화가입자 1,800만 명, 유선통화가입자 1,500만 명을 보유하고 있는 통신사로서 다양한 빅데이터를 보유하고 있다. 유무선통화 사용정보뿐만 아니라 WiFi 위치정보, BC카드 결제 정보 등 방대한 정보를 보유하고 있다.

KT는 이러한 자료를 이용하여 유동인구 데이터를 분석하여 활용하고 있다. 무선통신을 사용하는 고객의 데이터를 기반으로 하여 고객이 통화나 문자 이용 시 발생하는 기지국의 착발신 정보와, 평균 5분에 한 번 발생하는 휴대전화와 기지국과의 통신데이터를 이용하여 고객의 위치정보를 수집한다. 통화나 문자기반의 데이터는 1일 약 2억 건이 발생하며, 기지국과의 통신데이터는 1일 약 42억 건이 수집되고 있다. 이러한 자료로 수집된 데이터로 유동인구를 분석하는 데 활용하고 있다. KT 유동인구의 유형을 한 기지국의 총 사용자 수로 산정할 수 있는 주재인구와 집이나 회사에 머무는 상주인구, 비상주지에서 이동 중인 비상주인구, 유동인구 중 도보로 이동하고 있는 것으로 추정되는 보행인구, 관광지 및 축제지역의 관광객으로 볼 수 있는 관광 및 축제 인구로 구분하고 있다. 이렇게 분석된 유동인구 데이터를 대중교통노선, 택시운행정보, 교통카드통계, 주차장 위치정보와 같은 공공데이터와 결합하여 교통정보에 적용할 수 있는 방안으로 대중교통 수요·공급의 불균형 분석, 주차장·공유주차장 입지 분석, 정체도로 대안정책 영향분석 등을 제시하고 있다.

❸ 금호고속의 운전자 위험지수 산출

우리나라 대표 고속버스 회사인 금호고속(주)은 2017년 장착을 시작한 통신형 디

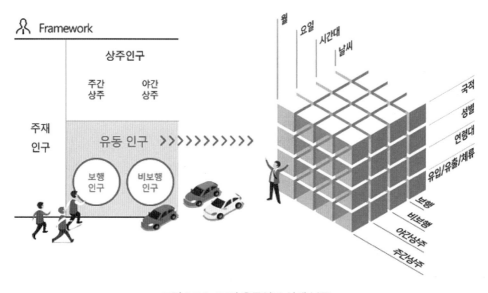

그림 8.5.8 KT의 유동인구 상세 분류

지털운행기록계와 교통안전법상 장착이 의무화 된 차로이탈방지장치 등 ADAS의 각종 데이터를 활용하여 2018년 새로운 안전관리 모델 플랫폼을 개발했다. 두 가지 장치를 통해 수집한 데이터는 금호고속의 통합관제 정보시스템에서 운전자 위험지수(DRI : Driver Risk Index) 산출에 활용된다. DRI는 DTG와 ADAS에서 취합한 정보들이 하나의 산출식을 거쳐 나온 수치다. 운행에 영향을 미치는 변수들을 항목별로 점수화 했다. 금호고속에서 활용 가능 데이터는 과속, RPM, 기어중립, 운행궤적, 급 진로변경, 승객 수, 급정지, 운행내역, 브레이크 사용여부, 급출발, 차량위치, 속도, 급가속, 급 좌우회전 등의 정보와 생체리듬을 포함한다. DRI의 적용항목과 가중치는 상황에 따라 추가하거나 가중치 범위를 달리할 수 있다. 예컨대, 'F3×1.2 + F2×1.2 + F1 + H2×1.2 + H1 + S + B + L2×1.2 + L1'의 총합으로 나오는데, ADAS에서 나오는 F3, F2, F1은 전방충돌경고횟수, H2, H1은 차간거리경고횟수, S는 속도위반, B는 급 감속횟수, L2, L1은 차선이탈경고횟수다. 비례상수 '1.2'는 위험도에 따라 부과하는 가중치를 의미한다.

이 산출식에 따른 결과값은 항목별 표준편차와 항목별 표준점수화 과정을 거쳐 개별 운전자의 운전습관을 판단하는 기준이 된다. 점수가 높을수록 위험운전을 하고 있다는 의미다. 이와 함께 금호고속은 빅데이터를 활용한 자체 사고 예측 모델을 개발하고 있다. 운전 중 졸음운전 등으로 사고 징후를 발견하거나 돌발 상황이 생기면 실시간 관제로 데이터를 축적한 통합관제시스템에서 운전자에게 주의·경고 등 신호를 보내 승객안전을 보장할 수 있을 것으로 보고 있다.[94]

그림 8.5.9 금호고속의 운전자 위험지수

94 교통신문, 2018.11.5.

제8장

4D 시뮬레이터와 교통안전 연구 · 교육

6.1 가상현실 개요

6.1.1 가상현실과 증강현실

현실에 존재하지 않는 환경을 컴퓨터와 하드웨어로 구현하는 기술로 크게 가상현실과 증강현실이 있다. 가상현실(VR; Virtual Reality)은 발전된 컴퓨팅 기술을 활용하여 현실이 아닌 가상의 공간을 헤드셋이나 장갑 등과 같은 특수 제작된 VR 장비를 사용해 마치 현실과 같이 체험하도록 하는 기술이다.[95] 증강현실(AR; Augmented Reality)은 구현을 위해 장비가 필요하다는 점에서는 VR과 동일하지만, VR을 통해 체험하는 공간이 완전한 가상인 반면 AR을 통해 체험하는 공간은 현실과 가상이 합쳐진 공간이라는 차이가 있다. 즉, AR은 현실의 공간에 AR기술을 통해 가상을 덧씌우는 기술로 현실이 확장되는 것이기 때문에 '확장현실(ER; Extended Reality)'이라고도 한다. 〈그림 8.6.1〉은 VR과 AR의 차이를 개념화한 이미지로 좌측이 VR을, 우측이 AR을 표현한 것이다.[96] 현재 학계나 관련 업계에서는 두 가지 기술을 별도로 다루기보다는 가상의 공간을 구현하는 동일 또는 유사 기술로 간주하고 있으며, 구현을 위한 기술적 요소나 적용 범위 그리고 시장성 등을 논할 때는 분리하여 다루고 있다.[97]

6.1.2 가상현실의 발전전망

2016년은 VR 대중화의 원년이라고 한다. 2016년 이후에는 군사, 의료, 교육 등을 시작으로 관련 기반기술(사물인터넷(IoT), 실감 콘텐츠, 인공 지능 등)의 동반 활용이

---

95 현대경제연구원, "국내외 AR-VR 산업현황 및 시사점", VIP리포트, 2017, 1쪽

96 Samsung SDS ICT Story, Story/Fun ICT, "알 듯 말 듯 헷갈리는 그것, VR과 AR 사이", 2016

97 교통안전공단, 「교통사고 예방 4D 시뮬레이터 개발 기획연구」, 2016, 13쪽

그림 8.6.1 VR과 AR의 차이를 표현한 이미지

자료: Story/Fun ICT 2016.04.15 16:45, http://www.ictstory.com/1091

예상되는 2020년경에는 가상현실 및 증강현실이 일상생활 속으로 확산될 것으로 예상된다.[98]

가트너(Gartner)의 하이퍼 사이클(Hyper Cycle)에 의하면 증강현실과 가상현실은 각성의 단계(Trough of Disillusionment)에 있으며, 상용화 시점을 향후 5~10년 사이로 예상하고 있다.[99]

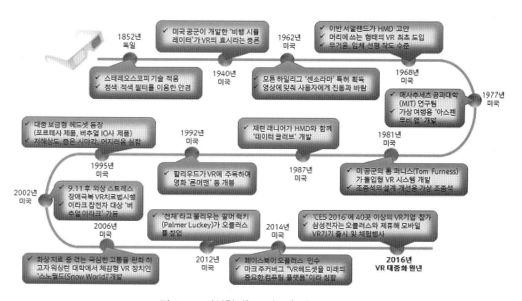

그림 8.6.2 가상현실(VR 및 AR) 기술 발전 과정

자료: 교통안전공단, 『교통사고 예방 4D 시뮬레이터 개발 기획연구』, 14쪽

---

98 위의 보고서, 18쪽

99 Gartner's 2014 Hype Cycle for Emerging Technologies Maps the Journey to Digital Business, STAMFORD, Conn., August 11, 2014, http://www.gartner.com/newsroom/id/2819918

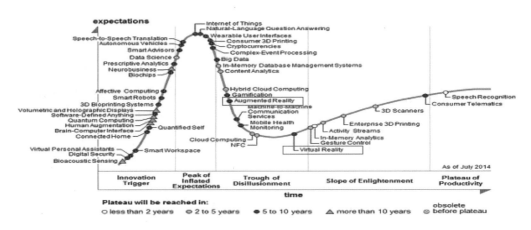

그림 8.6.3 Hype Cycle for Emerging Technologies(2014)

자료: 교통안전공단, 『교통사고 예방 4D 시뮬레이터 개발 기획연구』, 18쪽

정부는 2016년 투자활성화 대책[100]에서 세계 VR시장이 빠르게 성장할 것으로 예상하고 가상현실(VR) 산업을 신산업으로 지정하여 육성할 것이라고 발표한 바 있다.

세계 가상훈련 시장은 2012년 413억 달러에서 2018년 884억 달러 규모로 연평균 13.5% 성장하고 있어 이미 본격적인 VR 성장기에 진입하였다고 할 수 있다. 대부분 범용적인 시스템이 아닌 특정 목적을 위한 전용 시뮬레이터로 발전하고 있으며, 국내 시장에서도 군사, 의료, 건축, 게임 등 다양한 분야로 확산되고 있다. 국내 VR 기반의 교육·훈련 장비 시장은 2012년 11,391억 원에서 2018년 19,085억 원 규모로 연평균 9.23% 수준으로 지속적인 시장 확대가 전망된다. 국내시장은 세계시장과 비교하면 현재 도입 초기단계이지만 최근 도로(운전자 주행행태 분석), 철도(가상 정비훈련), 항공기, 중장비 시뮬레이터를 민간은 물론 공공기관에서 활용하는 사례가 늘고 있다.[101]

<table>
<tr><td>6.2</td><td>4D 시뮬레이터의 필요성과 문제점</td></tr>
</table>

6.2.1 4D 시뮬레이터의 필요성

4D 시뮬레이터는 1970년대 미국·독일에서 개발되어 현재는 연구, 교육, 게임 등 다양한 분야에서 활용되고 있다. 특히 교통분야에서는 실제 도로주행을 가상현실 주행 환경에 구현하여 운전자의 주행행태를 분석함으로써 교통운영 전략과 교통안전 대

---

100 기획재정부, 미래창조과학부, 문화체육관광부, 농림축산식품부, 보건복지부, 국토교통부, 금융위원회, 식품의약품안전처, 중소기업청, "투자활성화 대책(신산업 육성중심)", 제10차 무역투자진흥회의, 2016. 7. 7
101 박재진, "VR 기반의 도로주행 시뮬레이터 기술동향 및 활용방안", 도로교통 152호, 한국도로협회, 2018, 28~30쪽

책 수립 등의 연구에 활용되고 있다. 실차 도로주행 실험에 비해 교통사고에 대한 노출도가 전무하여 VR 기반의 시뮬레이터는 최상의 안전성을 확보하고 있다. 4D 시뮬레이터를 통해 운전자의 가·감속, 주행속도, 브레이크 작동 횟수, 차량 간격, 차선 유지, 인지반응시간 등의 기본적인 정보를 수집할 수 있다. 그밖에도 실험시 부가장비(FaceLAB, BioPAC 등)를 통해 운전자의 표정 변화, 안구 깜빡임 빈도, 심박수 측정, 피부 전도반응 측정 등 다양한 정보를 추가로 획득할 수 있다.[102]

6.2.2 4D 시뮬레이터의 문제점

❶ 의학적 부작용 문제

VR은 기본적으로 안경이나 HMD를 쓰고 빛을 눈에 투과시켜서 영상을 보이게 하는 기술이기 때문에 망막에 지나치게 강한 빛을 오랫동안 비추게 될 경우에 나타날 수 있는 시력 저하나 이상한 것들이 보이는 현상이 나타날 수도 있다. 또한 VR이나 AR 기기를 오래 착용할 때 멀미를 하는 것과 유사한 증상이 나타나면서, 오심과 구토 등을 일으키는 경우를 사이버멀미(cybersickness)라 한다. VR이나 AR 기술을 통해 경험하는 가상현실은 현실세계와 달리 시각적인 영상과 인간이 가진 다른 감각이 완벽하게 연동되지 않기 때문에 뇌가 위화감을 느끼며 거북스러운 반응을 전달하게 되면서 발생하는 증상이다.

콘텐츠에 의한 인지장애는 VR과 AR 콘텐츠에 매혹되어 현실과 가상을 구분하지 못하는 상황으로 사실상 VR 3D 콘텐츠가 AR의 형태로 구별이 가지 않을 정도로 섞여서 보인다면, 실제 사물에 대한 인지에 혼란이 올 수도 있다는 것이다. 이런 경우를 대비해서 AR과 VR 장비를 착용하고 이동을 하거나, 의식하지 못한 상황에서 범위를 벗어나는 행위를 하려고 할 때에는 경고를 하는 등의 장치가 필요하다.[103]

❷ 개인정보 보호 및 기술적 측면

AR 기술이 일반 사용자에게 적용될 경우에는 개인 정보가 무분별하게 노출될 수 있다는 지적이 있다. 본인의 의사와는 무관하게 카메라로 개인정보가 쉽게 노출된다면 그로 인한 사회적 문제가 발생할 수 있다.

기술적 측면으로는 '오큘러스 리프트' 등 프리미엄급 제품의 높은 가격대, 기어 VR' 등 보급형 제품은 낮은 해상도와 정밀도 해결, 스마트폰·PC·게임 콘솔 간 호환성과 표준화 문제, 5G 이동통신으로의 빠른 전환, 구글·페이스북의 플랫폼 독점, 성인용

영상이나 게임 이외의 콘텐츠 부족 등의 문제점이 있다.[104]

6.3 **교통안전 체험 4D 시뮬레이터**

6.3.1 시뮬레이터 분류

국내·외 시뮬레이터는 활용기관, 활용목적, 설치 위치 및 이동성 여부에 따라 〈그림 8.6.4〉와 같이 구분할 수 있다. 국내·외 시뮬레이터 개발은 공공 연구기관의 경우 교통안전을 목적으로 하는 실험 연구용 또는 체험용으로 개발되었고 자동차 제조회사는 신차 개발 시 연구용으로 시뮬레이터를 활용하고 있다.

설치방식 및 이동성으로 구분하면 대부분의 시뮬레이터는 실내 고정방식으로 내방객에 대한 서비스가 주를 이루고 있고 이동 방문형은 찾아가는 서비스를 목적으로 한다. 해외의 경우 교통안전 홍보용으로 활용한 사례가 있으며, 국내의 경우에는 민간업체의 차량탑재 상품이 있다.[105]

4D 시뮬레이터를 활용한 연구는 크게 자동차분야와 교통안전시설 및 교통서비스 기반의 도로교통 연구로 나뉜다. 자동차 기반의 시뮬레이터는 일반적으로 텔레매틱스 시험평가 도구로 개발되거나 각종 능동안전시스템 개발·평가를 위해 사용된다. 도로교통 분야의 시뮬레이터는 일반적으로 운전자 측면에서 교통안전시설의 설치효과, 관리자 측면에서 도로기하구조, 교통운영 및 교통안전과 도로환경 등을 해석하고 평가

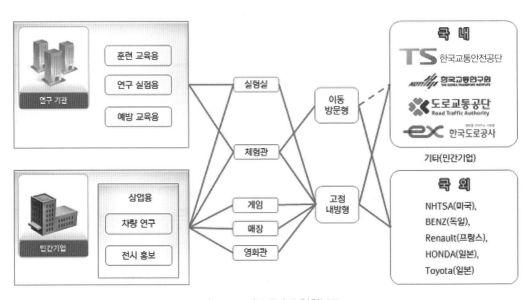

그림 8.6.4 시뮬레이터 현황분류

104　위의 보고서

105　위의 보고서, 4쪽

표 8.6.1 국내 차량 시뮬레이터 현황

구분	용도 및 특징	이미지
한국교통안전공단 (자동차안전연구원)	가상주행 시뮬레이터 •실제 도로환경과 비슷하게 제작된 가상도로의 운전 •실제 자동차를 운전할 때 느끼는 자동차의 동역학 구현 •주행정보 기록, 운전자 반응 수집(생체신호 측정시스템) •전기식 6자유도, 8채널 DLP, 360도 둠형 스크린	가상주행 시험장비
한국교통안전공단 (교통안전체험교육센터)	안전운전 체험 시뮬레이터 •3차원 영상 가상 안전운전체험(인지판단, 조작훈련 습득) •안전운전체험교육 시 교과과정에 포함(기본 및 심화) •훈련결과 분석평가 시스템 •전기식 3자유도, 3채널 LCD, 15대 설치 운영	안전운전 체험센터
한국교통연구원	연구용 차량 시뮬레이터 •운전능력평가 및 안전운전 교육용으로 활용 •고위험군 운전자 인지능력, 조향능력, 대처능력 등 평가 •시나리오를 통한 올바른 교차로 주행방법 교육 •전기식, 소프트웨어 및 시나리오 개발 중	
도로교통공단 (면허시험장)	차량 운전 시뮬레이터 •음주운전 예방 교육, 운전자 기초 습득 및 기능향상 •방어운전을 위한 가상의 교통위험상황 패턴 분석 •고령운전자 및 장애인 운전 패턴 분석 •기상 및 도로여건(빗길·눈길·빙판길)에 따른 운전요령습득	

하는 도구로 활용한다.

4D 시뮬레이터는 규모 및 특성에 따라 그 활용분야와 목적을 달리 한다. 운전 중 주의분산, 운전자 주행행태 분석, 첨단차량시스템(ESC 등 첨단차량제어시스템의 효과분석 및 운전자 적응도 평가, 일반운전자의 수용성 평가), 졸음운전 영향 연구, 인체공학적 차량 인테리어 설계, 교통안전시설 평가, 도로기하구조 선형변화에 따른 주행속도 평가, 노면상태에 따른 운전자 행동에 미치는 영향 조사, 교통신호제어 횡단보도의 설치 가이드라인 연구, VMS 사용 효과평가, 첨단안전차량제품 HMI 최적화, 신호체계 관련 연구, 도로환경과 운전자의 운전행동과의 상호작용 연구 등에 사용되고 있

표 8.6.2 외국의 차량 시뮬레이터 현황

구분	용도 및 특징	이미지
NHTSA (미국)	NADS: The National Advanced Driving Simulator 시나리오 기반 실시간 운전 시뮬레이터 • 차량 및 운전자의 데이터 수집을 통한 안전 학습 연구용 • 시나리오에 의한 음주, 마약, 시각 장애 등의 효과 가능 • 대형 유압식 6자유도, 360도 회전, 종·횡방향 레일	
BENZ (독일)	Mercedes-Benz Driving Simulator: Virtual test drive 주행 연습 재현 시뮬레이터 • 실제 차량 탑승 효과 제공과 운전자 및 차량 정보 저장 • 차량 개발 초기 단계에서 유용한 통찰 제공 • 전기 유압식 6자유도, 360도 화면, 12미터 레일	
Renault (프랑스)	The ULTIMATE Simulator 교통 안전 운전자 보조 시스템 연구용 시뮬레이터 • 가상승차감, 도로유지분야, 운전자 보조시스템 개발 연구 • 사고가 발생하기 쉬운 상황 시뮬레이션, 운전자 반응측정 • 수집 정보 분석 후 운전자 보조 시스템 설계에 사용 • 전기식 6자유도, 대형 X-Y 레일, HMD 사용	
HONDA (일본)	교통안전 교육용 주행 시뮬레이터 • 운전자에게 주의상황 문자 및 그래픽 표시 • 잠재적 위험상황에 대처하는 안전운전 방법조언, 위기체험 • 시뮬레이션 운전 후 운전 결과 표시 기능 • 야간 모드, 안개 모드, 고속도로 체험 모드 등 제공 • 기존 6자유도에 2자유도 추가, LCD 사용	
Toyota (일본)	사고 방지, 주행 특성, 안전성 기술 효과 연구용 시뮬레이터 • 사고를 방지하기 위한 안전 시스템을 통합 • 졸음, 피로, 만취, 질병 및 부주의 등의 시나리오 기능 • 세계 최대 돔형 시뮬레이터 • 360도 오목 비디오 화면, 종방향 횡방향 레일	

자료: 교통안전공단, 「교통사고 예방 4D 시뮬레이터 개발 기획연구」, 6쪽

다.[106]

4D 시뮬레이터는 최근 관련 기술의 비약적인 발전에 힘입어 고도의 현실감을 갖춘 대형 시뮬레이터가 속속 등장하고 있으며, 자동차 시스템 개발, HMI 연구, 지능형 교통시스템 연구, 도로설계 연구, 교통안전 연구, 운전 연습과 체험교육 등 다양한 분야에 활발하게 응용되고 있다. 특히 운전자의 반응 및 감성까지 포함하여 실차 주행실험과 같은 유사한 효과 도출은 물론, 보다 안전하고 효과적으로 실험데이터를 구득할 수 있는 장점을 지니고 있다. 해외에서는 매우 다양한 형태와 성능을 갖춘 시뮬레이터가 개발 응용되고 있다. 최근에는 시뮬레이터의 현실감을 극대화하기 위해 종·횡방향의 큰 운동범위를 구동할 수 있는 X-Y 레일을 포함하는 등 시뮬레이터가 대형화되고 있으며, 선진국뿐만 아니라 중국이나 인도 등에서도 연구용 시뮬레이터에 대한 관심이 급증하여 적극적으로 대규모 고성능 시뮬레이터를 도입하는 추세이다.[107]

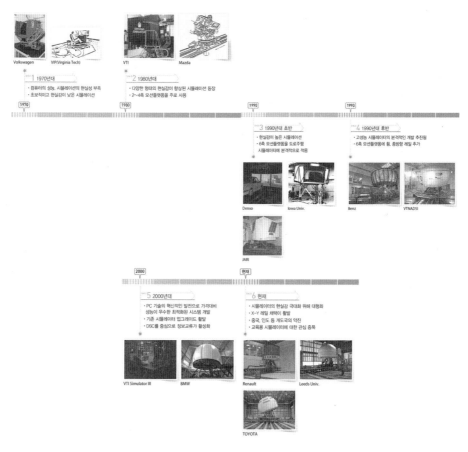

그림 8.6.5 도로주행 시뮬레이터 기술의 최신 발전 동향

---

106 박재진, 앞의 논문, 30~31쪽
107 위의 논문, 32~33쪽

자율주행자동차 제어권 전환 시 운전자 수용성 연구를 위해서도 시뮬레이터는 필요하다. 가상주행 데이터 로깅·분석을 통해 자율주행자동차 제어권 전환 평가지표(방법)를 확보하고, 자율주행자동차 운전자의 제어권 전환 안전성 검증을 통해 궁극적으로 자율주행차량 제조사(OEM)에 시스템 알고리즘 가이드라인으로 활용할 수도 있다.

6.3.2 4D 시뮬레이터 활용현황

난이도가 높은 ADAS 시스템의 시험평가를 위해 4D 시뮬레이터를 활용하기도 한다. 자율주행차량의 실차 도로주행 실험의 제약으로 인해 개발 기술의 시현 및 제한된 도로·교통 환경 하에서 VR 기반의 도로주행 시뮬레이터가 매우 유용하기 때문이다. 일본, 미국 등 교통선진국의 도로주행 시뮬레이터 활용사례에 따르면, 3차원 가상현실을 통하여 약 5~15%의 도로설계 및 공사기간의 단축효과가 있고, 도로의 계획 및 설계단계에서 운영, 유지·관리에 이르기까지 다양하게 활용함으로써 연간 10% 이상의 교통사고 비용절감 효과를 기대할 수 있다고 한다.[108]

아래는 국토교통기술촉진연구사업의 일환으로 한국도로공사가 추진 중인 '도로주행 시뮬레이터 실험센터[109]'와 교통안전교육용으로 활용하고 있는 한국교통안전공단의 4D 시뮬레이터를 소개하고자 한다.

❶ 교통안전연구용 4D 시뮬레이터

한국도로공사의 도로주행 시뮬레이터는 다양한 도로·교통 관련 R&D 사업 수행을 위해 효과적인 지원시스템을 구축하고, 교통안전시설의 효과적인 설치를 위한 사전평가는 물론, 도로설계 대안에 대한 주행안전성, 이용자 편리성에 대한 사전평가가 가능

그림 8.6.6 한국도로공사의 도로주행 시뮬레이터 개념도

---

108 박재진, 앞의 논문, 31쪽

109 전체 사업비 179.5억원, 2018년 12월 준공

하다. 또한 지능형 교통시스템과 ICT 기술의 연구개발 및 평가체계 수립에도 적극적으로 활용할 수 있다. 기존의 국내 도로주행 시뮬레이터 실험시설과 차별화 되는 X-Y 레일 및 Yaw Table을 적용하여 실제 주행환경 구현 수준을 높였다. 운전자가 돔 내부의 차량을 운전할 때, 주행방향에 따라 돔 전체가 움직이는 구조로서 동력학적 구동범위가 13 자유도(DOF : Degree of Freedom)까지 구현된다. 대형 시뮬레이터 외에 다양한 연구를 병행할 목적으로 승용차, 트럭, 버스 캐빈 각 1대의 보조 시뮬레이터를 추가로 구축하여 총 3대의 개별 차종에 대한 연동 주행실험이 가능하도록 별도의 시스템 개발을 완료하였다. 또한 최신 연구 동향에 발맞추어 VR 기반의 3D 영상 데이터베이스를 구축하고 있으며, 국토지리정보원 정밀지도 중 자율주행차량 시범운영 도로와 새로 건설 추진 중인 세종-포천 고속도로, 광주-강진 고속도로 등 신규 고속도로를 포함하여 총 400km의 영상 제작도 진행하고 있다.

2019년부터 본격적으로 운영하고 있으며 연구개발 단계에서부터 실험수요 파악 및 연구기획을 총괄하고 있다. 초고속화 고속도로(140km/h) 설계를 비롯하여 자율주행차량, 인공지능, 드론 등 다양한 분야에 사용 가능하다. 특히 고속도로 분야는 도로설계, 교통안전시설 효과분석, 운전자 주행행태 분석에 효과적으로 사용할 수 있다.

본 사업에 도입 중인 시스템은 '자율주행 자동차 개발 플랫폼'(Nvidia Drive Px2)을 기반으로 가상주행환경에서 도로의 도로 기하구조, 교통신호 및 노면표지, 전방차량, 기상상태, 보행자 등을 실시간으로 인식함으로써 예측할 수 없는 돌발상황에서 자율주행 알고리즘의 안전성 및 신뢰성을 검증할 수 있다.[110]

❷ 교통안전교육용 4D 시뮬레이터

한국교통안전공단의 교통안전교육용 4D 시뮬레이터는 실제 운전하는 느낌을 가질

4D 시뮬레이터   차량 내부 구성도

그림 8.6.7 교통안전교육용 4D 시뮬레이터

110 박재진, 앞의 논문, 35쪽

수 있도록 상황에 맞게 움직이는 장비로서 〈그림 8.6.7〉과 같이 이동이 가능하도록 차량에 탑재했다.

이 시뮬레이터는 DTG의 위험운전행동[111]을 기준으로 위험운전행동을 평가하고, 사업용자동차 운전자로 하여금 자신의 잘못된 운전 습관을 인지하게 하는 등 운전 습관을 바로잡기 위해 설계되었다. 공단의 4D 시뮬레이터는 다른 기관에서 운용하는 장비와 달리 사업용 차량의 운행 패턴에 맞는 실제적 시나리오를 〈표 8.6.3〉과 같이 개발했고, 택시·버스·화물차의 차종 특성에 맞는 시나리오로 구성되어 있다.

택시의 경우 시내 도로에서 이면도로로 진입하며 승객을 승·하차하는 시나리오를 〈그림 8.6.8〉과 같이 가정했고, 버스는 서울 시내버스가 가변차로에서 중앙버스전용차

표 8.6.3 공단의 4D 시뮬레이터 체험 시나리오 내용		
위반행위	시나리오	지역
안전운전불이행 (전방주시태만, 스마트폰사용, 졸음운전)	• 무단횡단(위험예측)	도심
	• 위험회피(사고차량발생)	도심
	• 낙하물(위험예측)	고속
	• 졸음구간	고속
	• 스마트폰	도심
	• 타차량 급차로 변경(전방주시태만, 위험예측)	도심
	• 주차차량 문열림	도심
	• 돌발상황(포트홀 회피)	고속
신호위반	• 우회전 신호 준수	도심
	• 딜레마존	도심
안전거리 미확보	• 상습정체구간(램프 곡선부)	고속
	• 급끼어들기	고속
교차로운행방법위반	• 회전교차로	도심
중앙선 침범	• 무단횡단(위험예측)	도심
보행자 보호의무 위반	• 무단횡단(위험예측)	도심
	• 보행자 교통섬 횡단	도심
	• PPLT(비보호좌회전) 보행자 횡단	도심
	• RTOR(적신호 우회전) 보행자 횡단	도심
직진우회전 진행방해		도심
차로위반	• 난폭운전	고속
부당한 회전		도심
앞지르기 위반	• 공사구간	도심
과속	• 공사구간	도심

---

111 368쪽 표 7.3.2 참조

- 주행경로: 태릉입구역~시내통과~중랑교(우회전)~골목길 진입
- 연장: 약 5 km(시내 3 km, 골목길 2 km)
- 주행시간: 10분 소요

그림 8.6.8 택시 시뮬레이터 시나리오

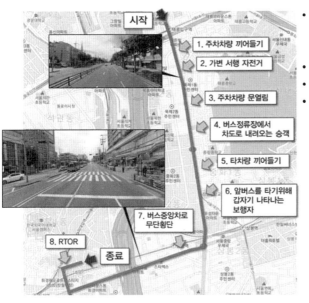

- 주행경로: 태릉입구역~중랑교(우회전)~회기역 전(우회전)~버스차고지
- 연장: 약 4.5 km
- 주행시간 : 10분
- 가변버스차로(6개 정류장), 중앙버스차로(2개 정류장), 버스차고지에서 종료

그림 8.6.9 버스 시뮬레이터 시나리오

로로 실제 운행 노선의 일부를 운전하는 상황을 〈그림 8.6.9〉과 같이 재현했다. 화물차는 〈그림 8.6.10〉에서 보는 것처럼 시내도로에서 화물을 싣고 도시고속도로를 이용하

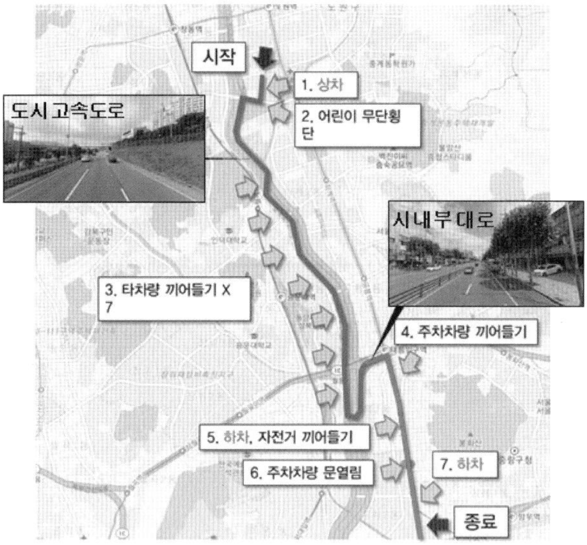
시작
1. 상차
2. 어린이 무단횡단
도시고속도로
시내부대로
3. 타차량 끼어들기 X 7
4. 주차차량 끼어들기
5. 하차, 자전거 끼어들기
6. 주차차량 문열림
7. 하차
종료

- 주행경로: 중계역 인근 ~동부간선도로~월릉교차로~태릉입구역~중랑교(우회전)~차고지
- 연장: 약 8 km
- 주행시간: 10분
- 상차 및 하역장소 안내, 차고지에서 종료

그림 8.6.10 화물차 시뮬레이터 시나리오

여 목적지까지 운송하는 시나리오이다.

4D 시뮬레이터는 특정 지역·구간의 도로부속물 및 주변 건물을 포함하여 현실과 거의 동일하게 작성한 맵(map)을 기반으로 도로 위에서 운행 중인 차량과 차종을 다양하게 구성했다. 사업용운전자를 대상으로 인터뷰한 결과를 이벤트 시나리오에 반영했고, 실제 주행시 자주 만나는 위험상황을 유사하게 구축했다. 특히 불법 주정차, 버스정류장 대기 중인 버스, 교차로 신호, 보행자 등을 사실적으로 표현했다.

그러나 도로주행과 시뮬레이터 주행은 차이가 존재하기 때문에 DTG 위험행동 '기준값'을 조정했고, 초기 '기준값'은 모범운전자의 평균값을 활용하여 설정했다. 누적 주행데이터가 많아지면 통계적 기법을 적용하여 상대비교도 가능하다. 또한 피교육자가 주행결과를 잘 인지할 수 있도록 A~E까지 등급으로 나눴고, 평가 항목별 그래프로 상대적 비교가 가능하도록 표출했다. 평가항목별 다이어그램으로 자신의 장·단점 파악이 가능하고 추후에 체험교육으로 누적된 데이터를 다양하게 활용할 수 있도록 했다.

2019년 1월에는 사고율이 높은 보행자 사망사고를 줄이기 위해 보행자와 만나는 위험한 상황에 대한 시나리오를 추가했고, 사고통계를 기반으로 기존 시나리오에 미비흡한 것도 보완했다. 기존 시나리오가 사고체험 성격이었다면, 2019년에 수정된 시나리오는 사고 상황에 대한 인지를 높이고 위험예측을 체험하는 방향으로 보완했다. 기존 시나리오에 의하면 잦은 이벤트로 체험자가 저속으로 주행하는 경향이 많았다. 따라서 시나리오를 도심 3종류와 고속 3종류로 이벤트를 분산했고 가속할 수 있는 구간을 다양하게 설계했다. 시나리오 종류를 다양하게 만들어 대기 중인 체험자가 미리 주행코스를 학습할 수 있는 기회를 최소화 했고, 주행구간을 최대한 현실과 동일[112]하게 구성하여 실재감을 높였다.

그림 8.6.11 2019년 추가된 위험상황 시나리오 예시

112 예컨대, 여의도와 그 주변 올림픽대로 구간

드론과 교통분야 활용

07

7.1 드론의 개요

7.1.1 드론의 개념과 종류

드론은 고정익 또는 회전익 항공기와 유사한 형태로 제작된 무인 비행체를 지칭한다. 드론의 용어는 국제민간항공기구(ICAO)의 UAV(Unmanned Aerial Vehicle), 미국 연방항공청(FAA)의 UA(Unmanned Aircraft) 등으로도 부르지만, 일반적으로 드론(Drone)이란 용어로 통용된다.[113]

무인기와 RC(Remote Control) 비행기가 가장 크게 다른 점은 자율비행(Autonomous Flight)기능의 유무로 나뉠 수 있는데, 이는 사전에 입력된 프로그램에 따라 비행체 스스로 주위환경(각종 장애물, 항로 등)을 인식하고 판단하여 스스로 제어하는 기능의 탑재여부에 따라 분류할 수 있다. 드론은 다양한 형태가 있지만 일반적으로 회전익과 고정익 드론이 대표적이다. 〈그림 8.7.1〉에는 회전익과 고정익 드론의 장단점을 비교했다.

그림 8.7.1 드론의 종류

---

113 한상철 외 2인, 「무인항공기(Drone) 기술동향과 산업전망」, 2015, 2쪽

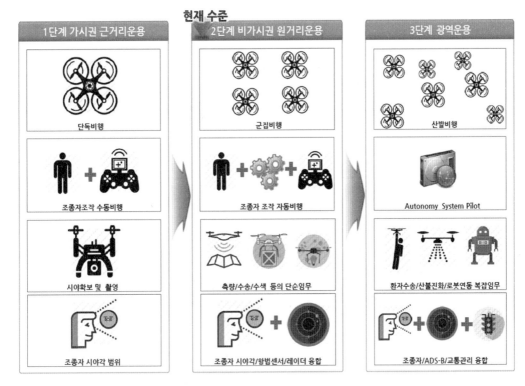

그림 8.7.2 드론 기술수준

자료: 2017 대한민국 드론정책포럼 발표자료, 2017. 9

드론의 역사는 1회용 표적기와 무인폭탄의 용도로 시작되었다. 1960년대부터 본격적인 기능이 탑재되고 발전되어 왔으며, 전자통신기술의 발전에 따라 최근 급격히 발전하고 있는 추세에 있다. 1970년대에는 개량형 무인비행체가 개발됨에 따라 군용으로 주로 활용되었다. 80년대에는 무인기 시스템의 개발로 저고도 및 근거리 무인 운용이 가능해졌고, 이에 따라 민수용으로도 개발되기 시작하였다. 1990년대 이후 위성을 통한 실시간 영상획득과 GPS가 가능해짐에 따라 세계 각지의 분쟁 시 미군의 무인기를 통한 작전 및 정찰이 본격화되었고, 2010년대 들어서 민간용 드론이 각 분야로의 이용범위가 확대되고 있다. 2010년대 이후 최근에는 군사용, 민간용 등 다양한 분야에서 급속도로 발전하고 있으며, 다양한 산업과 접목으로 신성장 동력의 하나로 국가적인 중요한 기술이 되었다.[114]

드론은 비행행태, 무게, 비행반경, 체공시간, 이·착륙 방식, 비행·임무 수행방식, 운용고도 등에 따라 〈그림 8.7.4〉와 같이 분류된다.

드론 시장은 집계기관에 따라 다소 그 규모와 범위가 다르나 향후 10년간 매년 10%

---

114   교통안전공단, 『드론기반의 도로안전 기술적용 시범연구』, 11쪽

	1960년대	1970년대	1980년대	1990년대	2000년대	2010년대
	최기무인비행기	개량형 무인비행기	무인기시스템	구성능무인기 시스템	전략무인기 시스템	자율화 수준 향상 및 상업화
주요 역할	·베트남전 전장녹화	·중동전 기만기, 파괴용 무인기 투입 ·중동전 전장녹화	·저고도 및 근거리 무인시스템 출현 ·민수용(농업용) 개발	·걸프전 전술무인기 활약 ·민수용 무인기 (농약 살포용) 실용화	·아프간전 요격기능 보유 무인기출현 ·민수용무인기 산업화 개발 착수 (통신중계 등)	·광역정찰, 고도 장기체공 무인기 ·상업용 무인기 실용화 무인전투기 (UCAV)
주요 기술 트랜드	·무인비행체 기술 전장 녹화 등 ·초기 항공전자 기술구현	·생존성 증대기술 ·레이더 교란기술 ·아날로그 데이터 링크, 관성항법 등 ·실시간 영상 전송 기술	·실시간 정보처리 기술 ·주·야간 관측영상	·디지털 맵 ·GPS항법 및 유도 제어기술 등 ·디지털 통신	·장기체공/스텔스 기술 ·인공지능 이미지 인식, 정밀유도 제어기술 등 ·위성통신	·통합 체계화 기술(합동 전술 개념 도입) ·자율화 ·군집화 (Swarming)
주요 Product	·AQM-34	·Mastiff ·Ryan 147 ·Scout	·CL-89 ·Pioneer, Searcher ·R50	·CL-289, Hunter ·Predator ·Rmax	·Predator, Reaper ·Global Hwak, Fire Scout ·Smart UAV, Helios 등	·X-45, X-47 ·Zephyr ·Solar Eagle

그림 8.7.3 드론의 발전사

자료: 교통안전공단, 『드론기반의 도로안전 기술적용 시범연구』, 11쪽

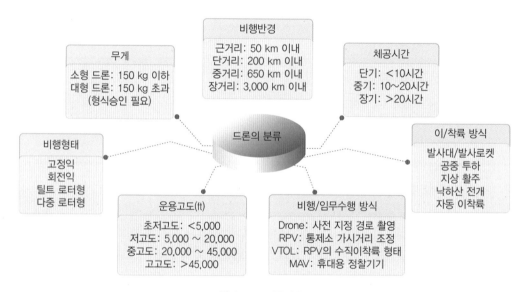

그림 8.7.4 드론의 분류

자료: 교통안전공단, 『드론기반의 도로안전 기술적용 시범연구』, 12쪽

씩 빠르게 성장하여 2023년에는 125억 달러 규모에 이를 것으로 전망되고 있다.[115] 민간 무인기 시장은 연평균 35% 이상의 급속한 성장세를 이룰 것으로 전망된다. 사업용 드론시장은 2015년 1억달러 미만으로 추산되었지만, 연평균 43% 성장을 통해 2020년

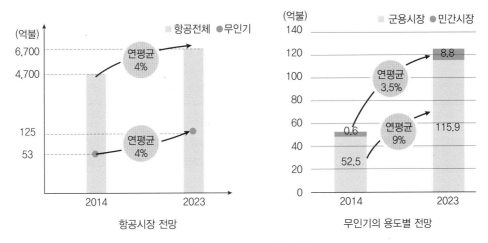

그림 8.7.5 세계 드론의 시장 전망

자료: 교통안전공단, 「드론기반의 도로안전 기술적용 시범연구」, 12쪽

최대 5억 달러 규모로 확대될 것으로 예상하고 있다.[116]

7.1.2 드론 시스템 관련 핵심기술

드론 시스템 관련 핵심기술로는 항공 무인이동시스템 통신·항법·교통관리기술, 제어 및 탐지·회피기술, 시스템 센서기술, 시스템 S/W 및 응용기술, 플랫폼기술, 동력원기술 등이 있다.

드론은 다양한 센서를 용도에 맞게 탑재할 수 있다는 장점이 있으며, 현재 드론에 탑재 가능한 센서는 라이다, 영상, 적외선, 레이더, 초분광, 열화상 센서 등이 있다.[117]

❶ 라이다(Lidar) 센서

Lidar 시스템은 펄스화된 레이저 빔을 측정하고 다시 검출기 물체로부터의 신호의 반사시간을 스캔한 원격 센싱기술이다. 반사시간 측정은 수 km부터 수 m 거리에서 사용될 수 있으며, 라이다 시스템의 범위를 넓히기 위해 보이지 않는 근적외선의 매우 짧은 레이저 펄스가 사용된다.

이를 통해 안구에 안전하면서 기존 연속 웨이브 레이저에 비해 훨씬 높은 레이저 출력이 가능하다. 레이저 스캐너는 매우 넓은 시야(FOV; Field of View)를 달성할 수 있는 편향 미러(mirror)를 사용하여 레이저빔을 편향시켰다. 대부분의 최신 드론 라이다 시스템은 자체 축을 중심으로 360도 시야를 제공하며, 초당 100만 개 이상의 포인

---

116 보안뉴스 미디어, "잠재력 많은 드론의 미래, 해외시장은?" 2018. 11. 24.

117 국토교통부, 「무인항공기(드론)을 활용한 도로관리 운영 효율화 방안」, 2017, 71쪽

표 8.7.1 드론 시스템 관련 핵심 기술	
구분	세부 내용
항공 무인이동시스템 통신·항법·교통관리 기술	• 항공 무인이동시스템의 국가공역으로의 안전한 통합을 위해 필요한 고신뢰도 무인기 제어링크 기술 • 항재밍/항기만 항법 및 대체항법 기술 • 차세대 항공교통관리와의 통합 및 차세대 항공교통관리 기술
항공 무인이동체 제어 및 탐지·회피 기술	• 항공 무인이동체의 이착륙과 비행제어 및 자율화 향상 기술 • 안전한 비행과 임무수행을 위해 다른 비행체나 물체 등의 위험요소를 탐지하고 충돌을 회피하는 기술
항공 무인이동시스템 센서 기술	• 항공 무인이동체의 안전한 운항 지원 및 임무 수행을 위한 센서 기술
항공 무인이동시스템 S/W 및 응용 기술	• 항공 무인이동체의 제어 및 임무수행을 위한 고신뢰 실시간 OS와 interoperability 지원 개방형 S/W 플랫폼 및 표준 인터페이스 기술 • 무인이동체가 수행하게 될 특정한 임무 수행을 위해 필요한 탑재체 기술 및 빅데이터 처리 등 응용 기술
항공 무인이동체 플랫폼 기술	• 다기능 초경량 소재 및 구조물 기술 • 무인기 actuator 및 기계·전기 기술 • 다학제 설계 기술 • 설계 자동화 기술
항공 무인이동체 동력원 기술	• 친환경적 고성능·고효율 동력원 기술

자료: 교통안전공단, 「드론기반의 도로안전 기술적용 시범연구」, 13쪽

트 데이터 전송률이 있다.

라이다의 작동과정은 레이저 펄스 방출, 후방 산란 신호의 기록, 거리 측정(비행시간 × 빛의 속도), 평면 위치 및 고도 검색, 정확한 반향 위치 계산으로 이루어졌다.

❷ 영상 센서

드론용 카메라는 고공에서 고속 촬영을 해야 하므로 기술 사양이 까다로우며, 이를 지상에 전달할 통신 네트워크 기술도 중요하다. 소형화·정밀화·경량화 기술도 필요하며, 드론용 카메라 시장은 항공·우주 ·익스트림 제품 제조업체가 선점하고 있다. 드론에 장착하는 카메라가 필수장비가 되면서 카메라의 고성능화를 이끄는 기업들이 주목받고 있다.

❸ 레이더(Radar) 센서

고주파 칩은 인피니언, 프리스케일, 르네상스 등 소수의 반도체 업체만 공급하고 있다. 특히 장거리 레이더용 저가형 소재 기반 칩의 경우에는 인피니언과 프리스케일만 양산체제를 갖춘 상황이며, 레이더는 카메라나 라이다와 달리 차량에 적용된 기간이

그림 8.7.6 드론 탑재 센서 종류

자료: 교통안전공단, 『드론기반의 도로안전 기술적용 시범연구』, 14쪽

길어 시스템 업체가 모듈까지 생산하고 있다. 레이더 모듈·시스템 업체의 경쟁구도는 단거리와 장거리 레이더에 따라 다르나, 최근 일부 업체들이 두 기술 모두를 보유하려는 움직임을 보이고 있는 상황이다. 단거리 레이더의 감지거리를 늘려 고가인 장거리 레이더와 유사한 성능을 낼 수 있는 보급형 제품을 개발함으로써, 레이더의 보급 확대에 주력하고 있다.

④ 초분광 센서

Hyper 원격 탐사는 초기 군사적인 목적에서 시작하였으나, 현재 해양, 농업, 산림, 지질 및 광물 판독에 주로 사용되고 있다. 현재 활용되는 초분광영상의 대부분은 항공기 탑재 센서에 의존하고 있다. 항공기 탑재 초분광 센서에서는 미국 NASA JPL에서 1983년 개발된 초분광 센서인 AIS(Airborne Imaging Spectrometer)를 개량하여 1987년에 소개된 센서인 AVIRIS가 가장 많이 활용되고 있으며, 그외에도 호주의 Hymap, 캐나다의 CASI, 핀란드의 AISA 제품이 있다.

⑤ 적외선 열화상 센서

적외선 열화상 카메라는 촬영 대상으로부터 반사되는 적외선 파장을 감지해 온도변화를 시각적인 색변화와 수치 등으로 표현하는 장비이다. 전기시설 결함부위의 열 발생을 찾아내는 안전진단 용도나 전자제품 발열 테스트 등 산업현장에서 주로 쓰이며 최근 친환경 에너지 절감 경향에 맞춰 건축 시장에서도 활용이 늘고 있다. 기본 구조는 일반 디지털 카메라와 거의 비슷하지만 CCD(Charge Coupled Device System)와 CMOS(Complementary Metal-Oxide Semiconductor) 등 이미지센서 대신 적외선에 반응하는 마이크로 볼로미터를 사용한다.

마이크로 볼로미터는 제품원가의 20~30%를 차지하며 열화상 카메라 성능 주요 지표인 열 분해능을 좌우하는 핵심 소재다. 열 분해능은 카메라가 인식 가능한 최소 온도 차이를 뜻한다.

7.2 드론의 안전규제 및 자격제도

7.2.1 드론의 안전규제 및 비행승인제도

우리나라 「항공안전법」에 따른 안전규제는 미국, 중국, 일본 등과 유사하게 드론의 용도·무게에 따라 기체신고, 안전성 인증, 조종자격 등 안전을 위한 필요 최소 수준으로 운영하고 있다. 장치신고(비사업용)의 경우 우리나라는 12 kg 초과 드론을 대상으로 하는 반면 미국, 중국은 250 g 초과 드론에 적용하고 있다. 안전성인증 및 비행승인의 경우 우리나라와 미국이 동일한 무게 기준(25 kg)을 적용 중이며, 연구·개발 중인 기체는 안전성인증을 받지 않고 시험비행 허가를 통해 비행이 가능하다. 즉 중량이 12 kg 이하, 엔진배기량 50 cc 이하의 드론은 스포츠용 무선 모형 항공기로 간주하여 신고 없이 비행이 가능하다. 중량이 12 kg을 초과하거나, 엔진배기량이 50 cc를 초과한 드론은 비행 계획을 수립하여 국토교통부장관의 승인을 받아야 하며, 안전성인증을 거친 후 500피트(152.4 m) AGL(Above Ground Level) 이하의 고도에서만 비행승인을 한다.

2013년 2월 무인비행장치 조종자 자격증명제를 도입하였고, 2014년 1월 무인회전장치의 조종자 안전교육 실시 등을 보완하였다. 기체무게 150 kg 초과 드론은 항공기급 드론으로 등록을 의무화하고 기체무게 150 kg 이하 드론은 무인비행장치로 신고 대상이다.

또한, 2016년 7월 규제완화를 통해 장기비행승인제를 도입하여 고도 150 m 이상 비행도 최대 6개월 비행승인 없이 비행이 가능하다. 이를 위해, 전국 7개 지역에 전용공역을 지정하여 실증테스트 및 비즈니스모델을 발굴하고 있다.

드론 조종사는 낙하물 투하를 금지하고 있으며, 인구밀집지역이나 사람이 많이 모인 장소 상공에서 인명과 재산에 위험을 초래하는 비행, 안개 등으로 목표물을 식별할 수 없는 비행, 야간 비행 등을 금지하고 있다. 특히, 일부 선두국가 수준으로 2017년 7월 특별비행승인제가 도입되어 야간이나 가시권 밖에서 비행이 가능해지고 드론택시 등의 상용화도 가능해질 전망이다. 미국, 중국 등 일부 국가에서도 야간·비가시 등 제

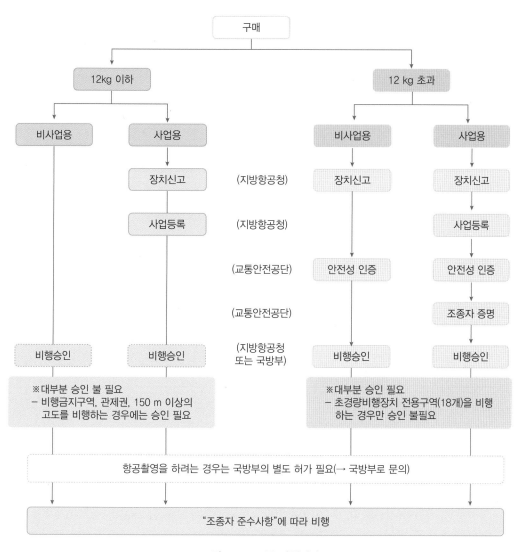

그림 8.7.7 드론 비행절차

자료: 교통안전공단, 「드론기반의 도로안전 기술적용 시범연구」, 20쪽

도권 밖 비행에 대한 승인제를 운영 중이다.[118]

7.2.2 드론자격제도

드론자격취득 대상은 영리목적(취미·연구목적 제외)으로 12 kg를 초과하는 드론을 비행하는 경우 「항공안전법」 제125조에 따라 자격 취득이 필요하다. 나이 14세 이상, 운전면허(혹은 신체검사증명서), 해당 형식의 비행장치 비행경력은 20시간 이상이

118   교통안전공단, 앞의 보고서, 18~20쪽

구분		2013년	2014년	2015년	2016년	2017년	2018년	합계
무인비행기(명)		52	9	0	0	0	6	67
무인회전익비행장치(명)	무인헬리콥터(명)	0	606	205	454	461	95	1,821
	무인멀티콥터(명)					2,872	11,291	14,163
무인비행선(명)		12	9	4	0	0	7	32
합계(명)		64	624	209	454	3,333	11,399	16,083

표 8.7.2 조종자격증명서 발급현황 (단위 : 명)

자료: 한국교통안전공단 자료
주: 2017년 이후 무인회전익비행장치는 무인헬리콥터와 무인멀티콥터로 분리되었음

되어야 한다. 학과시험(필기)과 실기시험(구술·실비행)을 통과하는 경우 비행연습·실기시험 시 사용한 드론의 형식에 맞는 증명서가 발급된다. 학과시험은 현행 항공법규, 비행 기초원리, 공중조작, 안전관리, 비상절차 등 기초지식을 평가한다. 학과시험에 합격하면 비행경력증명서(비행경력 20시간) 제출로 실기시험 응시자격을 취득한다. 실기시험(구술, 실비행)에 합격하면 자격증명서를 발급하게 된다. 이 경우 무인비행기(고정익), 무인헬리콥터(단축), 무인멀티콥터(다축), 무인비행선으로 구분하여 한국교통안전공단 이사장 명의로 자격증명서가 교부된다.

7.2.3 드론발전정책

드론산업은 미국·중국 등 주요국가 중심으로 강약구도가 고착화되는 상황이다. 우리나라가 퍼스트 무버(First-Mover)로 도약하기 위해서는 중장기 마스터 플랜에 따른 범정부적 지원이 시급하다.[119] 2017년 7월 국토교통부가 발표한 드론발전 기본계획은 2026년까지 현 704억 원 시장규모를 4조 1천억 원으로 신장하고, 기술경쟁력 세계 5위권 진입, 산업용 드론 6만 대 상용화를 목표로 설정했다.[120]

2022년까지 우리나라 드론 기술경쟁력을 세계 5위, 선진국 대비 90%의 기술력 확보를 목표로 원천·선도 기술개발, 기술 실용화 등 R&D 투자도 확대하여 약 1조 원을 투자할 계획이다.

급증하는 드론의 비행수요에 대비하고 저고도(150 m 이하) 공역의 교통관리를 위해 하늘길을 마련할 예정이다. 이를 위해 수송, 정찰·감시 등 장거리·고속 비행 드론을 위한 전용 이동로(Drone-Highway)를 조성하고자 한다. 비행수요가 높고 실증·운영이 용이한 거점지역(Hub, 권역별)을 우선 정하고 이동방향, 속도, 비행수요 등을 고려하여 이동

---

119 국토교통부, "드론산업의 십년지계 제시", 보도자료, 2017, 1쪽
120 국토교통부·한국교통연구원, 드론산업발전 기본계획 공청회, 2017. 7. 19.

표 8.7.3 국가별 드론규제 수준 비교				
구분	한국	미국	중국	일본
고도제한	150 m 이하	120 m 이하	120 m 이하	150 m 이하
구역제한	서울 일부(9.3 km), 공항(9.3 km), 원전(19 km), 휴전선 일대	워싱턴 주변(24 km), 공항(반경 9.3 km), 원전(반경 5.6 km), 경기장(반경 5.6 km)	베이징 일대, 공항 주변, 원전주변 등	도쿄 전역(인구 4천 명/ 이상 지역), 공항(반경 9 km), 원전주변 등
속도제한	제한 없음	161 km/h 이하	100 km/h 이하	제한 없음
비가시권, 야간 비행	원칙 불허 예외 허용	원칙 불허 예외 허용	원칙 불허 예외 허용	원칙 불허 예외 허용
군중 위 비행	원칙 불허 예외 허용	원칙 불허 예외 허용	원칙 불허 예외 허용	원칙 불허 예외 허용
기체 신고·등록	사업용 또는 12 kg 초과	사업용 또는 250g 초과	250 g 초과	* 비행 허가 시 관련증빙 제출
조종자격	12 kg 초과 사업용	사업용	7 kg 초과	* 비행 허가 시 관련증빙 제출
사업범위	제한 없음	제한 없음	제한 없음	제한 없음

자료: 교통안전공단, 「드론기반의 도로안전 기술적용 시범연구」, 18쪽

로를 선정하여 관리할 뿐만 아니라 거점지역에 드론 터미널 등 연계시설도 구축한다.
　또한 등록(신고·인증)부터 운영(자격·보험), 말소까지 드론의 全 생애주기를 고려한 안전관리 체계로 전환함으로써 등록단계에서는 선진국 수준(250 g 이상)의 소유주 등

표 8.7.4 드론 Life—Cycle 안전관리		장치 신고	안전성 검사	사업 등록	보험 등록	비행 승인	준수 사항	조종 자격	장치 말소
구분									
사업용	25 kg 초과	○	○	○	○	○	○	○	○
	12~25 kg	○	×	○	○	×	○	○	○
	12 kg 이하	○	×	○	○	×	○	×	○
비사업용	25 kg 초과	○	○	×	×	×	○	×	○
	12~25 kg	○	×	×	×	×	○	×	○
	12 kg 이하	×	×	×	×	×	○	×	×

자료: 국토교통부, "드론 산업의 십년지계 제시", 5쪽
　주: 무게와 상관없이 관제권, 비행금지구역에서는 비행승인이 필요하다.

록제와 모바일을 통한 등록이 가능하도록 시스템을 구축할 계획이다.

그 뿐만 아니라 국내 업체의 비행테스트, 각종 시험을 위한 글로벌 수준의 인프라도 조성할 계획이다. 미국·중국·영국·프랑스 등의 국가들은 활주로, 통제센터 등을 갖춘 비행시험장과 테스트베드를 지정하여 비행 시험·기술연구를 병행하고 있다. 우리나라도 전남 고흥군에 항공기급 무인기의 성능 및 인증 시험 등 토탈 서비스 제공을 위한 국가종합비행시험장을 구축하고 있고(2017~2020년), 대형기 수용을 위한 활주로 확장, 성능시험 인프라 추가 구축 등도 추진하고 있다.[121]

7.3 드론의 해외동향

7.3.1 드론개발 동향

❶ 미국

미국은 세계 최대 드론 시장과 최고 기술 보유를 바탕으로 유·무인기 통합 로드맵을 2013년 수립하여 안전 증진과 함께 기술혁신을 추진하고 있다.

무인기 현대화 법률을 2012년 제정하여 25 kg 이하 소형드론은 등록제를 2015년 12월 도입하였고, 운항기준 등 상업적 허용법령을 2016년 8월 개정하여 소형급부터 제도를 정비하고 있다. 2016년 미국 내 드론 판매량은 약 60만 대이고, 약 2만 대의 드론이 상업목적으로 등록하였다. 또한, 가시권 밖 비행, 비인가 드론 탐지 등 기술혁신을 위한 실증 추진 및 자문위원회를 2016년 5월 신설하는 등 민관협력을 강화하고 있다. 인구밀집지역 비행, 가시권 밖 비행, 드론 탐지, 드론 무력화 기술 등에 기업이 함께 참여하고 있다.

❷ EU

유럽연합은 2019년까지 14개 분야 핵심기술개발 계획 및 유무인 항공기 공역통합에 대해 단계적 구축목표로 2028년까지 로드맵을 수립하였다. 단계적 진행을 위해 1단계는 무인기 공역의 제한적 운용에서, 2단계는 일부 제외에서 전체 확대로, 3단계는 유무인기의 공역을 통합하는 내용을 로드맵에 담았다.

영국은 자국 드론산업의 발전을 위한 인프라 구축, 등록제 도입, 교통관리체계 개발, 보험적용을 확대하고, 2011년 무인기 전용비행시험장 등을 세계 최초로 운영하고 있으며 5G 통신 시험환경 제공, 창업보육, 기술개발을 위한 Westcott센터를 구축 중에

---

121 국토교통부, "드론산업의 십년지계 제시", 보도자료, 2017, 3~5쪽

있다.

프랑스에서는 위험도와 비행범위에 따라 시나리오 기반으로 규제를 구체화하고 보르도 서쪽 2개 지역을 테스트베드로 지정하였고 에어버스社는 Vahana 프로젝트를 2016년 2월부터 추진하여 사람이 탑승 가능한 자율비행 항공기를 2020년 상용화 목표로 개발 중에 있다.

❸ 중국

중국은 2015년 드론 등 10대 중점분야 기술 로드맵을 마련하여 추진 중에 있다. 2015년 12월 무인기 분류체계에 따른 비행범위, 조종자격 등을 구체화하고 소형 드론의 안전문제가 대두됨에 따라 소유주 등록제 도입을 추진하고 있다. 주요지역에 비행시험장을 운영하고 있고 상용통신망 기반의 드론 위치 식별, 공유 등 클라우드 시스템 개발 시험, 항공전문기관을 통한 드론 연구를 추진하고 있다. 연구 중점분야는 무인기 시스템 표준, 감항증명, 관제시스템, Anti 드론 기술, 충돌 및 장애물 회피 등이다.

❹ 일본

일본은 총리 주재 민관협의회를 통해 산업육성을 위한 소형 무인항공기 활용 및 기술개발 로드맵을 2016년 4월에 마련하고 적극 추진하고 있다. 로드맵 주요내용은 2018년 무인지대에서 가시권 밖 비행 운영체계를 구축하고 2020년 이후에는 유인지대까지 확장하는 것이다. 또한, 드론 등 무인항공기에 대한 정의, 안전기준을 2015년 12월 도입하고 2017년부터 공공발주 건설산업에 드론 등 IT 기계 사용을 의무화하였다. 드론 특구 3곳을 지정하여 산림감시, 인프라 관리, 드론 택배 및 드론 전용시험장 운영, 연구시설 구축 등을 지원하고 있다.

일본 총무성은 2017년 5월에 도쿄대학 등과 함께 5G 네트워크에 기반한 드론 촬영 영상의 실시간 전송 실험계획을 발표했다. 5G 네트워크의 전송 속도는 최대 20Gbps 이고(4G 대비 20배), 시속 500 km의 고속 이동성을 보장하며(4G는 350 km/h), 전송 지연시간은 1/1000초(4G는 1/100초)로 기존 4G 망에서 운용되던 드론 서비스의 영역은 더욱 확대될 예정이다. 단순히 물건을 배송하는 차원을 넘어 5G로 인해 작업의 무인화와 실시간 분석 및 처리 능력도 개선된다. 드론은 사람이 작업하기 어려운 광범위한 지역의 모니터링이 가능했으나, 5G 적용시 드론을 실시간 제어하고 고화질 화상을 빠르게 전송해 현장에서 바로 조치가 가능해진다.

NTT 도코모도 최근 전자업체 NEC와 함께 5G를 활용한 드론 무인점검 서비스 공동 연구를 시작했다. 공공시설물 등을 점검할 전문 기술자가 부족하기 때문에 드론으로 해결방안을 마련하고 있다. 드론을 통해 현장에서 검사 데이터를 수집 및 실시간 공유하고, 최종 점검 판단을 하는 전문 기술자는 사무실에서 여러 현장을 관리하기 때문에 인력부족 문제도 해결되고 시설물의 상시적인 안전관리에도 도움을 주

게 된다.[122]

7.3.2 드론의 활용분야 확대를 위한 테스트 현황

　미국, 영국, 독일, 일본과 중국은 드론 활용분야의 확대를 위한 여러 가지 시험비행을 실시하고 있다. 드론 테스트는 긴급 물자수송, 물품 수송, 고층건물 화재 탐지 및 진화, 감시·정찰·경비, 인명 구조 및 긴급 통신망 구축 등 다양한 분야에 적용하고 있다.

표 8.7.5 긴급물자 수송 분야 테스트 사례

구분	제조사 및 시험 날짜	스펙	사업 특징
응급혈액 운송 드론	미국, Zipilne, 2015년 9월	• 운용속도: 100 km/h • 운용거리: 40마일 • 바람저항: 30마일/h	• Parcel Copter로 의약품 배송 시험비행 　−노르텐시→위스트섬 소포(1 kg)전달 　−50 m 고도로 12 km거리 자동 비행
	미국, 플러티	• 시험이동거리: 800 m • 목표이동거리: 1.6 km	• 드론 제조 스타트업 플러티 (Flirtey)사가 FAA 승인 800 m 자율 주행 • 생수·비상식량 등 구호물자 및 도넛·커피 등 배송 • 매장반경 1.6km내 가구 대상
Pouncer	영국, windhorse Aerospace, 2016년 6월(개발)	• GPS 탑재 • Payload: 200 lb (91 kg)	• 2년 이내에 상용화 계획 • 자체 웹사이트에서 자금모금 캠페인 • 기체에 식량 적재
Parcelcopter	독일, DHL, 2014년 9월	• Payload: 1.3 6kg • 운용고도: 50 km • 속도: 18 m/s • 운용거리: 12 km • 비행시간: 88분 이내 • 비행최고고도: 1 km • 내한성 영하 20도 • 내열성 영상 50도	• 의약품 긴급 배송 • 정부 허가·상용운용 첫 사례 • 비행기·헬리콥터를 결합한 테일시터 모델로 수직 이륙, 수평비행 • 북해기후에 견디도록 내구성에 중점
앰뷸런스 드론	네덜란드, 델프트 공대, (TU Delft) 2014년 11월	• 3축 헥사콥터 드론 • 속도: 97 km/h • 무게: 4 kg	• 심장 제세동기 탑재 • 심정지 응급 치료에 활용 • 날개 접어 보관, 수납용이

122　보안뉴스 미디어, "잠재력 많은 드론의 미래, 해외시장은?", 2018. 11. 24.

구분	제조사 및 시험 날짜	스펙	사업 특징

Prime Air
	미국, 아마존,
	2013년 12월
		• 운용거리: 16 km 이내
		• 탑재무게: 2.3 kg 이하
			• Prime Air 서비스 시험중
			  – 아마존 물류센터 인근 10
			    마일(16 km) 이내
			  – 5파운드(2.27 kg)내외
			  – 30분 이내 배송 목표

New Prime Air
	미국, 아마존,
	2015년 11월
		• 탑재무게: 2.3 kg 이하
		• 운용거리: 16 km 이내
		• 운용시간: 30분 이내
		• 운용고도: 400 ft(122 m)
		• 운용속도: 55~60마
		  일/h
			• S&A, Autiflight, VLOS 운용기
			  술적재, Safety 드론의 자체
			  화면을 통해 고도/높이/도착
			  시간 정보제공

Project wing
	미국, 구글,
	2014년 8월
		• 스팬: 1.5 m
		• 기체 무게: 8.5 kg
		• 탑재 무게: 2 kg
		• 운용 거리: 19 km
			• Project Wing 개발 연구 중
			  – 수직 이착륙 가능(회전익+
			    공정익)
			  – 운용 거리 19 km 목표로
			    1 km 비행시험 성공

배달 드론
	플러티, 세븐일레븐,
	2016년 7월
		• 운행 거리: 1.6 km	• 2개의 드론 이용
			• GPS를 이용해 네바다주 리
			  노의 세븐일레븐 매장에서
			  1.6 km 떨어진 가정집에 배
			  달 성공

AS–DT01–E
	일본, 에어로센스,
	2015년 8월
		• 최대 속도: 170 km/h
		• 기체 무게: 7 kg
		• 탑재 무게: 3 kg
		• 비행 시간: 2시간
		• 수직 이착륙 가능
			• '16년 8월 소니모바일과
			  ZMP의 합자회사 에어로센스
			  (Aerosense Inc.)에서 만든
			  드론의 첫 프로토타입 개발

	일본,
	Giant Rakuten,
	2016년 5월
		• 최대이동거리: 30 km
		  이내
		• 탑재 무게: 2 kg 이내
			• 츠바시특구 배송 시험
			  – 대형물류창고→임시보관
			    소(10 km 배송)
			  – 임시보관소→아파트 베란
			    다(2 kg 내외 배송)

	중국, Alibaba,
	2015년 2월
		• 이동거리: 1시간 이내
		• 탑재 무게: 340 g
			• 소형상품 드론배송시험
			  – 광저우, 베이징, 상하이 등
			    특정지역
			  – 340 g 미만의 물품(설탕,
			    의약품, 전통차)

대형 화물운송드론
	중국, 시센물류연합
	과학 기술회사,
	웨더항공기술개발
	사, 2016년 5월
		• 화물 무게: 15 kg
		• 운행 거리: 80 km
			• 15 kg 화물을 80 km 떨어진
			  목표지역에 배달하는 시험
			  비행에 성공

표 8.7.6 물품 수송분야 테스트 사례

제8장

표 8.7.7 감시, 경비, 정찰 및 인명 구조, 화재 탐지 · 진화분야 테스트 사례

구분	제조사 및 시험 날짜	스펙	사업 특징
CUPID	미국, 카오틱문 스튜디오	• 무인 경비드론 CUPID 개발 중 　- 접근이 어려운 우범지대나 위험지역 감시 * 스틱건(전기충격장치)을 통해 비상시 위험인물 제압	
	미국, 버지니아州 경찰	• 버지니아州 경찰 드론사용 시험 　- '13.2월 州하원 법사위 통과 후 2년간 한시적 시험 　- 고위험지대나 사건현장에서 정찰임무 수행	
드론 앰뷸런스	미국, 아르고디자인 (Argodesign)	• 드론과 응급차를 결합한 드론 앰뷸런스(Drone Ambulance) • 구급대원과 환자가 함께 탈 수 있는 소형차량 크기 • 어디든 착륙 가능, GPS를 이용한 자동 조종장치가 특징 • 크기만 조금 커졌을 뿐, 불가능한 기술이 아님	
Rip Tide 프로젝트	미국, 플라잉 로봇, 킹로우헤이우드 토마스학교	• 인명구조용 튜브 무게 　: 420g • DJI 팬텀 드론 사용	• 해양구조용 드론 • 수상, 산악, 바다 등 상황에 맞는 구조용품을 장착할 수 있도록 드론용 마운트 플랫폼을 기획 • 3D 프린팅하여 드론에 장착할 수 있게 하여 여러 용도에 맞는 구조에 활용
Pars	영국, RTS Ideas	• GPS, LED조명, 열화상 카메라, 자동항법시스템 탑재 • 인명구조를 위한 고무 튜브 3개 장착 가능	• Pars(인명구조 드론) 개발
	미국, 네브라스카-링컨 대학교 연구팀의 파이어-스타팅 드론	• 과망간산칼륨 분말을 함유한 '파이어볼(Fire ball)'과 이를 사출하는 활송장치인 슈트(chute) 장착 • 각 볼은 지상 목표지점에 발사될 수 있게 장착, 볼에 액화 글리세롤을 주입하여 타격 후 60초 내에 발화	
	독일, 지오 본사	• 열감지 센서 및 카메라 장착 • 고층빌딩 등 소방관이 접근하기 힘든 지역으로 날아가 발화지점 포착 및 소화 수행	

7.4.1 교통조사

현재 교통정체 현황 및 원인파악, 입체교차로 기·종점 조사, 노상 주차장 현황조사 등을 위해서는 교통량, 속도, 주행차량 궤적, 유·출입 차량 등에 대한 조사가 필요하다. 이를 위해 현재는 고비용의 인력을 투입하여 조사를 수행하고 있다. 특히 고속도로 등 정체현황에 대한 정밀조사를 위해서는 차량의 주행궤적 데이터가 필요한데, 이에 대한 전수조사는 거의 불가능한 실정이다. 하지만 드론 촬영 영상을 활용하여 입체교차로의 방향별 유·출입 교통량 측정, 주차장 이용현황 조사, 교차로 대기행렬 조사, 도로구간 서비스 수준 분석 등이 가능하다.

또한 드론 영상 처리를 통해 일정 구간의 이동 차량에 대한 궤적(일정 시간 단위의 차량 위치, 속도 등) 조사가 가능한데, 이 경우 교통류의 미세관측이 가능해 특정지점의 정체원인, 사고원인 등에 대한 세부적인 분석도 할 수 있다. 기존에는 교통밀도를 측정하기 위해 지점 검지기에서 수집하는 점유율 데이터를 사용한 추정값을 사용하였는데 드론을 활용할 경우 교통밀도(특정 시점의 단위 면적당 차량 대수)에 대한 직접 관측이 가능해 교통량, 속도, 밀도 관계 분석 등 정확한 교통 분석이 이루어질 것이다. 드론을 활용한 교통조사 시 장점으로는 기존의 인력식이나 도로에 교통조사 장비를 설치하여 교통조사를 수행하는 것보다 광역적인 조사가 가능하여 도로교통 현황조사의 정확성과 효율성을 높일 수 있다. 특히 기존 조사방식으로는 직접적인 관측이 불가능한 전체 차량의 궤적조사, 교통밀도 조사가 가능하다.[123]

그 외에도 포트홀 등 포장상태 이상부분 위치를 고정익 드론을 이용하면 빠르고 쉽게 탐색할 수 있다. 포트홀은 상황에 따라 제각기 다른 깊이와 모양을 가지게 되기 때

 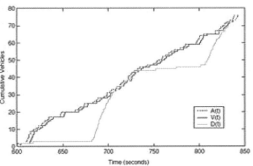

그림 8.7.8 드론을 활용한 교통조사

---

123 교통안전공단, 「드론기반의 도로안전 기술적용 시범연구」, 56쪽

문에 자동차들이 포트홀을 지나가다가 타이어의 옆면이 찢어져 펑크가 나며, 심지어 휠이 부서지는 위험성이 있다. 또한 이상충격으로 인해 차량에 무리가 갈 수 있다. 순간적으로 핸들 통제가 어려워지고, 포트홀에 물웅덩이가 생겼을 경우 수막현상으로 인해 차량이 헛돌면서 큰 사고로 이어질 수도 있다. 따라서 교통안전 확보를 위해서는 포트홀과 같은 도로 포장상태 이상 위치를 빠르게 탐색하여 보수하는 것이 매우 중요하다. 고정익 드론으로 촬영한 정사영상을 취득한 후 일정한 간격의 Z(표면의 수직고도)값 측정으로 도로의 포장상태 이상 부분을 탐색한다. 도로의 Z값을 측정하여 연속적이지 않은 Z값의 차이가 발생하는 부분을 탐색하고 정사영상 확대를 통해 육안으로 확인하여 포장상태 이상 등급 판단 및 유지보수 시급성 판단을 할 수 있다.[124]

회전교차로 및 접근 도로의 기하구조에 따른 교통안전 개선방안 이외에 인력조사로는 불가능한 방향별 교통량도 드론을 활용하면 회전교차로 영상을 확보하여 조사가 가능하다. 운영 중인 회전교차로의 방향별 O/D 조사 시에 평면 시점(top view)에서 드론 영상을 관측하여 오류 없이 정확한 데이터 취득이 가능하고 이를 토대로 회전교차로의 주행행태에 대한 비교 분석을 할 수 있다.

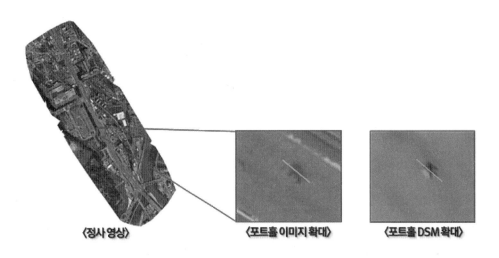

〈정사 영상〉　　〈포트홀 이미지 확대〉　　〈포트홀 DSM 확대〉

그림 8.7.9　드론 영상을 통한 포장상태 이상 위치 탐색

자료: 교통안전공단, 「드론기반의 도로안전 기술적용 시범연구」, 62쪽

7.4.2 교통사고 모니터링

교통사고 사상자 응급조치, 2차 교통사고 예방, 우회도로 안내 등 효율적 교통관리를 위해서는 실시간 교통사고 모니터링이 필수적이다. 현재 교통사고 모니터링의 경

124　교통안전공단, 앞의 보고서, 56~62쪽

우에는 CCTV가 설치된 구간에서는 영상을 이용하여 실시간 모니터링을 수행하지만, 지방부 도로 등 CCTV 미설치 구간에는 교통사고의 실시간 모니터링이 불가능하다. CCTV가 설치된 구간에도 고정된 CCTV 영상으로만 교통사고를 모니터링함에 따라 세부적인 사상자 현황, 교통사고 피해규모 등에 대한 파악이 불가능하여 교통사고 대처에 비효율을 초래한다.

따라서 교통사고가 발생한 지역에 드론을 투입하면 드론이 전송하는 실시간 동영상 자료를 이용하여 교통사고 현장의 세부적인 사항을 실시간으로 모니터링할 수 있다. 이 경우 드론이 촬영하는 동영상의 실시간 전송은 기 구축된 통신 인프라를 활용하면 가능하다. 교통사고 발생 즉시 드론을 현장에 투입하기 위해서는 포장조사와 유사한 드론 스테이션 및 원격조정 기술이 활용된다.

드론을 활용한 교통사고 모니터링 시 장점은 교통사고 현장의 세부적인 현황파악이 가능하다는 것이다. 따라서 교통사고 발생에 따른 사상자 응급조치와 2차사고 예방 등 효율적인 교통관리를 할 수 있다. 드론을 활용한 실시간 교통사고 모니터링은 드론 영상의 실시간 전송이 중요하다. 이는 현재 구축된 LTE 등 통신을 활용하면 되기때문에 추가적인 기술개발은 필요하지 않다. 그렇지만 효율적 활용을 위해서는 드론의 원격(비가시권) 조정이 가능해야 하므로 비가시권 운행 제한에 대한 개선이 필요하다.

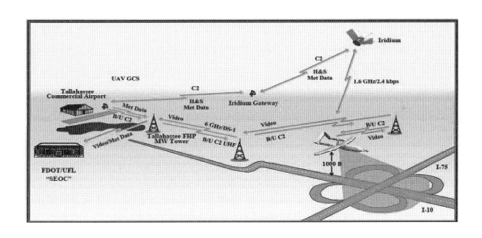

그림 8.7.10 드론을 활용한 교통사고 모니터링 방안

자료: 교통안전공단, 「드론기반의 도로안전 기술적용 시범연구」, 59쪽

7.4.3 드론택배

전 세계적으로 전자상거래시장이 활성화 되고 유통·물류시스템 전반에 걸쳐 무인화 시스템이 가속화하면서 드론의 활용도 높아지고 있다. 드론택배는 우리 일상생활과 밀접한 분야이기 때문에 구글·아마존 같은 첨단 IT기업은 물론 기존 유통·물류업계

x

나 우편행정을 담당하는 공공기관에서도 적극 나서고 있다.[125]

드론배송은 저렴하고 빠른 배송형태로 온라인 소매판매 증가를 가속화할 수 있다. 무료 및 빠른 배송이야말로 소비자가 온라인 쇼핑을 자주 하게 만드는 가장 흥미로운 요소이다.[126] 물류·배송에서 드론을 활용하겠다는 구상은 일찌감치 제시됐지만 현실적인 제약이 많아 이제 시작단계라 할 수 있다. 도심지역에선 여전히 안전성이나 정확성이 담보돼야 하는 데다 아직은 사람이 물건을 배달하는 게 돈이 덜 든다는 판단에서다. 드론을 사용함으로써 사이버 보안 및 항공 교통통제, 그리고 사생활 침해 등의 문제가 발생할 가능성 또한 존재한다. 그러나 산간·도서지역이나 오지라면 다르다. 글로벌 물류업체로 꼽히는 미국 UPS는 아프리카 르완다에서 장거리 혈액배송을 시작했고 독일 DHL도 자국 내 북부해양도시 노르덴에서 인근 위스트섬까지 의약품 배송을 드론으로 했다.

주요 업계가 드론배송을 채택하는 일은 향후 몇 년 내에 실현될 것으로 예상된다. 지금 당장은 대다수의 테스트가 극히 제한된 범위에서, 고객의 집 앞까지 소포를 실제로 배송되는 일은 일반화되지 않았다. 그러나 이러한 테스트가 점진적으로 확대됨으로써 결국에는 도시의 많은 인구가 거주하는 지역에서 더 많은 고객에게 실제로 드론을 활용한 배송이 이루어질 것이다.[127]

미국의 인터넷 종합 쇼핑몰인 아마존은 2018년 6월 '무인 항공기를 위한 다층 물류센터'라는 이름의 특허를 출원했다. 아마존의 특허는 기다란 원통 모양의 건물에 수십 개의 드론용 출입구가 창문처럼 설치되어 있다. 이 창문을 통해 드론이 택배 배송을 갔다가 다시 물건을 싣기 위해 돌아올 수 있다. 아마존은 도심 한복판에 거대한 원통형 물류 센터를 설치해 기존 물류 회사들의 고질적인 문제였던 배달의 효율성을 극대화할 수 있다고 한다. 물류 회사들은 현재 대형 트럭으로 택배를 배송하고, 이를 위해 교외에 엄청나게 큰 규모의 물류 센터를 짓지만 도심 복판에 이러한 물류 센터를 갖추면 수십 분 내 배송이 가능하다. 고층 건물로 물류 센터를 지으면 부지 확보에 천문학적인 비용도 들지 않는다. 아마존은 특허를 통해 드론 물류 센터를 항구에 지을 경우

125 아시아경제, "해외선 드론배송 띄우는데 한국선 걸음마", 2018. 11. 21.

126 물류신문, "물류업계에서의 드론의 역할", 2018. 3. 16.

127 우리나라도 드론 택배 상용화를 위해 우정사업본부는 2017년 11월28일 전남 고흥 내륙 선착장에서 3.9km 떨어진 득량도 마을회관에 소포와 등기 등 우편물 8kg을 드론으로 배송했다. 임무를 마치고 드론이 귀환하기까지 걸린 시간은 왕복 16분. 도서(島嶼)지역인 이곳은 원래 집배원이 선박으로 우편물을 배달하는데 이동에만 6시간40분이 걸렸다. 또한 2018년 8월 8일에는 강원도 영월우체국에서 출발한 드론이 해발 780m 봉래산 정상의 별마로 천문대에 5kg짜리 우편물을 배송하는 서비스를 선보였다. 기존 직선거리로 2.3km 떨어진 목적지까지 가는데 이륜차로 30여분이 걸렸지만 드론은 8분 만에 도착했다. 고흥과 영월은 도서·산간지역으로 대표되는 드론 택배의 시험대(테스트베드)다. 우정사업본부가 2021년 상용화를 목표로 하는 이 우편물 배송 서비스도 사람이나 차량의 접근이 어려운 곳을 우선적으로 고려하고 있다. 아시아경제, 2018. 11. 21.

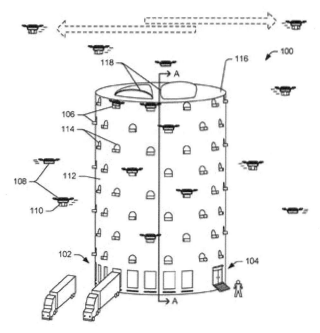

그림 8.7.11 아마존이 신청한 드론 택배 관련 특허

화물을 도심지까지 이동시키는 역할을 할 수 있어 활용도를 극대화할 수 있다고 강조한다.

이 같은 이유로 중국의 2위 전자상거래 업체인 징둥(JD닷컴) 역시 중국 쓰촨 성에 드론 택배 전용 공항 150개를 지을 예정이다. 징둥 측에 따르면 드론 택배를 이용하면 배송비의 70%를 절약할 수 있다고 한다. 징둥은 현재 화물 50㎏을 배송할 수 있는 드론을 운용 중이며, 3년 내 500 kg까지 실을 수 있는 드론을 개발할 계획이다.

드론택배의 상용화를 위해서는 우선 드론을 통제할 수 있는 관제 시스템이 필요하다. 비행기와 관제탑이 실시간으로 연결, 안전한 비행을 하는 것처럼 드론 전용 관제 플랫폼 구축이 선제 조건이다. 이를 위해 아마존은 드론이 건물이나 나무 또는 다른 드론과 충돌하지 않도록 저고도 비행에 특화된 항공교통관제 시스템을 개발하고 있고 2018년 7월에는 해킹방지 대응 특허까지 출원했다. 2017년 미 연방항공국(Federal Aviation Administration)은 인구밀도가 높은 지역에 드론의 사용을 제한하는 규정을 발표하면서 관제 시스템이 안전성을 담보해줘야 드론 관련 규제가 완화될 수 있기 때문이다.[128]

우리나라는 국토교통부에서 민간기업의 드론활용 사업화를 지원하기 위해 사전승인 없이 비행을 허용하거나 고도범위를 확대하는 등 규제를 손보고 있지만, 아직 완

128 아시아경제, "드론으로 택배배송...아마존, 드론택배 전용물류센터 특허", 2017년 6월 28일

구·레저용 등 초경량에 국한하는 등 시범사업 수준을 넘어서지 못하고 있다. 국토교통부가 항공안전법을 개정하면서 이달부터는 보험만 가입하면 야간 또는 사용자 눈으로 볼 수 없는 먼 곳에도 드론을 날릴 수 있도록 했다. 그러나 공항 반경 9.3㎞ 일대와 사람이 밀집한 대도시 지역에서는 여전히 드론 비행이 금지되어 있다. 국내 택배 물동량 70%가 수도권에 몰려있다는 점에서 드론 택배가 보편화하기는 현실적으로 어렵다.[129] 궁극적으로 기술적 한계를 극복하는 동시에 배송망 전반의 시스템을 체계화할 필요가 있다. 예컨대, 산업통상자원부 산하 한국건설생활환경시험연구원은 하천상공을 따라 드론을 운행할 경우 전국으로 물품을 배송하기 쉽고, 기체가 추락했을 때 인명피해나 재산피해 가능성이 적기 때문에 한강과 금강, 낙동강, 영산강 등 4대강을 잇는 하천 인프라를 따라 드론 택배 배송망을 구축하는 '하천인근지역 실증사업'을 제안했다. 5세대 이동통신과 자율주행 드론 등 기술의 발전과 맞물려 드론과 차량, 드론과 선박 등을 아우르는 물류 분야의 드론 '리버로드(River Road)' 사업은 도심이나 공항 부근 같은 비행금지구역이나 고도 제한 등의 규제가 완화되면 실현가능성이 높다고 할 수 있다.[130]

7.4.4 항공장애 표시등 검사

항공기 안전 운항을 위해서는 항공장애 표시등을 설치해야 하고 제대로 작동되는지를 주기적으로 검사해야 한다. 그러나 항공장애 표시등은 사람 접근이 어려운 곳에 설치된 경우가 많아 지상 육안검사방식으로는 정밀하고 정확하게 파악할 수 없다.

2018년 초 국토교통부와 한국교통안전공단은 교량, 풍력터빈, 고층건물 및 사업장 굴뚝 등 4개소를 유형에 따라 시범적으로 검사를 실시하고 대상에 맞게 적합한 비행고도별 정지(호버링), 근접 및 선회 비행과 항공기 시점에서의 영상 촬영을 실시했다. 타당성 조사결과 현장 인력 및 부대장비가 더 필요했지만 1개소 당 검사 소요시간 50% 단축되었고 사람 접근이 어려운 곳에 설치된 항공장애 표시등에 대한 정밀검사가 가능했다. 시범조사 결과 시행 초기이지만, 드론을 활용하면 접근 가능성이 높아 정확하고 정밀하게 표시등의 불량 상태 등을 확인할 수 있고 조종사 시점에서 실시간 영상 확보도 가능하여 항공사고 예방 효과도 높아진다. 고해상도 카메라와 센서, 위치정보(GPS) 장치를 갖춘 드론을 활용하면 사람이 측량과 점검을 위해 사다리나 로프를 통해 위험성이 높은 구조물에 오를 필요가 없어지고 비용도 크게 줄어든다. 또한 드론과 항공장애표시등 검사방식의 융합으로 드론 조종자의 일자리가 늘어나고 검사용 드론 등 인프라 구축 등 드론 산업 활성화에 기여할 수 있다.

129 중앙일보, "외딴 섬 우편물 10분 만에... '드론 택배' 시험했지만 갈 길 멀다", 2017. 11. 28.

130 아시아경제, "해외선 드론배송 띄우는데 한국선 걸음마", 2018. 11. 21.

구분	검사 대상			
검사유형	교량	풍력터빈	굴뚝	고층건물
현장사진				

그림 8.7.12 항공장애 표시등 검사유형에 따른 대상선정

다만, 현장 밖에서 실시로 인하여 풍속(이륙장 기준 5m/s 이하), 강수(5mm 이하) 등의 기상 조건과 영상 전송을 위한 지구자기장지수와 주변 통신장비로 인한 간섭 등의 조건을 고려해야 하는 등 드론운용에 대한 제약이 있다. 또한 드론의 비행 허가, 차량 및 인원 통제를 위한 해당기관과의 업무협의 등 시간과 인력이 소요될 뿐만 아니라 사생활 침해 및 전자파 문제, 항공장애표시등 설치 장소에 따라 드론 이·착륙을 위한 공간 확보 문제, 항공안전법 고도제한(150m이하) 등의 제약으로 검사 대상 선정에는 한계가 있음을 확인했다.

따라서 한국교통안전공단은 이러한 문제점을 최소화 하고 드론 조종자 자격을 소지한 직원을 활용하여 건물을 제외한 교량과 풍력터빈, 굴뚝에 설치된 항공장애표시등 시범검사를 2018년 연말에 실시했고, 2019년부터는 점차적으로 드론을 활용한 항공장애 표시등 검사를 확대해 나가고 있다.

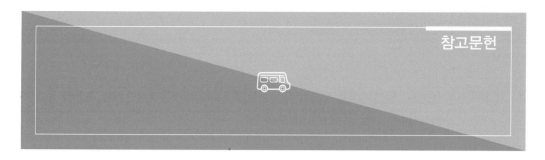

국내문헌

강동수, "교통빅데이터 세상, 정보연계는 필수적", 교통신문, 2017. 9. 12

―――, "교통사고처리특례법은 무리인가", 교통신문, 2016.1.29

―――, "교통안전관리자, 이대로 둘 것인가", 교통신문, 2015. 3. 20

―――, "운행기록과 과속단속", 교통신문, 2016. 10. 14

―――, "졸음운전 문제, 이제는 해결해야 한다", 교통신문, 2017. 8. 11

―――, "자율주행차 법적 문제, 인무원려 필유근우", 교통신문, 2018.10.2.

―――, "주차테러, 물피도주를 막아야 한다", 교통신문, 2017. 1. 12

―――, 『교통안전관계법 이해』, 성진문화, 2011. 12

강병도 등, 『자동차 검사제도 발전방안에 관한 연구』, 교통안전공단, 2012. 9

강성모·박상구, 『교통사고 원인분석과 해결의 법률지식』, 청림출판, 1999. 9

경찰청, 『교통사고조사규칙』, 2011

교통안전공단, 『교통사고 예방 4D 시뮬레이션 개발 기획 연구』, 2016

―――――, 『교통안전관리자시험 일부 면제자 교육(Ⅱ)』, 2017. 9

―――――, 『드론기반의 도로안전 기술적용 시범연구』, 2017

―――――, 『자동차검사 업무 매뉴얼』, 2014

―――――, 『자동차안전연구원 30년사』, 2017. 8

국가경쟁력 강화위원회, 「지능형 교통체계 발전전략」, 2012

국무조정실, 「자율주행차 분야 선제적 규제혁파 로드맵」, 2018. 11

국토교통부·국토교통과학기술진흥원, 『자율주행자동차 안전성 평가기술개발 및 실도
　　　로 평가환경 주축 상세기획 연구 보고서』, 2016

국토교통부, 「C-ITS 기술동향 조사 및 국내도입방안 연구」, 2013

―――――, "공간정보 2, 4차 산업 민간창업·활용 돕는다", 보도자료, 2017

―――――, "드론산업의 십년지계 제시" 보도자료, 2017

―――――, 『자동차 업무편람』, 2016

―――――, 『제8차 국가교통안전기본계획』, 2016. 12

_____, 『2017년도 교통연차보고서』, 2017. 8

건설교통부, 『사고 잦은 곳 개선사업 업무편람』, 2002. 10

국토연구원, 『도로안전성 분석기법 연구』, 2013. 12

기획재정부 등, 『투자활성화대책(신산업 육성중심)』, 제10차 무역투자진흥회의, 2016. 7. 7

김경환, 『교통안전공학』, 태림문화사, 1991. 9

김용석, 『신호위반 단속카메라의 영향권을 고려한 사고감소효과 평가방법 연구』,
　　　서울시립대학교 대학원 박사학위논문, 2014

김정임, "자율주행차에 관한 공법적 고찰", 한국공법학회 2016년도 한·일추계국제학
　　　술대회, 2016.9.9

김주영, "4차산업혁명과 졸음·부주의 운전의 예방적 접근 Ⅱ", 국토연구원 도로정책
　　　Brief No. 119, 2017.9

김중효, "인공지능을 이용한 도로 안전도 평가모형", 도로교통공단 교통기술자료집 통
　　　권 제28호, 2011. 2

대판교통과학연구회, 『교통안전학』, 동화기술, 2007

도로교통공단, 「OECD 회원국 교통사고 비교」, 2018

_____, 「2013 도로교통사고 비용의 추계와 평가」, 2014

도철웅 등, 『교통안전공학』, 청문각, 2013. 2

도철웅, 『교통공학원론(상) 제2개정판』, 청문각, 2004

박선영, 『사업용운전자 관리방안』, 교통안전공단, 2009

박재진, VR기반의 도로주행 시뮬레이터 기술동행 및 활용방안", 도로교통 152호, 한
　　　국도로협회, 2018

박용욱, "직업운전자의 자극추구성향이 직무소진에 미치는 영향: A형 운전행동 패턴과
　　　일의 의미의 조절된 매개효과", 한국심리학회지:문화 및 사회문제, 2016

박해육, "지방자치단체 합동평가제도 발전방안", 지방정부연구 제9권 제3호, 2005

백승엽, 『교통경찰실무론』, 홍범, 1999. 11

박원필, 『전면부 충돌사고 예방장치 효과: FCWS·AEBS』, 삼성교통안전문화연구소,
　　　2016

성낙문, 「교통사고예측모델을 이용한 도로의 안전도 평가방법 연구」, 교통개발연구원,
　　　2003

손해보험협회, 「자동차보험표준약관」, 2006

신용식, 『음주운전으로 인한 교통안전사고의 특성분석과 예방대책에 관한 연구』, 충
　　　북대학교, 2010

심재익·유정복, 『2005 교통사고 비용 추정』, 교통개발연구원, 2007

심재익 등, 『2013 도로교통사고 비용의 추계와 평가』, 한국교통연구원, 2016

양승함, "지방자치단체 평가 모니터링 및 실효성 제고방안", 국무조정실(연세대 국가관리연구원), 2006. 8

유동훈·강경표, "자율주행기술동향 – 기술수준 구분(SAE, NHTSA, VDA, BASt)", 월간 교통 제218호, 2016. 4

윤여일, "교차로에서의 도로·교통안전시설물의 교통사고 감소효과도 추정", 대한교통학회지 제35권 제2호, 2017

이동민, "회전교차로 도입에 따른 교통안전성 향상 효과분석", 한국도로학회 논문집 제17권 제3호, 2015

이상혁·우용한, "영과잉을 고려한 중심상업지구 교통사고 모형개발에 관한 연구", 한국도로학회 논문집 제18권 제4호, 2016

이세연, 「국내외 차세대 ITS 기술현황」, 정보통신기술센터, 2016

이성우 등 ,『로짓 프라빗 모형 응용』, 박영사, 2005

이성원·이명미, 「교통환경 관련 사회적 비용의 계량화(1단계)」, 교통개발연구원, 2000

이수범, "C-G Method를 활용한 신호등 위치에 따른 교통사고 효과분석", 대한토목학회 논문집 제28권 제6D호, 2008

이수범·박규영, 『교통사고 비용의 추이와 결정요인』, 교통개발연구원, 2000

이수범·심재익, 『97 교통사고 비용의 추이와 결정요인』, 교통개발연구원, 1997

이영인, "대각선 횡단보도 설치에 따른 교차로 사고감소 효과분석", 대한교통학회 논문집 제65권, 2011

이용길 등, 「교통안전시행계획 평가지표 선정 및 평가체계 구축연구」, 교통안전공단, 2008.12

이원태, "제4차 산업혁명의 기술과 사회변화 이슈", 2016년 국민법제관 워크숍, 2016. 12. 7

이재식(Graham Hole), 『운전심리학』, 박학사, 2009. 9

이지연 등, "자율협력주행(Level 2)을 위한 LDM(Local Dynamic Map) 요구사항 정의", 한국ITS학회 2015년 추계학술대회, 2015. 10. 23

장영채 등, 『2007 도로교통 사고비용의 추계와 평가』, 도로교통공단, 2008

정용찬, 『빅데이터(커뮤니케이션 이해총서)』, 커뮤니케이션스북스, 2013

정은비·오철, "첨단 운전자지원시스템의 교통안전 효과추정 방법론", 한국 ITS학회지 제12권 제3호, 2013. 6

정은비·오철·정소영, "In-vehicle 통합 운전자지원시스템 효과평가 방법론 개발 및 적용", 대한교통학회지 제32권 제4호, 2014. 8

조규석·안종복, 『운전자 과실 버스교통사고 감소방안 연구』, 한국운수산업연구원, 2013. 12

조순기, "C-ITS의 정의와 구성요소", 대한교통학회 교통기술과 정책 제11권 제5호, 2014. 10

_____, 「C-ITS 사업추진 현황 및 전망」, 한국정보통신기술협회, 2015

최새로나 등, "기상 및 교통조건이 고속도로 화물차 사고 심각도에 미치는 영향분석", 대한토목학회 제33권 제3호, 2013

최지혜, "도로안전시설의 사고감소효과 메타분석 : 신호교차로를 대상으로", 대한교통학회지 제34권 제4호, 2016

학문명백과, 『교통공학 Transportation Engineering』, 형성출판사, 2004

한국건설기술연구원·한국국토정보공사, 『무인항공기(드론)을 활용한 도로관리 운영 효율화 방안』, 국토교통부 도로정책과, 2017.

한국교통연구원, 「ITS 융합 기술을 통한 교통안전 혁신방안연구」, 2013

한상철 등, 『무인항공기(Drone) 기술동향과 산업전망』, 2015

현대경제연구원, "국내서 AR-VR 산업현황 및 시사점", VIP리포트, 2017

해외문헌

AASHITO, *A policy on geometric design of highways and streats*, 2011

AASHITO, *Highway Safety Manual*, 2010

Alan Loss, "Working Paper No. 3 for Provincial and County Roads Project Road Traffic Safety Study", *Ministry of Home Affairs(Seoul)*, 1984

American Association of State and Highway Transportation Officials, "AASHTO green book", *A Policy on Geometric Design of Highways and Streets(6th Edition)*, 2011.11

Ajzen, Driver, B. L., "Contingent Valuation Measurement: On the Nature and Meaning of Willingness to Pay", *Journal of Consumer Psychology (4)*, 1992

BASt(Hrsg.), "Rechtsfolgen zunehmender Fahrzeugautomatisierung", *Gemeinsamer Schlussbericht der Projektgruppe*, 2012

Bird F. E., "updatet domino sequence of accident causing theory", management guide to loss contol, Institute press(Division of International loss control Institute), 1974

Bastian J. schroeder et al., *Manual of Transportation Engineering Studies*, 2nd edition, ITE, 2010.

Chauvel, C., Page, Y., Fildes, B. & Lahausse, J., *Automatic Emergency Braking for Pedestrians Effective Target Population and Expected Safety Benefits*, 23th ESV

Conference 13-0008, 2016

Chen, Zhou, and Lin, "Selecting Optimal Deceleration Lane Lengths at Freeway Diverge Areas Combining Safety and Operational Effects", *Transportation Research Board 91st Annual Meeting*, 2012

Cicchino, J. B., *Effectiveness of Forward Collision Warning and Autonomous Emergency Braking Systems in Reducing Front-to-Rear Crash Rates*, Accident Analysis & Prevention Vol. 99 Part A 2017

C. Lyon, B. Persaud, "Safety Effects of a Targeted Skid Resistance Improvement Program", *Transportation Research Record: Journal of the Transportation Research Board*, 2008

David Kaber, "The effect of driver cognitive abilities and distractions on situation awareness and performance under hazard conditions", *Transportation Research Part F*, 2016

Department for Transport, "Guidance documents–Expert TAG unit 3.4.1", *The Accident Sub-Objective*, 2012. 8

Department for Transport, *RAS60003 Total value of prevention of reported accidents by severity and cost element*: GB2014, 2015

Donnell, Porter Shankar, "A Framework for Estimating the Safety Effects of Roadway Lighting at Intersections", Elsevier 48(10), 2010. 12

Duval M., "Essai sur la valeur de la vie et la valeur du temps", Organisme National de Sécurité Routière, *Arcueil*, 1979

D.W. Harwood et al.,"Safety Effectiveness of Intersection Left-and Right-Turn Lanes", 2002

ECMT, *Costs and Benefits of Road Safety Measure*, Paris: ECMT, 1983

Elvik, R. and Erke, A., *Revision of the Hand Book of Road Safety Measures*, 2007

Elvik, R. and Hoye, A., *The Handbook of Road Safety Measures*, 2004

Endsley & Jones, *Situation Awareness in Aviation Systems*, 1995

ESCAP, *Development of Road Infrastructure Safety Facility Standards for the Asian Highway Network*, 2017

European Commission, *Advanced driver assistance systems*, 2016

Ezra Hauer, "Identification of sites with promise", *Transportation Research Record, Journal of the Transportation Research Board* 1542, 1996

Fei Hu, *Big Data Storage, Sharing and Security*, Taylor & Fancis, 2016

Felipe, E., Mitic, D., & Zein, S. R., "Safety Benefits of Additional Primary Signal

Heads.", *Vancouver, B.C., Insurance Corporation of British Columbia; G. D. Hamilton Associates*, 1998

FHWA, "The Effects of In-Vehicle and Infrastructure-Based Collision Warnings at Signalized Intersections", *FHWA-HRT-09-049*, 2009

FMCSA, *Notification of Changes to the Definition of a High Risk Mortor Carrier and Associated Investigation Procedures,* Federal Register Vol. 81(44), 2016

Gartner, "Hype Cycle for Emerging Technologies Maps the Journey to Digital Business", *STAMFORD, Conn.*, August 11, 2014

Glauz, W. D. & D. J. Migletz, *"Application of Traffic Conflict Analysis at Intersections", National Cooperative Highway Research Program Report 219,* Transportation Research Board, 1980

Guidelines for the Use of No U-Turn and No-Left Turn Signs, 1994

Guido Calabresi, *The Costs of Accidents*, New Haven and London: Yale University Press, 1977

Gulliver, P. & Begg, D., "Personality factors as predictors of persistent risky driving behavior and crash involvement among young adults", *Injury Prevention*, 2007

H.W., Hulbert, "Driver Information Systems", *Human Factors in Highway Traffic Safety Research*, T.W. Forbesed, New York, Wiley, 1972

H.W., Hulbert, S.F. & Beers, J., "Research Development of Changeable Messages for Freeway Traffic Control and Traffic Engineering", Institute of Transportation and Traffic Engineering, UCLA, 1971

Hummer et al., "Safety Evaluation of Seven of the Earliest Diverging Diamond Interchanges Installed in the US", 2016

ITE, *Transportation and Traffic Engineering Handbook*, 1982

Izadpanah et al., "Safety Evaluation of Red Light Camera and Intersection Speed Camera Programs in Alberta", *Transportation Research Board 94th Annual Meeting*, 2015

Jager W. & K. H. Lindenlaub, "Nutzen/Kosten Untersuchungen Von Verkehrs Sicherheits-Massnahment", *Schriftenreihe der Forsch ungsvereigung Automobilte chnik*, e.v., Nr. 5, Frankfurt, 1977

Johansson G, Rumar K., "Drivers' brake reaction times", *The Journal of the Human Factors and Ergonomics Society* 13(1), Fev. 1971

Joseph E. Hummer, "Traffic Conflict Studies", *Mannual of Transportation Engineering Studies*, Institute of Transportation Engineers, Prentice Hall, 1992

Krebs, H.G. & Kloeckner, J.H. "Investigation of the Effects of Highway and Traffic Conditions Outside Built-Up Areas on Accident Rates", Forschung Strassenbau und Strassenverkehrstechnik, 1977

Lamm, R., Choueiri, E.M., "Rural Roads Speed Inconsistencies Design Methods", *Research Report for the State University of New York*. Research Foundation, Parts I and II Albany N.Y., U.A., 1987

Lawson J. J., "The Costs of Road Accidents and their Applications in Economic Evaluation of Safety Programmes", *Annual Conference of the Roads and Transportation Association of Canada*, 1978

Markos Papageorgiou, *Concise encyclopedia of traffic & transportation systems*, pergamon press,1991

Newman, Staelin Newman and Staelin, "The Shopping Matrix and Marketing Strategy", *Journal of Marketing Research*, 2. May 1972

NHTSA, *The Economic and Societal Impact of Motor Vehicle Crashes*, 2015

OECD, *Road Safety Annual Report*, 2016

Parker, M. R., C. V. Zegeer, *Traffic Conflict Techniques for Safety and Operations: Observer' Manual*, FHWA-IP-88-027, 1989

R. Srinivasan, J. Baek and F. Council, "Safety Evaluation of Transverse Rumble Strips on Approaches to Stop Controlled Intersections in Rural Areas", *Journal of Transportation Safety & Security* 2(3), 2010

Road Safety Report, "People and Technology Strategies for Preventing Accidents on European Roads", 2012

Robley Winfrey, *Economic Analysis for Highways*, Scranton Washington D.C., International Textbook Company, 1969

Schwebel, D. C. et al., "Individual difference factors in risky driving: The roles of anger/hostility, conscientiousness and sensation-seeking", Accident Analysis & Prevention 38, 2006

Sivak, M. et al., "Automobile rear lights: Effects of the number, mounting height, and lateral position on reaction times of following drivers", Perceptual and Motor Skills, 1981b, 52

Spacek, "Superelevation Rates in Tangents and Curves", *ETH Zurich, Institute for Traffic Planning, Highway and Railroad Construction, Research Report 22/79 of the Swiss Association of Road Specialists(Zurich, Switzerland)*, 1987

Steve Lohr, "New Ways to exploit Raw Date may bring Surge of Innovation", A study

Says, may 2011

Sumer, "Personality and behavioral predictors of traffic accidents: testing a contextual mediated model", *Accident Analysis & Prevention*, 2003

The Wall Street Journal, Mar. 12, 2010

Teal Group, *World UAV Forecast*, 2014

Ted. R. Miller et al., "Alternative Approaches to Accident Cost Concepts", *Federal Highway Administration*, Washington, 1984

UN, *Global Plan for the Decade of Action for Road Safety*, 2011~2020

U.S. Department of Transportation, "1975-Societal Costs of Motor/Vehicle Accident", Washington D.C., 1976

U.S. National Highway Traffic Safety Administration, "The Economic Cost of Motor Vehicle Crashes", 2000

Wang et al., "Developing Safety Performance Functions for Diamond Interchange Ramp Terminals", 2011

Weed, *Revised decision criteria for before and after analyses*, 1986

Westermann, S. J. and Haigney, D., "Individual differences in driver stress, error and violation", *Personality and Individual Differences 29*, 2000

http://en.wikipedia.org/wiki/Snellen_chart

http://en.wikipedia.org/wiki/Visual_angle

http://www.adac.de/fahrsicherheitstraining

http://www.cao.go.jp/koutu

http://www.centaure.com/index.htm

http://www.data.gov

http://date.gov.uk

http://www.dft.gov.uk.roads

http://www-fars.nhtsa.dot.gov/Main/index.aspx

http://www.gartner.com/newsroom/id/2819918

http://www.ictstory.com/1091

http://www.inrets.fr

http://www.jsdc.or.jp/school/ken.htm

http://www.nhtsa.dot.gov/people/economic

http://www.sachsenring.de

http://www.safercar.gov

http://safetyroad.tistory.com

http://www.translate, google.com

http://www.who.int/roadsafety/decade_of_action

http://www.youtube.com

日本內閣府,『交通事故の被害·損失の經濟的分析に關する調査研究報告書』, 2008

日本總務廳長官官房交通安全對策室,『交通事故の發生と人身傷害及び社會的·經濟的
　　　損失に係る總合的分析する調査研究』, 東京:總務廳長官官房交通安全對策室,
　　　1999

岡野行秀,『交通の經濟學』, 青林書院新社, 1984

첨단 교통안전공학 −2판

2019년 1월 31일 2판 1쇄 펴냄

지은이 오영태·강동수 | 펴낸이 류원식 | 펴낸곳 (주)교문사(청문각)

편집부장 김경수 | 책임진행 신가영 | 본문편집 오피에스 디자인 | 표지디자인 유선영
제작 김선형 | 홍보 김은주 | 영업 함승형·박현수·이훈섭

주소 (10881) 경기도 파주시 문발로 116(문발동 536-2)| 전화 1644-0965(대표)
팩스 070-8650-0965 | 등록 1968. 10. 28. 제406-2006-000035호
홈페이지 www.cheongmoon.com | E-mail genie@cheongmoon.com
ISBN 978-89-363-1814-7 (93530) | 값 33,000원

* 잘못된 책은 바꿔 드립니다.

* 저자와의 협의 하에 인지를 생략합니다.

청문각은 (주)교문사의 출판 브랜드입니다.

* 불법복사는 지적재산을 훔치는 범죄행위입니다.

저작권법 제125조의 2(권리의 침해죄)에 따라 위반자는 5년 이하의 징역 또는

5천만 원 이하의 벌금에 처하거나 이를 병과할 수 있습니다.